通信电源系统

考试通关宝典

杨贵恒　主编

强生泽　严 健　陈 贤　赵 英　宋思洪　副主编

·北 京·

内 容 简 介

本书内容包括：各级通信电力机务员职业技能鉴定理论（网上）答题历年真题剖析，全国通信专业技术人员职业水平考试通信专业实务——动力与环境历年真题详解。

本书既可作为各级通信电力机务员职业技能鉴定和全国通信专业技术人员职业水平考试（通信专业实务——动力与环境）的复习资料，也可作为高等院校和职业技术学院相关专业学生的学习辅导教材，还可供通信行业相关专业技术人员自学参考。

图书在版编目（CIP）数据

通信电源系统考试通关宝典/杨贵恒主编.—北京：化学工业出版社，2020.11

ISBN 978-7-122-37655-8

Ⅰ.①通… Ⅱ.①杨… Ⅲ.①通信设备-电源-水平考试-习题集 Ⅳ.①TN86-44

中国版本图书馆CIP数据核字（2020）第165770号

责任编辑：高墨荣　　装帧设计：关　飞

责任校对：王鹏飞

出版发行：化学工业出版社（北京市东城区青年湖南街13号　邮政编码100011）

印　　刷：三河市航远印刷有限公司

装　　订：三河市宇新装订厂

787mm×1092mm　1/16　印张26¼　字数674千字　2021年1月北京第1版第1次印刷

购书咨询：010-64518888　　售后服务：010-64518899

网　　址：http：//www.cip.com.cn

凡购买本书，如有缺损质量问题，本社销售中心负责调换。

定　　价：88.00元

本书编审委员会

主　审：卢明伦　张寿珍　李　龙　季占兴　景　刚

主　编：杨贵恒

副主编：强生泽　严　健　陈　贤　赵　英　宋思洪

参　编：张颖超　李琳骏　郭彦申　向成宣　胡翊珊

何养育　郑真福　王盛春　刘小丽　李　锐

阮　喻　刘　凡　刘　鹏　龚利红　杨　翱

雷　雨　金丽萍　王培文　余佳玲　曹均灿

张瑞伟　甘剑锋　文武松　聂金铜　周　静

王梓灿　王林杰　金　钊　吴兰珍　李光兰

温中珍　杨楚渝　杨　胜　汪二亮　杨　蕾

杨沙沙　杨　洪　杨昆明　杨　新　邓红梅

前言

全国通信专业技术人员职业水平考试是由国家人力资源和社会保障部以及工业和信息化部领导下的国家级考试，其目的是科学、公正地对全国通信专业技术人员进行执业资格、专业技术资格认定和专业技术水平测试，分初级、中级和高级三个级别层次。初级、中级职业水平采用考试方式评价；高级职业水平实行考试与评审相结合的方式评价。参加通信专业技术人员初级、中级职业水平考试并取得相应级别职业水平资格证书的人员，表明其已具备相应专业技术岗位工作的水平和能力，用人单位可根据《工程技术人员职务试行条例》有关规定和相应专业岗位工作需要，从获得相应级别类别职业水平证书的人员中择优聘任。取得初级水平证书的，可聘任技术员或助理工程师职务；取得中级水平证书的，可聘任为工程师职务。全国通信专业技术人员职业水平考试既是执业资格考试，又是职称资格考试。自开考以来受到行业的广泛关注，历届考题也成为广大考生报考备考的重要参考资料，有必要进行全面的分析与总结。本书以《全国通信专业技术人员职业水平考试大纲》为依据，对全国通信专业技术人员职业水平考试——动力与环境（中级）历年试题进行了详尽的分析与解答，对考生全面了解动力与环境（中级）职业水平考试以及复习备考有较大的参考价值。

与此同时，通信电力机务员职业技能鉴定在全国各行业如火如荼地进行着。通信电力机务员是指专门从事通信电源系统（交流供电系统、直流供电系统、防雷接地系统 、机房空调系统和集中监控系统）的安装、调测、检修、维护以及障碍处理的工作人员。该职业共设五个等级，从低到高分别为五级（初级）、四级（中级）、三级（高级）、二级（技师）、一级（高级技师）。鉴定方式：分为理论知识考试、技能操作考核和综合评审三大模块。其中，五级（初级）、四级（中级）和三级（高级）只需进行前两个模块的考试；二级（技师）和一级（高级技师）须通过三个模块的考试鉴定。理论知识考试采取网上答题和闭卷笔试方式，技能考核根据实际需要，采取操作、口试、笔试相结合的方式。综合评审一般采取撰写专业论文、业绩评定和现场答辩的方式进行。从近年来的技能鉴定情况看，网上答题和闭卷笔试是多数考生最难通过的鉴定考试项目。为此，本书以《通信电力机务员职业技能鉴定考核标准》为依据，对近年来的网上答题和闭卷笔试试题进行了详尽的分析与解答，对参加各级通信电力机务员职业技能鉴定具有重要参考价值。

无论是全国通信专业技术人员职业水平考试——动力与环境，还是各级通信电力机务员职业技能鉴定，其实质内容是相同的——通信电源系统相关知识的理解与掌握。

全书共分 6 章，第 1 章至第 5 章是各级通信电力机务员职业技能鉴定理论（网上）答题历年真题剖析；第 6 章是全国通信专业技术人员职业水平考试通信专业实务——（动力与环境）历年真题详解。本书既可作为全国通信专业技术人员职业水平考试（通信专业实务——动力与环境）和各级通信电力机务员职业技能鉴定的复习资料，也可作为高等院校和职业技术学院相关专业学生的学习辅导教材，还可供通信行业相关专业技术人员自学参考。

本书由杨贵恒主编，强生泽、严健、陈贤、赵英和宋思洪副主编。参加编写的有：张颖超、李琳骏、郭彦申、向成宣、胡翊珊、何养育、郑真福、王盛春、刘小丽、李锐、阮喻、刘凡、刘鹏、龚利红、杨翱、雷雨、金丽萍、王培文、余佳玲、曹均灿、张瑞伟、甘剑锋、文武松、聂金铜、周静、王梓灿、王林杰、金钊、吴兰珍、李光兰、温中珍、杨楚渝、杨胜、汪二亮、杨蕾、杨沙沙、杨洪、杨昆明、杨新和邓红梅等，在此表示衷心感谢！

由于本书编写时间仓促，加之水平有限，书中难免有疏漏和不妥之处，恳请广大读者批评指正。

编者

目录

第1章　初级工（五级）　/ 001

第2章　中级工（四级）　/ 061

第3章　高级工（三级）　/ 122

第4章 技师（二级） / 171

第5章 高级技师（一级） / 235

第6章 通信电源工程师 / 280

参 考 文 献 / 411

第1章 初级工（五级）

1.1 考试大纲要点

1.1.1 电工技术

1.1.1.1 电流的基本概念，电流单位的换算，电路中电流的形成过程；

1.1.1.2 电压和电位的关系，电压的形成，电压单位的换算，电源电动势的基本概念；

1.1.1.3 电气符号的识别，电阻与电阻率的定义，电阻单位的换算，电感的基本概念，电容的基本概念；

1.1.1.4 部分电路欧姆定律及其应用，电功与电功率；

1.1.1.5 基尔霍夫电流定律和基尔霍夫电压定律的概念；

1.1.1.6 交流电的基本概念，阻性交流负载的应用，交流电路中的谐振电路；

1.1.1.7 电磁感应的基本概念；

1.1.1.8 电阻混联电路，电阻、电容、电感串联电路；

1.1.1.9 继电器与接触器的原理、结构及其性能参数。

1.1.2 电子技术

1.1.2.1 半导体的基本概念，PN 结的导电性能；

1.1.2.2 二极管的基本结构、工作特性、主要参数、典型应用，电子元件符号识别方法；

1.1.2.3 晶闸管的基本特点；

1.1.2.4 晶体管放大电路分析，晶体管振荡电路原理；

1.1.2.5 稳压二极管及其典型应用，发光二极管的应用，直流稳压电源电路原理；

1.1.2.6 交流整流电路的基本特性，滤波电路的基本原理。

1.1.3 配电设备

1.1.3.1 通信设备对直流供电的要求，对直流供电回路电压降的要求；

1.1.3.2 通信对交流供电的要求，通信电源交流供电系统的组成；

1.1.3.3 变配电设备的组成，通信交流供电系统作用，交流配电的工作方式；

1.1.3.4 交流量的测量方法，交流低压配电屏的作用；

1.1.3.5 直流量的测量方法，直流配电屏的性能；

1.1.3.6 变压器的基本结构、运行参数、型号及其日常巡视；

1.1.3.7 低压电器的分类，闸刀开关的作用，开关电器的使用方法，常用熔断器的分类；

1.1.3.8 万用表与钳形电流表的使用方法。

1.1.4 发电机组

1.1.4.1 燃油的分类，柴油机的拆装工具，柴油机的保养分类；

1.1.4.2 柴油机的分类、基本结构、工作过程及其冷却方式，柴油机的功率；

1.1.4.3 柴油机部件的连接方法，活塞环的作用；

1.1.4.4 柴油机配气机构的作用及其组成，空气滤清器的作用；

1.1.4.5 柴油机燃油供给系统的作用及其组成；

1.1.4.6 柴油机冷却系统的作用及其组成，节温器的作用；

1.1.4.7 柴油机润滑系统的作用及其组成；

1.1.4.8 柴油机启动系统的作用及其组成；

1.1.4.9 柴油机的型号、运行指标、使用的注意事项；

1.1.4.10 同步发电机的分类、型号、特性以及（有刷、无刷）同步发电机的结构。

1.1.5 化学电源

1.1.5.1 电池的电化学原理，电化学的基本概念；

1.1.5.2 硫酸的化学特性，电解质溶液构成，电解液的配制，电解质的基本概念，防止金属腐蚀的方法，原电池的基本原理；

1.1.5.3 碱性电池的原理，其他种类蓄电池的性能；

1.1.5.4 电池的概念，蓄电池的型号、分类及其基本结构；

1.1.5.5 铅蓄电池正极、负极、隔板的构成，铅蓄电池板栅的保养方法，铅蓄电池电解液的特性，铅蓄电池电动势的特点；

1.1.5.6 电解液相对密度的测量方法，蓄电池的工作参数，电解液相对密度、蓄电池浮充电压与均充电压的设定规则；

1.1.5.7 铅蓄电池防酸隔爆帽的作用；

1.1.5.8 蓄电池的工作方式，蓄电池的日常维护。

1.1.6 开关电源

1.1.6.1 整流器的概念，晶闸管的基本结构、导通条件，相控稳压电源的基本概念；

1.1.6.2 单相桥式、三相桥式整流电路的构成，滤波电路的分类及其作用，触发电路的应用，相控整流器的结构；

1.1.6.3 开关电源的基本特点、组成及其主要参数；

1.1.6.4 整流模块的启动与停机方法；

1.1.6.5 开关电源浮充电压、均充电压调整方法；

1.1.6.6 整流模块对工作环境的要求；

1.1.6.7 开关电源系统监控模块指示灯的含义，监控模块声音告警；

1.1.6.8 整流模块的交流输入参数；

1.1.6.9 查询直流输出电流的方法，整流模块限流调整方法；

1.1.6.10 开关电源系统直流高压/低压告警值的设置方法，开关电源系统交流高压/低压告警值的设置方法，环境温度、电池温度告警值的设置方法。

1.1.7 UPS电源

1.1.7.1 UPS的作用、分类、组成、主要性能参数、基本工作流程、连接方法，后备式UPS的应用；

1.1.7.2 逆变器的分类、组成以及通信用逆变器技术要求，UPS逆变电路运行参数；

1.1.7.3 UPS输入整流电路运行，UPS保护电路功能，UPS功率因数校正电路的性能，UPS输出配电系统组成；

1.1.7.4 UPS静态开关的特点，静态开关的切换时间；

1.1.7.5 UPS电路中锁相电路的功能；

1.1.7.6 UPS电池的配置方法，UPS电池的寿命。

1.1.8 空调设备

1.1.8.1 通信设备对空调的要求；

1.1.8.2 热力学的基本参数，空气湿度的概念；

1.1.8.3 空调器的基本参数与分类，房间空调器国家型号的表示方法；

1.1.8.4 空调器在电气方面的要求，空调器的使用方法与日常维护保养内容。

1.1.9 集中监控

1.1.9.1 计算机的组成，计算机的输入输出设备，存储器的分类，存储器的存储容量；

1.1.9.2 计算机网络、计算机软件的概念，计算机软件的分类，计算机各部件的连接方式，计算机病毒的特点，计算机语言的概念；

1.1.9.3 Windows操作系统基本操作，Excel简单应用，办公网络日常维护；

1.1.9.4 电源设备常见英语词汇；

1.1.9.5 监控设备与监控软件的基本组成，监控系统监控的对象及内容，历史监控记录与监控告警的查看方法，监控系统的安全功能。

1.2 考试真题

1.2.1 单项选择题（每题四个选项，只有一个是正确的，将正确的选项填入括号内）

1.（　　）是功率单位。

A. kg　　B. kW　　C. kV　　D. Hz

2. 发电机组运行多年后，主要部件寿命期限已到或出现疲劳损坏，此时机组必须进行更换部件的维修项目是（　　）。

A. 定期维护检修　　B. 机组小修　　C. 机组中修　　D. 机组大修

3. 直流系统割接在进行接线时，应按照（　　）的顺序进行。

A. 先负后正　　B. 先正后负　　C. 不分顺序　　D. 正负极同时接

4. 2.8GCPU，“G”后面应写完整的单位是（　　）。

A. byte　　B. bit　　C. bps　　D. Hz

5. 1000A·h的蓄电池，10h率电流放电时，电流是（　　）A。

A. 50　　B. 100　　C. 150　　D. 200

6. 2V 电池在串联使用中，若有一个蓄电池反极，使电池组电压减少（　　）V 以上。

A. 2　　B. 4　　C. 6　　D. 8

7. 4 节 12V、30A·h 蓄电池并联后的电压是（　　）。

A. 4V　　B. 12V　　C. 48V　　D. 360V

8. 4 节 12V、30A·h 蓄电池串联后的容量是（　　）。

A. 30A·h　　B. 48A·h　　C. 120A·h　　D. 360A·h

9. IGBT 是开关电源中的一种常用功率开关管，其全称是（　　）。

A. 绝缘栅场效应管　　B. 结型场效应管

C. 绝缘栅双极晶体管　　D. 功率场效应管

10. MTBF 是指（　　）。

A. 平时无故障间隔时间　　B. 平均故障修复时间

C. 平均故障间隔时间　　D. 平均无故障修复时间

11. UPS 频率跟踪速率是指（　　）。

A. UPS 输出频率跟随直流输入频率变化的快慢

B. UPS 输出频率跟随交流输出频率变化的快慢

C. UPS 输出频率跟随直流输出频率变化的快慢

D. UPS 输出频率跟随交流输入频率变化的快慢

12. 当输入市电断电时，UPS 由（　　）。

A. 切换到旁路供电　　B. 电池和旁路一起供电

C. UPS 停机　　D. 电池逆变供电

13. 变压器初级线圈和次级线圈的匝数比为 50∶1，当次级线圈中流过电流为 5A 时，初级线圈中流过的电流为（　　）。

A. 250A　　B. 5A　　C. 1A　　D. 0.1A

14. 变压器的主要作用是（　　）变换。

A. 电流　　B. 电压　　C. 功率　　D. 频率

15. 并联电阻越多，等效电阻____；并联支路的电阻越大，流过的总电流____。（　　）

A. 越小；越大　　B. 越小；越小　　C. 越大；越小　　D. 越大；越大

16. 测量 250A 左右的直流电流时，采用钳形电流表的（　　）量程最合适。

A. 直流 200A 挡　　B. 直流 400A 挡　　C. 直流 600A 挡　　D. 直流 1000A 挡

17. 柴油机的活塞环有（　　）两种。

A. 气环和铁环　　B. 油环和铁环　　C. 铁环和橡胶环　　D. 气环和油环

18. 柴油发电机组出现（　　）情况时，应紧急停机。

A. 水温高于 80℃　　B. 启动电池电压不足

C. 水温无显示　　D. 飞车

19. 柴油发电机组供电时，输出电源的频率 47Hz，最可能原因是（　　）。

A. 满负荷运转　　B. 负载太轻　　C. 发动机转速低　　D. 发动机转速高

20. 柴油发电机组空载试机持续时间不宜太长，应以产品技术说明书为准，一般以（　　）min 为宜。

A. 3～15　　B. 15～20　　C. 20～25　　D. 25～30

21. 柴油机润滑系中的机油随使用时间增长，机油会（　　）。

A. 变稠　　B. 变稀

C. 不变　　D. 可能变稀，也可能变稠

22. 柴油发电机带负载运转时，排气颜色应为（　　）。

A. 黑色　　B. 白色　　C. 蓝色　　D. 浅灰色

23. 柴油发电机组在冬季启动后，排气中呈白色的原因是（　　）。

A. 负载过重　　B. 燃烧机油　　C. 机组温度低　　D. 燃油雾化不良

24. 柴油发电机组在运行中，排气颜色呈明显黑色的原因是（　　）。

A. 负载过轻　　B. 燃烧机油

C. 负载过重　　D. 喷油泵各缸供油不均

25. 柴油中有水分会造成柴油发电机冒（　　）烟。

A. 黑　　B. 蓝　　C. 白　　D. 黄

26. 当电源供电系统的直流电压达到－57V 时，监控系统应显示（　　）。

A. 电池告警　　B. 电源告警　　C. 高压告警　　D. 低压告警

27. 当告警窗显示“整流器故障告警”时，应查看（　　）设备的信息。

A. 进线柜　　B. 变压器　　C. 蓄电池　　D. 开关电源

28. 当蓄电池的放电率（　　）10h 放电率时，电池实际放出容量较小。

A. 低于　　B. 等于　　C. 高于　　D. 低于或等于

29. 低压配电柜缺相（缺一相）时，线电压为（　　）。

A. 3 个 220V 左右　　B. 1 个 380V、2 个 220V 左右

C. 2 个 380V、1 个 220V 左右　　D. 1 个 0V、2 个 220V 左右

30. 低压验电笔一般适用于交、直流电压为（　　）V 以下。

A. 220　　B. 380　　C. 500　　D. 1000

31. 电池的使用寿命与（　　）无关。

A. 环境温度　　B. 充放电次数　　C. 电池额定电压　　D. 放电深度

32. 电池容量是指电池储存电量的数量，以符号 C 表示。常用的单位为（　　）。

A. 安培秒　　B. 安培分钟　　C. 安培小时　　D. 安培天

33. 电感元件中通过的电流与其电压相位（　　）。

A. 超前　　B. 一致

C. 滞后　　D. 可能超前，可能滞后

34. 电解液干枯使蓄电池的内阻（　　）。

A. 减小　　B. 增大

C. 不变　　D. 可能增大，也可能减小

35. 电流表、电压表、功率表、兆欧表，是根据（　　）对测量仪表进行分类的。

A. 作用原理　　B. 仪表所测的电流种类

C. 仪表的测量方式分　　D. 被测量的名称（或单位）

36. 电容元件中通过的电流与其电压相位（　　）。

A. 滞后　　B. 超前

C. 一致　　D. 可能超前，也可能滞后

37. 电源设备将改变过去传统的机房布置格局，（　　）逐步代替集中供电是大势所趋。

A. 直流供电　　B. 交流供电

C. 分散供电　　D. 交直流混合供电

38. 动力环境集中监控系统中 SS 是指（　　）。

A. 监控站　B. 监控中心　C. 监控单元　D. 监控模块

39. 动力环境集中监控系统中 SU 是指（　）。

A. 监控中心　B. 监控站　C. 监控单元　D. 监控模块

40. 动力环境集中监控系统中 SS 是指（　）。

A. 监控中心　B. 监控站　C. 监控单元　D. 监控模块

41. 阀控式密封铅酸蓄电池充电时的温度（　）放电时的温度。

A. 大于　B. 等于　C. 小于　D. 小于或等于

42. 在充电状态下，阀控式密封铅酸蓄电池的壳内压力与外界压力（　）。

A. 相等　B. 要高一些　C. 要低一些　D. 相等或低一些

43. 防雷器的指示窗口正常时显示为（　）色。

A. 红　B. 黄　C. 绿　D. 蓝

44. 复制的快捷键是（　）。

A. CTRL＋A　B. CTRL＋V　C. CTRL＋C　D. CTRL＋S

45. 高频开关电源系统的交流输入过压保护值的设定不应低于额定电压值的（　）。

A. 105％　B. 110％　C. 115％　D. 120％

46. 高频开关电源系统的交流输入欠压保护值的设定不应高于额定电压值的（　）。

A. 90％　B. 80％　C. 70％　D. 60％

47. 高频开关电源之所以称为高频，是因为其（　）电路工作在高于工频几百至上千倍的频率范围上。

A. 整流　B. 直流/直流变换　C. 输入滤波　D. 输出滤波

48. 隔板在阀控式铅酸蓄电池中是一个电解液储存器，它是由（　）构成的。

A. 合金钙　B. 玻璃纤维　C. 铜丝　D. 钢丝

49. 各专业机房直流配电总配电保护熔丝的额定电流，应不大于最大负载电流的（　）倍。

A. 1　B. 1.5　C. 2　D. 2.5

50. 各专业机房直流熔断器熔丝的选择是：小于最大负载电流的（　）倍。

A. 1　B. 1.5　C. 2　D. 2.5

51. 根据通信用高频开关电源标准规定，在环境温度为 15～35℃，相对湿度为 90％，试验电压为直流 500V 时，交流电路和直流电路对地、交流部分对直流部分的绝缘电阻均不低于（　）MΩ。

A. 1　B. 2　C. 3　D. 4

52. 功率场效应管应用到开关电源上，可以提高（　）。

A. 工作电压　B. 工作电流　C. 工作频率　D. 耐压等级

53. 功率因数的定义是（　）的比值，功率因数的物理意义是供电线路上的电压与电流的相位差的余弦。

A. 视在功率与无功功率　B. 无功功率与视在功率

C. 有功功率与无功功率　D. 有功功率与视在功率

54. 关于同一直流系统中的不同品牌蓄电池混用的说法，下列正确的是（　）。

A. 不允许混用　B. 可以串联使用

C. 可以并联使用　D. 可以串联或并联使用

55. 活塞的行程等于曲柄旋转半径的（　）倍。

A. 5　　B. 4　　C. 3　　D. 2

56. 活塞环磨损过多，弹性不足，使机油进入燃烧室会造成柴油机冒（　　）烟。

A. 黑　　B. 蓝　　C. 白　　D. 灰

57. 活塞销是柴油机（　　）内的零件。

A. 供油系统　　B. 配气机构　　C. 润滑系统　　D. 曲轴连杆机构

58. 将交流电源转换成直流电源的设备是（　　）。

A. 逆变器　　B. UPS　　C. 整流设备　　D. 配电屏

59. 将直流电压变成交流电压的设备是（　　）。

A. 整流器　　B. 逆变器　　C. 充电器　　D. 交流稳压器

60. 交流电的三要素是指（　　）。

A. 频率、周期、相位　　B. 周期、幅值、角频率

C. 周期、频率、幅值　　D. 频率、幅值、相位

61. 交流电的最大值是交流电有效值的（　　）倍

A. 1.5　　B. 1.414　　C. 1.732　　D. 2

62. 交流电路中，当电路为感性时，（　　）。

A. 电流和电压同相位　　B. 电流相位超前电压相位

C. 电压相位超前电流相位　　D. 电压相位和电流相位是随机的

63. 交流市电电压 380V 是指交流的（　　）。

A. 最大值　　B. 平均值　　C. 瞬时值　　D. 有效值

64. 开关电源输入端和输出端均有滤波电路，滤波是利用电容两端____不能突变或电感中____不能突变的特性来实现的。（　　）

A. 电压、电压　　B. 电流、电流　　C. 电压、电流　　D. 电流、电压

65. 兆欧表主要由测量机构和（　　）组成。

A. 转动部分　　B. 电源部分　　C. 显示部分　　D. 直流变换部分

66. 可以进行多路市电和柴油发电机电源自动切换的设备是（　　）。

A. SPWM　　B. STS　　C. UPS　　D. ATS

67. 雷电发生时，应（　　）对引雷的设备及防雷设施进行操作维护。

A. 及时　　B. 不必　　C. 严禁　　D. 允许

68. 每立方米的湿空气中含有的水蒸气的重量，称为湿空气的（　　）。

A. 绝对温度　　B. 相对温度　　C. 绝对湿度　　D. 相对湿度

69. 配电设备上的短路保护装置为（　　）。

A. 继电器　　B. 分流器　　C. 压敏电阻　　D. 熔断器

70. 柴油机喷油时间过晚，部分燃油在其排气管中燃烧，会造成柴油机冒（　　）烟。

A. 蓝　　B. 白　　C. 灰　　D. 黑

71. 在日常维护中，应测量蓄电池组各单体电压，当端电压低于（　　），压差超过 ±50mV 时应进行均充电处理。

A. 1.80V/cell　　B. 1.90V/cell　　C. 2.18V/cell　　D. 2.23V/cell

72. 如果电感负载串联在电路中，请问该负载的电流与电压关系是（　　）。

A. 电流超前电压　　B. 电流滞后电压　　C. 电流与电压同相位　　D. 不确定

73. 如果硬盘中只有一个不常用的应用程序文件有病毒，（　　）操作会使该病毒扩散。

A. 将该文件删除　　B. 用该硬盘启动计算机

C. 将该文件压缩　　D. 用干净的软盘启动计算机后再运行该文件

74. 软开关技术的主要作用是（　　）。

A. 加快开关速度　　B. 减少开关损耗

C. 减少模块体积　　D. 提高模块容量

75. 三相正弦交流电每相相位差（　　）。

A. 90°　　B. 120°　　C. 180°　　D. 240°

76. 设备监控单元是集中监控系统中最低一级计算机，与被控设备直接连接，对被控设备进行（　　）。

A. 数据采集　　B. 通信协议转换　　C. 串口连接（RS232）　　D. 电能变换

77. 实验证明，在离单极接地体（　　）的地方，电位已趋于零，这个电位为零的电气地在工程上叫地电位。

A. 10m　　B. 20m　　C. 30m　　D. 40m

78. 四冲程柴油机的一个工作循环（进气—压缩—燃烧膨胀—排气）周期内，活塞连续运行四个冲程，曲轴旋转（　　）周。

A. 1　　B. 2　　C. 3　　D. 4

79. 随着环境温度的升高，蓄电池的浮充电压应如何调整？（　　）

A. 调高　　B. 调低　　C. 不变　　D. 调高、调低均可

80. 通信用柴油发电机组正常转速通常为（　　）r/min。

A. 1200　　B. 1500　　C. 1800　　D. 2000

81. 物质从固态直接转变为气态的过程叫做（　　）。

A. 气化　　B. 冷凝　　C. 沸腾　　D. 升华

82. 下列描述中，接地电阻在（　　）条件下测量最正确。

A. 白天　　B. 傍晚　　C. 梅雨季节　　D. 干季

83. 下面（　　）情况不会使 UPS 由逆变供电转入旁路供电。

A. 内部电路故障　　B. 过载　　C. 进行维修　　D. 市电停电

84. 目前光伏电站用蓄电池，一般情况选择（　　）。

A. 开口式铅酸蓄电池　　B. 锂电池

C. 燃料电池　　D. 阀控式铅酸蓄电池

85. 相同两电容并联，其总电容会（　　）。

A. 减小一半　　B. 增大 0.5 倍　　C. 不变　　D. 增加一倍

86. 蓄电池的额定容量是在 25℃环境温度下，以（　　）小时率电流放电，放电至终了电压所能达到的容量（A·h）。

A. 1　　B. 5　　C. 10　　D. 20

87. 蓄电池放电终了后，应立即充电，如遇特殊情况，其间隔时间不得超过（　　）h。

A. 8　　B. 12　　C. 24　　D. 36

88. 蓄电池处于（　　）工作状态时，在蓄电池内部发生化学反应会产生氧气和氢气析出。

A. 静置　　B. 移动　　C. 充电　　D. 放电

89. 一般电器铭牌上的电压和电流值指的是（　　）。

A. 最大允许值　　B. 平均值　　C. 额定值　　D. 最小值

90. 一般可根据网络范围及组网设备的不同，将计算机网络简单地分为（　　）和广

域网。

A. 局域网 B. 城域网 C. 国际互联网 D. 星状网

91. 一定量的理想气体，如果温度保持不变，当气体膨胀时，容积增加，压力下降，气体的压力与容积成反比，此过程称为（ ）。

A. 绝热过程 B. 等容过程 C. 等压过程 D. 等温过程

92. 一定量的理想气体，如果容积不变，（即 V 为常数）的情况下加热，压力与温度都将发生变化，气体的压力与绝对温度成正比，此过程称为（ ）。

A. 绝热过程 B. 等容过程 C. 等压过程 D. 等温过程

93. 一定量的理想气体，如果在压力保持不变的情况下对其加热，气体的比容（容积）和绝对温度成正比，此过程称为（ ）。

A. 绝热过程 B. 等容过程 C. 等压过程 D. 等温过程

94. 一只 100W 的灯泡连续发光 6h，共耗电（ ）kW・h。

A. 60 B. 6 C. 0.6 D. 0.06

95. 以下关于同一规格铅酸蓄电池连续使用正确叙述为（ ）。

A. 电池串联使用电压相加容量相加

B. 电池串联使用电压相加容量不变

C. 电池并联使用电流不变容量相加

D. 电池并联使用电压不变容量不变

96. 以下（ ）不属于太阳能光伏发电系统室内设备。

A. 蓄电池组 B. 太阳能电池板 C. 逆变器 D. 太阳能控制器

97. 以下（ ）不属于太阳能光伏发电系统室外设备。

A. 太阳能电池板 B. 太阳能支架 C. 太阳能控制器 D. 电缆

98. 以下设备不属于交流系统设备的是（ ）。

A. 变压器 B. 电池组 C. 市电稳压器 D. 柴油发电机组

99. 以下设备不属于直流系统设备的是（ ）。

A. 整流器 B. 电池组 C. DC/DC 变换器 D. UPS

100. 柴油发电机组，在两次启动期间需有间隔时间，目的是（ ）。

A. 供油需要恢复时间 B. 启动电池需要恢复时间

C. 防止金属间的磨损 D. 启动马达需要复位

101. 有两个容量相差一倍的理想电容器，当一个大容量电容器充足电离开电源后，再与另一个电容并联较长时间后分开，问在两者分开瞬间其两端的电压（ ）。

A. 相等 B. 大电容电压高 C. 小电容电压高 D. 不确定

102. 在电路中的电阻两端的电压与通过的电流的关系（ ）。

A. 成反比 B. 成正比 C. 没关系 D. 不确定

103. 在电阻、电感串联电路中，如果把 U 和 I 直接相乘，我们把这个乘积称为（ ）。

A. 有功功率 B. 无功功率 C. 视在功率 D. 最大功率

104. 在动力监控系统维护过程中，以下（ ）不属于软件系统的安全防护内容。

A. 安装补丁程序 B. 安装杀毒软件

C. 安装业务台软件 D. 安装和设置防火墙

105. 在动力监控系统中，以下（ ）不属于前端采集设备。

A. 传感器 B. 变送器 C. 交换机 D. 通用采集器

106. 在动力监控系统中，以下（　　）不属于网络传输及接口设备。
A. 集线器　B. 变送器　C. 路由器　D. 调制解调器
107. 在后备式 UPS 中，只有当市电出现故障时（　　）才启动进行工作。
A. 电池充电电路　B. 静态开关　C. 滤波器　D. 逆变器
108. 在外电电网电压正常时，UPS 的任务主要是对自身蓄电池进行充电，其输出电压就是输入电网的电压，这种 UPS 称为（　　）。
A. 并联式 UPS　B. 在线互动式 UPS　C. 后备式 UPS　D. 在线式 UPS
109. 在线式 UPS 在市电正常时，负载是由（　　）提供的。
A. 市电直接供电　B. 稳压器　C. 充电器　D. 逆变器
110. 兆欧表在进行测量时接线端的引线应选用（　　）。
A. 双股软线　B. 双股绞线　C. 单股软线　D. 单股硬线
111. 电荷的（　　）形成电流。
A. 积累　B. 定向移动　C. 静止状态　D. 不规则运动
112. 电流方向是指（　　）定向移动的方向。
A. 电子　B. 负电荷　C. 正电荷　D. 分子
113. 在串联电路中，电流（　　）相等。
A. 与电压在数值上　B. 与时间在数值上
C. 处处　D. 与负载功率在数值上
114. 电流的单位名称是（　　）。
A. 伏特　B. 安培　C. 欧姆　D. 库仑
115. 电流单位用符号（　　）表示。
A. V　B. A　C. F　D. ℃
116. 与 100mA 电流相等的是（　　）。
A. 100mV　B. 0.1A　C. 100A　D. 100μA
117. 电源一定时，总电流的大小与（　　）成正比。
A. 总负载的大小　B. 通电时间
C. 负载支路多少　D. 各支路电流之和的倒数
118. 在电源（　　），电流的方向是从电源的正极流向负极。
A. 内部　B. 断开时　C. 叠加后　D. 外部
119. 在并联电阻电路中的总电流等于（　　）。
A. 各支路电流的和　B. 最大支路的电流
C. 最小支路电流　D. 各支路电流和的倒数
120. 电磁继电器线圈流过一定的电流时，就会产生电磁效应，衔铁就会在（　　）的吸引下克服返回弹簧的拉力吸向铁芯，从而带动衔铁的动触点与静触点（常开触点）吸合。
A. 电磁力　B. 弹簧的拉力　C. 电流热效应　D. 互感作用
121. 电磁式继电器一般由铁芯、线圈、衔铁、（　　）等组成的。
A. 双金属片　B. 触点簧片　C. 碳刷　D. 转子
122. 继电器线圈未通电时，处于断开状态的静触点称为（　　）。
A. 双金属片　B. 常闭触点　C. 常开触点　D. 炭刷
123. 电压是两点间的电位（　　）。

A. 之和　　B. 乘积　　C. 之一　　D. 之差

124. 单位正电荷在电场中某一点所具有的势能称为（　　）。

A. 电压　　B. 电位　　C. 电阻　　D. 电容

125. 同一参考点的两个电压，A 为 12 V；B 为负 48 V，则高点电位是（　　）。

A. 48V　　B. 60V　　C. −48 V　　D. 12V

126. 电流通过电阻时将产生（　　）。

A. 压降　　B. 相移　　C. 停滞现象　　D. 振荡

127. 电流通过电阻时形成的电压与通过的电流（　　）。

A. 成反比　　B. 相等　　C. 无关　　D. 成正比

128. 两个不同阻值的负载串联后施以电压，两负载上的分压值（　　）。

A. 不相等　　B. 相等

C. 之差等于施以的电压　　D. 阻值小的分压大于阻值大的分压

129. 电压的基本单位是（　　）。

A. 毫伏　　B. 千伏　　C. 伏特　　D. 安培

130. 以下是用不同的单位标出的一组电压数据，其中电压最高的是（　　）。

A. 380V　　B. 0.5mV　　C. 4000μV　　D. 0.4kV

131. 一个阻值为 48Ω 的电阻，通过的电流是 1000mA，那么电阻两端的电压是（　　）。

A. 48V　　B. 48mV　　C. 48μV　　D. 48kV

132. 表示变压器和白炽灯的一组符号是（　　）。

A. 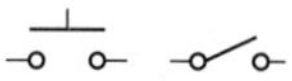　　B. 　　C. 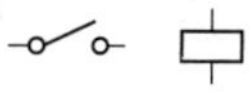　　D.

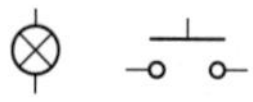

133. 表示按钮和开关的一组符号是（　　）。

A. 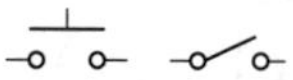　　B. 　　C. 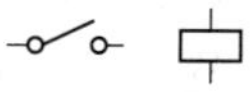　　D.

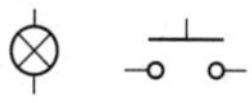

134. 表示电阻和电容的一组符号是（　　）。

A. 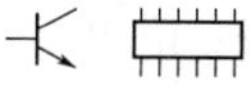　　B. 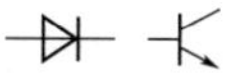　　C. 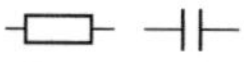　　D.

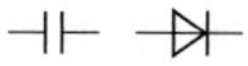

135. 导体对电流的（　　）作用称为导体的电阻。

A. 传导　　B. 阻碍　　C. 放大　　D. 加速

136. 导体的电阻值的大小与（　　）无关。

A. 流过导体的电流　　B. 导体长度

C. 导体截面积　　D. 导体材料

137. 下列物质中，电阻率最小的物质是（　　）。

A. 木材　　B. 塑料　　C. 铜　　D. 陶瓷

138. 电阻的国际标准单位是（　　）。

A. 安培　　B. 千欧　　C. 欧姆　　D. 伏特

139. 一组常用的电阻单位是（　　）。

A. Ω、kΩ、MΩ　　B. Ω、kA、MΩ　　C. Ω、kV、MΩ　　D. μV、mV、V

140. 下列阻值最大的是（　　）。

A. 50kΩ　　B. 5000Ω　　C. 0.5 MΩ　　D. 0.5kΩ

141. 电感的基本单位是（　　）。

A. 斯特拉　　B. 亨利　　C. 欧姆　　D. 库仑

142. 正确的等式是（　　）。

A. 1H＝1000mH　B. 1H＝1000MH　C. 1H＝100mH　D. 1mH＝1000H

143. 线圈的匝数越多，线圈的电感量将（　　）。

A. 越小　B. 越大

C. 不变　D. 先增大，后减小

144. 被介质分隔的两个任何形状的（　　）即构成一个电容器。

A. 绝缘体　B. 塑料　C. 导体　D. 陶瓷

145. 电容器是一个（　　）元件。

A. 耗能　B. 变压　C. 稳压　D. 储能

146. 电容的基本单位是（　　）。

A. 亨利　B. 伏特　C. 欧姆　D. 法拉

147. 导体中的电流跟导体两端电压成正比，跟导体的电阻成反比，这个结论称为（　　）。

A. 欧姆定律　B. 焦耳定律　C. 电磁感应定律　D. 互感原理

148. 电阻、电压、电流的关系式是（　　）。

A. $R=UI$　B. $R=U/I$　C. $R=I/U$　D. $R=U^2/I$

149. 欧姆定律是描述电路中电压、电流和（　　）三者关系的一个基本定律。

A. 电势　B. 电感　C. 电阻　D. 电容

150. 三个阻值相同的电阻并联接入电路中，总电阻是6Ω，则每一个电阻的阻值是（　　）。

A. 2Ω　B. 6Ω　C. 9Ω　D. 18Ω

151. 流过2Ω电阻的电流是4A，则其两端电压是（　　）。

A. 2V　B. 6V　C. 8V　D. 3V

152. 一个10Ω的电阻两端电压为10V，则流过其中的电流为（　　）。

A. 1A　B. 10A　C. 1mA　D. 10mA

153. 电场力对定向移动的电荷所做的功，简称为（　　）。

A. 电流　B. 电压　C. 电功　D. 电阻

154. 电流在单位时间内所做的功称为（　　）。

A. 电功率　B. 电压　C. 电功　D. 电阻

155. 关于电功率，下列说法正确的是（　　）。

A. 电流做功越多，功率越大

B. 电流做相同多的功，用的时间越长，功率越大

C. 电流做功的时间越短，功率越大

D. 在相同的时间内，做功越多，功率越大

156. 在交流电路中，对于阻性负载来说，其功率因数可视为（　　）。

A. 小于1　B. 大于1　C. 等于1　D. 等于0

157. 假设所有导体都没有电阻，当用电器通电时，下列说法正确的是（　　）。

A. 白炽灯仍然能发光　B. 电动机仍然能转动

C. 电饭锅仍然能煮饭　D. 电熨斗仍然能熨衣服

158. 下列负载中，属于阻性负载的电器是（　　）。

A. 变压器　B. 电动机　C. 整流器　D. 白炽灯

159. 任一时刻，流入一个节点的电流之和（　　）从该节点流出的电流之和。

A. 等于　　B. 不等于　　C. 小于　　D. 大于

160. 基尔霍夫电流定律（KCL）是描述所有连接在同一个节点的各支路（　　）之间关系的基本定律。

A. 电阻　　B. 电路　　C. 电压　　D. 电流

161. 有一个四条支路的节点，两条支路共流入电流 10A，另一条支路流入电流 5A，剩下一条支路流出（　　）。

A. 10A　　B. 15A　　C. 5A　　D. 50A

162. 在任何时刻，沿任意闭合回路绕行一周，回路中各段电压的代数和恒等于（　　）。

A. 最大的电压　　B. 最小的电压

C. 零　　D. 各段电压绝对值和

163. 基尔霍夫电压定律（KVL）是描述回路中各支路或各元件（　　）之间关系的一个基本定律。

A. 电压　　B. 电路　　C. 电阻　　D. 电流

164. 在电路计算中，与参考方向相反的电压取（　　）值。

A. 正　　B. 负　　C. 代数　　D. 绝对

165. 理想 LC 电路的谐振条件是（　　）。

A. 感抗≫容抗　　B. 容抗≫感抗　　C. 感抗＝容抗　　D. 感抗＋容抗＝1

166. 电路并联谐振时（　　）。

A. 电流最大　　B. 阻抗最大　　C. 阻抗最小　　D. 功耗最大

167. 电路串联谐振时（　　）。

A. 电流最小　　B. 阻抗最大　　C. 阻抗最小　　D. 功耗最大

168. 变压器是根据（　　）工作的，可进行交流电压变换、能量传递以及阻抗变换等。

A. 电阻分压原理　　B. 交流谐振原理　　C. 电磁感应原理　　D. 欧姆定律

169. 如果想提高一台变压器的输出电压，下列说法正确的是（　　）。

A. 减少一次绕组匝数　　B. 增加一次绕组匝数

C. 增加补偿电容　　D. 增加负荷

170. 电压互感器、电流互感器是根据（　　）制造的。

A. 继电器原理　　B. 电阻分压原理　　C. 变压器原理　　D. 欧姆定律

171. 非静电力在电源内部将正电荷从电源负极移送到正极所做的功与被移送电量的比值称为电源的（　　）。

A. 电动势　　B. 功率　　C. 内阻　　D. 容量

172. 在闭合电路中，要维持持续的电流，就必须设法维持电路两端具有（　　）。

A. 一定的电阻值　　B. 一定的电容　　C. 电势差　　D. 电感

173. 电源的电动势对一个固定电源来说是不变的，其大小只跟（　　）有关。

A. 电源本身的特性　　B. 内外电路的电阻

C. 电路电容　　D. 负载电流

174. 电路中的电阻既有串联又有并联的连接形式称为（　　）电路。

A. 电阻串联　　B. 电阻并联　　C. 电阻混联　　D. 电源混联

175. 如图 1-1 所示的电路中，各电阻的阻值均为 5Ω，a、b 两端的等效电阻约为（　　）。

A. 3Ω　　　　B. 5Ω　　　　C. 10Ω　　　　D. 15Ω

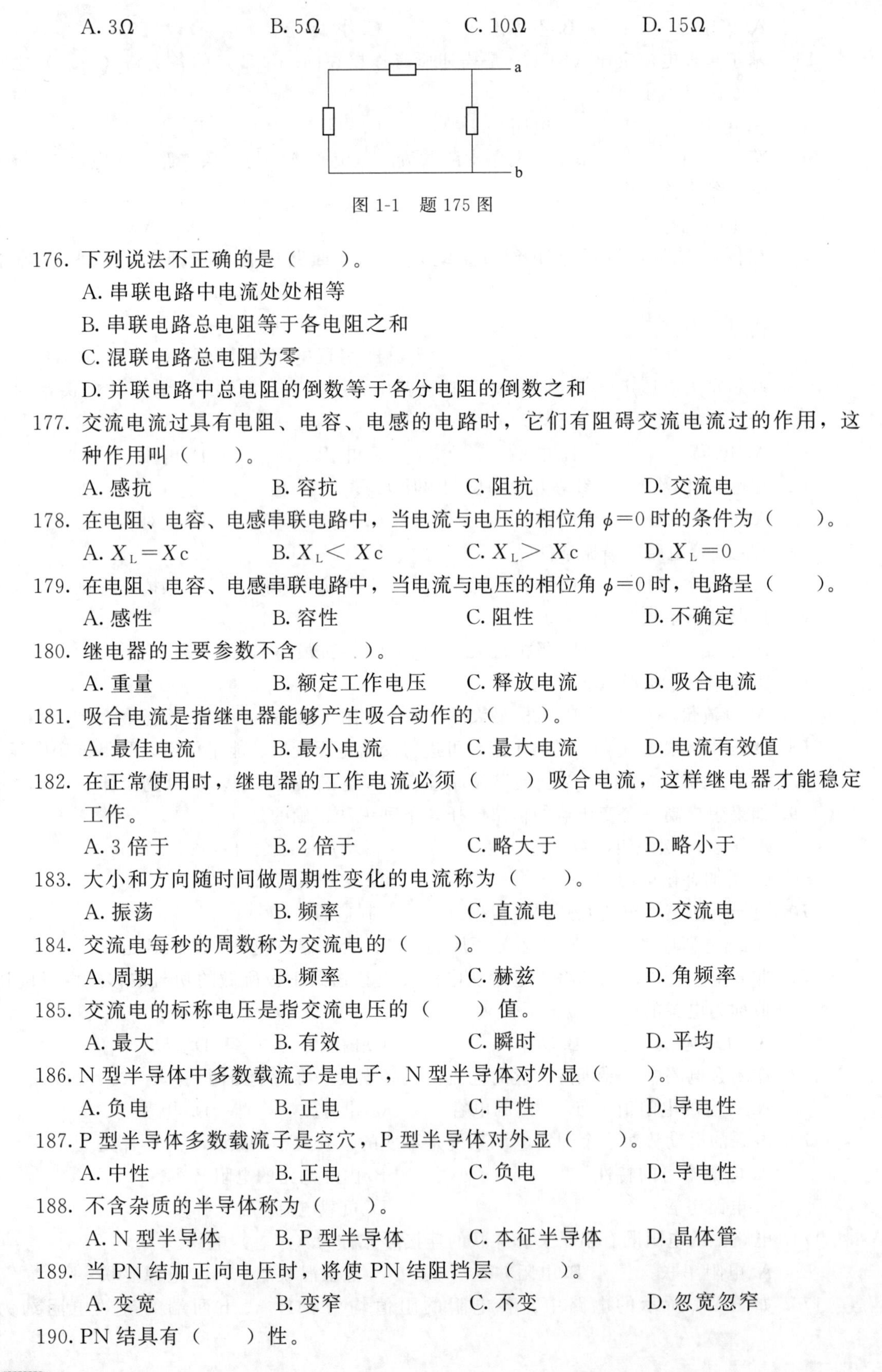

图 1-1　题 175 图

176. 下列说法不正确的是（　　）。
A. 串联电路中电流处处相等
B. 串联电路总电阻等于各电阻之和
C. 混联电路总电阻为零
D. 并联电路中总电阻的倒数等于各分电阻的倒数之和

177. 交流电流过具有电阻、电容、电感的电路时，它们有阻碍交流电流过的作用，这种作用叫（　　）。
A. 感抗　　　　B. 容抗　　　　C. 阻抗　　　　D. 交流电

178. 在电阻、电容、电感串联电路中，当电流与电压的相位角 $\phi=0$ 时的条件为（　　）。
A. $X_L=X_C$　　　　B. $X_L<X_C$　　　　C. $X_L>X_C$　　　　D. $X_L=0$

179. 在电阻、电容、电感串联电路中，当电流与电压的相位角 $\phi=0$ 时，电路呈（　　）。
A. 感性　　　　B. 容性　　　　C. 阻性　　　　D. 不确定

180. 继电器的主要参数不含（　　）。
A. 重量　　　　B. 额定工作电压　　　　C. 释放电流　　　　D. 吸合电流

181. 吸合电流是指继电器能够产生吸合动作的（　　）。
A. 最佳电流　　　　B. 最小电流　　　　C. 最大电流　　　　D. 电流有效值

182. 在正常使用时，继电器的工作电流必须（　　）吸合电流，这样继电器才能稳定工作。
A. 3 倍于　　　　B. 2 倍于　　　　C. 略大于　　　　D. 略小于

183. 大小和方向随时间做周期性变化的电流称为（　　）。
A. 振荡　　　　B. 频率　　　　C. 直流电　　　　D. 交流电

184. 交流电每秒的周数称为交流电的（　　）。
A. 周期　　　　B. 频率　　　　C. 赫兹　　　　D. 角频率

185. 交流电的标称电压是指交流电压的（　　）值。
A. 最大　　　　B. 有效　　　　C. 瞬时　　　　D. 平均

186. N 型半导体中多数载流子是电子，N 型半导体对外显（　　）。
A. 负电　　　　B. 正电　　　　C. 中性　　　　D. 导电性

187. P 型半导体多数载流子是空穴，P 型半导体对外显（　　）。
A. 中性　　　　B. 正电　　　　C. 负电　　　　D. 导电性

188. 不含杂质的半导体称为（　　）。
A. N 型半导体　　　　B. P 型半导体　　　　C. 本征半导体　　　　D. 晶体管

189. 当 PN 结加正向电压时，将使 PN 结阻挡层（　　）。
A. 变宽　　　　B. 变窄　　　　C. 不变　　　　D. 忽宽忽窄

190. PN 结具有（　　）性。

A. 导电　　B. 单向导电　　C. 电压放大特性　　D. 电流放大特性

191. 当 PN 结加正向电压，P 区和 N 区的多数载流子在电场作用下通过 PN 结形成较大的正向电流，此时 PN 结处于（　　）状态。

A. 截止　　B. 反向偏置　　C. 导通　　D. 放大

192. 下列是二极管主要参数的有（　　）。

A. 最大整流电流　　B. 尺寸　　C. 颜色　　D. 温度特性

193. 二极管参数决定其性能，而（　　）不是二极管主要参数。

A. 反向峰值电压　　B. 反向峰值电流　　C. 最大整流电流　　D. 尺寸

194. 在一个 6V 整流电源中，整流管的选择主要应考虑（　　）。

A. 反向峰值电压　　B. 工作频率　　C. 最大整流电流　　D. 温度特性

195. 将 PN 结加上相应的电极引线和管壳，就构成了（　　）。

A. 电阻　　B. 二极管　　C. 电容　　D. 三极管

196. 点接触型二极管一般为（　　）。

A. 三极管　　B. 场效应管　　C. 锗管　　D. 硅管

197. 面接触型二极管一般为（　　）。

A. 场效应管　　B. 三极管　　C. 锗管　　D. 硅管

198. 当锗材料的二极管导通时，正向压降约为（　　）。

A. 0V　　B. 0.2～0.3V　　C. 0.6～0.8 V　　D. 1.2V

199. 当硅材料的二极管导通时，正向压降约为（　　）。

A. 0V　　B. 0.2～0.3V　　C. 0.6～0.8 V　　D. 1.2V

200. 当二极管的工作电流超过允许值时，由于 PN 结过热将使管子（　　）。

A. 截止　　B. 导通　　C. 损坏　　D. 处于放大区

201. 稳压二极管工作在（　　）区。

A. 反向击穿　　B. 死区　　C. 正向导通　　D. 放大区

202. 当稳压二极管工作在反向击穿区时，电流虽然在很大范围变化，但其两端的电压变化却（　　）。

A. 很大　　B. 很小　　C. 成倍增长　　D. 是反向的

203. 稳压二极管的主要参数之一是（　　）。

A. 封装　　B. 正向压降　　C. 放大倍数　　D. 最大允许耗散功率

204. 下列图形符号中，表示三极管的是（　　）。

A.　　B.　　C.　　D.

205. 下列图形符号中，表示集成电路的是（　　）。

A.　　B.　　C.　　D.

206. 下列图形符号中，表示稳压管的是（　　）。

A.　　B.　　C.　　D.

207. 判定二极管的材料和正负极性时，最好用数字万用表的（　　）挡位。

A.　　B. DCV　　C. Hz　　D. Ω

208. 如图 1-2 所示电路中，当电源电压为 1.5V、二极管为硅管、电阻为 1kΩ 时，电阻两端电压约为（　　）。

A. 1.5V　　B. 0.8V　　C. 0V　　D. 2.2V

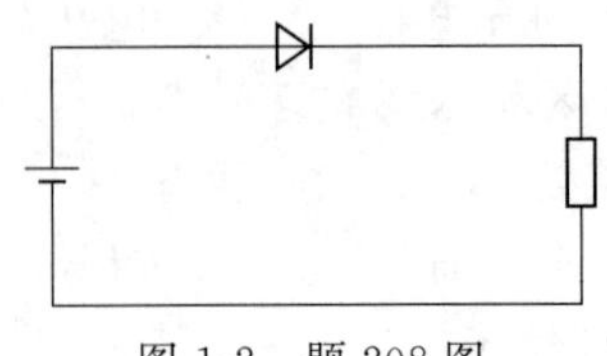

图 1-2　题 208 图

209. 二极管具有单向导电性使其可应用在许多电路中，下列不属于二极管作用的是（　　）。

A. 整流　　B. 反向阻塞　　C. 检波　　D. 放大

210. 晶闸管有（　　）个 PN 结。

A. 1　　B. 2　　C. 3　　D. 4

211. 晶闸管导通条件是（　　）电压。

A. 阳极加正向　　B. 控制极加正向　　C. 阴极加反向　　D. 阳极、控制极加正向

212. 晶闸管关断的条件是（　　）电压。

A. 阳极加正向　　B. 阳极加反向　　C. 取消控制极正向　　D. 控制极加反向

213. 三极管由于制造工艺的分散性，即使同一型号晶体管的电流放大系数 β 也有较大差别，常用的晶体管的 β 值在（　　）之间。

A. 20～100　　B. 100～200　　C. 200～250　　D. 250～500

214. 三极管的集-基极反向截止电流受温度影响大，在温度稳定性上，（　　）。

A. 硅管优于锗管　　B. 锗管优于硅管　　C. 硅管、锗管一样　　D. 主要看工艺

215. 如图 1-3 所示是三极管单管直流放大电路，当三极管的放大倍数为 80 倍时，1kΩ 电阻两端的电压约为（　　）。

A. 5V　　B. 3.5V　　C. 0.7V　　D. 两个 PN 结的正向电压

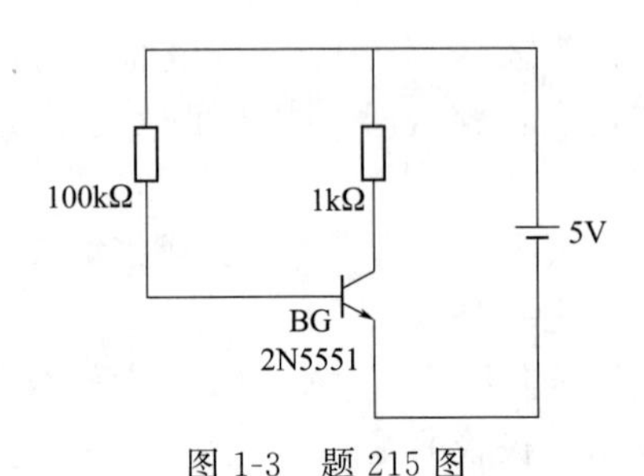

图 1-3　题 215 图

216. 利用石英晶体代替 LC 谐振回路，这种振荡器就称为（　　）振荡器。

A. 电容三端式　　B. 石英晶体　　C. 电感三端式　　D. RC 移机式

217. 振荡器频率稳定性最高的是（　　）式振荡器。

A. 石英晶体　　B. RC 交式电桥　　C. LC 变压器反馈　　D. 三端电容

218. LC 与 RC 振荡器相比，具有（　　）的优点。

A. 输出频率高　　B. 输出频率低　　C. 输出频率一定　　D. 频率随机变化

219. 在发光二极管上加正向电压，并保证足够的（　　）时，发光管就能发出清晰的光来。

A. 电流通过　　B. 通电时间　　C. 电压变化量　　D. 温度

220. 发光二极管的工作电压为（　　）。

A. 0.2～0.3V　　B. 0.6～0.8V　　C. 1.5～3V　　D. 5 V

221. 发光二极管不能用于（　　）。

A. 各种指示　　B. 红、绿、蓝、黄、白等颜色

C. 串联限流电阻使用　　D. 整流电路

222. 稳压二极管工作区域的特点是（　　）。

A. 电压微小变化，电流也有微小变化　　B. 电压微小变化，电流变化迅速

C. 电压变化与电流变化成正比　　D. 电压变化极大，而电流有微小变化

223. 稳压二极管主要应用于（　　）型稳压电路中。

A. 小功率并联　　B. 大功率并联　　C. 串联调整　　D. 大电流输出

224. 稳压二极管的动态电阻是指稳压管端电压的（　　）与相应的电流变化量的比值。

A. 最小值　　B. 最大值　　C. 变化量　　D. 平均值

225. 并联式稳压电源的主要优点是（　　）。

A. 线路简单　　B. 稳压精度高　　C. 输出电流大　　D. 效率低

226. 并联式稳压电源的主要缺点不包括（　　）。

A. 输出电压变动范围不大　　B. 稳压精度较差

C. 线路简单　　D. 效率低

227. 在空载输出状态下，并联式稳压电源通过稳压管的电流（　　）。

A. 无限大　　B. 为零　　C. 最小　　D. 最大

228. 如图 1-4 所示是一个比较典型的稳压二极管并联调整型稳压电路，对其工作原理分析错误的是（　　）。

A. 空载输出时，通过稳压管的电流最大

B. 最大电流输出时，通过稳压管的电流最小

C. 由于稳压管的作用，所以输入电压的变化量都体现在降压电阻上

D. 降压电阻可有可无

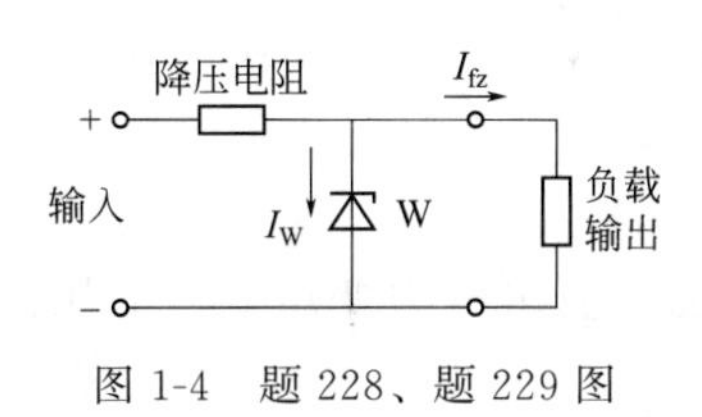

图 1-4　题 228、题 229 图

229. 如图 1-4 所示，稳压管损坏断路时，出现的故障现象不包括（　　）。

A. 输出电压随输入电压波动

B. 稳压性能不受影响

C. 输出电压过高时，可能损坏负载元件

D. 负载变化对输出电压影响较大

230. 通常稳定电压为（　　）的稳压管的温度稳定性较好。

A. 24～25 V　　B. 12～15V　　C. 8～10V　　D. 5～6V

231. 半波整流电路负载所获得的直流电压是变压器次级电压有效值的（　　）倍。

A. 0.45　　B. 0.9　　C. 2　　D. 0.5

232. 整流电路的作用是把（　　）电变成脉动的直流电。

A. 直流　　B. 交流　　C. 电压　　D. 电流

233. 在桥式整流电路中，负载所得的直流电压是变压器次级电压的（　　）倍。
A. 0.45　　B. 0.9　　C. 2　　D. 0.5

234. 滤波电路的作用就是滤除电流中的（　　）成分。
A. 直流　　B. 交流　　C. 脉动直流　　D. 高频杂音

235. 为了提高滤波效果，应采用（　　）滤波。
A. 电容　　B. 电感　　C. 复合　　D. 阻容

236. 可作为滤波元件的是（　　）。
A. 电感　　B. 二极管　　C. 三极管　　D. 晶闸管

237. 通信电源系统要求直流供电杂音小于（　　）。
A. 1mV　　B. 2mV　　C. 5mV　　D. 10mV

238. 对于－48V 供电系统，电信设备上供电端子允许电压变动范围（　　）。
A. －58～－40V　　B. －60～－40V　　C. －60～－45V　　D. －58～－38V

239. 通信设备对直流电源的要求是：供电安全可靠、稳定、（　　）。
A. 停电不超过 60min　　B. 停电不超过 2h
C. 可以瞬时停电　　D. 无瞬间停电

240. 在－48 V 直流电源系统中，供电回路全程最大允许压降（　　）。
A. 3V　　B. 4V　　C. 5V　　D. 6V

241. 直流供电回路接头压降，在 1000A 以下，每百安培应小于或等于（　　）。
A. 3mV　　B. 4mV　　C. 5mV　　D. 6mV

242. 直流供电回路接头压降，在 1000A 以上，每百安培应小于（　　）。
A. 3mV　　B. 4mV　　C. 5mV　　D. 6mV

243. 三相交流供电线电压最低不低于（　　）。
A. 304V　　B. 323V　　C. 362V　　D. 380V

244. 三相交流供电线电压最高不高于（　　）。
A. 399V　　B. 400V　　C. 418V　　D. 437V

245. 三相交流供电电压不平衡度，不大于（　　）。
A. 2%　　B. 3%　　C. 4%　　D. 5%

246. 通信电源交流供电系统一般由电力变压器、低压配电屏、高压电器、（　　）等组成。
A. 交换设备　　B. 传输设备　　C. 柴油发电机组　　D. 高频开关电源

247. 通常情况下，通信局（站）使用的变压器高压侧电网电压为（　　）。
A. 220V　　B. 380V　　C. 3kV　　D. 10kV

248. 通信电源交流低压侧供电方式大多为（　　）。
A. 三相四线制　　B. 三相三线制　　C. 三相五线制　　D. 两相三线制

249. 低压配电屏的作用是运行监视、集中控制和（　　）。
A. 提高电压　　B. 负荷分配　　C. 节约电能　　D. 连续供电

250. 重要的通信枢纽局若有条件可引入（　　）路高压专线。
A. 1　　B. 2　　C. 3　　D. 4

251. 低压交流配电屏是连接降压变压器、低压电源和（　　）的装置。
A. 电池组　　B. 柴油发电机组　　C. 直流配电屏　　D. 交流负载

252. 交流配电屏事故照明在（　　）情况下，能自动接通直流电源作为紧急照明。

A. 一路市电停电　B. 两路市电正常　C. 两路市电停电　D. 发电机组停机

253. 通常情况下，交流配电屏电源接入方式是（　）。

A. 一路市电、一路油机　B. 两路市电

C. 两路市电、一路油机　D. 一路市电

254. 通信电源中交流配电屏的事故照明由（　）供电。

A. 交流 380V　B. 交流 220V　C. 蓄电池组　D. 柴油发电机组

255. 交流配电的电缆接入方式是“三相五线制”，它是指（　）。

A. 三相＋零线＋防雷　B. 三相＋地线＋防雷

C. 三相＋零线＋地线　D. 零线＋地线＋防雷

256. 交流配电屏内的防雷模块可以将雷击产生的大量脉冲能量释放到（　）上。

A. 零线　B. 地线　C. 火线　D. 机架

257. 大中型通信枢纽的交流电源，一般采用（　），除了保证供电可靠以外，还可以避免通信交流供电受其他用户负荷变化的影响。

A. 直接由低压用户线引入　B. 由发电厂引出一路馈电线供电

C. 一路市电，高压降压后引入　D. 两路市电，高压降压后引入

258. 一般万用表可直接测量的物理量是（　）。

A. 有功功率　B. 工频电压　C. 无功功率　D. 电能

259. 用来测量交流电流的钳形表由电流互感器和（　）组成。

A. 电压表　B. 比率表　C. 电能表　D. 电流表

260. 交流电流表表盘刻度盘的数值是交流电流的（　）。

A. 有效值　B. 平均值　C. 瞬时值　D. 最大值

261. 当交流电源停电时，（　）能自动接通事故照明电路。

A. 交流配电屏　B. 整流器　C. 蓄电池　D. 直流配电屏

262. 在（　）上，市电或发电机组的供电可以进行人工转换。

A. 整流器　B. 交流配电屏　C. 蓄电池　D. 直流配电屏

263. 交流配电屏的母线排 A、B、C 三相规定的通用色分别是（　）。

A. 黄、绿、红　B. 红、黄、绿　C. 红、绿、黄　D. 黄、红、绿

264. 直流配电屏的作用是将整流器、变换器、电池组通过（　）供给负载可靠的直流电源。

A. 控制电路　B. 供给设备　C. 调压器　D. 熔断器

265. 通信电源直流供电系统由整流器、电池组、直流配电屏和（　）组成。

A. 变换器　B. UPS　C. 发电机组　D. 稳压器

266. 直流配电屏输出熔断器上并联有（　），在熔断器熔断时发出告警信号。

A. 告警熔断器　B. 电容器　C. 二极管　D. 分流电阻

267. 直流电源系统的高低压告警是在（　）上调整的。

A. 交流配电屏　B. 整流器　C. 蓄电池　D. 直流配电屏

268. 扩大直流电压表量程的方法是（　）。

A. 串联分压电阻　B. 并联分压电阻　C. 串联分流电阻　D. 并联分流电阻

269. 扩大直流电流表量程的方法是（　）。

A. 串联分压电阻　B. 并联分压电阻　C. 串联分流电阻　D. 并联分流电阻

270. 用数字万用表测直流电压时，选择的挡位是（　）。

A. DC，V　B. AC，V　C. AC，I　D. DC，I

271. 变压器的分接开关是用于改变变压器____次绕组抽头，借以改变变比，调整____次电压的专用开关。（　）

A. 一；二　B. 一；一　C. 二；二　D. 二；一

272. 表示变压器油电气性能好坏的主要参数是（　）。

A. 酸值　B. 密度　C. 黏度　D. 绝缘强度

273. 油浸变压器在正常使用条件下，线圈温升限值应不超过（　）。

A. 45℃　B. 55℃　C. 65℃　D. 75℃

274. 变压器的绝缘分主绝缘和纵向绝缘两部分。（　）绝缘是变压器的主绝缘。

A. 绕组对地　B. 层间　C. 匝间　D. 绕组对静电屏之间

275. 电力变压器接____的绕组为一次侧，接____的绕组为二次侧。（　）

A. 高压，低压　B. 负载，电源　C. 电源，负载　D. 低压，高压

276. 变压器的绝缘分主绝缘和纵向绝缘两部分。（　）绝缘是变压器的纵向绝缘。

A. 绕组对地　B. 层间

C. 相间　D. 同一相而不同电压等级的绕组之间的

277. 变压器运行时，高压侧电压偏差不得超过额定值的（　）。

A. ±30%　B. ±20%　C. ±10%　D. ±5%

278. 变压器运行时，低压侧最大不平衡电流不得超过额定电流的（　）。

A. 25%　B. 30%　C. 35%　D. 40%

279. 变压器正常运行时，上层油温一般不应超过（　）。

A. 65℃　B. 75℃　C. 85℃　D. 95℃

280. 一台变压器的型号是SJL-560/10，其中S表示（　）。

A. 单相　B. 三相　C. 风冷　D. 油浸自冷

281. 一台变压器的型号是SJL-560/10，其中的560表示（　）。

A. 额定电流　B. 额定电压　C. 额定容量　D. 额定频率

282. 变压器铭牌上的额定容量是指（　）。

A. 视在功率　B. 有功功率　C. 无功功率　D. 平均功率

283. 低压电器通常是指工作在交流或直流（　）以下的电路中，用来对电能的产生、输送、分配和使用起开关、控制、保护和调节作用的电气设备。

A. 500V　B. 380V　C. 220V　D. 48V

284. 属于自动切换电器的是（　）。

A. 闸刀开关　B. 接触器　C. 转换开关　D. 插座

285. 下列属于非自动切断电器的是（　）。

A. 闸刀开关　B. 接触器　C. 熔断器　D. 低压断路器

286. 闸刀开关可用于____地接通与分断额定电流____的负载。（　）

A. 频繁，以下　B. 不频繁，以下　C. 频繁，以上　D. 不频繁，以上

287. 闸刀开关的____应与线路的电压相等，____应满足最大负荷电流的需要。（　）

A. 额定电压；额定电流　B. 电压；电流

C. 电流；电流　D. 电压；电压

288. 闸刀开关应____安装在闸刀开关板上，使夹座位于____。（　）

A. 水平；上方　B. 垂直；上方　C. 水平；下方　D. 垂直；下方

289. 闸刀开关与熔断器配合使用时，熔断器应安装在（　　）。
A. 电源侧　　B. 负荷侧　　C. 任意一侧　　D. 两侧
290. 闸刀开关合闸时，要保证三相同步，各相接触良好。若一相接触不良，会造成（　　）。
A. 弧光　　B. 短路　　C. 过载　　D. 缺相
291. 有填料熔断器主要用于（　　）保护电路。
A. 照明短路　　B. 负荷短路　　C. 信号回路　　D. 大负荷过载
292. 信号熔断器的主要用途是（　　）。
A. 大负荷电路保险　　B. 过载的快速保护
C. 主熔断器熔断时发出告警信号　　D. 短路保护
293. 一般万用表可用来（　　）。
A. 测量有功功率　　B. 测量无功功率　　C. 测量电能　　D. 判断二极管好坏
294. 用万用表欧姆挡测量电阻时，指针指示在表盘（　　）位置可使读数准确。
A. 最左侧　　B. 任意位置　　C. 中间　　D. 最右侧
295. 用万用表欧姆挡测量电阻时，挡位对应的是×10 挡，所测电阻的实际值为指示值乘以（　　）。
A. 1　　B. 10　　C. 100　　D. 10k
296. 一般钳形电流表不适于测量的电流是（　　）。
A. 单相交流电流　　B. 三相交流电流　　C. 高压交流二次回路　　D. 直流电流
297. 用钳形电流表测量导线电流时，被测导线在钳口的绕线为 3 匝，表头指示为 45A，则被测导线电流为（　　）。
A. 3A　　B. 15A　　C. 45A　　D. 135A
298. 钳形电流表（　　），测量导线中的电流。
A. 在停电的情况下　　B. 必须在切断负荷时
C. 能够在不断开被测导线的情况下　　D. 必须断开导线
299. 汽油的分类是按照它的（　　）进行的。
A. 所含丙烷值　　B. 冰点值　　C. 所含辛烷值　　D. 含纯油纯度
300. 柴油的分类是按照其（　　）进行的。
A. 所含丙烷值　　B. 冰点值　　C. 所含辛烷值　　D. 含纯油纯度
301. 拆卸柴油机时，用（　　）分两到三次，对称均匀地拆卸气缸盖上的螺母。
A. 手钳　　B. 开口扳手（死扳手）
C. 公斤扳手（扭力扳手）　　D. 开口钳
302. 拆装柴油机时，用（　　）拆装活塞环。
A. 活塞环钳　　B. 起子（螺丝刀）　　C. 开口扳手（死扳手）D. 手钳
303. 拆装柴油机时，用（　　）修整活塞环开口间隙。
A. 剪刀　　B. 锉刀　　C. 砂纸　　D. 砂轮
304. 柴油机技术保养分为（　　）级。
A. 1　　B. 2　　C. 3　　D. 4
305. 柴油机一级技术保养周期是其累计工作（　　）。
A. 50h　　B. 250h　　C. 500 h　　D. 1500h
306. 柴油机二级技术保养不包括（　　）。

A. 检查调整燃油喷射系统部件　B. 更换机油
C. 更换机油滤清器或其滤芯　D. 检查调整气门间隙

307. 低速内燃机是指转速在（　　）。
A. 1000r/min 以下　B. 600～1000r/min 之间
C. 600r/min 以下　D. 300r/min 以下

308. 工质在单位时间内对活塞所做的有用功称为（　　）。
A. 表观功率　B. 表视功率　C. 指示功率　D. 标准功率

309. 内燃机每一小时发出每千瓦的指示功率所需要的燃料量称为（　　）。
A. 指示燃烧消耗率　B. 表观燃烧消耗率
C. 标准燃烧消耗率　D. 标定燃烧消耗率

310. NTA-855-G360 型柴油机中的 360 表示（　　）。
A. 最大标定功率　B. 最小标定功率　C. 最大扭矩　D. 最小扭矩

311. 内燃机中的水箱、水泵、节温器、风扇组成了内燃机的（　　）系统。
A. 配气　B. 燃油　C. 冷却　D. 润滑

312. 飞轮是柴油机（　　）里的主要部件。
A. 曲轴连杆机构　B. 配气机构　C. 润滑系统　D. 冷却系统

313. 凸轮轴是柴油机（　　）里的主要部件。
A. 曲轴连杆机构　B. 配气机构　C. 润滑系统　D. 冷却系统

314. 6135G 型柴油机，其工作循环是（　　）冲程。
A. 一　B. 二　C. 三　D. 四

315. 6135 型柴油机中的“135”表示（　　）。
A. 活塞行程　B. 气缸直径　C. 燃烧室容积　D. 气缸半径

316. 482F 型汽油机的气缸直径是（　　）。
A. 48mm　B. 48.2mm　C. 82mm　D. 482mm

317. 柴油机的冷却方式分为风冷和（　　）两种形式。
A. 电冷　B. 水冷　C. 光冷　D. 冰冷

318. 一般规定内燃机与传动联轴器两中心线的偏移量（不同心度）不超过（　　）。
A. 0.01mm　B. 0.02mm　C. 0.1mm　D. 0.5mm

319. 内燃机与传动联轴器的歪斜度（不平行度）不得超过（　　）。
A. 0.01mm　B. 0.1mm　C. 0.25mm　D. 0.5mm

320. 电动机启动的柴油机常用的电热装置一般装于（　　）中。
A. 燃油箱　B. 输油管　C. 燃烧室　D. 辅助燃烧室

321. 手摇启动内燃机时，手柄和曲轴的转动传递关系是（　　）。
A. 手柄单向带动曲轴转动　B. 曲轴单向带动手柄旋转
C. 两者相互带动　D. 手柄与曲轴一直同步旋转

322. 内燃机的启动机与曲轴的分离是依靠（　　）作用。
A. 手动　B. 电动　C. 向心力　D. 离心力

323. 柴油发电机组是以柴油机作动力，驱动（　　）而发电的电源设备。
A. 同步直流发电机　B. 同步交流发电机　C. 直流发电机　D. 交流发电机

324. 柴油发动机与发电机的传动采用（　　）联轴器。
A. 弹性柱式　B. 刚性柱式　C. 弹性杆式　D. 刚性杆式

325.（　　）说法是不正确的。

A. 冬季，柴油机尚未启动前，冷却水的温度应保持在 30℃以上，以利于启动

B. 连续启动柴油机的时间不得超过 60s

C. 如果柴油机是第一次启动，应在柴油机启动运转几分钟后停机

D. 在寒冷气候下工作的柴油机，最好采用永久型带有附加防锈剂的防冻液

326. 同步发电机按能量转换方式不同，可分为同步发电机、同步电动机和（　　）。

A. 隐极式同步发电机　　B. 凸极式同步发电机

C. 调相机　　D. 三相同步发电机

327. 同步发电机按转子结构的方式分类，可以分为（　　）种。

A. 一　　B. 两　　C. 三　　D. 四

328. 按照发电机（　　）分类，可把同步发电机分为旋转电枢式和旋转磁极式两种。

A. 结构特点　　B. 原动机类别　　C. 相数　　D. 转子结构

329. 用以确定发电机的稳态参数和表示磁路的饱和情况的特性，不包含（　　）特性。

A. 零功率因数负载　B. 空载　　C. 短路　　D. 调整

330. 发电机的特性中，用来研究发电机和电网连接时功率的传递情况，以及发电机的稳态功率极限的特性是（　　）。

A. 稳态公角特性　　B. 稳态运行特性　　C. 短路特性　　D. 负载特性

331. 凸极式同步发电机的结构不包含（　　）。

A. 定子　　B. 转子　　C. 曲轴和主轴承　D. 端盖及轴承

332. 凸极式同步发电机的机座是用来固定（　　）。

A. 电枢绕组　　B. 定子铁芯　　C. 发电机轴　　D. 磁极

333. 凸极式同步发电机的转子部分由（　　）等组成。

①磁极；②发电机轴；③集电环；④机座；⑤电枢绕组；⑥转子磁轨；⑦定子铁芯

A. ①②③⑥　　B. ②③④⑤　　C. ①②③⑤⑥⑦　D. ②③⑤⑥

334. 无刷同步发电机静止部分包含（　　）。

①定子；②交流励磁机定子；③磁极绕组；④端盖；⑤发电机轴。

A. ①②⑤　　B. ①②④　　C. ②④⑤　　D. ①②③④⑤

335. 无刷同步发电机转动部分包含（　　）。

①转子铁芯；②轴承；③磁极绕组；④端盖；⑤发电机轴

A. ①②③④⑤　　B. ①②③④　　C. ①②③　　D. ①②③⑤

336. 柴油机节温器中，当冷却水温低于 70℃时，上阀门关闭，侧阀门（　　）。

A. 关闭　　B. 开启　　C. 半开　　D. 半闭

337. 柴油机节温器中，当冷却水温上升到 70℃时，侧阀门开始（　　）。

A. 关闭　　B. 开启　　C. 半开　　D. 半闭

338. 柴油机节温器中，当冷却水温达到 80℃时，全部冷却水流经散热水箱进行散热循环，称为（　　）。

A. 小循环　　B. 大循环　　C. 中循环　　D. 自循环

339.（　　）说法是不正确的。

A. 空气滤清器有干式、湿式和旋风式等形式

B. 干式空气滤清器不需要加机油

C. 湿式空气滤清器利用机油的黏性过滤空气
D. 空气滤清器一般工作50h后应认真清洗一次

340. 空气滤清器的滤芯有金属滤芯和（　　）之分。
A. 纸制滤芯　B. 塑料滤芯　C. 复合材料滤芯　D. 木质滤芯

341. （　　）不是风冷式柴油机结构的组成部分。
A. 风扇　B. 气缸体　C. 回油管　D. 导风罩

342. 闭式水冷却方式，根据循环方法不同又可分为自然循环、强制循环、（　　）循环。
A. 蒸发　B. 冷凝　C. 升华　D. 凝华

343. （　　）不是闭式水冷却系统结构的组成部分。
A. 水泵　B. 风扇　C. 节温器　D. 过滤器

344. 风冷方式多用在（　　）内燃机上。
A. 大型　B. 小型　C. 高速　D. 低速

345. 对内燃机冷却，水温最适宜为（　　）左右。
A. 25℃　B. 35℃　C. 55℃　D. 80℃

346. （　　）不是柴油机供油系统的组成部分。
A. 燃油箱　B. 高压油管　C. 散热片　D. 低压油管

347. 配气机构的布置形势有顶置气门式、（　　）。
A. 底置气门式　B. 侧置气门式　C. 后置气门式　D. 前置气门式

348. 柴油机广泛采用顶置气门式，它主要由气门组件和（　　）组成。
A. 气门传动组件　B. 过滤组件　C. 回收组件　D. 紧急切断组件

349. 气门组件不包括（　　）。
A. 气门导管　B. 气门弹簧　C. 弹簧座　D. 过滤器

350. 内燃机凸轮轴前端一般都安装（　　）齿轮以保证配气机构准确工作。
A. 调带　B. 主动　C. 机油泵传动　D. 正时

351. 内燃机配气机构主要作用是按时供给气缸（　　）。
A. 氧气　B. 空气
C. 氧气或空气　D. 空气或可燃混合气

352. 配气机构是实现内燃机（　　）的控制机构。
A. 燃料供给　B. 进气过程
C. 排气过程　D. 进气和排气过程

353. 柴油机的可燃混合气在（　　）内形成。
A. 喷油泵　B. 喷油器
C. 气缸　D. 化油器（汽化器）

354. 柴油机润滑系统不包括（　　）。
A. 机油储存和输送装置　B. 机油滤清装置
C. 水滤清装置　D. 安全保护装置

355. 内燃机所用的润滑油可分为机油和（　　）两种。
A. 黄油　B. 柴油　C. 汽油　D. 煤油

356. 黄油是一种（　　）状态的润滑脂。
A. 半液体　B. 固体　C. 液体　D. 气体

357. 黄油是由轻质矿物油和（　　）混合制成的。
A. 重质矿物油　　B. 皂类　　C. 柴油　　D. 汽油

358. 电池能把化学能转变为（　　）能。
A. 热　　B. 电　　C. 机械　　D. 动

359. 电池两极的活性物质在进行氧化还原反应时，电子（　　）。
A. 只能在电池内部进行　　B. 只能在电池内部形成闭合回路
C. 只能通过外电路传递　　D. 在电池内、外部均可进行

360. 电池中电解液以（　　）构成导电回路。
A. 电解质　　B. 电极　　C. 金属导线　　D. 水

361. 在氧化还原反应中，还原剂____电子，发生____反应。（　　）
A. 失去；氧化　　B. 得到；氧化　　C. 失去；还原　　D. 得到；还原

362. 在电化学反应中，通常把电池中发生化学变化产生能量的物质称为（　　）。
A. 电极　　B. 活性物质　　C. 电解质　　D. 板栅

363. 在氧化还原反应中，氧化剂____电子，发生____反应。（　　）
A. 失去，氧化　　B. 得到，氧化　　C. 失去，还原　　D. 得到，还原

364. 纯硫酸是一种（　　）色黏稠状液体。
A. 白　　B. 无　　C. 浅黄　　D. 棕

365. 浓硫酸把糖、淀粉等有机物成分里的氢、氧两种元素按照水的组成吸收掉的是（　　）作用。
A. 氧化　　B. 腐蚀　　C. 脱水　　D. 燃烧

366. 硫酸的分子式是（　　）。
A. HNO_3　　B. H_2CO_3　　C. HCl　　D. H_2SO_4

367. 凡是在水溶液里或熔融状态下能够导电的化合物称为（　　）。
A. 非电解质　　B. 电解质　　C. 溶解物　　D. 非溶解物

368. 弱电解质的摩尔电导率随物质的量浓度的降低而（　　）。
A. 减小　　B. 不变　　C. 增加　　D. 不能确定

369. 电解质溶液随温度升高，导电能力（　　）。
A. 增加　　B. 不变　　C. 减小　　D. 不能确定

370. 蓄电池用的电解液主要是（　　）。
A. 浓硫酸　　B. 稀硫酸　　C. 水　　D. 酸性水溶液

371. 配置电解液时，先将需用的纯水放入合适的器皿中，然后将浓硫酸慢慢以细流状注入纯水中，并用（　　）不断搅拌。
A. 玻璃棒　　B. 铜棒　　C. 铁棒　　D. 铝棒

372. 溶液浓度就是一定量的溶液中所含（　　）的量。
A. 水　　B. 溶液　　C. 溶剂　　D. 溶质

373. 化学上，把一定温度下，由（　　）溶液所制成的某物质的饱和溶液里溶有物质的质量称为该物质在这一溶液里的溶解度。
A. 10g　　B. 50g　　C. 100g　　D. 1000g

374. 电解质是依靠（　　）导电的。
A. 电子　　B. 空穴　　C. 正、负离子　　D. 分子

375. 强电解质在水溶液中以（　　）形式存在。

A. 晶体　B. 分子　C. 离子　D. 固体

376. 电化学腐蚀是相当于金属和杂质等物质形成许多微小的原电池而形成（　）产生的腐蚀。

A. 电压　B. 电流　C. 氧气　D. 电解质

377. 化学腐蚀是由于金属与周围环境物质（　）进行化学反应而引起的一种锈蚀。

A. 直接　B. 间接

C. 经电解质溶液接触　D. 经空气中氧气接触

378. 通信电源设备采用正极接地以减少对电信设备金属线圈、电缆表面的腐蚀作用，这种保护方法称为（　）。

A. 加保护层法　B. 阴极保护法　C. 加缓冲剂法　D. 隔离保护法

379. （　）发生的是不可逆反应，电极活性物质只能利用一次。

A. 原电池　B. 铅酸电池　C. 碱性电池　D. 阀控铅酸电池

380. 原电池的特点是价格低、自放电小、（　）。

A. 放电电流大　B. 电动势高　C. 电动势低　D. 内部阻抗大

381. 在原电池中，（　），构成了电池反应。

A. 氧化反应与还原反应同时进行　B. 只有氧化反应

C. 只有还原反应　D. 无氧化反应与还原反应

382. 碱性电池适合于（　）工作。

A. 小电流放电　B. 大电流放电　C. 恒压充电　D. 低压恒流充电

383. 碱性电池的电解液起（　）作用。

A. 绝缘　B. 参加化学反应

C. 导电　D. 防止出现硫化现象

384. 通常单体锂离子电池的电压为 3.6V，为镍镉和镍氢电池的（　）。

A. 一倍　B. 两倍　C. 三倍　D. 四倍

385. 太阳能电池如果（　）内不调整角度，电池组件与地平面夹角应大约等于当地纬度。

A. 一个月　B. 三个月　C. 半年　D. 一年

386. 在太阳能电池使用过程中，应（　）测量，发现问题应及时解决。

A. 不定期　B. 定期　C. 每天　D. 每月

387. 蓄电池是储存（　）的一种设备。

A. 机械能　B. 热能　C. 电能　D. 化学能

388. 蓄电池能把电能转换为（　）储存起来，使用时再将其转变为电能释放出来。

A. 机械能　B. 热能　C. 势能　D. 化学能

389. 能把（　）的装置称为电池。

A. 化学能转换电能　B. 热能转变成化学能

C. 机械能转变为电能　D. 电能转化为机械能

390. 电池“GFM-1000”，中“1000”的含义是（　）。

A. 放电电流为 1000A　B. 实际容量 1000A·h

C. 额定容量 1000A·h　D. 最大容量 1000A·h

391. “GFM-200”中 F 的意义是（　）。

A. 免维护　B. 阀控式　C. 密封　D. 防酸

392. GFM-500 中 G 的意义是（ ）。

A. 固定型　B. 正极板管式　C. 板栅加钙　D. 启动用

393. 对蓄电池分类叙述正确的是（ ）。

A. 按结构分为固定型和移动型两大类

B. 按用途分为涂膏式、化成式和玻璃丝管式

C. 按移动类型分为汽车启动用、摩托车用、火车用、船舶用等

D. 从极板结构上分为开口式、封闭式、防酸隔爆式等

394. 在铅酸蓄电池中，不是按电池荷电状态分类的是（ ）。

A. 干放电式　B. 湿荷电式　C. 带液充电式　D. 普兰特式

395. 蓄电池按用途和外形结构分（ ）。

A. 汽车型和摩托车型　B. 开口式和封闭式

C. 防酸式和消氢式　D. 固定型和移动型

396. 铅蓄电池负极板数量比正极板数量（ ）。

A. 多一块　B. 少一块　C. 少两块　D. 多两块

397. 蓄电池的（ ）起支撑活性物质和作集流作用。

A. 隔板　B. 电解液　C. 板栅　D. 防酸隔爆帽

398. 铅蓄电池的主要组成部件有（ ）。

A. 正极、负极、电解液和容器　B. 正极板群、负极板群和电解液

C. 正极板群、负极板群和溶液　D. 正极板群、负极板群、电解液和容器

399. 铅酸蓄电池正极板的活性物质是（ ）。

A. Pb　B. PbO_2　C. $PbSO_4$　D. PbO

400. 阀控密封蓄电池正负极板通常采用涂浆式极板，活性材料涂在特制的（ ）骨架上。

A. 铅锑合金　B. 铅制　C. 铅钙合金　D. 铁制

401. 蓄电池放电时，正极板上的 PbO_2 与电解液中的硫酸反应，生成____，电解液中的硫酸浓度____。（ ）

A. 硫酸铅；升高　B. 硫酸铅；降低　C. 亚硫酸铅；降低 D. 亚硫酸铅；升高

402. 铅酸蓄电池充电时，在负极上的 $PbSO_4$ 就成了灰色的绒状的（ ）。

A. $PbSO_4$　B. PbO　C. Pb　D. PbO_2

403. 铅酸蓄电池放电时，负极板上的活性物质逐渐变成（ ）。

A. $PbSO_4$　B. PbO　C. Pb　D. PbO_2

404. 铅酸蓄电池负极的活性物质是（ ）。

A. PbO_2　B. $PbSO_4$　C. Pb　D. PbO

405. 密封阀控蓄电池的超细玻璃纤维棉隔板所起的作用是（ ）。

A. 在一定压力下，可以加快反应速度

B. 在一定压力下，使电池电压略微提高

C. 内阻很小，起通路的作用

D. 吸收足够的电解液，所具有空隙为氧气复合提供通道

406. 阀控密封蓄电池的隔板采用（ ）制成。

A. 木隔板　B. 橡胶隔板　C. 塑料隔板　D. 超细玻璃纤维

407. 在蓄电池中，说法不对的是（ ）。

A. 隔板是正、负极间的隔离物　　B. 隔板具有耐酸性
C. 隔板不影响电解液的扩散　　D. 隔板参加电化学反应

408. 加强板栅防腐的方法是在制造时向基板内加放少量的（　　）。
A. 铁　　B. 铜　　C. 金　　D. 钙

409. 正极板栅腐蚀的原因有（　　）。
A. Pb 与空气形成氧化反应
B. Pb 与 PbO_2 形成电化学反应
C. Pb 被电极夺取电子不停进入电解液
D. Pb 与 H_2SO_4 反应而不断消耗

410. 铅酸电池的电解液是（　　）。
A. 纯硫酸　　B. 稀硫酸　　C. 水　　D. 稀盐酸

411. 在铅酸蓄电池中，关于电解液作用下列说法不正确的是（　　）。
A. 参加电极反应　　B. 进行导电　　C. 浸泡正、负极板　　D. 防止内部短路

412. 铅酸蓄电池电解液的电阻系数越小，则电解液的导电能力（　　）。
A. 越弱　　B. 不变　　C. 越强　　D. 变化不定

413. 当铅酸蓄电池电极活物质已经确定后，电动势主要由（　　）决定。
A. 充电电流　　B. 充电电压　　C. 极板大小　　D. 电解液的浓度

414. 在充、放电过程中，铅蓄电池的电势（　　）。
A. 固定不变　　B. 不是固定不变的　　C. 与充电无关　　D. 与放电无关

415. 蓄电池的电动势是由（　　）决定的。
A. 蓄电池的极板的多少　　B. 蓄电池的极板面积的大小
C. 蓄电池的极板数和面积的大小　　D. 两极板间的电位差

416. 配制蓄电池电解液用的浓硫酸的密度是（　　）g/cm^3。
A. 0.840　　B. 1.840　　C. 2.840　　D. 2.240

417. 铅酸蓄电池电解液的相对密度随温度的增加而（　　）。
A. 降低　　B. 升高　　C. 不变　　D. 变化不定

418. 运行规程制定电池组更新的标准是容量（　　）。
A. 为零　　B. 不足一半　　C. 低于 80% 额定容量　　D. 低于额定容量

419. 蓄电池浮充运行时，全组各电池电压差值不应大于（　　）。
A. ±0.05V　　B. 0.05V　　C. 0.1V　　D. ±0.1V

420. 通信设备所需的电压等于单只蓄电池的电势与蓄电池串联的只数之（　　）。
A. 和　　B. 差　　C. 比　　D. 积

421. GF 型蓄电池在额定电压为 48V 的供电电源中，浮充时的浮充电压为（　　）。
A. 48V　　B. 52.5V　　C. 53.5V　　D. 54.5V

422. 通常情况下，固定铅酸蓄电池放电终了时，相对密度应不低于（　　）。
A. 1.15　　B. 1.17　　C. 1.20　　D. 1.21

423. 防酸隔爆蓄电池的防酸隔爆帽具有（　　）作用。
A. 不透气不透酸　　B. 透气不透酸　　C. 不透气透酸　　D. 透气透酸

424. 普通铅酸蓄电池的电解液液面高度应高出极板上沿（　　）。
A. 1～5mm　　B. 5～10mm　　C. 10～20mm　　D. 20～25mm

425. 普通铅酸蓄电池液面低落时，只允许加入（　　）。

A. 饮用水　B. 浓硫酸　C. 纯水　D. 稀硫酸

426. 放完电的蓄电池放置时间不应超过（　）。

A. 12h　B. 24h　C. 36h　D. 48h

427. 将蓄电池组整昼夜与整流设备并接在负载上，这种工作方式称为（　）。

A. 全浮充制　B. 半浮充制

C. 充放电工作方式　D. 恒流充电工作方式

428. 蓄电池一组使用、一组备用的工作方式称为（　）。

A. 全浮充制　B. 半浮充制　C. 充放电制　D. 定期浮充制

429. 相比较而言，采用（　）工作方式，蓄电池使用寿命最长。

A. 充放电制　B. 半浮充制　C. 全浮充制　D. 定期浮充制

430. 晶闸管组成的整流电路通过移相，即控制导通角的大小，来控制（　），故称其为相控整流器。

A. 输入电压　B. 输出电压　C. 输入电流　D. 输出电流

431. 整流电路能否把交流变成直流，主要取决于整流元件的（　）性。

A. 导电　B. 半导电　C. 双向导电　D. 单向导电

432. 整流电路输出的是（　）电压。

A. 交流　B. 纯直流　C. 脉动直流　D. 高频交流

433. 关于晶闸管说法正确的是（　）。

A. 控制极引线最细　B. 阴极引线最细

C. 阳极引线最细　D. 三个极引线粗细一样

434. 晶闸管的阳极、阴极、控制极分别用（　）符号表示。

A. c、g、a　B. a、c、g　C. g、c、a　D. c、a、g

435. 晶闸管元件内部是由（　）个PN结构成的。

A. 1　B. 2　C. 3　D. 4

436. 晶闸管可以导通的条件是（　）。

A. 阳极加反向电压，控制极加适当正向电压

B. 阳极加正向电压，控制极加适当反向电压

C. 阳极加正向电压，控制极加适当正向电压

D. 阳极加反向电压，控制极加适当反向电压

437. 晶闸管导通后，去掉控制极上的电压，当阳极仍施加正向电压时，晶闸管（　）。

A. 立刻关断　B. 逐渐关断　C. 仍然导通　D. 击穿

438. 单相全波整流电路中每个整流元件所承受的最大反向电压是变压器次级电压最大值的（　）倍。

A. 1　B. 2　C. $2\sqrt{2}$　D. $\sqrt{2}/2$

439. 单相半波整流电路中整流元件所承受的最大反向电压是变压器次级电压最大值的（　）倍。

A. 1　B. 2　C. $2\sqrt{2}$　D. $\sqrt{2}/2$

440. 晶闸管在相控电路中的要求是（　）。

A. 阴阳两极间电压必须与触发脉冲同步　B. 阴阳两极间电压波形相差60°

C. 阴阳两极间电压波形相差120°　D. 阴阳两极间电压波形相差180°

441. 在三相桥式可控整流电路中，晶闸管最大导通角是（　）。

A. 60° B. 90° C. 120° D. 180°

442. 在三相桥式半控整流电路中，任何瞬间有（ ）二极管导通。

A. 1个 B. 2个 C. 3个 D. 4个

443. 在三相桥式半控整流电路中，晶闸管共有（ ）个。

A. 2 B. 3 C. 4 D. 6

444. 负载电流非常小且基本不变的整流器一般用（ ）滤波电路。

A. 电容 B. 电感 C. 倒L形 D. T形

445. 通信用大型整流器一般采用（ ）电路。

A. 电容滤波 B. 电容与电阻组成的复式滤波

C. 电感与电容组成的复式滤波 D. 电感滤波

446. 电容滤波是利用电容的（ ）特性实现滤波效果的。

A. 缓慢充电过程 B. 缓慢放电过程 C. 通直流电流 D. 阻隔直流电流

447. 滤波电路的作用是（ ）。

A. 抑制直流成分 B. 抑制脉动直流 C. 抑制二次谐波 D. 抑制交流成分

448. 触发电路输出的是（ ）。

A. 同步电压 B. 直流电压 C. 浪涌 D. 脉冲

449. 阻容移相触发电路的特点是（ ）。

A. 可靠性强 B. 结构简单 C. 输出功率大 D. 移相范围宽

450. 自动稳压控制电路由取样电路、基准电路和（ ）组成。

A. 脉冲电路 B. 比较器 C. 触发电路 D. 放大器

451. 相控稳压电源由晶闸管组成可控整流电路，通过改变晶闸管的（ ）来控制整流器的输出电压。

A. 工作电压 B. 控制电压 C. 工作电流 D. 导通相位

452. 相控整流器取样电压与基准电压之差通过（ ）调整触发脉冲的相位，从而达到自动控制稳压的目的。

A. 误差放大器 B. 加法器 C. 功率放大器 D. 比较器

453. 整流模块的主要输出参数不包括（ ）。

A. 输出电流、电压 B. 功率因数 C. 浮充、均充电压D. 额定功率

454. 开关电源的最大优点是（ ）。

A. 具有稳压性能 B. 重量轻，体积小 C. 对交流要求低 D. 功率因数高

455. 整流模块的正常开机过程不包括（ ）。

A. 闭合输入开关 B. 等待整流器输出电压建立

C. 输出电压建立后再闭合输出断路器 D. 从监控模块切离整流模块

456. 属于整流模块输入保护跳机的是（ ）。

A. 输入过压 B. 输出限流 C. 交流停电 D. 人为关机

457. 整流模块停机检修时，应进行的一项操作是（ ）。

A. 查看保护参数设置 B. 从监控模块切离该模块

C. 观察其他模块输出电流 D. 查看限流值

458. 下列条件中，造成开关型整流模块跳机的是（ ）。

A. 限流状态 B. 交流停电 C. 输出过压 D. 均充状态

459. 整流器与蓄电池并联浮充供电，可保证供电（ ）。

A. 电压指标不超过规定下限　　B. 电压指标不超过规定上限
C. 无瞬时断电　　D. 指标完全符合标准

460. 在高频开关电源系统中，各模块浮充电压通常在（　）进行调整。
A. 监控模块上　B. 交流配电盘上　C. 主整流模块上　D. 停机状态下

461. 相控电源调整限流的方法靠硬件调整来实现，而开关型电源系统（　）来实现。
A. 靠硬件调整　B. 靠人工调整　C. 靠调整软件参数 D. 靠出厂设定

462. 开关电源系统直流高压告警值的选择一般应（　）。
A. 低于整流模块的过压保护值　　B. 等于整流模块的过压保护值
C. 高于整流模块的过压保护值　　D. 与均充电压相同

463. 开关电源系统直流低压告警值的选择应（　）。
A. 等于限流值　　B. 稍高于均充电压
C. 与浮充电压相同　　D. 低于电池组的标称电压

464. 三相交流输入的高频开关电源系统交流低压告警值一般设定为（　）。
A. 360V　B. 350V　C. 330V　D. 190V

465. 三相交流输入的高频开关电源系统的交流过压告警值一般设定为（　）。
A. 280V　B. 390V　C. 400V　D. 430V

466. 在开关电源系统中，交流高压告警值应在（　）画面进行设定。
A. 直流配电参数　B. 交流配电参数　C. 电池参数　D. 整流模块参数

467. 开关电源系统环境温度告警值一般设定为（　）。
A. 55℃　B. 45℃　C. 40℃　D. 35℃

468. 当开关电源系统的环境温度高于告警设定值时，将发出（　）告警。
A. 声音　B. 灯光　C. 声、光　D. 停机信号

469. 对于阀控式电池，温度探头应（　）安装。
A. 紧靠电池表面　B. 在电池内部　C. 在电池室　D. 在配电间

470. 在开关电源系统中，电池温度过高告警值一般设定为（　）。
A. 30℃　B. 35℃　C. 40℃　D. 50℃

471. UPS 中的分流器/霍尔器件的作用（　）。
A. 检测电流　　B. 检测电压
C. 检测蓄电池充电电压　　D. 检测蓄电池放电电压

472. UPS 中的常用电路没有（　）。
A. 整流滤波电路　B. 功率因数校正电路　C. 微波电路　D. 保护电路

473. UPS 的组成部分不包括（　）。
A. 检修旁路　B. 隔离变压器　C. 静态开关　D. 飞轮

474. UPS 静态开关被广泛使用的是（　）转换开关。
A. 电子式　B. 机械式　C. 混合式　D. 后备式

475. UPS（　）静态开关的优点是控制线路简单、故障率低，缺点是切换时间长、开关寿命较短。
A. 电子式　B. 机械式　C. 混合式　D. 后备式

476. 正弦波 PWM 逆变电路多用于中大型 UPS，其工作频率一般在（　）左右。
A. 1kHz　B. 5kHz　C. 15kHz　D. 150kHz

477. 从变流器件分，逆变器可分为（　）。

A. 有源和无源　　B. 正弦波和非正弦波
C. 电压型和电流型　　D. 半控型和全控型

478. AC 滤波器的主要作用是（　　）。
A. 矩形波变为正弦波　　B. 正弦波变为矩形波
C. 过滤多种杂波　　D. 正弦波变为方波

479. UPS 的输出配电系统可以把（　　）台 UPS 连接在一起供电。
A. 两　　B. 三　　C. 四　　D. 多

480. UPS 输出配电系统的作用是（　　）。
A. 分配电能　　B. 并机多台 UPS
C. 并机多台 UPS 和分配电能　　D. 均流多台 UPS

481. 一般多台 UPS 需要加（　　）使其在输出配电系统中均流。
A. 均流线　　B. 均流卡　　C. 负载　　D. 蓄电池

482. 一台 UPS 一般需要配备（　　）蓄电池。
A. 1 组　　B. 2 组　　C. 3 组　　D. 不一定几组

483. UPS 可能配置（　　）的蓄电池。
A. 2V　　B. 6V
C. 12V　　D. 2V 或 6V 或 12V

484. UPS 电池是（　　）。
A. 按 UPS 容量配置的　　B. 按负载配置的
C. 按供电延时需要配置的　　D. 按蓄电池数量配置的

485. “后备式”UPS 是按（　　）分类的。
A. 工作原理　　B. 输入输出　　C. 容量　　D. 输出波形

486. 不是按输入输出方式分类的 UPS 是（　　）。
A. 三进三出式　　B. 单进单出式　　C. 三端口式　　D. 三进单出式

487. UPS 中，逆变器的工作方式是（　　）。
A. 始终工作着　　B. 市电停电后才工作
C. 两台逆变器轮流工作　　D. 不同型号不一样

488. 市电停电恢复后，UPS 对蓄电池充电方式是（　　）。
A. 低压恒流充电　　B. 低压恒压充电　　C. 高压恒压充电　　D. 变压恒流充电

489. UPS 会跳到旁路的情况是（　　）。
A. 整流器故障　　B. 市电故障　　C. 电池故障　　D. 逆变器故障

490. UPS 与蓄电池的连接方式是（　　）。
A. 串联　　B. 并联　　C. 混联　　D. 可并联可串联

491. 两台 UPS 之间的连接方式是（　　）。
A. 串联　　B. 并联　　C. 混联　　D. 可并联可串联

492. 两台 UPS 串联时，最大输出功率是（　　）。
A. 两台功率之和　　B. 两台中较大的那台
C. 两台中较小的那台　　D. 两台 UPS 的平均值

493. 有一台用市电的计算机，由于工作需要不能断电，则需要加装（　　）。
A. UPS　　B. 逆变器　　C. UPS 或逆变器　　D. 稳压电源

494. 电源设备有停电延时供电功能的是（　　）。

A. 稳压电源　B. 逆变电源　C. UPS　D. 变压器

495. 不是UPS具备的特点是（　）。

A. 稳压　B. 蓄电池低压告警　C. 杂音电压高　D. 延时供电

496. UPS电路中锁相电路的作用是（　）。

A. 逆变相位跟踪　B. 电池充电控制　C. 输出电压控制　D. 滤波

497. UPS电路中，锁相电路的功能实现方法最简单的是（　）。

A. 把市电和逆变输出的相位差转换成控制电压

B. 把逆变输出电压作为同步信号

C. 用市电电压作为同步信号

D. 跟踪同步UPS电压

498. UPS电路中，锁相电路的功能实现方法中最常用的是（　）。

A. 把市电和逆变输出的相位差转换成控制电压

B. 把逆变输出电压作为同步信号

C. 用市电电压作为同步信号

D. 跟踪同步UPS电压

499. UPS过流保护电流取样最简单方法是在输出回路串接取样电阻，其缺点是（　）。

A. 使用相对简单　B. 取样信号不隔离

C. 必须改变电路的状态　D. 引起电流不平衡

500. 对UPS无源功率校正描述正确的是（　）。

A. 尺寸大、笨重、无法得到更高的功率因数

B. 可以达到高功率因数

C. 保护空载性能差

D. 分为电感输入型和电容输入型两种

501. 在一般情况下，UPS的工作温度范围是0～40℃，25℃时，不结露情况下允许最大湿度是（　）。

A. 60%～75 %　B. 70%～85 %　C. 80%～95 %　D. 90%～100%

502. 一台后备式UPS，市电停电后，其后方连接的计算机掉电了，重新启动时正常，其原因可能是（　）。

A. 电池亏电　B. 计算机功率太大

C. 静态开关切换时间过长　D. 逆变器故障

503. 逆变器中，Power MOSFET指的是（　）。

A. 晶体管　B. 电力场效应晶体管

C. 晶闸管　D. 绝缘栅双极晶体管

504. 逆变器中，IGBT指的是（　）。

A. 晶体管　B. 电力场效应晶体管

C. 晶闸管　D. 绝缘栅双极晶体管

505. 通信用逆变器一般输入电压是直流（　）。

A. 48V　B. －48V　C. －24V　D. 24V

506. 后备式UPS，在市电正常时，输出的是（　）。

A. 市电　B. 逆变输出的交流电

C. 蓄电池供的电　　D. 整流器输出的电

507. 后备式 UPS，一般在满载时电池可以使用（　）。

A. 2h　　B. 1h　　C. 45min　　D. 15min

508. 一台单相输出的后备式 UPS，市电供电切换到逆变器供电的切换电压是（　）。

A. 200V　　B. 190V　　C. 180V　　D. 170V

509. 程控机房要求的温度为（　）。

A. 0～25℃　　B. 15～25℃　　C. 20～35℃　　D. 15～40℃

510. 程控机房要求湿度在（　）。

A. (40～75)RH　　B. (40～65)RH　　C. (30～65)RH　　D. (30～75)RH

511. 衡量物体冷热的尺度是（　）。

A. 湿度　　B. 温度　　C. 热量　　D. 能量

512. 一个标准大气压为（　）mmHg。

A. 7.6　　B. 76　　C. 760　　D. 7600

513. 物质由固态直接变为气态称为（　）。

A. 凝华　　B. 升华　　C. 汽化　　D. 挥发

514. 衡量空调器工作效率的一项重要的能耗指标是（　）。

A. 消耗功率　　B. 制热量　　C. 制冷系数　　D. 制冷量

515. 空调器按功能分为冷热双制式和（　）。

A. 单制冷式　　B. 单制热式　　C. 分体式　　D. 风冷式

516. 空调器按冷却方式分风冷式和（　）。

A. 单制冷式　　B. 单制热式　　C. 水冷式　　D. 冷热双制式

517. KFR-28 表示（　）型空调器室外机组，制冷量为 2800W。

A. 分体挂壁式冷风　　B. 分体挂壁式热泵

C. 窗式冷风　　D. 窗式热泵

518. 在空调型号中，（　）是表示分体挂壁式冷风型空调器室外机组，制冷量为 2800W。

A. KFC-28　　B. KFR-28　　C. KF-28　　D. KC-28

519. 人体感受比较清爽的相对湿度为（　）左右。

A. 10%　　B. 20%　　C. 50%　　D. 90%

520. 空气中所能容纳水蒸气量达到最大值时，此时相对湿度为（　）。

A. 0　　B. 50%　　C. 70%　　D. 100%

521. 相对湿度为零说明空气（　）。

A. 干燥　　B. 不含水分　　C. 水蒸气饱和　　D. 潮湿

522. 空调器手控停、开操作时间至少应在（　）以上。

A. 1min　　B. 2min　　C. 3min　　D. 4min

523. 空调器停用时，应选择干燥的晴天，将空调器功能键选在（　）状态下，运转 3～4h，让空调器内部湿气散发干，然后关掉空调器，拔出电源插头或关断空气开关。

A. 送风　　B. 制冷　　C. 制热　　D. 除霜

524. 空调器在进行制冷运行时，其设定温度应（　）室内温度。

A. 高于　　B. 低于　　C. 等于　　D. 低于或等于

525. 机房空调设备一般应有专用供电线路，其电压波动范围不应超过额定值的（　　）。
A. ±5%　　B. ±10%　　C. ±15%　　D. ±20%
526. 为空调选用熔断器时，其容量一般为空调机组额定电流的（　　）倍左右。
A. 2　　B. 3　　C. 4　　D. 5
527. 机房空调设备应有良好的保护接地，其接地电阻值应≤（　　）Ω。
A. 1　　B. 3　　C. 5　　D. 10
528. 计算机的最核心部件是（　　）。
A. 显示器　　B. 内存　　C. 键盘　　D. CPU
529. 计算机的硬件系统包括（　　）。
A. 控制器、运算器、存储器和输入输出设备
B. 控制器、主机、键盘和显示器
C. 主机、电源、CPU 和输入输出设备
D. CPU、键盘、显示器和打印机
530. 硬盘连同驱动器是一种（　　）存储器。
A. 内　　B. 外　　C. 只读　　D. 半导体
531. 计算机中对数据进行加工和处理的部件，通常称为（　　）。
A. 存储器　　B. 运算器　　C. 控制器　　D. 显示器
532. 在表示存储器的容量时，M 的准确含义是（　　）。
A. 1 米　　B. 1024K　　C. 1024 字　　D. 1024 万
533. 在计算机中，bit 的含义是（　　）。
A. 二进制码　　B. 字　　C. 字节　　D. 双字
534. 在计算机中，属于输出设备的是（　　）。
A. 鼠标　　B. 键盘　　C. 图像扫描仪　　D. 显示器
535. 既是输入设备又是输出设备的是（　　）。
A. 显示器　　B. 打印机　　C. 键盘　　D. 磁盘驱动器
536. 计算机指令的集合称为（　　）。
A. 机器语言　　B. 软件　　C. 程序　　D. 计算机语言
537. 动力环境系统软件运行过程中的最核心模块是（　　）。
A. 通信服务模块　　B. 状态主显模块　　C. 告警处理模块　　D. 查询统计模块
538. 动力环境系统软件中，告警处理模块中显示的告警记录与查询统计模块中显示的告警记录，最主要的区别在于（　　）。
A. 前者少，后者多
B. 前者颜色多，后者颜色少
C. 前者是没有消警或者没有确认的，后者是全部的
D. 前者可以刷新，后者不可以
539. 网络服务器与一般计算机的一个最重要区别是（　　）。
A. 计算速度快　　B. 硬盘容量大　　C. 外设丰富　　D. 体积大
540. 在计算机系统软件中最重要的是（　　）。
A. 操作系统　　B. 语言处理程序　　C. 工具软件　　D. 数据库管理系统
541. 某单位工作人员的工资管理程序属于（　　）。

A. 系统软件　B. 应用程序　C. 工具软件　D. 文字处理软件

542. 汇编语言属于（　）语言。

A. 低级　B. 高级　C. 中级　D. 机器

543. 显示器后部的信号电缆用于连接计算机的（　）。

A. 电源　B. 网线　C. 网卡　D. 显卡

544. 台式电脑显示器通过一根（　）针的信号电缆与安装在主机主板上的显卡连接。

A. 7　B. 9　C. 15　D. 24

545. 目前常用的鼠标和键盘有（　）和 USB 两种接口。

A. PS/1　B. PS/2　C. PS/3　D. PS/4

546. 监控系统为保证系统安全，进行某些操作时必须输入（　），经系统确认后方允许进行操作。

A. 密码　B. 数字　C. 程序　D. 代码

547. 系统应保证监测数据和告警资料的完整性，在发生通信中断时，监控设备应具备一定的数据（　）能力，在通信恢复时，系统能将缺少的数据资料补齐。

A. 恢复　B. 计算　C. 存储　D. 编辑

548. 计算机病毒主要是造成（　）的损坏。

A. 磁盘　B. 磁盘驱动器

C. 磁盘以及其中的程序和数据　D. 程序和数据

549. 计算机唯一能够直接识别和处理的语言是（　）语言。

A. 汇编　B. 高级　C. 中级　D. 机器

550. 扫描仪是计算机的一种（　）设备。

A. 输入　B. 输出　C. 显示　D. 存储

551. 开关电源的英文是（　）。

A. soft-start　B. power

C. switch mode rectifier　D. parameter

552. 脉冲宽度调制的英文是（　）。

A. Pulse widen modulation　B. Pulse frequency modulation

C. modem　D. bridge rectifier

553. 晶闸管的英文缩写为（　）。

A. SCR　B. SMR　C. MOSFET　D. PFM

554. 在 Windows 环境的 DOS 状态下，返 Windows 环境的命令为（　）。

A. quit　B. exit　C. win　D. dir

555. 在中文 Windows 中，了解计算机基本情况可用（　）图标。

A. 回收站　B. 我的文档　C. 网上邻居　D. 我的电脑

556. 在中文 Windows 中，进入其各功能模块的主要入口是（　）。

A. 我的电脑　B. 收件箱　C. 任务条　D. 网上邻居

557. 使用 Excel 应用程序最适合制作（　）。

A. 文本　B. 视频　C. 表格　D. 图片

558. 在 Excel 中，每张工作表有（　）列。

A. 128　B. 256　C. 512　D. 1024

559. 在 Excel 中，默认情况时，每个工作簿中有（　）工作表。

A. 1 张　B. 2 张　C. 3 张　D. 4 张

560. UPS 等使用的高电压电池组的维护通道应铺设（　）。

A. 防静电地板　B. 地槽　C. 地沟　D. 绝缘胶垫

1.2.2 不定项选择题（每题四个选项，至少有一个是正确的，将正确的选项填入括号内，多选少选均不得分）

1. 柴油机润滑系统的作用包括（　）。

A. 润滑　B. 清洁　C. 密封　D. 防锈

2. 柴油机发不出额定的功率，油机水温过高，其故障原因可能为（　）。

A. 柴油机泵油泵喷油量过多　B. 冷却液加量少
C. 水泵内有空气　D. 风扇皮带过松

3. 柴油机在带负载运转时，不正常的排气烟色有（　）。

A. 白色　B. 蓝色　C. 灰色　D. 黑色

4. 动力环境监控中常说的“三遥”是指（　）。

A. 遥传　B. 遥信　C. 遥测　D. 遥控

5. 高频开关电源的主要电气技术指标有（　）。

A. 输入电压范围　B. 输出电压精度　C. 输出衡重杂音　D. 机架高度

6. 三相变压器的 3 个相绕组一般的连接方式有（　）。

A. 六角形　B. 九角形　C. Y 形　D. 三角形

7. 通信局（站）的直流供电系统由（　）等组成。

A. 整流设备　B. UPS　C. 直流配电设备　D. 蓄电池组

8. 以下（　）是柴油机供油不正常的主要原因。

A. 燃油系统进空气　B. 喷油泵故障
C. 喷油器故障　D. 燃油未加满燃油

9. 在三相交流供电中通常采用星形接法，那么（　）。

A. 线电压等于相电压　B. 线电流等于相电流
C. 线电流等于 $\sqrt{3}$ 倍的相电流　D. 线电压等于 $\sqrt{3}$ 倍相电压

10. 直列式四冲程柴油机的一个工作循环，下面说法正确的是（　）。

A. 凸轮轴转一周　B. 曲轴转一周
C. 凸轮轴转两周　D. 曲轴转两周

11. 在阀控式铅蓄电池端盖上装有安全阀，用于排除电池中残余的（　）。

A. 电解液　B. 氧气　C. 硫酸　D. 氢气

12. 半导体中有几种载流子，分别是（　）。

A. 正离子　B. 负离子　C. 电子　D. 空穴

13. 根据三极管的特性曲线，可将其分成（　）。

A. 混合区　B. 饱和区　C. 放大区　D. 截止区

14. 极板在蓄电池中的作用是（　）。

A. 发生电化学反应　B. 传导电流　C. 隔热　D. 防止漏电

15. 在现代通信局（站）中，一个地网应起的作用有（　）等。

A. 防雷接地　B. 保护接地　C. 电气连接　D. 工作接地

16. 下列叙述正确的是（　）。

A. 稳定直流电流的大小和方向均不随时间变化
B. 脉动电流的大小随时间变化，方向不变
C. 交流电流的大小和方向均随时间变化
D. 直流电流的大小和方向随时间变化

17. 启动电路由（　　）组成。
A. 电磁开关电路　B. 主电路　C. 启动电机电路　D. 副绕组电路

18. 铅蓄电池的工作方式有（　　）。
A. 充放电工作方式　B. 半浮充工作方式
C. 全浮充工作方式　D. 均充工作方式

19. 在直流电路或纯电阻交流电路中，电功率等于（　　）。
A. 电压与电流的乘积　B. 电压与电阻乘积
C. 电流平方与电阻乘积　D. 电压平方与电阻乘积

20. 三相交流电源及其负载的连接方式主要有（　　）。
A. L 形连接　B. T 形连接　C. 三角形连接　D. 星形连接

21. 欧姆定律是用来说明（　　）之间的关系。
A. 功率　B. 电流　C. 电压　D. 电阻

22. 电路的工作状态通常有（　　）。
A. 通路　B. 回路　C. 断路　D. 短路

23. 电阻按功能分有（　　）。
A. 金属电阻　B. 陶瓷电阻　C. 定值电阻　D. 可变电阻

24. 铅蓄电池的正常充电方法有（　　）。
A. 恒定电流充电法　B. 恒定电压充电法　C. 分级定流充电法　D. 恒定功率充电法

25. 正负极板是由（　　）组成。
A. 硫酸铅　B. 基板　C. 活性物质　D. 电解液

26. 万用表可以测量的量有（　　）。
A. 电压　B. 电流　C. 功率　D. 电阻

27. 晶体三极管的几个电极是（　　）。
A. 阳极　B. 基极　C. 集电极　D. 发射极

28. 在电阻串联电路中，下列叙述正确的是（　　）。
A. 各电阻上的电压均相同
B. 各电阻上的电压与电阻大小成反比
C. 各电阻上的电压与电阻大小成正比
D. 各电阻上的功率与电阻大小成正比

29. 对某一具体线性电阻，由欧姆定律 $U=IR$ 得出（　　）。
A. U 变大，I 变大　B. U 变大，R 不变
C. I 变小，R 变大　D. U 变大，R 变大

30. 关于储能元件，下面说法正确的是（　　）。
A. 电容的电流不能突变　B. 电感的电压不能突变
C. 电容的电压不能突变　D. 电感的电流不能突变

31. 叠加原理适用于计算线性电路中的（　　）。
A. 电流　B. 电压　C. 功率　D. 电能

32. 电动机着火时应（　　）。
A. 用水灭火　B. 切断电源　C. 用 CO_2 灭火器灭火　D. 用黄沙灭火
33. 熔断器的反时限特性是指（　　）。
A. 过电流越小熔断时间越长　B. 过电流越小熔断时间越短
C. 过电流越大熔断时间越长　D. 过电流越大熔断时间越短
34. 脱离低压电源的主要方法有（　　）。
A. 切断电源　B. 安全割断电源线
C. 快速用单只手拉开电源线　D. 拉开触电者并采取相应救护措施
35. 在低压配电中，不适于潮湿环境的配线方式有（　　）。
A. 夹板配线　B. 槽板配线
C. 塑料护套配线　D. 瓷柱、瓷绝缘子配线
36. 关于巡视检查正确的是（　　）。
A. 夜间巡视时，应沿线路的外侧进行
B. 遇有大风时，应沿线路的下风侧进行
C. 巡视检查时，禁止攀登电杆和配电变压器台架，也不得进行其他工作
D. 事故巡视检查时，应始终认为该线路处于带电状态，即使该线路确已停电，也应认为该线路随时有送电的可能性
37. UPS 的主回路由（　　）组成。
A. 输入整流滤波电路　B. 控制回路
C. 充电电路、蓄电池组　D. 逆变电路、静态开关电路
38. 铅蓄电池在充电过程中电解液中的水分解成（　　）。
A. 二氧化碳　B. 一氧化碳　C. 氢气　D. 氧气
39. 曲轴箱的结构可根据主轴承的形式分为（　　）。
A. 套筒式　B. 底座式　C. 悬挂式　D. 隧道式
40. 内燃机活塞环的开口形状常见的有（　　）。
A. 直形口　B. 阶梯形口　C. 斜形口　D. 圆形口
41. 活塞顶常见的形状有（　　）。
A. 平顶　B. 方顶　C. 凸顶　D. 凹顶
42. 内燃机按照工作循环可分为（　　）。
A. 二冲程机　B. 三冲程机　C. 四冲程机　D. 五冲程机
43. 多缸内燃机根据气缸的排列方式不同可分为（　　）。
A. 倒立式　B. V 形　C. 卧式　D. 直列式
44. 四冲程内燃机在做功冲程过程中，进排气门开、闭情况是（　　）。
A. 进气门打开　B. 进气门关闭　C. 排气门打开　D. 排气门关闭
45. 下列机件属于曲轴连杆机构固定机件的是（　　）。
A. 气缸体　B. 活塞组　C. 连杆组　D. 曲轴箱
46. SCR 的几个电极包括（　　）。
A. 阳极　B. 阴极　C. 集电极　D. 控制极
47. 内燃机配气机构常见的形式有（　　）。
A. 气门式配气机构　B. 气动式配气机构
C. 气孔式配气机构　D. 电子式配气机构

48. 气门由（　　）组成。
A. 气门头　B. 气门摇臂　C. 气门杆　D. 气门脚
49. 运转中的发电机组，有（　　）情况时，应停机检修。
A. 油压低　B. 水温低　C. 转速高　D. 电压异常
50. 内燃机曲轴连杆机构主要部件有（　　）。
A. 活塞　B. 气门　C. 连杆　D. 曲轴
51. 下列选项属于锂离子电池特点的是（　　）。
A. 能量密度高　B. 平均输出电压低
C. 输出功率小　D. 自放电小
52. 集中监控系统环境遥测的主要内容是（　　）。
A. 空气纯净度　B. 噪声　C. 温度　D. 湿度
53. 内燃机按照点火方式的不同，可分为（　　）。
A. 单燃式　B. 混燃式　C. 压燃式　D. 点燃式
54. UPS 的发展趋势是（　　）。
A. 高频化　B. 低频化　C. 智能化　D. 小型化
55. 影响铅蓄电池容量的使用因素是（　　）、电解液浓度和终止电压等。
A. 极板结构　B. 放电率　C. 电解液温度　D. 极板片数
56. 交流电源系统对通信台站提供的建筑一般负荷用电是指对（　　）等设备的用电。
A. 普通空调　B. 普通照明
C. 消防电梯　D. 备用发电机组不保证的负荷
57. 下列电力电子器件中，属于全控型器件的是（　　）。
A. 电力二极管　B. 绝缘栅双极晶体管
C. 功率场效应管　D. 普通晶闸管
58. 通信系统中使用的 UPS 除了要求具有较高的可靠性外，同时对（　　）和主要电气技术指标都有具体要求。
A. 保护功能　B. 延时功能　C. 并机功能　D. 电池管理功能
59. 在我国大陆地区，低压交流电的标称电压为（　　）V，频率 50Hz。
A. 110　B. 220　C. 380　D. 500
60. 输出功率因数用来衡量 UPS 对（　　）等负载的驱动能力。
A. 电阻　B. 容性　C. 感性　D. 导线
61. 内燃机的活塞上都装有活塞环，由于所起的作用和构造不同，可分为（　　）。
A. 气环　B. 油环　C. 水环　D. 镍环
62. 光电耦合器主要由（　　）元件构成。
A. 发射二极管　B. 发光二极管　C. 光敏三极管　D. 接受三极管
63. UPS 根据其工作原理的不同，可分为（　　）。
A. 动态式　B. 单相式　C. 三相式　D. 静态式
64. 发电机组完好的标志有（　　）。
A. 加满燃油和冷却液　B. 无螺栓松动
C. 接线牢固　D. 仪表齐全，指示准确
65. 检查发电机组启动电池液面时应注意（　　）。
A. 不准用手电　B. 不准吸烟

C. 不准用打火机　　D. 应戴防护眼镜

66. UPS 按配电输出方式，可分为（　　）。

A. 单进/单出机型　　B. 三进/单出机型

C. 三进/三出机型　　D. 多进多出

67. 整流器的种类按所使用的技术而言可分为（　　）。

A. 相控整流器　　B. 线性稳压电源

C. 高频开关电源　　D. UPS 电源

68. 柴油机的启动必须具备的条件是（　　）。

A. 要有足够大的启动力矩　　B. 要有足够高的启动转速

C. 要有足够的剩磁　　D. 燃油量必须达到燃油箱容积的 4/5 以上

69. 交流配电盘盘内压降过大的原因有（　　）。

A. 闸刀开关接触不良　　B. 电源电压过低

C. 保险接触不良或触点氧化　　D. 线鼻发生氧化或连接条接头处螺栓松动

70. 开关电源线路输入滤波器主要功能是（　　）。

A. 起到旁路的作用

B. 滤除工频的作用

C. 抑制交流电源中的高频干扰窜入开关电源

D. 抑制开关电源本身对交流电源的反干扰

71. 曲柄连杆机构主要由（　　）组成。

A. 活塞连杆组　　B. 曲轴飞轮组　　C. 平衡装置　　D. 喷油泵

72. 充电发电机上调节器的基本作用是（　　）。

A. 在内燃机转速变化的情况下，保持发电机恒压输出

B. 在输出电流超过额定值时，能自动降低电压，使输出电流不超过额定值

C. 当蓄电池反向给发电机放电时，能自动切断电路

D. 能自动控制蓄电池的浮充电流

73. 电源设备故障可分为（　　）。

A. 重大故障　　B. 特大故障　　C. 暂时性故障　　D. 永久性故障

74. 减少电源设备故障率的正确措施有（　　）。

A. 升级和维护　　B. 限制运行　　C. 施工监察　　D. 事故追踪

75. 电功率可分为（　　）。

A. 有效功率　　B. 视在功率　　C. 有功功率　　D. 无功功率

76. 后备式 UPS 存在的主要缺点是（　　）。

A. 对输出没有稳频等处理功能

B. 对蓄电池没有充电能力

C. 供电质量比在线式 UPS 好

D. 市电不正常由蓄电池组供电时，具有一定的转换时间

77. 属于导体的物体是（　　）。

A. 金　　B. 大地　　C. 石墨　　D. 云母

78. 属于绝缘体的物体是（　　）。

A. 蜡纸　　B. 碱　　C. 塑料　　D. 橡胶

79. 属于半导体的物体是（　　）。

A. 锗　　B. 铝　　C. 人体　　D. 硅

80. 发电机一般具有的绕组有（　　）。

A. 副绕组　　B. 主绕组　　C. 副励磁绕组　　D. 励磁绕组

1.2.3 判断改错题（对的在括号内画“√”，错的在括号内画“×”，并将错误之处改正）

1. 金属中的电流是自由电子定向运动形成的。（　　）
2. 电压是指电流通过电阻形成的电位升。（　　）
3. 金属是非良导体，呈高电阻性。（　　）
4. 1kΩ 电阻与 1000Ω 电阻阻值相等。（　　）
5. 线圈的电感量大小与线圈的匝数无关。（　　）
6. 为了得到较大容量的电容可以将多个电容并联起来使用。（　　）
7. 纯电阻元件上电压方向和电流方向是一致的。（　　）
8. 在非线性电阻电路中，电压和电流的关系是线性关系。（　　）
9. 电功率的单位除瓦（特）外，还有千瓦、兆瓦、毫瓦。（　　）
10. 增加串联电路的电感时，阻抗将随之增大。（　　）
11. 有一个四条支路的节点，两条支路共流入电流 8A，另一条支路流出电流 6A，则剩下一条支路流出电流 2A。（　　）
12. 半导体的导电能力介于导体与绝缘体之间。（　　）
13. 一个 PN 结，P 加正向电压，N 加负电压时，PN 结处于导通状态。（　　）
14. 二极管有高频和低频之分。（　　）
15. 螺栓式大电流整流二极管，方便安装散热器。（　　）
16. 锗材料二极管的正向导通压降小于硅材料二极管的正向导通压降。（　　）
17. 稳压二极管可作为工作电压小于反向击穿电压电路中的二极管使用。（　　）
18. 晶闸管导通后，只要正向电流小于维持电流，晶闸管就将维持导通。（　　）
19. 在晶体管放大电路中，必须设置合适的偏置电路。（　　）
20. 石英晶体振荡器稳定性高于 *LC* 振荡器。（　　）
21. 发光二极管的正向压降与普通二极管相同。（　　）
22. 稳压二极管只适合输出电流较小、精度要求不高的场所。（　　）
23. 对于可调串联直流稳压电源，低压大电流输出时，调整管消耗功率较大。（　　）
24. 经过整流后的脉动直流一般都需要经过滤波电路滤除其中的交流成分后才能达到使用标准。（　　）
25. 要构成化学电池，两电极间必须要有离子导电性的物质即电解质。（　　）
26. 铁容器可以盛储稀硫酸。（　　）
27. 没有在水中绝对不溶的物质，只有溶解度大小之分。（　　）
28. 蓄电池的电解液只起导电作用，不参加化学反应。（　　）
29. 不能溶解于水或熔融状态下能够导电的物质称为电解质。（　　）
30. 当金属与周围介质相接触时，发生化学反应引起的破坏称为金属腐蚀。（　　）
31. 电池电动势就是正负电极间的电位差，是电池放电时所测得的端电压。（　　）
32. 蓄电池按电解液化学性质不同可分为贫电解液和富电解液两种。（　　）
33. 电池的型号主要包含串联的电池数、电池的结构特征、电池容量等内容。（　　）
34. 铅酸蓄电池充电过程中，正极板上的 $PbSO_4$ 逐渐变为海绵状铅的 Pb。（　　）

35.铅蓄电池极板硫酸盐化最易在负极上发生，而正极板很少遭受硫酸盐化。（　　）

36.隔板的主要作用是防止电池极板短路。（　　）

37.铅蓄电池过充电最终会导致板栅腐蚀。（　　）

38.配置好的硫酸电解液要加入一定比例的硫酸铅溶液才能使用。（　　）

39.蓄电池放在电放电过程中，由于电解液相对密度上升，而使电动势上升。（　　）

40.若单个蓄电池恒压充电电压要求为2.35V，那么在48V电源中，蓄电池组的充电电压应为53.5V。（　　）

41.固定铅蓄电池放电终了时，密度应不低于2.10g/cm³（15℃）。（　　）

42.防酸隔爆铅蓄电池的防酸隔爆帽具有透气和透酸的作用。（　　）

43.蓄电池充电必须使用交流电源。（　　）

44.三相桥式全控整流电路由三只晶闸管组成。（　　）

45.开关电源的核心部分是功率因数校正电路。（　　）

46.电容和电感组成的倒L形滤波器，电感量和电容量越大，其滤波效果越好。（　　）

47.在开关电源系统中，限流功能是整流模块的一种输入保护功能。（　　）

48.对于不同品牌的电池，其温度告警值有所不同。（　　）

49.采用电池组与整流器并联对负载供电的方法，可以起到大电容滤波的作用，从而达到降低输出杂音的目的。（　　）

50.在－48V直流电源系统中，供电回路全程最大允许压降为1.8V。（　　）

51.通信用交流电源一般采用三相三线制式供电。（　　）

52.通信站变电设备都要求安装在室内。（　　）

53.交流配电屏一般都没有交流停电的声光告警信号。（　　）

54.使用数字万用表测量电压时，应将数字表与被测负载串联。（　　）

55.变压器油标的油位线高低与温度无关。（　　）

56.变压器空载时无能量损耗。（　　）

57.三相变压器中的额定电压是指相电压。（　　）

58.变压器的绝缘分主绝缘和纵向绝缘两部分，匝间绝缘是变压器的主绝缘。（　　）

59.闸刀开关主要用作频繁地手动接通和分断交直流电路用。（　　）

60.熔断器（熔件、熔体）主要是用一种熔点低的金属丝或金属片制成。（　　）

61.使用指针式万用表电阻挡测量电阻时，表针偏转角度越大，测量准确度越高。（　）

62.汽油机的混合气体是在气缸中混合，然后由点火系统点燃。（　　）

63.内燃机的气缸编号，采用连续顺序号表示。（　　）

64.“4135Z”型柴油机，其中的“4”表示柴油机的工作循环是四冲程。（　　）

65.柴油发电机组的柴油机与交流同步发电机应安装装在一个公共底盘上。（　　）

66.启动机在带动内燃机启动后可以与曲轴一起旋转。（　　）

67.柴油发电机组属自备电站交流供电的一种类型。（　　）

68.柴油发电机组在加载前，怠速运行时间不宜过长。（　　）

69.道依茨风冷柴油发电机没有水冷却系统。（　　）

70.双阀膨胀筒式节温器主要由膨胀筒、两个阀门及壳体等组成。（　　）

71.空气滤清器的作用是清除进入气缸空气中的灰尘杂质。（　　）

72.装在排气管出口上的消音器（消声器）可减少废气从气缸里冲出来突然膨胀发出的噪声。（　　）

73. 柴油在燃烧室燃烧质量与燃烧室的形状无关。（　　）

74. 活塞环只需要有一定的弹性，而不需要耐磨、耐高温。（　　）

75. 物质由液态转化为气态的过程称为液化。（　　）

76. 空调器按制冷剂的类型不同分为冷热双制式和单制冷式。（　　）

77. 按人体生理和卫生条件要求，合理的空气温度、相对湿度、洁净度以及气流速度是保证良好生活条件和工作环境所必需的基本因素。（　　）

78. 一台 UPS 中只含有一个逆变器。（　　）

79. UPS 电子式静态开关的缺点是切换时间长、开关寿命较短。（　　）

80. UPS 按容量分类，100kV·A 以下的 UPS 为小功率 UPS。（　　）

81. 如果 UPS 没有配备合适的蓄电池组就不能发挥其应有的作用。（　　）

82. 一些家庭或办公用的计算机可以配备后备式 UPS，来保证停电时有足够时间进行正常关机。（　　）

83. 跟踪就是使 UPS 电源的逆变器输出电压跟踪市电电压，也就是使 UPS 电源逆变器的输出电压与市电电压同相，这个控制环节称为锁相同步。（　　）

84. 一般来讲，UPS 逆变切换时间越短越好。（　　）

85. 历史曲线是各个模拟量采样点的随机数据所形成的曲线，包括最大值曲线、最小值曲线以及平均值曲线，并且能以日曲线或月曲线的形式进行查看。（　　）

86. 在动环集中监控系统中，显示器是输入设备。（　　）

87. Internet 的中文含义是广域网。（　　）

88. 在动环集中监控系统中，监控对象主要有自动化柴油发电机组、高频开关电源、空调、UPS 等非智能设备。（　　）

89. 为了保证动环集中监控系统的安全，进行某些操作时必须输入密码，经系统确认后方允许进行操作。（　　）

90. 计算机病毒是指被损坏的程序。（　　）

91. 计算机可以直接识别用汇编语言编写的程序。（　　）

92. 在计算机中，硬盘的故障率通常高于其他存储设备。（　　）

93. 在计算机的同一目录中，允许包含相同的子目录和文件名。（　　）

94. Excel 的工作表是用来存储和处理数据的主要文档，它是工作簿的一部分，也称为电子文档。（　　）

95. 参考点改变，电路中两点间电压也随之改变。（　　）

96. 平板电容器储存的电量与两个电极板上电位差的平方成正比。（　　）

97. 变压器中性点接地属于保护接地。（　　）

98. 通信用阀控式密封铅蓄电池通常是富液式铅蓄电池。（　　）

99. 在三相四线制供电线路中，相电压就是两条相线之间的电压。（　　）

100. 增大柴油机喷油器的喷油压力能适当提高柴油机的输出功率。（　　）

1.3 考试真题答案

1.3.1 单项选择题

1. B　2. D　3. B　4. D　5. B　6. B　7. B　8. A　9. C　10. C　11. D　12. D　13. D

14. B 15. A 16. B 17. D 18. D 19. C 20. A 21. B 22. D 23. C 24. C 25. C
26. C 27. D 28. C 29. B 30. C 31. C 32. C 33. C 34. B 35. D 36. B 37. C
38. A 39. C 40. B 41. A 42. B 43. C 44. C 45. C 46. B 47. B 48. B 49. B
50. B 51. B 52. C 53. D 54. A 55. D 56. B 57. D 58. C 59. B 60. D 61. B
62. C 63. D 64. C 65. B 66. D 67. C 68. C 69. D 70. D 71. C 72. B 73. D
74. B 75. B 76. A 77. B 78. B 79. B 80. B 81. D 82. D 83. D 84. D 85. D
86. C 87. C 88. C 89. C 90. A 91. D 92. B 93. C 94. C 95. B 96. B 97. C
98. B 99. D 100. B 101. A 102. B 103. C 104. C 105. C 106. B 107. D 108. C
109. D 110. C 111. B 112. C 113. C 114. B 115. B 116. B 117. A 118. D 119. A
120. A 121. B 122. C 123. D 124. B 125. D 126. A 127. D 128. A 129. C 130. D
131. A 132. B 133. A 134. C 135. B 136. A 137. C 138. C 139. A 140. C 141. B
142. A 143. B 144. C 145. D 146. D 147. A 148. B 149. C 150. D 151. C 152. A
153. C 154. A 155. D 156. C 157. B 158. D 159. A 160. D 161. B 162. C 163. A
164. B 165. C 166. B 167. C 168. C 169. A 170. C 171. A 172. C 173. A 174. C
175. A 176. C 177. C 178. A 179. C 180. A 181. B 182. C 183. D 184. B 185. B
186. C 187. A 188. C 189. B 190. B 191. C 192. A 193. D 194. C 195. B 196. C
197. D 198. B 199. C 200. C 201. A 202. B 203. D 204. A 205. B 206. C 207. A
208. B 209. D 210. C 211. D 212. B 213. A 214. A 215. B 216. B 217. A 218. A
219. A 220. C 221. D 222. B 223. A 224. C 225. A 226. C 227. D 228. D 229. B
230. D 231. A 232. B 233. B 234. B 235. C 236. A 237. B 238. A 239. D 240. A
241. C 242. A 243. B 244. C 245. C 246. C 247. D 248. A 249. B 250. B 251. D
252. C 253. B 254. C 255. C 256. B 257. D 258. B 259. D 260. A 261. A 262. B
263. A 264. D 265. A 266. A 267. D 268. A 269. D 270. A 271. A 272. D 273. C
274. A 275. C 276. B 277. D 278. A 279. C 280. B 281. C 282. A 283. A 284. B
285. A 286. B 287. A 288. B 289. A 290. D 291. D 292. C 293. D 294. C 295. B
296. C 297. B 298. C 299. C 300. B 301. C 302. A 303. B 304. C 305. B 306. A
307. C 308. C 309. A 310. A 311. C 312. A 313. B 314. D 315. B 316. C 317. B
318. C 319. C 320. D 321. A 322. D 323. B 324. A 325. B 326. C 327. B 328. A
329. B 330. A 331. C 332. B 333. A 334. B 335. D 336. B 337. A 338. B 339. D
340. A 341. C 342. A 343. D 344. B 345. D 346. C 347. B 348. A 349. D 350. D
351. D 352. D 353. C 354. C 355. A 356. A 357. A 358. B 359. C 360. A 361. A
362. B 363. D 364. B 365. C 366. D 367. B 368. C 369. A 370. B 371. A 372. D
373. C 374. C 375. C 376. B 377. A 378. B 379. A 380. B 381. A 382. B 383. C
384. C 385. D 386. A 387. C 388. D 389. A 390. C 391. B 392. A 393. C 394. D
395. D 396. A 397. C 398. D 399. B 400. C 401. B 402. C 403. A 404. C 405. D
406. D 407. D 408. D 409. B 410. B 411. D 412. C 413. D 414. B 415. D 416. B
417. A 418. C 419. B 420. D 421. C 422. B 423. B 424. C 425. C 426. B 427. A
428. C 429. C 430. B 431. D 432. C 433. A 434. B 435. C 436. C 437. C 438. B
439. A 440. A 441. C 442. A 443. B 444. A 445. C 446. B 447. D 448. D 449. B
450. B 451. D 452. A 453. B 454. B 455. D 456. A 457. B 458. C 459. C 460. A
461. C 462A. 463. D 464. C 465. D 466. B 467. B 468. A 469. A 470. C 471. A

472. C 473. D 474. C 475. B 476. C 477. D 478. A 479. D 480. C 481. C 482. D
483. D 484. A 485. A 486. C 487. D 488. B 489. D 490. B 491. D 492. C 493. A
494. C 495. C 496. A 497. C 498. A 499. B 500. A 501. C 502. C 503. B 504. D
505. B 506. A 507. D 508. D 509. B 510. B 511. B 512. C 513. B 514. C 515. A
516. C 517. B 518. C 519. C 520. D 521. B 522. C 523. A 524. B 525. B 526. A
527. D 528. D 529. A 530. B 531. A 532. B 533. A 534. D 535. D 536. C 537. A
538. C 539. B 540. A 541. B 542. A 543. D 544. C 545. B 546. A 547. C 548. D
549. D 550. A 551. C 552. A 553. A 554. C 555. D 556. C 557. C 558. B 559. C
560. D

1.3.2 不定项选择题

1. ABCD 2. BCD 3. ABD 4. BCD 5. ABC 6. CD 7. ACD 8. ABC
9. BD 10. AD 11. BD 12. CD 13. BCD 14. AB 15. ABD 16. ABC
17. AC 18. ABC 19. AC 20. CD 21. BCD 22. ACD 23. CD 24. ABC
25. BC 26. ABD 27. BCD 28. CD 29. AB 30. CD 31. AB 32. BC
33. AD 34. ABD 35. ABD 36. ACD 37. ACD 38. CD 39. BCD 40. ABC
41. ACD 42. AC 43. BCD 44. BD 45. AD 46. ABD 47. AC 48. ACD
49. ACD 50. ACD 51. AD 52. CD 53. CD 54. ACD 55. BC 56. ABD
57. BC 58. ACD 59. BC 60. BC 61. AB 62. BCD 63. AD 64. BCD
65. BCD 66. ABC 67. ABC 68. AB 69. ACD 70. CD 71. ABC 72. ABC
73. CD 74. ACD 75. BCD 76. AD 77. ABC 78. ACD 79. AD 80. ABD

1.3.3 判断改错题

1. 金属中的电流是自由电子定向运动形成的。（ √ ）

注： 电流是由电荷的定向移动形成的；物理学规定了电流的方向：正电荷定向移动的方向为电流的方向。自由电子带负电，负电荷定向移动形成电流，电流的方向与负电荷定向移动的方向相反。

2. 电压是指电流通过电阻形成的电位升。（ × ）

注： 电压是指电流通过电阻形成的电位降。

3. 金属是非良导体，呈高电阻性。（ × ）

注： 金属是良导体，呈低电阻性。

4. 1kΩ 电阻与 1000Ω 电阻阻值相等。（ √ ）

注： $1k\Omega=1000\Omega=10^3\Omega$。

5. 线圈的电感量大小与线圈的匝数无关。（ × ）

注： 线圈的电感量与匝数的平方成正比，每匝电感量还与铁芯大小、质量有关。计算公式为：$L=(0.01DN^2)/(l/D+0.44)$，其中线圈电感量 L 的单位：微亨；线圈直径 D 的单位：cm；线圈匝数 N 的单位：匝；线圈长度 l 的单位：cm。如果在铁芯不变的情况下，增加绕组匝数，能提供更大的电感量和更充沛的电能；如果在绕组不变的情况下，薄片铁芯有着更少的磁涡流，更低的损耗，能通过更高的频率。但是占空隙数大，磁路也长。很多人追求低内阻，以获得更好的高频响应和大的电感量。

6. 为了得到较大容量的电容可以将多个电容并联起来使用。（　√　）

注：① 电容并联公式为

$$C_{并}=C_1+C_2+C_3+\cdots+C_n$$

电容器并联时，每个电容器所承受的工作电压相等，并等于总电压，因此，如果工作电压不同的几只电容器并联，必须把其中工作最低的工作电压作为并联后的工作电压。

② 电容串联公式为

$$\frac{1}{C_{串}}=\frac{1}{C_1}+\frac{1}{C_2}+\frac{1}{C_3}+\cdots+\frac{1}{C_n}$$

串联后电容的工作电压在各电容量相等的条件下，等于每个电容的工作电压之和，故串联后的电容工作电压将升高。

7. 纯电阻元件上电压方向和电流方向是一致的。（　√　）

注：电路中电流与电压方向的关系：在直流电中，电流的方向与电压一致；在交流电中，当负荷为纯电阻时，电流的方向和电压一致；当负荷为纯电感时，电流滞后电压 90°；当负荷为纯电容时，电流超前与电压 90°。

8. 在非线性电阻电路中，电压和电流的关系是线性关系。（　×　）

注：在非线性电阻电路中，电压和电流的关系是非线性关系。

9. 电功率的单位除瓦（特）外，还有千瓦、兆瓦、毫瓦。（　√　）

注：$1\mathrm{MW}=10^3\mathrm{kW}=10^6\mathrm{W}=10^9\mathrm{mW}$

10. 增加串联电路的电感时，阻抗将随之增大。（　√　）

注：① 电感串联公式为：

$$L_{串}=L_1+L_2+L_3+\cdots+L_n$$

② 电感并联公式为：

$$\frac{1}{L_{串}}=\frac{1}{L_1}+\frac{1}{L_2}+\frac{1}{L_3}+\cdots+\frac{1}{L_n}$$

由图 1-5 阻抗公式可知，增加串联电路的电感时，阻抗将随之增大。

阻抗　电阻　电抗

$$Z=R+\mathrm{j}X[\Omega]$$

$$X:\ -\mathrm{j}\frac{1}{\omega C},\ \mathrm{j}\omega L$$

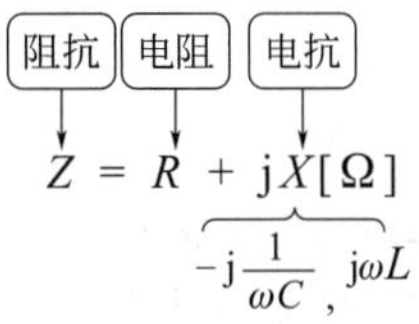

图 1-5　阻抗、电阻和电抗之间的关系

11. 有一个四条支路的节点，两条支路共流入电流 8A，另一条支路流出电流 6A，则剩下一条支路流出电流 2A。（　√　）

注：基尔霍夫电流定律（KCL，Kirchhoff's Current Law）是描述电路中的与同一节点相连接的各支路的电流之间的相互关系。

基尔霍夫电流定律可以表述为：对于集总参数电路中的任一节点，在任意时刻，流出该节点电流的和等于流入该节点电流的和。即对任一节点，有

$$\sum_{流入} i(t)=\sum_{流出} i(t)$$

进一步地，如果定义流出节点的电流为正，流入节点的电流为负，则基尔霍夫电流定律可以表述为：对于集总参数电路中的任一节点，在任意时刻，所有连接于该节点的各支路的电流的代数和等于零。即对任一节点，有

$$\sum_{k=1}^{m} i_k(t)=0$$

式中，i_k 为与该节点相连的某一支路上的电流；m 为与该节点相连的支路的个数。

基尔霍夫电流定律对各支路的元件的性质没有要求，只要是集总参数元件，基尔霍夫电流定律都是成立的。基尔霍夫电流定律不仅适用于电路中的节点，对于电路中的任一假设的闭合面它也是成立的。如图 1-6 所示电路，对闭合曲面 S，有

$$i_1(t)+i_2(t)-i_3(t)=0$$

因为闭合曲面可以看作是一个广义的节点。这样就很好理解如图 1-7 所示的电路中的电流 $i=0$ 了。

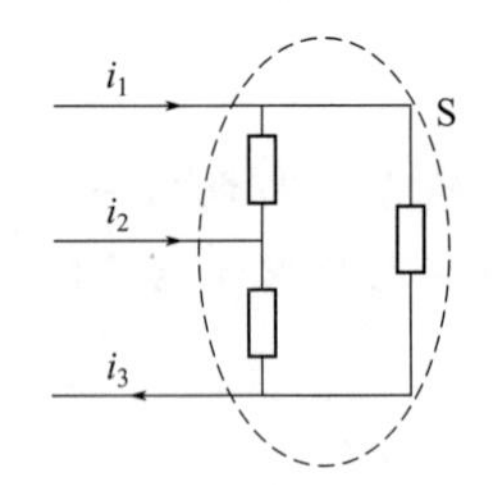

图 1-6　KCL 应用于封闭曲面

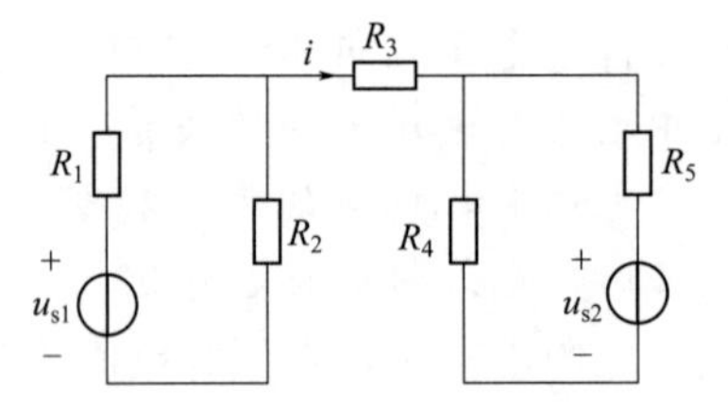

图 1-7　与 KCL 相关的例子

12. 半导体的导电能力介于导体与绝缘体之间。（ √ ）

注：顾名思义，常温下导电性能介于导体（conductor）与绝缘体（insulator）之间的材料，叫做半导体（semiconductor）。物质存在的形式多种多样，固体、液体、气体、等离子体等。我们通常把导电性和导电导热性差或不好的材料，如金刚石、人工晶体、琥珀、陶瓷等，称为绝缘体。而把导电、导热都比较好的金属如金、银、铜、铁、锡、铝等称为导体。可以简单地把介于导体和绝缘体之间的材料称为半导体。与导体和绝缘体相比，半导体材料的发现是最晚的，直到 20 世纪 30 年代，当材料的提纯技术改进以后，半导体的存在才真正被学术界所认可。半导体的电导率容易受控制，可作为信息处理的元件材料。从科技或是经济发展的角度来看，半导体非常重要。很多电子产品，如计算机、移动电话、数字录音机的核心单元都是利用半导体的电导率变化来处理信息。常见的半导体材料有硅、锗、砷化镓等，而硅更是各种半导体材料中在商业应用上最具有影响力的一种。

13. 一个 PN 结，P 加正向电压，N 加负电压时，PN 结处于导通状态。（ √ ）

注：如果将一块半导体的一侧掺入三价元素杂质使其成为 P 型半导体，而将其另一侧掺入五价元素的杂质使其成为 N 型半导体，那么在二者的交界面处将形成一个特殊的结构——PN 结。当 PN 结的 P 区接高电位，N 区接低电位时，称其为正偏。当 PN 结正偏时，外加电场与内建电场方向相反，内建电场将被削弱，耗尽层将变窄，漂移运动削弱，扩散运动加强，扩散电流（多子）重新占据主导地位，形成较大的正向电流。在理想情况下，PN 结正偏时正向导通，等效为短路，所以正向电流很大。

14. 二极管有高频和低频之分。（ √ ）

注：按内部结构的不同，二极管可分为：点接触型和面接触型。点接触型二极管是由一根很细的金属丝和一块半导体熔接在一起而构成 PN 结的。PN 结内的正、负离子层，相当于存储的正、负电荷，与极板电容器带电的作用相似，因此 PN 结具有电容效应，这种电容效应称为结电容或极间电容。点接触型二极管的 PN 结结面积很小，因而极间电容很小，适用于高频工作，但不能通过较大的电流。因此主要用于高频检波、脉冲数字电路，也可用于

小电流整流电路。面接触型二极管的PN结结面积大，因而极间电容也大，一般用于整流电路，而不宜用于高频电路中。

按照所用半导体材料的不同，二极管可分为硅二极管和锗二极管。一般硅二极管多为面接触型，锗二极管多为点接触型。

按照使用功率大小来分，二极管一般分为大功率二极管、中功率二极管和小功率二极管三类。大功率二极管一般用于电源电路。

根据用途的不同，二极管可分为整流二极管、稳压二极管、开关二极管、隔离二极管、发光二极管、检波二极管、肖特基二极管等。

根据用途的不同，二极管可分为高频二极管和低频二极管。高频管主要用于开关、检波、调制、解调及混频等非线性变换电路中。

15. 螺栓式大电流整流二极管，方便安装散热器。（ √ ）

注：螺栓式大电流整流二极管是一种大面积接触的功率器件，方便安装散热器。其击穿电压高，反向漏电流小，散热性能良好。但因结电容大，工作频率一般在几十千赫。

16. 锗材料二极管的正向导通压降小于硅材料二极管的正向导通压降。（ √ ）

注：根据实验研究，锗二极管正向在0.2V就开始有电流了，而硅二极管要到0.5V才开始有电流，也就是说两者达到导通的起始电压不同。即：锗材料二极管的正向导通压降小于硅材料二极管的正向导通压降。

17. 稳压二极管可作为工作电压小于反向击穿电压电路中的二极管使用。（ √ ）

注：稳压二极管可作为一般二极管使用，但其工作电压要小于反向击穿电压。

18. 晶闸管导通后，只要正向电流小于维持电流，晶闸管就将维持导通。（ × ）

注：晶闸管导通后，正向电流小于维持电流，晶闸管就将维持关断。

19. 在晶体管放大电路中，必须设置合适的偏置电路。（ √ ）

注：晶体管构成的放大器要做到不失真地将信号电压放大，就必须保证晶体管的发射结正偏、集电结反偏。即应该设置它的工作点。所谓工作点就是通过外部电路的设置使晶体管的基极、发射极和集电极处于所要求的电位（可根据计算获得）。这些外部电路就称为偏置电路。所谓给三极管加偏置电路就是给三极管的基极提供一个静态工作电流，只有给三极管的基极加了静态工作电流，才能保证放大信号时不失真，否则不但负半周信号没有输出，连正半周的小信号也会有失真。

20. 石英晶体振荡器稳定性高于LC振荡器。（ √ ）

注：因为石英晶体的机械振动频率比LC稳定度高很多，品质因数Q也高出很多，具有更强的选频稳频能力。

21. 发光二极管的正向压降与普通二极管相同。（ × ）

注：发光二极管的正向压降比普通二极管要高。普通整流及开关二极管的正向压降视型号的不同一般为0.4V左右，肖特基二极管的正向压降更低；发光二极管正向压降最低为1.6V左右，较高的为2～3V。

22. 稳压二极管只适合输出电流较小、精度要求不高的场所。（ √ ）

注：稳压二极管工作电流有限，不能随负载电流变化进行较大电流的变动。所以，稳压管稳压电路只适应于负载较小的场合，且输出电压不能任意调节。

23. 对于可调串联直流稳压电源，低压大电流输出时，调整管消耗功率较大。（ √ ）

注：对于可调串联直流稳压电源，输出电流越大，调整管消耗的功率越大。

24. 经过整流后的脉动直流一般都需要经过滤波电路滤除其中的交流成分后才能达到使

用标准。（ √ ）

注：一般直流电源由如下部分组成：整流电路是将工频交流电转换为脉动直流电。滤波电路将脉动直流中的交流成分滤除，减少交流成分，增加直流成分。稳压电路采用负反馈技术，对整流后的直流电压进一步稳定。

25. 要构成化学电池，两电极间必须要有离子导电性的物质即电解质。（ √ ）

注：电池是一种把化学反应所释放的能量直接转变成直流电能的装置。要实现化学能转变成电能的过程，必须满足如下条件：

① 必须使化学反应中失去电子的氧化过程（在负极进行）和得到电子的还原过程（在正极进行）分别在两个区域进行。

② 两电极间必须具有离子导电性的物质——电解质。

③ 化学变化过程中电子的传递必须经过外线路。

为满足构成电池的条件，电池须包含以下基本组成部分：正极活性物质、负极活性物质、电解质、隔膜、外壳以及导电栅、汇流体、极柱、安全阀等零件。

26. 铁容器可以盛储稀硫酸。（ × ）

注：铁制容器不能用来盛稀硫酸，却可以用来装浓硫酸。其原因是：因为单质铁可以跟稀硫酸反应生成硫酸亚铁和氢气，如用铁制容器来装稀硫酸，铁容器将很快被腐蚀，所以不能用铁制容器来盛装稀硫酸。又因为浓硫酸具有很强的氧化性，常温下可以将铁氧化成薄膜，这层薄膜不溶于酸，从而保护了里面的铁不与外面的酸接触，所以，浓硫酸可以用铁制容器来盛装。

27. 没有在水中绝对不溶的物质，只有溶解度大小之分。（ √ ）

注：任何物质都可以在水中溶解，即使是最难溶的物质也会有微量溶解。即：没有在水中绝对不溶的物质，只有溶解度大小之分。

28. 蓄电池的电解液只起导电作用，不参加化学反应。（ × ）

注：蓄电池的电解液不仅起导电作用，还参加化学反应。

29. 不能溶解于水或熔融状态下能够导电的物质称为电解质。（ × ）

注：电解质是溶于水溶液中或在熔融状态下就能够导电的化合物。根据其电离程度可分为强电解质和弱电解质，几乎全部电离的是强电解质，只有少部分电离的是弱电解质。电解质都是以离子键或极性共价键结合的物质。化合物在溶解于水中或受热状态下能够解离成自由移动的离子。离子化合物在水溶液中或熔化状态下能导电；某些共价化合物也能在水溶液中导电，但也存在固体电解质，其导电性来源于晶格中离子的迁移。

30. 当金属与周围介质相接触时，发生化学反应引起的破坏称为金属腐蚀。（ √ ）

注：金属材料受周围介质的作用而损坏，称为金属腐蚀。锈蚀是其最常见的腐蚀形态。腐蚀时，在金属的界面上发生了化学或电化学多相反应，使金属转入氧化（离子）状态，这会显著降低金属材料的强度、塑性、韧性等力学性能，破坏金属构件的几何形状，增加零件间的磨损，恶化电学和光学等物理性能，缩短设备的使用寿命，甚至造成火灾、爆炸等灾难性事故。

31. 电池电动势就是正负电极间的电位差，是电池放电时所测得的端电压。（ × ）

注：电池电动势使其开路时的电压。

32. 蓄电池按电解液化学性质不同可分为贫电解液和富电解液两种。（ × ）

注：蓄电池按电解液化学性质不同可分为酸性和碱性两种。蓄电池按电解液的多少程度不同可分为贫电解液和富电解液两种。

33. 电池的型号主要包含串联的电池数、电池的结构特征、电池容量等内容。（ √ ）

注：根据部颁标准 JB/T 2599—2012《铅酸蓄电池名称、型号编制与命名办法》，铅酸蓄电池的型号编制与命名的基本原则如下：

铅酸蓄电池型号由三部分组成（如图 1-8 所示）：

串联的单体电池数 — 电池的用途与结构特征 — 额定容量

图 1-8 铅酸蓄电池的型号

蓄电池型号组成各部分应按如下规则编制：

① 串联的单体蓄电数，是指在一只整体蓄电池槽或一个组装箱内所包括的串联蓄电池数目（单体蓄电池数目为 1 时，可省略）；

② 蓄电池用途、结构特征代号应符合表 1-1 和表 1-2 的规定；

③ 额定容量以阿拉伯数字表示，其单位为安培小时（A·h），在型号中单位可省略；

④ 当需要标志蓄电池所需适应的特殊使用环境时，应按照有关标准及规程的要求，在蓄电池型号末尾和有关技术文件上作明显标志；

⑤ 蓄电池型号末尾允许标志临时型号；

⑥ 标准中未提及新型蓄电池允许制造商按上述规则自行编制；

⑦ 对出口的蓄电池或来样加工的蓄电池型号编制，可按有关协议或合同进行编制。

表 1-1 蓄电池用途特征代号

序号	蓄电池类型（主要用途）	型号	汉字及拼音或英语字头		
			汉字	拼音	英语
1	启动型	Q	启	qi	
2	固定型	G	固	gu	
3	牵引(电力机车)用	D	电	dian	
4	内燃机车用	N	内	nei	
5	铁路客车用	T	铁	tie	
6	摩托车用	M	摩	mo	
7	船舶用	C	船	chuan	
8	储能用	CN	储能	chu neng	
9	电动道路车用	EV	电动车辆		elechic vchiclcs
10	电动助力车用	DZ	电助	dian zhu	
11	煤矿特殊	MT	煤特	mei te	

表 1-2 蓄电池结构特征代号

序号	蓄电池特征	型号	汉字及拼音或英语字头	
1	密封式	M	密	mi
2	免维护	W	维	wei
3	干式荷电	A	干	gan
4	湿式荷电	H	湿	shi
5	微型阀控式	WF	微阀	wei fa
6	排气式	P	排	pai
7	胶体式	J	胶	jiao
8	卷绕式	JR	卷绕	juan rao
9	阀控式	F	阀	fa

型号举例（如图1-9所示）

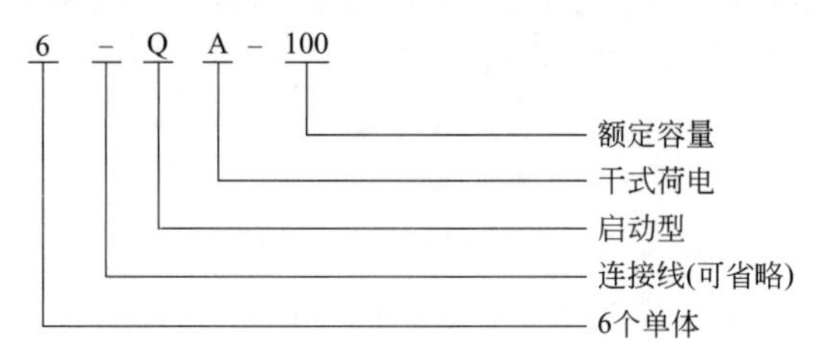

图1-9　铅酸蓄电池型号举例

6-QA-100：表示6个单体电池串联（12V），额定容量为100A·h的干式荷电启动型铅酸蓄电池（组）。

34.铅酸蓄电池充电过程中，正极板上的$PbSO_4$逐渐变为海绵状铅的Pb。（　×　）

注：铅酸蓄电池充电过程中，正极板上的$PbSO_4$逐渐变为PbO_2，负极板上的$PbSO_4$逐渐变为海绵状的Pb。

35.铅蓄电池极板硫酸盐化最易在负极上发生，而正极板很少遭受硫酸盐化。（　√　）

注：在硫酸电解液中存在着某些"表面活性物质"，而这些"表面活性物质"是作为杂质存在于电解液中的，或者是从隔板、电极活性物质以及从和电解液相接触的其他材料中浸出来的。如果这些"表面活性物质"吸附在硫酸铅的表面，则将使硫酸铅的溶解速度减慢，也就限制了在充电时铅离子（Pb^{2+}）的阴极还原。如果"表面活性物质"吸附在金属铅上，在充电时就提高了铅在海绵状铅表面形成晶核的能量（即提高了铅的析出过电位），于是，使充电不能正常地进行。值得一提的是，在正极上的吸附，只能引起相当轻微的不可逆硫酸盐化，这是由于正极充电时进行阳极极化，其电位值足以使"表面活性物质"被氧化掉，所以，对正极板不会有很大的影响。故极板硫酸盐化的问题，主要在于负极。

36.隔板的主要作用是防止电池极板短路。（　√　）

注：普通铅酸蓄电池采用隔板，而VRLA蓄电池采用隔膜。隔板（膜）的作用是防止正、负极因直接接触而短路，同时要允许电解液中的离子顺利通过。组装时将隔板（膜）置于交错排列的正负极板之间。

37.铅蓄电池过充电最终会导致板栅腐蚀。（　√　）

注：铅蓄电池过充电最终会导致板栅腐蚀，尤其是正极板栅的腐蚀。正极板栅腐蚀指正极板栅在电池过充电时，因发生阳极氧化反应而造成板栅变细甚至断裂，使活性物质与板栅的电接触变差，进而影响电池的充放电性能的现象。

正极板栅腐蚀的原因主要是板栅上的铅在充电或过充电时发生了如下的阳极氧化反应：

$$Pb+H_2O \longrightarrow PbO+2H^+ +2e$$

$$PbO+H_2O \longrightarrow PbO_2+2H^+ +2e$$

$$Pb+2H_2O \longrightarrow PbO_2+4H^+ +4e$$

当板栅中含有锑时，会同时发生如下反应：

$$Sb+H_2O-3e \longrightarrow SbO^+ +2H^+$$

$$Sb+2H_2O-5e \longrightarrow SbO_2^+ +4H^+$$

上述反应在浮充电压和温度过高时会加速发生，引起正极板栅的腐蚀速度加快，并因为腐蚀反应消耗水而引起电池失水。

38.配置好的硫酸电解液要加入一定比例的硫酸铅溶液才能使用。（　×　）

注：配置好的硫酸电解液可直接加入电池中使用。

39.蓄电池放在电放电过程中，由于电解液相对密度上升，而使电动势上升。（ × ）

注：蓄电池放在电放电过程中，由于电解液相对密度减小，从而使电动势下降。

40.若单个蓄电池恒压充电电压要求为2.35V，那么在48V电源中，蓄电池组的充电电压应为53.5V。（ × ）

注：若单个蓄电池恒压充电电压要求为2.35V，那么在48V电源中，蓄电池组的充电电压应为56.4V（24×2.35＝56.4V）。

41.固定铅蓄电池放电终了时，密度应不低于2.10g/cm^3（15℃）。（ × ）

注：固定铅蓄电池放电终了时，密度应不低于1.17g/cm^3（15℃）。

42.防酸隔爆铅蓄电池的防酸隔爆帽具有透气和透酸的作用。（ × ）

注：防酸隔爆铅蓄电池的防酸隔爆帽具有透气不透酸的作用。

43.蓄电池充电必须使用交流电源。（ × ）

注：蓄电池充电必须使用直流电源。

44.三相桥式全控整流电路由三只晶闸管组成。（ × ）

注：三相桥式全控整流电路由六只晶闸管组成。

45.开关电源的核心部分是功率因数校正电路。（ × ）

注：开关电源的核心部分是直流/直流变换电路。

46.电容和电感组成的倒L形滤波器，电感量和电容量越大，其滤波效果越好。（ √ ）

注：如图1-10所示为倒L形滤波电路，是由一个电感线圈和一个电容构成。因为电感线圈和电容在电路中的接法像一个倒写的大写英文字母“L”，所以称为倒L形滤波电路。当直流电中的交流成分通过它时，大部分将降落在这个电感线圈上。经过电感线圈滤波后，残余的少量交流成分再经过后面的电容滤波，将进一步被削弱，从而使负载电阻得到了更加平滑的直流电。倒L形滤波电路的滤波性能好坏决定于电感线圈电感量L和电容容量C的乘积，LC的乘积越大，滤波效果越好。因为绕制电感线圈的成本较高，所以在负载电流不大的场合，电感线圈电感量L可以用得小一些，而把电容容量C用得大一点。用多个倒L形电路串联起来，可以进一步改善滤波电路的滤波性能。

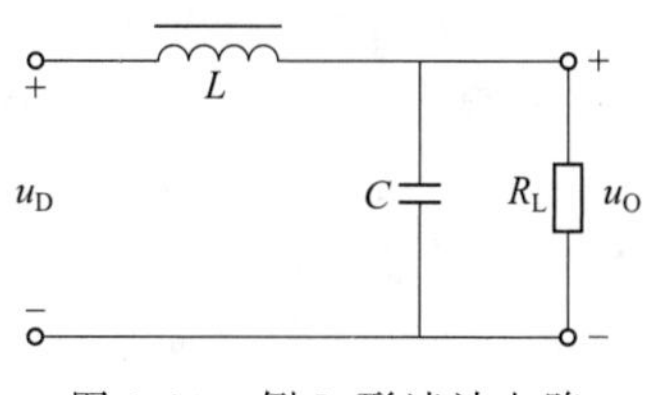

图1-10　倒L形滤波电路

47.在开关电源系统中，限流功能是整流模块的一种输入保护功能。（ × ）

注：在开关电源系统中，限流功能是整流模块的一种输出保护功能。

48.对于不同品牌的电池，其温度告警值有所不同。（ √ ）

注：在通信电源集中监控系统中，电池工作温度过高，会出现报警情况，但对于不同品牌的电池，其温度告警值有所不同。

49.采用电池组与整流器并联对负载供电的方法，可以起到大电容滤波的作用，从而达到降低输出杂音的目的。（ √ ）

注：采用电池组与整流器并联对负载供电的方法具有如下特点：①蓄电池组、充电设备和负荷并联运行；②蓄电池组的端电压保持在规定的浮充电压值；③充电设备承担经常负荷，同时以很小的电流向蓄电池浮充电，以补偿其自放电；④充电设备配备电流限制电路；⑤交流电源故障时，蓄电池组提供直流电源。交流电源恢复后，充电设备自动启动给蓄电池组充电，同时承担直流负荷；⑥可以起到大电容滤波的作用，从而达到降低输出杂音的目的。

50. 在－48V 直流电源系统中，供电回路全程最大允许压降为 1.8V。（ × ）

注：在－48V 直流电源系统中，供电回路全程最大允许压降为 3V。

51. 通信用交流电源一般采用三相三线制式供电。（ × ）

注：通信用交流电源一般采用三相四线制式供电。

52. 通信站变电设备都要求安装在室内。（ × ）

注：通信站变电设备安装有室内和室外两种安装方式，视情而定。

53. 交流配电屏一般都没有交流停电的声光告警信号。（ × ）

注：交流配电屏一般都有交流停电的声光告警信号。

54. 使用数字万用表测量电压时，应将数字表与被测负载串联。（ × ）

注：使用数字万用表测量电压时，应将数字表与被测负载并联。

55. 变压器油标的油位线高低与温度无关。（ × ）

注：变压器油标的油位线高低与温度密切相关。温度升高，则其油位线升高。反之，则降低。

56. 变压器空载时无能量损耗。（ × ）

注：变压器空载时有能量损耗。变压器的空载损耗主要是铁芯损耗，它由磁滞损耗和涡流损耗组成。变压器容量越大，空载损耗就越大，所以从节能的角度考虑，长期不用但必须配备变压器的场所，一般都配备容量较小的变压器。

57. 三相变压器中的额定电压是指相电压。（ × ）

注：三相变压器中的额定电压是指线电压。

58. 变压器的绝缘分主绝缘和纵向绝缘两部分，匝间绝缘是变压器的主绝缘。（ × ）

注：变压器的主绝缘是指：高压与低压绕组之间、相间及对地绝缘；引线或分接开关对地绝缘或对其它绕组的绝缘。变压器的纵绝缘是指：同一绕组中不同匝间、层间、段间绝缘；同一绕组各引线间、分接开关各部分之间的绝缘。

59. 闸刀开关主要用作频繁地手动接通和分断交直流电路用。（ × ）

注：闸刀开关主要用作不频繁地手动接通和分断交直流电路用。

60. 熔断器（熔件、熔体）主要是用一种熔点低的金属丝或金属片制成。（ √ ）

注：熔件是利用熔点较低的金属材料制成的金属丝或金属片，串联在被保护电路中，当电路或电路中的设备过载或发生故障时，熔件发热而熔化，从而切断电路，达到保护电路或设备的目的。

61. 使用指针式万用表电阻挡测量电阻时，表针偏转角度越大，测量准确度越高。（ × ）

注：使用指针式万用表电阻挡测量电阻时，表针越靠近中间位置，测量准确度越高。

62. 汽油机的混合气体是在气缸中混合，然后由点火系统点燃。（ × ）

注：汽油机的混合气体是在汽化器中混合好后送入气缸，然后由点火系统在点火时刻着火燃烧。

63. 内燃机的气缸编号，采用连续顺序号表示。（ √ ）

注：国产内燃机气缸序号根据国家标准 GB/T 726—1994《单列往复式内燃机 右机和左机定义》进行编制。

① 内燃机的气缸序号，采用连续顺序号表示。

② 直立式内燃机气缸序号是从曲轴自由端开始为第一缸，向功率输出端依次序号。

③ V 形内燃机分左右两列，左右列是由功率输出端位置来区分的，气缸序号是从右列

自由端处为第一缸，依次向功率输出端编序号，右列排完后，再从左列自由端连续向功率输出端编气缸的序号。

64."4135Z"型柴油机，其中的"4"表示柴油机的工作循环是四冲程。（ × ）

注："4135Z"型柴油机，其中的"4"表示柴油机的气缸总数是4。内燃机的型号由阿拉伯数字、汉语拼音字母或国际通用的英文缩写字母组成。为了便于内燃机的生产管理与使用，GB/T 725—2008《内燃机产品名称和型号编制规则》对内燃机的产品名称和型号作了统一规定。其型号依次包括四部分，如图1-11所示。

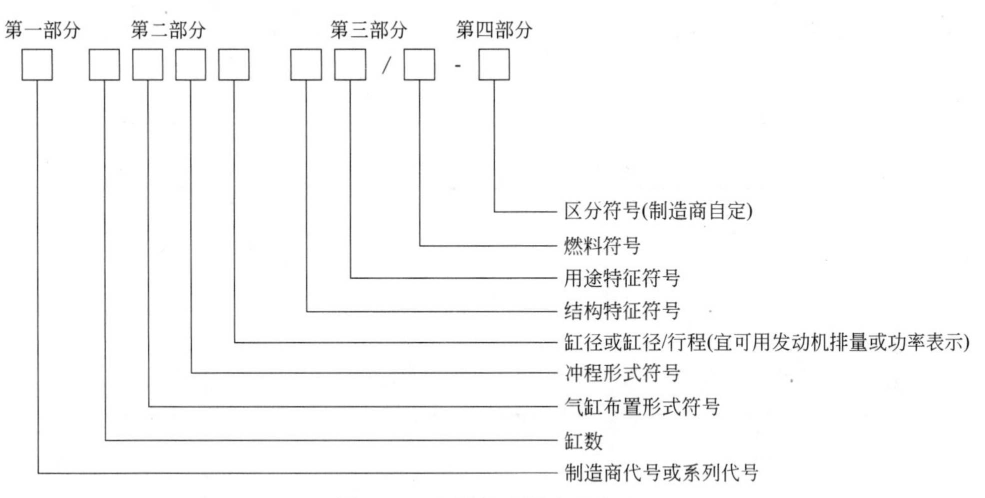

图1-11 内燃机型号表示方法

第一部分：由制造商代号或系列符号组成。本部分代号由制造商根据需要选择相应1～3位字母表示。

第二部分：由气缸数、气缸布置形式符号、冲程形式符号和缸径符号组成。气缸数用1～2位数字表示；气缸布置形式符号按表1-3的规定；冲程型式为四冲程时符号省略，二冲程用E表示；缸径符号一般用缸径或缸径/冲程数字表示，亦可用发动机排量或功率表示，其单位由制造商自定。

表1-3 内燃机气缸布置形式符号

符号	含义
无符号	多缸直列或单缸
V	V形
P	卧式
H	H形
X	X形

注：其他布置形式符号详见GB/T 1883.1。

第三部分：由结构特征符号、用途特征符号和燃料符号组成。结构特征符号和用途特征符号分别按表1-4和表1-5的规定，柴油机的燃料符号省略（无符号），而汽油机的燃料符号为"P"。

第四部分：区分符号。同系列产品需要区分时，允许制造商选用适当符号表示。第三部分与第四部分可用"—"分隔。

表 1-4　内燃机结构特征符号

符号	结构特征
无符号	冷却液冷却
F	风冷
N	凝气冷却
S	十字头式
Z	增压
ZL	增压中冷
DZ	可倒转

表 1-5　内燃机用途特征符号

符号	用途
无符号	通用型和固定动力(或制造商自定)
T	拖拉机
M	摩托车
G	工程机械
Q	汽车
J	铁路机车
D	发电机组
C	船用主机、右机基本型
CZ	船用主机、左机基本型
Y	农用三轮车(或其他农用车)
L	林业机械

注：柴油机左机和右机的定义按 GB/T726 的规定。

65. 柴油发电机组的柴油机与交流同步发电机应安装装在一个公共底盘上。(　√　)

注：安装发电机组时，发电机与内燃机之间的连接并不是简单的连接，而是有严格技术要求的，最突出的表现是在中心线的对正上。也就是说：内燃机的曲轴和发电机轴必须保持在同一中心线上。如果两轴中心线不对正，工作时，则会引起：机体剧烈振动，仪表、油管和水箱容易振坏；橡胶铰链迅速磨损；同时，曲轴轴承和发电机轴承磨损加剧，甚至会发生折断事故。因此，柴油发电机组的柴油机与交流同步发电机应安装装在一个公共底盘上，安装完毕后，必须对其中心线进行检查校正。

66. 启动机在带动内燃机启动后可以与曲轴一起旋转。(　×　)

注：启动机在带动内燃机启动后应和曲轴分离。否则，由于启动电机的齿轮数比发动机飞轮的齿轮数少得多，当发动机达到额定转速时，则启动电机的转速就非常高，从而烧坏启动电机。

67. 柴油发电机组属自备电站交流供电的一种类型。(　√　)

注：自备电站交流供电的类型比较多，比如，柴油发电机组、汽油发电机组、燃气轮发电机组、小型水力发电机组、小型风力发电机组等。

68. 柴油发电机组在加载前，怠速运行时间不宜过长。（ √ ）

注：柴油发电机组在加载前，怠速运行时间不宜过长。否则，发动机的工作温度可能迅速上升。

69. 道依茨风冷柴油发电机没有水冷却系统。（ √ ）

注：所有的风冷发电机组都没有水冷却系统。

70. 双阀膨胀筒式节温器主要由膨胀筒、两个阀门及壳体等组成。（ √ ）

注：双阀膨胀筒式节温器的构造及工作情况如图 1-12 所示。弹性折叠式的密闭圆筒用黄铜制成，是温度感应件，筒内装有低沸点的易挥发液体（通常是由 1/3 的乙醇和 2/3 的水溶液混合而成），其蒸汽压力随温度而变。温度高时，其蒸汽压力大，弹性膨胀圆筒伸长得多。圆筒伸长时，焊在它上面的旁通阀门和主阀门也随之上移，使旁通孔逐渐关小，顶部通道逐渐开大，当旁通孔全部关闭时，主阀开度达到最大［如图 1-12（b）所示］。主阀关闭时，旁通孔全部开启［如图 1-12（a）所示］。

当冷却水温度低于 70℃时［如图 1-12（a）所示］，节温器主阀关闭，旁通孔开启。冷却水不能流入散热器，只能经节温器旁通孔进入回水管流回水泵，再由水泵压入分水管流到水套中去。这种冷却水在水泵和水套之间的循环称为小循环。由于冷却水不流经散热器，而防止了柴油机过冷，同时也可使冷态的柴油机很快被加热。

当水温超过 70℃后［如图 1-12（b）所示］，弹性膨胀筒内的蒸汽压力使筒伸长，主阀逐渐开启，侧孔逐渐关闭。一部分冷却水经主阀注入散热器散走热量，另一部分冷却水进行小循环。当水温超过 80℃后，侧孔全部关闭，冷却水全部流经散热器，然后进入水泵，由水泵压入水套冷却高温零件。冷却水流经散热器后进入水泵的循环称为大循环。此时高温零件的热量被冷却水带走并通过散热器散出，柴油机不会过热。

主阀门顶上有一小圆孔，称为通气孔，是用来将阀门上面的出水管内腔与发动机水套相连通，使在加注冷却水时，水套内的空气可以通过小孔排出，以保证水能充满水套中。

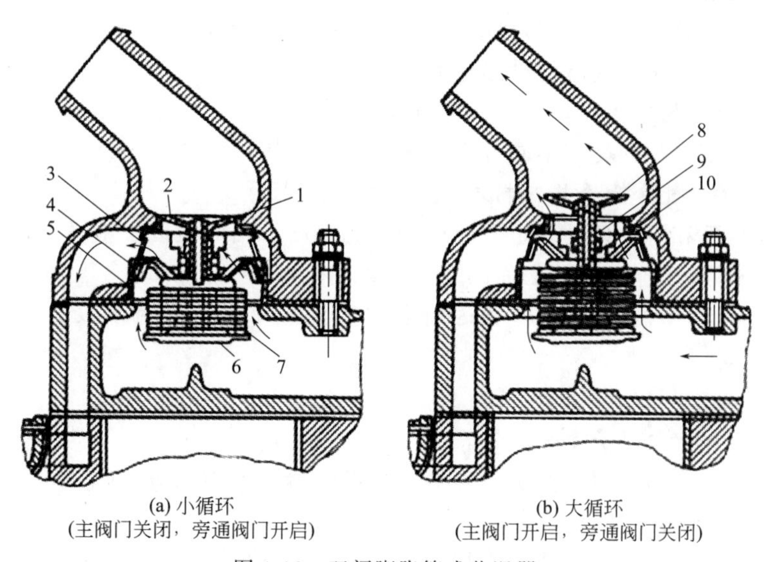

(a) 小循环
(主阀门关闭，旁通阀门开启)

(b) 大循环
(主阀门开启，旁通阀门关闭)

图 1-12 双阀膨胀筒式节温器

1—阀座；2—通气孔；3—旁通孔；4—旁通阀门；5—外壳；6—支架；7—膨胀筒；8—主阀门；9—导向支架；10—阀杆

71. 空气滤清器的作用是清除进入气缸空气中的灰尘杂质。（ √ ）

注：空气滤清器的功用是滤除空气中的灰尘及杂质，将清洁的空气送入气缸内，以减少

活塞连杆组、配气机构和气缸磨损。对空气滤清器的要求是：滤清效率高、阻力小、应用周期长且保养方便。空气滤清器的滤清方式有以下三种。

① 惯性式（离心式）：利用灰尘和杂质在空气成分中密度大的特点，通过引导气流急剧旋转或拐弯，从而在离心力的作用下，将灰尘和杂质从空气中分离出来。

② 油浴式（湿式）：使空气通过油液，空气杂质便沉积于油中而被滤清。

③ 过滤式（干式）：引导气流通过滤芯，使灰尘和杂质被黏附在滤芯上。

为获得较好的滤清效果，可采用上述两种或三种方式的综合滤清。空气滤清器由滤清器壳和滤芯等组成，滤清器壳由薄钢板冲压而成。滤芯有金属丝滤芯和纸质滤芯等。

72. 装在排气管出口上的消音器（消声器）可减少废气从气缸里冲出来突然膨胀发出的噪声。（ √ ）

注：内燃机排出的废气在排气管中流动时，由于排气门的开、闭与活塞往复运动的影响，气流呈脉动形式，并且具有较大的能量。如果让废气直接排入大气中，会产生强烈的排气噪声。消声器的功用是减小排气噪声和消除废气中的火星。

消声器一般是用薄钢板冲压焊接而成。

它的工作原理是降低排气的压力波动和消耗废气流的能量。

一般采用以下几种方法：

① 多次改变气流方向；

② 使气流多次通过收缩和扩大相结合的流通断面；

③ 将气流分割为很多小的支流并沿不平滑的表面流动；

④ 降低气流温度。

73. 柴油在燃烧室燃烧质量与燃烧室的形状无关。（ × ）

注：柴油在燃烧室燃烧质量与燃烧室的形状有关。

74. 活塞环只需要有一定的弹性，而不需要耐磨、耐高温。（ × ）

注：活塞环不仅需要有一定的弹性，而且需要耐磨、耐高温。

75. 物质由液态转化为气态的过程称为液化。（ × ）

注：物质由液态转化为气态的过程称为汽化。

76. 空调器按制冷剂的类型不同分为冷热双制式和单制冷式。（ × ）

注：空调器按功能分为冷热双制式和单制冷式。

77. 按人体生理和卫生条件要求，合理的空气温度、相对湿度、洁净度以及气流速度是保证良好生活条件和工作环境所必需的基本因素。（ √ ）

注：空调的主要功能就是使环境达到合理的空气温度、相对湿度、洁净度以及气流速度。

78. 一台 UPS 中只含有一个逆变器。（ × ）

注：有的 UPS 中含有多个逆变器。

79. UPS 电子式静态开关的缺点是切换时间长、开关寿命较短。（ × ）

注：UPS 机械式静态开关的缺点是切换时间长、开关寿命较短。

80. UPS 按容量分类，100kV·A 以下的 UPS 为小功率 UPS。（ × ）

注：UPS 按容量分类，一般而言，10kV·A 以下的为小功率 UPS 电源。

81. 如果 UPS 没有配备合适的蓄电池组就不能发挥其应有的作用。（ √ ）

注：UPS 作为一种交流不间断供电设备，其作用有二：一是在市电供电中断时能继续为负载提供合乎要求的交流电能；二是在市电供电没有中断但供电质量不能满足负载要求

时，应具有稳压、稳频等交流电的净化作用。如果UPS没有配备合适的蓄电池组，其第一个作用就不能得到充分地发挥。

82.一些家庭或办公用的计算机可以配备后备式UPS，来保证停电时有足够时间进行正常关机。（ √ ）

注：后备式UPS是仅仅对市电电源的电压波动进行不同程度稳压处理的“改良型”电源，它对除电压之外的其他电源问题的改善程度相当有限，当市电供电正常时，其市电输入端与UPS输出端处于非电气隔离状态。但一些家庭或办公用的计算机可以配备后备式UPS，来保证停电时有足够时间进行正常关机。

83.跟踪就是使UPS电源的逆变器输出电压跟踪市电电压，也就是使UPS电源逆变器的输出电压与市电电压同相，这个控制环节称为锁相同步。（ × ）

注：跟踪就是使UPS电源的逆变器输出电压跟踪市电电压，也就是使UPS电源逆变器的输出电压与市电电压同频、同相、同幅值，这个控制环节称为锁相同步。

84.一般来讲，UPS逆变切换时间越短越好。（ √ ）

注：当市电停电时，在线式UPS没有切换时间，后备式UPS存在切换时间的问题，UPS逆变切换时间越短越好。

85.历史曲线是各个模拟量采样点的随机数据所形成的曲线，包括最大值曲线、最小值曲线以及平均值曲线，并且能以日曲线或月曲线的形式进行查看。（ × ）

注：历史曲线是各个模拟量采样点的历史数据所形成的曲线，包括最大值曲线、最小值曲线以及平均值曲线，并且能以日曲线或月曲线的形式进行查看。

86.在动环集中监控系统中，显示器是输入设备。（ × ）

注：在动环集中监控系统中，显示器是输出设备。

87.Internet的中文含义是广域网。（ × ）

注：Internet的中文含义是国际互联网。

88.在动环集中监控系统中，监控对象主要有自动化柴油发电机组、高频开关电源、空调、UPS等非智能设备。（ × ）

注：在动环集中监控系统中，监控对象主要有自动化柴油发电机组、高频开关电源、空调、UPS等智能设备。

89.为了保证动环集中监控系统的安全，进行某些操作时必须输入密码，经系统确认后方允许进行操作。（ √ ）

注：为了保证动环集中监控系统的安全，进行某些操作时必须输入密码，经系统确认后方允许进行操作。而且不同级别人员，其密码不同，权限也不一样。

90.计算机病毒是指被损坏的程序。（ × ）

注：计算机病毒是指特制的具有破坏性的小程序。

91.计算机可以直接识别用汇编语言编写的程序。（ × ）

注：计算机不可以直接识别用汇编语言编写的程序。

92.在计算机中，硬盘的故障率通常高于其他存储设备。（ × ）

注：在计算机中，硬盘的故障率通常低于其他存储设备。

93.在计算机的同一目录中，允许包含相同的子目录和文件名。（ × ）

注：在计算机的同一目录中，不允许包含相同的子目录和文件名。

94.Excel的工作表是用来存储和处理数据的主要文档，它是工作簿的一部分，也称为电子文档。（ × ）

注：Excel的工作表是用来存储和处理数据的主要文档，它是工作簿的一部分，也称为电子表格。

95.参考点改变，电路中两点间电压也随之改变。（ × ）

注：参考点改变，电路中两点间电压不会随之改变。

96.平板电容器储存的电量与两个电极板上电位差的平方成正比。（ × ）

注：平板电容器储存的电量与两个电极板上电位差成反比。两个相互靠近的导体，中间夹一层不导电的绝缘物质，就构成了电容器。当在电容器的两个极板之间加上电压时，电容器就能储存电荷，所以电容器是充放电荷的电子元件。电容器的电容量在数值上等于一个导电板上的电荷量与两个极板之间电压的比值。平板电容器的电容量可由下式计算，即

$$C=\frac{Q}{U}=\frac{\varepsilon S}{4\pi d}$$

式中 C——电容量，F；

Q——一个电极板上储存的电荷，C；

U——两个电极板上的电位差，V；

ε——绝缘介质的介电常数；

S——金属极板的面积，mm^2；

d——极板间的距离，cm。

电容器电容量的基本单位是法拉（用字母F表示）。如果1伏特（1V）的电压能使电容器充电1库伦（1C），那么电容器的容量就是1法拉（1F）。但在实际应用时，法拉这个单位太大，不便于使用，工程中经常使用毫法（mF）、微法（μF）、纳法（nF）、皮法（pF）等单位，它们之间的换算关系为：

$$1F=10^3 mF=10^6 \mu F=10^9 nF=10^{12} pF$$

97.变压器中性点接地属于保护接地。（ × ）

注：变压器中性点接地属于工作接地。

98.通信用阀控式密封铅蓄电池通常是富液式铅蓄电池。（ × ）

注：通信用阀控式密封铅蓄电池通常是贫液式铅蓄电池。

99.在三相四线制供电线路中，相电压就是两条相线之间的电压。（ × ）

注：在三相四线制供电线路中，相电压就是相线与中性线之间的电压。

100.增大柴油机喷油器的喷油压力能适当提高柴油机的输出功率。（ × ）

注：在使用维护发电机组过程中，不能随意增大柴油机喷油器的喷油压力，必须使其在规定的范围内，否则柴油机的输出功率就会降低。

第2章 中级工（四级）

2.1 考试大纲要点

2.1.1 电工技术

2.1.1.1 电场的概念，电压的应用，直流电源的串联、并联；

2.1.1.2 电流强度的概念，直流电压表、电流表的应用；

2.1.1.3 阻性负载的特性，全电路欧姆定律的定义，全电路欧姆定律的应用，电阻串联、并联电路的特点，简单电路的计算；

2.1.1.4 基尔霍夫电流、电压定律的应用，焦耳定律的概念；

2.1.1.5 低压电器的特性，低压熔断器的特性，继电器、接触器的应用；

2.1.1.6 电容器在直流电路中的应用，容抗的概念，容性负载的特性；

2.1.1.7 磁场的概念，电感概念的应用；

2.1.1.8 正弦交流电的概念，三相交流电的概念。

2.1.2 电子技术

2.1.2.1 半波、全波、桥式整流电路的工作过程；

2.1.2.2 电感滤波电路、电容滤波电路以及 π 滤波电路的性能；

2.1.2.3 三极管的结构、管脚的判别方法，三极管截止、饱和、放大状态的条件；

2.1.2.4 晶体管串联稳压电源的组成，晶体管放大电路的组成，晶体管放大电路的原理；

2.1.2.5 集成运算放大器原理；

2.1.2.6 数码显示器件的连接方法。

2.1.3 配电设备

2.1.3.1 交流配电屏的维护方法；

2.1.3.2 通信接地装置的作用，通信电源接地的分类；

2.1.3.3 通信电源交流工作接地、直流工作接地、保护接地的概念；

2.1.3.4 接地装置的检查标准，接地电阻的测量方法，通信站对接地电阻的要求，通信电源防雷系统组成部分；

2.1.3.5 变压器的工作原理，变压器铁芯的特点，变压器绕组的特性；

2.1.3.6 自动空气开关（也称断路器）的原理。

2.1.4 发电机组

2.1.4.1 柴油机的结构特点，柴油机的电气系统特性，柴油机的技术指标，柴油机发电装置的原理；

2.1.4.2 柴油机的基本工作过程，飞轮的作用；

2.1.4.3 柴油机的燃油供给过程，燃油滤清器的一般概念；

2.1.4.4 柴油机换气系统的原理，空气滤清器的特点；

2.1.4.5 柴油机冷却系统的原理；

2.1.4.6 润滑系统的作用，机油滤清器的一般概念；

2.1.4.7 启动系统的原理，柴油机启动方法，柴油机的停机方法；

2.1.4.8 柴油机的保养内容，柴油机拆装的原则；

2.1.4.9 同步发电机的额定值；

2.1.4.10 内燃机排放污染物的危害，内燃机的降低噪声方法。

2.1.5 化学电源

2.1.5.1 可逆电池热力学原理，电极电势的原理，金属的电化学防腐方法，电解时电极的反应原理，极化作用的分析过程；

2.1.5.2 铅酸蓄电池的工作原理，电解液的配制方法，配制电解液的注意事项，电池电解液的 pH 值；

2.1.5.3 铅酸蓄电池的容量，铅酸蓄电池容量的计算；

2.1.5.4 铅酸蓄电池放电时注意事项；

2.1.5.5 GFD 系列防酸蓄电池均衡充电的条件，密封阀控蓄电池均衡充电的条件；

2.1.5.6 铅酸蓄电池的充电方法、充电时的注意事项、充电结束判断方法；

2.1.5.7 蓄电池的核对性放电实验，蓄电池的容量放电实验；

2.1.5.8 铅酸蓄电池的故障类型、常见故障原因及其处理方法。

2.1.6 开关电源

2.1.6.1 晶闸管整流原理，带平衡电抗器整流电路原理，移相触发电路工作原理；

2.1.6.2 通信设备对开关电源的要求，开关电源基本电路的作用，开关电源与相控电源相比优缺点；

2.1.6.3 开关电源均流参数标准，设定自动均充参数，设置直流过压保护方法；

2.1.6.4 设置开关电源系统低压跳脱方法，蓄电池温度补偿方法；

2.1.6.5 监控模块数显电压表校准方法；

2.1.6.6 开关电源系统时间设定方法；

2.1.6.7 开关电源监控模块的监测项目，开关电源系统监控模块“电池”菜单包含的主要内容；

2.1.6.8 整流模块的主要保护功能。

2.1.7 UPS 电源

2.1.7.1 UPS 保护系统应用性能，接地系统的作用，输入系统要求标准；

2.1.7.2 UPS 电池的保养，电池的拆装，UPS 间连接使用方法；

2.1.7.3 UPS 中 PWM 控制器的应用；
2.1.7.4 UPS 开关机顺序，UPS 旁路的作用；
2.1.7.5 UPS 充电方法，UPS 显示特点；
2.1.7.6 通信用逆变器的原理，逆变器的开关机顺序；
2.1.7.7 单相逆变技术应用；
2.1.7.8 后备式 UPS 工作原理。

2.1.8 空调设备

2.1.8.1 空调机的主要组成部件；
2.1.8.2 空调机中制冷剂的作用，制冷剂的特性；
2.1.8.3 空调机中蒸发器作用；
2.1.8.4 空调机压缩机作用；
2.1.8.5 空调机中冷凝器作用；
2.1.8.6 空调温控器的作用。

2.1.9 集中监控

2.1.9.1 监控系统工作参数设置方法；
2.1.9.2 蓄电池监测原理；
2.1.9.3 系统软件英语词汇；
2.1.9.4 网络的协议与标准；
2.1.9.5 开关电源监控系统的组成；
2.1.9.6 数据通信的基本概念；
2.1.9.7 集中监控中心（SC）的功能，监控系统中心软件基本特点；
2.1.9.8 计算机网络的应用，计算机网络的基本体系结构；
2.1.9.9 电源监控系统常采用的通信方式，动力设备与环境监控的原理；
2.1.9.10 计算机操作系统的基本概念，Windows 系统常见故障，Windows 系统资源管理器使用方法。

2.2 考试真题

2.2.1 单项选择题（每题四个选项，只有一个是正确的，将正确的选项填入括号内）

1. 电场是一种物质。电场的基本特性是对静止或运动的（　　）有作用力。
A. 导体　　B. 物体　　C. 电荷　　D. 除电荷以外的物质
2. 中性物体失去电子，就（　　）。
A. 带正电　　B. 带负电　　C. 不带电　　D. 不一定带电
3. 一个物体含有等量的正电荷和负电荷时，这个物体（　　）。
A. 显正电　　B. 显负电　　C. 不显电性　　D. 显磁性
4. 在远程输电时，为了减少能量损耗，采用（　　）输电方式。
A. 低压　　B. 高压　　C. 直流　　D. 恒压
5. 当一节蓄电池的端电压为 2V 时，则（　　）。

A. 正极的电位是 2V　　B. 负极的电位是 2V

C. 负极为 0 电势，$U_{正负}$ 为 2V　　D. 正极为 0 电势，$U_{正负}$ 为 2V

6. 电场中 a、b 两点，$U_{ab}=-7V$，当选择 a 点为参考时，b 点的电位是（　　）。

A. 0V　　B. 7V　　C. −7V　　D. 5V

7. 一个电源的首端与另一个电源的尾端相连，两个电源各自的另一端作为输出，就实现了电源的（　　）。

A. 并联　　B. 串联　　C. 混联　　D. 保护功能

8. 将参与连接电源的首端相连、尾端相连，再将首尾分别引出作为输出，就实现了电源的（　　）。

A. 混联　　B. 串联　　C. 保护功能　　D. 并联

9. 下列四个电路图中，属于串联电源的是（　　）。

A. E_1 E_2　　B. E_1 E_2　　C. E_1 E_2　　D. E_1 E_2

10. 电荷的定向移动就形成了（　　）。

A. 电流　　B. 电压　　C. 充电　　D. 放电

11. 单位时间内通过导线某一截面的电荷量，称为（　　）。

A. 电流　　B. 电压　　C. 电功率　　D. 电流强度

12. 表示电流强度的符号是（　　）。

A. V　　B. U　　C. R　　D. I

13. 直流电压表是测量直流电压的仪表，使用时应将其（　　）接到电路中。

A. 并　　B. 串　　C. 并联电阻后　　D. 串联电阻后

14. 直流电流表是测量直流负荷电流的仪表，使用时应将其（　　）接到电路中。

A. 并联电阻后　　B. 串联电阻后　　C. 并　　D. 串

15. 直流电流表的（　　）很小，串联到电路中时，其影响可以忽略不计。

A. 电容　　B. 电流　　C. 内阻　　D. 分流作用

16. 电阻性负载具有（　　）特性。

A. 制冷　　B. 发热　　C. 变压　　D. 储能

17. 电路中，阻性负载的电压与电流的相位（　　）。

A. 互差 120℃　　B. 互差 90℃　　C. 相同　　D. 反相

18. 电路中，串联电阻具有（　　）作用。

A. 分压　　B. 分流　　C. 放大电流　　D. 整流

19. 全电路中的电流强度与电源的（　　）成正比，与整个电路的电阻成反比。

A. 内阻　　B. 电动势　　C. 负载电阻　　D. 供电时间

20. 全电路欧姆定律描述的整个电路电阻是指（　　）。

A. 内阻　　B. 负载电阻－内阻　　C. 负载电阻　　D. 内阻＋负载电阻

21. （　　）是全电路欧姆定律表达式。

A. $I=E/(R+r)$　　B. $I=U/R$

C. $R=U/I$　　D. $S=UI$

22. 如图 2-1 所示电路中，通过电阻 R 的电流约为（　　）。

A. 1mA　　B. 0.01A　　C. 10A　　D. 100μA

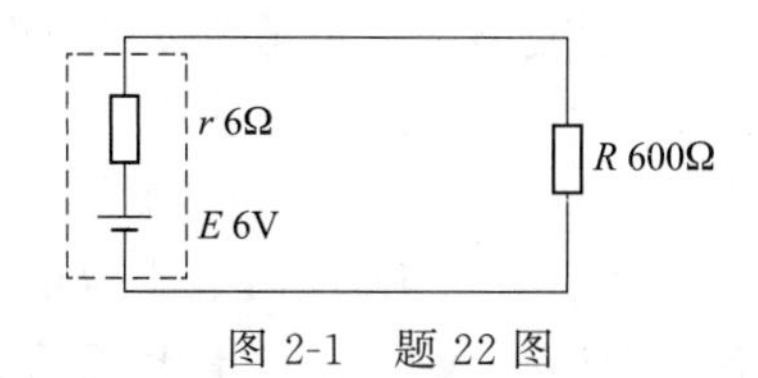

图2-1 题22图

23. 用全电路欧姆定律分析有线电话用户端的供电特性，即用户端的开路电压为48V，短路电流为24mA。在已知线路电阻为1kΩ的情况下，电话用户的局内阻抗约为（　　）。

A. 100Ω　　B. 0.01Ω　　C. 10Ω　　D. 1kΩ

24. 汽车启动电路正常，但在汽车发动时，蓄电池端电压由12V下降到6V，致使汽车不能启动。这说明蓄电池的容量降低、内阻（　　）。

A. 增大　　B. 减小　　C. 不变　　D. 为零

25. 两电阻串联时，等效电阻（　　）。

A. 比这两个电阻都小　　B. 等于两个电阻倒数的和

C. 等于两个电阻之差　　D. 等于两个电阻之和

26. 阻值分别为5Ω、15Ω的两个电阻串联后，总电阻是（　　）。

A. 10Ω　　B. 20Ω　　C. 3.75Ω　　D. 3Ω

27. 在电阻串联电路中，不正确的说法是（　　）。

A. 流过电阻的电流都相等　　B. 各电阻上的电压与各自阻值成反比

C. 总电压等于各电阻上电压降之和　　D. 总电阻等于各电阻之和

28. 对于电源来说，不是并联关系的是（　　）。

A. 电流表与分流器　　B. 办公室里的计算机与打印机

C. 电压表与被测电压　　D. 线路电阻与电源

29. 在并联的电阻中，说法正确的是（　　）。

A. 各个电阻的端电压相等　　B. 各个电阻中的电流相等

C. 总电阻等于各电阻之和　　D. 总电压等于各电阻电压之和

30. 两个电阻并联时，等效电阻（　　）。

A. 比这两个电阻都大　　B. 比两个电阻都小

C. 等于两个电阻之和　　D. 等于两个电阻的倒数之和

31. 一段导体两端的电压是2V时，导体中的电流是0.5A，如果电压增大到3V导体中的电流是（　　）。

A. 2A　　B. 0.25A　　C. 0.1A　　D. 0.75A

32. 已知$R_1=R_2=R_3=20\Omega$，R_1与R_2并联后再与R_3串联，当流过R_1的电流为2A时，R_3上的电流是（　　）。

A. 1A　　B. 2A　　C. 3A　　D. 4A

33. 两灯泡一只220V、100W，另一只220V、40W串联在220V电源上，两灯泡的亮度是（　　）。

A. 100W的较亮　B. 40W的较亮　　C. 亮度相同　　D. 都不亮

34. 基尔霍夫电流定律所说的节点，是指三条或三条以上支路中的（　　）。

A. 一条支路输出端　　B. 最大一条支路输出端

C. 汇接点　　D. 最小一条支路输出端

35. 有一个三条支路的节点，一条支路流入电流为7A，另一条支路流出电流为3A，第三条支路（　　）。

A. 流出电流为7A　　B. 流入电流为4A

C. 流入电流为7A　　D. 流出电流为4A

36. 一只三极管的发射极流入100mA电流，集电极流出90mA电流，那么，基极（　　）电流。

A. 流出10mA　　B. 流入10mA　　C. 流入100mA　　D. 流出90mA

37. 要扩大一个电压表的量程可以在这个表的表头（　　）。

A. 并联一个电阻　B. 串联一个电感　C. 串联一个电阻　D. 并联一个电容

38. 如图2-2所示，计算电阻R两端电压的正确的计算式是（　　）。

A. $U_R=\frac{12+6}{6}$ V　　B. $U_R=\frac{12-6}{6}$ V

C. $U_R=\frac{12}{6}$ V　　D. $U_R=\frac{6}{6}$ V

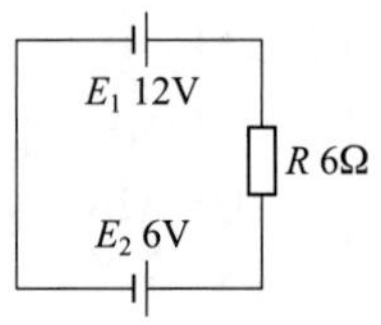

图2-2　题38图

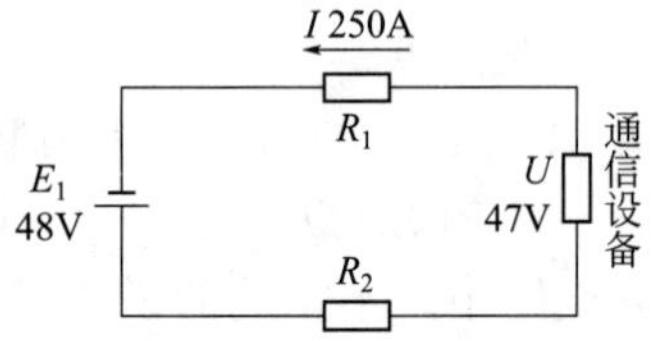

图2-3　题39图

39. 如图2-3所示，是通信电源为通信设备供电的示意图，计算R_1、R_2（线路电阻）的正确的计算式是（　　）。

A. $R_1+R_2=\frac{48-47}{250}\ \Omega$　　B. $R_1+R_2=\frac{48}{250}\ \Omega$

C. $R_1=\frac{48}{250}\ \Omega$　　D. $R_2=\frac{47}{250}\ \Omega$

40. 当导体通过电流时，它所放出的热量与电流的平方、导体的电阻以及电流通过的时间（　　）。

A. 成反比　　B. 没关系　　C. 成正比　　D. 成倒数关系

41. 千瓦时是（　　）物理量的单位。

A. 电量　　B. 电功　　C. 电功率　　D. 电压

42. 两个电阻器R_1、R_2（$R_1>R_2$）并联在同一电路里，它们放出的热量是（　　）。

A. 电阻器R_1大　B. 电阻器R_2大　C. R_1、R_2一样大　D. 无法判断

43. 低压电器通常是指工作的额定电压为交流，在（　　）或直流1.5kV以下的电路中的起保护、控制调节、转换和通断作用的基础电气元件。

A. 220V　　B. 6kV　　C. 380V　　D. 1.2kV

44. 不属于低压电器的是（　　）。

A. 跌落式熔断器　B. 按钮　　C. 空气开关　　D. 接触器

45. 熔断器在低压电路中的主要作用是作为过载和（　　）保护之用。

A. 断路　　B. 短路　　C. 漏电　　D. 超时

46. 电容器在整流电路中的主要作用是（　　）。

A. 过流保护　　B. 整流　　C. 滤波　　D. 变压

47. 电容具有隔断（　　）的作用。
A. 交流　B. 直流　C. 电流　D. 电压
48. 两并联电容器的等效电容是（　　）。
A. 两电容倒数之和　B. 两电容相减
C. 两电容相加　D. 两电容倒数之差
49. 交流电通过具有电容的电路时，电容有阻碍交流电通过的作用，此作用称为（　　）。
A. 感抗　B. 容抗　C. 滤波　D. 电阻
50. 电容器的容量越大，其容抗（　　）。
A. 越大　B. 不变　C. 越小　D. 按正弦规律变化
51. 电容器的容抗与通过的电流频率（　　）。
A. 无关　B. 成反比　C. 成正比　D. 相等
52. 对于交流负载，电流在相位上超前电压时，负载为（　　）。
A. 容性负载　B. 阻性负载　C. 感性负载　D. 空载
53. 对电力系统补偿电容的作用，错误的描述是（　　）。
A. 降低电网中的无功功率，提高功率因数
B. 减少线路损耗，节约电能
C. 提高系统的供电效率和电压质量
D. 避免线路故障的发生
54. 对于交流电路，纯容性负载的电流相位（　　）。
A. 滞后电压 90°　B. 滞后电压 180°　C. 超前电压 180°　D. 超前电压 90°
55. 磁极周围存在一种称为（　　）特殊物质。它具有力和能的特性。
A. 电流　B. 电场　C. 电压　D. 磁场
56. 变化的磁场可以产生（　　）。
A. 电子　B. 电场　C. 电压　D. 电流
57. 把小磁针放在导线旁边，导线通电、断电时，小磁针（　　）。
A. 没有变化　B. 只有通电时变化
C. 只有断电时变化　D. 发生转动
58. 对于阻性负载，选择熔体电流只要（　　）负载电流即可。
A. 大于 3 倍　B. 稍大于或等于　C. 大于 0.5 倍　D. 稍小于
59. 对于交流电动机负载，选择熔体电流应为负载额定电流的（　　）。
A. 10 倍　B. 1 倍　C. 1.5～2.5 倍　D. 5 倍
60. （　　）不是熔断器常规检查的项目。
A. 压降　B. 温升　C. 接触情况　D. 安装尺寸
61. 纯电感上的电压和通过它的电流相位关系是：电流比电压（　　）。
A. 超前 90°　B. 滞后 180°　C. 超前 180°　D. 滞后 90°
62. 感抗的大小除了与线圈本身的电感量有关外，还与交流电的（　　）有关。
A. 电压大小　B. 频率　C. 通电时间　D. 电流强度
63. （　　）不是电感的主要用途。
A. 用于滤波　B. 抑制干扰　C. 用于振荡　D. 用于变压
64. 交流接触器主要用于电力电路远距离接通与分断，最适于频繁启动的（　　）控制。

A. 家庭照明　B. 交流电动机　C. 直流负载　D. 音响设备

65. （　）不是交流接触器配件。

A. 铁芯、线圈　B. 灭弧装置　C. 电位器　D. 主、辅触点

66. 对继电器错误的描述是（　）。

A. 辅助触点用于控制电路　B. 线圈通电后，在铁芯中产生磁通及电磁吸力

C. 衔铁吸合后，带动触点机构动作　D. 主触点主要用于自锁电路

67. 工频交流电的频率是 50Hz，其周期是（　）。

A. 0.01s　B. 0.002s　C. 0.02s　D. 0.001s

68. 220V、40W 灯泡是指其额定电压的（　）值为 220V。

A. 最大　B. 有效　C. 瞬时　D. 平均

69. 三相交流电是指三个频率相同、振幅相等、相位依次互差（　）的交流电势（电压或电流）。

A. 90°　B. 180°　C. 270°　D. 120°

70. 三相交流电路中，相线间的电压称为（　）。

A. 相电压　B. 线电压　C. 峰值电压　D. 瞬时电压

71. 在星形连接的对称三相交流电源中，线电压的有效值是相电压有效值的（　）倍。

A. 1/3　B. 3　C. $\sqrt{3}$　D. $\sqrt{2}$

72. 如图 2-4 所示是单相半波整流电路，对整流工作原理错误的叙述是（　）。

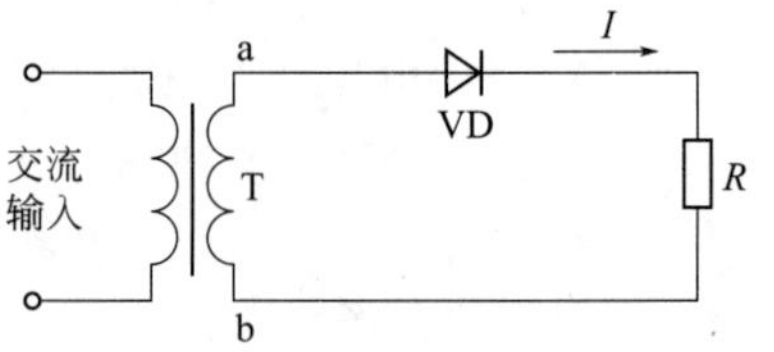

A. 变压器二次电压 a 为正 b 为负时，整流管 VD 导通，负载电阻 R 上有电压输出

B. 变压器二次电压 b 为正 a 为负时，整流管 VD 截止，负载电阻 R 上没有电压输出

C. 负载电阻 R 上的电压为脉动直流电压

D. 单相半波整流电路的输出电压是交流输入电压有效值的 0.9 倍

图 2-4　题 72 图

73. 全波整流电路与半波整流电路相比，减少了（　）。

A. 脉动成分　B. 负载电流　C. 成本　D. 整流元件数量

74. 如图 2-5 所示是典型的全波整流电路，当变压器二次电压为 a 正 b 负时，说法错误的是（　）。

A. VD_1 正向导通　B. VD_2 反向截止

C. 负载电流由 U_{2a} 提供　D. 负载电流由 U_{2b} 提供

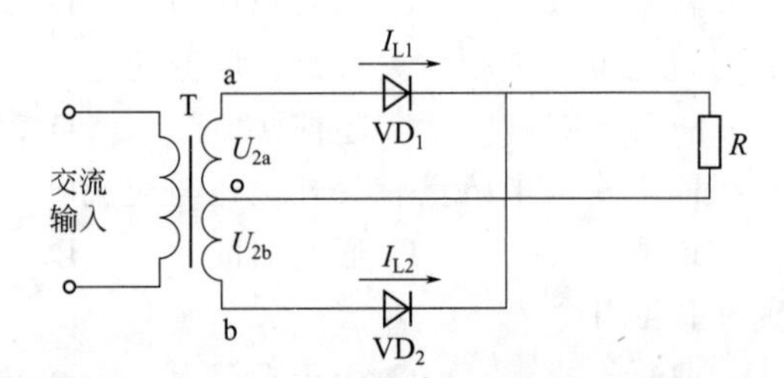

图 2-5　题 74、题 75 图

75. 如图 2-5 所示是典型的全波整流电路，说法错误的是（　　）。
A. 在负载电阻 R 上可获得 U_{2a}、U_{2b} 两绕组的两个半波
B. 整流管承受 2 倍 U_{2a} 的电压
C. 变压器两个二次绕组电压，应为一大一小
D. 输出电压是输入电压有效值的 0.9 倍

76. 单相桥式整流电路的输出电流、电压的波形与变压器带中心抽头整流电路电流、电压的波形（　　）。
A. 完全一样　　B. 电流不同　　C. 完全不一样　　D. 脉动小

77. 如图 2-6 所示是单相桥式整流电路，对其工作原理描述错误的是（　　）。
A. U_2 电压为 a 正、b 负时，电流通路为 a→VD_1→R→VD_4→b
B. 整流管数量比半波整流电路用得少
C. U_2 电压为 b 正、a 负时，电流通路为 b→VD_2→R→VD_3→a
D. 负载电阻 R 上可获得 U_2 绕组的正、负两个半波

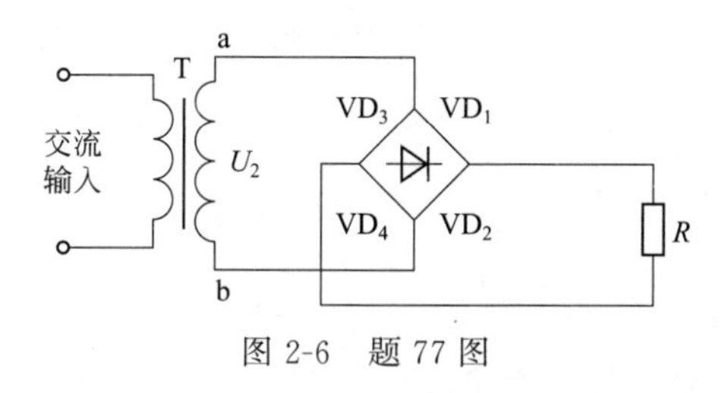

图 2-6　题 77 图

78. 桥式整流电路与全波整流电路比较，桥式整流电路的特点错误的叙述是（　　）。
A. 变压器没有中心抽头　　B. 绕组少，效率高
C. 输出电压是 U_2 有效值的 0.45 倍　　D. 二极管承受电压仅为全波整流的一半

79. 在电感滤波电路中，负载电阻（　　）。
A. 越小，滤波效果越好　　B. 越大，滤波效果越好
C. 大小不影响滤波效果　　D. 与感抗相等时滤波效果最好

80. 利用电感作滤波元件时，电感应（　　）。
A. 串联接在整流电路的输入回路上　　B. 与负载串联
C. 并联接在负载两端　　D. 并联接在整流电路的输入回路上

81. 在电感滤波电路中，不正确的说法是（　　）。
A. 电感越大滤波效果越好
B. 频率越高电感滤波效果越好
C. 电感滤波中负载电阻越小，滤波效果越好
D. 电感与负载并联使用

82. 在电容滤波电路中，关于滤波效果不正确的说法是（　　）滤波效果越好。
A. 滤波电容越大　　B. 电源频率越高
C. 负载电阻越大　　D. 负载电流越大

83. 电容作滤波元件时，电容应（　　）。
A. 串联在整流电路的输入回路上
B. 串联在整流电路的输出回路上
C. 并联在整流电路的输出两端

D. 并联在整流电路的输入两端

84. 在电容滤波电路中，滤波电容（　　）。

A. 越小，滤波效果越好　　B. 越大，滤波效果越好

C. 大小不影响滤波效果　　D. 与容抗相等时滤波效果最好

85. π 形滤波电路，随负载电流的增加，输出直流电压（　　）。

A. 下降较明显　　B. 下降不明显　　C. 不变　　D. 增加

86. π 形滤波器是由在整流电路的负载电阻两端（　　）构成的。

A. 串联电容　　B. 串联电感　　C. 并联电容　　D. 并联电感

87. 在 π 形滤波电路中，当负载开路时，输出电压达到交流电压的（　　）。

A. 有效值　　B. 平均值　　C. 峰值　　D. 瞬时值

88. 在一块很薄的硅或锗基片上制作（　　），并从 P 区和 N 区引出接线就构成了一只晶体管。

A. 电阻　　B. 1 个 PN 结　　C. 2 个 PN 结　　D. 3 个 PN 结

89. 如图 2-7 所示是晶体管的结构图，对其叙述错误的是（　　）。

A. 引出 e 的为发射区

B. 该结构为 PNP 型管

C. 引出 b 的为基区

D. 引出 c 的为集电区

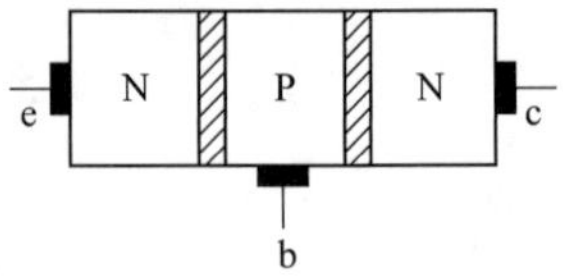

图 2-7　题 89 图

90. 对晶体管的管型、材料叙述错误的是（　　）。

A. NPN 型有硅管　　B. NPN 型有锗管

C. 3DG6 为锗管　　D. PNP 型有硅管

91. 用万用表判断三极管的管脚时，一般先判定（　　），再判定三极管的另外两个极。

A. 发射极　　B. 基极　　C. 集电极　　D. 放大倍数

92. 用数字万用表判定三极管的管脚时，最好用（　　）挡。

A. 电压　　B. 电流　　C. 二极管　　D. 电容

93. 三极管（　　）状态相当于开关断开。

A. 截止　　B. 放大　　C. 饱和　　D. 损坏短路

94. 对三极管截止状态不正确的描述是（　　）。

A. $I_b \leqslant 0$ 时，且集电极电流很小（小于 I_{ceo}）

B. 截止状态时，电源电压几乎全部加在三极管的两端

C. 三极管截止状态相当于开关断开

D. 发射结加开启电压时，三极管处于截止状态

95. 如图 2-8 所示，当用万用表测得三极管 C、E 极间电压为 5V 时，正确的说法是（　　）。

A. 三极管处于放大状态

B. 三极管处于截止状态

C. 三极管处于饱和状态

D. LED 发光

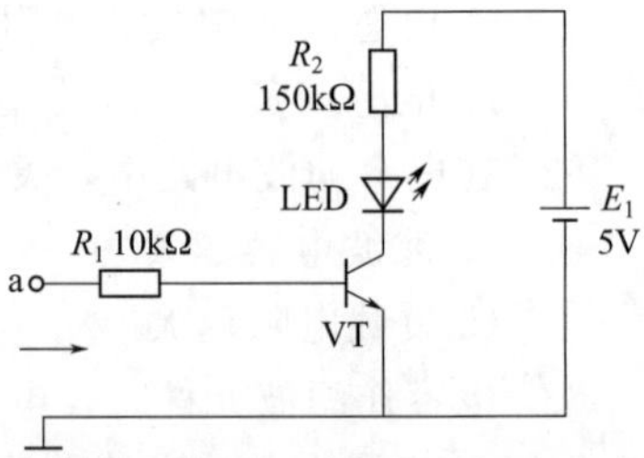

图 2-8　题 95、题 96、题 97 图

96. 如图 2-8 所示，当用万用表测得三极管 C、E 极间电压为 0.1V 时，正确说法是（　　）。

A. 三极管处于饱和状态　　B. 三极管处于截止状态
C. 三极管处于放大状态　　D. LED 不发光

97. 如图 2-8 所示，当用万用表测得三极管 C、E 极间电压为 2.5V 时，正确说法是（　　）。
A. 三极管处于饱和状态　　B. 三极管处于截止状态
C. 三极管处于放大状态　　D. 照比饱和状态，LED 亮度不变

98. 三极管（　　）状态相当于开关闭合。
A. 截止　　B. 放大　　C. 饱和　　D. 损坏断路

99. 对三极管饱和状态描述正确的是（　　）。
A. $I_b \leqslant 0$ 时，且集电极电流很小（小于 I_{ceo}）
B. 饱和状态时，电源电压几乎全部加在三极管的两端
C. 三极管饱和状态相当于开关闭合
D. 发射结不加电压时，三极管处于饱和状态

100. 三极管工作在放大区时，集电极电流（　　）。
A. $I_c = \beta I_b$　　B. $I_c = I_e$　　C. $I_c = I_e = I_b$　　D. 不确定

101. 三极管工作在放大区时，发射结处于正向偏置，集电结处于（　　）。
A. 正向偏置　　B. 反向偏置　　C. 饱和状态　　D. 不确定状态

102. 串联调整型直流稳压电源，主要缺点不包括（　　）。
A. 结构简单　　B. 温度稳定性差　　C. 灵敏度低　　D. 调整管耗散功率要求高

103. 如图 2-9 所示是最简单的串联调整式直流稳压电源，三极管 VT 的作用为（　　）。
A. 取样元件　　B. 调整元件　　C. 标准量源　　D. 负反馈

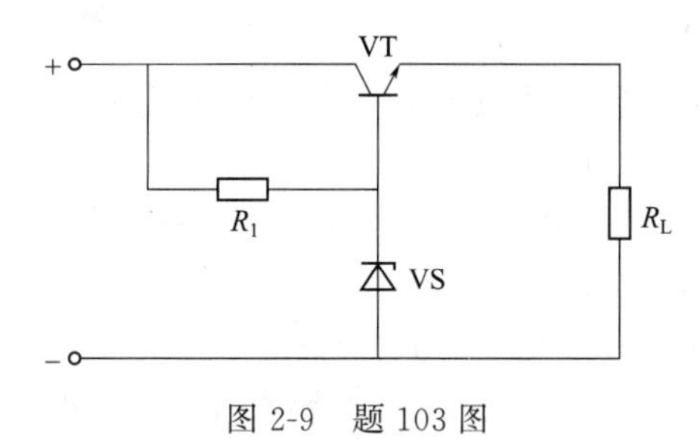

图 2-9　题 103 图

104. 一个实用型串联稳压电源，其组成部分不包括（　　）。
A. 取样放大　　B. 调整元件　　C. 标准量源　　D. 整流管

105. 晶体管放大电路一般采用（　　）电路。
A. 共射极　　B. 共基电极　　C. 共集极　　D. 共集电结

106. 在共发射极基本放大电路中与（　　）相连的电路称为输入电路。
A. 集电极　　B. 发射极　　C. 基极　　D. 发射结

107. 共射极放大电路产生截止失真的原因主要是（　　）。
A. 静态偏置电流小　　B. 静态偏置电流大
C. 集电极电阻大　　D. 集电极电阻小

108. 在共射极放大电路中，U_I 的值被放大为 U_o 后，U_o 与 U_I 间相位相差（　　）。
A. 90°　　B. 180°　　C. 270°　　D. 0°

109. 在放大电路中，为了避免失真必须设置合适的（　　）。

A. 静态工作点　B. 放大倍数　C. 动态工作点　D. 等效电路

110. 基本放大电路中，耦合电容具有（　）的作用。

A. 通直流　B. 为交流提供通路　C. 阻碍交流　D. 滤波

111. 分压式电流负反馈偏置电路中 R_e 并联电容 C_e 的作用是（　）。

A. 使 R_e 对交流也产生反馈作用

B. 防止 R_e 对交流产生负反馈作用

C. 增加静态工作点的稳定性

D. 降低交流电压放大倍数

112. 反相输入比例运算放大器构成（　）负反馈电路。

A. 电压串联　B. 电流串联　C. 电流并联　D. 电压并联

113. 同相输入比例运算放大器构成了（　）负反馈电路。

A. 电压串联　B. 电流串联　C. 电流并联　D. 电压并联

114. 常用的 LED 数码显示器，是由 7 段（　）排列成 8 字构成的。

A. 发光二极管　B. 三极管　C. 普通整流管　D. 光电接受管

115. LED 数码管有（　）接法。

A. 共阳一种　B. 共阳、共阴两种　C. 共阴一种　D. 七种

116. 数码管一般是由（　）把二-十进制代码译成对应于数码管七个笔段的信号驱动数码管。

A. 计数器　B. 触发器　C. 显示译码器　D. A/D 转换器

117. 电镀工业中，pH 值会影响电镀液的电势，从而影响电镀质量，镀镍液的 pH 值要控制在（　）。

A. 2.2～4.4　B. 4.4～6.65　C. 6.65～8　D. 8～10.2

118. 经改变组成的玻璃电极，测量 pH 值的范围可以达到（　）。

A. 1～9　B. 1～11　C. 1～12.5　D. 1～14

119. 氢电极对 pH＝（　）都可以适用，但实际用起来会有一些不方便。

A. 0～14　B. 1～14　C. 0～9　D. 7～14

120. 国际上通用的韦斯顿标准电池，其负极是（　）。

A. 镉贡齐（含 Cd12.5%）　B. 镉贡齐（含 Cd25%）

C. 汞和固体硫酸亚汞　D. 8/3 水硫酸镉晶体

121. 国际上标准韦斯顿电池，其正极反应是（　）。

A. $Cd^{2+} + 2e^- \longrightarrow Cd$

B. $Hg_2SO_4 + 2e^- \longrightarrow 2Hg + SO_4^{2-}$

C. $Cd \longrightarrow Cd^{2+} + 2e^-$

D. $2Hg + SO_4^{2-} \longrightarrow Hg_2SO_4 + 2e^-$

122. 严格来讲，由两个不同电解质溶液构成的有液体接界电池都是热力学不可逆的，因为液体接界处存在（　）过程。

A. 相互渗透　B. 不可逆化学反应　C. 互斥　D. 不可逆的扩散

123. 甘汞电极是一种常用的参考电极，室温下具有稳定电极，且容易制备，它由（　）制成。

A. 甘汞和汞材料　B. 甘汞和硝酸钾溶液

C. 甘汞和氯化钾溶液　D. 甘汞、汞和氯化钾溶液

124. 双液浓差电池是由两个相同电极浸到两个电解质（　　）溶液中组成的。

A. 相同活度、相同　　B. 相同活度、不同

C. 不同活度、不同　　D. 不同活度、相同

125. 单液浓差电池是由（　　）的两个电极浸在同一溶液中组成的电池。

A. 化学性质相同而活度不同　　B. 物理性质相同而活度不同

C. 相同物质构成　　D. 不能发生反应

126. 在轮船的底部每隔 10m 焊一块合金作为防腐蚀措施，这是（　　）法。

A. 阳极保护　B. 缓蚀剂保护　C. 金属镀层　D. 牺牲阳极

127. 在酸中加入（　　）的磺化蓖麻油、乌洛托品等可阻滞钢的腐蚀和渗氧。

A. 百分之几　B. 千分之几　C. 万分之几　D. 1∶1

128. 电镀时，金属镀件作为阴极，所镀金属为阳极，插入含镀层成分的电解液，通入（　　），经过一段时间得到沉积镀层。

A. 恒定的直流电　　B. 110V 直流电

C. 220V 交流电　　D. 380V 交流电

129. 从各个电极的角度来说，只要电极电势达到对应离子的析出电势，电解的电极反应即进行。那么从整个电解池来说，外加电压达到（　　），电解开始。

A. 原电池电压　　B. 分解电压

C. 两倍原电池电压　　D. 电极的超电势

130. 电解时，锌作为阴极电解 $\alpha_{\pm}=1$ 的硫酸锌水溶液，设此时氢在锌极上超电势是 0.7V，锌离子在锌极上超电势是−0.7630V，逐渐加大电压，（　　）析出。

A. 锌　B. 氢气　C. 锌和氢气同时　D. 锌和氢气都不能析出

131. 要使两种一价金属离子通过电解分离，两者电极电势要相差 0.41V 以上，若要使两种二价金属离子通过电解分离，则两者电极电势要相差（　　）。

A. 0.41V 以上　B. 0.41V　C. 0.41V 以下　D. 0.82V

132. $E_{理论}$是原电池的电动势，则它与分解电压 E 的关系多数是前者（　　）后者。

A. 小于　　B. 等于

C. 大于　　D. 有时大有时小，但是不等于

133. 实际操作中，要使电解质溶液电解，所加电压需要（　　）。

A. 略大于电解反电动势　　B. 略小于电解反电动势

C. 略大于电池的反电动势　　D. 略小于电池的反电动势

134. 从能量角度讲，极化作用是不利的，所以工业上加适当物质来将极化作用减轻或限制在一定程度内，工业上称加的反应物质为（　　）。

A. 极化活性物质　　B. 去极化剂

C. 极化惰性剂　　D. 强化极化剂

135. 铅酸蓄电池充放电过程中的总化学反应式为（　　）。

A. $PbO_2+2H_2SO_4+Pb \underset{充电}{\overset{放电}{\rightleftharpoons}} PbSO_4+2H_2O+PbSO_4$

B. $PbO+2H_2SO_4+Pb \underset{充电}{\overset{放电}{\rightleftharpoons}} PbSO_4+2H_2O+PbSO_4$

C. $PbO_3+H_2SO_4+Pb \underset{充电}{\overset{放电}{\rightleftharpoons}} PbSO_4+2H_2O+PbSO_4$

D. $PbO_3+2H_2SO_4+Pb \underset{充电}{\overset{放电}{\rightleftharpoons}} PbSO_4+2H_2O+PbSO_4$

136. 铅酸蓄电池的两组极板插入（　　）溶液里发生化学变化产生电压。
A. 浓硫酸　　B. 盐酸　　C. 碱性　　D. 稀硫酸

137. 铅酸蓄电池放电过程中，（　　）。
A. 正极板上的硫酸铅被分解为二价铅离子和硫酸根负离子
B. 负极板上的硫酸根负离子和电解液中两个氢离子还原为硫酸
C. 正极板上的二价铅离子和硫酸根负离子化合成硫酸铅
D. 两活性物质被恢复为原来的状态，电解液中硫酸的成分增加

138. 在配制酸液的时候，将水快速倒入浓硫酸中，（　　）。
A. 会发生其他化学反应　　B. 水会蒸发掉，不能形成稀硫酸
C. 会快速形成稀硫酸　　D. 水会沸腾爆炸

139. 配制电解液时，应将浓硫酸慢慢注入（　　）内，同时用玻璃棒搅拌。
A. 井水　　B. 纯净水　　C. 自来水　　D. 蒸馏水

140. 配制电解液时，可以使用（　　）容器。
A. 铝盆　　B. 铁盆　　C. 塑料器皿　　D. 铜制器皿

141. 关于硫酸特性不正确的说法是（　　）。
A. 硫酸具有强烈的腐蚀性　　B. 硫酸具有强烈的吸水性
C. 硫酸具有强烈的还原性　　D. 浓硫酸是无色透明的液体

142. 配制铅酸蓄电池电解液时，硫酸溶液一旦溅到肌肤上，（　　）冲洗。
A. 应迅速用酒精　　B. 应迅速用稀硫酸
C. 可迅速用水　　D. 不能用水

143. 铅酸蓄电池灌注电解液时，电解液温度不允许超过室温（　　）左右。
A. 20℃　　B. 15℃　　C. 10℃　　D. 5℃

144. 蓄电池生产厂家所规定的电池容量称为额定容量。定义为电解液25℃时，以（　　）放电率的恒定电流放电，放电10h所放出的容量。
A. 1h　　B. 5h　　C. 8h　　D. 10h

145. 铅酸蓄电池容量是指蓄电池蓄电能力，以该电池（　　）所放出电量的大小来表示。
A. 充电到终止电压　　B. 放电到终了电压
C. 放电10h　　D. 放电1h

146. 铅酸蓄电池的容量与（　　）无关。
A. 充电程度　　B. 放电电流大小　　C. 放电时间长短　　D. 蓄电池串联的数量

147. 铅酸蓄电池用500A电流放电，放电到终了电压时，放电时间是8h，（　　）是4000A·h。
A. 额定容量　　B. 充入电量　　C. 实际容量　　D. 放出电量

148. 一组3000A·h的铅酸蓄电池用300A电流放电，放电8h，放出额定容量的（　　）。
A. 100％　　B. 50％　　C. 90％　　D. 80％

149. 铅酸蓄电池的容量等于（　　）与放电时间的乘积。
A. 放电电流　　B. 放电电压　　C. 充电电压　　D. 充电电流

150. 密封阀控蓄电池充电末期，正确的叙述是（　　）。
A. 负极产生大量氧气　　B. 正极产生难以复合的氢气
C. 正极产生易复合的氧气　　D. 负极产生易复合的氢气

151. 铅酸蓄电池放电终了时，端电压不许低于（　　）。
A. 1.9V　B. 1.8V　C. 1.7V　D. 1.6V
152. GFM系列蓄电池放电的终止电压是（　　）。
A. 1.7V　B. 1.8V　C. 1.9V　D. 2.0V
153. GFD系列防酸蓄电池遇到（　　）情况，应均衡充电。
A. 有一只落后电池　B. 补充蒸馏水后
C. 放出容量的10%　D. 全浮充1个月
154. GFD系列防酸蓄电池连续浮充（　　）个月后应进行均衡充电。
A. 1　B. 2　C. 3　D. 4
155. GFD系列防酸蓄电池出现（　　）只以上落后电池应进行均衡充电。
A. 1　B. 2　C. 3　D. 4
156. 密封阀控铅酸蓄电池浮充电压有（　　）只以上低于2.18V/只时应进行均衡充电。
A. 1　B. 2　C. 3　D. 4
157. 密封阀控铅酸蓄电池搁置不用时间超过（　　）个月应进行均衡充电。
A. 1　B. 2　C. 3　D. 4
158. 密封阀控铅酸蓄电池放出（　　）以上的额定容量时，应均衡充电。
A. 10%　B. 20%　C. 30%　D. 40%
159. 铅酸蓄电池常用的正常充电法有恒流充电法、恒压充电法和（　　）充电法等。
A. 低压限流　B. 脉冲　C. 快速　D. 初
160. 铅酸蓄电池带负载充电属于（　　）充电，充电时电压不能超过规定的上限值。
A. 快速　B. 低压限流　C. 恒流　D. 脉冲
161. 铅酸蓄电池电池组在（　　）制式下工作寿命长。
A. 充放制　B. 低压恒压充电方式
C. 半充放制（半浮充）　D. 恒流充电方式
162. GFM系列铅酸蓄电池每年以（　　）法做一次核对性放电实验。
A. 电阻　B. 水阻　C. 放电机放电　D. 实际负荷
163. 阀控式密封铅蓄电池负极板上活性物质为（　　）。
A. 二氧化铅　B. 绒状铅　C. 硫酸铅　D. 硫酸
164. 铅酸蓄电池每（　　）年做一次容量放电实验。
A. 一　B. 两　C. 三　D. 四
165. 铅酸蓄电池进行容量放电实验时，要求放出额定容量的（　　），可以认为电池的状态正常。
A. 100%　B. 50%～60%　C. 60%～70%　D. 80%以上
166. 对一组GFM-2000型铅酸蓄电池进行核对性容量放电实验，负载总电流是200A，放电时间是8h，放出的实际容量是额定容量的（　　）。
A. 16%　B. 40%　C. 80%　D. 100%
167. 铅酸蓄电池恒压充电时，充电初期电流（　　），要采取限流措施，否则对电池有破坏作用。
A. 恒定　B. 大　C. 小　D. 忽高忽低
168. 铅酸蓄电池经常大电流充电或过充电，容易造成（　　）。

A. 活性物质过量脱落　　B. 极板硫酸化
C. 极板反极　　D. 极板短路

169. 铅酸蓄电池恒流充电时，大电流充电末期电压要比小电流充电末期电压（　　）。
A. 一致　　B. 高　　C. 低　　D. 忽高忽低

170. 铅酸蓄电池放电后，必须马上充电，尽量保证充入电量是放出电量的（　　）。
A. 120%　　B. 150%　　C. 100%　　D. 80%

171. 铅酸蓄电池充电终了时，充电电流很小，几个小时内（　　）。
A. 变大　　B. 保持不变　　C. 变小　　D. 波动

172. 铅酸蓄电池充电终了时，电池端电压（　　），相对密度（　　）。
A. 变大；变大　　B. 基本保持不变；基本保持不变
C. 变小；变小　　D. 波动；波动

173. 铅酸蓄电池底部在短时间内集积大量褐色沉淀，说明（　　）。
A. 正极板上活性物质脱落　　B. 极板短路
C. 极板硫化　　D. 极板断裂

174. 铅酸蓄电池极板表面有白色斑点，说明极板（　　）。
A. 短路　　B. 硫化
C. 活性物质过量脱落　　D. 反极

175. 铅酸蓄电池反极的主要原因是（　　）。
A. 个别电池容量过低　　B. 充电极性弄反
C. 电池组长期充电　　D. 电池长期未用

176. 铅酸蓄电池活性物质过量脱落是造成（　　）故障的原因之一。
A. 端电压升高　　B. 短路　　C. 温度降低　　D. 相对密度升高

177. 铅酸蓄电池有短路故障时，其容量降低，在放电开始后很容易发生极板（　　）。
A. 硫酸化　　B. 弯曲　　C. 活性物质脱落　　D. 反极

178. 铅酸蓄电池反极的恢复方法可以采用（　　）。
A. 高压浮充法　　B. 低压浮充法　　C. 单只过充电法　　D. 均衡充电法

179. 铅酸蓄电池硫酸化较为严重，容量损失已近半的蓄电池，用（　　）法处理，直到白斑消除。
A. 过充电　　B. 反复充电　　C. 小电流充电　　D. 换隔板

180. PowerPoint 主要是用来（　　）。
A. 制作多媒体动画软件　　B. 制作电子演示文稿的软件
C. 制作电子表格的软件　　D. 编制网页站点的软件

181. 平衡两组星形电路之间的电位差，相当于均压器，使主变压器的磁路得到平衡，并消除了直流磁化的现象，这是（　　）的作用。
A. 晶闸管　　B. 电感　　C. 平衡电抗器　　D. 继电器

182. 由于平衡电抗器的作用，两个三相桥式全控整流电路才能并联工作，且每个桥式电路的输出电流等于负载电流的（　　）倍。
A. 2　　B. 1/2　　C. 1.414　　D. 1/4

183. 移相触发电路是产生一个相位随控制电压而变化，具有功率的脉冲以触发主电路的晶闸管，通过它调节晶闸管的（　　）以达到控制输出电压的目的。
A. 阴极　　B. 阳极　　C. 导通角　　D. 控制级

184. 移相触发电路包括三套相同的电路，每相一套，每个脉冲电路产生触发脉冲去触发该相的（　　）晶闸管。
A. 一个　　B. 两个　　C. 三个　　D. 四个
185. 电信汇接局联合接地装置的接地电阻应符合小于（　　）的要求。
A. 0.5Ω　　B. 1Ω　　C. 2Ω　　D. 3Ω
186. 通信设备对电源系统的要求不包括（　　）。
A. 可靠、高效　　B. 稳定、无中断　　C. 自动化程度高　　D. 输出电流大
187. 现代通信对电源系统的新要求是（　　）。
A. 输出电流大　　B. 稳定、无中断　　C. 具有稳压功能　　D. 能实现集中监控
188. 开关稳压电源的核心部分是（　　）电路。
A. 交流滤波　　B. 整流　　C. 功率因数校正　　D. 直流/直流变换
189. 高频开关电路中直流/直流变换器的作用是（　　）。
A. 将交流电整流为平滑的直流
B. 滤去交流成分
C. 控制晶闸管导通
D. 将整流后的直流逆变为高频交流，再变换为直流
190. 开关电源与相控电源相比，其突出优点是：电路（　　）。
A. 简单　　B. 具有限流功能
C. 可实现远程监控　　D. 体积小
191. 开关型电源比相控型电源的（　　）高，所以变压器和滤波元件的体积和重量都大大减小。
A. 工作频率　　B. 耗能　　C. 成本　　D. 效率
192. 相控电源的优点是：电路（　　）。
A. 简单　　B. 高智能化　　C. 采用晶闸管整流　　D. 体积小
193. 交流接触器的工作特点是（　　）。
A. 低压吸合、低压维持　　B. 高压吸合、高压维持
C. 低压吸合、高压维持　　D. 高压吸合、低压维持
194. 通信电源系统的均充电压（　　）浮充电压。
A. 一定高于　　B. 等于　　C. 低于　　D. 1.5倍于
195. 通信电源系统均充电压值，是根据（　　）对均充电压的要求来确定的。
A. 负载　　B. 低压保护　　C. 蓄电池组　　D. 浮充状态
196. 通信电源系统的过电压停机设定值一般应为（　　）。
A. 48V　　B. 53.5V　　C. 54.5V　　D. 58V
197. 通信电源系统低电压跳脱功能一般具有（　　）功能。
A. 自动控制　　B. 人工和自动两种　　C. 人工控制　　D. 人工优先自动
198. 通信电源系统低电压跳脱的设定值一般为（　　）。
A. 56.4V　　B. 53.5V　　C. 48V　　D. 44V
199. 通信电源系统的蓄电池温度补偿功能是温度每上升或下降（　　）就调整一次浮充电压值。
A. 25℃　　B. 1℃　　C. 5℃　　D. 3℃
200. 当开关电源系统出现设定电压、显示电压、实际电压三值不符时，应以（　　）

为准进行相应调整。

A. 实际电压　B. 显示电压　C. 设定电压　D. 均充电压

201. 开关电源系统时间的频繁设定，将直接影响到（　）的准确性。

A. 输出电压　B. 输出电流　C. 拨号延时　D. 充电转换

202. 多数开关电源系统不具备对（　）的监测功能。

A. 输出总电流　B. 400A 以上支路

C. 小电流支路　D. 电池充电、放电电流

203. 多数开关电源系统不具备对（　）的温度监测功能。

A. 熔断器　B. 整流模块　C. 电池　D. 环境

204. 当三相交流电电压不平衡时应调整（　）。

A. 调压器调压　B. 变压器抽头　C. 三相负荷　D. 换相

205. 停电检修时，先停（　），后停（　）；先断负荷开关，后断隔离开关，送电顺序则相反。

A. 高压；低压　B. 低压；高压　C. 高压；负载　D. 高压；保险

206. 设备无电的根据是（　）。

A. 电流表无指示　B. 验电器验电

C. 设备无电信号　D. 电压表无指示

207. 在电力系统中，（　）的作用是：当电网的某部分发生障碍而接地时，能使保护用的熔断丝或自动开关动作，达到迅速切断电源、保护设备的目的。

A. 直流工作接地　B. 防雷接地

C. 测量接地　D. 交流工作接地

208. 当电网（　）时，中线上会产生浮动电压，会使某一相电压高于额定值，影响电气设备的正常运行，中性线接地时就可以得到改善。

A. 电压高　B. 电压低　C. 电流大　D. 三相负荷不平衡

209. 过电压会危及人身和击毁设备，装设（　）装置，能使其尽快泄入大地。

A. 保护接地　B. 中性点接地　C. 电池正极接地　D. 机壳接地

210. 在通信电源接地系统中，属于交流工作接地的是（　）。

A. 机壳接地　B. 中性点接地　C. 电池正极接地　D. 防雷接地

211. 在通信电源接地系统中，属于保护接地的是（　）。

A. 机壳接地　B. 中性点接地　C. 电池正极接地　D. 重复接地

212. 避雷器主要用来保护（　）。

A. 电力设备　B. 电力线　C. 建筑物　D. 室外变压器

213. 交流供电系统中接零保护，在（　）供电情况下不允许采用。

A. 三相三线中性点未接地系统　B. 三相四线

C. 三相五线　D. 单机三线

214. 电力变压器中性点的接地，属于（　）接地。

A. 保护　B. 防雷　C. 重复　D. 工作

215. 变压器三相中性点接地属于（　）。

A. 直接接地保护　B. 接零保护　C. 重复接地　D. 交流工作接地

216. 可以利用大地作为供电回路的工作形式是（　）接地。

A. 交流保护　B. 交流工作　C. 直流工作　D. 直流保护

217. 将通信直流电源的正极接地称为（　　）。

A. 工作接地　B. 接零保护　C. 直接接地保护　D. 重复接地

218. 直流工作接地是将（　　）与接地装置相连接。

A. 电池组的负极　B. 电池组的正极

C. 变压器的中性点　D. 设备外壳

219. 电气设备因采用了（　　）接地方法，可以起到防止人身触电事故的发生。

A. 直流工作　B. 防雷　C. 交流工作　D. 保护

220. 防雷模块窗口变成（　　）颜色时，应当更换防雷模块。

A. 黑　B. 绿　C. 白　D. 红

221. 避雷保护的关键部分是（　　），它与大地接触，将雷电流传导到土壤中，达到消除过电压危害的目的。

A. 直接导线接地　B. 电源设备　C. 接地体　D. 直接接零

222. 每年应检测（　　）次接地引线和接地电阻，其电阻值应不大于规定值。

A. 两　B. 一　C. 四　D. 三

223. 通信局站的接地装置应采用（　　）。

A. 直接导线接地　B. 自然接地体

C. 人工接地体　D. 直接接零

224. 接地装置有（　　）应及时维修。

A. 接地线连接处无松动　B. 电气设备接地良好

C. 接地电阻小于规定值　D. 接地体周围有强烈腐蚀性物质

225. 测接地电阻应使用（　　）测量。

A. 万用表　B. 兆欧表　C. 地阻仪　D. 欧姆表

226. 用地阻测试仪×10 挡测量地阻时，指针对应数字为 3，所测接地电阻实际值是（　　）。

A. 30Ω　B. 3Ω　C. 0.3Ω　D. 0.03Ω

227. 接地电阻测试仪的电位探针和电流探针应沿直线与接地装置各相距（　　），分别插入地中。

A. 10m　B. 20m　C. 30m　D. 40m

228. 在通信电源接地系统中不正确的说法是（　　）。

A. 接地电阻越小越好

B. 接地电阻的大小与周围的土壤有关

C. 接地电阻越大越好

D. 工作接地与保护接地装置分开装设为好

229. 选择（　　）管作接地体材料最好。

A. 铜　B. 铁　C. 钢　D. 铝

230. 大型通信站、汇接局联合接地装置的接电阻值应（　　）。

A. >1Ω　B. >3Ω　C. <3Ω　D. <1Ω

231. 通信电源设备装设的防雷装置是（　　）。

A. 避雷针　B. 避雷器　C. 避雷线　D. 避雷网

232. 在通信电源的零线与地之间应装设一个（　　）。

A. 熔断器　B. 开关　C. 闸刀　D. 避雷器

233. 当变压器接上负载后，原边电流将随着副边电流的增加而（　　）。

A. 不变　B. 减少　C. 增加　D. 无规律变化

234. 变压器的电流与匝数（　　）。

A. 成正比　B. 成反比　C. 的平方成正比　D. 的平方成反比

235. 变压器高压侧电流____，低压侧电流____。（　　）

A. 大；小　B. 大；大　C. 小；大　D. 小；小

236. 变压器的铁芯是（　　）。

A. 由很薄的硅钢片叠积而成　B. 由钢板叠成

C. 由整块的钢铁制成　D. 由铸铁制成

237. 变压器铁芯所用硅钢片属（　　）。

A. 硬磁材料　B. 软磁材料　C. 顺磁材料　D. 拒磁材料

238. 如采用冷轧硅钢片叠装变压器铁芯，损耗最小的是（　　）叠装方式。

A. 直接　B. 半直半斜　C. 斜接 45°　D. 搭接

239. 变压器运行时，两侧数值总是相等的物理量是（　　）。

A. 电压　B. 电流　C. 阻抗　D. 交流电频率

240. 具有一种输入电压、多种输出电压的变压器称为（　　）变压器。

A. 双绕组　B. 自耦　C. 三绕组　D. 多绕组

241. 理想变压器初级电压与次级电压之比等于初级匝数与次级匝数的（　　）。

A. 比　B. 反比　C. 平方比　D. 平方的反比

242. 自动空气开关是指当电路中发生（　　）等不正常情况时，能自动分断电路的电器。

A. 过载、短路和欠压　B. 过载和短路

C. 短路和欠压　D. 欠压

243. 当电路正常运行时，自动空气开关的过流脱扣器的线圈____在主回路中，欠压脱扣器的线圈是____在主回路中。（　　）

A. 并联；并联　B. 串联；串联　C. 并联；串联　D. 串联；并联

244. 自动空气开关欠电压脱扣器的额定电压不得低于（　　）。

A. 自动空气开关的额定电压　B. 自动空气开关的额定电流

C. 线路的额定电压　D. 线路的额定电流

245. 柴油机的骨架是（　　）。

A. 底座　B. 气缸体　C. 气缸盖　D. 机体

246. 固定式柴油机安装时需要（　　）。

A. 固定在地上　B. 放在地面上　C. 固定在减振材料上　D. 放置在减振材料上

247. 安装柴油机时，特别需要有防振设计的位置是（　　）。

A. 排烟管　B. 水箱　C. 散热器　D. 油箱

248. 近代柴油发电机组，功率在 750kW 以下的，其额定电压一般为（　　）。

A. 200V　B. 220V　C. 300V　D. 400V

249. 启动电动机电磁转矩与电枢电流的平方成（　　）关系。

A. 正比　B. 反比　C. 级差　D. 等差

250. 为了减少柴油机的摩擦损失，保证各零部件的正常温度，柴油机必须有（　　）。

A. 润滑系统和散热系统　B. 冷却系统和散热系统

C. 润滑系统和冷却系统　　D. 机油系统和节温器

251. 为了使柴油机能迅速启动，还需要配置（　　）。

A. 气动马达　　B. 电动机　　C. 启动系统　　D. 加热系统

252. 大功率的柴油机，需要采用（　　）启动。

A. 空气　　B. 机油　　C. 热水　　D. 冷水

253. 保证柴油机供油结束能突然停油，供油能急速开始的是（　　）。

A. 活塞　　B. 柱塞　　C. 进油阀　　D. 喷油器

254. 柴油机供油量的大小由（　　）的行程来控制。

A. 活塞　　B. 喷油器柱塞　　C. 进油阀　　D. 喷油嘴

255.（　　）说法是不正确的。

A. 柴油机要求喷油器喷出的油雾化良好

B. 柴油机负荷变化时供油量相应改变

C. 柴油机靠柱塞的有效行程来控制供油量

D. 要求在活塞压缩过程中接近下死点时喷入燃料

256. 柴油机停机后应（　　），观察机器有无故障现象。

A. 进行一次全面检查　　B. 卸去载荷

C. 怠速运行　　D. 打开减压机构

257.（　　）说法是不正确的。

A. 采用关闭油箱的方法停止柴油机运转

B. 不应采用打开减压机构的办法停止柴油机运转

C. 冬天，柴油机停机后应及时打开所有放水开关

D. 机油压力表指针突然下降，则应立即停机

258. 对装有电动截流阀的康明斯柴油机，通过（　　）可使柴油机停机。

A. 转动电动截流阀　　B. 转动手动截流阀

C. 关闭油箱　　D. 刹车

259. 以各机构零部件的紧固和润滑为中心是（　　）技术保养内容。

A. 一级　　B. 二级　　C. 三级　　D. 四级

260. 以检查、调整为中心是（　　）技术保养内容。

A. 一级　　B. 二级　　C. 三级　　D. 四级

261. 以总成解体清洗、检查、调整和消除隐患为中心是（　　）技术保养内容。

A. 一级　　B. 二级　　C. 三级　　D. 四级

262. 同步发电机的基本形式分为（　　）两种类型。

A. 凸极式和隐极式

B. 无刷交流同步发电机和无刷直流同步发电机

C. 旋转电枢式和旋转磁极式

D. 同步电动机和同步补偿机

263. 旋转电枢式发电机的缺点是（　　）。

A. 电流过大　　B. 电压不能太高　　C. 浪费钢材　　D. 体积大

264. 气门导管的作用是保证气门与气门座在同一中心线上正常工作，并起（　　）作用。

A. 保护　　B. 散热　　C. 保温　　D. 冷却

265. 顶置式配气机构有每缸二气门和（　　）。
A. 一气门　B. 三气门　C. 四气门　D. 五气门
266. 大功率的内燃机一般都采用（　　）冷却系统。
A. 风冷式　B. 蒸发式水冷　C. 自然循环式水冷　D. 强制闭式循环水冷
267. 柴油机冷却系统中，当冷却水温度高于（　　）时，大循环阀全部打开，使水经散热箱而进行大循环。
A. 70℃　B. 75℃　C. 85℃　D. 95℃
268. 柴油机冷却系统中，当冷却水的水温降到约（　　）时，大循环阀门关闭，冷却水直接由旁通孔流入水泵进行小循环。
A. 60℃　B. 70℃　C. 75℃　D. 85℃
269. 柴油机的人工启动是用摇手柄去转动（　　）而启动柴油机。
A. 连杆　B. 曲轴　C. 飞轮　D. 正时齿轮
270. 柴油机预热装置的作用是（　　）。
A. 在低温时使启动容易些　B. 增加油压
C. 增加水压　D. 冬季防冻
271. 柴油机的启动是用直流电动机驱动内燃机（　　）旋转使内燃机启动。
A. 凸轮轴　B. 曲轴　C. 飞轮　D. 正时齿轮
272. 干式空气滤清器是利用（　　）方法净化空气。
A. 改变空气流动方向　B. 改变空气体积
C. 改变空气质量　D. 改变空气成分
273. 旋风式空气滤清器，干净空气沿离心元件体中间短管进入下体，送到（　　）。
A. 增压器　B. 排气管道　C. 消声器　D. 膨胀室
274. 不属于湿式空气滤清器结构组成的是（　　）。
A. 滤芯　B. 机油　C. 离心元件　D. 橡胶垫圈
275. 燃油滤清器的作用是（　　）。
A. 过滤柴油中的有害颗粒　B. 过滤发动机燃油系统中的有害颗粒和水分
C. 初步过滤机油　D. 使汽油变得透明
276. 机油滤清器的作用是（　　）。
A. 减少各部件在运行过程中产生的摩擦
B. 降低能量损耗和零件磨损
C. 去除机油中的灰尘、金属颗粒、碳沉淀物和煤烟颗粒
D. 保护发电机
277. 正常情况下，柴油机机油的温度变化范围为（　　）。
A. 0～300℃　B. 0～120℃　C. 0～90℃　D. 0～60℃
278. 优质的机油滤清器中有溢流阀，它开启的条件是（　　）。
A. 机油使用时间超过规定期限　B. 外部温度过高
C. 机油滤清器使用超期　D. 外部温度变化较大
279. 飞轮在四冲程发动机工作时，第（　　）冲程没发挥作用。
A. 一　B. 二　C. 三　D. 四
280. 飞轮上有启动齿圈和（　　）。
A. 传动装置的离合器　B. 离合器

C. 消声器　　D. 增压器

281. 柴油机工作循环过程（　　）。

A. 进气→压缩→做功→排气　　B. 压缩→排气→做功→进气

C. 做功→进气→排气→压缩　　D. 进气→做功→压缩→排气

282. 柴油机进气行程：进气门____，排气门____。（　　）

A. 打开；打开　B. 打开；关闭　C. 关闭；打开　D. 关闭；关闭

283. 柴油机做功行程，活塞（　　）。

A. 停止运行　　B. 由下止点向上止点运行

C. 由上止点向下止点运行　　D. 任意运行

284. 目前，柴油发电机组配置的柴油机大多是（　　）冲程发动机。

A. 一　B. 二　C. 三　D. 四

285. 柴油机进气行程，活塞（　　）。

A. 停止运行　　B. 由下止点向上止点运行

C. 由上止点向下止点运行　　D. 任意运行

286. 柴油机排气冲程的目的是（　　）。

A. 清除缸内的废气　　B. 吸入新鲜空气

C. 吸入柴油　　D. 清除柴油

287. 发动机启动时必须克服阻力，克服这些阻力所需要的力矩称为（　　）。

A. 启动力矩　B. 阻力力矩　C. 运动力矩　D. 惯性力矩

288. 为了保证柴油发动机在任何温度下都能可靠地启动，通常采取（　　）。

A. 预点火　B. 预加热　C. 加满油　D. 加满水

289. 在小型柴油机上装设（　　），以便于人力启动柴油机。

A. 增压机构　B. 减压机构　C. 润滑机构　D. 压缩机构

290. 在柴油机中，不正确的说法是（　　）。

A. 润滑油可以减少机械磨损

B. 润滑油可以加强活塞对气缸的密封作用

C. 润滑油可以防止零件生锈

D. 润滑油可以助燃

291. 柴油机中机油滤清器的作用是（　　）。

A. 冷却　B. 润滑　C. 过滤　D. 输油

292. 一般同步发电机的额定功率因数是（　　）。

A. 0.6　B. 0.8　C. 0.9　D. 1.0

293. 三相发电机的一般额定转数是（　　）。

A. 1500r/min　B. 3000r/min　C. 6000r/min　D. 12000r/min

294. 发电机的额定容量是指（　　）。

A. 发电机转轴上输出的机械功率

B. 出线端的无功功率

C. 发电机所能发出最大有功功率

D. 出线端输出的额定视在功率

295. 内燃机的排放物，（　　）是无毒害的。

A. 一氧化碳　B. 二氧化碳　C. 微粒　D. 二氧化氮

296. 使用无铅汽油的汽油机排放物中，不含有（　　）。
A. 一氧化碳　B. 二氧化碳　C. 微粒　D. 二氧化氮
297. 内燃机排放的二氧化碳如果在空气中含量增多会导致（　　）。
A.“温室效应”　B. 人体窒息　C. 人身中毒　D. 森林面积减少
298. （　　）不是内燃机的噪声源。
A. 机械噪声　B. 燃烧噪声　C. 气体动力噪声　D. 电机振动噪声
299. 降低内燃机进、排气噪声的方法是（　　）。
A. 合理选择进气、排气道　B. 合理配置发动机冷却系统
C. 安装硅油风扇离合器　D. 正确选择风扇叶片的形状
300. 噪声源控制受内燃机性能限制，可以从结构上采取措施，例如（　　）。
A. 使用金属物体屏蔽　B. 增加表面振动阻尼
C. 加接阻尼电阻和电容器　D. 使用干扰源
301. 空调器进风口滤网的作用是（　　）。
A. 增加空气离子　B. 一次性滤尘　C. 空气除臭　D. 空气消毒
302. 分体式变频空调器的变频电动机是指（　　）电动机。
A. 室内风扇　B. 室外风扇　C. 摇摆　D. 压缩机
303. 将过冷液变为饱和湿蒸气是由（　　）来完成的。
A. 压缩机　B. 节流装置　C. 冷凝器　D. 蒸发器
304. 空调器制冷是由制冷剂在（　　）中吸取热量达到制冷的目的。
A. 压缩机　B. 毛细管　C. 冷凝器　D. 蒸发器
305. 蒸气压缩式制冷是利用液态制冷剂（　　）的原理进行制冷的。
A. 汽化时放热　B. 汽化时吸热　C. 冷凝时吸热　D. 循环时放热
306. 制冷剂是制冷系统中的工作流体，它在（　　）下汽化为气体吸收待冷却物的热量。
A. 低温低压　B. 低温高压　C. 高温低压　D. 高温高压
307. 氟利昂制冷剂的主要缺点是（　　）。
A. 剧毒　B. 易燃　C. 易爆　D. 破坏大气臭氧层
308. 制冷剂 R22 在一个标准大气压下的沸点是（　　）。
A. －26.5℃　B. －29.8℃　C. －33.4℃　D. －40.8℃
309. 使制冷剂汽化的方法是（　　）。
A. 加热或减压　B. 降温或减压　C. 加热或升压　D. 降温或升压
310. 空调器制冷剂在蒸发器中吸热后呈（　　）的状态。
A. 低温液态　B. 低温气态　C. 高温液态　D. 高温气态
311. 蒸发器中制冷剂由液态变为气态达到使周围环境（　　）目的。
A. 降温　B. 散热　C. 升温　D. 调温
312. 液态制冷剂在蒸发器中吸收被冷却物体热量之后，汽化成（　　）的蒸气。
A. 低压、低温　B. 高压、高温　C. 低压、高温　D. 高压、低温
313. 压缩机是压缩式制冷系统中的关键设备，故称为（　　）。
A. 蒸发制冷设备　B. 换能设备　C. 耗能设备　D. 压缩制冷设备
314. 空调压缩机把低温低压制冷剂蒸气压缩成高温高压（　　）送入冷凝器。
A. 液体　B. 蒸气　C. 固体　D. 晶体

315. 空调压缩机压入的是蒸发器中蒸发后的（　　）制冷剂。
A. 低温低压　B. 高温高压　C. 低温高压　D. 高温低压

316. 冷凝器把压缩机送出的高温高压蒸气制冷剂变成（　　）状态。
A. 高温高压液体　B. 低温高压液体　C. 高温低压液体　D. 低温高压气体

317. 冷凝器也称（　　），是制冷装置中的主要热交换设备之一。
A. 蒸发器　B. 散热器　C. 膨胀阀　D. 过滤器

318. 气体从气态转变为液态的冷凝过程是（　　）的过程。
A. 吸收热量　B. 放出热量　C. 热量恒定　D. 温度恒定

319. 空调温控器故障会导致（　　）。
A. 制冷系统压力过高　B. 空调振动
C. 空调声音异常　D. 压缩机不能停机

320. 空调温控器感温管所感应的温度是（　　）。
A. 房间温度　B. 回风温度　C. 出口温度　D. 蒸发温度

321. 空调温控器利用感温管检测温度通过触点开和闭来控制（　　）的启动和停止。
A. 电动机　B. 室内风扇　C. 室外风扇　D. 蒸发器

322. 对 UPS 过流保护系统而言，（　　）效果最好。
A. 截止式保护　B. 限流式保护　C. 截止-限流式保护　D. 过流保护

323. UPS 截止式过流保护启动后，（　　）恢复正常输出。
A. 需要重启 UPS　B. 不用其他操作即可
C. 需要重启逆变　D. 需要断电

324. 当 UPS 输出电压不正常时，保护启动，（　　）。
A. 整流器停止工作　B. 逆变器停止工作
C. 逆变器停止工作，转为市电输出　D. UPS 停机保护

325. 三进单出的 UPS 如果接地和零线接反了会造成（　　）。
A. 烧机器　B. 输出减半　C. 无输出　D. 不启机现象

326. 两台 UPS 并机时的接地（　　）。
A. 可接在不同接地点上　B. 需要接在同一接地点上
C. 需要接在同一接地极上　D. 可接在不同接地极上

327. 一般大型 UPS 需要（　　）路 380V 进线。
A. 一　B. 两　C. 三　D. 四

328. 三进单出 UPS 旁路的电压是（　　）。
A. 220V　B. 380V　C. 200V 或 380V　D. 110V

329. UPS 旁路开关的容量应该（　　）主输入开关容量才行。
A. 大于　B. 大于等于　C. 等于　D. 小于

330. 停电时，为了使 UPS 使用的时间长些，有时会关闭一些非重要的设备，此时电池所加负载会减小，UPS 电池的放电终止电压要（　　）。
A. 调高　B. 不变　C. 调低　D. 视情况决定

331. UPS 常用密封电池作为其储能装置，但要避免在过高、过低温度下使用，在 0℃时使用，其实际容量大约为标准值的（　　）。
A. 50％　B. 60％　C. 70％　D. 80％

332. UPS 的密封蓄电池均衡充电时电流要在（　　）以内，环境温度在 20～25℃内时

进行。

A. 0.1C B. 0.15C C. 0.2C D. 0.3C

333. UPS电池数量较多，在拆装的时候要将其（ ）。

A. 做序号标记 B. 分批运输 C. 分组放置 D. 单块运输

334. 由于UPS蓄电池数量较多，在安装时特别要注意的问题是（ ）

A. 电池极性和极柱紧固 B. 摆放一定要工整

C. 摆放位置不能离机头太远 D. 电池连线线径要合理

335. UPS主从并联热备份连接时，主机（ ）时，能够自动切换到备机。

A. 市电中断 B. 电池亏电 C. 发生故障 D. 电压波动

336. UPS双机串联热备份是将UPS备机（ ）串联。

A. 旁路与主机输出 B. 输出与主机旁路

C. 旁路与主机旁路 D. 输出与主机输出

337. 假定负载容量为300kV·A，UPS额定输出容量为100kV·A，使用“4+1”并联冗余时，一台UPS故障时，其他UPS的利用率是（ ）。

A. 60% B. 75% C. 80% D. 100%

338. CW2524脉宽控制器是工业品类器件，其适用温度范围为（ ）。

A. −55～125℃ B. −40～85℃ C. 0～70℃ D. −40～70℃

339. 两只或多只CW3524脉宽控制器一起同步时，用一控制器作为主控制器，这时其余控制器的振荡周期比主控制器的长（ ）。

A. 5% B. 10% C. 15% D. 20%

340. CW3524控制器中的误差放大器增益标准值是（ ）。

A. 80dB B. 72dB C. 60dB D. 50dB

341. 当负载过大时，UPS会（ ）。

A. 跳到旁路运行 B. 启动蓄电池 C. 只是告警 D. 转到维修旁路

342. 当UPS转到维修旁路时，UPS（ ）。

A. 内部仍然有电 B. 内部全部断电，可以维修

C. 逆变器仍然运行 D. 整流部分仍然运行给蓄电池充电

343. 启动UPS加电时，（ ）。

A. 先接通旁路开关 B. 先接通负载开关

C. 先接通主路开关 D. 同时接通旁路和负载开关

344. 启动UPS时，如果输出相序和旁路相序不一致，则（ ）。

A. 旁路正常切换到逆变供电 B. 旁路无法切换到逆变供电

C. 由蓄电池逆变供电 D. UPS停机

345. 启动UPS，最后一步是（ ）。

A. 启动逆变 B. 闭合蓄电池空开

C. 启动整流 D. 闭合旁路空开

346. 如果逆变器先启动逆变，后加输入，会（ ）。

A. 正常启动 B. 无法启动 C. 延时启动 D. 风扇不转

347. 逆变器启动后，（ ）。

A. 负载要逐个增加 B. 过半小时才可加载

C. 运行稳定后才能加载 D. 可以一下加很大负载

348. 逆变器正常运行时，如果输入中断后又恢复，则逆变器（　　）。
A. 自动启动　B. 会出现故障　C. 会告警　D. 需人工启动
349. 后备式 UPS 的充电系统经常采用的方法是（　　）。
A. 恒压限流充电　B. 恒流充电　C. 低电压充电　D. 小电流充电
350. 小型在线式 UPS 充电经常采用的方法是（　　）。
A. 恒压充电　B. 小电流充电
C. 初期恒流后期恒压　D. 先恒压后恒流
351. 对液晶显示器的特点描述错误的是（　　）。
A. 低压微功耗　B. 平板型结构　C. 工作时无辐射　D. 寿命短
352. 小型 UPS 常用的显示模式是（　　）。
A. 指示灯显示　B. 液晶显示　C. 指示灯和液晶　D. 数码管显示
353. UPS 数码管显示的特点是（　　）。
A. 显示电路相对简单　B. 不能进行数显
C. 三极管控制　D. 继电器控制
354. 在全控型逆变器中，LC 的作用是（　　）。
A. 使输出正弦波电压　B. 使输出方波
C. 在变压器上产生交流电压　D. 延长放电时间
355. 全控型逆变器中，在变压器的初级线圈上形成（　　）。
A. 正弦波交流电压　B. 仍然是直流电压
C. 正负交变方波　D. 正负交变锯齿波
356. 半控型逆变器，在（　　）得到的交流电。
A. 变压器初级线圈　B. 变压器次级线圈
C. 电容器中　D. 电感线圈
357. 在单相半桥逆变电路中，其中两个分压电容器 C_1 和 C_2 的关系是（　　）。
A. $C_1>C_2$　B. $C_1=C_2$　C. $C_1<C_2$　D. $C_1\neq C_2$
358. 单相全桥逆变电路的基本结构，是由直流电源、输出变压器、（　　）组成
A. 两个开关功率管器件和两个二极管
B. 四个开关功率管器件和两个二极管
C. 四个开关功率管器件和四个二极管
D. 两个开关功率管器件和四个二极管
359. 在小型 UPS 中（容量从几百伏安到 1 千伏安）的产品中，使用最多的逆变技术是（　　）。
A. 单相推挽式逆变电路　B. 单相全桥逆变电路
C. 单相半桥逆变电路　D. 三相逆变电路
360. 后备式 UPS 在市电正常时的工作状态是（　　）。
A. 启动逆变　B. 未启动整流器　C. 蓄电池充电　D. 蓄电池放电
361. 后备式 UPS 不具备（　　）组成部分。
A. 充电电路　B. 逆变电路　C. 蓄电池　D. 整流电路
362. 一台家用计算机，为了在停电时保证计算机正常关机，最经济的方式是可配置（　　）。
A. 1kV・A 后备式 UPS　B. 1kV・A 在线式 UPS

C. 500V·A 后备式 UPS　　D. 500V·A 在线式 UPS

363. 数据采集电路不断循环采集各个单体电池电压、总电压及环境温度，经差分放大、模拟开关等，由模数转换器进行（　　）转换，然后进行分析处理。

A. 换算　　B. A/D　　C. 调制　　D. D/A

364. 监测的对象主要是电池组中每一节电池的端电压，这些（　　）电池标准电压都相同。

A. 并联　　B. 放电　　C. 串联　　D. 充电

365. Microsoft 其实是由两个英语单词组成：Micro 意为“微小”，Soft 意为“软的”，此处应为“Software，软件”，顾名思义，微软（Microsoft）是专门生产（　　）的公司。

A. 软件　　B. 硬件　　C. 计算机　　D. 内存

366. Microsoft 可缩略为（　　），是全球最著名软件商，美国软件巨头微软公司的名字。

A. DOS　　B. MS　　C. Windows　　D. IBM

367. Softwarepackages 的汉语意思是（　　）。

A. 备份　　B. 微软　　C. 软件包　　D. 数据包

368. 制作网线的标准网头及网线颜色对应顺序为（　　）。

A. 1—橙 2—橙白 3—绿 4—绿白　　B. 1—橙白 2—橙 3—绿白 4—绿

C. 1—橙 2—橙白 3—绿 6—绿白　　D. 1—橙白 2—橙 3—绿白 6—绿

369. 如果一台计算机的 IP 地址是 129.9.70.210，子网掩码是 255.255.192.0，则该计算机的主机地址和网络地址是（　　）。

A. 网络地址 129.9.64.0，主机地址 6.210

B. 网络地址 129.9.64.0，主机地址 6.218

C. 网络地址 129.9.70.0，主机地址 6.218

D. 网络地址 129.9.70.0，主机地址 6.210

370. 开关电源监控系统中的设备与计算机接口主要完成设备与计算机房的（　　）。

A. 信号传输　　B. 连接　　C. 数据转换　　D. 工作电压

371. 开关电源监控系统采用的通信协议是指（　　）。

A. 计算机与被控设备之间的信号传输方式

B. 通信的发送方和接收方应共同遵守一系列“约定”

C. 计算机与计算机之间的硬件保证

D. 不同的设备种类有不同的协议

372. 开关电源（　　）配有标准的通信接口，可以通过近程后台或远程后台监控电源系统的运行，实现电源系统的集中维护。

A. 监控模块　　B. 整流模块　　C. 告警系统　　D. 控制系统

373. 数据通信就是以传输（　　）为业务的一种通信方式。

A. 话音　　B. 数据　　C. 图像　　D. 多媒体

374. 计算机输入输出的都是（　　）信号。

A. 话音　　B. 数据　　C. 图像　　D. 多媒体

375. 唯一的 SC 与多个 SS 及多个 SU、每个 SS 与多个 SU 分别组成一对多联网系统。SC 与 SS 之间通过（　　）协议连接。

A. 自订　　B. TCP/IP　　C. HTTP　　D. IPX/SPX

376. 监控中心具有完善的告警过滤和告警抑制功能，如果某一事件引起一连串互相关联的告警，则只显示（　　）告警事件，而将该事件的下游告警抑制。

A. 起始　　B. 全部　　C. 部分　　D. 紧急

377. 监控中心告警数据、历史数据、操作数据将保存（　　）以上，并可存入光盘或U盘。

A. 三年　　B. 六个月　　C. 一年　　D. 两年

378. 动环监控系统界面通常采用全中文可视化界面，使用方便灵活，带有完善的中文在线帮助系统和详细的（　　）教程。

A. 图形　　B. 文字　　C. 数据　　D. 多媒体

379. 监控系统中心软件采用完整的双机热备份或（　　）技术，使数据和控制过程得到完善的保护。

A. 复制　　B. 磁盘阵列　　C. 刻录　　D. 拷贝

380. （　　），一般能证明一台计算机网络正常。

A. 打开网上邻居，看到了好几台计算机

B. Ping其他计算机，得到回应"Request Timed Out"

C. 检查C盘，发现已经设置共享

D. 系统显示网络适配器正常工作，没有中断和地址冲突

381. 广域网简称（　　）。

A. LAN　　B. mAN　　C. WAN　　D. Internet

382. 计算机网络应用的最大好处在于（　　）。

A. 节省人力　　B. 存储容量扩大

C. 可实现资源共存　　D. 使信息存储速度提高

383. ISOOSI参考模型七层协议中第四层是（　　）层。

A. 应用　　B. 会话　　C. 表示　　D. 传输

384. ISOOSI参考模型七层协议中第一层是（　　）层。

A. 物理　　B. 数据链路　　B. 网络　　D. 传输

385. 网络服务器和一般计算机的一个重要区别是（　　）。

A. 计算速度快　　B. 硬盘容量大　　C. 外设丰富　　D. 体积大

386. 动力环境监控系统的开关电源数据采集接口通常采用的是（　　）。

A. 232接口　　B. 422接口　　C. 485接口　　D. USB接口

387. RS232通信电缆，一般通信距离不能超过（　　）。

A. 5m　　B. 15m　　C. 800m　　D. 1200m

388. RS485通信电缆，通信距离最长可达到（　　）以上。

A. 50m　　B. 500m　　C. 800m　　D. 1000m

389. 集中监控系统采用逐级汇接的拓扑结构，通常由主监控中心SC（Supervision Center）、（　　）SU（Supervision Unit）两级构成。

A. 监控中心　　B. 监控站　　C. 监控单元　　D. 测试单元

390. 动力与环境监控系统可对辖内的各个设备及（　　）进行遥测、遥控、遥调、遥信，记录和处理相关数据，及时检测故障。

A. 柴油机组　　B. 机房环境　　C. 整流设备　　D. UPS

391. 监控单元 SU 通过接口接收主监控中心 SC 下传的控制和（　　）命令，并根据要求对受控设备进行遥控和遥调。

A. 程序　　B. 关机　　C. 修改　　D. 参数配置

392. 计算机操作系统是（　　）的接口。

A. 软件与硬件　　B. 主机与外设

C. 计算机与用户　　D. 高级语言与机器语言

393. 计算机操作系统是一种（　　）。

A. 硬件　　B. 外部设备　　C. 语言　　D. 系统软件

394. 常见的计算机操作系统除 Unix 外，还有（　　）。

A. FORTRAN　　B. Windows　　C. CAD　　D. PCTOOLS

395. 在（　　）情况下，不会导致计算机蓝屏现象的出现。

A. 启动时加载程序过少　　B. 软硬件不兼容

C. 光驱在读盘时被非正常打开　　D. 遭到不明的程序或病毒攻击所致

396. 计算机开机后，提示“WAIT”，停留很长时间，最后出现“HDD Controller Failure”。造成这一现象的原因是（　　）。

A. CMOS 中的硬盘设置参数丢失

B. 硬盘主引导记录中的分区表有错误

C. 硬盘线接口接触不良或接线错误

D. CMOS 中的硬盘类型设置错误造成

397. 计算机的引导程序损坏或被病毒感染，开机自检后，屏幕上会出现（　　）。

A.“Device error”

B.“Invalid partition table”

C.“Error loading operating system”

D.“No ROM Basic，System Halted”

398. 在“资源管理器”中，先选中文件夹或文件，（　　）拖到目的文件夹，可以在同一驱动器中移动文件夹或文件。

A. 按 Ctrl 同时，按鼠标左键　　B. 按 Shift 同时，按鼠标左键

C. 按鼠标左键　　D. 按鼠标右键

399. 在“资源管理器”中，先选中文件夹或文件，按（　　）键同时，按鼠标左键拖到目的文件夹，可以在不同驱动器之间移动文件夹或文件。

A. Ctrl　　B. Alt　　C. CapsLock　　D. Shift

400. 在“资源管理器”中，（　　）操作可以格式化磁盘。

A. 文件/格式化　　B. 右击磁盘驱动器/格式化

C. 选中驱动器/文件/格式化　　D. 单击磁盘驱动器/格式化

401. 气缸总容积与（　　）之比称为压缩比 ε。

A. 气缸工作容积　　B. 燃烧室容积　　C. 气缸容积　　D. 压缩容积

402. 按国家规定所标定的发动机有效功率称为（　　）。

A. 升功率　　B. 总功率　　C. 有用功率　　D. 标定功率

403. 喷油泵供油量的改变是通过转动柱塞来改变柱塞的（　　）而实现的。

A. 最大行程　　B. 有效行程　　C. 供油行程　　D. 回油行程

404. 活塞式输油泵在工作中能自动调节（　　）。

A. 供油压力　B. 供油量　C. 供油时间　D. 供油不均匀度

405. 为防止柴油机粗滤器滤芯过脏而堵塞润滑油道，在其滤芯两端并联有（　）。
A. 溢流阀　B. 限压阀　C. 旁通阀　D. 恒温阀

406. 同步发电机带感性负载时，要保证发电机输出电压稳定，其励磁电流将随负载电流增加而（　）。
A. 增加　B. 减小　C. 不变　D. 为零

407. 同步发电机带感性负载时，会引起同步发电机输出电压（　）。
A. 升高　B. 降低　C. 不变　D. 失控

408. 自动化柴油发电机组在自动模式下，当市电断电时，机组（　）。
A. 自动启动　B. 无反应　C. 报警但不启动　D. 自启动三次

409. 能感受规定的被测量并按照一定的规律转换成可用信号的器件或装置，通常由敏感元件和（　）组成。
A. 电阻器件　B. 转换元件　C. 电容元件　D. 绝缘材料

410. 自动化柴油发电机组的（　）能感知发动机转速的变化。
A. 压力传感器　B. 水位传感器　C. 转速传感器　D. 电压传感器

411. 自动化柴油发电机组的水温传感器会随水温的变化而改变（　）。
A. 热敏电阻阻值　B. 输出电压　C. 发动机转速　D. 输出功率

412. 自动化发电机组的水温传感器内部一般有（　）和温度开关。
A. 石蜡　B. 隔热罩　C. 电容　D. 热敏电阻

413. 无源磁电式转速传感器一般安装在（　）上。
A. 曲轴　B. 气缸盖　C. 飞轮外壳　D. 发电机端盖

414. 自动化发电机组的供油量是由（　）控制的。
A. 启动继电器　B. 油门执行器　C. 电磁阀　D. 转速控制器

415. 自动化柴油发电机组对发动机的保护动作主要是（　）。
A. 切断油路　B. 切断电源　C. 断开输出开关　D. 断开蓄电池

416. 自动化柴油发电机组的控制器通常通过（　）接口与监控系统连接。
A. 卫星通信　B. 串行通信　C. 并行通信　D. 移动通信

417. 自动化柴油发电机组的速度控制器也称（　）。
A. 速度调节器　B. 机械调速器　C. 电子调速器　D. 自动控制器

418. 发动机速度控制器是在实时测量（　）的基础上调节供油量。
A. 励磁电流　B. 输出频率　C. 输出电压　D. 发动机转速

419. 发动机速度控制系统是实现发电机组（　）的关键单元。
A. 励磁电流　B. 输出频率　C. 功率因数　D. 无功功率

420. 在自动化机组中，若转速传感器开路，则油门执行器将（　）。
A. 加大油门开度　B. 减小油门开度
C. 稍微调整油门开度　D. 断电停止工作

421. 若将自动化机组主控制器中的飞轮齿数设置值减小，则测量转速实际值会（　）。
A. 增大　B. 不变　C. 减小　D. 增大或不变

422. 自动化柴油发电机组的主控制器显示“发电过频警告”，其原因主要是（　）。
A. AVR 调节不当　B. 发动机转速过低
C. 发动机转速过高　D. 发电机绕组开路

423. 市电正常供电时，自动化柴油发电机组的启动蓄电池处于（　　）工作状态。
A. 小电流放电　B. 大电流放电　C. 均充　D. 浮充

424. 如果自动化柴油发电机组的启动继电器开路，则机组将（　　）。
A. 自动启动　B. 不能启动　C. 报警但能启动　D. 不报警但能启动

425. 当自动化发电机组检测到停机故障时，（　　）立即断电，切断油路。
A. 启动继电器　B. 自动控制器　C. 油门执行器　D. 电磁阀

426. ATS 转换柜的常用功能是自动实现（　　）和发电机组之间的负载切换。
A. 备用电源　B. 发电机组　C. 市电　D. UPS

427. 正常情况下，135 系列基本柴油机在标定转速时的机油压力为（　　）MPa。
A. 0.05～0.15　B. 0.05～0.20　C. 0.15～0.35　D. 0.35～0.50

428. 柴油机的一级技术保养周期是（　　）。
A. 每班工作　B. 累计工作 100h　C. 累计工作 500h　D. 累计工作 1000h

429. 下例属于发动机一级技术保养得项目有（　　）。
A. 检查机油泵　B. 更换机油　C. 检查活塞环间隙　D. 检查曲轴组件

430. 内燃机最好在（　　）时，更换机油。
A. 冷机状态　B. 刚停机　C. 停机一段时间后　D. 正常运行时

431. 内燃机气门间隙的调整必须在气门（　　）时进行。
A. 完全打开　B. 部分打开　C. 完全关闭　D. 部分关闭

432. 安装气缸盖时，应按照（　　）的顺序，分 2～3 次逐步拧紧至规定力矩。
A. 先左边后右边　B. 先前面再后面
C. 先两边后中间　D. 先中间后两边

433. 若喷油器的调压弹簧过软，会使其（　　）。
A. 喷油量过大　B. 喷油时刻滞后
C. 喷油初始压力过低　D. 喷油初始压力过高

434. 喷油器喷油压力的调整通常是通过调整（　　）改变调压弹簧的预紧力来实现的。
A. 调整垫片　B. 锁紧螺钉　C. 放气螺钉　D. 调压螺钉

435. 发电机组如果一次启动不成功，需要（　　）后，再启动第二次。
A. 10s　B. 30s　C. 2min　D. 5min

436. 柴油机启动后，空载运转时间不宜超过（　　）min。
A. 1　B. 2　C. 5　D. 10

437. 某三相异步电动机的额定电压为 380V，其交流耐压试验电压为（　　）V。
A. 380　B. 400　C. 500　D. 1000

438. 当监控系统出现紧急告警后，值班人员应（　　）。
A. 查看监控界面上的告警窗，判断是什么告警，并立即通知维护人员处理
B. 关闭报警器，使告警声消失
C. 重新启动监控微机，使告警消失
D. 将告警信息记在值班日记上，若等待 10min 告警不消失，再进行处理

439. 为了保证相序一致，三相电路中以（　　）三种颜色来标识 A、B、C 三相电源。
A. 黄、绿、红　B. 绿、黄、红　C. 黄、红、绿　D. 红、黄、绿

440. 三个不同功率（40W、100W、1000W）额定电压均为 220V 灯泡，串联后接在额定电压为 220V 交流电网上，其结果是（　　）。

A. 三只灯都不亮　B. 40W 灯最亮　C. 100W 灯最亮　D. 1000W 灯最亮

441. 在通信电源系统中，正常情况下蓄电池组应处于（　　）状态。

A. 放电　B. 浮充　C. 均充　D. 恒流充电

442. 在线性电路中，因为没有谐波电流，故其功率因数（　　）。

A. 大于 1　B. 小于 1　C. 等于 1　D. 等于 0

443. 下列不属于集中监控系统监测对象的是（　　）。

A. 电源设备　B. 空调设备　C. 机房环境　D. 照明设备

444. 监控系统应采用（　　）供电。

A. 直流电源　B. 不间断电源　C. 交流电源　D. 蓄电池

445. 正常情况下，若电池监控模块显示的电池电流为负值，则表示（　　）。

A. 电池正在放电　B. 电池正在充电

C. 电源系统负载较小　D. 电池电流检测电路故障

446. 当将电池组数设置为 0 时，电池的其他相关参数设置（　　）。

A. 仍然有效　B. 无效　C. 部分有效　D. 有效与否，视情而定

447. 我国低压供电电压单相为 220V，三相为 380V，此数值指交流电压的（　　）。

A. 平均值　B. 最大值　C. 有效值　D. 瞬时值

448. 下列说法正确的是（　　）。

A. 绝缘体电阻无穷大，导体电阻无穷小

B. 通常情况下，导体两端电压为零时，电流为零，但电阻不为零

C. 只有导体才能用作电工材料

D. 通过导体的电流越大，导体的电阻就越小

449. 在电阻、电感串联电路中，把 U 和 I 直接相乘也具有功率的特征，我们把这个乘积称为（　　）。

A. 有功功率　B. 无功功率　C. 视在功率　D. 最大功率

450. 在电子电路中，通常把很多元器件汇集在一起且与机壳相连接的公共线作为电位参考点或称（　　）。

A. 中线　B. 零线　C. 地线　D. 火线

451. 一般金属材料的电阻值（　　）。

A. 随温度升高而下降　B. 随温度升高而增加

C. 与温度无关　D. 变化不定

452. 对于三相对称负载，功率因数角是（　　）的相位角。

A. 线电压与线电流之间　B. 相电压与对应相电流之间

C. 线电压与相电流之间　D. 相电压与线电流之间

453. 以下哪个不是正弦交流电的三个特点之一（　　）。

A. 瞬时性　B. 周期性　C. 规律性　D. 对称性

454. 对称的交流三相电源星形连接时，线电压是相电压的（　　）倍。

A. 1　B. 2　C. 1.732　D. 1.414

455. 把两个灯泡串联后接到电源上，闭合开关后，发现灯泡 L1 比灯泡 L2 亮，下列说法中正确的是（　　）。

A. 通过 L1 的电流大　B. 通过 L2 的电流大

C. L1 两端的电压大　D. L2 两端的电压大

456. 半导体二极管正向伏安（V-A）特性是一条是什么线？（　　）。

A. 过零点的直线　　B. 不过零点的直线

C. 经过零点后的一条曲线　　D. 经过零点后的一条指数线

457. 通信电源系统现行的接地方法通常为（　　）。

A. 联合接地　　B. 交流工作地和联合接地排连接

C. 分散接地　　D. 保护地防雷地合一，直流工作地分开

458. 压敏电阻是属于哪一类防雷器件？（　　）

A. 限压型　　B. 限流型　　C. 限功率型　　D. 开关型

459. 充当保护地电缆线的颜色应为（　　）。

A. 红色　　B. 黑色　　C. 蓝色　　D. 黄绿相间

460. 监控模块中电池标称容量参数设置是指（　　）。

A. 电池 1 容量　　B. 电池 2 容量　　C. 两组容量之和　　D. 单组容量（两组相同）

461. C 级防雷器中压敏电阻损坏后其窗口变（　　）。

A. 红　　B. 绿　　C. 黄　　D. 黑

462. 雷电波的持续时间的数量级通常为（　　）级。

A. 微秒　　B. 皮秒　　C. 纳秒　　D. 毫秒

463. 在有中性点的电源供电系统中，相电压指的是（　　）电压。

A. 相线对地　　B. 相线对中性线　　C. 相线对相线　　D. 中性线对地

464. 监控系统软件有良好的抗误操作能力，对于用户的误操作能给予提示，且不影响（　　）的正常运行。

A. 监控系统　　B. 传输设备　　C. 整流设备　　D. 告警系统

465. 直流供电系统目前广泛应用（　　）供电方式。

A. 串联浮充　　B. 并联浮充　　C. 混合浮充　　D. 半浮充

466. 高压熔断器用于对输电线路和变压器进行（　　）。

A. 过压保护　　B. 过流/过压保护　　C. 过流保护　　D. 开路保护

467. 主线路及其他电气元件线间对地绝缘电阻应不小于（　　）MΩ。

A. 0.2　　B. 1　　C. 2　　D. 5

468. 所谓参数稳压，就是利用（　　）对电路中的电压和电流进行调整，从而达到稳定输出电压。

A. 线性元件　　B. 非线性元件　　C. 阻性元件　　D. 容性元件

469. 三相四线制电源，因电源相线与中线分不清，故用万用表测量电源线的电压以确定中性，测量结果为 $U_{12}=380V$，$U_{23}=220V$，$U_{34}=220V$，则中性线是（　　）。

A. 1 号线　　B. 2 号线　　C. 3 号线　　D. 4 号线

470. 采用保护接地的目的是当电气设备绝缘损坏、人体触及带电外壳时，人体电阻与接地电阻（　　），使流经人体的电流远小于流经接地体电阻的电流，从而有效保护人身安全。

A. 串联　　B. 并联　　C. 混联　　D. 交联

471. 在家庭使用中，应将漏电保护器接在单相电能表和断路器或者胶盖刀开关（　　），以起到保护作用。

A. 之前　　B. 之后　　C. 中间　　D. 之前或之后均可

472. 电力线路发生相间短路故障时，在短路点将会（　　）。

A. 产生一个高电压　　B. 通过很大的短路电流
C. 产生零序电流　　D. 通过一个很小的正常负荷电流

473. 电力系统发生短路时，通常还发生电压（　　）。
A. 上升　　B. 下降　　C. 不变　　D. 波动

474. 电流互感器的作用是（　　）。
A. 升压　　B. 降压　　C. 调压　　D. 变流

475. 最常见的触电方式是（　　）。
A. 单相触电　　B. 两相触电　　C. 跨步电压触电　　D. 感应电压触电

476. 人体触及带电体外壳，会产生接触电压触电，人体站立点离接地点（　　），接触电压越小。
A. 越近　　B. 越远　　C. 大于1m　　D. 小于1m

477. 当电路处于（　　）状态时，电源端电压等于电源电动势。
A. 短路　　B. 开路　　C. 通路　　D. 任意状态

478. 一个12V、6W的灯泡，接在6V的电路中，灯泡中的电流为（　　）。
A. 2A　　B. 1A　　C. 0.5A　　D. 0.25A

479. 当负载发生短路时，UPS应能立即自动关闭（　　），同时发出声光告警。
A. 输入　　B. 电压　　C. 输出　　D. 电流

480. 在线式UPS中，由（　　）把直流电压变成交流电压。
A. 整流器　　B. 逆变器　　C. 充电器　　D. 双向变换器

481. 三相异步电动机接通电源后启动困难，有很大的“嗡嗡”声，这是由于（　　）。
A. 电源缺相　　B. 电源电压过低
C. 定子绕组有短路引起　　D. 相序接错

482. 交流电压在（　　）V以上的线路称为高压线路。
A. 10000　　B. 1000　　C. 380　　D. 220

483. 交流电流的（　　）随时间变化。
A. 大小　　B. 方向　　C. 大小和方向　　D. 频率

484. 当进行高压试验时，一同做试验的人员不得少于（　　）人。
A. 1　　B. 2　　C. 3　　D. 4

485. 四个1.5V电池（内阻忽略）并联在一个3Ω的电阻两端，问此电阻两端的端电压为（　　）V。
A. 6　　B. 3　　C. 1.5　　D. 2

486. 在纯电阻电路中，如果电压不变，当电阻增加到原来的2倍时，则电流将变为原来的（　　）倍。
A. 2　　B. 二分之一　　C. 不变　　D. 四分之一

487. 当温度降低时，导线的弧垂将（　　）。
A. 减小　　B. 增大　　C. 不变　　D. 不确定

488. 配电屏内的控制开关应（　　）安装。
A. 水平　　B. 垂直　　C. 45℃　　D. 135℃

489. 具有短路、过载和失压保护功能的是（　　）。
A. 铁壳开关　　B. 组合开关　　C. 刀开关　　D. 低压断路器

490. 盘、柜内配线应用截面不小于1.5mm^2，耐压不低于（　　）V的铜芯绝缘导线。

A. 230　　B. 400　　C. 500　　D. 1000

491. 单相三孔插座的接线为（　）。

A. 中间中性线、左相线、右保护线

B. 中间相线、左保护线、右中性线

C. 中间保护线、左中性线、右相线

D. 中间保护线、左相线、右中性线

492. 熔断器内填充石英砂，主要是为了（　）。

A. 吸收电弧热量　　B. 提高绝缘强度

C. 密封防潮　　D. 隔热防潮

493. 某异步电动机铭牌标明 Y/△，380/220V，当电动机接在 380V 电源上，此时定子接线应接为（　）。

A. Y 形　　B. △形　　C. Y/△形　　D. △/Y 形

494. 两额定电压为 220V 的灯泡，若 A 灯的额定功率为 100W，B 灯的额定功率为 40W，串联后接入电源电压为 220V 的电路中，此时两灯泡的实际功率 P 为（　）。

A. $P>P_N$（两灯泡的额度功率之和）　　B. $P=P_N$

C. $P<P_N$　　D. $P\leqslant P_N$

495. 已知 A 点的电位是 20V，B 点的电位是 75V，则 U_{AB}=（　）V。

A. 95　　B. 55　　C. −95　　D. −55

496. 如外加电压升高负荷不变，则异步电动机转速（　）。

A. 升高　　B. 降低　　C. 先升后降　　D. 不变

497. 当电源电压长期低于荧光灯的额定工作电压时，其寿命将（　）。

A. 延长　　B. 缩短　　C. 不变　　D. 不能确定

498. 两只额定电压相同的电阻，串联接在电路中，则其发热量（　）。

A. 阻值较大的较大　　B. 阻值较大的较小

C. 相等　　D. 无法比较

499. ATS 开关柜开关故障告警发生时，可能导致（　）后果。

A. 市电不能供电　　B. 市电/机组都不能供电

C. 机组不能供电　　D. 机组无法启动

500. 大、中型通信局（站）一般采用（　）高压市电，经电力变压器降为 380V/220V 低压后，再供给整流器、不间断电源设备、空调设备和建筑用电设备。

A. 1kV　　B. 6kV　　C. 10kV　　D. 35kV

501. 避雷器通常接于导线和地之间，与被保护设备（　）。

A. 串联　　B. 并联　　C. 串并结合　　D. 串并均可

502. 变压器初级线圈和次级线圈的匝数比为 50∶1，当次级线圈中流过电流为 5A 时，初级线圈中流过的电流为（　）。

A. 250A　　B. 5A　　C. 1A　　D. 0.1A

503. 变压器的原边电流是由变压器的（　）决定的。

A. 原边阻抗　　B. 副边电压　　C. 副边电流　　D. 副边阻抗

504. 垂直接地的接地体长度为 2.5m，则接地体之间的间距一般要大于（　）。

A. 2.5m　　B. 3m　　C. 4m　　D. 5m

505. 下列器件中工作频率最高的是（　）。

A. GTR　B. MOSFET　C. IGBT　D. SCR

506. 某电容器上标示有数字 P33，则该电容器的电容量为（　）。

A. 33pF　B. 33μF　C. 3.3μF　D. 0.33pF

507. 下列电力电子器件中，属于半控型器件的是（　）。

A. 电力二极管　B. 绝缘栅双极晶体管

C. 电力场效应管　D. 普通晶闸管

508. 电位器的主要作用有两个，一个是用作（　），另一个是用作分压器。

A. 发热器件　B. 稳压器件　C. 恒温器件　D. 变阻器

509. 晶体三极管三个极分别叫（　）。

A. 阳极，阴极，门极　B. 发射极，门极，集电极

C. 阳极极，基极，集电极　D. 发射极，基极，集电极

510. DC/AC 变换器的另一种名称是（　）。

A. 直流/直流变换器　B. 整流器

C. 逆变器　D. 变压器

511. 新的 VRLAB 在投入使用前必须做补充电，即用 2.35V/只的电压进行（　）。

A. 恒流充电　B. 限流恒压充电　C. 恒压充电　D. 涓流充电

512. 阀控密封铅蓄电池的浮充电压在 25℃时为（　）V/只。

A. 2.10～2.20　B. 2.23～2.27　C. 2.60～2.70　D. 2.30～2.35

513. 对阀控式密封铅蓄电池来说，当环境温度升高时，其浮充电压（　）。

A. 升高　B. 降低　C. 不变　D. 升高少许或保持不变

514. 阀控密封铅蓄电池的均衡充电电压为（　）V/只时，应充电 24h。

A. 2.25　B. 2.30　C. 2.35　D. 2.15

515. 阀控密封铅蓄电池在（　）温度条件下工作，有利于提高使用寿命。

A. 10～15℃　B. 20～25℃　C. 30～35℃　D. 5～15℃

516. 当铅蓄电池的放电率（　）10h 放电率时，其放电容量将减小。

A. 低于　B. 高于　C. 不高于　D. 等于

517. 密封阀控蓄电池在长期（　）状态下，只充电而不放电，势必会造成蓄电池的阳极极板钝化，使蓄电池内阻增大，容量大幅下降，从而造成蓄电池使用寿命缩短。

A. 浮充电　B. 充放电　C. 过充电　D. 停用

518. 密封阀控式电池的使用寿命与温度有很大关系，蓄电池工作的最佳环境温度为 25℃，温度每升高（　），浮充使用寿命将缩短 50%。

A. 1℃　B. 5℃　C. 10℃　D. 20℃

519. 密封阀控蓄电池组在充放电过程中，若连接条发热或压降大于（　），应及时用砂纸等对连接条接触部位进行打磨处理。

A. 40mV　B. 30mV　C. 20mV　D. 10mV

520. 在串联使用的 2V 蓄电池组中，若有一只蓄电池反极，会使电池组总电压减少（　）。

A. 2V　B. 4V　C. 6V　D. 8V

521. 核定蓄电池的额定容量大小一般以（　）h 放电率作为放电标准。

A. 20　B. 15　C. 10　D. 5

522. 阀控铅蓄电池循环使用时，容量下降到额定容量的（　）时，蓄电池完成的充

电循环次数，称为循环寿命。

A. 80％　　B. 70％　　C. 50％　　D. 20％

523. 蓄电池的使用寿命是指（　　）。

A. 蓄电池实际使用时间

B. 输出一定容量情况下进行充放电循环总次数

C. 充放电的循环总次数

D. 蓄电池能放出 50％以上容量的工作时间

524. 蓄电池单独向负荷供电时，蓄电池放电允许的最低电压称为（　　）。

A. 浮充电压　　B. 均衡电压　　C. 终止电压　　D. 放电电压

525. 在高频开关电源系统中，阀控铅蓄电池深度放电或长期浮充供电时，单体电池的电压和容量都可能出现不平衡现象，为了消除此现象，必须适当提高充电电压，完成这种功能的充电方法是（　　）。

A. 均衡充电　　B. 浮充充电　　C. 补充电　　D. 循环充电

526. 电容器在充、放电过程中（　　）。

A. 电压不能突变　　B. 电流不能突变

C. 电流不变　　D. 电压不变

527. SPWM 指的是（　　）。

A. 脉冲宽度调制　　B. 脉冲频率调制

C. 正弦脉冲宽度调制　　D. 混合调制

528. 整流电路加滤波器的主要作用是（　　）。

A. 提高输出电压　　B. 降低输出电压

C. 限制输出电流　　D. 减少输出电压的脉动程度

529. 停电的顺序是（　　）。

A. 先停负荷侧，后停电源侧；先停低压，后停高压

B. 先停电源侧，后停负荷侧；先停低压，后停高压

C. 先停负荷侧，后停电源侧；先停高压，后停低压

D. 先停电源侧，后停负荷侧；先停高压，后停低压

530. 当市电经整流器变换成（　　），再经逆变器将其逆变成所需要的交流电送至负载。

A. 交流高压　　B. 交流低压　　C. 直流高压　　D. 直流低压

531. 通信设备用交流电供电时，在通信设备的电源输入端子处测量的电压允许变动范围为额定电压值的（　　）。

A. －5％～＋5％　　B. －10％～＋5％

C. －10％～＋10％　　D. －15％～＋10％

532. 目前，通信设备的直流供电电压一般为（　　）V。

A. 48　　B. －48　　C. 60　　D. －60

533. 通信电源系统的“三遥”功能是指（　　）。

A. 遥测、遥信、遥控　　B. 遥测、遥感、遥控

C. 遥测、遥信、遥感　　D. 遥感、遥控、遥信

534. 理想情况下，在环境温度不超过 30℃条件下浮充运行，2V 系列阀控密封式铅酸蓄电池寿命不低于（　　）年。

A. 3　　B. 6　　C. 10　　D. 20

535. 铅酸蓄电池容量是以（　　）h 率放电容量作为其额定容量。

A. 5　　B. 10　　C. 15　　D. 20

536. 正常情况下，采取下列哪种措施可以使电池放出更多容量（　　）。

A. 过充电　　B. 过放电　　C. 增大放电电流　　D. 减小放电电流

537. 一般情况下，1 个单体铅酸蓄电池的放电终止电压为（　　）。

A. 2V　　B. 12V　　C. 2. 20V　　D. 1. 8V

538. 在铅酸蓄电池浮充电压与温度的关系中，浮充电压的温度系数约为（　　）mV/℃。

A. 3　　B. 5　　C. −5　　D. −3

539. 铅蓄电池造成反极故障的原因，说法不正确的是（　　）。

A. 反极原因可能是过量放电

B. 反极原因可能是有极板短路故障

D. 反极原因可能是极板严重硫化现象

C. 反极原因可能是过量充电

540. 多个蓄电池串联使用时，其端电压（　　）。

A. 增加　　B. 减小　　C. 不变　　D. 可能增加，也可能减小

541. 交流变换电路能对交流电的（　　）进行变换。

A. 幅值和频率　　B. 电路和频率　　C. 电阻和幅值　　D. 电路和电阻

542. 密封阀控式蓄电池正常运行的电池组浮充电压设置过高，会导致（　　），缩短蓄电池的使用寿命。

A. 充电不足　　B. 电解液损失　　C. 自放电　　D. 浮充电压低

543. 密封闭控式免维护铅酸蓄电池的顶盖上还备有内装陶瓷过滤器的气塞，它可以防止（　　）从蓄电池中逸出。

A. 酸雾　　B. 硫酸　　C. 氧气　　D. 氢气

544. 下列的哪个部分不是高频开关电源必要的组成部分？（　　）。

A. 输入滤波器　　B. 与负载串联的功率调整管

C. 整流与滤波　　D. 逆变

545. 通常情况下，高频开关电源监控模块参数“浮充电压”应设置为（　　）。

A. 48V　　B. 53V　　C. 53. 5V　　D. 55. 3V

546. 通常情况下，高频开关电源监控模块参数“稳流均充时间”应设置为（　　）。

A. 90min　　B. 180min　　C. 10h　　D. 1 个月

547. 通常情况下，要求开关电源交流电压输入频率范围是（　　）。

A. 50Hz±10%　　B. 50Hz±5%　　C. 50Hz±3%　　D. 50Hz±1%

548. 关于“均流”的描述，下列说法正确的是（　　）。

A. 均流指的是所有模块输出电流完全相同

B. 当模块输出电流在半载或半载以上时均流效果较好

C. 当电源系统处于限流状态时是均流的

D. 均流仅指的是浮充状态下的均流

549. 开关电源直流配电部分的电压降应小于（　　）。

A. 10mV　　B. 100mV　　C. 300mV　　D. 500mV

550. 开关电源输入滤波器的作用是（　　）。

A. 让市电中的高频干扰进入开关电源，抑制开关电源对交流电网的干扰
B. 抑制市电中的高频干扰窜入开关电源，抑制开关电源对交流电网的反干扰
C. 让市电中的高频干扰进入开关电源，增大开关电源对交流电网的反干扰
D. 抑制市电中的高频干扰窜入开关电源，增大开关电源对交流电网的反干扰

551. 当整流充电器发生故障或市电电源中断时，UPS 由（　　）给逆变器供电。
A. 旁路电源　B. 直流母线　C. 蓄电池组　D. 逻辑电源

552. 当 UPS 逆变器发生故障时，由（　　）给负载直接提供电源。
A. 逻辑电源　B. 电池组　C. 旁路电源　D. 直流母线

553. UPS 机壳对地的漏电流应不大于（　　）mA。
A. 2　B. 3.5　C. 4　D. 5

554. RS422/485 比 RS232 抗干扰能力强，主要原因是（　　）。
A. 前者工作于电平方式　B. 前者工作于差分方式
C. 前者具有组网能力　D. 前者通信距离可达 1200m

555. Windows 系列操作系统中常用于检查网络是否正常的命令是（　　）。
A. check　B. test　C. ping　D. telnet

556. 柴油发电机组的标定功率，是指在标准环境状况下（　　）h 连续运转的功率。
A. 8　B. 10　C. 12　D. 24

557. 柴油发电机工作时润滑系统工作状况通常用油温表、油压表及（　　）来进行监视。
A. 密度计　B. 水温表　C. 电流表　D. 机油标尺

558. 发电机三相绕组对称嵌放，彼此电角度（相位）相差（　　）。
A. 60°　B. 120°　C. 180°　D. 360°

559. 柴油发电机组湿式空气滤清器的底部装有一定数量的（　　），将空气中的灰尘和杂质吸附下来。
A. 机油　B. 纯净水　C. 柴油　D. 清洗剂

560. 柴油发电机组各独立电气回路对地及回路间的绝缘电阻应大于（　　）MΩ。
A. 1　B. 2　C. 3　D. 5

2.2.2 不定项选择题(每题四个选项，至少有一个是正确的，将正确的选项填入括号内，多选少选均不得分)

1. 柴油发电机组修理等级分为（　　）。
A. 一般维护　B. 小修　C. 中修　D. 大修

2. 柴油机的启动机由（　　）等主要部分组成。
A. 电枢　B. 磁极　C. 换向器　D. 吸动磁铁

3. 柴油机供油系统一般由油箱、油管（　　）喷油嘴和调速器等主要零部件组成。
A. 输油泵　B. 柴油滤清器　C. 高压油泵　D. 机油冷却器

4. 直列式 4 缸柴油机可能的发火次序有（　　）。
A. 1—3—2—4　B. 1—3—4—2　C. 1—2—3—4　D. 1—2—4—3

5. 发电机组的选型应考虑的主要因素有（　　）。
A. 机械与电气性能　B. 机组的用途
C. 负荷的容量与变化范围　D. 自动化功能

6. 变压器油的作用是（　　）。
A. 冷却　　B. 润滑　　C. 绝缘　　D. 清洗
7. 同步发发电机的频率与（　　）有关。
A. 原动机转速大小　　B. 电压的高低
C. 励磁电流的大小　　D. 磁极对数
8. 同步发电机的运行特性有（　　）。
A. 起励特性　　B. 空载特性　　C. 外特性　　D. 调整特性
9. 发电机组励磁系统的要求有（　　）。
A. 具有足够的励磁功率，在发电机空载和满载时能提供所需的励磁电流
B. 具有良好的反应特性，在发电机的负载变化时，能及时调节励磁电流以维持电压基本不变
C. 有一定的强励能力，当某种原因造成电压严重下降时（或启动相近容量的异步电动机），能在短时间内快速提供足够大的励磁电流，使电压迅速回升到给定值
D. 系统工作稳定，不应有任何振荡
10. （　　）会导致发动机冒蓝烟。
A. 活塞环背隙间隙过大　　B. 气缸磨损过大
C. 燃油含有水　　D. 供油量不足
11. 引起柴油机油底壳机油平面升高的原因可能有（　　）。
A. 淡水泵中的冷却水漏入油底壳
B. 气缸套封水圈损坏而漏水
C. 气缸套与机体接合面漏水
D. 机油容量不足
12. 造成启动电机齿轮与飞轮齿圈顶齿或启动电机齿轮退不出的原因可能有（　　）。
A. 启动机与飞轮齿圈中心不平行　　B. 蓄电池充电不足或容量太小
C. 电磁开关触点烧在一起　　D. 电刷、接线头接触不良或脱焊
13. 造成喷油泵供油量不足的原因可能有（　　）。
A. 出油阀偶件漏油　　B. 油箱里的燃油过多
C. 柱塞偶件磨损　　D. 油管接头漏油
14. 造成喷油器喷油压力低的原因可能有（　　）。
A. 喷油泵供油量过多
B. 燃油系统油路有空气，喷油嘴偶件咬死
C. 调压弹簧弹力高
D. 喷油泵供油不正常，高压油管漏油，喷油嘴偶件磨损
15. 柴油机油温表读数超过规定值，同时排气冒黑烟，其可能原因有（　　）。
A. 柴油机负荷过小　　B. 机油冷却器或散热器阻塞
C. 机油容量不足　　D. 冷却水过少或风扇风量不足
16. 自动化柴油发电机组的传感器主要有（　　）。
A. 油压传感器　　B. 水温传感器　　C. 转速传感器　　D. 扭矩传感器
17. （　　）会引起自动化柴油发电机组不能正常启动。
A. 蓄电池容量过大　　B. 转速传感器开路
C. 输油泵损坏　　D. 市电断电

18. 自动化柴油发电机组的速度控制系统主要包括（　　）。
A. 油压传感器　　B. 油门执行器
C. 转速控制器　　D. 转速传感器
19. 自动化柴油发电机组的主控制器一般可以测量（　　）。
A. 电压　　B. 噪声　　C. 频率　　D. 功率
20. 两台自动化机组的工作模式为一主一备的自动模式，当市电断电时，（　　）。
A. 两机组都启动　　B. 主机先启动
C. 两台机组都不启动　　D. 主机启动失败时，备机启动
21. 自动化柴油发电机组的控制箱内主要有（　　）。
A. 启动电机　　B. 发动机主控制器
C. 励磁发电机　　D. 充电器
22. 自动化发电机组的主控制器的测量参数有（　　）。
A. 机油压力　　B. 机组噪声　　C. 发动机振动参数　　D. 电压
23. （　　）会引起自动化发电机组自动停机。
A. 机油压力过低　　B. 冷却水温低于 60℃
C. 发动机转速过高　　D. 机组噪声超过 120dB（A）
24. 低压配电系统按保护接地的形式不同可分为（　　）。
A. TI 系统　　B. TN 系统　　C. TT 系统　　D. IT 系统
25. 通信电源系统的系统结构通常有（　　）等几种方式。
A. 集中供电　　B. 分散供电　　C. 混合供电　　D. 直流供电
26. 测量接地电阻的方法有（　　）。
A. 电桥法　　B. 电流表-电压表法
C. 补偿法　　D. 电流表法
27. 机械式电度表的传动机构是由（　　）等部分组成的。
A. 积算器　　B. 蜗杆　　C. 齿轮　　D. 蜗轮
28. 万用表是一种具有多种用途和多种量程的直读式仪表，可用来测量（　　）。
A. 直流电流　　B. 功率因数　　C. 无功功率　　D. 交流电压
29. 从测量机构各元件功能来看，属于电工指示仪表测量机构的主要装置有（　　）。
A. 转动力矩装置　　B. 反作用力矩装置
C. 阻尼力矩装置　　D. 读数装置
30. 开关电源的内部损耗大致可包括（　　）。
A. 开关损耗　　B. 热损耗　　C. 附加损耗　　D. 导通损耗
31. 交流高压配电网的基本接线方式有（　　）等。
A. 放射式　　B. 树干式　　C. 环状式　　D. 总线式
32. 监控系统维护的基本要求有（　　）等。
A. 随季节变化及时修改传感器的设定参数
B. 系统配置参数发生变化时，自身配置数据要备份，以便在出现意外时恢复系统
C. 监控系统有良好的抗干扰性，所以可不做接地工作
D. 监控系统打印出的障碍报表应妥善保管
33. 过流保护的形式常可分（　　）几种形式。
A. 截止式保护　　B. 限流式保护

C. 限流-截止式保护　　D. 限压式保护

34. 低压配电系统中性线的线路功用（　　）。

A. 接单相设备　　B. 传导不平衡电流

C. 减少中性点电位偏移　　D. 保证操作人员人身安全

35. 正弦交流电的三要素是指（　　）。

A. 最大值　　B. 角频率　　C. 初相角　　D. 电流平均值

36. 根据电荷守恒定律，（　　）。

A. 当一种电荷出现时，必然有相等量值的异号电荷同时出现

B. 一种电荷消失时，也必然有相等量值的异号电荷同时消失

C. 带同号电荷的物体相互排斥

D. 带异号电荷的物体相互吸引

37. 兆欧表有三个接线柱，分别为（　　）。

A. 接地　　B. 屏蔽　　C. 输出线　　D. 调零

38. 以下属于交流电源设备的有（　　）。

A. 整流设备　　B. ATS 转换柜　　C. 低压配电屏　　D. 蓄电池组

39. 直流工作接地的作用（　　）。

A. 直流工作接地可以省电

B. 在直流远距离供电回路中，利用大地完成导线——大地制供电回路

C. 利用大地完成通信信号回路

D. 在话音通信回路中，蓄电池组的一极接地，可以减少由于用户线路对地绝缘不良时引起的串话接地

40. 设备监控单元的硬件由（　　）等组成。

A. 操作系统　　B. CPU　　C. 输入/输出通道　D. 存储器

41. 雷电的形成必须具备的条件是（　　）。

A. 空气中有足够的水分，夏季高温时空气中含水量最高，故易发生雷电

B. 湿热空气上升到高空开始凝结成水滴和冰晶

C. 湿热空气下降到低空开始凝结成水滴和冰晶

D. 大气中有足够高的正、负电荷积累形成的电位差

42. 变压器的预检项目中，雷雨季节前应重点对（　　）进行检查。

A. 熔断器　　B. 闸刀　　C. 避雷器　　D. 地线

43. 变压器的调压方式有（　　）。

A. 逆调压　　B. 顺调压　　C. 有载调压　　D. 无载调压

44. 晶体二极管的外形式样很多，常见的有（　　）。

A. 碳膜式　　B. 平板式　　C. 螺栓式　　D. 塑封式

45. 台站用密封式阀控铅酸蓄电池半年维护（不包括季维护）的内容有（　　）。

A. 核对性放电试验和均衡充电

B. 检查馈电母线、电缆、连接头及连接条压降

C. 检查单体电池电压

D. 检查标示电池浮充电压

46. 在开关电源系统中，常见的保护功能有（　　）。

A. 过流保护　　B. 过压保护　　C. 低温保护　　D. 短路保护

47. 阀控式密封铅酸蓄电池运行环境应满足的要求有（　　）。
A. 机房温度应保持在10～25℃，最高不得超过28℃
B. 独立的蓄电池机房应配有通风换气装置
C. 机房通风，尽量做到阳光对蓄电池直射
D. UPS使用的高压蓄电池组的维护通道应铺设绝缘胶垫

48. 有市电时，UPS工作正常，一停电就没有输出，可能原因有（　　）。
A. 市电不正常
B. 没有开机，UPS工作于旁路状态
C. 电池开关没有闭合
D. 电池的放电能力严重下降，需更换电池

49. 高频开关电源系统进行季维护（不包括月维护）时应该做（　　）。
A. 检查防雷保护
B. 检查接线端子、开关、接触器件是否良好
C. 清洁设备
D. 测量直流熔断器压降、直流放电回路全程压降

50. 桥式不控整流电路中，起整流作用的二极管有（　　）个。
A. 2　　B. 4　　C. 6　　D. 8

51. 电解液的主要作用是（　　）。
A. 提供活性物质　　B. 与极板上的活性物质起电化学反应
C. 起离子导电作用　　D. 给极板降温

52. 电动机转速低的原因有（　　）。
A. 相序接错　　B. 负荷过大
C. 电源电压过低　　D. 笼型导条断裂或开焊

53. 在电阻并联电路中，下列叙述正确的是（　　）。
A. 各电阻上的电流与电阻大小成正比
B. 各电阻上的电流与电阻大小成反比
C. 各电阻上的电压均相同
D. 各电阻上的功率与电阻大小成正比

54. 电位与电压的区别是（　　）。
A. 电位是绝对的，电压是相对的
B. 电位是相对的，电压是绝对的
C. 电位变化时，电压值也随之变化
D. 电压的实际方向与参考方向一致时，值为正；电位比参考点高时，值为正

55. 对同一正弦电流而言（　　）。
A. 电阻电流与电压同相　　B. 电容电压超前电流90°
C. 电感电压滞后电流90°　　D. 电感电压与电容电压反相

56. 电气设备发生火灾时，可带电灭火的器材是（　　）。
A. 二氧化碳　　B. 四氯化碳　　C. 干粉　　D. 水

57. 电容器应装设放电电阻，但（　　）情况不再装设放电电阻。
A. 经过开断电器直接与电动机绕组连接的电容器
B. 出厂时，电容器内已装设放电电阻电容器

C. 出厂时，电容器内没有装设放电电阻的电容器

D. 不经过开断电器直接与电动机绕组相连接的电容器

58. 荧光灯镇流器的作用是（　　）。

A. 稳压　B. 启动时保护　C. 限流　D. 启动时产生高压

59. 自动空气开关的保护作用有（　　）。

A. 失压保护　B. 过载保护　C. 断相保护　D. 短路保护

60. 晶体管作功率放大器按工作状态不同，一般分为（　　）类。

A. 甲　B. 乙　C. 丙　D. 甲乙

61. 内燃机冷却系统中节温器分为（　　）。

A. 组合式　B. 折叠式　C. 蜡式　D. 分离式

62. 晶体三极管放大的条件是（　　）。

A. 发射结反偏　B. 发射结正偏　C. 集电极反偏　D. 集电极正偏

63. 下列机件属于曲轴连杆机构的运动机件的是（　　）。

A. 气缸垫　B. 曲轴　C. 活塞组　D. 飞轮

64. 内燃机活塞环中气环的形状有（　　）。

A. 矩形截面环　B. 斜面环　C. 椭圆形截面环　D. 扭曲环

65. 内燃机润滑系统的润滑方式有（　　）。

A. 激溅式　B. 重力式　C. 压力式　D. 综合式（混合式）

66. 互感器是电力系统中供（　　）用的重要设备。

A. 绝缘　B. 控制　C. 测量　D. 保护

67. 整流设备的集中监控能远距离遥测出每个整流模块的输出（　　）。

A. 输入电压　B. 输入电流　C. 输出电压　D. 输出电流

68. 蓄电池充电电压叙述正确的是（　　）。

A. 2V 蓄电池放电电压最低不得低于 1.2V

B. 2V 蓄电池浮充电单体电压为 2.23～2.27V

C. 2V 蓄电池充电电压最高不得超过 3.8V

D. 2V 蓄电池均衡充电单体电压为 2.30～2.35V

69. 铅蓄电池的外壳要求其具有（　　）等性能。

A. 耐酸　B. 耐碱　C. 绝缘　D. 足够的机械强度

70. 气环的作用是（　　）。

A. 密封气缸，防止漏气　B. 减少活塞的磨损

C. 防止气缸生锈　D. 将活塞上的热量传给气缸体

71. 常见的输油泵类型有（　　）。

A. 活塞式　B. 机械式　C. 齿轮式　D. 电子式

72. 内燃机供油系统的常见形式有（　　）。

A. 重力-压力式　B. 压力-重力式　C. 压力式　D. 重力式

73. 低压断路器可完成的主要控制和保护功能包括（　　）。

A. 过压保护　B. 正常通断　C. 过流保护　D. 短路保护

74. 同步电机按运行方式和功率转换方式可以分为（　　）。

A. 发电机　B. 励磁机　C. 电动机　D. 补偿机

75. 按调制类型开关电源可分为（　　）

A. 脉宽调制型开关稳压电源　　B. 谐振型开关稳压电源
C. 频率调制型开关稳压电源　　D. 节能开关稳压电源

76. 下列说法正确的是（　　）
A. 蒸汽机是内燃机
B. 柴油机是内燃机
C. 电动摩托车的发动机是内燃机
D. 内燃机是将燃料在气缸内部燃烧产生的热值直接转化为机械能的动力机械

77. 在使用过程中，决定蓄电池容量的因素是（　　）。
A. 极板结构　　B. 放电率　　C. 电解液温度　　D. 极板片数

78. 对直流基础电源而言，表征其工作状态的电压类别有（　　）等。
A. 浮充电压　　B. 均衡电压　　C. 击穿电压　　D. 终止电压

79. 采用汇流排把基础电源直接馈送到机房机架的这种方式称为（　　）。
A. 汇流式馈电　　B. 集中式馈电　　C. 低阻配电　　D. 高阻配电

80. 拆装柴油发电机组的启动蓄电池（负极搭铁）应注意：（　　）。
A. 先拆正极、再拆负极　　B. 先拆负极、再拆正极
C. 先接正极、再接负极　　D. 先接负极、再接正极

2.2.3 判断改错题（对的在括号内画“√”，错的在括号内画“×”，并将错误之处改正）

1. 绝缘体不能导电，也就不能带电，所以不能有电场。（　　）
2. 电场中电位相等的两点之间电压不为零。（　　）
3. 电源串联可以提高电压。（　　）
4. 电流的大小和方向都不随时间变化的电流称为直流电流。（　　）
5. 常见的直流电压表主要有指针式和数字式。（　　）
6. 阻性负载的电压与电流的相位差 $\phi=0$。（　　）
7. 全电路欧姆定律是描述完整电路中电阻、电源及电源内阻与电流关系的定律。（　　）
8. 欧姆定律公式中的 I、U、R 是同一段电路上的电流、电压、电阻。（　　）
9. 两个电阻元件在相同电压作用下，电阻大的电流小些，电阻小的电流大些。（　　）
10. 要扩大一个电流表的量程可以在表头串联一个电阻。（　　）
11. 电阻 R_1、R_2 串联后，R_1 电阻上的电压 U_1 与总电压 U 的关系 $U_1=\frac{R_2}{R_1+R_2}U$。（　　）
12. 基尔霍夫电流定律所说的节点，是指三条或三条以上支路的汇接点。（　　）
13. 正、负两个电源作用于一个电阻时，应在求得其总电压后再参与电路计算。（　　）
14. 焦耳定律的公式是 $Q=I^2Rt$。（　　）
15. 螺旋式熔断器属于低压电器。（　　）
16. 电容器是 RC 电路中的主要元件之一。（　　）
17. 容抗是描述电容阻碍电流作用的一个物理量。（　　）
18. 交流负载电流在相位上超前电压时，负载为容性负载。（　　）
19. 判断磁场中载流导线受力方向时，应用左手螺旋定则。（　　）
20. 熔断器的熔体具有一定的阻值。（　　）
21. 线圈的自感系数简称为线圈的电感，用 L 表示。（　　）
22. 交流接触器主触点主要用于主电路控制，而辅助触点主要用于控制电路。（　　）

23. 交流电变化一周所需要的时间称为频率。(　　)

24. 三相交流电由三相交流电动机发出。(　　)

25. 单相半波整流电路中必须用两只整流器件。(　　)

26. 单相全波整流电路中的变压器次级绕组带有中心抽头，把次级绕组分成上下相等的两部分。(　　)

27. 单相桥式整流电路中输出的直流电压与全波整流电路输出的直流电压相同。(　　)

28. 电感滤波适合于小电流工作的情况。(　　)

29. 滤波用电解电容接入时不必考虑极性。(　　)

30. π 形滤波电路称电感式输入滤波电路。(　　)

31. 锗管多为 NPN 型。(　　)

32. 若将 MF47 型万用表的黑表笔接到三极管的 b 极，红表笔分别接另外两个极，测得的电阻都很小，说明晶体管是 NPN 型。(　　)

33. 断开三极管的基极或将基极与发射极短路，就可使三极管截止。(　　)

34. 三极管饱和状态下，其自身消耗的功率最大。(　　)

35. $I_c<\beta I_B$时，说明三极管工作在放大区。(　　)

36. 选择串联调整型稳压电源调整三极管额定电流时，一定要小于负载最大电流。(　　)

37. 共发射极基本放大电路中，耦合电容 C_1 和 C_2 的作用是传递直流阻断交流。(　　)

38. 共射极放大电路静态工作点设置不当，会造成输出波形产生失真。(　　)

39. 反比例运算放大器的输入信号是从同相端引入。(　　)

40. 7 段 LED 数码管，有一个笔段损坏就需更换新的。(　　)

41. 配制铅酸蓄电池电解液使用的浓硫酸的密度为 1.840g/cm^3。(　　)

42. 原电池的可逆电动势是指电流趋于 0 时，两极之间最大电势差。(　　)

43. 电池还原电势越大，则表明该电极氧化态物质结合电子的能力越强；还原电极电势越大，则表明该电极还原态物质结合电子的能力越强。(　　)

44. 通信电源系统中电池正极接地不能起到防止通信设施产生电化学腐蚀的作用。(　　)

45. 当电解池外电压增大时，造成电解池阳极电势升高，电解池阴极电势降低。(　　)

46. 电极的极化可简单地分为差浓极化、电化学极化，对应的超电势被称为差浓超电势和电化学超电势。(　　)

47. 负极板在电解液中离解成为二价的铅正离子和两个电子，使其与电解液之间形成电位差。(　　)

48. 配制蓄电池电解液时，应把浓硫酸慢慢倒入蒸馏水中。(　　)

49. 需要加电解液的新电池使用前，应将配制好的电解液注入电池后静置 6～12h，待电解液温度冷却到 30℃以下方可初充电。(　　)

50. 电池的实际容量不仅与厂家的制造质量有关，还与其工作条件有关。(　　)

51. GGF-1000 型蓄电池放电电流是 100A，放电时间 9h，放出容量是 900A · h。(　　)

52. 在电池使用过程中，小电流放电时，其终止电压相对高一些。(　　)

53. 密封阀控铅酸蓄电池通常采用快速充电法。(　　)

54. 蓄电池的放电方法有人工负荷法和实际负荷放电法。(　　)

55. 对蓄电池进行容量实验时，任意单体电压不大于 1.8V 时，终止放电。(　　)

56. 蓄电池经常大电流充电或过充电易造成反极故障。(　　)

57. 普通电池恒流充电时充电末期，电池端电压很高，电极有气体析出。(　　)

58. 蓄电池极板表面有白色斑点，说明极板上活性物质过量脱落。（　　）

59. 蓄电池液面低使极板长期外露，极板易发生硫酸化。（　　）

60. 硫酸化尚不很严重的蓄电池适用水疗法处理。（　　）

61. 软启动是防止整流设备开机时，输出冲击跳机现象。（　　）

62. 开关电源在三相交流电缺相时，仍能输出稳定的直流。（　　）

63. 在新的通信供电方式中推崇应尽可能实行各机房分散供电。（　　）

64. 目前，通信电源正向高频化、高功率密度、高功率因数、高效率、高可靠性、高智能化方向发展。（　　）

65. 目前，开关电源系统一般均设有（软件或硬件）自动均流功能。（　　）

66. 目前，开关电源系统一般设有定期浮充转均充功能。（　　）

67. 开关型整流模块，过压停机后，当电压恢复正常时，模块需人工启动才能恢复正常工作。（　　）

68. 开关电源系统低电压跳脱功能的主要目的是防止蓄电池过放电。（　　）

69. 当蓄电池温度每高于标准温度3℃时，温度补偿功能就将降低一次浮充电压。（　　）

70. 开关电源系统的电池周期自动充电时间是取自系统时间。（　　）

71. 整流模块的输入、输出保护功能，是确保电源系统安全运行的重要保障。（　　）

72. 开关在带负荷运行时，接触处或螺钉连接处不应发热。（　　）

73. 蓄电池一极接地可以减少通话用户因线路对地绝缘不良而产生的串话。（　　）

74. 通信电源接地系统按用途分为工作接地、保护接地两种。（　　）

75. 三相电源中性点接地，电网的某部分发生故障而接地时，能使保护用的开关断开，以切断电源保护设备。（　　）

76. 将通信直流电源的正极接地称为直流工作接地。（　　）

77. 在通信电源设备中，将设备正常情况带电部分与接地体之间作良好的金属连线称为保护接地。（　　）

78. 交流用电设备采用三相四线制引入时，零线准许安装熔断器。（　　）

79. 接地装置和大地之间的电阻称为接地电阻。（　　）

80. 万门以上通信站联合接地装置的接地电阻应小于3Ω。（　　）

81. 电源避雷器是保护通信电源和用电设备不被雷击损坏的重要设备。（　　）

82. 变压器的一次电压与二次电压之比称为变压器的变比。（　　）

83. 变压器的铁芯通过电流，构成电路。（　　）

84. 在变压器传送能量过程中，有一部分能量消耗在铁芯中的磁滞和涡流上，这部分损失称铁损。（　　）

85. 自动空气开关的过流脱扣器的额定电流应不大于线路计算的负荷电流。（　　）

86. 当柴油机停机后，截流继电器失电而释放，触头断开，以防止蓄电池的电倒流到充电发电机。（　　）

87. 机组整定电压应能在额定值的85％～95％范围内调节和稳定工作。（　　）

88. 内燃机气缸活塞应当采用质量较轻的合金铸造，减小惯性。（　　）

89. 手油泵的作用是在柴油机启动前排除燃油系统中的空气。（　　）

90. 当冷却水温度急剧上升时应紧急停止柴油机运转。（　　）

91. 柴油机保养时，应检视燃油箱内的存油量并加满，检查燃油供给系统各机件及油管接头是否良好。（　　）

92. 旋转磁极式发电机的电枢是旋转的。（　　）

93. 应定期清洗柴油机空气滤清器。（　　）

94. 柴油机的冷却系统主要是带走运动零件摩擦时表面产生的热量。（　　）

95. 柴油机启动后，离合器处于啮合状态，将启动电机的力矩传给飞轮。（　　）

96. 空气滤清器的功用是清除进入气缸中的灰尘杂质。（　　）

97. 飞轮装置安装在飞轮壳内。（　　）

98. 在检查调整气门间隙和柴油机喷油泵的喷油时刻时，应对柴油机的着火次序必须搞清楚。（　　）

99. 柴油机在压缩冲程当活塞接近上止点时，缸内温度达到500～700℃。（　　）

100. 柴油机上机油温度表是用来指示润滑油路中的机油温度，可间接地了解主要运动机械的润滑情况。（　　）

101. 发电机的额定视在功率一般用W、kW、MW表示。（　　）

102. 内燃机排放的二氧化氮是一种赤褐色的带强烈刺激性的气体，对人体肺部和心肌有很强的毒害作用。（　　）

103. 内燃机机械噪声产生的原因之一是动配合零件之间在工作时发生撞击。（　　）

104. 空调机室内机组包括压缩机、风机、电气控制部分。（　　）

105. 制冷剂在冷凝器中吸收热量后冷凝成液体。（　　）

106. R12制冷剂在一个标准大气压下的沸点是－26.5℃。（　　）

107. 经压缩成的高温、高压气体，通过蒸发器散热，变成低温低压液体。（　　）

108. 空调机接通电源，压缩机开始工作，从室内侧蒸发器吸入低温低压制冷蒸气。（　　）

109. 制冷剂经过冷凝器后是常温低压液体。（　　）

110. 空调通过调节温度控制器的旋钮，可以改变所需的控制温度。（　　）

111. UPS内若结温超过其额定结温，功率开关器件也会烧坏。（　　）

112. 由于自身输出电能，所以UPS不需要接地。（　　）

113. 对UPS的电池组短期维护应包括定期放电充电维护和短时间均衡充电。（　　）

114. UPS双机并联冗余供电时，一台UPS承担全部负载供电，另一台热备份。（　　）

115. 多台UPS并机可以无限增加。（　　）

116. UPS中CW3524调制器是在CW3525A的基础上改进而来的。（　　）

117. UPS手动旁路称为维修旁路。（　　）

118. 关闭UPS时，先断开输出空开。（　　）

119. 逆变器关机时可以先断负载，再关闭逆变器。（　　）

120. 一般大型UPS的整流器功率和逆变器功率相当。（　　）

121. 液晶与单片机组成的显示电路通常使用的联机方法是直接访问方式。（　　）

122. 逆变器没有旁路供电装置。（　　）

123. 单相推挽式逆变电路必须要有输出变压器，否则无法实现逆变功能。（　　）

124. UPS工作时，逆变电路一直处于运行状态。（　　）

125. 让采样参数和综合分析得出的数据，根据蓄电池现在所处的是浮充状态还是动态充、放电过程，通过实验确定的失效模式进行比较，得出对当前电池性能的准确诊断。（　　）

126. 对智能设备协议提供的设定值可进行远程修改。（　　）

127. 监控系统通常分为管理层和采集控制层两层。（　　）

128. 数据通信是计算机和通信相结合的产物。（　　）

129. 监控中心实时监控各通信局（站）动力设备的工作状态、参数和环境参量，接收故障告警信息。（　　）

130. 监控系统软件具有较强的容错能力和良好的可靠性。（　　）

131. 计算机联网的根本目的是实现全网范围的资源共享。（　　）

132. Internet 的中文含义是广域网。（　　）

133. 动力环境监控系统的开关电源数据采集接口采用是 RS232 接口。（　　）

134. SU 采集各种电源设备、空调设备、动力设备等智能或非智能设备以及环境量的实时数据，并且能接收监控对象的告警数据，把这些数据上行传送给监控中心 SC。（　　）

135. 一般操作系统的主要功能是控制和管理计算机系统软、硬件资源。（　　）

136. 硬件加速可以使得要处理大量图形的软件运行得更加流畅，因此电脑硬件加速设置得过高，计算机也会运行得更稳定。（　　）

137. "资源管理器"整个窗口分为两帧，左边的帧是作用域视图，右边的帧是结果窗格视图。（　　）

138. Microsoft 可缩写为 IBM，是全球著名软件商美国软件巨头微软公司的名字。（　　）

139. 紧固柴油机气缸盖螺母时，应从两边向中间旋紧，并且对称交叉进行 2～3 次。（　　）

140. 拆卸机组的一般原则：先外部、后内部、先附件后主体，先总成后零件。（　　）

141. 根据机组的用途不同，通常将其分为常用、备用和应急三种类型。（　　）

142. 发电机是发电机组的发电部分，通常采用直流发电机。（　　）

143. 三相机组的标定电压一般为 400V，单相机组的标定电压一般为 230V。（　　）

144. 目前发电机组上采用的发电机一般为无刷同步发电机。（　　）

145. 由电势频率公式：$f=pn/60$ 可知，当同步发电机的磁极极对数、转速一定时，发电机的交流电势的频率是不变的。（　　）

146. 根据发电机的结构特点，同步发电机可分为旋转电枢式和旋转磁极式两种。（　　）

147. 同步发电机运行时，励磁绕组通常通过交流电源建立恒定磁场。（　　）

148. 不同性质负载时同步发电机的外特性不同，纯电阻性和容性负载时，外特性是下降的；感性负载时，外特性是上升的。（　　）

149. 发电机组励磁系统中的测量电路均采用变压器降压方式。（　　）

150. 当发电机组输出电压高于额定电压时，通过 AVR 的正反馈控制，增大励磁电流，从而使发电机组输出电压恒定。（　　）

151. 带感性负载或纯电阻性负载时，同步发电机端电压随负载电流的增大而增大，而当负载呈容性时，发电机端电压随负载电流的增大而减小。（　　）

152. 柴油发电机组工作时，由于工况的不同，通过调整喷油泵的供油量，以达到改变柴油机输出功率的目的，从而保证机组转速的稳定。（　　）

153. 机组在炎热条件下的维护，重点是注意机组的通风散热，启动蓄电池电解液的液面越高越好。（　　）

154. 机组在低温条件下的维护，重点是燃油、润滑油、冷却水的防冻，适当提高启动蓄电池电解液的密度。（　　）

155. 为避免冷却水在寒冷的天气中结冰，应在冷却水中添加适量的防冻剂。（　　）

156. 为了保证机组能长时间运行，应向发动机油底壳内加注机油至有机油从加机油口溢出为止。（　　）

157. 当机组负荷突变发生飞车时，应立即去除全部负荷，使机组空载运行几分钟，然后停机。（ ）

158. 随着海拔的升高，环境温度亦比平原地区的要低，一般每升高1000m，环境温度约要下降0.6℃左右，因此，柴油机的启动性能要比平原地区好。（ ）

159. 一般在高海拔地区宜采用开式冷却循环，要尽可能地降低冷却水的沸点。（ ）

160. 当逆变电路的输出直接用于负载时，被称为无源逆变。（ ）

161. 柴油机启动后，即可将转速增加到额定值，并进入全负荷运转。（ ）

162. 如果曲轴箱油面过高，则可能会导致发动机冒蓝烟。（ ）

163. 柴油机负荷超过规定值，会造成燃烧不完全，冒黑烟。（ ）

164. 断开转速传感器，自动化发电机组仍然能够正常工作。（ ）

165. 蓄电池放电放出的容量一般不允许超出其额定容量的75%。（ ）

166. 浮充时各组电池端电压的最大差值应不大于0.01V。（ ）

167. 当机组工作过程中出现紧急故障时，应首先按下紧急停机开关。（ ）

168. 基尔霍夫第一定律指出，在一个闭合回路中，从一点出发绕回路一周后又回到该点，各段电压的代数和应等于零。（ ）

169. 开关在带负荷运行时，接触处或螺钉连接处不应发热。（ ）

170. 由全控型功率半导体器件构成并按PWM方式工作的整流电路，交流电网侧功率因数比较高。（ ）

171. 将通信直流电源的正极接地称为直流工作接地。（ ）

172. 当晶闸管加上触发电压后，晶闸管一定会导通。（ ）

173. PN结正向偏置时呈现“低阻态”，反向偏置时呈现“高阻态”。（ ）

174. 视频服务器主机设置中浏览用户名和密码应DVR设置中的网络用户。（ ）

175. 交流调压电路的主要作用是控制和调整交流电的幅值，不改变其频率。（ ）

2.3 考试真题答案

2.3.1 单项选择题

1.C 2.A 3.C 4.B 5.C 6.C 7.B 8.D 9.D 10.A 11.D 12.D 13.A
14.D 15.C 16.B 17.C 18.A 19.B 20.D 21.A 22.B 23.D 24.A 25.D
26.B 27.B 28.D 29.A 30.B 31.D 32.D 33.B 34.C 35.D 36.A 37.C
38.B 39.A 40.C 41.B 42.B 43.D 44.A 45.B 46.C 47.B 48.C 49.B
50.C 51.B 52.A 53.D 54.D 55.D 56.B 57.D 58.B 59.C 60.D 61.D
62.B 63.D 64.B 65.C 66.D 67.C 68.B 69.D 70.B 71.C 72.D 73.A
74.D 75.C 76.A 77.B 78.C 79.A 80.B 81.D 82.D 83.C 84.B 85.A
86.C 87.C 88.C 89.B 90.C 91.B 92.C 93.A 94.D 95.B 96.A 97.C
98.C 99.C 100.A 101.B 102.A 103.B 104.D 105.A 106.C 107.A 108.B
109.A 110.B 111.B 112.D 113.A 114.A 115.B 116.C 117.B 118.D 119.A
120.A 121.C 122.D 123.C 124.B 125.A 126.D 127.B 128.A 129.B 130.A
131.C 132.A 133.C 134.B 135.A 136.D 137.C 138.D 139.D 140.C 141.C
142.C 143.D 144.D 145.B 146.D 147.D 148.D 149.A 150.C 151.B 152.B

153. B　154. C　155. B　156. B　157. C　158. B　159. A　160. B　161. B　162. D　163. B
164. C　165. D　166. C　167. B　168. A　169. B　170. A　171. B　172. B　173. A　174. B
175. A　176. B　177. D　178. C　179. B　180. B　181. C　182. B　183. C　184. B　185. B
186. D　187. D　188. D　189. D　190. D　191. A　192. A　193. D　194. A　195. C　196. D
197. B　198. D　199. D　200. A　201. D　202. C　203. A　204. C　205. B　206. B　207. D
208. D　209. A　210. B　211. A　212. A　213. A　214. D　215. D　216. C　217. A　218. B
219. D　220. D　221. C　222. B　223. C　224. D　225. C　226. A　227. B　228. C　229. C
230. D　231. B　232. D　233. C　234. B　235. C　236. A　237. B　238. C　239. D　240. C
241. A　242. A　243. D　244. C　245. D　246. C　247. A　248. D　249. A　250. C　251. C
252. A　253. D　254. B　255. D　256. A　257. A　258. B　259. A　260. B　261. C　262. C
263. B　264. B　265. C　266. D　267. C　268. B　269. B　270. A　271. C　272. A　273. A
274. C　275. B　276. C　277. C　278. C　279. C　280. A　281. A　282. B　283. C　284. D
285. C　286. A　287. A　288. B　289. B　290. D　291. C　292. B　293. A　294. D　295. B
296. C　297. A　298. D　299. A　300. B　301. B　302. D　303. B　304. D　305. B　306. A
307. D　308. D　309. A　310. B　311. A　312. A　313. D　314. B　315. A　316. B　317. B
318. B　319. D　320. B　321. A　322. C　323. A　324. C　325. D　326. C　327. B　328. A
329. C　330. A　331. D　332. C　333. A　334. A　335. C　336. B　337. B　338. B　339. B
340. A　341. A　342. B　343. D　344. B　345. A　346. B　347. A　348. A　349. A　350. C
351. D　352. A　353. A　354. A　355. C　356. C　357. B　358. C　359. A　360. C　361. D
362. C　363. B　364. C　365. A　366. B　367. C　368. D　369. A　370. A　371. B　372. A
373. B　374. B　375. B　376. A　377. C　378. D　379. B　380. A　381. C　382. C　383. D
384. A　385. B　386. A　387. B　388. D　389. C　390. B　391. D　392. C　393. D　394. B
395. A　396. C　397. D　398. C　399. D　400. B　401. B　402. D　403. B　404. B　405. C
406. A　407. B　408. A　409. B　410. C　411. A　412. D　413. C　414. B　415. A　416. B
417. C　418. D　419. B　420. D　421. A　422. C　423. D　424. B　425. C　426. C　427. C
428. B　429. B　430. C　431. C　432. D　433. C　434. D　435. C　436. C　437. C　438. A
439. A　440. B　441. B　442. C　443. D　444. B　445. A　446. B　447. C　448. B　449. C
450. C　451. B　452. B　453. D　454. C　455. C　456. D　457. A　458. A　459. D　460. D
461. A　462. A　463. B　464. A　465. B　466. C　467. C　468. B　469. C　470. B　471. B
472. B　473. B　474. D　475. A　476. A　477. B　478. D　479. C　480. B　481. A　482. B
483. C　484. B　485. C　486. B　487. A　488. B　489. D　490. C　491. C　492. A　493. A
494. C　495. B　496. A　497. B　498. A　499. B　500. C　501. B　502. D　503. C　504. D
505. B　506. D　507. D　508. D　509. D　510. C　511. B　512. B　513. B　514. B　515. B
516. B　517. A　518. C　519. D　520. B　521. C　522. C　523. B　524. C　525. A　526. A
527. C　528. D　529. A　530. C　531. B　532. B　533. A　534. C　535. B　536. D　537. D
538. D　539. D　540. A　541. A　542. B　543. A　544. B　545. C　546. B　547. B　548. B
549. D　550. B　551. C　552. C　553. B　554. B　555. C　556. C　557. D　558. B　559. A
560. B

2.3.2　不定项选择题

1. ABCD　2. ABCD　3. ABC　4. BD　5. ABCD　6. AC　7. AD　8. BCD

9. ABCD　10. AB　11. ABC　12. AC　13. ACD　14. BD　15. BCD　16. ABC
17. BC　18. BCD　19. ACD　20. BD　21. BD　22. AD　23. AC　24. BCD
25. ABC　26. ABC　27. BCD　28. AD　29. ABCD　30. ABD　31. ABC　32. ABD
33. ABC　34. ABC　35. ABC　36. AB　37. ABC　38. BC　39. BCD　40. BCD
41. ABD　42. CD　43. CD　44. BCD　45. AB　46. ABD　47. ABD　48. BCD
49. ABD　50. BC　51. BC　52. BCD　53. BC　54. BD　55. AD　56. ABC
57. BD　58. CD　59. ABD　60. ABD　61. BC　62. DC　63. BCD　64. ABD
65. ACD　66. CD　67. ACD　68. BD　69. ACD　70. ABD　71. AC　72. CD
73. BCD　74. ACD　75. AC　76. BD　77. BC　78. ABD　79. AC　80. BC

2.3.3 判断改错题

1. 绝缘体不能导电，也就不能带电，所以不能有电场。（ × ）

注：绝缘体不能导电，但可能带电，所以也可能有电场。

2. 电场中电位相等的两点之间电压不为零。（ × ）

注：电场中电位相等的两点之间电压为零。

3. 电源串联可以提高电压。（ √ ）

4. 电流的大小和方向都不随时间变化的电流称为直流电流。（ √ ）

5. 常见的直流电压表主要有指针式和数字式。（ √ ）

6. 阻性负载的电压与电流的相位差 $\phi=0$。（ √ ）

7. 全电路欧姆定律是描述完整电路中电阻、电源及电源内阻与电流关系的定律。（ √ ）

8. 欧姆定律公式中的 I、U、R 是同一段电路上的电流、电压、电阻。（ √ ）

9. 两个电阻元件在相同电压作用下，电阻大的电流小些，电阻小的电流大些。（ √ ）

注：两个电阻元件在相同电压作用下，通过电阻的电流大小，视其在电路中的串并联关系不同而不同。在串联电路中，无论阻值大小，各电阻流过的电流相等，但各电阻两端的电压肯定不相同；在并联电路中，电阻大的电流小些，电阻小的电流大些，各电阻两端的电压也肯定相同。所以上述说法是正确的。

10. 要扩大一个电流表的量程可以在表头串联一个电阻。（ × ）

注：要扩大一个电流表的量程可以在表头串联一个电阻，以达到分流的目的。

11. 电阻 R_1、R_2 串联后，R_1 电阻上的电压 U_1 与总电压 U 的关系 $U_1=\dfrac{R_2}{R_1+R_2}U$。（ × ）

注：两个电阻 R_1、R_2 串联后，R_1 电阻上的电压 U_1 与总电压 U 的关系 $U_1=\dfrac{R_1}{R_1+R_2}U$。

12. 基尔霍夫电流定律所说的节点，是指三条或三条以上支路的汇接点。（ √ ）

13. 正、负两个电源作用于一个电阻时，应在求得其总电压后再参与电路计算。（ √ ）

14. 焦耳定律的公式是 $Q=I^2Rt$。（ √ ）

15. 螺旋式熔断器属于低压电器。（ √ ）

16. 电容器是 RC 电路中的主要元件之一。（ √ ）

17. 容抗是描述电容阻碍电流作用的一个物理量。（ √ ）

18. 交流负载电流在相位上超前电压时，负载为容性负载。（ √ ）

注：交流负载电流在相位上超前电压时，负载为容性负载。交流负载电流在相位上滞后电压时，负载为感性负载。

19. 判断磁场中载流导线受力方向时，应用左手螺旋定则。（ √ ）

20. 熔断器的熔体具有一定的阻值。（ √ ）

注：熔断器的熔体具有一定的阻值，但其阻值比较小，通常忽略不计。

21. 线圈的自感系数简称为线圈的电感，用 L 表示。（ √ ）

注：线圈的自感系数简称为线圈的电感，自感系数由线圈自身决定，与其他因素无关。自感系数大小的决定因素有线圈匝数、线圈的长度、线圈的面积，以及是否有铁芯等。线圈越长、单位长度上匝数越多自感系数越大，有铁芯比没有铁芯大得多。

22. 交流接触器主触点主要用于主电路控制，而辅助触点主要用于控制电路。（ √ ）

23. 交流电变化一周所需要的时间称为频率。（ × ）

注：交流电变化一周所需要的时间称为周期。周期的倒数则称其为频率。

24. 三相交流电由三相交流电动机发出。（ × ）

注：三相交流电由三相交流发电机发出，但也可输出单相交流电。而单相交流发电机只能发出单相交流电。

25. 单相半波整流电路中必须用两只整流器件。（ × ）

注：单相半波整流电路中只需用一只整流器件，而单相全波整流电路中才必须用两只整流器件。

26. 单相全波整流电路中的变压器次级绕组带有中心抽头，把次级绕组分成上下相等的两部分。（ √ ）

27. 单相桥式整流电路中输出的直流电压与全波整流电路输出的直流电压相同。（ √ ）

28. 电感滤波适合于小电流工作的情况。（ × ）

注：电感滤波适合于大电流工作的情况。

29. 滤波用电解电容接入时不必考虑极性。（ × ）

注：因为电解电容有正、负极之分，所以滤波用电解电容接入时必须考虑其极性。

30. π 形滤波电路称电感式输入滤波电路。（ × ）

注：π 形滤波电路称电容式输入滤波电路。

31. 锗管多为 NPN 型。（ × ）

注：锗管多为 PNP 型。

32. 若将 MF47 型万用表的黑表笔接到三极管的 b 极，红表笔分别接另外两个极，测得的电阻都很小，说明晶体管是 NPN 型。（ √ ）

33. 断开三极管的基极或将基极与发射极短路，就可使三极管截止。（ √ ）

34. 三极管饱和状态下，其自身消耗的功率最大。（ × ）

注：三极管工作在饱和状态下，其自身消耗的功率最小。

35. $I_c < \beta I_B$ 时，说明三极管工作在放大区。（ × ）

注：$I_c < \beta I_B$ 时，说明三极管工作在饱和区。

36. 选择串联调整型稳压电源调整三极管额定电流时，一定要小于负载最大电流。（ √ ）

37. 共发射极基本放大电路中，耦合电容 C_1 和 C_2 的作用是传递直流阻断交流。（ √ ）

注：共发射极基本放大电路中，耦合电容 C_1 和 C_2 的作用是传递交流阻断直流。

38. 共射极放大电路静态工作点设置不当，会造成输出波形产生失真。（ √ ）

39. 反比例运算放大器的输入信号是从同相端引入。（ × ）

注：反比例运算放大器的输入信号是从反相相端引入。

40. 7段LED数码管，有一个笔段损坏就需更换新的。（ √ ）

41. 配制铅酸蓄电池电解液使用的浓硫酸的密度为$1.840g/cm^3$。（ √ ）

42. 原电池的可逆电动势是指电流趋于0时，两极之间最大电势差。（ √ ）

43. 电池还原电势越大，则表明该电极氧化态物质结合电子的能力越强；还原电极电势越大，则表明该电极还原态物质结合电子的能力越强。（ × ）

注：电池还原电势越大，则表明该电极氧化态物质结合电子的能力越强；还原电极电势越小，则表明该电极还原态物质结合电子的能力越强。

44. 通信电源系统中电池正极接地不能起到防止通信设施产生电化学腐蚀的作用。（ × ）

注：通信电源系统中电池正极接地可以起到防止通信设施产生电化学腐蚀的作用。

45. 当电解池外电压增大时，造成电解池阳极电势升高，电解池阴极电势降低。（ √ ）

46. 电极的极化可简单地分为差浓极化、电化学极化，对应的超电势被称为差浓超电势和电化学超电势。（ √ ）

47. 负极板在电解液中离解成为二价的铅正离子和两个电子，使其与电解液之间形成电位差。（ √ ）

48. 配制蓄电池电解液时，应把浓硫酸慢慢倒入蒸馏水中。（ √ ）

49. 需要加电解液的新电池使用前，应将配制好的电解液注入电池后静置6～12h，待电解液温度冷却到30℃以下方可初充电。（ √ ）

50. 电池的实际容量不仅与厂家的制造质量有关，还与其工作条件有关。（ √ ）

51. GGF-1000型蓄电池放电电流是100A，放电时间9h，放出容量是900A·h。（ √ ）

52. 在电池使用过程中，小电流放电时，其终止电压相对高一些。（ √ ）

53. 密封阀控铅酸蓄电池通常采用快速充电法。（ × ）

注：密封阀控铅酸蓄电池通常采用限流恒压充电法或浮充充电法。

54. 蓄电池的放电方法有人工负荷法和实际负荷放电法。（ √ ）

55. 对蓄电池进行容量实验时，任意单体电压不大于1.8V时，终止放电。（ √ ）

56. 蓄电池经常大电流充电或过充电易造成反极故障。（ × ）

注：蓄电池经常大电流充电或过充电易造成极板活性物质脱落。

57. 普通电池恒流充电时充电末期，电池端电压很高，电极有气体析出。（ √ ）

58. 蓄电池极板表面有白色斑点，说明极板上活性物质过量脱落。（ × ）

注：蓄电池极板表面有白色斑点，说明极板有硫化现象产生。

59. 蓄电池液面低使极板长期外露，极板易发生硫酸化。（ √ ）

60. 硫酸化尚不很严重的蓄电池适用水疗法处理。（ × ）

注：硫酸化尚不很严重的蓄电池适用过充法处理。

61. 软启动是防止整流设备开机时，输出冲击跳机现象。（ √ ）

62. 开关电源在三相交流电缺相时，仍能输出稳定的直流。（ √ ）

注：因为开关电源普遍采用$N+1$并联冗余系统，当三相交流电缺相时，其他整流模块仍能正常工作，保证系统正常运行，输出稳定的直流。

63. 在新的通信供电方式中推崇应尽可能实行各机房分散供电。（ √ ）

64. 目前，通信电源正向高频化、高功率密度、高功率因数、高效率、高可靠性、高智能化方向发展。（ √ ）

65. 目前，开关电源系统一般均设有（软件或硬件）自动均流功能。（ √ ）

66. 目前，开关电源系统一般设有定期浮充转均充功能。（ √ ）

67. 开关型整流模块，过压停机后，当电压恢复正常时，模块需人工启动才能恢复正常工作。（ √ ）

68. 开关电源系统低电压跳脱功能的主要目的是防止蓄电池过放电。（ √ ）

69. 当蓄电池温度每高于标准温度3℃时，温度补偿功能就将降低一次浮充电压。（ √ ）

70. 开关电源系统的电池周期自动充电时间是取自系统时间。（ √ ）

71. 整流模块的输入、输出保护功能，是确保电源系统安全运行的重要保障。（ √ ）

72. 开关在带负荷运行时，接触处或螺钉连接处不应发热。（ √ ）

73. 蓄电池一极接地可以减少通话用户因线路对地绝缘不良而产生的串话。（ √ ）

注：目前，蓄电池普遍采用正极接地。

74. 通信电源接地系统按用途分为工作接地、保护接地两种。（ × ）

注：通信电源接地系统按用途分为工作接地、保护接地和防雷接地三种。

75. 三相电源中性点接地，电网的某部分发生故障而接地时，能使保护用的开关断开，以切断电源保护设备。（ √ ）

76. 将通信直流电源的正极接地称为直流工作接地。（ √ ）

77. 在通信电源设备中，将设备正常情况带电部分与接地体之间作良好的金属连线称为保护接地。（ × ）

注：在通信电源设备中，将设备正常情况不带电部分与接地体之间作良好的金属连线称为保护接地。

78. 交流用电设备采用三相四线制引入时，零线准许安装熔断器。（ × ）

注：交流用电设备采用三相四线制引入时，零线不准许安装熔断器。

79. 接地装置和大地之间的电阻称为接地电阻。（ √ ）

80. 万门以上通信站联合接地装置的接地电阻应小于3Ω。（ × ）

注：万门以上通信站联合接地装置的接地电阻应小于1Ω。

81. 电源避雷器是保护通信电源和用电设备不被雷击损坏的重要设备。（ √ ）

82. 变压器的一次电压与二次电压之比称为变压器的变比。（ √ ）

注：变压器的一次绕组与二次绕组的匝数之比亦称为变压器的变比。

83. 变压器的铁芯通过电流，构成电路。（ × ）

注：变压器的铁芯通过磁通，构成磁路。

84. 在变压器传送能量过程中，有一部分能量消耗在铁芯中的磁滞和涡流上，这部分损失称铁损。（ √ ）

85. 自动空气开关的过流脱扣器的额定电流应不大于线路计算的负荷电流。（ × ）

注：自动空气开关的过流脱扣器的额定电流应不小于线路计算的负荷电流。

86. 当柴油机停机后，截流继电器失电而释放，触头断开，以防止蓄电池的电倒流到充电发电机。（ √ ）

87. 机组整定电压应能在额定值的85%～95%范围内调节和稳定工作。（ × ）

注：机组整定电压应能在额定值的95%～105%范围内调节和稳定工作。

88. 内燃机气缸活塞应当采用质量较轻的合金铸造，减小惯性。（ √ ）

89. 手油泵的作用是在柴油机启动前排除燃油系统中的空气。（ √ ）

90. 当冷却水温度急剧上升时应紧急停止柴油机运转。（ √ ）

91. 柴油机保养时，应检视燃油箱内的存油量并加满，检查燃油供给系统各机件及油管接头是否良好。（ √ ）

92. 旋转磁极式发电机的电枢是旋转的。（　×　）

注：旋转磁极式发电机的电枢是固定（静止）的，而旋转电枢式发电机的电枢是旋转的。

93. 应定期清洗柴油机空气滤清器。（　×　）

注：应定期维护保养（清洁）柴油机空气滤清器，而不是定期清洗柴油机空气滤清器。因为有的柴油机空气滤清器的滤芯是纸质滤芯，不能清洗。

94. 柴油机的冷却系统主要是带走运动零件摩擦时表面产生的热量。（　×　）

注：柴油机的冷却系统主要是带走气缸体和燃烧室等在工作过程中产生的热量。冷却系统分为两种类型：液冷（水冷）和风冷。液冷发动机冷却系统通过发动机中的管道和通路进行液体循环。当液体流经高温发动机时会吸收热量，从而降低发动机的温度。液体流过发动机后，转而流向热交换器（或散热器），液体中的热量通过热交换器散发到空气中。风冷不是在发动机中进行液体循环，而是通过发动机缸体表面附着的铝片对气缸进行散热，或者通过一个功率强大的风扇向这些铝片吹风，使其向空气中散热，从而达到冷却发动机的目的。大多数发动机采用液冷，冷却系统中有大量管道。每当发动机运转时，水泵就会使液体进行循环。从水泵流出的液体首先流经发动机缸体和气缸盖，然后流入散热器，最后返回到泵。发动机缸体和气缸盖具有许多通过铸造或机械加工而成的通道，以便于液体流动。

95. 柴油机启动后，离合器处于啮合状态，将启动电机的力矩传给飞轮。（　×　）

注：柴油机在启动过程中，离合器处于啮合状态，将启动电机的力矩传给飞轮。柴油机启动后，离合器自动脱离为分离状态，使启动电机与飞轮脱离。

96. 空气滤清器的功用是清除进入气缸中的灰尘杂质。（　√　）

97. 飞轮装置安装在飞轮壳内。（　√　）

98. 在检查调整气门间隙和柴油机喷油泵的喷油时刻时，应对柴油机的着火次序必须搞清楚。（　√　）

99. 柴油机在压缩冲程当活塞接近上止点时，缸内温度达到500～700℃。（　√　）

100. 柴油机上机油温度表是用来指示润滑油路中的机油温度，可间接地了解主要运动机械的润滑情况。（　√　）

101. 发电机的额定视在功率一般用W、kW、MW表示。（　×　）

注：发电机的额定有功功率一般用W、kW、MW表示，而发电机的额定视在功率一般用VA或kVA、MVA表示。

102. 内燃机排放的二氧化氮是一种赤褐色的带强烈刺激性的气体，对人体肺部和心肌有很强的毒害作用。（　√　）

103. 内燃机机械噪声产生的原因之一是动配合零件之间在工作时发生撞击。（　√　）

104. 空调机室内机组包括压缩机、风机、电气控制部分。（　×　）

注：空调机室内机组包括蒸发器、风机、电气控制部分。

105. 制冷剂在冷凝器中吸收热量后冷凝成液体。（　×　）

注：制冷剂在冷凝器中释放热量后冷凝成液体。

106. R12制冷剂在一个标准大气压下的沸点是－26.5℃。（　×　）

注：R12制冷剂在一个标准大气压下的沸点是－29.8℃。R134a、R12、R717、R22、R410a制冷剂在一个标准大气压下的沸点分别是－26.5℃、－29.8℃、－33.4℃、－40.8℃、－52.7℃。

107. 经压缩成的高温、高压气体，通过蒸发器散热，变成低温低压液体。（　×　）

注：经压缩成的高温、高压气体，通过冷凝器散热，变成低温高压液体。

108. 空调机接通电源，压缩机开始工作，从室内侧蒸发器吸入低温低压制冷蒸气。（ √ ）

109. 制冷剂经过冷凝器后是常温低压液体。（ × ）

注：制冷剂经过冷凝器后是常温高压液体。

110. 空调通过调节温度控制器的旋钮，可以改变所需的控制温度。（ √ ）

111. UPS 内若结温超过其额定结温，功率开关器件也会烧坏。（ √ ）

112. 由于自身输出电能，所以 UPS 不需要接地。（ × ）

注：虽然由于自身输出电能，但 UPS 仍然需要接地。

113. 对 UPS 的电池组短期维护应包括定期放电充电维护和短时间均衡充电。（ √ ）

114. UPS 双机并联冗余供电时，一台 UPS 承担全部负载供电，另一台热备份。（ × ）

注：UPS 双机并联冗余供电时，正常情况下，两 UPS 各承担 50% 负载。

115. 多台 UPS 并机可以无限增加。（ × ）

注：多台 UPS 并机，一般情况下为两台并机，最多三台并机，不能无限增加。

116. UPS 中 CW3524 调制器是在 CW3525A 的基础上改进而来的。（ × ）

注：UPS 中 CW3525A 调制器是在 CW3524 的基础上改进而来的。

117. UPS 手动旁路称为维修旁路。（ √ ）

118. 关闭 UPS 时，先断开输出空开。（ √ ）

119. 逆变器关机时可以先断负载，再关闭逆变器。（ √ ）

120. 一般大型 UPS 的整流器功率和逆变器功率相当。（ × ）

注：一般大型 UPS 的整流器功率要大于逆变器功率。

121. 液晶与单片机组成的显示电路通常使用的联机方法是直接访问方式。（ × ）

注：液晶与单片机组成的显示电路通常使用的联机方法有两种：直接访问方式和间接控制方式。

122. 逆变器没有旁路供电装置。（ × ）

注：逆变器也可以设置旁路供电装置。

123. 单相推挽式逆变电路必须要有输出变压器，否则无法实现逆变功能。（ √ ）

124. UPS 工作时，逆变电路一直处于运行状态。（ × ）

注：UPS 工作时，在线式 UPS 逆变电路一直处于运行状态，后备式 UPS 逆变电路只有在市电中断时处于运行状态。

125. 让采样参数和综合分析得出的数据，根据蓄电池现在所处的是浮充状态还是动态充、放电过程，通过实验确定的失效模式进行比较，得出对当前电池性能的准确诊断。（ √ ）

126. 对智能设备协议提供的设定值可进行远程修改。（ √ ）

127. 监控系统通常分为管理层和采集控制层两层。（ √ ）

128. 数据通信是计算机和通信相结合的产物。（ √ ）

129. 监控中心实时监控各通信局（站）动力设备的工作状态、参数和环境参量，接收故障告警信息。（ √ ）

130. 监控系统软件具有较强的容错能力和良好的可靠性。（ √ ）

131. 计算机联网的根本目的是实现全网范围的资源共享。（ √ ）

132. Internet 的中文含义是广域网。(　×　)

注：Internet 的中文含义是因特网（国际互联网），而 WAN 的中文含义是广域网。

133. 动力环境监控系统的开关电源数据采集接口采用是 RS232 接口。(　√　)

134. SU 采集各种电源设备、空调设备、动力设备等智能或非智能设备以及环境量的实时数据，并且能接收监控对象的告警数据，把这些数据上行传送给监控中心 SC。(　√　)

135. 一般操作系统的主要功能是控制和管理计算机系统软、硬件资源。(　√　)

136. 硬件加速可以使得要处理大量图形的软件运行得更加流畅，因此电脑硬件加速设置得过高，计算机也会运行得更稳定。(　×　)

注：硬件加速可以使得要处理大量图形的软件运行得更加流畅，但电脑硬件加速设置得过高，计算机也不一定会运行得更稳定，可能导致“黑屏”现象。

137.“资源管理器”整个窗口分为两帧，左边的帧是作用域视图，右边的帧是结果窗格视图。(　√　)

138. Microsoft 可缩写为 IBM ，是全球著名软件商美国软件巨头微软公司的名字。(　×　)

注：Microsoft 可缩写为 MS，是全球著名软件商美国软件巨头微软公司的名字。

139. 紧固柴油机气缸盖螺母时，应从两边向中间旋紧，并且对称交叉进行 2～3 次。(　×　)

注：紧固柴油机气缸盖螺母时，应按照先中间、后两边顺序，对称均匀，分 2～3 次进行旋紧。旋松的顺序刚好与此相反。

140. 拆卸机组的一般原则：先外部、后内部、先附件后主体，先总成后零件。(　√　)

141. 根据机组的用途不同，通常将其分为常用、备用和应急三种类型。(　√　)

142. 发电机是发电机组的发电部分，通常采用直流发电机。(　×　)

注：发电机是发电机组的发电部分，通常采用交流发电机，只有在有特殊需求的场合才采用直流发电机。

143. 三相机组的标定电压一般为 400V，单相机组的标定电压一般为 230V。(　√　)

144. 目前发电机组上采用的发电机一般为无刷同步发电机。(　√　)

145. 由电势频率公式：$f=pn/60$ 可知，当同步发电机的磁极极对数、转速一定时，发电机的交流电势的频率是不变的。(　√　)

146. 根据发电机的结构特点，同步发电机可分为旋转电枢式和旋转磁极式两种。(　√　)

147. 同步发电机运行时，励磁绕组通常通过交流电源建立恒定磁场。(　×　)

注：同步发电机运行时，励磁绕组通常通过直流电源建立恒定磁场。

148. 不同性质负载时同步发电机的外特性不同，纯电阻性和容性负载时，外特性是下降的；感性负载时，外特性是上升的。(　×　)

注：不同性质负载时同步发电机的外特性不同。在感性负载和纯电阻负载时，因电枢反应有去磁作用及定子电阻压降和漏抗压降的存在，外特性是下降的；容性负载时，外特性是上升的。

149. 发电机组励磁系统中的测量电路均采用变压器降压方式。(　×　)

注：发电机组励磁系统中的测量电路具有多种形式。同步发电机的励磁电流可由直流励磁机直接供给，也可由交流励磁机、同步发电机的辅助绕组（副绕组）或发电机输出端等的交流电压经可控或不可控整流器整流后供给。按励磁功率供电方式可分为他励式和自励式两

大类：由同步发电机本身以外的电源提供其励磁功率的，称他励式励磁系统；由发电机本身提供励磁功率的，称自励式励磁系统。因此，凡是由励磁机供电的，都属于他励式，凡由发电机输出端或发电机的辅组绕组供电的，都属于自励式。

150. 当发电机组输出电压高于额定电压时，通过 AVR 的正反馈控制，增大励磁电流，从而使发电机组输出电压恒定。（ × ）

注：当发电机组输出电压高于额定电压时，通过 AVR 的负反馈控制，减小励磁电流，从而使发电机组输出电压恒定。

151. 带感性负载或纯电阻性负载时，同步发电机端电压随负载电流的增大而增大，而当负载呈容性时，发电机端电压随负载电流的增大而减小。（ × ）

注：带感性负载或纯电阻性负载时，同步发电机端电压随负载电流的增大而减小，而当负载呈容性时，发电机端电压随负载电流的增大而增大。

152. 柴油发电机组工作时，由于工况的不同，通过调整喷油泵的供油量，以达到改变柴油机输出功率的目的，从而保证机组转速的稳定。（ √ ）

153. 机组在炎热条件下的维护，重点是注意机组的通风散热，启动蓄电池电解液的液面越高越好。（ × ）

注：机组在炎热条件下的维护，重点是注意机组的通风散热，但启动蓄电池电解液的液面不是越高越好，要在规定液面高度范围内。

154. 机组在低温条件下的维护，重点是燃油、润滑油、冷却水的防冻，适当提高启动蓄电池电解液的密度。（ √ ）

155. 为避免冷却水在寒冷的天气中结冰，应在冷却水中添加适量的防冻剂。（ √ ）

156. 为了保证机组能长时间运行，应向发动机油底壳内加注机油至有机油从加机油口溢出为止。（ × ）

注：为了保证机组能长时间运行，应向发动机油底壳内加注机油至机油标尺规定的范围内（上下刻线中偏上的位置）为宜。加注机油时，还应注意以下事项：根据环境温度和发动机型号的不同，加注规定牌号的机油；机组要放置在平坦的地面上，不能有倾斜；机组处于静止状态；加注机油既不能多，更不能少。如果加注机油过多，发动机可能冒蓝烟，甚至飞车；如果加注机油过少，发动机可能烧瓦抱轴，导致发动机报废。

157. 当机组负荷突变发生飞车时，应立即去除全部负荷，使机组空载运行几分钟，然后停机。（ × ）

注：当机组负荷突变发生飞车时，应紧急停机。若采用正常停机方法不能停机，则需采取特殊措施停机：断气——堵塞空气滤清器；断油——用大锤砸断高压油管。通常第一种方法容易实现一些。此时，在保证机组安全的同时，要特别注意人身安全。

158. 随着海拔的升高，环境温度亦比平原地区的要低，一般每升高 1000m，环境温度约要下降 0.6℃左右，因此，柴油机的启动性能要比平原地区好。（ × ）

注：随着海拔的升高，环境温度亦比平原地区的要低，一般每升高 1000m，环境温度约要下降 0.6℃左右，因此，柴油机的启动性能要比平原地区差。

159. 一般在高海拔地区宜采用开式冷却循环，要尽可能地降低冷却水的沸点。（ × ）

注：一般在高海拔地区宜采用闭式冷却循环，要尽可能地提高冷却水的沸点。以避免冷却水在没有达到 100℃时就“开锅”。

160. 当逆变电路的输出直接用于负载时，被称为无源逆变。（ √ ）

161. 柴油机启动后，即可将转速增加到额定值，并进入全负荷运转。（ × ）

注：柴油机启动后，如果是机械调速器，首先要使发动机在中等转速运转1～2min，再将转速增加到额定值，空载运转2～3min，此过程称之为暖机。最后加载运行。此时应注意：如果是小功率机组，可一次性全负荷运转；如果是（三相）大功率机组，要分批次加负载，并特别注意三相负荷要基本均衡。

162. 如果曲轴箱油面过高，则可能会导致发动机冒蓝烟。（　√　）

163. 柴油机负荷超过规定值，会造成燃烧不完全，冒黑烟。（　√　）

164. 断开转速传感器，自动化发电机组仍然能够正常工作。（　×　）

注：断开转速传感器，自动化发电机组则不能正常工作。

165. 蓄电池放电放出的容量一般不允许超出其额定容量的75%。（　√　）

166. 浮充时各组电池端电压的最大差值应不大于0.01V。（　×　）

注：浮充时各组电池端电压的最大差值应不大于0.05V。

167. 当机组工作过程中出现紧急故障时，应首先按下紧急停机开关。（　√　）

168. 基尔霍夫第一定律指出，在一个闭合回路中，从一点出发绕回路一周后又回到该点，各段电压的代数和应等于零。（　×　）

注：基尔霍夫定律包括基尔霍夫第一定律和第二定律，其中基尔霍夫第一定律即为基尔霍夫电流定律，简称KCL；基尔霍夫第二定律则称为基尔霍夫电压定律，简称KVL。基尔霍夫电流定律表明：所有进入某节点的电流总和等于所有离开这节点的电流总和。基尔霍夫电压定律表明：沿着闭合回路所有元件两端的电势差（电压）的代数和等于零。

169. 开关在带负荷运行时，接触处或螺钉连接处不应发热。（　√　）

170. 由全控型功率半导体器件构成并按PWM方式工作的整流电路，交流电网侧功率因数比较高。（　√　）

171. 将通信直流电源的正极接地称为直流工作接地。（　√　）

172. 当晶闸管加上触发电压后，晶闸管一定会导通。（　×　）

注：晶闸管导通的条件是，晶闸管承受正向阳极电压时，仅在门极承受正向电压的情况下晶闸管才导通。维持晶闸管导通的条件是，晶闸管在导通情况下，只要有一定的正向阳极电压，不论门极电压如何，晶闸管保持导通，即晶闸管导通后，门极失去作用。晶闸管在导通情况下，当主回路电压（或电流）减小到接近于零时，晶闸管关断。

173. PN结正向偏置时呈现“低阻态”，反向偏置时呈现“高阻态”。（　√　）

174. 视频服务器主机设置中浏览用户名和密码应DVR设置中的网络用户。（　√　）

175. 交流调压电路的主要作用是控制和调整交流电的幅值，不改变其频率。（　√　）

第3章 高级工（三级）

3.1 考试大纲要点

3.1.1 电工技术

3.1.1.1 交流电路有功功率、视在功率、功率因数和电能的基本概念；

3.1.1.2 电磁感应的特征，感应电动势的含义；

3.1.1.3 交流电的特征，三相交流电的特性，三相交流负载的Y/△连接方法；

3.1.1.4 变压器的结构与工作原理，三相电力变压器的结构原理；

3.1.1.5 电工测量仪表的功能。

3.1.2 电子技术

3.1.2.1 晶体管的特性，晶体管电流放大的条件，晶体管放大电路的应用；

3.1.2.2 负反馈放大电路的反馈方式；

3.1.2.3 场效应管的概念，场效应管放大电路的应用；

3.1.2.4 脉冲信号的基本概念，脉冲电路的构成，脉冲作用下晶体管的开关特性；

3.1.2.5 *RC* 电路的性能，*RC* 电路的应用；

3.1.2.6 光电耦合的作用，光电耦合器的应用；

3.1.2.7 集成电路的概念，集成电路的分类，线性集成电路的概念；

3.1.2.8 二进制数与十进制数转换方法；

3.1.2.9 二极管与门与二极管或门电路的特性，三极管非门电路特性；

3.1.2.10 常用集成门电路的应用及图形符号，集成门电路实现的互斥逻辑功能的原理，集成门电路二进制计数器原理，D型触发器的简单应用。

3.1.3 配电设备

3.1.3.1 熔断器的使用条件，熔断器的更换方法；

3.1.3.2 变压器正常运行的判断标准，变压器常见故障，变压器绝缘的测量，变压器异常响声的原因；

3.1.3.3 电力电缆的种类，电力电缆的型号，电力电缆的维护；

3.1.3.4 通信用高压熔断器的种类，高压隔离开关的作用，电器灭弧的方式；

3.1.3.5 电压、电流互感器的工作原理及应用。

3.1.4 发电机组

3.1.4.1 柴油机连杆曲轴的结构与工作原理，连杆曲轴机构的作用，活塞环的作用；

3.1.4.2 柴油机配气机构的工作原理；

3.1.4.3 柴油机燃油系统的工作原理，高压油路机件组成，调速器的类型和常见故障；

3.1.4.4 冷却系统的应用，节温器的工作原理；

3.1.4.5 机体零部件、活塞连杆组件的检查方法；

3.1.4.6 配气机构、燃油供给系统的调整方法；

3.1.4.7 柴油机的常见故障；

3.1.4.8 柴油机额定功率的输出条件；

3.1.4.9 柴油机自动控制方法，柴油发电机组控制屏的结构；

3.1.4.10 同步发电机电枢反应的特性；

3.1.4.11 相复励励磁装置原理，晶闸管自励恒压装置结构，同步发电机继电保护方法；

3.1.4.12 无刷同步发电机常见故障现象，同步发电机励磁故障处理方法。

3.1.5 化学电源

3.1.5.1 阀控式密封铅蓄电池组与防爆蓄电池的优缺点；

3.1.5.2 铅酸蓄电池组安装方法；

3.1.5.3 铅酸蓄电池室的基本条件；

3.1.5.4 铅酸蓄电池的放电与充电特性；

3.1.5.5 铅酸蓄电池初充电的准备工作、注意事项及其初充电方法；

3.1.5.6 阀控蓄电池均衡充电的条件；

3.1.5.7 铅酸蓄电池电势的计算；

3.1.5.8 铅酸蓄电池极板硫化、极板短路、活性物质脱落故障及其处理。

3.1.6 开关电源

3.1.6.1 直流功率变换器的分类，隔离式直流变换器的分类；

3.1.6.2 PWM 型集成控制器的作用，PWM 集成控制器的分类；

3.1.6.3 DC/DC 变换器内部结构组成，功率因数校正电路的工作原理；

3.1.6.4 零电压开关变换器的优点，谐振开关的作用，开关电源负载均流的基本方法；

3.1.6.5 高频开关电源系统的组成，开关型整流模块主电路的组成开关频率与输入输出的关系；

3.1.6.6 拆卸/安装整流模块的方法，检查监控模块声音告警的方法，校验整流模块限流功能的方法；

3.1.6.7 整流设备直流过压/低压保护的功能，交流低压/过压保护的作用；

3.1.6.8 环境温度/电池温度告警，校验直流高压告警的方法，蓄电池低压跳脱功能。

3.1.7 UPS 电源

3.1.7.1 静止型 UPS 的工作原理；

3.1.7.2 UPS 主要效率指标，UPS 安装方法；

3.1.7.3 隔离变压器的作用，效率和功率因数的计算方法；

3.1.7.4 UPS 保护系统原理，UPS 锁相电路原理；

3.1.7.5 UPS 中 PWM 控制原理，UPS 中 Delta 逆变工作原理，UPS 旁路的原理；

3.1.7.6 UPS 冗余连接技术，UPS 负载容量计算方法；

3.1.7.7 UPS匹配柴油发电机组的使用方法；

3.1.7.8 UPS常见故障原因及其常见故障处理方法。

3.1.8 空调设备

3.1.8.1 压缩机的结构，压缩机的保护电路；

3.1.8.2 空调机安装的要求，立式空调机安装方法，空调机的运行条件；

3.1.8.3 判断空调器故障的方法，压缩机常见故障，空调机制冷效果差的原因。

3.1.9 集中监控

3.1.9.1 集中监控的基本功能，电源管理监控系统的组成，监控系统所监控的内容，监控软件的一般故障现象；

3.1.9.2 监控系统烟雾传感器、温度传感器的工作原理；

3.1.9.3 数据通信网络的分类，数字调制（基带数字信号）的基本概念，模拟电路信号的特点，路由器配置方法，以太网交换机的功能；

3.1.9.4 通信网络中的英语词汇；

3.1.9.5 计算机病毒的防范措施，Windows系统常见故障，显示错误信息的含义；

3.1.9.6 TCP/IP协议的内容，SQL的功能特点，AutoCAD的基本操作说明。

3.2 考试真题

3.2.1 单项选择题（每题四个选项，只有一个是正确的，将正确的选项填入括号内）

1. 交流电的有功功率是指功率在一个周期内的（　　）值，通常以字母 P 表示，单位为W。

A. 平均　　B. 最大　　C. 最小　　D. 最大值与最小值的平均值

2. 计算单相交流电路有功功率的公式为（　　）。

A. $S=UI$　　B. $S=\sqrt{3}UI$　　C. $P=UI\cos\varphi$　　D. $P=\sqrt{3}UI\cos\varphi$

3. 对于三相负载而言，不论是星形连接还是三角形连接，$S=UI$ 是（　　）。

A. 每相的有功功率　　B. 每相的无功功率

C. 每相的视在功率　　D. 三相总功率

4. 交流电路中，电压和电流有效值的乘积，称为（　　），用 S 表示，单位为V·A（伏安）。

A. 有功功率　　B. 无功功率　　C. 视在功率　　D. 三相总功率

5. 对于交流电路中的（　　），相关电量参数可以直接应用欧姆定律的公式进行计算。

A. 电炉　　B. 电动机　　C. 电风扇　　D. 变压器

6. 一个交流负载的功率因数小于1，那么其有功功率一定（　　）视在功率。

A. 大于或等于　　B. 大于　　C. 等于　　D. 小于

7. 在交流电路中，有功功率与视在功率之比称为（　　）。

A. 无功功率　　B. 功率因数　　C. 效率　　D. 品质因数

8. 在交流电路中，纯阻性负载的功率因数可视为（　　）。

A. $\cos\varphi=0$　　B. $\cos\varphi>1$　　C. $\cos\varphi=1$　　D. $0<\cos\varphi<1$

9. 一个交流负载有功功率为 100W，视在功率为 200V·A，则其功率因数为（　　）。

A. 2　　B. 1　　C. 0　　D. 0.5

10. 电力做功的本领称为电能，用 W 表示，常用单位是（　　）即 1 度电。

A. kW　　B. kW·h　　C. V　　D. A

11. 有甲、乙两个用电器，其功率分别为 100W 和 500W，各自工作的时间分别为 5h 和 1h，那么它们消耗电能的正确说法是（　　）。

A. 甲＞乙　　B. 甲＜乙　　C. 甲＝乙　　D. 甲＝乙＝500kW·h

12. 对于远距离供电线路来说，一台 1kW 电炉和功率因数为 0.5 的 1kW 电机相比，其总能耗的正确说法是（　　）。

A. 电炉＞电机　　B. 电机＝电炉

C. 电机＝电炉＝0.5kW·h　　D. 电机＞电炉

13. 变动磁场在导体中引起电动势的现象称为（　　）。

A. 电磁感应　　B. 热效应　　C. 耦合效应　　D. 吻合效应

14. 一圆形线圈在均匀磁场中运动，只有在（　　）时才会产生感应电流。

A. 线圈沿磁场方向平移

B. 线圈以自身的直径为轴转动，轴与磁场方向平行

C. 线圈沿垂直磁场方向平移

D. 线圈以自身的直径为轴转动，轴与磁场方向垂直

15. 关于磁感应强度大小说法中正确的是（　　）。

A. 通电导线受安培力大的地方磁感应强度一定大

B. 磁力线的方向就是磁感应强度减小的方向

C. 放在均强磁场中各处的通电导线受力大小和方向处处相同

D. 磁感应强度的大小和方向跟放在磁场中通电导线的受力大小和方向无关

16. 由电磁感应引起的（　　）称为感应电动势。

A. 电流变化　　B. 电动势　　C. 电压变化　　D. 磁场变化

17. 在关于感应电动势的大小和方向叙述中，不对的是（　　）。

A. 线圈中感应电动势的大小，决定于穿过线圈中磁通变化的速率

B. 感应电动势的方向，总是与导体运动方向相反

C. 磁通变化率越大，产生的感应电动势也越大

D. 直线导体的感应电动势的方向，可用右手定则来确定

18. 当导线切割磁力线，在导线中就会产生感应电动势。感应电动势的方向可以用（　　）来确定。

A. 导线长度　　B. 右手定则　　C. 磁场强度　　D. 左手定则

19. 工频正弦交流电的线电压是相电压的（　　）倍。

A. $\sqrt{3}$　　B. $\sqrt{2}$　　C. 3　　D. 1

20. 工频正弦交流电的峰值电压是有效值的（　　）倍。

A. $\sqrt{3}$　　B. $\sqrt{2}$　　C. 2　　D. 1/2

21. 电磁式电压、电流互感器的工作原理和变压器相同，都是应用（　　）原理制造的。

A. 电磁感应　　B. 电阻分压　　C. 集肤效应　　D. 热效应

22. 仪表用互感器的作用是：将大电流、高电压按比例变换成相应的（　　）后，就可用小量程仪表进行测量。
A. 恒定电流　B. 小电流、低电压　C. 恒定电压　D. 恒定频率
23. 电流互感器的二次侧，在运行中不允许（　　）。
A. 短路　B. 串联电流表　C. 开路　D. 接地
24. 三相四线制交流低压供电线路，可提供（　　）两种电压等级供用户使用。
A. 220V/110V　B. 380V/220V　C. 6kV/400V　D. 6V 和 12V
25. 在三相交流电路中，为了避免中线断开，影响负载正常工作，在（　　）上不允许安装熔断丝和开关。
A. A 相　B. B 相　C. C 相　D. 中性线
26. 将一个灯泡分别接入 200V 的交流电源上和 200V 的直流电源上，电灯的亮度是（　　）。
A. 一样亮　B. 都不亮　C. 接交流上亮　D. 接直流上亮
27. 把三相负载分别接在三相电源的一根端线和中性线之间的接法，称为三相负载的（　　）连接。
A. 星形　B. 三角形　C. 桥形　D. 串联
28. 对称的三相负荷连接成星形时，负荷端的线电压乘以电流所得的功率等于（　　）倍单相功率。
A. 3　B. $\sqrt{3}$　C. 2　D. $\sqrt{2}$
29. 一台三相交流电动机，正常运行时，中性点电流应为（　　）。
A. 三相电流之和　B. 最大一相电流
C. 零　D. 最小一相电流
30. 把三相负载分别接在三相交流电源的每两根端线之间，就称三相负载的（　　）连接。
A. 三角形　B. 星形　C. 桥形　D. 串联
31. 对三相负载进行三角形连接时，描述错误的是（　　）。
A. 相电压＝线电压　B. 线电流＝$\sqrt{3}$ 相电流
C. 需接中性线　D. 用于对称负载
32. 同是一个三相负载，分别做 Y 形连接和△形连接时，两种连接的正确说法是（　　）。
A. 两种连接功率相等　B. 两种连接流过负载的电流相等
C. 都需接中性线　D. 有没有中性线，电路情况都一样
33. 变压器的主要组成部分中不包括（　　）。
A. 铁芯　B. 衔铁　C. 原绕组　D. 副绕组
34. 变压器的铁芯是由高导磁率的（　　）叠装而成。
A. 铜片　B. 硅钢片　C. 钢片　D. 铁片
35. 三相油浸式电力变压器的主要标牌数据中不包括（　　）。
A. 额定容量　B. 额定电流　C. 相数　D. 绕组匝数
36. 变压器是利用（　　）制造的一种静止电器，具有变压和能量传递功能。
A. 电磁感应原理　B. 欧姆定律　C. 电阻分压原理　D. 集肤效应
37. 变压器的一个线圈接负载，称为（　　）线圈。

A. 副　　B. 原　　C. 初级　　D. 一次

38. 变压器的一个线圈接于交流电源，称为（　　）线圈。

A. 副　　B. 次级　　C. 原　　D. 二次

39. 三相电力变压器是利用电磁感应原理制造的一种（　　），主要用于民用照明和工业动力等方面。

A. 能量转换设备　　B. 变电设备　　C. 机械设备　　D. 储能设备

40. 对于一台二次侧为星形接法的三相变压器，如一次侧B相熔断丝熔断将出现（　　）没有输出的情况。

A. 二次侧A相　　B. 二次侧B相　　C. 二次侧C相　　D. 二次侧D组

41. 对三相油浸式电力变压器不正确的描述是（　　）。

A. 绝缘套管是从变压器绕组引出高低压线时的绝缘隔离物

B. 分接开关是用来调整电压的

C. 吸湿器的作用是吸收多余的绝缘油

D. 储油柜起着储油和给油箱补充油的作用

42. 在电子领域，用以产生固定频率、幅值相等的输出电压信号的（　　）称为振荡器。

A. 变压器　　B. 整流设备　　C. 电子线路　　D. 示波器

43. 在电子领域，振荡是指电路中发生了大小和方向都做周期性变化的（　　）。

A. 电压　　B. 频率　　C. 电流　　D. 通断

44. 振荡电路中放大器产生振荡的必要条件是（　　）。

A. 必须具有正反馈的放大电路

B. 放大电路放大倍数要足够大

C. 输入的信号电压的幅值要足够大

D. 输出端反馈到输入端的信号电压是负反馈

45. 电工常规测量仪表中，主要有电流表、电压表、电能表和（　　）等。

A. 速度表　　B. 频率表　　C. 秒表　　D. 扫描仪

46. 关于三极管的不正确描述是（　　）。

A. PNP型三极管的e接电源的正极

B. PNP型三极管的c接电源的负极

C. PNP型三极管图形符号的发射极箭头向外

D. 锗管多为PNP型

47. 三极管之所以具有广泛的应用，其实质是（　　）。

A. 具有电流放大作用　　B. 具有电压放大作用

C. 具有反相输出作用　　D. 具有开关作用

48. 晶体三极管是由（　　）个PN结的半导体材料组成。

A. 1　　B. 2　　C. 3　　D. 4

49. 晶体管具有电流放大作用的内部条件是：人为地将（　　）做得很薄，使发射区的载流子浓度大。

A. 发射区　　B. PN结　　C. 基区　　D. 集电区

50. 晶体管电流放大具备的内部条件是（　　）。

A. 基区甚薄而其杂质浓度甚低　　B. 基区杂质浓度高

C. 降低发射区杂质浓度　　D. 加强电子在基区的复合，以增加基极电流

51. 三极管工作在放大状态时，如果基极电流为 I_b，放大倍数为 β，则求 I_e 的公式为（　　）。

A. $I_e=I_b$　　B. $I_e=\beta I_b$

C. $I_e=(1+\beta)I_b$　　D. $I_e=(1-\beta)I_b$

52. 要使三极管处于放大工作状态，工作电源的加入就要满足（　　）的条件。

A. 发射结加正向电压、集电结加反向电压

B. 发射结加反向电压、集电结加正向电压

C. 发射结加正向电压、集电结加正向电压

D. 发射结加反向电压、集电结加反向电压

53. 共集电极放大电路是一个（　　）负反馈放大电路。

A. 电压串联　　B. 电压并联　　C. 电流串联　　D. 电流并联

54. 三极管放大电路，根据输入与输出电路公共点的不同，晶体管有（　　）种连接方式。

A. 一　　B. 两　　C. 三　　D. 四

55. 三极管共射极负反馈放大器有（　　）种基本反馈方式。

A. 一　　B. 两　　C. 三　　D. 四

56. 在晶体管放大电路中，能使输出电阻降低的反馈是（　　）。

A. 电压正反馈　　B. 电流正反馈　　C. 电压负反馈　　D. 电流负反馈

57. 在晶体管放大电路中，能稳定静态工作点的反馈是（　　）。

A. 直流正反馈　　B. 直流负反馈　　C. 交流正反馈　　D. 交流负反馈

58. 场效应管按其结构的不同可分为结型和（　　）型场效应晶体管。

A. PNP　　B. 增强　　C. NPN　　D. 绝缘栅

59. 场效应管的输入电阻非常高，可达（　　），这是一般晶体管所达不到的。

A. $10^2\sim10^5\Omega$　　B. $10^6\sim10^9\Omega$　　C. $10^9\sim10^{15}\Omega$　　D. 10～100MΩ

60. 场效应管有（　　）个 PN 结。

A. 一　　B. 三　　C. 两　　D. 四

61. 场效应管适合做前置级放大器是利用其（　　）特性。

A. 电流放大　　B. 高输入电阻　　C. 低噪声　　D. 电压放大

62. 场效应管一般只作电压放大，不考虑前后级匹配是因为（　　）。

A. 输入电阻高　　B. 有两个 PN 结　　C. 放大倍数高　　D. 噪声大

63. 场效应管是（　　）控制元件，即在一定条件下其漏极电流只取决于栅极电压，而不取决于电流。

A. 电压　　B. 集成　　C. 电流　　D. 脉冲

64. 脉冲信号是指在不具有连续正弦波形状的信号，并在（　　）内作用于电路的电压或电流。

A. 长时间　　B. 短时间　　C. 不确定时间　　D. 随机时间

65.（　　）信号不是脉冲信号。

A. 三角波　　B. 钟形波　　C. 阶梯波　　D. 正弦波

66. 已知脉冲幅度为 6V，脉宽为 10ms，重复周期为 30ms，则平均电压值为（　　）。

A. 6V　　B. 2V　　C. 3V　　D. 18V

67. 脉冲电路中最基本的双稳态触发器是由（　　）个反相器交叉耦合而成。

A. 一　　B. 两　　C. 三　　D. 四

68. 对于微分电路，当输入为矩形波时，在电阻端取得的输出波形为（　　）波。

A. 矩形脉冲　　B. 尖脉冲　　C. 三角　　D. 锯齿

69. 应用到脉冲信号的电路是（　　）电路。

A. 串联稳压　　B. 继电器驱动　　C. 晶闸管触发　　D. 滤波

70. 在（　　）电路中，晶体三极管常被当作开关元件来使用。

A. 低频　　B. 高频　　C. 放大　　D. 脉冲或数字

71. 三极管工作在饱和区和截止区，可视为一种（　　）元件。

A. 滤波　　B. 放大　　C. 开关　　D. 整流

72. 通常在脉冲电路中，（　　）常被当作开关元件来使用。

A. 晶体三极管　　B. 晶体二极管　　C. 场效应管　　D. 晶闸管

73. RC 电路中充放电快慢是由电路中的（　　）的大小决定的。

A. 电阻 R　　B. 电容 C　　C. 电源电压　　D. 电阻 R 和电容 C

74. RC 电路的充放电速率与时间的关系呈（　　）规律变化。

A. 线性　　B. 指数　　C. 对数　　D. 反比例

75. 常用的积分电路是工作在（　　）上输出。

A. 大时间常数从 C　　B. 小时间常数从 C

C. 大时间常数从 R　　D. 小时间常数从 R

76. 光电耦合器是由发光元件和光敏元件封装在一起，且两者没有电磁感应现象，更没有（　　）的元件。

A. 电气联系　　B. 光联系　　C. 磁联系　　D. 电流驱动

77. 光电耦合器可实现前后级信号的（　　）。

A. 直接耦合　　B. 隔离　　C. 电磁耦合　　D. 直通

78. 光电耦合器最适合应用于（　　）的场合。

A. 重污染　　B. 电力不足　　C. 电磁干扰　　D. 噪声严重

79. 三极管输出型光电耦合器工作时，（　　）将在接收到发射端发出的红外光后，在其集电极中有电流输出。

A. 光敏三极管　　B. 三极管　　C. 发光管　　D. 二极管

80. 如图 3-1 所示是用光电耦合器组成的简单开关电路，当有信号输入时，不正确的说法是（　　）。

A. 三极管 VT 处于饱和状态　　B. 光耦相当开关“断开”

C. 光耦发光管发光　　D. 光耦相当开关“闭合”

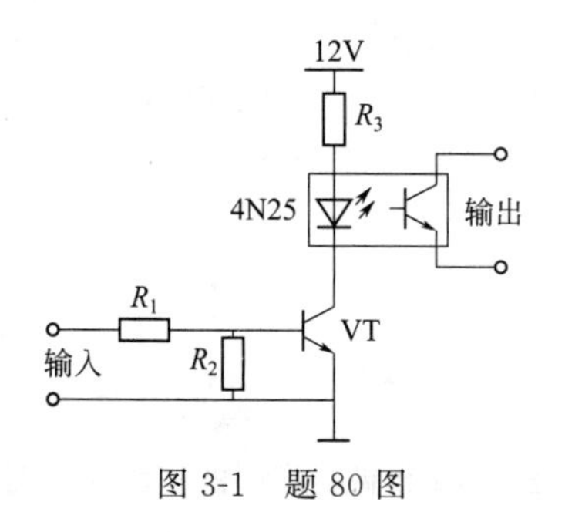

图 3-1　题 80 图

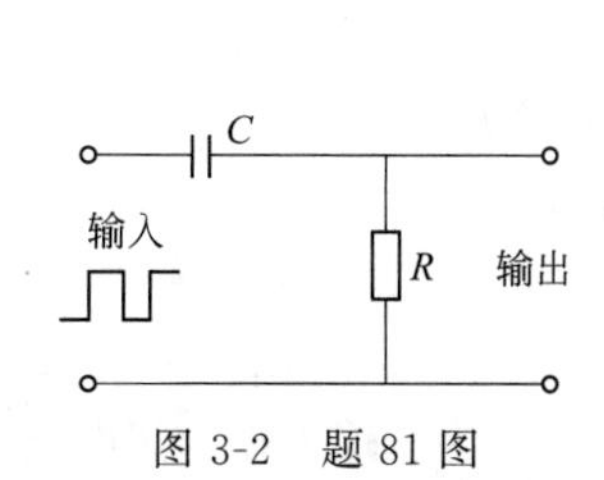

图 3-2　题 81 图

81. 如图 3-2 所示是一个 RC 微分电路，对其描述错误的是（　　）。

A. 输入方波的上升沿产生正的尖脉冲输出

B. 输入方波的上升沿产生负的尖脉冲输出

C. 微分电路输入尖脉冲可以输出方波信号

D. 增加电容量可以增大时间常数

82. 光电耦合器的种类中不包括（　　）。

A. 数字电路光耦合器　　B. 晶闸管输出型光耦合器

C. 电容输入光耦合器　　D. 三极管输出型光电耦合器

83. 在断开有电感的电路时，开关产生的火花会产生高频干扰，加入（　　）消火花电路时，就可消除这一现象。

A. RC　　B. 压敏　　C. 稳压管　　D. 电感

84. 微分电路可以把输入的一个矩形脉冲，变换成（　　）尖脉冲。

A. 两个正的　　B. 一正一负两个　　C. 一个　　D. 无数个

85. 集成电路就是采用半导体制作工艺，在一块较小的单晶硅片上制作上许多（　　）及电阻器、电容器等元器件，并将元器件组合成完整的电子电路。

A. 晶体管　　B. 电感　　C. 变压器　　D. 继电器

86. 集成电路按（　　）分小规模、中规模、大规模、超大规模集成电路。

A. 功能　　B. 源件类　　C. 集成度　　D. 数字化

87. 集成电路中反比例运算放大器的输出电压和输入电压相位（　　）。

A. 相差 90°　　B. 同相　　C. 相差 270°　　D. 反相

88. 集成电路按（　　）分类，有模拟集成电路和数字集成电路之分。

A. 功能　　B. 源件类　　C. 集成度　　D. 数字化

89. 模拟集成电路用来产生、放大和处理各种（　　）信号。

A. 开关　　B. 模拟　　C. 数字　　D. 模拟或数字

90. 数字集成电路用来产生、放大和处理各种（　　）信号。

A. 开关　　B. 模拟　　C. 模拟或数字　　D. 数字

91. 线性集成电路内部大都采用（　　）放大器。

A. 功率　　B. 差动　　C. 电流　　D. 电压

92. （　　）是线性集成电路的器件。

A. 音频放大器　　B. 电压比较器　　C. 译码器　　D. 乘法器

93. 差动放大器的主要优点是（　　）。

A. 放大倍数大　　B. 放大倍数小　　C. 省材料　　D. 温漂很小

94. 二进制转换为十进制，可将二进制数写成多项式的形式，按权展开（　　）即可。

A. 相加　　B. 相减　　C. 相乘　　D. 相除

95. 十进制数转换成二进制数，可用基数（　　）法，但整数和小数部分的转换方法不同，应分开转换。

A. 相加　　B. 相减　　C. 相乘　　D. 相除

96. 将二进制数 1101 转换成十进制数为（　　）。

A. 1101　　B. 15　　C. 13　　D. D

97. A、B、C 为三输入端与门电路的输入端，Y 为输出端，错误的逻辑关系是（　　）。

A. $A=B=C=1$ 时，$Y=1$　　B. $A=0$、$B=1$、$C=1$ 时，$Y=1$

C. $A=1$、$B=0$、$C=1$ 时，$Y=0$　D. $A=0$、$B=0$、$C=1$ 时，$Y=0$

98. 如图 3-3 所示是由二极管组成的与门电路，逻辑关系错误的是（　　）。

A. $A=B=0$ 时，$Y=1$　　B. $A=0$，$B=1$ 时，$Y=0$

C. $A=1$，$B=0$ 时 $Y=0$　　D. $A=B=1$ 时，$Y=1$

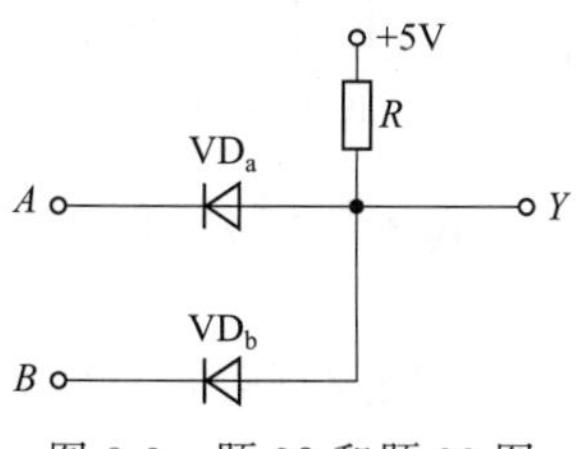

图 3-3　题 98 和题 99 图

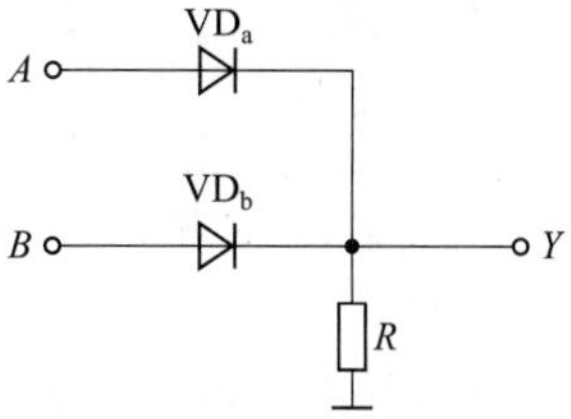

图 3-4　题 100 和题 101 图

99. 如图 3-3 所示是由二极管组成的与门电路，对电路原理分析错误的是（　　）。

A. 当 A 为低电平时，由 VD_a 将 Y 的电位拉为低电位

B. 当 B 为低电平时，由 VD_b 将 Y 的电位拉为低电位

C. 只要 A 或 B 有一个为高电平时，Y 就输出高电位

D. 当 A、B 均为高电平时，VD_a、VD_b 均截止，Y 输出为高电位

100. 如图 3-4 所示是由二极管组成或门电路，逻辑关系错误的是（　　）。

A. $A=B=0$ 时，$Y=1$　　B. $A=0$、$B=1$ 时，$Y=1$

C. $A=1$、$B=0$ 时，$Y=1$　　D. $A=B=1$ 时，$Y=1$

101. 如图 3-4 所示是由二极管组成的或门电路，对电路原理分析错误的是（　　）。

A. 当 A 为高电平时，VD_a 导通使 Y 输出高电平

B. 当 B 为高电平时，VD_b 导通使 Y 输出高电平

C. 当 A、B 均为高电平时，VD_a、VD_b 均截止，Y 输出为高电位

D. 只有 A 和 B 同时为低电平时，Y 才输出低电平

102. A、B、C 为三输入端或门电路的输入端，Y 为输出端，错误的逻辑关系是（　　）。

A. $A=B=C=1$ 时，$Y=1$　　B. $A=0$、$B=0$、$C=1$ 时，$Y=0$

C. $A=1$、$B=0$、$C=0$ 时，$Y=1$　D. $A=0$、$B=0$、$C=0$ 时，$Y=0$

103. 非门又称为反相器，其正确的逻辑关系为（　　）。

A. $Y=A$　　B. $Y=\overline{A}$　　C. $A=0=Y$　　D. $A=1=Y$

104. 门电路可由分立元件构成，但更多的是由集成电路来实现，最常用的集成门电路有 TTL 和（　　）两种。

A. CMOS　　B. ECL　　C. HTTL　　D. LTTL

105. 二输入端或门电路的图形符号是（　　）。

A. 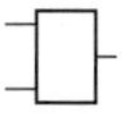　　B. 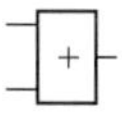　　C. 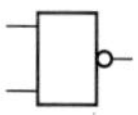　　D.

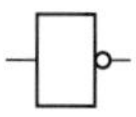

106. 二输入端与门电路的图形符号是（　　）。

A. 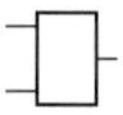　　B. 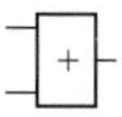　　C. 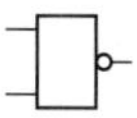　　D.

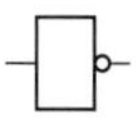

107. 如图 3-5 所示是由晶体管构成的非门电路，三极管应工作在（　　）状态。

A. 开关　　B. 放大　　C. 饱和　　D. 截止

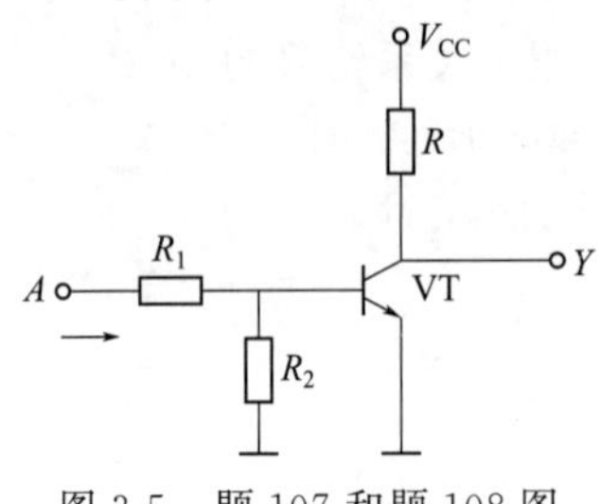

图 3-5　题 107 和题 108 图

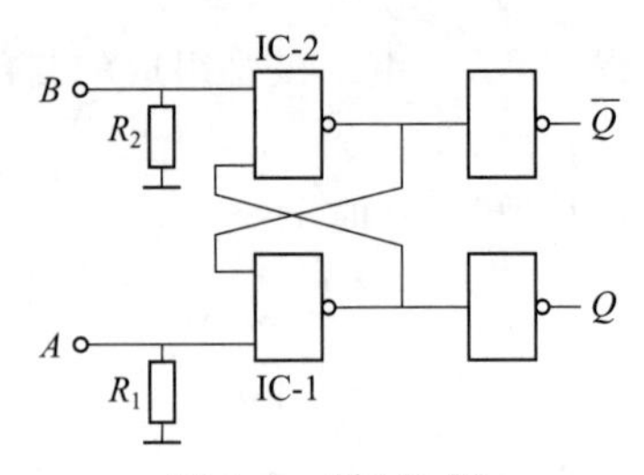

图 3-6　题 110 图

108. 如图 3-5 所示是由三极管组成的非门电路，对电路原理分析正确的是（　　）。
A. 当 A 为高电平时，VT 导通使 Y 输出高电平
B. 当 A 为高电平时，VT 截止使 Y 输出高电平
C. 当 A 为低电平时，VT 截止使 Y 输出高电平
D. 当 A 为低电平时，VT 截止 Y 才输出低电平

109. 在多个输入信号共享一个处理电路而输入信号同时作用于电路的现象称为电路（　　）。
A. 互斥　　B. 自锁　　C. 放大　　D. 反相

110. 如图 3-6 所示是由与非门和反相器构成的互斥电路，对其原理分析错误的是（　　）。
A. 当 A、B 均无信号输入时，Q 和 $\overline{Q}$ 均为低电位
B. 当 B 为高电平时，$\overline{Q}$ 输出高电平
C. 当 $\overline{Q}$ 输出高电平时，A 输入电平对 Q 和 $\overline{Q}$ 无影响
D. 当 $\overline{Q}$ 输出高电平时，A 输入电平可以改变 Q 和 $\overline{Q}$ 电平

111. 电路互斥的功能就是在多个输入条件共用一个执行单元时，其中某一个条件首先作用后，将起（　　）其他输入条件的作用。
A. 允许　　B. 开放　　C. 封闭　　D. 不考虑

112. 由于双稳态触发器有“1”和“0”两个状态，所以一个触发器可以表示（　　）。
A. 一位二进制数　　B. 十进制数
C. 二位二进制数　　D. 一位十六进制数

113. 对于多位计数器来说，计数原理不正确的叙述是（　　）。
A. 每来一个计数脉冲，最低位触发器翻转一次
B. 高位触发器是在相邻的低位触发器从“1”变为“0”进位时翻转
C. 各位触发器均由相邻低位触发器输出的进位脉冲来触发
D. 输入一个计数脉冲后，所有触发器都改变状态

114. Q_0、Q_1、Q_2、Q_3 是四位二进制计数器低位到高位的输出端，对应十进制数 9 的输出组合是（　　）。
A. 1101　　B. 0111　　C. 1001　　D. 1110

115. D 型触发器输出状态的改变依赖于时钟脉冲的触发作用，即在时钟脉冲触发时，数据由（　　）端传输至输出端 Q。
A. D　　B. J　　C. R　　D. CP

116. 主-从 D 型触发器常用于数据锁存、电路控制以及（　　）电路。
A. 整流　　B. 计数、分频　　C. 滤波　　D. A/D

117. 对于锁存D型触发器，当CP＝“0”电平时，输出状态（　　）输入状态而变化，即锁存了前一次的数据。
A. 跟随　　B. 反相后随　　C. 不再跟随　　D. 延迟后跟随
118. 在通信电源的交流供电系统中，熔断器的配制一般为本级最大负载电流的（　　）倍。
A. 1～1.3　　B. 1.3～1.5　　C. 2　　D. 5
119. 直流熔断器的额定电流值应不大于最大负载电流的2倍。专业机房熔断器的额定电流应不大于最大负载电流的（　　）倍。
A. 1.2　　B. 1.5　　C. 1.8　　D. 2
120. 硅整流过载保护用（　　）熔断器。
A. 信号　　B. 快速　　C. 无填料　　D. 有填料
121. 熔断器正常使用时，如果熔断器发生接触不良，（　　）。
A. 会导致熔断器两端压降下降　　B. 熔断器会产生过热现象
C. 线路电流增大　　D. 会烧坏用电设备
122. 交流熔断器额定电流值：照明电路按（　　）配置，其他回路不大于最大负荷电流的2倍。
A. 实际负荷　　B. 实际负荷的1.5倍
C. 实际负荷的2倍　　D. 实际负荷的3倍
123. 更换熔断器时，（　　）。安装时，顺序正号相反。
A. 先拔主熔断器，再断信号熔断器　　B. 只拔主熔断器
C. 只拔信号熔断器　　D. 先拔信号熔断器，再断主熔断器
124. 变压器的最高运行温度受（　　）耐热能力的限制。
A. 导电材料　　B. 导磁材料　　C. 绝缘材料　　D. 紧固件材料
125. 变压器正常运行时，其铁芯（　　）。
A. 不允许接地　　B. 应一点接地　　C. 应两点接地　　D. 应多点接地
126. 新变压器油的颜色为（　　）。
A. 橙黄色　　B. 深褐色　　C. 透明白色　　D. 透明淡黄色
127. 负荷不平衡易造成变压器（　　）。
A. 绝缘水平下降　　B. 温度过高
C. 声音异常　　D. 电压过高
128. 变压器绝缘老化后绝缘性能明显降低，很容易导致（　　）。
A. 油箱漏油　　B. 铁芯故障　　C. 绕组短路　　D. 分接开关失灵
129. 变压器绝缘油劣化的主要原因是（　　）。
A. 绝缘油与空气接触　　B. 空载
C. 电压过低　　D. 缺相
130. 用兆欧表测量变压器的绝缘时，应以（　　）的转速摇动手柄。
A. 60r/min　　B. 90r/min　　C. 120r/min　　D. 180r/min
131. 用兆欧表测量变压器绝缘时，在（　　）必须对被测设备放电。
A. 测量前　　B. 测量中　　C. 测量后　　D. 测量前后
132. 在变压器绝缘中，属于主绝缘的是（　　）。
A. 匝间绝缘　　B. 绕组对地绝缘　　C. 套管绝缘　　D. 分接开关各部分间的绝缘
133. 变压器运行时会发出“嗡嗡”响声的原因是（　　）。

A. 油温高　　B. 硅钢片的磁滞伸缩
C. 零部件振动　　D. 绕组振动

134. 如变压器运行时发出类似“叮叮当当”和“呼…呼…”的声音，但指示仪表、油色、油温均正常，这种声音显然是由（　　）引起的。
A. 夹紧铁芯的螺钉松动　　B. 大电流负荷启动
C. 外界气候影响造成放电　　D. 匝间短路

135. 如果在大雾天、雪天变压器运行时发出“嘶嘶”和“嗤嗤”的声音，可判断这是由（　　）引起的。
A. 铁芯硅钢片的振动　　B. 夹紧铁芯的螺钉松动
C. 大电流负荷启动　　D. 电晕放电

136. 电力电缆要求柔软性好，易弯曲，但只能作为低压使用的是（　　）电缆。
A. 油浸纸绝缘　　B. 塑料纸绝缘
C. 交联聚氯乙烯　　D. 橡胶绝缘

137. 施工现场的移动式配电箱和开关箱的进线、出线必须采用（　　）。
A. 橡胶绝缘铜导线　　B. 橡胶绝缘软铜导线
C. 橡胶绝缘电缆　　D. 塑料护套软导线

138. 电力电缆中绝缘性较高的是（　　）绝缘电缆。
A. 油浸纸　　B. 聚氯乙烯　　C. 聚乙烯　　D. 橡胶

139. RVB 型是（　　）绝缘电力线。
A. 铝芯聚氯乙烯　　B. 铜芯聚氯乙烯
C. 铜芯聚乙烯　　D. 铝芯聚乙烯

140. 型号为 LGJ-16 的钢芯铝绞线，其中 16 表示（　　）。
A. 序号为 16　　B. 钢芯铝绞线的直径为 16mm
C. 钢芯铝绞线的截面积为 $16mm^2$　　D. 钢芯铝绞线的代号

141. 由电力电缆的型号 ZQ-3X50-10-250，可以看出电缆适用电压为（　　）。
A. 3kV　　B. 50kV　　C. 10kV　　D. 250kV

142. 运行中电力电缆终端头接地线接地电阻不应大于（　　）。
A. 4Ω　　B. 10Ω　　C. 30Ω　　D. 100Ω

143. 电缆的终端或中间头爆炸，最可能的原因是（　　）。
A. 电压高　　B. 过负荷　　C. 绝缘老化　　D. 受潮或进水

144. 测量电力电缆的绝缘，在测量（　　）充分放电。
A. 前、后均应　　B. 前　　C. 后　　D. 前、后均不用

145. 电力电缆在地下相互交叉或与通信线交叉时，通信电缆在电力电缆的（　　），低压电缆在高压电缆的（　　）。
A. 上方；上方　　B. 上方；下方　　C. 下方；上方　　D. 下方；下方

146. 高压熔断器的作用是对电力线路和电气设备起（　　）保护。
A. 过电压　　B. 防雷　　C. 短路过负荷　　D. 低电压

147. RNl 和 RN2 型高压管式熔断器主要应用于户内 6～10kV 电力线路和电力变压器的短路保护 RN1-10 型高压管式熔断器的额定电压是（　　）。
A. 1kV　　B. 6kV　　C. 10kV　　D. 110kV

148. 高压隔离开关主要用来（　　），以保证其他电气设备的安全检修。

A. 隔离高压电源　　B. 切断低压负荷
C. 切断负载电流　　D. 切断短路电流

149. 高压隔离开关分断时（　　）。
A. 自动断开　　B. 无明显的断开点
C. 能切断短路电流　　D. 有明显的断开点

150. 高压隔离开关配用（　　）机构。
A. 半自动　　B. 自动和手动操作
C. 自动操作　　D. 手动操作

151. 高低压开关中装有灭弧设备就是为了（　　）。
A. 切断电流　B. 熄灭电弧　C. 降压　D. 减小电流

152. 高压油路断路器（高压油开关）中，油的作用是（　　）。
A. 绝缘　B. 润滑　C. 灭弧　D. 防锈

153. 在有填料熔断器内，填料的主要用途是（　　）。
A. 安全绝缘　　B. 熄灭电弧吸收能量
C. 散热　　D. 热传递

154. 电流互感器类似一台（　　）的变压器。
A. 一次线圈匝数少、二次线圈匝数多
B. 一次线圈匝数多、二次线圈匝数少
C. 一次线圈匝数与二次线圈匝数同样多
D. 变比可以改变

155. 电流互感器的额定电压是指（　　）。
A. 一次线圈端子电压
B. 电流互感器一次线圈可以接用的线路额定电压
C. 二次线圈端子电压
D. 一次线圈与二次线圈之间电压

156. 电流互感器的二次额定电流为（　　）。
A. 0.5A 和 1A　B. 5A 和 1A　C. 5A 和 10A　D. 50A 和 10A

157. 电压互感器一次绕组的匝数一般（　　）二次绕组的匝数。
A. 相等　B. 小于　C. 略大于　D. 远大于

158. 无论电压互感器一次侧额定电压为什么数值，二次侧额定电压一般为（　　）。
A. 380V 或 $380\sqrt{3}$ V　　B. 220V 或 $220\sqrt{3}$ V
C. 100V 或 $100\sqrt{3}$ V　　D. 36V 或 $36\sqrt{3}$ V

159. 某一电压互感器的一次侧额定电压为 6kV，二次额定电压为 100V，当二次侧电压表读数为 95V 时，如果忽略误差，一次侧电压实际值应为（　　）。
A. 5700V　B. 6000V　C. 6950V　D. 6315V

160. 柴油发动机启动时，转速低，启动无力，最可能的问题是（　　）。
A. 启动电池电力不足　　B. 燃油系统中有空气
C. 输油泵不供油或断续供油　　D. 气门漏气

161. 柴油机在运转时，气缸内发出有节奏的清脆的金属敲击声，其原因是（　　）。
A. 齿轮磨损过多　　B. 活塞碰气门
C. 喷油时间过早　　D. 喷油时间过迟

162. 柴油机的配气机构是（　　）。
A. 实现发动机进气过程的控制机构
B. 实现发动机涡轮增压的控制机构
C. 实现发动机排气过程的控制机构
D. 实现发动机进气过程和排气过程的控制机构
163. 保证进气充分，排气干净，进气门、排气门开闭时刻准确，关闭时严密可靠，这是对柴油机（　　）的要求。
A. 冷却系统　B. 连杆曲轴机构　C. 润滑系统　D. 配气机构
164. 气门弹簧具有很强的弹力，其主要作用是（　　）。
A. 开启气门　B. 关闭气门　C. 保证密封　D. 散热作用
165. 在高原地区使用柴油机时，由于（　　），其输出功率会下降。
A. 气压低　B. 空气稀薄
C. 气压低、空气稀薄　D. 海拔高
166. 一般当海拔高度每升高 1000m 时，柴油发电机功率将下降（　　）。
A. 1%～5%　B. 5%～10%　C. 10%～20%　D. 20%～30%
167. 国家标准规定，A 类柴油发电机组在（　　）的使用环境下能输出额定功率，并能可靠地进行连续工作。
A. 海拔高度 1000m、环境温度 40℃、相对湿度 60%
B. 海拔高度 0m、环境温度 40℃、相对湿度 90%
C. 海拔高度 0m、环境温度 40℃、相对湿度 60%
D. 海拔高度 1000m、环境温度 40℃、相对湿度 90%
168. 活塞环是具有弹性的金属开口圆环，按功用可分为（　　）种。
A. 一　B. 两　C. 三　D. 四
169. 密封环的作用是用来密封气缸，还有一个作用是（　　）。
A. 润滑气缸　B. 刮机油　C. 增加气缸压力　D. 给活塞散热
170. 活塞环的开口间隙要适当，开口过大最容易造成（　　）。
A. 机油窜入燃烧室　B. 无膨胀余地而卡死
C. 气压过高　D. 漏气
171. 柴油机在高速运转时，喷油时间必须（　　）。
A. 滞后　B. 准确不变　C. 提前　D. 延长
172. 柴油机燃油喷射系统须对燃油加压，除了打开喷油嘴的压力外，还要克服（　　）压缩压力把燃油喷入燃烧室。
A. 20～30kPa　B. 200～300kPa
C. 2000～3000kPa　D. 20000～30000kPa
173. 燃油进入燃烧室需要雾化，燃油在（　　）高压泵经过多孔或轴针的周围才能雾化。
A. 10～30kPa　B. 100～300kPa
C. 1000～3000kPa　D. 10000～30000kPa
174. 大多数柴油机采用（　　）冷却系统。
A. 蒸发式　B. 自然循环　C. 强制循环　D. 空气
175. 柴油机的水冷却系统主要部件有（　　）等。

A. 水泵、散热水箱、风扇、水温表
B. 水泵、散热水箱、风扇、水温调节器、水温表
C. 水泵、散热水箱、风扇
D. 散热水箱、风扇、水温调节器

176. 为了适应冬季立即开机需要，可以在水中加入防冻液降低冰点，防冻液的主要成分是（　　）。
A. 乙二醇　B. 酒精和甘油　C. 乙二醇和甘油　D. 乙二醇，或者酒精和甘油

177. V形柴油机连杆有两种结构形式，即（　　）。
A. 中心式连杆和关节式连杆　B. 中心式连杆和重心式连杆
C. 重心式连杆和水平式连杆　D. 水平式连杆和垂直式连杆

178. 活塞与连杆靠（　　）连接在一起。
A. 曲轴　B. 活塞环　C. 活塞销　D. 主轴颈

179. 柴油机在闭式强制循环水冷系统中，节温器自动变更（　　）达到自动调节冷却强度。
A. 冷却水的总容量　B. 冷却水的流速
C. 冷却水的散热面积　D. 冷却水的路线

180. 蜡式节温器的特点是（　　）。
A. 对压力不敏感、结构简单、工作可靠、坚固耐用
B. 对压力敏感、结构简单、工作可靠、坚固耐用
C. 对压力不敏感、结构复杂、工作可靠、不耐用
D. 对压力敏感、结构复杂、工作可靠、不耐用

181. 折叠筒节温器中，折叠圆筒中的液体是（　　）。
A. 乙醚　B. 乙醚或乙醇和蒸馏水的混合液
C. 甲醛　D. 乙醇

182.（　　）不是柱塞式喷油泵的组成部分。
A. 传动机构　B. 粗滤器　C. 柱塞-套筒组件　D. 出油阀

183. 柴油机通常采用闭式喷油器，它分为（　　）两种。
A. 轴针式喷油器和多孔闭式喷油器
B. 单孔闭式喷油器和多孔闭式喷油器
C. 双孔式喷油器和多孔闭式喷油器
D. 轴针式喷油器和单孔闭式喷油器

184. 柴油机调速器按转速范围分为三类，下列名称不是按转速分类的是（　　）。
A. 单速式　B. 倍速式　C. 双速式　D. 全速式

185. 柴油机调速器按（　　）分类，可分为离心式、气动式和液压式。
A. 工作过程　B. 转速类型　C. 调速方式　D. 工作原理

186. 若柴油机突然卸去负载时，调速器失灵，会出现（　　）现象。
A. 熄火　B. 不再发电　C. 飞车　D. 电压低

187. 柴油机中（　　）起的作用是将活塞往复直线运行变为旋转运行输出机械能。
A. 燃油系统　B. 配气机构　C. 曲轴连杆机构　D. 润滑系统

188. 活塞组中活塞最主要的作用是（　　）。
A. 与气缸、气缸盖组成燃烧室

B. 通过活塞销和连杆向曲轴传递机械能
C. 接受燃烧室的能量
D. 进行不等速的高速直线往复运动

189. 有自动控制的柴油发电机组，在市电停电后会（　　）。
A. 直接启动机组　　B. 断开市电后启动机组
C. 待命　　D. 告警值班员

190. 自动化发电机组在运行过程中如出现了过载或短路时，机组会（　　）。
A. 报警值班员　B. 报警并停机　C. 切断负载　D. 报警并切断负载

191. 柴油发电机组正常工作时，（　　）监测其输出电压、电流、频率、功率等数据，运行时若出现过载、短路、欠压等不正常情况，能进行有效的保护。
A. 监控模块　B. 监控单元　C. 主控屏　D. 副控屏

192. 自动化柴油发电机组的主控屏装有自动空气开关，它具有（　　）功能。
A. 短路和过载保护　　B. 短路、欠压和过载保护
C. 短路、欠压保护和电源转换　　D. 短路保护和电源转换

193. 柴油发电机组主控屏的测量电路能测量（　　）。
A. 电压、负载电流和频率
B. 电压、负载电流、频率和有功功率
C. 电压、负载电流、频率、有功功率和功率因数
D. 电压、负载电流、频率、有功功率、功率因数和工作效率

194. 安装发动机气缸盖时，要从气缸盖的中心螺栓开始，再按（　　）顺序，分两到三次拧紧每个螺栓。
A. 顺时针　B. 逆时针　C. 上下　D. 对称

195. 检查发动机气缸套时，用量缸表来测量缸套的（　　）。
A. 弯曲弧度　B. 倾角　C.（椭）圆度和锥度　D.（椭）圆度

196. 在安装发动机气缸垫之前，应检查其是否完整，并在安装前作（　　）。
A. 退火处理　B. 软化处理　C. 风干处理　D. 加湿处理

197. 活塞磨损后，需要用（　　）测量其（椭）圆度和锥度。
A. 内径千分尺　B. 外径千分尺　C. 量缸表　D. 游标卡尺

198. 拆装活塞环时，可以用活塞环钳或最少用（　　）块薄钢片进行。
A. 一　B. 两　C. 三　D. 四

199. 拆卸活塞时，若发现活塞环已咬住，可以浸在油中 24h 以上取出轻振即可，但是不能浸在（　　）里面。
A. 柴油　B. 煤油　C. 汽油　D. 机油

200. 下列最不可能造成气门杆弯曲的原因是（　　）。
A. 气门弹簧端面不平　　B. 短期的气门锈住
C. 气门杆与气门导管胶结　　D. 气门杆与气门座工作接触带不同心

201. 气门杆的直径应符合公差范围，杆的弯曲度，在 100mm 长度内不大于（　　），否则应更新。
A. 0.02mm　B. 0.03mm　C. 0.06mm　D. 0.3mm

202. 气门和气门座接触带出现磨损、积炭漏气或斑点时，应进行光磨或研磨来进行修正，使用的材料是（　　）。

A. 研磨砂　B. 研磨杵　C. 细砂纸　D. 细砂轮

203. 当同步发电机接纯电阻性负载时，电枢反应是（　）。

A. 横轴电枢反应　B. 纵轴去磁电枢反应

C. 纵轴助磁电枢反应　D. 横轴助磁电枢反应

204. 当同步发电机的电枢反应是介于横轴与纵轴电枢反应之间，那么发电机接的是（　）。

A. 纯电容性负载　B. 纯电阻性负载

C. 纯电感性负载　D. 混合性负载

205. 当同步发电机接纯电感性负载时，电枢反应是（　）。

A. 横轴电枢反应　B. 纵轴去磁电枢反应

C. 纵轴助磁电枢反应　D. 横轴助磁电枢反应

206. 在不可控相复励电路中，可以通过控制（　）的大小来控制发电机输出的电压高低。

A. 励磁电流　B. 复励电流　C. 负载电流　D. 复合电流

207. 在不可控相复励电路中，发电机的复励电流与（　）有关。

A. 负载电流　B. 功率因数和负载电流

C. 励磁电流　D. 发电机端电压

208. 对继电保护器装置（　）的要求是错误的。

A. 动作要快　B. 灵敏度要高　C. 可靠性要高　D. 机械强度要大

209. 脱扣器中的（　）是过流脱扣器，其作用是过载时，开关跳闸切断主电路。

A. 失压脱扣器　B. 欠压脱扣器　C. 热脱扣器　D. 电磁脱扣器

210. 同步发电机晶体管继电保护装置的功能有（　）。

①欠压延时跳闸保护；②特大短路瞬时跳闸保护；③短路短延时跳闸保护；④过载长延时跳闸保护功能。

A. ①+③　B. ①+②+④　C. ②+③+④　D. ①+②+③+④

211. 若柴油机调速装置有问题，则会造成发电机组（　）。

A. 运行温升过高　B. 输出电压不稳定

C. 无输出电压　D. 振动很大

212. 导致发电机过热的原因是（　）。

A. 机组长期低于额定转速下运行　B. 发电机铁芯剩磁消失

C. 负载接近满载　D. 柴油快要耗尽

213. 柴油发电机组运转后，不能导致发电机无输出电压的是（　）。

A. 励磁回路电路不通　B. 旋转整流器直流侧电路中断

C. 发电机有定子和转子扫膛现象　D. 发电机铁芯剩磁消失或太弱

214. 发电机输出电压过低，而且不能调节，则（　）处理方法一定是错误的。

A. 提高柴油机转速

B. 减小励磁回路的电阻，以增大励磁电流

C. 检查供油系统故障

D. 检查触发器电路元件是否有脱焊和损坏的元件予以更换

215. 相复励磁发电机电压不正常，判断正确的是（　）。

①若发电机不发电，是电抗器、电流互感器断路或短路；②若发电机电压低，是

整定电阻或电抗器气隙小；③若发电机电压偏高，则是电抗器气隙过大；④找出电抗器、电流互感器断路或短路，消除故障，或更换线圈。

A. ①+②+③　B. ①+②　C. ②+③　D. ①+④

216. 三相谐波励磁发电机电压不正常，处理方法正确的是（　　）。

①找出三次谐波绕组故障点，予以消除；②查明晶闸管短路原因，若击穿损坏，应予更换；③找出电抗器、电流互感器断路或短路，消除故障，或更换线圈；④拆下触发器板进行检查，更换变质或损坏元件。

A. ①+③　B. ①+②+④　C. ①+④　D. ①+②+③+④

217. 防爆蓄电池要求垂直向上安装，阀控密封蓄电池（　　）。

A. 要求垂直向上安装　B. 可卧放

C. 可任意方向安装　D. 要求架放

218. 阀控式密封铅蓄电池在正常运行状态下，（　　）。

A. 有酸雾逸出，不需要单独的蓄电池室

B. 有酸雾逸出，需要单独的蓄电池室

C. 不应有酸雾逸出，不需要单独的蓄电池室

D. 不应有酸雾逸出，需要单独的蓄电池室

219. 阀控式密封铅蓄电池和铅酸防爆电池分别属于（　　）蓄电池。

A. 富液式和贫液式　B. 贫液式和贫液式

C. 富液式和富液式　D. 贫液式和富液式

220. 不同型号的铅酸蓄电池（　　）安装在同一组中。

A. 一定不可以　B. 可以　C. 有时候可以　D. 没有明文规定

221. 新安装的铅酸防爆蓄电池电解液温度应降到（　　）以下时，才能进行充电。

A. 35℃　B. 45℃　C. 55℃　D. 65℃

222. 铅酸蓄电池组接电前，要仔细检查蓄电池组和系统电源的（　　）。

A. 电压大小　B. 极性　C. 电流大小　D. 接地线

223. 铅酸蓄电池室的地面应铺（　　）。

A. 瓷砖　B. 胶皮　C. 耐酸砖　D. 塑料革

224. 铅酸蓄电池室的墙面、门窗玻璃涂带色的（　　）。

A. 树脂漆　B. 耐酸漆　C. 墙壁纸　D. 绝缘漆

225. 铅酸蓄电池室内采用（　　）灯具。

A. 防水　B. 防尘　C. 防静电　D. 防酸防爆

226. 铅酸蓄电池放电末期，如果继续深放电，则蓄电池端电压（　　）。

A. 缓慢下降　B. 急速下降　C. 基本不变　D. 反而会缓慢上升

227. 同一只铅酸蓄电池，大电流放电时输出容量比正常放电时容量（　　）。

A. 大　B. 小　C. 一样　D. 可能大，也可能小

228. 铅酸蓄电池的充电过程伴随着（　　）的过程。

A. $PbSO_4$ 增加　B. H_2O 增加　C. Pb、PbO_2 增加　D. 化学能消耗

229. 铅酸蓄电池恒压充电开始时，充电电流____；充电末期时，充电电流____。（　　）

A. 很大；也很大　B. 很小；也很小

C. 很小；很大　D. 很大；很小

230. 铅酸蓄电池在充电过程中内阻____，在放电过程中内阻____。（ ）
A. 逐渐减小；逐渐增大 B. 逐渐减小；也逐渐减小
C. 逐渐增大；也逐渐增大 D. 逐渐增大；逐渐减小

231. 铅酸蓄电池初充电灌注电解液的密度应低于规定值（ ）。
A. $0.01\sim0.015g/cm^3$ B. $0.1\sim0.15g/cm^3$
C. $0.2\sim0.3g/cm^3$ D. $0.3\sim0.5g/cm^3$

232. 铅酸蓄电池灌注电解液后，初充电前，其电解液温度应低于（ ）。
A. 25℃ B. 35℃ C. 45℃ D. 55℃

233. 铅酸蓄电池初充电灌注电解液后，不能马上充电，应静置（ ）。
A. 24～48h B. 12～24h C. 8～12h D. 2～8h

234. 铅酸蓄电池在初充电过程中，温度应在（ ）以下，如果超过应立即减小充电电流和采取降温措施。
A. 30℃ B. 40℃ C. 50℃ D. 60℃

235. 铅酸蓄电池初充电后（ ）。
A. 立即进行容量测验
B. 不用进行容量测验
C. 应进行容量测验，宜在静置 1～2h 使电压恢复到额定电压值后进行
D. 应进行容量测验，宜在静置 24h 后使电压恢复到额定电压值后进行

236. 铅酸蓄电池的均衡充电的电压限制为（ ）。充电电流在 $(0.10\sim0.15)C_{10}A$，最大不超过 $0.2C_{10}A$。
A. 2.25V/只 B. 2.6～2.7V/只
C. 2.23～2.27V/只 D. 2.35～2.40V/只

237. 铅酸蓄电池的均衡充电功能主要用于（ ），使放电后的电池及时得到补充电。
A. 电池组放电后的快速充电 B. 满足蓄电池的自放电
C. 满足蓄电池的氧循环 D. 满足蓄电池的自放电及氧循环

238. 在计算铅酸蓄电池电势的经验公式中，铅酸蓄电池电势常数是（ ）。
A. 0.35 B. 0.95 C. 0.65 D. 0.85

239. 电解液的相对密度为 1.24（15℃）的铅酸蓄电池电势是（ ）。
A. 2.04V B. 2.09V C. 2.18V D. 2.23V

240. 铅酸蓄电池的电动势是由（ ）决定的。
A. 蓄电池的极板数的多少 B. 蓄电池的极板面积的大小
C. 蓄电池的极板数和面积的大小 D. 两极板间的电位差

241. 铅酸蓄电池长期充电不足或处于半放电状态易发生（ ）故障。
A. 极板弯曲 B. 极板短路
C. 活性物质过量脱落 D. 极板硫酸化

242. 铅酸蓄电池极板表面有白色斑点说明极板（ ）。
A. 短路 B. 硫化
C. 活性物质过量脱落 D. 反极

243. 铅酸蓄电池由于使用不当，极板表面会生成白色结晶的粒状斑点，这些斑点是（ ），它们在充电时不易变成原来的活性物质，这种现象称其为极板硫酸化。
A. 松软的硫酸铅的小结晶 B. 二氧化铅

C. 粗大的硫酸铅结晶　　　　D. 绒状的铅

244. 铅酸蓄电池发生（　　）后，充电时不冒气泡或冒气出现晚，电解液密度和电压上升少甚至不变，电解液温度比一般情况下高。

A. 极板弯曲　　　　B. 极板短路

C. 活性物质过量脱落　　　　D. 极板硫酸化

245. 铅酸蓄电池发生极板短路后，从极板颜色易观察出来，正极板和负极板变为（　　）。

A. 灰色和棕黄色　　　　B. 褐色和浅灰

C. 棕黄色和灰色　　　　D. 浅灰和褐色

246. 铅酸蓄电池产生短路故障时，蓄电池容量降低，在放电开始后很容易发生极板（　　），这时要处理蓄电池。

A. 硫酸化　　B. 弯曲　　C. 活性物质脱落　　D. 反极

247. 铅酸蓄电池充电电流过大或经常过充电，则（　　）上活性物质会脱落。

A. 隔板　　B. 负极板　　C. 正极板　　D. 电解液

248. 铅酸蓄电池活性物质过量脱落，电槽铅皮与正极板间的电压为（　　）左右，与负极板间约为 0.7V 左右，表明沉淀物没有与极板相碰。

A. 0V　　B. 0.7V　　C. 1.3V　　D. 2V

249. 铅酸蓄电池低部沉淀物颜色为（　　）时，是由于经常过量放电使极板过度硫化或电解液内含有有害物质过量造成的。

A. 褐色　　B. 白色　　C. 浅蓝色　　D. 黑色

250. 根据（　　）的工作原理，开关稳压电源可分为 PWM 型开关稳压电源和谐振型开关稳压电源。

A. 直流变换器　　　　B. 工频滤波电路

C. 工频整流电路　　　　D. 功率因数校正电路

251. 不隔离式变换器中，根据输出电压与输入电压的关系，变换器分为升压型、降压型和（　　）三种。

A. 反激型　　B. 正激型　　C. 桥式　　D. 反相型

252. 为了降低（　　）承受的电压，可采用双管单端正激变换器。

A. 功率开关管　　B. 续流二极管　　C. 滤波电容　　D. 变压器

253. 隔离式直流变换器通常分为（　　）、推挽式变换器、桥式变换器和半桥式变换器。

A. 单端正激变换器　　　　B. 降压型变换器

C. 升压型变换器　　　　D. 反相型变换器

254. 变压器的负载功率一定时，工作频率增加 1 倍，变压器的体积可缩小（　　）。

A. 1/2　　B. 1/3　　C. 1/4　　D. 1/5

255. 全桥式变换器输入电压为 U_i 时，当四只晶体管都处于截止状态时，每只晶体管承受的电压为（　　）。

A. U_i　　B. $2U_i$　　C. $U_i/2$　　D. $U_i/4$

256. PWM 集成控制器内的差值信号和锯齿波比较，前者改变输出脉冲的（　　）。

A. 幅值　　B. 功率　　C. 宽度　　D. 频率

257. 在通信开关电源型号中，（　　）不是 PWM 控制器。

A. UC3823　　B. UCC3806　　C. LT1246　　D. 3DD15

258. PWM型集成控制器原理是基准电压和采样反馈信号通过误差放大器比较放大后，输出的（　　）和锯齿波比较，前者改变输出脉冲的宽度，以完成稳压。
A. 差值信号　B. 脉冲信号　C. 电压　D. 电流

259. 开关电源由于采用电流型控制器可消除纹波电压，使输出端（　　）以下的纹波电压很低。
A. 150Hz　B. 200Hz　C. 250Hz　D. 300Hz

260. 开关电源电路中，MOSFET逐渐取代常用的双极型功率晶体管是因为前者（　　）。
A. 功率大　B. 频率高　C. 体积小　D. 价格低

261. DC/DC变换器主要由输入滤波器、（　　）、控制开关、整流电路、输出滤波器、过压保护电路、过流保护电路等组成。
A. 低频变压器　B. 低频整流器　C. 高频变压器　D. 电力变压器

262. DC/DC变换器中高频整流器的作用是（　　）。
A. 进行工频整流　B. 进行高频整流
C. 进行能量传递　D. 隔离作用

263. 有源功率因数补偿的主电路由储能电感、功率开关管、隔离二极管和（　　）组成。
A. 熔断器　B. 高频变压器　C. 滤波电容　D. 桥式整流电路

264. 当开关电源的功率因数为（　　）时，流过中线的电流为零。
A. 0　B. 0.5　C. 0.8　D. 1

265. 开关电源功率因数校正电路的目的是使输入的电压、输入电流（　　），因比，功率因数接近于1。
A. 保持90°相位　B. 保持同相位
C. 保持120°相位　D. 幅值相等

266. 在零电压开关变换器中，开关关断期间流过开关的电流为零，因此（　　）。
A. 开关损耗为零　B. 回路不产生谐振
C. 开关两端电压最大　D. 开关损耗最大

267. 零电压开关变换器中，导通和关断时开关承受的电压均为（　　），因此开关损耗为零。
A. 谐振电压　B. 最大　C. 零　D. 浪涌电压

268. 高频软开关功率变换技术中，零电压开关英文缩写为（　　）。
A. NPN　B. ZCS　C. DC/DC　D. ZVS

269. 开关电源技术中最简单的负载均流方法称为（　　）。
A. 降压法　B. 平均电流法　C. 外部控制法　D. 主从控制法

270. 开关电源技术中需要附加控制器的均流法是（　　）。
A. 降压法　B. 主从控制法　C. 外部控制法　D. 平均电流法

271. 开关电源滤波电路的作用是：消除电源传入的高频噪声和防止（　　）反馈回电源。
A. 模块的噪声　B. 模块的控制信号
C. 输出电压　D. 时钟脉冲

272. 稳压电源中不产生尖峰干扰的器件是（　　）。
A. 整流管　B. 续流管　C. 功率开关管　D. 电容器

273. 开关电源采用屏蔽盒屏蔽，可以有效地抑制（　　）。
A. 传导干扰　B. 辐射　C. 尖峰干扰　D. 谐波干扰
274. 开关电源中高频开关器件因其开关过程是（　　）级，使其功耗小。
A. s（秒）　B. ms（毫秒）　C. μs（微秒）　D. ns（纳秒）
275. 将输入电流基波有效值与总输入电流有效值之比定义为电流的（　　）。
A. 功率因数　B. 失真因子　C. 效率　D. 有用功率
276. 在工作频率相同条件下，谐振型电源的损耗比 PWM 型电源降低（　　）。
A. 30%～40%　B. 10%～20%　C. 5%～10%　D. 15%～25 %
277. 开关型电源中的开关频率低，使输入电源向负载提供能量是（　　）。
A. 连续的　B. 断续的　C. 变化的　D. 线性的
278. 时间比率控制型稳压电源的问世，被人们誉为（　　）电源技术“革命”。
A. 10kHz　B. 20kHz　C. 50kHz　D. 1MHz
279. 开关电源主电路将工频电网交流电源直接引入，经输入低通滤波器和输入整流电路，获得一高纹波直流电压，作为（　　）电路的输入电压。
A. 功率转换　B. 整流　C. 变换　D. 滤波
280. 开关型整流模块主电路是由工频滤波电路、工频整流电路、功率因数校正电路、（　　）和输出滤波器组成。
A. 直流/直流变换器　B. 交流/直流变换器
C. 直流/交流变换器　D. 逆变器
281. 开关型整流模块主电路的主要部分是（　　）。
A. 工频整流电路　B. 功率因数校正电路
C. 输出滤波器　D. 直流/直流变换器
282. 高频开关电源监控模块声音告警的含义中，一般不包括（　　）。
A. 熔断器熔断告警　B. 输出电压告警
C. 整流模块异常告警　D. 均充运行
283. 检查高频开关电源系统声音告警的可行方法是（　　）。
A. 关闭一台运行整流模块　B. 断开一路直流输出
C. 关闭所有运行整流模块　D. 均充运行
284. 开关型整流模块一般都有（　　）。
A. 熔断器保护　B. 自动限流功能　C. 无线数据传输功能　D. 人工限流功能
285. 校验整流模块限流功能的目的是（　　）。
A. 防止模块过压运行　B. 起到均流的作用
C. 防止对电池大电流过充电　D. 防止模块过载或对电池大电流过充电
286. 高频开关电源系统整流模块过压跳机后，显示器告警提示为（　　）。
A. HVD　B. PL　C. HT　D. FF
287. 过压跳机是整流模块一项重要保护功能，如果失灵，其结果可能（　　）。
A. 造成其他模块过压保护跳机　B. 使其他模块低压运行
C. 造成输出过压冲击通信设备　D. 没有任何影响
288. 开关型整流模块过压跳机后，（　　）才能使其恢复正常。
A. 在监控模块重新设置后　B. 必须重新开机
C. 待电源电压低于浮充时　D. 设为均充状态

289. 开关型整流模块低压跳机后，（　　）才能使其恢复正常。
A. 需切离监控模块　B. 必须重新开机
C. 电源电压恢复正常时　D. 设为均充状态
290. 整流模块的低压保护功能就是当输出电压低于（　　）时，则模块自动跳机。
A. 浮充电压值　B. 53.5V　C. 均充电压值　D. 内部设定值
291. 校验直流低压保护时，由于直流电源很难降到保护点，所以校验该功能较为复杂、困难。如确需校验，可以采用（　　）和配合电池放电进行。然后再恢复标准设定值或者采样模拟方法进行校验。
A. 提高设定值　B. 降低设定值
C. 返厂校验　D. 不改变原值
292. 当整流模块输入交流电压低于内部设定值时，模块将（　　）。
A. 只发出灯光告警　B. 正常运行
C. 只发出声音告警　D. 自动停机保护
293. 整流模块交流输入电压越低，需要从交流电源获取的（　　）。
A. 电流越大　B. 电流越小　C. 电流不变　D. 功率越小
294. 高频开关电源系统整流模块交流过压跳机后，监控模块将（　　）。
A. 发出告警提示　B. 强制其工作
C. 自动切离该模块　D. 无任何反应
295. 环境温度是电源设备工作条件的重要一项，温度告警失灵的最可能结果是（　　）。
A. 设备过热，甚至损坏　B. 设备运行不受影响
C. 只影响电池运行而不影响整流设备　D. 运行设备一定出现故障
296. 校验环境温度告警点时，人为使温度传感器周围温度（　　）。
A. 慢慢升高　B. 快速升高　C. 温升速度不限　D. 快速下降
297. 电池温度是影响蓄电池的重要因素，其中不包括（　　）。
A. 寿命　B. 浮充电压　C. 放电效率　D. 标称容量
298. 为保证很宽的环境温度范围内，都能使电池充足电，（　　）各种状态的转换电压必须随电池电压的温度系数而变。
A. 放电器　B. 整流器　C. 传感器　D. 告警系统
299. 高频开关电源系统一般都具有输出低压跳脱功能，其作用是（　　）。
A. 防止蓄电池过放电　B. 防止整流模块输出过载
C. 防止损坏负载通信设备　D. 防止高频开关电源损坏
300. 采用电池低电压跳脱功能的系统通常是（　　）直流电源系统。
A. 大容量　B. 所有　C. 小容量　D. 重要的
301. 蓄电池低电压隔离开关跳脱后，对蓄电池而言错误的说法是：（　　）。
A. 蓄电池电压有所回升　B. 容量不再减少
C. 蓄电池电压继续下降　D. 蓄电池急需充电
302. 若市电中断后，UPS 的负载直接掉电，则最不可能的原因是（　　）。
A. 有个别电池故障　B. 电池组容量太小
C. 蓄电池连线断开　D. 电池开关未闭合
303. 若一台 UPS 开机后就由蓄电池供电，则可能的原因是（　　）。
A. 无市电输入　B. 负载过大

C. 蓄电池参数设置错误　　D. 电池老化

304. 有一台 UPS 出现故障，现象是市电指示灯闪烁，则不可能的原因是（　　）。

A. 市电停电　　B. 市电电压超过出 UPS 输入范围

C. 市电频率超过出 UPS 输入范围　　D. 市电零、火线接反了

305. 若 UPS 按开机键后不启动，则处理的第一步是检查（　　）。

A. 市电　　B. 按开机键时间是否太短

C. 蓄电池是否正常　　D. UPS 内部是否有故障

306. 如果市电正常，UPS 却不能接入市电，首先应该使用的处理方法是（　　）。

A. UPS 输入断路器开路　　B. 倒换到另一路市电

C. 手动使 UPS 输入断路器复位　　D. 更换 UPS 输入断路器

307. 市电停电后，UPS 蓄电池供电时间短，处理方法一定不正确的是（　　）。

A. 市电恢复后给蓄电池长时间充电　　B. 检查负载并移除非关键负载

C. 更换电池　　D. 更换 UPS

308. 三进单出 UPS 的旁路 A 相开关容量是主路的（　　）倍。

A. 1　　B. 2　　C. 3　　D. 4

309. UPS 过流保护中的截止式保护，在保护时（　　），达到保护目的。

A. 控制输出电流　　B. 直接切断 UPS 的输出电流

C. 先控制再切断输出电流　　D. 通过限制电压来

310. 在 UPS 的蓄电池保护电路中，检测出的电池电压 U，通过（　　）的判断得出电池电压是否超限。

A. 控制门　　B. 控制电路　　C. 比较电路　　D. 比较器

311. 当市电和 UPS 逆变输出电压的相位不同步时，可能有两种情况（　　）。

A. 一是同频但初相角不同，二是不同频

B. 一是电压不同，二是不同频

C. 一是不同频，二是不同相序

D. 一是电压不同，二是不同相序

312. UPS 锁相环在跟踪过程中，环路处于（　　），输入信号频率在一定范围变化。

A. 激发状态　　B. 控制状态　　C. 锁定状态　　D. 跟踪状态

313. UPS 锁相环路在闭环情况以及环路处于锁定状态时，环路的反馈作用使其机械锁定在输入信号频率上的过程称为（　　）。

A. 跟踪　　B. 锁相　　C. 振荡　　D. 同步

314. UPS 高级串联热备份形式的特点描述错误的是（　　）。

A. 可做 $n+1$ 热备份　　B. 可靠性不高

C. 逆变效率高　　D. 灵活性大

315. UPS 采用并机模块功率均分冗余形式的特点描述错误的是（　　）。

A. 瞬间过载能力强　　B. 可分期扩容

C. 并机柜故障则中断整个系统供电　　D. 价格特别高

316. 一台 15kW 的单相输出 UPS，可带最大负载电流为（　　）。

A. 39A　　B. 68A　　C. 23A　　D. 15A

317. 一台 20kV·A 的单相输出 UPS，可带最大负载电流为（　　）。

A. 91A　　B. 53A　　C. 73A　　D. 42A

318. 两台80kV·A的UPS并联，为了能给负载安全供电，负载最大为（　　）。
A. 160kV·A　B. 64kW　C. 128kW　D. 80kV·A
319. 安装UPS过程中，对环境的要求是（　　）。
A. 绝缘良好　B. 温度不能过高　C. 无有害气体　D. 场地干净
320. UPS安装完毕后，要做的各种工作中不包括（　　）。
A. 绝缘检查　B. 空载运行　C. 验证各项指标　D. 满载测试性能
321. 决定UPS经济性能是否良好的两个指标是（　　）。
A. 输出频率和输出波形　B. 输出电压和输出电流
C. 功率因数和工作效率　D. 工作湿度和工作温度
322. 在市电正常情况下，工作效率最高的是（　　）UPS。
A. 后备式　B. 传统双变换　C. 在线互动式　D. 旋转式
323. 一般情况下，UPS负载量在（　　）时，其经济实用性最高。
A. 60%～80%　B. 30%～50%　C. 50%～65%　D. 90%～100%
324. 单脉冲PWM就是在所需的频率周期内，在正负半周内有（　　）个电压脉冲。
A. 一　B. 两　C. 三　D. N
325. SPWM技术是在PWM的基础上，使输出的电压脉冲在一个特定时间间隔的能量（　　）正弦波所包含的能量。
A. 小于或等于　B. 大于　C. 小于　D. 等效于
326. Delta变换器是一个四象限PWM控制的（　　）。
A. 电压变换器　B. 电压变压器　C. 电流变换器　D. 电容器
327. Delta变换电路是将电流调节器和输入功率因数补偿（　　）进行。
A. 不同步　B. 按需要　C. 按周期　D. 同时
328. UPS在市电正常工作状态时，自动旁路中（　　）。
A. 有较大的环流　B. 有较小环流
C. 没有电流　D. 有变化的电流
329. 当有多台UPS并联供电时，有一台UPS逆变故障，其他UPS供电（　　）。
A. 一定由旁路供电　B. 有的由旁路，有的由正常逆变供电
C. 都由正常逆变供电　D. 可能由旁路供电
330. UPS前级配置柴油发电机组，（　　）会影响柴油发电机组功率与UPS容量的配置比。
A. 输入电压　B. 输入电流　C. 输入功率因数　D. 输出电压
331. 柴油发电机组与UPS匹配时，如果出现UPS不能正常工作，其存在的问题一般分两种，即（　　）。
A. 逆变不启动和UPS不能旁路　B. UPS不能旁路和电池寿命缩短
C. 电池寿命缩短和整流电路故障　D. UPS切换发生断电和逆变不启动
332. 柴油发电机组和UPS配套使用时，不易出现的问题是（　　）。
A. 柴油机不能正常启动　B. 电压振荡
C. 电流振荡　D. 柴油发电机组的频率振荡
333. 对于隔离变压器的错误描述是（　　）。
A. 隔离变压器和普通变压器原理是一样的
B. 次级和地不相连，使用安全

C. 隔离变压器的变比均为 1∶1
D. UPS 中也有隔离变压器

334. 隔离变压器的主要作用是（　　）。
A. 滤除杂波，使电流稳定平衡　　B. 调整电压高低
C. 增加设备功率　　D. 增加零地低压

335. 工频机 UPS 和高频机 UPS 的区别是（　　）。
A. 前者尺寸小，重量轻　　B. 后者输出变压器体积较小
C. 前者有输出隔离变压器，后者没有　　D. 前者可靠，后者不可靠

336. UPS 设备的功率因数低，会对（　　）影响最大。
A. 供电部门　　B. UPS 寿命　　C. 负载用电设备　　D. 其他并行用电设备

337. 一台 UPS 工作效率是 80%，它提供的功率是 50kW，则其消耗的功率是（　　）。
A. 40kW　　B. 50kW　　C. 62.5kW　　D. 60kW

338. 一台 UPS 的功率因数是 0.8，则它消耗了（　　）电能的时候，它消耗的总功是 20kW·h。
A. 16kW·h　　B. 25kW·h　　C. 4kW·h　　D. 15kW·h

339. 能彻底消除电网污染的 UPS 是（　　）UPS。
A. 后备式　　B. 互动式　　C. Delta 变换式　　D. 在线双变换式

340. 关于单进单出 UPS，正确的说法是（　　）。
A. 输入零火线接反时，UPS 不能工作
B. 输入零火线接反时，没什么关系
C. 输入零火线接反，输出电压就产生高压
D. 输入零火线接反，电池/市电切换时输出会产生高压

341. UPS 正常工作在市电逆变状态，按关机键后，输出中断，最可能是（　　）。
A. 正常现象，因为人为关机　　B. 旁路开关没有合，UPS 应工作在旁路状态
C. 电池问题，不能提供能量　　D. UPS 内部故障造成问题

342. 空调制冷压缩机由（　　）两部分组成。
A. 机体和曲轴　　B. 活塞与阀板组　　C. 活塞和气缸　　D. 压缩机和电动机

343. 空调制冷压缩机的气缸、（　　）组成一个可变的密封的工作容积。
A. 活塞、活塞环　　B. 气环、油环
C. 活塞　　D. 活塞件

344. 全封闭压缩机用内埋式保护器，其保护参数是（　　）。
A. 湿度　　B. 温度　　C. 电流　　D. 电压

345. 压缩机开始运转过载保护器即动作是由于（　　）而产生的。
A. 电源电压低　　B. 毛细管堵塞
C. 电动机绕组短路　　D. 电动机绕组开路

346. 空调器中（　　）动作不会使制冷压缩机停止工作。
A. 热力膨胀阀　　B. 压力继电器　　C. 温度控制器　　D. 热继电器

347. 在全封闭三相电动机的空调机中，用万用表检查绕组时，若有一个电阻很小，说明绕组（　　）。
A. 断路　　B. 接地　　C. 短路　　D. 正常

348. 分体空调器的压缩机刚启动不久就停车，故障原因可能是（　　）。

A. 制冷剂过多 B. 制冷剂不足 C. 制冷系统泄漏 D. 温控器故障

349. 制冷系统内（ ）可使制冷压缩机产生振动。

A. 缺少制冷剂 B. 有适量制冷剂 C. 有过量空气 D. 吸气压力过低

350. 用复式压力表测量高压、低压情况，如果在环境温度30℃时压力表压力在（ ）以下，一般可判断制冷剂不足。

A. 0.4MPa B. 0.3MPa C. 0.5MPa D. 0.6MPa

351. 用手摸压缩机吸气管的温度接近环境温度，说明（ ），很可能是制冷系统有泄漏。

A. 风机故障 B. 制冷剂不足 C. 制冷剂过量 D. 压缩机故障

352. 用万用表检查接线柱与外壳是否有短路或断路，如短路会直接造成（ ）。

A. 不会启动运行 B. 熔断丝熔断

C. 温控失灵 D. 不制冷

353. 空调机制冷效果差与（ ）无关。

A. 制冷剂多少 B. 电源频率变化 C. 运转时间过长 D. 供电电压低

354. 空调制冷系统高压压力偏高是（ ）造成的。

A. 蒸发器太脏 B. 冷凝器积尘 C. 制冷剂不足 D. 供电电压低

355. 空调运行时，其进、出风温差应保持在（ ）之间为宜。

A. 2～3℃ B. 3～4℃ C. 5～6℃ D. 7～8℃

356. 以R22为制冷剂的空调器，其正常工作时的吸气压力应在（ ）范围内。

A. 0.35～0.5MPa B. 0.4～0.45MPa

C. 0.49～0.54MPa D. 0.56～0.58MPa

357. 分体式空调将220V电源错接为380V电源，将首先造成（ ）损坏。

A. 电源变压器 B. 压缩机电动机 C. 风扇电动机 D. 压敏电阻

358. 立式空调机安装室外机时，如果室外机附近有墙壁，而进风口又要朝向墙壁时，应与墙壁保持（ ）以上的距离。

A. 30cm B. 40cm C. 50cm D. 60cm

359. 立式空调机安装时，制冷管道的弯曲角度不要小于（ ）。

A. 30° B. 90° C. 150° D. 180°

360. 立式空调机安装时，若发现室外机风叶旋转方向不对，则可将（ ）接线位置调换。

A. 三根电源导线重新 B. 三根电源导线中三根

C. 三根电源导线中任意两根 D. 火线和零线

361. 压缩机的绝缘电阻应在（ ）以上。

A. 2MΩ B. 1MΩ C. 0.5MΩ D. 0.2MΩ

362. 运行状态良好的制冷压缩机，检测其运行电流变化可以判断（ ）方面有无问题。

A. 启动保护 B. 温控电路 C. 制冷循环 D. 消声减振

363. 空调机的供电电源电压宜在不超过额定电压的（ ）范围以内。

A. 30% B. 5% C. 10% D. 20%

364. 监控系统是利用电子、计算机及通信技术实现遥测、遥信、遥控和（ ）功能。

A. 通信 B. 供电 C. 指挥 D. 遥调

365. 监控系统是利用电子、计算机及（　　）实现遥测、遥信、遥控和遥调功能。
A. 无线电技术　B. 卫星技术　C. 通信技术　D. 电磁技术
366. 监控系统对系统中各（　　）和蓄电池进行长期自动监测，获取系统中的各种运行参数和状态。
A. 功能单元　B. 告警信息　C. 参数　D. 状态
367. 监控中心（SC）负责对整个监控网络内所有的主局或分站动力设备和（　　）的监控和管理。
A. 机房环境　B. 空调　C. 温度　D. 湿度
368. 从管理结构上看，系统采用两级结构，各级中监控位置的简写表示为（　　）。
A. 监控中心 SU，监控单元 SC　B. 监控中心 SC，监控单元 MC
C. 监控中心 SC，监控单元 SU　D. 监控中心 SU，监控单元 MC
369. 以传输（　　）为主的网络称为数据网。
A. 语音　B. 数据　C. 图像　D. 数字信号
370. 模拟电路的电信号是连续变化的电量，其（　　）的大小在一定范围内是任意的。
A. 电压　B. 电流　C. 频率　D. 幅值
371. 在（　　）电路工作时，既有直流又有交流，既有线性元件工作又有非线性器件工作，既需要有静态分析又需要有动态分析。
A. 脉冲　B. 模拟　C. 数字　D. 高频
372. 放大电路是模拟电路中最基本的（　　）电路。
A. 单元　B. 脉冲　C. 数字　D. 高频
373. 烟雾是人们肉眼能见到的微小悬浮颗粒，其粒子直径大于（　　）。
A. 2nm　B. 4nm　C. 8nm　D. 10nm
374. 正常使用中的取暖设备、电灯以及太阳光线都包含有（　　），所以不能用来识别烟雾告警。
A. 可见光　B. 红外线　C. 紫外线　D. 能量
375. 热电偶测温基本原理是将两种不同材料的（　　）A 和 B 焊接起来，构成一个闭合回路。
A. 导体或半导体　B. 金属
C. 绝缘体　D. 化合物
376. 热电阻测温是基于（　　）导体的电阻值随温度的增加而增加这一特性来进行温度测量的。
A. 半导体　B. 金属　C. 绝缘体　D. 化合物
377. 当导体 A 和 B 的两个执着点之间存在温差时，两者之间便产生（　　），因而在回路中形成一定大小的电流，这种现象称为热电效应。
A. 距离　B. 热量　C. 电动势　D. 电流
378. 监控软件最重要的是各（　　）的当前参量状态值，当程序跑飞后，有可能将内存中操作变量修改，造成系统监控失误。
A. 监测点　B. 运行设备　C. 监控中心　D. 控制屏
379. 在进行超限、故障告警等异常监测时，不仅对采样读入的参数进行（　　）滤波，而且对程序内的数据变量也进行类似的滤波。
A. 电容　B. 模拟　C. 电感　D. 数字

380. DTR的中文含义是（　　）。
A. 数据终端单元　　B. 数据终端就绪
C. 数据支路单元　　D. 数据载波检测
381. DTU的中文含义是（　　）。
A. 数据终端单元　　B. 数据终端设备
C. 数据传输设备　　D. 数据传输单元
382. PSTN的中文含义是（　　）。
A. 公共电话网　B. 同步数字体系　C. 无线局域网　D. 数字数据网
383. 计算机病毒传播途径，不正确的说法是（　　）。
A. 使用来路不明的软件　　B. 通过借用他人的光盘
C. 通过非法的软件拷贝　　D. 通过把多张光盘叠放在一起
384. 防止计算机病毒传染的方法是（　　）。
A. 不使用有病毒的盘片　　B. 不让有传染病的人操作
C. 提高计算机电源的稳定性　　D. 联机操作
385. 为了防止已存有信息的U盘感染病毒，应该（　　）。
A. 不与有病毒的U盘放在一起　　B. 清洁U盘
C. 进行写保护　　D. 定期对U盘进行格式化
386. 在（　　）情况下，不会导致计算机蓝屏现象的出现。
A. 启动时加载程序过少　　B. 软硬件不兼容
C. 光驱在读盘时被非正常打开　　D. 遭到不明程序或病毒攻击
387. 计算机开机后，提示“Wait”停留很长时间，最后出现“HDD Controller failure”。造成这一现象的原因是（　　）。
A. CMOS中的硬盘设置参数丢失
B. 硬盘主引导记录中的分区表有错误
C. 硬盘线接口接触不良或接线错误
D. CMOS中的硬盘类型设置错误造成
388. 计算机的引导程序损坏或被病毒感染，开机自检后，屏幕上会出现（　　）。
A. “Device error”
B. “Invalid partition table”
C. “Error loading operating system”
D. “No ROM Basic，system Halted”
389. 计算机为DOS系统时，输入命令后屏幕显示Bad command or file name，含义是（　　）。
A. 文件不存在　B. 路径出错　C. 子目录不存在　D. 命令错或文件不存在
390. 在执行DOS命令时，显示如下信息Abort，Retry，Fail? 若想再试一次，须按下（　　）键。
A. A　B. R　C. F　D. B
391. 屏幕上显示Non-system disk error，说明（　　）。
A. 没有系统盘或磁盘错误　　B. 路径不对
C. 给的命令不对　　D. 使用的磁盘肯定是非系统盘
392. 监控系统所用的TCP称为（　　）协议。

A. 传输控制　B. 文件传输　C. 地址解析　D. 约定编码

393. 一般不列入动力环境监控监测内容的是（　）。

A. 空调设备　B. 照明设备　C. UPS设备　D. 发电机组

394. 根据通信系统对电源的要求以及目前国内的技术水平，监控的对象及内容有高低压配电设备、整流设备、蓄电池、（　）和柴油发电机组。

A. 电力变压器　B. 照明设备　C. UPS设备　D. 电力电缆

395. 为了实施集中监控管理，被控设备必须具有监控功能及监控（　），即遥测信号必须有测试点。

A. 数据　B. 电流　C. 电压　D. 接口

396. 下列不属于功率表量程的是（　）。

A. 电流量程　B. 电压量程　C. 功率量程　D. 电阻量程

397. 当4极同步柴油发电机组输出交流频率从50Hz降至49Hz时，表示该机组的转速降低了（　）r/min。

A. 60　B. 50　C. 40　D. 30

398. 测量低压电力电缆的绝缘电阻时，应选用的摇表是（　）。

A. 380V　B. 500V　C. 1000V　D. 2000V

399. 电力变压器的油主要起（　）作用。

A. 绝缘和灭弧　B. 绝缘和防锈　C. 绝缘和散热　D. 润滑和散热

400. 压敏电阻属于（　）类型的防雷器件。

A. 电流型　B. 限流型　C. 限功率　D. 限压型

3.2.2 不定项选择题（每题四个选项，至少有一个是正确的，将正确的选项填入括号内，多选少选均不得分）

1. 下列属于通信电源集中监控系统工程验收规范安装工艺验收要求的有（　）。

A. 接地应正确可靠　B. 信号传输线、电源电缆应分离布放

C. 应听取使用者的建议　D. 缆线的标签应正确、齐全，竣工后永久保存

2. 当柴油发电机组出现（　）或其他有发生人身事故或设备危险情况时，应立即紧急停机。

A. 电压过低　B. 水温超过90℃

C. 传动机构出现异常　D. 转速过高

3. 空调室外机电源线室外部分穿放的保护套管以及（　）等防水防晒措施应完好。

A. 室外电源端子板　B. 压力开关　C. 温湿度传感器　D. 室外机架

4. 空调系统应能按要求调节室内（　）并能长期稳定工作；有可靠的报警和自动保护功能。

A. 温度　B. 湿度　C. 空气纯洁度　D. 气压

5. “通信电源系统的割接”包括（　）。

A. 交流供电系统　B. 直流供电系统　C. 防雷接地系统　D. 通信网络系统

6. 在通信电源割接工程过程中，在机架上或走线架上方或附近作业时，施工人员必须清理随身携带的非绝缘物品，包括（　）等，禁止携带该类物品上机架作业。

A. 应急灯　B. 钥匙　C. 电钻　D. 小刀

7. RS232接口在实际应用中的物理接口有（　）。

A. DB16 针　　B. DB16 孔　　C. DB9 针　　D. DB9 孔

8. UPS 供电时间长短主要取决于（　　）。

A. 电压　　B. 电池容量　　C. 负载电流　　D. 频率

9. UPS 多机之间进行并机，必须保证条件是（　　）。

A. 同电流　　B. 同电压　　C. 同频率　　D. 同相位

10. 变送器从功能和用途上则可以分为（　　）。

A. 温度变送器　　B. 压力变送器　　C. 压差变送器　　D. 电量变送器

11. 变压器油是一种绝缘性良好的矿物油，它起（　　）作用。

A. 绝缘　　B. 冷却　　C. 防雷　　D. 润滑

12. 部分单体电池在充电、放电过程中温度过高的主要原因有（　　）。

A. 充电电压过低　　B. 极板硫酸化

C. 充电电流过大　　D. 内部局部短路

13. 柴油发电机组工作时，润滑系统工作状况主要用（　　）等进行监视。

A. 油温表　　B. 水温表　　C. 压力表　　D. 机油标尺

14. 柴油发电机组启动用蓄电池组常见的电压等级有（　　）。

A. 48V　　B. 36V　　C. 24V　　D. 12V

15. 对于燃料电池来说，其中（　　）工作温度高，可应用内重整技术将天然气中的主要成分 CH_4 在电池内部改质，直接生成 H_2，将煤所中的 CO 和 H_2O 反应生成 H_2。

A. 碱性燃料电池　　B. 磷酸燃料电池

C. 熔融碳酸盐燃料电池　　D. 固态氧化物燃料电池

16. 当前通信电源和环境集中监控系统常用的通信方式有（　　）。

A. RS232　　B. RS422　　C. RS485　　D. 以太网接口

17. 电能的质量指标主要包括（　　）。

A. 振幅　　B. 电压　　C. 频率　　D. 波形

18. 动力及环境监控系统对机房环境的监控点选择应包括（　　）。

A. 温度　　B. 湿度　　C. 门禁　　D. 视频

19. 阀控式密封铅酸蓄电池的安全阀的作用是（　　）。

A. 过滤作用　　B. 防止空气进入蓄电池内部

C. 防酸隔爆作用　　D. 将过压的氢气和氧气释放出蓄电池

20. 分散供电的特点有（　　）。

A. 节能、降耗　　B. 占地面积大

C. 运行维护费用高　　D. 供电可靠性高

21. 柴油机润滑系统的作用包括（　　）。

A. 润滑　　B. 冷却　　C. 清洁　　D. 密封

22. 关于空气断路器功能说法正确的有（　　）。

A. 短路保护功能　　B. 过压保护功能

C. 过载保护功能　　D. 故障恢复自动合闸功能

23. 活塞环要承受高速往复运动的摩擦力，使用的材料必须具有良好的（　　）。

A. 耐磨性　　B. 耐热性　　C. 导热性　　D. 硬度

24. 监控系统日常值班人员应对系统终端发出的各种声光告警，立即作出反应。对于紧急告警，（　　）。

A. 记录下来，进一步观察，视情处理
B. 及时上报
C. 应立即通知维护人员去处理
D. 如涉及设备停止运行或出现严重故障，影响电信网的正常运行，应立即通知维护人员抢修

25. (　　)项目属于 UPS 的年度维护项目。
A. 检查记录 UPS 的输入输出各项数据
B. 保持机器清洁，清洁散热风口、风扇及滤网
C. 蓄电池容量试验
D. 负荷均分系统单机运行测试，热备份系统负荷切换测试

26. 雷电的形成必须具备的条件是(　　)。
A. 空气干燥　B. 湿热空气上升到高空开始凝结成水滴和冰晶
C. 空气吸足够水分　D. 大气中有足够高的正负、负电荷形成的电位差

27. (　　)是防病毒软件。
A. 瑞星　B. 卡巴斯基　C. 诺顿　D. Word

28. 柴油机主要由曲轴连杆机构、配气机构、冷却系统及(　　)等系统组成。
A. 供油系统　B. 启动系统　C. 点火系统　D. 润滑系统

29. 判断低压恒压初充电终了的标志有(　　)。
A. 充电终期电流　B. 充电时间　C. 充入电量　D. 电压超出上限

30. 熔断器的作用有(　　)。
A. 过压保护　B. 过流保护　C. 短路保护　D. 欠压保护

31. 在 GTR 的使用过程中，人们根据其特点设计出了很多实用的驱动电路，按习惯可分为以下几种基本类型，即(　　)。
A. 间接驱动　B. 直接驱动　C. 隔离驱动　D. 比例驱动

32. 通信局(站)的直流电源设备主要包括(　　)等。
A. 整流设备　B. 逆变器　C. 直流配电设备　D. 蓄电池组

33. 维护规程要求每季度对监控系统做维护的项目有(　　)。
A. 备份一次系统操作记录数据，以作备查
B. 做阶段汇总季报表
C. 整理数据，删除次要数据
D. 对统计的数据进行分析、整理出分析报告，并妥善保管

34. (　　)是高频开关电源监控模块的主要功能。
A. 整流输出　B. 远程通信
C. 发出告警信息　D. 控制电源系统的正常运行

35. 交流稳压器中，关于供电质量的一般性指标有(　　)。
A. 输出电压稳定精度　B. 输出电压不平衡度
C. 输出电压波形失真度　D. 输出电压频率稳定度

36. 下列(　　)燃料电池必须严格限制 CO 的含量。
A. 碱性　B. 磷酸　C. 熔融碳酸盐　D. 质子交换膜

37. 下列属于非电量信号的是(　　)。
A. 温度　B. 湿度　C. 油箱油位　D. 电压

38. 组成滤波器的元器件有（　　）。
A. 电源　B. 电感　C. 电阻　D. 电容

39. 提高功率因数的方法，基本上分为（　　）。
A. 并联电感　B. 串联电容
C. 改善自然功率因数　D. 安装人工补偿装置

40. 变压器中点接地采用的方式主要有（　　）。
A. 大电流接地　B. 中点直接接地
C. 中点不接地　D. 中点经消弧线圈接地

41. 变压器的调压方式有（　　）。
A. 逆调压　B. 顺调压　C. 有载调压　D. 无载调压

42. 按照电力系统中负荷发生的不同时间可分为（　　）。
A. 高峰负荷　B. 低谷负荷　C. 平均负荷　D. 线损负荷

43. 柴油机喷油压力过大，对柴油机工作的影响是（　　）。
A. 工作粗暴　B. 不能启动　C. 排气冒黑烟　D. 有敲缸声

44. 柴油机高压油泵出油阀密封不良，对机器的影响是（　　）。
A. 雾化不良　B. 供油时间落后　C. 供油量减少　D. 滴油

45. 检查柴油机配气相位时用到的仪表是（　　）。
A. 分度盘　B. 千分尺　C. 千分表　D. 量缸表

46. 发电机三相负载不平衡会导致发电机（　　）。
A. 绝缘下降　B. 三相电压不平衡
C. 机温升高　D. 三相绕组的电流不平衡

47. 单相桥式整流电路的缺点（　　）。
A. 电路复杂　B. 输出电压波动大
C. 使用元件多　D. 变压器利用率低

48. TRC 控制的方式有（　　）。
A. PWM　B. PEM　C. PFM　D. 混合调制

49. 内燃机的启动方式有（　　）。
A. 人力启动　B. 电启动　C. 小汽油机启动　D. 压缩空气启动

50. 铜导线连接常用的方法有（　　）。
A. 钳压法　B. 插接法　C. 焊接法　D. 绑接法

51. UPS 中所设置的转换开关因采用执行元件不同而分为（　　）。
A. 自动式　B. 机械式　C. 电子式　D. 混合式

52. 影响蓄电池浮充电流的因素主要有（　　）。
A. 温度　B. 电解液的多少　C. 浮充电压　D. 电池的新旧程度

53. 轴类零件的检验方法有（　　）。
A. 弯曲检验　B. 灵活性检验　C. 断裂检验　D. 磨损检验

54. UPS 动态测试的项目有（　　）。
A. 转换性能测试　B. 输入输出电压、电流测试
C. 输出电压、电流测试　D. 突加突减负载测试

55. PN 结加正向电压时，下面说法正确的是（　　）。
A. 阻挡层变宽　B. 阻挡层变窄　C. 电流变大　D. 电流变小

56. 摇表在使用前要做（　　）试验。

A. 开路　　B. 校准　　C. 短路　　D. 检测

57. 低压电力网的配电接线方式是指相线、中性线的连接方式，主要有（　　）等。

A. 单相三线　　B. 单相两线　　C. 三相四线　　D. 三相五线

58. 根据电流强度随时间变化的关系，电流可以分为（　　）。

A. 感应电流　　B. 直流电流　　C. 交变电流　　D. 脉动电流

59. 磁力线具有以下特点（　　）。

A. 磁力线互不相交　　B. 磁力线是无头无尾的封闭曲线

C. 磁力线互相平行　　D. 由同性磁极产生的磁力线具有相互排斥性

60. 随着充电的进行，铅酸蓄电池中的硫酸铅转变为（　　）。

A. 二氧化铅　　B. 氧化铅　　C. 铅离子　　D. 铅

61. 蓄电池的容量通常分为（　　）。

A. 理论容量　　B. 理想容量　　C. 额定容量　　D. 实际容量

62. 随着铅蓄电池放电的进行，（　　）。

A. 生成氢气　　B. 电压下降

C. 电池内阻增加　　D. 活性物质转化为硫酸铅

63. 引起电池自放电的原因有（　　）。

A. 化学作用　　B. 电化学作用　　C. 氧化作用　　D. 电作用

64. 正负极板的主要作用是（　　）。

A. 做活性物质的载体　　B. 分隔电解液

C. 传导电流　　D. 产生氢气

65. 以下分别是一只二极管的正、反向电阻值，二极管可能损坏的是（　　）。

A. 5kΩ、100kΩ　　B. 5kΩ、10kΩ　　C. 9kΩ、500kΩ　　D. 10kΩ、5kΩ

66. 柴油机机械离心式调速按其工作性质可分为（　　）。

A. 单制式　　B. 双制式　　C. 三制式　　D. 全制式

67. 电气火灾常用（　　）灭火。

A. 黄沙　　B. 1211 灭火器　　C. 干粉灭火器　　D. CO_2 灭火器

68. 熔断器的熔断时间（　　）。

A. 与电流成正比　　B. 与电流平方成正比

C. 与熔丝特性有关　　D. 与熔丝特性无关

69. 电动机缺相运行的后果是（　　）。

A. 电动机停转　　B. 电动机速度下降

C. 电动机反转　　D. 电动机过载能力下降

70. 直流电动机启动方法有（　　）。

A. 手摇启动　　B. 直接启动　　C. 变阻器启动　　D. 降压启动

71. 软开关类变换器包括（　　）几种类型。

A. 升压型　　B. 串联谐振型　　C. 并联谐振型　　D. 准谐振型

72. 发动机的气门弹簧一般为（　　）

A. 两个气门弹簧，大小相同　　B. 两个气门弹簧，一大一小

C. 两个气门弹簧，旋向相同　　D. 两个气门弹簧，旋向相反

73. 有关启动蓄电池，下列说法正确的有（　　）。

A. 可用导线短路正负极来测试电池是否有电
B. 蓄电池应定时进行检查，并且给予补充充电
C. 液面应高于极板 10～15mm，不足时应加注蒸馏水
D. 用密度计测量电解液密度，此值应为 1.20～1.22g/cm^3（环境温度为 15℃时）

74. 在不隔离式变换器中，根据输出电压与输入电压的关系，可分为（　　）几种形式。
A. 升压型　　B. 降压型　　C. 推挽型　　D. 升降压型

75. 三相单层交流绕组的结构形式有（　　）。
A. 同心式　　B. 交叉式　　C. 闭合式　　D. 链式

76. 某三相异步电动机定子电压超过额定电压时，会引起（　　）。
A. 空载电流上升　　B. 启动转矩减小
C. 飞车　　D. 铁耗增加

77. 交流电源系统对通信台站提供的保证建筑负荷有（　　）等设备。
A. 消防电梯　　B. 保证照明
C. 居民楼空调设备　　D. 消防水泵

78. 某 2 极三相异步电动机，$U_N=6kV$，Y 接法，其启动方法有（　　）。
A. 电容启动　　B. Y/△ 启动　　C. 直接启动　　D. 自耦变压器降压启动

79. 活塞裙部上面开有纵、横槽的作用是（　　）。
A. 隔热　　B. 增加裙部的强度
C. 增加裙部的弹性　　D. 保证工作时为正圆形

80. 开关电源系统具备的蓄电池管理功能有（　　）。
A. 应能对蓄电池进行温度补偿
B. 应具有自动更换落后电池功能
C. 应具有蓄电池离线放电装置
D. 应能对蓄电池进行恒压限流充电

3.2.3　判断改错题（对的在括号内画“√”，错的在括号内画“×”，并将错误之处改正）

1. 交流电的有功功率，是指真正消耗的有用功。（　　）
2. 交流电路中，对于偏感性负载，其视在功率一定小于有功功率。（　　）
3. 在实际的交流供电系统中，功率因数基本都小于 1。（　　）
4. “瓦”是功率的单位，“度”是电能的单位。（　　）
5. 磁场是存在于磁极周围的一种特殊物质。（　　）
6. 利用磁场产生电流的现象称为电磁感应现象。（　　）
7. 利用交流电三相均匀的相位差，可方便地建立旋转磁场而制成电动机。（　　）
8. 电磁式电压、电流互感器的制造原理相同，主要用于测量取样电路。（　　）
9. 当发电机绕组或变压器的三相绕组接成星形，而用四根线供电时的三相电路，被称为三相三线制。（　　）
10. 负载采用星形连接时，相电压有效值是线电压有效值的 $\sqrt{3}$ 倍。（　　）
11. 三相平衡负载的相电流相同。（　　）
12. 变压器的引线套管，有高压、低压之分。（　　）
13. 变压器是利用电磁感应原理制造的一种静止电器，具有变压和能量传递功能。（　　）

14. 三相电力变压器的铁芯具有三个芯柱，每个芯栓上只套着原线圈。（　　）
15. 无阻尼振动和阻尼振动都属于自由振动。（　　）
16. 晶体三极管的直流放大系数随温度的升高而增加。（　　）
17. 晶体三极管工作状态分为截止区、放大区、饱和区，它们都具有放大能力。（　　）
18. 晶体三极管放大电路既能放大交流信号又能放大直流信号。（　　）
19. 晶体三极管放大电路中，电流负反馈能提高输出电阻。（　　）
20. 绝缘栅场效应晶体管又称金属-氧化物-半导体场效应晶体管。（　　）
21. 场效应管属于电流控制元件。（　　）
22. 开关的开、合会在电路中产生脉冲信号，这种干扰脉冲是有害的。（　　）
23. 脉冲信号一定是周期信号。（　　）
24. 脉冲电路要考虑脉冲的幅度、宽度以及整个波形的变化情况。（　　）
25. 晶体管的开关特性包括稳态开关特性及瞬态开关特性。（　　）
26. 在实际电路中常用 $\tau=RC$ 来描述 RC 电路充放电的快慢。（　　）
27. 光电耦合器是由发光元件和光敏元件封装在一起，且两者没有电磁感应现象，更没有电气联系的元件。（　　）
28. 三极管输出型光电耦合器工作时，光敏三极管在没有接收到发射端发出的红外光时，在其集电极中就有电流输出。（　　）
29. 电容的容抗与频率有关，因此由电阻和电容可组成 RC 选频网络。（　　）
30. 集成电路是能够完成一定功能的单元电路，集成在一块半导体基片上。（　　）
31. 集成电路大致分为半导体集成电路、薄膜电路和混合集成电路三种。（　　）
32. 线性集成电路是指晶体管工作在特性曲线的线性放大区，输出信号与输入信号成正比。（　　）
33. 将二进制数 0111 转换成十进制数应为 15。（　　）
34. 与门电路输入端都为“1”时，输出为“1”。（　　）
35. 或门电路输入端都为“0”时，输出为“0”。（　　）
36. 晶体管构成的非门电路，三极管要么工作在饱和状态，要么工作在截止状态。（　　）
37. 反相器属于时序电路。（　　）
38. 由集成电路可以方便地实现互斥功能。（　　）
39. 计数单元输出为低电平时，表示二进制数为“1”。（　　）
40. 对于 D 型触发器，当 CP 为 0 电平时，D 端数据传给输出端 Q。（　　）
41. 阀控密封蓄电池相对防爆蓄电池的主要优点是减少维护工作量。（　　）
42. 不同型号的蓄电池可以安装在同一电池组中。（　　）
43. 蓄电池室必须采用防酸、防爆灯具。（　　）
44. 电池放电初始，电池端电压变化不大。（　　）
45. 蓄电池充电后期，如果再继续大电流充电，负极板上将有大量的氢气逸出。（　　）
46. 蓄电池初充电灌注电解液后静置时间不能超过 24h。（　　）
47. 蓄电池初充电前首先要了解供电情况，以保证充电过程中不中断电源。（　　）
48. 密封蓄电池使用前需要初充电。（　　）
49. 铅蓄电池的均衡充电是一种恒压充电方式。（　　）
50. 若一蓄电池放电终了电解液密度为 1.120g/cm^3（15℃），那么其电势为 1.92V。（　　）

51. 蓄电池硫化极板颜色不一样，正极板为浅褐色，有白色斑点；负极板为灰色。（　　）

52. 蓄电池在充电过程中，电压和电解液相对密度上升很快。（　　）

53. 铅蓄电池底部有硬的蓝色沉淀物说明沉淀物与正极有接触。（　　）

54. PWM型开关整流器，由 LC 组成输出滤波电路，主要是抑制电网侧的浪涌电压和高次谐波。（　　）

55. 推挽式功率变换器中的两只开关功率管是同时导通和截止的。（　　）

56. PWM集成控制器，称为脉冲频率调制控制器。（　　）

57. PWM电流型控制器UC3846具有限流电压设置端。（　　）

58. 通信用高频开关电源整流模块工频整流滤波后输出的电压为48V。（　　）

59. 功率因数较低的开关电源产生的谐波电流对电网有利。（　　）

60. 谐振开关电路中，由于采用了零电流或零电压开关技术，开关损耗基本消除。（　　）

61. 在输出功率一定的条件下，开关电源变压器铁芯的截面积与频率成正比。（　　）

62. 谐振型电源中，由于工作频率提高了，所以谐波分量显著增加。（　　）

63. 在工作频率相同的条件下，谐振型开关电源的损耗比PWM型开关电源的损耗降低80%以上。（　　）

64. DC/DC变换器输入端都应加入快速熔断器，因其内部没有熔断器。（　　）

65. 新安装的整流模块，可以直接开启直流输出开关。（　　）

66. 高频开关电源系统监控模块不可以暂时关闭声音告警。（　　）

67. 整流模块限流值设定完后无需进行校验。（　　）

68. 整流模块过压保护点的数值大于均充电压值。（　　）

69. 进行低压保护校验时，可以像过压保护功能的试验一样，采用改变直流电压的方法进行。（　　）

70. 整流模块输入交流过低时，整流模块将不能正常工作。（　　）

71. 整流模块输入过压保护失灵时，将造成交流高压冲击输入电路，严重损坏模块。（　　）

72. 电源设备的工作环境温度对其没有任何影响。（　　）

73. 为了保证在很宽的环境温度范围内，都能使电池充足电，放电器各种状态的转换电压必须随电池电压的温度系数而变。（　　）

74. 高频开关电源系统高压告警点的数值大于过压保护点的电压值。（　　）

75. 校验蓄电池低电压跳脱功能，可以随意进行。（　　）

76. 熔断器能在异常情况下，自动断开电源起到保护作用。（　　）

77. 交流配电屏的熔断丝温度要定期检查。（　　）

78. 变压器温度与周围空气温度的差值称为变压器的温升。（　　）

79. 过电压大多会击穿变压器绕组的主绝缘。（　　）

80. 变压器绝缘电阻随温度的上升而增大。（　　）

81. 电力系统中最常见的电缆有两大类，即电力电缆和控制电缆。（　　）

82. BLXE为铝芯双层橡胶绝缘的布电线。（　　）

83. 电缆的金属外皮、保护铁管，均应可靠接地。（　　）

84. 户外型跌落式熔断器的型号标志为RW：R表示熔断器，W表示户内型。（　　）

85. 隔离开关的主要作用是检修高压设备时切断低压负载，确保检修人员安全。（　　）

86. 高压少油开关中的油只作为绝缘介质用。（　　）

87. 电流互感器的二次侧严禁短路。（　　）

88. 为了防止电压互感器一次、二次断路，一次、二次回路都应装有熔断器。（　　）

89. 柴油机无法发出规定的功率，应检查进气量、喷油量是否充足，燃烧过程是否正常，压缩力是否足够大。（　　）

90. 高温高速的废气从排气管冲出时迅速膨胀，拍击外界空气发出较大声响，同时还有火星，所以在排气管中要安装空气滤清器。（　　）

91. 国家标准规定：在海拔高度不超过 4000m 时发电机组应该能可靠的进行。（　　）

92. 内燃机的活塞应与气缸壁严密贴合，用漏光检查时，环的漏光处应不多于四处，超过应更新。（　　）

93. 柴油机从低速到高速时燃油需要量是一定的。（　　）

94. 冷却水温调节的作用是冷却水保持适宜温度，保证发动机可靠的冷却，又不因水温过低影响正常运行。（　　）

95. 柴油机的连杆曲轴将传动机构传来的扭矩传给活塞。（　　）

96. 蜡式节温器中充有蜡，当水温升高时，内部蜡液态变为固态，体积收缩。（　　）

97. 气动式调速器结构简单、体积小，低速时灵敏度较高，故适用于各种柴油机。（　　）

98. 活塞承受的气体压力通过活塞销传给连杆。（　　）

99. 自动化机组通常自启动 10 次失败后，发出启动失败告警，关闭该机组。（　　）

100. 柴油发电机组副控屏的作用是担负市电供电、监测和控制。（　　）

101. 拆卸气缸盖时，卸完螺栓后，用锤子敲缸盖使之松动。（　　）

102. 活塞连杆安装时，活塞顶有凹坑的应朝向喷油嘴一边。（　　）

103. 气门和气门座在工作时，其接触带会发生问题导致气门关闭不严产生漏气，进气门比排气门更加严重。（　　）

104. 拆卸喷油器过程中，油针体可以用虎钳来夹住。（　　）

105. 同步发电机只有对纯电阻性负载供电时，才产生横轴电枢反应。（　　）

106. 继电器是反映与传递信号自动动作的电气元件。（　　）

107. 若轴承室装的润滑脂太满会导致发电机过热，应按需要装入 1/2～2/3。（　　）

108. AVR 主回路中的晶闸管元件损坏一定导致发电机无输出。（　　）

109. 小型制冷压缩机按组成结构可分为全封闭式、半封闭式、开启式三种。（　　）

110. 空调温控器故障会导致空调机不运转。（　　）

111. 制冷剂严重不足或过量会导致空调器不制冷。（　　）

112. 空调机堵塞故障被误认为泄漏时，充注制冷剂仍不能制冷，压力也不正常，这是制冷系统泄漏和堵塞的重要区别之一。（　　）

113. 相序接错不会造成空调制冷效果差。（　　）

114. 空调机应装有专用线路和专用开关。（　　）

115. 立式空调机安装后只能使用检漏仪对各连接处进行检漏，不能用肥皂水。（　　）

116. 空调压缩机的绝缘电阻应在 1MΩ 以上。（　　）

117. UPS 内部发生故障时，可能导致不能开机。（　　）

118. UPS 如果频繁切换旁路，可能是较大的负载启动造成的。（　　）

119. UPS 由逆变器输出切换到市电输出时，逆变器会立刻停止工作。（　　）

120. 集成锁相环内部包括异或门鉴相器、鉴频鉴相器与外部电阻和电容构成的压控振荡器等。（　　）

121. 并联的 UPS 系统均有冗余功能。（　　）

122. 在使用 $n+1$ 并联时，UPS系统的容量是 n 台 UPS 功率之和。（ ）

123. 大型的UPS安装时要注意选择好市电配线和开关容量。（ ）

124. PWM控制技术就是在所需的频率周期内，将直流电压调制成等幅的系列交流输出电压脉冲，达到控制频率、电压、电流和抑制谐波的目的。（ ）

125. UPS的手动旁路和维修旁路是指不同的旁路。（ ）

126. UPS输入软启动功能可以方便机组的启动。（ ）

127. 隔离变压器和普通变压器的原理是一样的，但是作用不同。（ ）

128. UPS功率因数的高低受负载影响。（ ）

129. Delta变换UPS是一种真正的在线式UPS。（ ）

130. 监控系统是利用电子计算机及通信技术实现遥测、遥信和遥控等功能。（ ）

131. 监控中心(SC)和基站监控单元(SU)从管理结构上看，系统采用两级结构。（ ）

132. 数据网按传输距离分类，可以分为局域网、本地网和广域网。（ ）

133. 数字调制与模拟调制都属于正弦波调制。（ ）

134. 放大电路是模拟电路中最基本的单元电路。（ ）

135. 桥接又称网桥，它用来连接两个或更多的共享以太网网段。（ ）

136. 热电阻测温是基于金属导体的电阻值随温度的增加而增加这一特性来进行温度测量的。（ ）

137. 在进行超限、故障告警等异常监测时，不仅对采样读入的参数进行数字滤波，而且对程序内的数据变量也进行类似的滤波。（ ）

138. 目前，使用的防杀病毒软件的作用是检查计算机是否感染病毒，清除部分已感染的病毒。（ ）

139. 出错信息“Format failure”表示磁盘已无法格式化。（ ）

140. 发电机组一般不列入动力环境监控监测内容。（ ）

3.3 考试真题答案

3.3.1 单项选择题

1. A 2. C 3. C 4. C 5. A 6. D 7. B 8. C 9. D 10. B 11. C 12. D 13. A
14. D 15. D 16. B 17. B 18. B 19. A 20. B 21. A 22. B 23. C 24. B 25. D
26. A 27. A 28. B 29. C 30. A 31. C 32. D 33. B 34. B 35. D 36. A 37. A
38. C 39. B 40. B 41. C 42. C 43. C 44. A 45. B 46. C 47. A 48. B 49. C
50. A 51. C 52. A 53. A 54. C 55. D 56. C 57. B 58. D 59. C 60. C 61. C
62. A 63. A 64. B 65. D 66. B 67. B 68. B 69. C 70. D 71. C 72. A 73. D
74. B 75. A 76. A 77. B 78. C 79. A 80. B 81. C 82. C 83. A 84. B 85. A
86. C 87. D 88. A 89. B 90. D 91. B 92. A 93. D 94. A 95. D 96. C 97. B
98. A 99. C 100. A 101. C 102. B 103. B 104. A 105. B 106. A 107. A 108. C
109. A 110. D 111. C 112. A 113. D 114. C 115. A 116. B 117. C 118. B 119. B
120. B 121. B 122. A 123. D 124. C 125. B 126. D 127. C 128. C 129. A 130. C
131. D 132. B 133. B 134. A 135. D 136. D 137. C 138. A 139. B 140. C 141. C
142. B 143. D 144. A 145. A 146. C 147. C 148. A 149. D 150. D 151. B 152. C

153. B 154. A 155. B 156. B 157. D 158. C 159. A 160. A 161. C 162. D 163. D
164. B 165. C 166. B 167. A 168. B 169. D 170. C 171. C 172. C 173. D 174. C
175. B 176. D 177. A 178. C 179. D 180. A 181. B 182. B 183. A 184. B 185. D
186. C 187. C 188. B 189. B 190. D 191. C 192. B 193. C 194. D 195. C 196. A
197. B 198. C 199. D 200. B 201. B 202. A 203. A 204. D 205. B 206. A 207. B
208. D 209. C 210. D 211. B 212. A 213. C 214. C 215. D 216. B 217. C 218. C
219. D 220. A 221. A 222. B 223. C 224. B 225. D 226. B 227. B 228. C 229. D
230. A 231. A 232. B 233. D 234. B 235. C 236. D 237. A 238. D 239. B 240. D
241. D 242. B 243. C 244. B 245. C 246. D 247. C 248. C 249. B 250. A 251. D
252. A 253. A 254. A 255. C 256. C 257. D 258. A 259. D 260. B 261. C 262. B
263. C 264. D 265. B 266. A 267. C 268. D 269. A 270. C 271. A 272. D 273. B
274. D 275. B 276. A 277. B 278. B 279. A 280. A 281. D 282. D 283. A 284. B
285. D 286. A 287. C 288. B 289. B 290. D 291. A 292. D 293. A 294. A 295. A
296. A 297. D 298. B 299. A 300. C 301. C 302. B 303. A 304. A 305. B 306. C
307. D 308. C 309. B 310. D 311. A 312. C 313. D 314. B 315. C 316. B 317. C
318. D 319. C 320. D 321. C 322. A 323. A 324. A 325. D 326. C 327. D 328. C
329. D 330. C 331. B 332. A 333. C 334. A 335. B 336. A 337. C 338. A 339. D
340. D 341. B 342. C 343. A 344. B 345. C 346. A 347. C 348. A 349. C 350. A
351. B 352. B 353. C 354. B 355. D 356. C 357. D 358. A 359. B 360. C 361. A
362. C 363. C 364. D 365. C 366. A 367. A 368. C 369. B 370. D 371. B 372. A
373. D 374. B 375. A 376. B 377. C 378. A 379. D 380. B 381. A 382. A 383. D
384. A 385. C 386. A 387. C 388. D 389. D 390. B 391. A 392. A 393. B 394. C
395. D 396. D 397. D 398. B 399. C 400. D

3.3.2 不定项选择题

1. ABD 2. CD 3. ABC 4. AB 5. ABC 6. BD 7. CD 8. BC
9. BCD 10. ABCD 11. AB 12. BCD 13. ACD 14. CD 15. CD 16. ABCD
17. BCD 18. ABC 19. BD 20. AD 21. ABCD 22. AC 23. ABC 24. BCD
25. CD 26. BCD 27. ABC 28. ABD 29. ABC 30. BC 31. BCD 32. ACD
33. AB 34. BCD 35. ABCD 36. BD 37. ABC 38. BCD 39. CD 40. BCD
41. CD 42. ABC 43. ACD 44. BC 45. AC 46. BCD 47. AC 48. ACD
49. ABCD 50. ABD 51. BCD 52. ACD 53. ACD 54. AD 55. BC 56. AC
57. BCD 58. BCD 59. ABD 60. AD 61. ACD 62. BCD 63. ABD 64. AC
65. BD 66. ABD 67. BCD 68. BC 69. BD 70. BCD 71. BCD 72. BD
73. BC 74. ABD 75. ABD 76. AD 77. ABD 78. CD 79. AC 80. ACD

3.3.3 判断改错题

1. 交流电的有功功率，是指真正消耗的有用功。（ √ ）
2. 交流电路中，对于偏感性负载，其视在功率一定小于有功功率。（ × ）
注： 交流电路中，对于偏感性负载，其视在功率一定大于有功功率。
3. 在实际的交流供电系统中，功率因数基本都小于1。（ √ ）

4.“瓦”是功率的单位，“度”是电能的单位。（　√　）

5.磁场是存在于磁极周围的一种特殊物质。（　√　）

6.利用磁场产生电流的现象称为电磁感应现象。（　√　）

7.利用交流电三相均匀的相位差，可方便地建立旋转磁场而制成电动机。（　√　）

8.电磁式电压、电流互感器的制造原理相同，主要用于测量取样电路。（　√　）

9.当发电机绕组或变压器的三相绕组接成星形，而用四根线供电时的三相电路，被称为三相三线制。（　×　）

注： 当发电机绕组或变压器的三相绕组接成星形，而用四根线供电时的三相电路，被称为三相四线制。

10.负载采用星形连接时，相电压有效值是线电压有效值的 $\sqrt{3}$ 倍。（　×　）

注： 负载采用星形连接时，线电压有效值是相电压有效值的 $\sqrt{3}$ 倍。

11.三相平衡负载的相电流相同。（　√　）

12.变压器的引线套管，有高压、低压之分。（　√　）

13.变压器是利用电磁感应原理制造的一种静止电器，具有变压和能量传递功能。（　√　）

14.三相电力变压器的铁芯具有三个芯柱，每个芯栓上只套着原线圈。（　×　）

注： 三相电力变压器铁芯具有三个芯柱，每个芯栓上既套有原边线圈，又套有副边线圈。

15.无阻尼振动和阻尼振动都属于自由振动。（　√　）

注： 作振动的系统在外力的作用下物体离开平衡位置以后就能自行按其固有频率振动，而不再需要外力的作用，这种不在外力的作用下的振动称为自由振动。自由振动可以是阻尼振动，也可以是无阻尼振动。理想情况下的自由振动叫无阻尼自由振动. 自由振动时的周期叫固有周期，自由振动时的频率叫固有频率。它们由振动系统自身条件所决定，与振幅无关。阻尼振动是指，由于振动系统受到摩擦和介质阻力或其他能耗而使振幅随时间逐渐衰减的振动，又称减幅振动、衰减振动。

16.晶体三极管的直流放大系数随温度的升高而增加。（　√　）

17.晶体三极管工作状态分为截止区、放大区、饱和区，它们都具有放大能力。（　×　）

注： 晶体三极管工作状态分为截止区、放大区、饱和区，只有在放大区才具有放大能力。

18.晶体三极管放大电路既能放大交流信号又能放大直流信号。（　√　）

19.晶体三极管放大电路中，电流负反馈能提高输出电阻。（　√　）

20.绝缘栅场效应晶体管又称金属-氧化物-半导体场效应晶体管。（　√　）

21.场效应管属于电流控制元件。（　×　）

注： 场效应管属于电压型控制元件。简单地说，三极管基极与发射极间内阻较小，并且基极电流与集电极电流有对应关系，所以说三极管是电流控制元件。而场效应管在控制端与漏极、源极间电阻很大，几乎无电流，而靠控制极上施加的电压大小引起漏、源极间电流发生变化，所以说场效应管是电压控制元件。

22.开关的开、合会在电路中产生脉冲信号，这种干扰脉冲是有害的。（　√　）

23.脉冲信号一定是周期信号。（　×　）

注： 脉冲信号可能是周期信号，也可能是非周期信号。

24.脉冲电路要考虑脉冲的幅度、宽度以及整个波形的变化情况。（　√　）

25. 晶体管的开关特性包括稳态开关特性及瞬态开关特性。（ √ ）

26. 在实际电路中常用 $\tau=RC$ 来描述 RC 电路充放电的快慢。（ √ ）

27. 光电耦合器是由发光元件和光敏元件封装在一起，且两者没有电磁感应现象，更没有电气联系的元件。（ √ ）

28. 三极管输出型光电耦合器工作时，光敏三极管在没有接收到发射端发出的红外光时，在其集电极中就有电流输出。（ × ）

注：三极管输出型光电耦合器工作时，光敏三极管在接收到发射端发出的红外光时，在其集电极中就有电流输出。

29. 电容的容抗与频率有关，因此由电阻和电容可组成 RC 选频网络。（ √ ）

30. 集成电路是能够完成一定功能的单元电路，集成在一块半导体基片上。（ √ ）

31. 集成电路大致分为半导体集成电路、薄膜电路和混合集成电路三种。（ √ ）

32. 线性集成电路是指晶体管工作在特性曲线的线性放大区，输出信号与输入信号成正比。（ √ ）

注：线性集成电路（linear integrated circuit），以放大器为基础的一种集成电路。用线性一词表示放大器对输入信号的响应通常呈现线性关系。后来，这类电路又包括振荡器、定时器以及数据转换器等许多非线性电路、数字和线性功能相结合的电路。由于处理的信息都涉及连续变化的物理量（模拟量），人们也把这种电路称为模拟集成电路。

33. 将二进制数 0111 转换成十进制数应为 15。（ × ）

注：将二进制数 0111 转换成十进制数应为 7。

34. 与门电路输入端都为“1”时，输出为“1”。（ √ ）

35. 或门电路输入端都为“0”时，输出为“0”。（ √ ）

36. 晶体管构成的非门电路，三极管要么工作在饱和状态，要么工作在截止状态。（ √ ）

37. 反相器属于时序电路。（ × ）

注：反相器属于模拟电路（门电路）。

38. 由集成电路可以方便地实现互斥功能。（ √ ）

39. 计数单元输出为低电平时，表示二进制数为“1”。（ × ）

注：计数单元输出为低电平时，表示二进制数为“0”；计数单元输出为高电平时，表示二进制数为“1”。

40. 对于 D 型触发器，当 CP 为 0 电平时，D 端数据传给输出端 Q。（ × ）

注：对于 D 型触发器，当 CP 为 1 电平时，D 端数据传给输出端 Q。

41. 阀控密封蓄电池相对防爆蓄电池的主要优点是减少维护工作量。（ √ ）

42. 不同型号的蓄电池可以安装在同一电池组中。（ × ）

注：不同型号的蓄电池不能安装在同一电池组中。

43. 蓄电池室必须采用防酸、防爆灯具。（ √ ）

44. 电池放电初始，电池端电压变化不大。（ × ）

注：电池放电初始，电池端电压变化很大（下降很快）。

45. 蓄电池充电后期，如果再继续大电流充电，负极板上将有大量的氢气逸出。（ √ ）

46. 蓄电池初充电灌注电解液后静置时间不能超过 24h。（ √ ）

47. 蓄电池初充电前首先要了解供电情况，以保证充电过程中不中断电源。（ √ ）

48. 密封蓄电池使用前需要初充电。（ × ）

注：密封蓄电池使用前，不需要初充电。但如果电量不足，可进行补充充电。

49. 铅蓄电池的均衡充电是一种恒压充电方式。（ × ）

注：铅蓄电池的均衡充电是一种恒压限流充电方式。

50. 若一蓄电池放电终了电解液密度为 1.120g/cm³（15℃），那么其电势为 1.92V。（ × ）

注：铅酸蓄电池的电动势一般可根据下述经验公式计算：$E=0.85+d(15)$，其中$d(15)$表示温度为 15℃时，极板活性物质微孔中电解液的密度，0.85 为铅酸蓄电池的电动势常数。因此，若一蓄电池放电终了时，电解液密度为 1.120(15℃)，那么其电势为 1.97V。

51. 蓄电池硫化极板颜色不一样，正极板为浅褐色，有白色斑点；负极板为灰色。（ √ ）

52. 蓄电池在充电过程中，电压和电解液相对密度上升很快。（ × ）

注：蓄电池在充电过程中，电压和电解液相对密度缓慢上升；蓄电池在放电过程中，电压和电解液相对密度缓慢下降。

53. 铅蓄电池底部有硬的蓝色沉淀物说明沉淀物与正极有接触。（ × ）

注：铅蓄电池底部有硬的蓝色沉淀物说明沉淀物与负极有接触。

54. PWM 型开关整流器，由 LC 组成输出滤波电路，主要是抑制电网侧的浪涌电压和高次谐波。（ × ）

注：PWM 型开关整流器，由 LC 组成输出滤波电路，主要是抑制锯齿波和尖峰噪声。

55. 推挽式功率变换器中的两只开关功率管是同时导通和截止的。（ × ）

注：推挽式功率变换器中的两只开关功率管是轮流导通和截止的。

56. PWM 集成控制器，称为脉冲频率调制控制器。（ × ）

注：PWM 集成控制器，称为脉冲宽度调制（Pulse Width Modulation）控制器。

57. PWM 电流型控制器 UC3846 具有限流电压设置端。（ √ ）

58. 通信用高频开关电源整流模块工频整流滤波后输出的电压为 48V。（ × ）

注：通信用高频开关电源整流模块工频整流滤波后，输出的电压为 310V（单相整流）或 530V（三相整流）左右。

59. 功率因数较低的开关电源产生的谐波电流对电网有利。（ × ）

注：功率因数较低的开关电源产生的谐波电流对电网不利。

60. 谐振开关电路中，由于采用了零电流或零电压开关技术，开关损耗基本消除。（ √ ）

61. 在输出功率一定的条件下，开关电源变压器铁芯的截面积与频率成正比。（ × ）

注：在输出功率一定的条件下，开关电源变压器铁芯的截面积与频率成反比。

62. 谐振型电源中，由于工作频率提高了，所以谐波分量显著增加。（ × ）

注：谐振型电源中，由于工作频率提高了，所以谐波分量显著减小。

63. 在工作频率相同的条件下，谐振型开关电源的损耗比 PWM 型开关电源的损耗降低 80%以上。（ × ）

注：在工作频率相同的条件下，谐振型开关电源的损耗比 PWM 型开关电源的损耗降低 40%左右。

64. DC/DC 变换器输入端都应加入快速熔断器，因其内部没有熔断器。（ √ ）

65. 新安装的整流模块，可以直接开启直流输出开关。（ × ）

注：新安装的整流模块，应先打开交流输入开关，待到其交流输出指示灯常亮，才能开启直流输出开关。

66.高频开关电源系统监控模块不可以暂时关闭声音告警。（ × ）

注：高频开关电源系统监控模块可以暂时关闭声音告警。

67.整流模块限流值设定完后无需进行校验。（ × ）

注：整流模块限流值设定完后，需进行校验。

68.整流模块过压保护点的数值大于均充电压值。（ √ ）

69.进行低压保护校验时，可以像过压保护功能的试验一样，采用改变直流电压的方法进行。（ × ）

注：进行低压保护校验时，不能像过压保护功能的试验一样，采用改变直流电压的方法进行。如果采用降低直流电压的方法，可能造成电池亏电严重，甚至电源中断事故。

70.整流模块输入交流过低时，整流模块将不能正常工作。（ √ ）

71.整流模块输入过压保护失灵时，将造成交流高压冲击输入电路，严重损坏模块。（ √ ）

72.电源设备的工作环境温度对其没有任何影响。（ × ）

注：电源设备工作环境温度应在正常范围内，否则对其性能有不同程度的影响。

73.为了保证在很宽的环境温度范围内，都能使电池充足电，放电器各种状态的转换电压必须随电池电压的温度系数而变。（ √ ）

74.高频开关电源系统高压告警点的数值大于过压保护点的电压值。（ × ）

注：高频开关电源系统高压告警点的数值应小于过压保护点的电压值。

75.校验蓄电池低电压跳脱功能，可以随意进行。（ × ）

注：校验蓄电池低电压跳脱功能，不能随意进行，要防止供电中断。

76.熔断器能在异常情况下，自动断开电源起到保护作用。（ √ ）

77.交流配电屏的熔断丝温度要定期检查。（ √ ）

78.变压器温度与周围空气温度的差值称为变压器的温升。（ √ ）

79.过电压大多会击穿变压器绕组的主绝缘。（ √ ）

80.变压器绝缘电阻随温度的上升而增大。（ × ）

注：变压器绝缘电阻随温度的上升而降低。

81.电力系统中最常见的电缆有两大类，即电力电缆和控制电缆。（ √ ）

82.BLXE为铝芯双层橡皮绝缘的布电线。（ √ ）

83.电缆的金属外皮、保护铁管，均应可靠接地。（ √ ）

84.户外型跌落式熔断器的型号标志为RW：R表示熔断器，W表示户内型。（ × ）

注：户外型跌落式熔断器的型号标志为RW：R表示熔断器，W表示户外型。

85.隔离开关的主要作用是检修高压设备时切断低压负载，确保检修人员安全。（ × ）

注：隔离开关的主要作用是检修高压设备时切高压电，确保检修人员的工作安全。

86. 高压少油开关中的油只作为绝缘介质用。（ × ）

注：高压少油开关中的油，主要起灭弧作用，并起部分绝缘作用。少油断路器的触头和灭弧系统放置在装有少量绝缘油的绝缘筒中，其绝缘油主要作为灭弧介质，只承受触头断开时断口之间的绝缘，不作为主要的绝缘介质。少油断路器中不同相的导电部分之间及导体与地之间是利用空气、陶瓷和有机绝缘材料来实现绝缘。

87.电流互感器的二次侧严禁短路。（ × ）

注：电流互感器的二次侧严禁开路。

电流互感器正常工作时，次级所接负载为电流表、电度表电流线圈以及变送器等，这些线圈的阻抗都很小，基本上运行在短路状态。这种情况下，电流互感器的一次电流和次级电流所产生的磁通相互抵消，使铁芯中的磁通密度维持在较低水平，通常在零点几特斯拉（磁通密度的单位：T)，由于次级电阻很小，所以次级电压也很低。

当电流互感器次级绕组开路时，这时候一次电流如果没有变化，二次回路断开，或者电阻很大，那么二次侧的电流为0，或者非常小，二次线圈或铁芯的磁通量就很小，不能抵消掉一次磁通量。这时候一次电流全部变为励磁电流，使铁芯饱和，这个变化是突然的，叫突变，其磁通密度高达几个特斯拉以上。磁通密度突变，二次电压很高。

这种情况出现后，会产生以下后果：二次侧产生很高电压，高电压可能击穿电流互感器的绝缘，使整个配电设备外壳带电，也可能导致检修人员触电，有生命危险；铁芯突变饱和会使互感器的铁芯损耗增加，铁芯会发热，损坏互感器；互感器饱铁芯饱和，计量失准，TA比差（互感器在测量电流时所出现的数值误差，它是由于实际电流比不等于额定电流比而造成的）和角差（相位差）加大。

88. 为了防止电压互感器一次、二次断路，一次、二次回路都应装有熔断器。（ × ）

注：为了防止电压互感器一次、二次短路，一次、二次回路都应装有熔断器。因为电压互感器二次侧线圈匝数比一次侧线圈匝数要少，但线径较大，根据变压器原理，一旦二次侧短路，势必在二次侧引起很大的短路电流，会造成互感器烧毁。因此，在电压互感器二次侧必须装设保险丝防止其短路。同理，为了防止电压互感器一次侧短路，一次回路也可以装有熔断器。而电流互感器正好相反，其二次侧是严禁开路，因为一旦开路会在二次侧感应出高电压，造成不安全。

89. 柴油机无法发出规定的功率，应检查进气量、喷油量是否充足，燃烧过程是否正常，压缩力是否足够大。（ √ ）

90. 高温高速的废气从排气管冲出时迅速膨胀，拍击外界空气发出较大声响，同时还有火星，所以在排气管中要安装空气滤清器。（ × ）

注：高温高速的废气从排气管冲出时迅速膨胀，拍击外界空气发出较大声响，同时还有火星，所以在排气管中要安装排汽消声器。

91. 国家标准规定：在海拔高度不超过4000m时发电机组应该能可靠的进行。（ √ ）

92. 内燃机的活塞应与气缸壁严密贴合，用漏光检查时，环的漏光处应不多于四处，超过应更新。（ × ）

注：内燃机的活塞应与气缸壁严密贴合，用漏光检查时，环的漏光处应不多于两处，超过应更新。

93. 柴油机从低速到高速时燃油需要量是一定的。（ × ）

注：柴油机从低速到高速时燃油需要量是一定的。此说法是不准确的。柴油机从低速到高速时，喷油器每次喷油量是一定的。柴油机从低速到高速时，在一定的时间范围内，其燃油需要量是不同的。高速时，需要的供油量多；低速时，需要的供油量少。

94. 冷却水温调节的作用是冷却水保持适宜温度，保证发动机可靠的冷却，又不因水温过低影响正常运行。（ √ ）

95. 柴油机的连杆曲轴将传动机构传来的扭矩传给活塞。（ × ）

注：柴油机的连杆曲轴将活塞传来的扭矩传给传动机构。

曲柄连杆机构的功用是将活塞的往复运动转变为曲轴的旋转运动，同时将作用于活塞上的力转变为曲轴对外输出的转矩。

96. 蜡式节温器中充有蜡，当水温升高时，内部蜡液态变为固态，体积收缩。（ × ）

注：蜡式节温器中充有蜡，当水温升高时，内部蜡由固态变为液态，体积膨胀，使发动机冷却系统由小循环变更为大循环。

如图 3-7 所示，为蜡式双阀节温器工作原理示意图。上支架 4 与阀座 3、下支架 1 铆成一体。反推杆与固定于支架的中心处，并插于橡胶套 7 的中心孔中。橡胶套与感温器外壳 9 之间形成的腔体内装有石蜡。为防止石蜡流出，感温器外壳上端向内卷边，并通过上盖与密封垫将橡胶套压紧在外壳的台肩面上。在常温时，石蜡呈固态，当水温低于 76℃时，弹簧 2 将主阀门 6 压紧在阀座 3 上，主阀门完全关闭，同时将副阀门 11 向上带动离开副阀门座，使副阀门开启，此时冷却水进行小循环［如图 3-7（a）所示］。当水温升高时，石蜡逐渐变成液态，体积膨胀，迫使橡胶套收缩，而对反推杆 5 锥状端头产生向上的举力，固定的反推杆就对橡胶套和感温器外壳产生一个下推力。当发动机的水温达 76℃时，反推杆对感温器外壳的下推力克服弹簧张力使主阀门开始打开。水温超过 86℃时，主阀门全开，而副阀门完全关闭，冷却水进行大循环［如图 3-7（b）所示］。

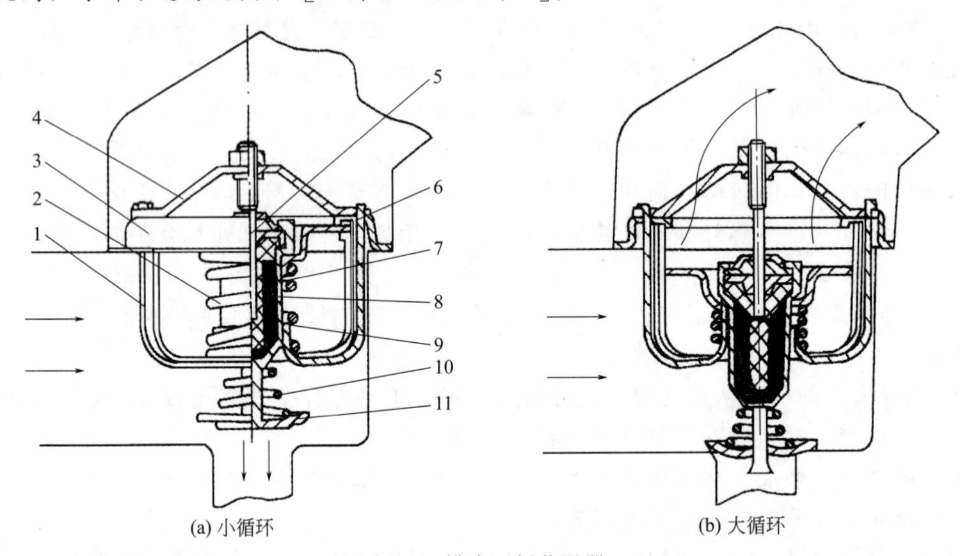

图 3-7　蜡式双阀节温器

1—下支架；2，10—弹簧；3—阀座；4—上支架；5—反推杆；6—主阀门；7—橡胶套；8—石蜡；9—感温器外壳；11—副阀门

97. 气动式调速器结构简单、体积小，低速时灵敏度较高，故适用于各种柴油机。（ × ）

注：气动式调速器结构简单、体积小，低速时灵敏度较高，故适用于小型柴油机。

98. 活塞承受的气体压力通过活塞销传给连杆。（ √ ）

99. 自动化机组通常自启动 10 次失败后，发出启动失败告警，关闭该机组。（ × ）

注：自动化机组通常自启动 3 次失败后，发出启动失败告警，关闭该机组。如果是一主一备机组，主机组启动失败后，会自启动备用机组。

100. 柴油发电机组副控屏的作用是担负市电供电、监测和控制。（ √ ）

101. 拆卸气缸盖时，卸完螺栓后，用锤子敲缸盖使之松动。（ × ）

注：拆卸气缸盖时，卸完螺栓后，可直接用双手用力将其抬出。当用手搬不动时，可用塑料榔头或木榔头敲击四周使之松动，然后用双手用力将其抬出。

102. 活塞连杆安装时，活塞顶有凹坑的应朝向喷油嘴一边。（ √ ）

103. 气门和气门座在工作时，其接触带会发生问题导致气门关闭不严产生漏气，进气门比排气门更加严重。（ × ）

注：气门和气门座在工作时，其接触带会发生问题导致气门关闭不严产生漏气，排气门比进气门更加严重（由于排气门工作条件比进气门恶劣）。

104. 拆卸喷油器过程中，油针体可以用虎钳来夹住。（ × ）

注：拆卸喷油器过程中，油针体正常情况下都不能用虎钳来夹住。

105. 同步发电机只有对纯电阻性负载供电时，才产生横轴电枢反应。（ √ ）

106. 继电器是反映与传递信号自动动作的电气元件。（ √ ）

注：继电器（英文名称：relay）是一种电控制器件，是当输入量（激励量）的变化达到规定要求时，在电气输出电路中使被控量发生预定的阶跃变化的一种电器。它具有控制系统（又称输入回路）和被控制系统（又称输出回路）之间的互动关系。通常应用于自动化的控制电路中，它实际上是用小电流去控制大电流运作的一种“自动开关”。故在电路中起着自动调节、安全保护、转换电路等作用。

107. 若轴承室装的润滑脂太满会导致发电机过热，应按需要装入1/2～2/3。（ √ ）

108. AVR主回路中的晶闸管元件损坏一定导致发电机无输出。（ × ）

注：AVR主回路中的晶闸管元件损坏，不一定导致发电机无输出，也有可能导致发电机输出电压过高或过低。

109. 小型制冷压缩机按组成结构可分为全封闭式、半封闭式、开启式三种。（ √ ）

110. 空调温控器故障会导致空调机不运转。（ × ）

注：空调温控器故障可能导致空调机不能停机。

111. 制冷剂严重不足或过量会导致空调器不制冷。（ √ ）

112. 空调机堵塞故障被误认为泄漏时，充注制冷剂仍不能制冷，压力也不正常，这是制冷系统泄漏和堵塞的重要区别之一。（ √ ）

113. 相序接错不会造成空调制冷效果差。（ × ）

注：相序接错可能造成空调制冷效果差。

114. 空调机应装有专用线路和专用开关。（ √ ）

115. 立式空调机安装后只能使用检漏仪对各连接处进行检漏，不能用肥皂水。（ × ）

注：立式空调机安装后既能使用检漏仪对各连接处进行检漏，又能使用肥皂水进行检漏。

116. 空调压缩机的绝缘电阻应在1MΩ以上。（ × ）

注：空调压缩机的绝缘电阻应在2MΩ以上。

117. UPS内部发生故障时，可能导致不能开机。（ √ ）

118. UPS如果频繁切换旁路，可能是较大的负载启动造成的。（ √ ）

119. UPS由逆变器输出切换到市电输出时，逆变器会立刻停止工作。（ × ）

注：UPS由逆变器输出切换到市电输出时，逆变器会继续工作一会，延迟停机。

120. 集成锁相环内部包括异或门鉴相器、鉴频鉴相器与外部电阻和电容构成的压控振荡器等。（ √ ）

121. 并联的UPS系统均有冗余功能。（ × ）

注：并联的UPS系统不一定有冗余功能。

122. 在使用$n+1$并联时，UPS系统的容量是n台UPS功率之和。（ √ ）

123. 大型的UPS安装时要注意选择好市电配线和开关容量。（ √ ）

124. PWM控制技术就是在所需的频率周期内，将直流电压调制成等幅的系列交流输出电压脉冲，达到控制频率、电压、电流和抑制谐波的目的。（ √ ）

注：PWM（Pulse Width Modulation）控制技术就是对脉冲的宽度进行调制的技术，即通过对一系列脉冲的宽度进行调制，来等效的获得所需要的波形（含形状和幅值）；面积等效原理是PWM技术的重要基础理论；一种典型的PWM控制波形SPWM：脉冲的宽度按正弦规律变化而和正弦波等效的PWM波形称为SPWM波。

125. UPS的手动旁路和维修旁路是指不同的旁路。（ × ）

注：UPS的手动旁路和维修旁路是同一个旁路，只是不同的说法而已。

126. UPS输入软启动功能可以方便机组的启动。（ √ ）

127. 隔离变压器和普通变压器的原理是一样的，但是作用不同。（ √ ）

注：普通变压器是用来变压的，而隔离变压器是等电压变换。

128. UPS功率因数的高低受负载影响。（ √ ）

129. Delta变换UPS是一种真正的在线式UPS。（ × ）

注：Delta变换UPS不是一种真正的在线式UPS。

130. 监控系统是利用电子计算机及通信技术实现遥测、遥信和遥控等功能。（ √ ）

131. 监控中心(SC)和基站监控单元(SU)从管理结构上看，系统采用两级结构。（ √ ）

132. 数据网按传输距离分类，可以分为局域网、本地网和广域网。（ × ）

注：数据网按传输距离分类，可以分为局域网、城域网和广域网。

133. 数字调制与模拟调制都属于正弦波调制。（ × ）

注：理论上数字调制与模拟调制在本质上没有什么不同，它们都属于正弦波调制。但数字调制是源信号为离散型的正弦波调制，而模拟调制则是源信号为连续型的正弦波调制，因而，数字调制具有由数字信号带来的一些特点。这些特点主要包括两个方面：第一，数字调制信号的产生，除把数字的调制信号当作模拟信号的特例而直接采用模拟调制方式产生数字调制信号外，还可以采用键控载波的方法；第二，对于数字调制信号的解调，为提高系统的抗噪声性能，通常采用与模拟调制系统中不同的解调方式。

134. 放大电路是模拟电路中最基本的单元电路。（ √ ）

135. 桥接又称网桥，它用来连接两个或更多的共享以太网网段。（ √ ）

136. 热电阻测温是基于金属导体的电阻值随温度的增加而增加这一特性来进行温度测量的。（ √ ）

137. 在进行超限、故障告警等异常监测时，不仅对采样读入的参数进行数字滤波，而且对程序内的数据变量也进行类似的滤波。（ √ ）

138. 目前，使用的防杀病毒软件的作用是检查计算机是否感染病毒，清除部分已感染的病毒。（ √ ）

139. 出错信息“Format failure”表示磁盘已无法格式化。（ √ ）

140. 发电机组一般不列入动力环境监控监测内容。（ × ）

注：发电机组必须列入动力环境监控监测内容。动力环境监控系统系统针对各种通信局站的设备特点和工作环境，对局站内的发电机组、UPS、高频开关电源、蓄电池组、空调等智能、非智能设备以及温湿度、烟雾、地水、门禁等环境量实现“遥测、遥信、遥控”等功能。监控系统充分利用了通信传输设备所能提供的各种传输信道资源，不但可以成功实现多级网管，使局站无人值守成为现实，而且高效率的使用信道资源，为用户节约了大量的信道资源投入和运行维护投入，降低了用户运营成本；监控中心软件可实现中文图形化人机界面的操作，界面更友好，功能更强大，可实现对所有局站的全参数、全方位的监控，大大提高了用户的维护管理效率。机房照明设备一般不列入动力环境监控监测内容。

第 4 章 技师（二级）

4.1 考试大纲要点

4.1.1 电工技术

4.1.1.1 电路基本定律的应用；

4.1.1.2 复杂直流电路的分析方法；

4.1.1.3 电路的基本分析方法；

4.1.1.4（三相）正弦交流电路的分析方法；

4.1.1.5 铁芯线圈电路的应用；

4.1.1.6 直流电动机的应用；

4.1.1.7 交流大负载电流的测量方法；

4.1.1.8 直流大负载电流的测量方法。

4.1.2 电子技术

4.1.2.1 基本放大电路的分析方法；

4.1.2.2 集成运算放大器的参数，集成运算放大电路的应用；

4.1.2.3 正弦波振荡电路的原理，由门电路构成的方波发生器原理，门电路构成的多谐振荡器原理；

4.1.2.4 直流稳压电源原理分析方法，晶体管串联稳压电路输出电压改变原因，三端集成稳压器的典型应用，DC/DC 直流变换器及典型应用；

4.1.2.5 晶闸管基本工作原理、主要参数及其典型应用；

4.1.2.6 RC 微分电路、积分电路的分析方法；

4.1.2.7 常用集成触发器的种类，基本 RS 触发器的原理；

4.1.2.8 常用集成计数器、分频器的应用，集成单稳态电路的工作原理；

4.1.2.9 组合逻辑电路的分析及其应用；

4.1.2.10 单稳态触发器的用途，施密特触发器的特点，施密特触发器的应用；

4.1.2.11 模拟/数字（A/D）转换器的基本原理及其应用；

4.1.2.12 LED 显示译码器的基本应用，十进制计数-分频器的工作原理。

4.1.3 配电设备

4.1.3.1 通信电源的发展方向；

4.1.3.2 高压配电设备的组成；

4.1.3.3 电源直流系统的设计原则；

4.1.3.4 防雷器的种类，避雷器的工作原理及其安装要求；

4.1.3.5 交流接触器的工作原理与常见故障；

4.1.3.6 变压器的空载性能，变压器的保护装置，电力变压器的安装方法，变压器油在变压器中的作用及其劣化的原因，变压器温升的原因，变压器绝缘老化的原因。

4.1.4 发电机组

4.1.4.1 柴油机动力性指标、经济性指标，柴油机输出额定功率修正方法；

4.1.4.2 燃烧室的类型，气缸垫的使用方法，拉缸的原因，柴油机过热处理方法；

4.1.4.3 调速系统的性能，喷油泵故障处理方法，油路故障处理方法；

4.1.4.4 内燃机气门的性能，减压机构的检查与调整，气门间隙的检查与调整，涡轮增压器基本工作原理；

4.1.4.5 润滑系统工作原理，机油滤清器工作原理；

4.1.4.6 柴油机自动启动装置工作原理；

4.1.4.7 柴油机综合故障的分析与处理方法；

4.1.4.8 柴油机的安装方法，内燃机的磨合方法，柴油机的分级保养内容；

4.1.4.9 同步发电机工作原理。

4.1.5 化学电源

4.1.5.1 密封阀控蓄电池的特性、结构特点、密封原理，密封阀控蓄电池安全阀的作用；

4.1.5.2 密封阀控蓄电池对温度的要求、维护方法、使用和维护中注意的问题；

4.1.5.3 密封阀控蓄电池放电保护电压的设置方法；

4.1.5.4 密封阀控蓄电池均衡充电的注意事项；

4.1.5.5 影响密封阀控蓄电池容量和使用寿命的因素；

4.1.5.6 铅蓄电池的自放电、反极故障的原因分析与处理。

4.1.6 开关电源

4.1.6.1 MOSFET、IGBT 工作原理与特性，高频功率变压器的性能；

4.1.6.2 DC/DC 功率变换器的原理，DC/DC 功率变换技术的应用；

4.1.6.3 高频开关整流器功率因数校正原理，高频开关电源输入保护电路原理，高频开关电源输出保护电路的特性；

4.1.6.4 高频开关电源的特点，PWM 集成控制器工作原理，恒功率整流器原理；

4.1.6.5 高频软开关功率变换技术的应用；

4.1.6.6 开关电源整流模块的限流、均流特性；

4.1.6.7 高频开关电源整流模块、监控模块故障分析与处理；

4.1.6.8 开关电源监控模块通信接口传送的主要信号，开关电源主要告警故障处理方法。

4.1.7 UPS 电源

4.1.7.1 后备式与三端口 UPS 的对比，旋转型 UPS 的特点，UPS 的选择方法，UPS 主要技术指标的测量方法；

4.1.7.2 UPS 静态开关工作原理；

4.1.7.3 UPS 新技术应用，UPS 的新型冗余结构，UPS 的热同步并机供电方法；

4.1.7.4 UPS 远程控制方法，UPS 的智能管理过程；

4.1.7.5 隔离变压器的应用；

4.1.7.6 UPS 高频环节变换方式；

4.1.7.7 影响 UPS 功率因数的因素；

4.1.7.8 UPS 综合故障分析与处理方法。

4.1.8　空调设备

4.1.8.1 温度控制器的工作原理；

4.1.8.2 空调机的常见故障；

4.1.8.3 风冷柜式空调机不能启动处理方法；

4.1.8.4 分体式空调器运转噪声处理方法；

4.1.8.5 分体式空调器漏电处理方法；

4.1.8.6 空调维修的气焊操作方法。

4.1.9　集中监控

4.1.9.1 在数据采集系统中 A/D 转换器的作用，A/D 转换器的主要技术指标，双积分型模/数转换的基本原理；

4.1.9.2 监控系统传输与组网方式，基站监控系统的结构；

4.1.9.3 RS-485 接口的特点，电源监控系统电流传感器原理，蓄电池监控数据采集方式，系统监控单元（SU）的功能；

4.1.9.4 监控系统中数据采集的故障处理方法；

4.1.9.5 监控数据库基础知识，数据传输技术的特点，调制解调器的作用，图像信号传输技术的特点，数据通信的特点，数据通信的传输方式，传输信道的组成；

4.1.9.6 PowerPoint 的应用。

4.2　考试真题

4.2.1　单项选择题（每题四个选项，只有一个是正确的，将正确的选项填入括号内）

1. 分析有源二端网络等效电阻 R_0 时，应将内部恒压源和恒流源（　　）。

A. 均开路　　B. 均短路

C. 恒压源开路，恒流源短路　　D. 恒压源短路，恒流源开路

2. 通信电源系统割接工程的设计勘察、施工操作、工程验收必须要以（　　）为第一要素，任何影响到第一要素的操作必须无条件终止。

A. 确保人身安全　　B. 确保供电安全

C. 确保通信网络安全　　D. 确保大客户通信安全

3. 进行新旧直流供电系统带电割接，或同一直流供电系统内蓄电池组更换操作时，应对电压进行必要检查调整，尽量减小压差，一般控制在（　　）以内。

A. 0.1V　　B. 0.5V　　C. 2V　　D. 3.0V

4. 在1500r/min的柴油发电机组中，永磁发电机事实上是一台交流发电机，其定子由固定在定子槽中的线圈组成，转子上装有（　　）块永久磁铁。

A. 2　　B. 4　　C. 6　　D. 8

5. 1839年，法国物理学家A·E·贝克勒尔（Becqurel）意外地发现，用2片金属浸入溶液构成的伏打电池，光照时产生额外的伏打电势，他把这种现象称为（　　）。

A. “伏光效应”　　B. “光伏效应”　　C. “光电效应”　　D. “电光效应”

6. 2000门以上，10000门以下的程控交换局工作接地电阻值应为（　　）。

A. ＜1Ω　　B. ＜2Ω　　C. ＜3Ω　　D. ＜5Ω

7. 2V单体的蓄电池组均充电压应根据厂家技术说明书进行设定，标准环境下设定12h充电时间的蓄电池组的均充电压在（　　）V/cell之间为宜。

A. 2.23～2.27　　B. 2.35～2.40　　C. 2.30～2.35　　D. 2.20～2.30

8. 两台冗余并机的UPS系统，其所带的负载（　　）。

A. 不能超过单机容量　　B. 可大于单机容量

C. 必须大于单机容量　　D. 只要小于2台机容量之和即可

9. 380V市电电源受电端子上电压变动范围是（　　）。

A. 342～418V　　B. 300～418V　　C. 323～400V　　D. 323～418V

10. －48V直流供电系统要求全程压降不高于3.2V，计算供电系统的全程压降是由（　　）为起点，至负载端整个配电回路的压降。

A. 开关电源输出端　　B. 配电回路输出端

C. 蓄电池组输出端　　D. 列头柜配电回路输出端

11. ATS开关柜开关故障告警发生时，可能导致（　　）后果。

A. 市电不能供电　　B. 备用发电机组不能供电

C. 备用发电机组无法启动　　D. 市电和备用发电机组都不能供电

12. ATS主开关不能自动向发电机组侧合闸的故障原因不包括（　　）。

A. 市电一侧有电　　B. 继电器损坏

C. 延时设置过长　　D. 发电机组一侧无电

13. C级防雷器中压敏电阻损坏后其窗口颜色变（　　）。

A. 橙　　B. 黄　　C. 绿　　D. 红

14. C级防雷系统防雷空开的作用是（　　）。

A. 保护贵重的防雷器　　B. 防止线路短路着火

C. 雷电一到即断开防雷器　　D. 防止雷电损坏整流模块

15. DB9公头RS232串口的针脚2定义为（　　）。

A. RTS　　B. RXD　　C. TXD　　D. GND

16. DTE和DCE通过RS232串行电缆连接时，连接方式为（　　）。

A. 双方RXD与TXD相连，TXD与RXD相连即可

B. 双方RXD与RXD相连，TXD与TXD相连即可

C. 双方RXD与TXD相连，TXD与RXD相连，GND与GND相连

D. 双方RXD与RXD相连，TXD与TXD相连，GND与GND相连

17. Internet使用的协议是（　　）。

A. IPX/SPX　　B. NETBEUI　　C. TCP/IP　　D. UDP/IP

18. IP 地址中，主机地址全为 0 表示（　　）。
A. 地址无效　B. 本网络的地址
C. 广播地址　D. 网络中第一台计算机
19. Modem 与计算机之间的连接电缆一般为（　　）。
A. RS232 直连电缆　B. RS232 交叉电缆
C. RS422 直连电缆　D. RS422 交叉电缆
20. RS232 标准接口为（　　）线。
A. 8　B. 15　C. 25　D. 32
21. RS232 通信电缆，一般通信距离不能超过（　　）。
A. 5m　B. 15m　C. 1200m　D. 1500m
22. RS422 通信电缆通信距离一般不能超过（　　）。
A. 15m　B. 1200m　C. 12km　D. 15km
23. RS422 总线上连接的设备连接方式应为（　　）。
A. 串联　B. 并联　C. 交叉连接　D. 同名端连接
24. SPD 宜靠近屏蔽线路（　　）或在设备前端安装。
A. 中间　B. 前端　C. 末端　D. 前端或中间
25. UPS 的（　　）反映 UPS 的输出电压波动和输出电流波动之间的相位以及输入电流谐波分量大小之间的关系。
A. 输出电压失真度　B. 峰值因数　C. 输出过载能力　D. 输出功率因数
26. UPS 的交流输出中性线的线径一般（　　）相线线径的 1.5 倍。
A. 不大于　B. 等于　C. 不小于　D. 小于
27. UPS 和柴油发电机组接口问题涉及 UPS 和柴油发电机组两个自动调节系统，两者接口时出现的不兼容问题是两个系统相互作用的结果，可以在其中一个系统或两个系统内采取适当措施予以解决，过去最常用的方法是（　　）。
A. 安装有源滤波器　B. 将发电机组降容使用
C. 采用 12 脉冲整流器　D. 将以上三者视情况采用
28. UPS 逆变器输出的 SPWM 波形，经过输出变压器和输出滤波电路将变换成（　　）。
A. 电压　B. 电流　C. 方波　D. 正弦波
29. UPS 应每（　　）检查主要模块和风扇电机的运行温度。
A. 月　B. 季　C. 半年　D. 年
30. UPS 在正常工作时，逆变器输出与旁路输入锁相，其目的（　　）。
A. 使 UPS 输出电压值更加稳定
B. 使 UPS 输出频率更加稳定
C. 使 UPS 输出电流值更加稳定
D. 使 UPS 可以随时不间断地向旁路切换
31. YD/T 5058《通信电源集中监控系统工程验收规范》规定：当采用专线通信时，从故障点到维护中心的响应时间应不大于（　　）。
A. 10s　B. 20s　C. 30s　D. 60s
32. 《通信局（站）电源系统总技术要求》规定：联合装置的支局、模块局、有重要客户和大客户的接入网电阻＜（　　）Ω。
A. 1　B. 3　C. 5　D. 10

33. 4 色环电阻的第（　　）道环表示电阻值的误差。

A. 一　　B. 四　　C. 二　　D. 三

34. 按现行的规定，交直流配电系统的更新周期是（　　）。

A. 5 年　　B. 10 年　　C. 15 年　　D. 20 年

35. 避雷针专门引下线与机房通信设备总地线平行布线时，两者的隔距应（　　）。

A. ＞1m　　B. ＞5m　　C. ＞15m　　D. ＞20m

36. 变压器的负荷损耗也称为（　　）。

A. 铜损　　B. 铁损　　C. 磁滞损耗　　D. 涡流损耗

37. 变压器的原边电流是由变压器的（　　）决定的。

A. 原边阻抗　　B. 副边电压　　C. 副边电流　　D. 副边阻抗

38. 并网型光伏发电系统通常是将（　　）作为自己的储能单元。

A. 蓄电池　　B. 公共电网　　C. 飞轮　　D. 电容

39. 不属于柴油机增压的方式是（　　）。

A. 机械增压　　B. 废气涡轮增压　　C. 复合增压　　D. 离心增压

40. 测量通信直流供电系统全程压降使用的仪表是（　　）。

A. 毫伏表　　B. 毫安表　　C. 万用表　　D. 摇表

41. 柴油发电机组累计运行 500h 后，应该进行（　　）技术保养。

A. 一级　　B. 二级　　C. 三级　　D. 四级

42. 柴油发电机的一级技术保养为累计工作（　　）h。

A. 250　　B. 500　　C. 1000　　D. 1500

43. 柴油发电机组的发电机起火，最宜用（　　）扑灭。

A. 1211 灭火器　　B. 泡沫灭火器　　C. 自来水　　D. 二氧化碳灭火器

44. 柴油机是通过（　　）将雾状柴油喷入燃烧室。

A. 输油泵　　B. 喷油器　　C. 喷油泵　　D. 喷油嘴

45. 柴油发电机组在运行中，排气颜色呈明显蓝色的原因是（　　）。

A. 机组温度低　　B. 负载过重　　C. 燃烧机油　　D. 燃油雾化不良

46. 柴油机增压系统的主要功用是使柴油机（　　），从而提高其有效功率。

A. 提高进气温度　　B. 提高排气压力

C. 提高排气温度　　D. 提高进气压力

47. 串口通信中，RS232 的工作方式是（　　）。

A. 单工　　B. 半双工　　C. 全双工　　D. 双工

48. 大多数空调风量的调整是通过（　　）变化来达到的。

A. 压缩机冲程　　B. 节流器截面　　C. 制冷剂　　D. 电动机转速

49. 大气中充满电荷的气团与大地（地物）之间的放电过程叫作（　　）。

A. 地闪　　B. 云闪　　C. 球闪　　D. 云地闪

50. 低压断路器的灭弧介质是（　　）。

A. 氧气　　B. 绝缘油　　C. 变压器油　　D. 空气

51. 低压容量试验放电终止的条件为下述两个条件之一：一是被测蓄电池组中任意单体达到终了电压（1.80V/2V 单体）；二是被测蓄电池组放出容量达到（　　）额定容量。

A. 100%　　B. 90%　　C. 80%　　D. 70%

52. 电池浮充电压随环境温度变化而变化：环境温度升高，浮充电压降低；环境温度下降，浮充电压上升。对于2V单体的铅酸蓄电池，一般每升高1℃，浮充电压下降（　　）。

A. 8～10mV　　B. 6～8mV　　C. 5～7mV　　D. 3～5mV

53. 电池间连接极柱电压降是在（　　）h电流放电率时进行测量的。

A. 10　　B. 5　　C. 3　　D. 1

54. 电感元件上所加交流电的频率由50Hz增加到50kHz，感抗增加（　　）倍。

A. 10　　B. 100　　C. 1000　　D. 10000

55. 电流互感器属于（　　）。

A. 保护电器　　B. 限流电器　　C. 限压电器　　D. 测量电器

56. 当电气设备发生火灾而需要剪断电源线以切断电源时，应（　　）。

A. 不分先后　　B. 同时切断

C. 先断零线后断相线　　D. 先断相线后断零线

57. 电压跌落是指一个或多个周期电压低于80%～85%额定电压有效值。造成电压跌落的原因是（　　）。

A. 交流工作接地

B. 附近重型设备的启动或者电动机类机器启动

C. 由雷电、开关操作，电弧式故障和静电放电等因素造成

D. 电机电刷打火，继电器动作，广播发射，电弧焊接，远距离雷电等

58. 电源避雷器模块发热状态的检查频度至少应每（　　）一次。

A. 一个月　　B. 三个月　　C. 六个月　　D. 十二个月

59. 电源设备的电压值通过（　　）转换为监控设备可以识别的标准输出信号。

A. 传感器　　B. 变送器　　C. 逆变器　　D. 控制器

60. 调节发电机励磁电流的目的是为了（　　）。

A. 改变输出电流　　B. 改变输出频率

C. 改变输出电压　　D. 改变输出电压和频率

61. 动力环境集中监控系统的3级结构中____和____级属于管理层。（　　）

A. SC；SU　　B. SS；SU　　C. SC；SM　　D. SC；SS

62. 动力环境监控系统要求直流电压的测量精度应优于（　　）。

A. 0.01　　B. 0.002　　C. 0.003　　D. 0.005

63. 对于阀控型铅酸蓄电池，其中负载大小与放电时间是选择电池容量的主要依据，当负载为40A，最长放电时间不超过3h，0.75为3小时率放电容量系数，则阀控型铅酸蓄电池容量应为（　　）A·h。

A. 100　　B. 120　　C. 160　　D. 180

64. 具有并机功能的UPS负载电流不均衡度（　　）。

A. ≤1%　　B. ≤5%　　C. ≤8%　　D. ≤10%

65. 对于燃料电池来说，AFC指的是（　　）。

A. 碱性燃料电池　　B. 磷酸燃料电池

C. 熔融酸盐燃料电池　　D. 质子交换膜燃料电池

66. 对于燃料电池来说，MCFC指的是（　　）。

A. 碱性燃料电池　　B. 磷酸燃料电池

C. 熔融酸盐燃料电池　　D. 质子交换膜燃料电池

67. 对于燃料电池来说，PAFC 指的是（　）。

A. 碱性燃料电池　　B. 磷酸燃料电池

C. 熔融酸盐燃料电池　　D. 固体氧化物燃料电池

68. 对于燃料电池来说，PEMFC 指的是（　）。

A. 碱性燃料电池　　B. 磷酸燃料电池

C. 熔融酸盐燃料电池　　D. 质子交换膜燃料电池

69. 对于燃料电池来说，SOFC 指的是（　）。

A. 碱性燃料电池　　B. 磷酸燃料电池

C. 熔融酸盐燃料电池　　D. 固体氧化物燃料电池

70. 以下不属于电度表主要组成部分的是（　）。

A. 铝盘　　B. 互感器　　C. 电磁机构　　D. 传动机构

71. 对于 2V 单体电池，每____应做一次容量试验。使用 6 年后应每____一次（对于 UPS 使用的 6V 及 12V 单体的电池应每____一次。（　）

A. 1 年；半年；半年　　B. 2 年；1 年；1 年

C. 3 年；半年；半年　　D. 3 年；1 年；1 年

72. 对于低电压大电流直流来说，电力线设计时（　）是主要考虑因素。

A. 发热条件　　B. 经济性　　C. 线路压降　　D. 安全性

73. 对于连接在同一串行总线上的设备，以下哪一项不是其基本要求？（　）

A. 具有相同的帧格式　　B. 具有相同的地址

C. 具有相同的接口方式　　D. 具有相同的波特率

74. 发电机组发生故障或紧急停机后，在机组未排除故障和恢复正常时（　）。

A. 可空载开机一次　　B. 可空载开机两次

C. 可空载开机三次　　D. 不得开机运行

75. 阀控密封式铅酸蓄电池组在搁置超过（　）时应进行充电。

A. 1 个月　　B. 2 个月　　C. 3 个月　　D. 半年

76. 防护等级为一类，雷暴日数大于 40，要求接地电阻是（　）Ω。

A. ≤0.5　　B. ≤1　　C. ≤1.5　　D. ≤3

77. 高低压供电系统中，动态无功补偿通常采用的设备是（　）。

A. 同步补偿机　　B. 并联电容器

C. 串联电感器　　D. 静止型无功率自动补偿装置

78. 高频开关电源二次下电功能的作用是（　）。

A. 保护整流器

B. 避免蓄电池组过放电

C. 发出市电电压低告警

D. 切断部分次要负载，延长重要负载的后备时间

79. 高频开关电源一次下电功能的作用是（　）。

A. 避免蓄电池组过放电

B. 保护整流器

C. 发出电池电压低告警

D. 切断部分次要负载，延长重要负载的后备时间

80. 高频开关电源应具有直流输出电源的限制性能，限制电流范围应在其额定值的（　　）。当整流器直流输出电流达到限流值时，整流器应进入限流工作状态。

A. 100%～105%　B. 105%～110%　C. 110%～115%　D. 115%～120%

81. 高频开关整流器设备的正常更换周期为（　　）。

A. 8年　B. 10年　C. 12年　D. 15年

82. 高压检修时，应遵守（　　）的程序。

A. 验电—停电—放电—接地—挂牌—检修

B. 接地—验电—停电—放电—挂牌—检修

C. 放电—验电—停电—接地—挂牌—检修

D. 停电—验电—放电—接地—挂牌—检修

83. 隔离开关与高压断路器在结构上的不同之处在于（　　）。

A. 无操作机构　B. 无绝缘机构　C. 无防雷机构　D. 无灭弧机构

84. 根据YD/T 1095标准的规定，UPS动态电压瞬变范围指标为（　　）。

A. ≤5%　B. ≤3%　C. ≤2%　D. ≤1%

85. 根据YD/T 1095标准的规定，UPS输出电压不平衡度要求为（　　）。

A. ≤2%　B. ≤3%　C. ≤5%　D. ≤8%

86. 根据YD/T 1095标准的规定，UPS输出电压相位偏差指标要求为（　　）。

A. 5°　B. 3°　C. 2°　D. 1°

87. 根据YD/T 1095标准的规定，UPS输入电压可变范围，Ⅱ类指标要求为（　　）。

A. ±25%　B. ±20%　C. ±10%　D. −15%～10%

88. 根据高频开关电源标准规定，电源应具有直流输出的限流能力，限流范围可是其标称值的（　　）。

A. 40%～105%　B. 50%～105%　C. 40%～100%　D. 50%～100%

89. 根据维护规程，UPS主机设备的更新周期是（　　）年。

A. 8　B. 10　C. 12　D. 15

90. 关于电池放电终止电压说法正确的是（　　）。

A. 终止电压与放电电流无关　B. 小电流放电时终止电压低

C. 小电流放电时终止电压高　D. 大电流放电时终止电压高

91. 关于直流配电系统设计中熔断器与空气开关的选择，不正确的是（　　）。

A. 空气开关易于安装/更换

B. 熔断器过载能力高于空气开关

C. 熔断器持续运行可靠性低于空气开关

D. 熔断器短路熔断时间大于空气开关短路保护瞬间动作时间

92. 国际长途局防雷防护等级至少要设置（　　）级。

A. 1　B. 2　C. 3　D. 4

93. 根据标准和入网要求，开关电源均分负载不平衡度不超出（　　）输出额定电流值。

A. ±1%　B. ±3%　C. ±5%　D. ±10%

94. 机房空调低压侧指的是（　　）。

A. 冷凝器到压缩机进气口这一段　B. 蒸发器到冷凝器这一段

C. 蒸发器到压缩机进气口这一段　D. 膨胀阀到压缩机进气口这一段

95. 机房空调中的制冷剂节流装置是指（　　）。
A. 蒸发器　B. 冷凝器　C. 压缩机　D. 膨胀阀
96. 机房空调中压力最低的地方在（　　）。
A. 冷凝器的入口　B. 冷凝器的出口
C. 压缩机的排气口　D. 压缩机的吸气口
97. 机房空调中压力最高的地方在（　　）。
A. 冷凝器的入口　B. 冷凝器的出口
C. 压缩机的排气口　D. 压缩机的吸气口
98. 机房专用空调的显热比范围一般在（　　）。
A. 0.5～0.6　B. 0.6～0.7　C. 0.7～0.8　D. 0.9～1.0
99. 机房专用空调系统告警中（　　）告警应该配置为紧急告警。
A. 湿度高　B. 湿度低　C. 水浸　D. 滤网堵塞
100. 集中监控系统要求蓄电池单体电压测量误差应不大于（　　）。
A. ±30mV　B. ±20mV　C. ±10mV　D. ±5mV
101. 根据相关标准，监控系统采集设备的更新年限为（　　）年。
A. 8　B. 10　C. 12　D. 15
102. 监控系统中，标识前置机同一串口下多台同类型采集器或智能设备的依据是（　　）。
A. 波特率　B. 地址　C. 采集单元名称　D. 设备名称
103. 监控系统中，同一局（站）多个烟雾传感器连接至采集器的同一采集通道的连接方式是（　　）。
A. 串联　B. 并联　C. 直联　D. 交叉
104. 监控系统中，一般用户拥有的权限不包括（　　）。
A. 响应和处理一般告警
B. 实现一般的查询和检索功能
C. 实现对具体设备的遥控功能
D. 能够登录系统，完成正常例行业务
105. 检验高频开关电源整流模块的负载不平衡度（均流）不宜在负载率低于（　　）的时候测量。
A. 10%　B. 20%　C. 30%　D. 40%
106. 接地引入线的材料常用（　　）。
A. 多股铜线　B. 多股铝线　C. 铜排　D. 镀锌扁钢
107. 经常使用的压敏电阻器件有氧化锌和（　　）两大类。
A. 氧化硅　B. 碳化硅　C. 碳化锌　D. 二氧化铅
108. 具备瞬间大电流放电特性的电池是（　　）。
A. 开关电源电池　B. UPS 电池　C. 机组启动电池　D. 纽扣电池
109. 开关电源监控模块菜单中具有温度补偿功能，其目的是随着温度变化补偿（　　）。
A. 负载输出电压　B. 负载输出电流
C. 蓄电池充电电压　D. 蓄电池充电电流
110. 开关电源各整流模块器不宜工作在（　　）负载以下，如系统配置冗余较大可轮流关掉部分整流器以调整负荷比例。
A. 10%　B. 20%　C. 30%　D. 40%

111. 开关电源模块容量 50A，负载 100A，蓄电池 1000A·h，应开（　　）模块。
A. 2 个　B. 5 个　C. 8 个　D. 10 个
112. 空调压缩机内所进行的过程是（　　）过程。
A. 吸热膨胀　B. 吸热压缩　C. 放热压缩　D. 绝热压缩
113. 空调高压压力过高，很可能的原因是（　　）。
A. 蒸发器较脏　B. 冷凝器较脏
C. 系统制冷剂太少　D. 压缩机电机故障
114. 空调机中使用的膨胀阀有（　　）。
A. 热力膨胀阀和开关膨胀阀　B. 热力膨胀阀和电子膨胀阀
C. 电力膨胀阀和电子膨胀阀　D. 热力膨胀阀和电动膨胀阀
115. 空调机组正常工作时，进入蒸发器的是（　　）制冷剂。
A. 低温低压液态　B. 低温低压气态　C. 高温高压液态　D. 高温高压气态
116. 空调机组正常工作时进入冷凝器的是（　　）。
A. 低压低温气体　B. 高压低温液体
C. 高压高温气体　D. 高压高温液体
117. 空调器制冷运行时，制冷剂过多将造成压缩机工作电流（　　）。
A. 偏小　B. 偏大　C. 没影响　D. 不确定
118. 空调器制冷运行时，制冷剂过少将造成压缩机吸气压力（　　）。
A. 过高　B. 过低　C. 无影响　D. 不确定
119. 空调设备主要由压缩机、冷凝器、蒸发器、（　　）等主要部件组成。
A. 加湿器　B. 干燥过滤器　C. 风机　D. 膨胀阀
120. 空调在接到设备停机指令后，蒸发器风机将（　　）。
A. 立即停转　B. 继续运转
C. 将不定时运转　D. 运转一段时间后停转
121. 空调制冷时，制冷剂流动的顺序为（　　）。
A. 压缩机→蒸发器→冷凝器→膨胀器→压缩机
B. 压缩机→蒸发器→膨胀器→冷凝器→压缩机
C. 压缩机→冷凝器→膨胀器→蒸发器→压缩机
D. 压缩机→冷凝器→蒸发器→膨胀器→压缩机
122. 空调中的冷量单位换算：1kW=（　　）。
A. 735kcal/h　B. 765kcal/h　C. 860kcal/h　D. 935kcal/h
123. 直流电流表需要进行量程扩大时，可采用（　　）进行。
A. 电压互感器　B. 电流互感器　C. 并联分流电阻　D. 串联分压电阻
124. 每只蓄电池的正极板与负极板的数量相比是（　　）。
A. 数量相等　B. 多一块　C. 少一块　D. 视情况而定
125. 阀控式密封铅酸蓄电池在环境温度为 25℃ 条件下，浮充工作端电压范围为（　　）V。
A. 2.15～2.20　B. 2.20～2.25　C. 2.23～2.27　D. 2.30～2.35
126. 普通分体空调常在室外滴水，水的来源是（　　）。
A. 冷却水　B. 蒸发器表面的冷凝水
C. 加湿器中的水　D. 冷凝器表面上的冷凝水

127. 启动型普通铅酸蓄电池的电解液密度在25℃时，规定的范围是（　　）g/cm^3。
A. 1.20～1.22　B. 1.28～1.30　C. 1.28～1.35　D. 1.35～1.40
128. 氢氧燃料电池的单电池工作电压范围是在（　　）之间。
A. 0.6～0.9V　B. 1.2～1.5V
C. 2.23～2.27V　D. 3.6～4.2V
129. 如果加在定值电阻两端的电压从8V增加到10V时，通过定值电阻的电流相应变化了0.2A，则该定值电阻所消耗的电功率的变化量是（　　）。
A. 0.4W　B. 2.8W　C. 3.2W　D. 3.6W
130. 如果空调室外机冷凝翅片被异物堵住，则空调会发生（　　）报警。
A. 低水位报警　B. 气流不足报警　C. 高压报警　D. 低压报警
131. 三进单出的UPS主要存在的缺点是（　　）。
A. 效率低　B. 对旁路配电要求高
C. 功率小　D. 噪声大
132. 对于设备智能口，目前厂家一般采用的物理接口是（　　）。
A. RS232、RS422　B. RS485、RS422
C. RS232、RS485　D. 以太网接口
133. 摄氏温度 t 与华氏温度 t_1 之间的换算关系是（　　）。
A. $t_1=(9/5)t-32$　B. $t_1=(9/5)t+32$
C. $t_1=(9/5)t-32$　D. $t_1=(9/5)t+32$
134. 舒适性空调的显热比范围一般在（　　）。
A. 0.5～0.6　B. 0.6～0.7　C. 0.7～0.8　D. 0.8～0.9
135. 数据库内保存的历史数据在定期倒入外存储设备后，作上标签妥善保管。历史数据保存的期限可根据实际情况自行确定，至少（　　）年。
A. 1　B. 3　C. 5　D. 10
136. 所谓过电流选择比是指上、下级熔断器间能满足选择性要求的额定（　　）最小比值。
A. 功率　B. 电压　C. 频率　D. 电流
137. 太阳在单位时间内以辐射形式发射的能量称为（　　）。
A. 辐射量　B. 辐射功率　C. 辐射度　D. 辐照度
138. 通常可以将光伏系统安装地点的（　　），作为光伏系统设计中使用的自给天数。
A. 最小连续阴雨天数　B. 最小连续日照天数
C. 最大连续日照天数　D. 最大连续阴雨天数
139. 通信电源总技术要求集中监控系统测量精度：电池单体电压测量误差应（　　）。
A. ≤0.3mV　B. ≤0.5mV　C. ≤0.8mV　D. ≤1.0mV
140. 通信机楼低压交流电电压供电误差范围是（　　）。
A. +10%～-10%　B. +10%～-15%
C. +15%～-10%　D. +15%～-15%
141. 通信局（站）在低压配电装设电容器主要作用是（　　）。
A. 稳压　B. 稳流　C. 功率因数补偿　D. 抑制谐波电流
142. 通信局（站）的地线系统连续使用（　　）年以上，即使电阻值能满足要求，宜应增设新的地线装置。

A. 10　　B. 15　　C. 20　　D. 30

143. 通信局（站）的变配电室和主楼距离如超过（　　）m时，在主楼低压电力电缆进线处零线应增设重复接地。

A. 20　　B. 50　　C. 80　　D. 100

144. 为了避免控制屏内的电子元件因温度过高产生故障，一般规定柴油机房内环境温度不得高于（　　）℃。

A. 30　　B. 35　　C. 40　　D. 45

145. 我国现行的变压器额定容量等级是近似按（　　）倍递增。

A. 1　　B. 1.25　　C. 1.5　　D. 1.75

146. 下列变送器、传感器输出接入采集模拟量通道的是（　　）。

A. 烟感　　B. 门磁　　C. 水浸　　D. 温湿度

147. 下列各项对柴油机气缸容积相关概念描述正确的是（　　）。

A. 气缸中从处于上止点的活塞底面到气缸顶部，其容积即为燃烧室容积

B. 活塞在气缸内位于上止点时，活塞底面以下的气缸全部容积称为气缸总容积

C. 活塞从上止点到下止点所经过的气缸容积，称为气缸工作容积

D. 气缸总容积等于燃烧室容积加上气缸工作容积和活塞本身所占的体积之和

148. 行业标准规定，高频开关电源应能在（　　）环境温度范围内正常工作。

A. −10～40℃　　B. −5～40℃　　C. −5～50℃　　D. −10～50℃

149. 蓄电池端电压 V，蓄电池的电动势 E，放电电流为 I，内阻为 r，其在放电时关系式是（　　）。

A. $V=E+Ir$　　B. $V=E-Ir$

C. $V=E+2Ir$　　D. $V=E-2Ir$

150. 蓄电池在放电时（　　）。

A. 端电压高于电动势　　B. 端电压低于电动势

C. 端电压与电动势相等　　D. 端电压与电动势无关

151. 一般来说，阀控式密封铅酸蓄电池的补充充电采取（　　）方式进行。

A. 限压限流　　B. 恒压限流　　C. 恒流限压　　D. 恒压恒流

152. 在计算机中，一个扇区大小为（　　）。

A. 512bytes　　B. 1Kbytes

C. 2Kbytes　　D. 视不同的操作系统而不同

153. 一台100kV·A的UPS，其输出功率因数为0.8，直流逆变效率为91%，蓄电池组由30节12V蓄电池组成，要求备用时间为1h，蓄电池选GFM系列密封铅酸蓄电池，估算该选用电池容量为（　　）。

A. 2组100A·h　B. 2组200A·h　C. 2组300A·h　D. 2组500A·h

154. 一套UPS的最大输入电流为110A/380V，前端开关是NS160（此开关额定电流为160A/380V），根据以上信息能否直接确定开关满足系统过载要求（　　）。

A. 能满足要求　　B. 不能满足要求

C. 要考虑短路情况　　D. 要查看开关的脱扣整定后才能确定

155. 以下（　　）不是UPS的主要功能。

A. 防止电网污染影响负载　　B. 使负载得到稳定的电压

C. 市电停电后负载不掉电　　D. 使同一负载使用两路市电

156. 以下（　　）器件是防雷器件。

A. 继电器　　B. 气体放电管　　C. 保险　　D. 熔断器

157. 以下（　　）元件不属于防雷器件。

A. 阀型避雷器　　B. 气体放电管　　C. 霍尔元件　　D. 压敏电阻

158. 以下（　　）不是柴油机机油压力不正常的原因。

A. 机油传感器故障

B. 机油滤清器过脏

C. 机油压力调节器调节失效，造成压力不足或压力过高

D. 曲轴前端油封处，曲轴法兰端，摇臂轴之间的连接油管，凸轮轴承处，连杆轴承处严重漏油

159. 以下（　　）不是柴油机排气冒黑烟的主要原因。

A. 柴油机负载超过设计规定

B. 各缸喷油泵供油不均匀

C. 柴油中有水分

D. 喷油太迟，部分燃油在柴油机排气管中燃烧

160. 以下有关数据库及数据库设备的说法正确的是（　　）。

A. 多个数据库构成数据库设备

B. 数据库的容量比数据库设备大

C. 数据库的容量比数据库设备小

D. 一个数据库可以使用多个数据库设备

161. 有 5Ω 和 10Ω 的两个定值电阻，先将它们串联，然后将它们并联接在同一个电源上，则关于它们两端的电压和消耗的电功率的关系是（　　）。

A. 串联时，电压之比为 1∶2，电功率之比为 2∶1

B. 串联时，电压之比为 2∶1，电功率之比为 1∶2

C. 并联时，电压之比为 1∶1，电功率之比为 2∶1

D. 并联时，电压之比为 1∶1，电功率之比为 1∶2

162. 欲利用若干 500W 和 2000W 的电炉丝制作一个 1000W 的电炉，正确的方法是（　　）。

A. 将两根 500W 的电炉丝串联

B. 将 2000W 的电炉丝分成两段，取其一段

C. 将两根 500W 的电炉丝并联

D. 将一只 500W 和一只 2000W 的电炉丝串联

163. 在（　　）中无谐波电流，基波因数等于 1。

A. 容性电路　　B. 线性电路　　C. 感性电路　　D. 滤波电路

164. 在 Windows 中退出一个窗口可用按键（　　）。

A. Crtl+C　　B. Crtl+Break　　C. Alt+Esc　　D. Alt+F4

165. 在 Windows 中，以下（　　）操作将永远破坏 A 文件。

A. 删除文件

B. 删除 A 文件的同时按 Shift 键

C. 将 A 文件放至回收站

D. 将 B 文件改名为 A 后，复制并替换 A 文件

166. 在动力监控系统中，以下（　　）不属于模拟量。

A. 温度　　B. 门禁　　C. 电压　　D. 电流

167. 在华氏温标标准中，表示水的沸点温度为（　　）。

A. 32°F　　B. 68°F　　C. 100°F　　D. 212°F

168. 在计算机上设置网关用于访问其他网络，网关指的（　　）。

A. 服务器的 IP 地址

B. 其他网络上的路由器的 IP 地址

C. 本机的 IP 地址

D. 连在本局域网上的路由器的 IP 地址

169. 在接地系统中，接地配线是指（　　）。

A. 用于接地埋在地下的导线　　B. 接地体到接地排的连接线

C. 设备连接到接地排的连接线　　D. 设备连接到接地体的连接线

170. 在空调整个循环系统中起着降温作用的部件是（　　）。

A. 压缩机　　B. 蒸发器　　C. 冷凝器　　D. 膨胀阀

171. 在铅酸蓄电池中，其正极板栅要比负极板栅厚，原因是（　　）。

A. 提高容量的需要

B. 传统的产品生产观念

C. 利于充电时散热快

D. 在过充电时，正极板栅容易遭到腐蚀

172. 在设计光伏系统前，可以从当地的（　　）获取候选场地的太阳能资源和气候状况的数据。

A. 规划部门　　B. 环保部门　　C. 气象部门　　D. 林业局

173. 在使用电动工具和移动式机电设备时，必须按照要求使用（　　）。

A. 短路保护　　B. 保险丝　　C. 开关　　D. 漏电保护器

174. 蓄电池容量测量时的环境温度如果不是25℃，可将实测容量 C_T 按下式换算成25℃标准温度时的容量：$C_{ST}=C_T[1+K(T-25℃)]$，式中，T 为放电时的环境温度，K 为温度系数，10h 率时 $K=0.006/℃$；3h 率时 $K=0.008/℃$；1h 率时 $K=$（　　）。

A. 0.025/℃　　B. 0.02/℃　　C. 0.015/℃　　D. 0.01/℃

175. 在通信电源直流供电系统设备告警中，以下（　　）告警最有可能引起通信供电中断，造成通信事故。

A. 整流模块故障告警　　B. UPS 故障告警

C. 直流电压过低告警　　D. 交流输入掉电告警

176. 在线安装蓄电池组输出电缆时，应用仪表测量蓄电池组的总电压和开关电源的输出电压的差值，在电压差小于（　　）V 时，安全接入。

A. 0.1　　B. 0.5　　C. 1　　D. 1.5

177. 在蓄电池术语中，C_3 代号的含义为（　　）。

A. 电池按 3h 率放电释放的容量（W）

B. 电池按 3h 率放电释放的容量（A·h）

C. 电池放电 3 个循环释放的能量（W）

D. 在电池放电 3 个循环释放的容量（A·h）

178. 在业务台上可远程启动工作站，这里的工作站指（　　）。

A. 服务器　　B. 业务台　　C. 前置机　　D. 智能设备处理机

179. 整流设备风扇故障会直接导致（　　）情况发生。

A. 蓄电池放电　　B. 交流输入中断　　C. 整流模块关机　　D. 负载掉电

180. 支持全双工工作和点到多点通信的接口方式为（　　）。

A. RS232　　B. RS422　　C. RS485　　D. RS422 和 RS485

181. 根据焦耳定律的描述，电流通过导体时发出的热量与通电时间、导体电阻的大小和（　　）的平方成正比。

A. 电流强度　　B. 电源电压　　C. 电流的倒数　　D. 电源电压的倒数

182. 应用（　　）可将一个较复杂的电路分解成若干简单电路，然后求解某一支路电流。

A. 叠加法　　B. 戴维南定理　　C. 节点电流定律　　D. 等效法

183. 求解直流电路电流或电阻的常用方法是运用（　　）定律。

A. 电磁感应　　B. 楞次　　C. 牛顿　　D. 欧姆

184. 在复杂电路中，任一节点注入的电流，必（　　）此处节点流出的电流。

A. 大于　　B. 小于　　C. 等于　　D. 大于或等于

185. 如图 4-1 所示电路中，通过电阻 R 的电流的正确公式是（　　）。

A. $I=(E_1+E_2+E_3)/R$　　B. $I=(E_1+E_2-E_3)/R$

C. $I=(E_1+E_2)/R$　　D. $I=E_1/R$

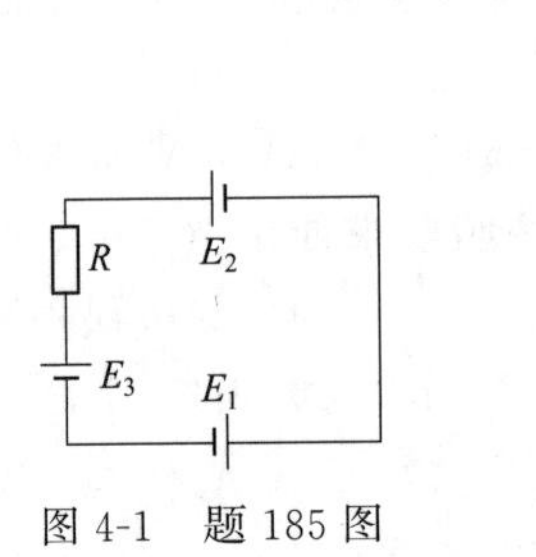

图 4-1　题 185 图

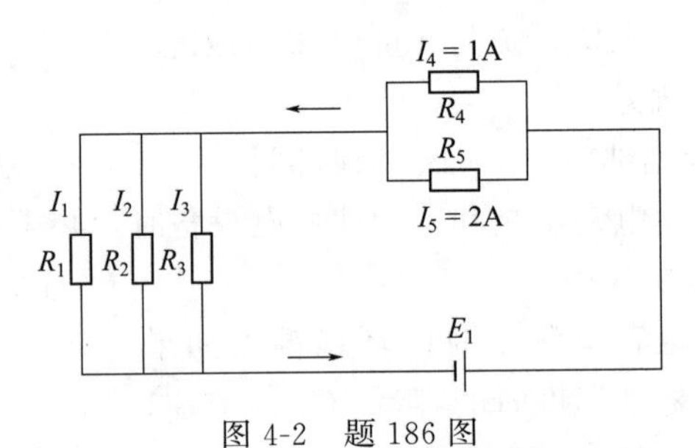

图 4-2　题 186 图

186. 运用节点电流定律，在 $R_1=R_2=R_3$ 的情况下，图 4-2 中通过 R_1、R_2、R_3 电流公式为（　　）。

A. $I_1=I_2=I_3=1\text{A}$　　B. $I_1=I_2=I_3=2\text{A}$

C. $I_1=I_2=I_3=3\text{A}$　　D. $I_1+I_2=I_3=3\text{A}$

187. 如图 4-3 所示是一个接触器控制电路，当出现不能自保故障时，最可能原因是（　　）。

A. 熔断器 FR 熔断　　B. 启动按钮 SB1 断线

C. 自保接点接触不良　　D. 接触器线圈断线

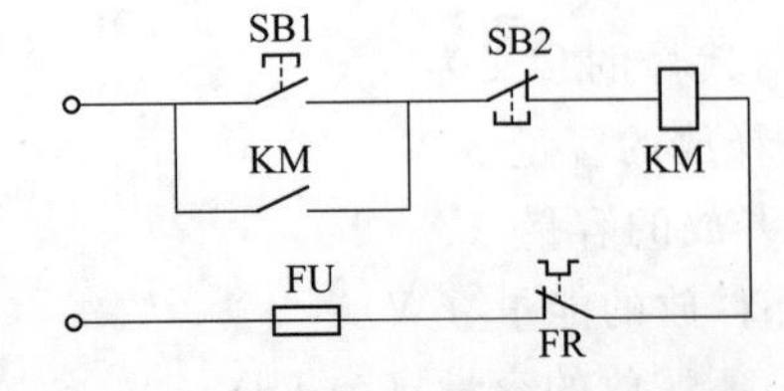

图 4-3　题 187、题 188、题 189 图

188. 如图 4-3 所示是一个接触器的启动电路，在检查不能启动故障时，按下启动按钮 SB1 情况下，万用表测试结果为（　　）时，证明熔断器 FU 可能熔断。

A. 接触器线圈两端电压为零　　B. 启动按钮 SB1 两端电压为零

C. 停机按钮两端电压为零　　D. 熔断器 FU 两端电压为电源电压

189. 如图 4-3 所示是一个接触器的启动电路，在分析自保功能时，说法正确的是（　　）。

A. 按下 SB1 后，线圈 KM 得电，使自保接点闭合取代 SB1 实现自保持

B. 一直按住 SB1 不放，使线圈 KM 维持通电状态而实现自保持

C. 停机按钮为常闭状态，因此可实现自保持

D. 保护接点 FR 为常闭状态，因此可实现自保持

190. 选择交流 220V 电路整流管时，除考虑工作电流外，还应重点考虑交流电源的（　　）对整流管的耐压要求。

A. 频率　　B. 峰值电压　　C. 相数　　D. 供电能力

191. 一个 220 V、60 W 的白炽灯，用万用表测量其电阻，应该在（　　）左右。

A. 500Ω　　B. 800Ω　　C. 1000Ω　　D. 1500Ω

192. 一座办公大楼，同一相交流电源供多个照明负荷，这些负荷间都属于（　　）关系。

A. 混联　　B. 串联　　C. 并联　　D. 互控

193. 计算三相交流负荷视在功率的公式为（　　）。

A. $S=\sqrt{3}UI\cos\varphi$　　B. $S=UI$　　C. $S=\sqrt{3}UI$　　D. $S=UI\cos\varphi$

194. 一条三相四线制供电线路，均为单相负荷情况下，线路的总负荷为（　　）。

A. 最大一相负荷　　B. 最小一相负荷

C. 大、小两相负荷之差　　D. 各相负荷之和

195. 单相负荷与三相负荷输出同等功率情况下，就负载电流而言，说法正确的是（　　）。

A. 单相大于三相　　B. 单相与三相一样大

C. 三相大于或等于单相　　D. 三相是单相的 $\sqrt{3}$ 倍

196. 在整流电路中，铁芯线圈常作为（　　）用于整流后的滤波电路。

A. 电阻　　B. 电容　　C. 电感　　D. 阻容元件

197. 线圈中铁芯的作用是（　　）。

A. 散热　　B. 产生涡流　　C. 线圈骨架　　D. 导磁

198. 下列电器或设备中，没有应用铁芯的是（　　）。

A. 熔断器　　B. 接触器　　C. 电磁铁　　D. 电动机

199. 当直流电动机在启动和工作时，励磁电路（　　）。

A. 一直要接通　　B. 一定要断开

C. 先接通，后断开，再接通　　D. 先接通后断开

200. 当保持电源电压为额定值时，调节电阻使磁通减小，则并励电动机的转速（　　）。

A. 降低　　B. 不变　　C. 升高　　D. 先升高，后降低

201. 直流电动机与三相异步电动机相比，其最大的优点是（　　）。

A. 工作可靠性高　　B. 调速性能好、启动转矩大

C. 结构简单　　D. 维护方便

202. 对于交流大负载电流的测量，多采用主电路串联（　　）取样的方法来实现。

A. 电流互感器　　B. 电阻　　C. 电压互感器　　D. 分流器

203. 电流互感器的二次电流统一规定为（　　），以有利于测量仪表生产的标准化。

A. 与一次电流相同　　B. 5A

C. 10A　　D. 15A

204. 为了减少测量电流表的使用，低压配电盘一般采用一只电流表配合（　　）来实现对三相电流的测量。

A. 电压转换开关　　B. 继电器　　C. 电流转换开关　　D. 总开关

205. 对于直流大负载电流的测量，多采用主电路串联（　　）取样的方法来实现。

A. 分流器　　B. 电阻　　C. 电压互感器　　D. 电流互感器

206. 一只分流器的规格是 100A/75mV，说法正确的是（　　）。

A. 分流器通过 100A 电流时，其两端的压降为 75mV

B. 分流器通过 100A 电流时，电流表分流为 75mA

C. 分流器每通过 1A 电流时，其两端的压降就为 75mV

D. 无论分流器通过多大电流，其两端的压降都为 75mV

207. 一只 100A/75mV 的分流器与要求的电流表一起组成测量电路，当电流表指示值为 50A 时，加在电流表两端的电压应为（　　）。

A. 75mV　　B. 37.5mV　　C. 150mV　　D. 48V

208. 晶体管放大电路大多采用（　　）电路。

A. 共基极　　B. 共集电极　　C. 共发射极　　D. 共基极和共集电极

209. 晶体三极管的放大是利用（　　）制成的。

A. 输入信号不断变化这一特点

B. 集电极和发射极电流按比例分配基极电流这一特点

C. 集电极和基极电流按比例分配发射极电流这一特点

D. 基极和发射极电流按比例分配集电极电流这一特点

210. 在共发射极基本放大电路中与（　　）相连的电路称为输出电路。

A. 集电极　　B. 发射极　　C. 基极　　D. 基极和发射极

211. 集成运算放大理想化条件中不包括（　　）。

A. 输出阻抗等于零

B. 放大倍数适中

C. 开环差模电压放大倍数为无穷大

D. 共模抑制比为无穷大

212. 当集成运算放大器的差模输入电阻 R_{id} 趋于∞时，可认为两个输入端的电流（　　）。

A. 不相等　　B. 趋于∞　　C. 趋于－∞　　D. 等于 0

213. 关于集成运算放电路表述有误的是（　　）。

A. 输入偏置电流越大越好

B. 集成运算放电路输入电阻高，输出电阻低

C. 失调电流一般在零点零几微安级，其值越小越好

D. 闭环电压放大倍数越高，所构成的运算电路越稳定，运算精度也越高

214. 运算放大器可由外电路参数确定其闭环电压放大倍数的特性，使得其能够组成各种（　　）电路。

A. 数学运算　　B. 功率放大　　C. 整流　　D. 振荡

215. 反相加法器电路是集成运算放大器的一种（　　）应用方式。

A. 非线性　　B. 线性　　C. 整流　　D. 振荡电路

216. 电压比较器是集成运算放大器的一种（　　）应用，运算放大器处于开环工作状态。

A. 整流方式　　B. 线性　　C. 非线性　　D. 振荡电路

217. LC 振荡电路的频率 f 公式正确写法为（　　）。

A. $f=\dfrac{\pi\sqrt{LC}}{2}$　　B. $f=\dfrac{1}{2\pi}\times\dfrac{1}{\sqrt{LC}}$　　C. $f=\dfrac{LC}{2\pi}$　　D. $f=\dfrac{\pi LC}{2}$

218. LC 振荡电路的特点是（　　）。

A. 输出功率较小，频率较低　　B. 输出功率较小，频率较高

C. 输出功率较大，频率较高　　D. 输出功率较大，频率较低

219. 如图 4-4 所示是由集成门电路(反向器)构成的最简单多谐振荡器，其方波由（　　）点输出。

A. C　　B. B　　C. A　　D. A、B、C 点均可

220. 如图 4-4 所示是由集成门电路（反向器）构成的最简单的多谐振荡器，增加电阻 R 的阻值就可（　　）。

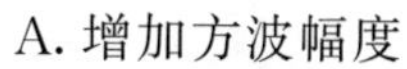

A. 增加方波幅度

B. 增大振荡频率

C. 增加输出电路能力

D. 增加输出方波的宽度

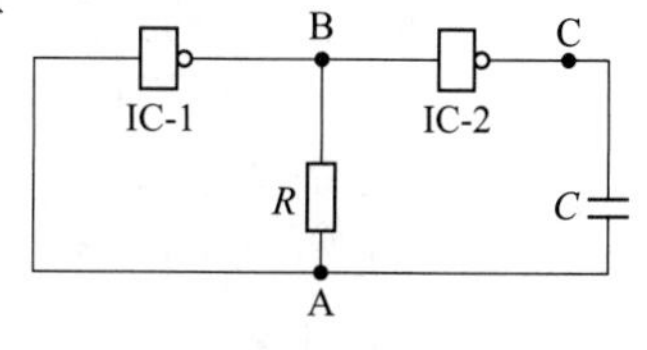

图 4-4　题 219、题 220 图

221. 正弦波振荡电路的组成中不包括（　　）电路。

A. 放大电路　　B. 反馈网络　　C. 选频网络　　D. 整流电路

222. 串联调整型稳压器，不包括（　　）电路。

A. 整流　　B. 基准电压电路

C. 比较放大电路　　D. 取样电路

223. 在串联调整型稳压电路中，调整元件为（　　）。

A. 稳压管　　B. 电阻　　C. 三极管　　D. 电位器

224. 如图 4-5 所示是一款串联调整型稳压器，当 R_4 电阻断路时，正确的故障现象是（　　）。

A. 输出电压稳定不变

B. 使 VT_2 集电极即 VT_1 的基极电位上升

C. 使 VT_1 的压降减小

D. 输出电压接近 VS 两端的电压且基本不可调整

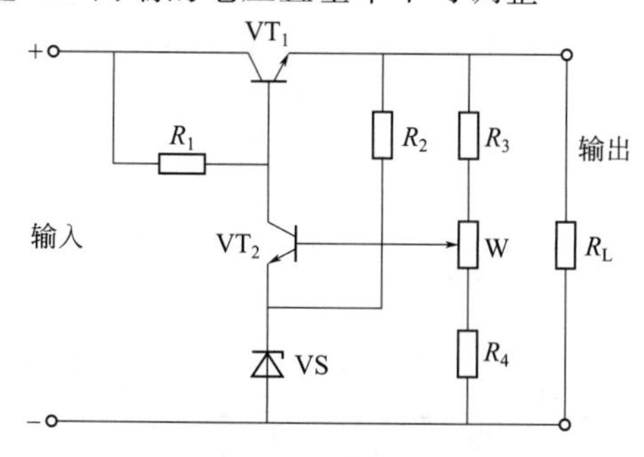

图 4-5　题 224、题 225、题 226 图

225. 如图 4-5 所示是一款串联调整型稳压器，当输出电压升高时，描述稳压过程不正确的是（　　）。

A. 取样电压反倒下降

B. 使 VT_2 集电极即 VT_1 的基极电位下降

C. 取样放大管 VT_2 的基极对发射极的电压增加

D. 使 VT_1 的基极电流减少，压降增加，从而使输出电压下降

226. 如图 4-5 所示是一款串联调整型稳压器，当输出电压下降时，描述稳压过程正确的是（　　）。

A. 标准量源 VS 上的电压也下降

B. 取样信号加强，使 VT_2 的基极电流增大

C. 取样信号下降，使 VT_2 的基极电流减小

D. 取样信号加强，使 VT_2 的基极电流减小

227. 串联调整型稳压电路输出电压的改变方法不包括（　　）。

A. 更换调整元件

B. 改变取样电阻的比值

C. 调节取样电阻器设定新值

D. 更换不同稳压值的基准电压稳压管

228. 晶闸管具有（　　）个 PN 节的四层结构。

A. 4　　B. 3　　C. 2　　D. 1

229. 晶闸管引出的三个电极不包括（　　）。

A. 阳极　　B. 发射极　　C. 阴极　　D. 控制极

230. 晶闸管控制极不加电压时，阳极、阴极间加正向电压不导通的状态称为（　　）状态。

A. 反向阻断　　B. 放大　　C. 正向阻断　　D. 触发

231. 晶闸管的主要参数中不包括（　　）。

A. 内部结构　　B. 反向峰值电压　　C. 正向峰值电压　　D. 正向平均电流

232. 维持晶闸管继续导通的最小电流称为（　　）。

A. 工作电流　　B. 维持电流　　C. 触发电流　　D. 峰值电流

233. 晶闸管在全导通条件下，可以连续通过的工频正弦半波电流，称为（　　）。

A. 触发电流　　B. 维持电流　　C. 正向平均电流　　D. 峰值电流

234. 如图 4-6 所示，把单相半波整流电路中的二极管用晶闸管代替，就成为单相半波（　　）电路。

A. 可控整流　　B. 不可控整流　　C. 桥式整流　　D. 全波

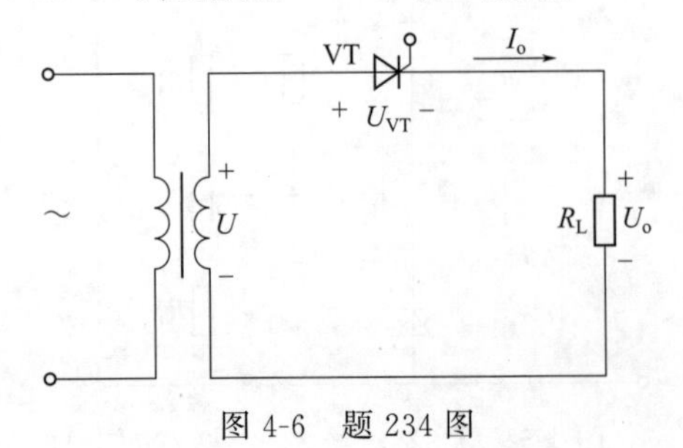

图 4-6　题 234 图

235. 晶闸管在正向阳极电压的时刻算起，到晶闸管导通时刻止的电角度，称为（　　）。

A. 维持电流　　B. 导通角　　C. 控制角　　D. 峰值电压

236. W7800 系列三端集成稳压器是广泛应用的一种稳压电源，其优点不包括（　　）。

A. 电压可调　　B. 体积小　　C. 可靠性高　　D. 使用灵活

237. W7800 系列三端稳压器内部电路是（　　）稳压电路。

A. 并联型　　B. 串联型　　C. 开关型　　D. 并联型＋开关型

238. W7815 型号的三端稳压器，输出电压为（　　）。

A. 5V　　B. 78V　　C. 15V　　D. 81V

239. 如图 4-7 所示是一款常用小功率 DC/DC 直流变换电源的应用电路图，对电路描述错误的是（　　）。

A. 直流输入为 48V

B. 输入为交流

C. 输出为正负 5V

D. 为隔离型

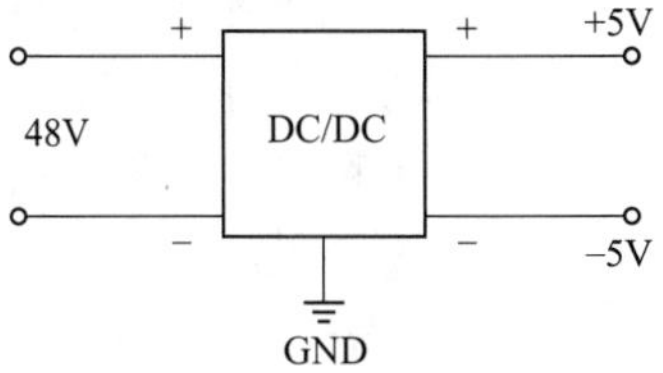

图 4-7　题 239 图

240. DC/DC 电源模块，对其类型描述错误的是，有（　　）型。

A. 升压　　B. 降压　　C. 交流输出　　D. 隔离

241. 多谐振荡器是指在（　　）情况下，由电路本身就可周而复始地振荡的一种振荡器。

A. 没有电源　　B. 有外加信号

C. 没有外加输入信号　　D. 没有反馈信号

242. 多谐振荡器能自行产生矩形脉冲的输出，（　　）是多谐振荡器的主要参数。

A. 输出波形　　B. 振荡周期　　C. 输出幅值　　D. 输出电流

243. 由两个与非门交叉耦合可组成基本（　　）触发器。

A. RS　　B. D 型　　C. JK　　D. 单稳态

244. 如图 4-8 所示是一款由或非门组成的基本 RS 触发器，其逻辑关系错误的是（　　）。

A. $R=S=0$ 时，Q 保持

B. $R=1$，$S=0$ 时，$Q=1$

C. $R=0$，$S=1$ 时，$Q=1$

D. $R=S=1$ 时，Q 不确定

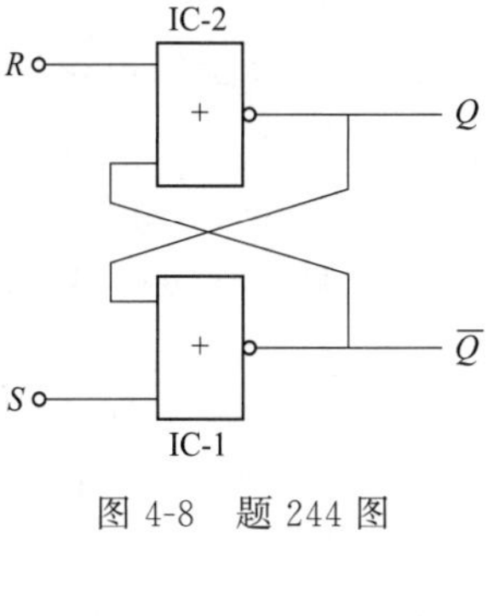

图 4-8　题 244 图

245. 对 RS 触发器描述错误的是（　　）。

A. 置位端为 S　　B. 复位端为 R

C. 复位端为 Q　　D. $\bar{Q}$ 为反相输出端

246. 常用集成触发器，按功能分类时不包括（　　）型。

A. 电位触发　　B. D　　C. J-K　　D. R-S

247. 常用集成触发器，按触发方式分类时不包括（　　）方式。

A. 边沿触发　　B. 电位触发　　C. 主-从　　D. R-S

248. 由或非门组成的基本 RS 触发器，当 $R=0$ 情况下，S 端输入高电平时，其输出状态错误的是（　　）。

A. $Q=1$　　B. $\bar{Q}=0$　　C. 复位操作　　D. 置位操作

249. 常用集成计数器按操作码制分类时，不包括（　）码。

A. ASCII　　B. BCD　　C. 二进制　　D. 十进制

250. 属于描述计数器进位方式的是（　）。

A. 边沿　　B. 异步　　C. 主-从　　D. 二进制

251. 计数器需用具有记忆功能的触发器构成，它属于（　）电路。

A. 逻辑门　　B. 组合逻辑　　C. 时序　　D. A/D 转换

252. 单稳态电路的基本工作原理和无稳态多谐振荡器类似，但单稳态电路需要（　）。

A. 外界脉冲触发　　B. 电路自身工作

C. 人工干预工作　　D. 电路自身工作或人工干预工作

253. 单稳态触发器常态时 U_o 的输出为（　）。

A. 高电平　　B. 低电平　　C. 尖脉冲　　D. 锯齿波

254. 将若干个门电路组合起来实现不同的逻辑功能，这种电路称为（　）电路。

A. 组合逻辑　　B. 时序　　C. 门　　D. 触发

255. 如图 4-9 所示是由或门和反相器组成最简单的单稳态触发器，对其电路原理分析错误的是（　）。

A. 稳态时，IC-1 输出为高电平　　B. 稳态时，U_o 输出为低电平

C. 暂态时，IC-1 输出为高电平　　D. 暂态时，U_o 输出为高电平

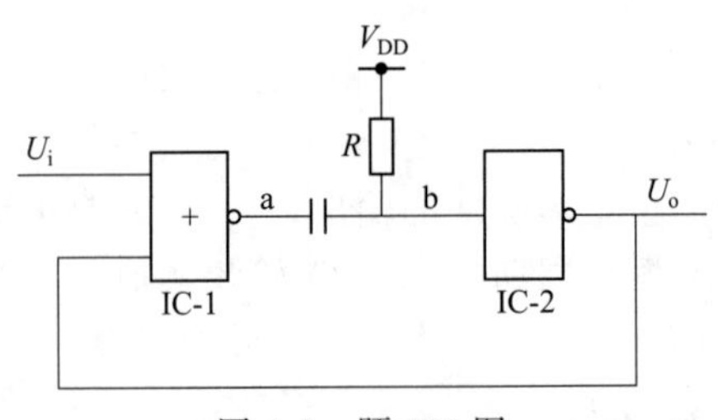

图 4-9　题 255 图

256. 组合逻辑电路的特点有：电路任何时刻的输出状态，取决于该时刻（　）的状态。

A. 前输出　　B. 输入信号　　C. 电路　　D. 脉冲宽度

257. 能将十进制数中的 0～9 十个数转换为二进制代码的电路，称为二-十进制编码器或称为（　）编码器。

A. 二进制码　　B. BCD 码　　C. 十进制码　　D. ASCII

258. 二-十进制译码器，又称为（　）译码器。

A. 二进制码　　B. 十进制码　　C. BCD 码　　D. ASCII

259. 单稳态触发器经常应用的电路中，不包括（　）电路。

A. 信号整形　　B. 脉冲展宽　　C. 信号延迟　　D. 信号增幅

260. 单稳态触发器的基本特性中，描述错误的是（　）。

A. 没有稳态

B. 何时翻转到暂稳态取决于输入信号

C. 只有一个稳态，另有一个暂稳态

D. 何时翻转到稳态取决于电路参数 R 与 C

261. 单稳态触发器应用于延迟电路时，是利用电阻、电容元件的时间常数来（　　）输出信号。

A. 提前　B. 延迟　C. 放大　D. 增幅

262. 施密特触发器是一种特殊的双稳态电路，它要依赖外加触发信号来维持（　　）状态。

A. 两个稳定　B. 初始状态　C. 高电平　D. 低电平

263. 施密特触发器特殊功能在于它的（　　）特性。

A. 电压放大　B. 电压滞后　C. 外触发　D. 没有记忆

264. 当施密特触发器的输入电压上升到正向阈值电压（U_{T_+}）触发器翻转，当输入电压下降到（　　）电压时，输出回到初始状态。

A. 回差　B. 正向阈值　C. 负向阈值　D. 零

265. 施密特触发器的正向阈值电压（U_{T+}），指在输入电压（U_1）上升过程中，输出电压 U_0 由高电平跳变到低电平时所对应的（　　）电压。

A. 输入　B. 正向阈值　C. 负向阈值　D. 回差

266. 施密特触发器用于整形电路时，可以把不规则的输入信号整形为（　　）。

A. 尖脉冲　B. 矩形脉冲　C. 锯齿波　D. 正弦波

267. 由施密特触发器，可构成最简单的多谐振荡器，仅需外接一个电阻和一个（　　）。

A. 二极管　B. 电感　C. 电容　D. 三极管

268. 将模拟量转换成数字量要经过采样等四个过程，其中不包括（　　）过程。

A. 存储　B. 量化　C. 编码　D. 保持

269. 模拟/数字（A/D）转换电路中，采样的作用是把时间上连续的输入模拟信号，转换成在时间上是（　　）的信号。

A. 连续　B. 断续　C. 不变　D. 一定数值

270. 模拟/数字（A/D）转换电路中，保持是把每次采样的电压保持一段时间，以方便把采样电压转换为相同的（　　）。

A. 连续信号　B. 波形　C. 数字量　D. 模拟量

271. 模拟/数字（A/D）转换器的一个主要技术指标之一，是以输出数字量的位数来表示的，通常称其为（　　）。

A. 分辨率　B. 精度　C. 编码　D. 二进制码

272. 模拟/数字（A/D）转换器的数字量有串行输出和（　　）输出。

A. 二进制码　B. 并行　C. 模拟　D. ASCII 码

273. LED 显示译码器输入的数据为（　　）。

A. ASCII 码　B. BCD 码　C. 二进制码　D. 八进制码

274. 十进制计数器是用（　　）二进制数来表示 1 位十进制数。

A. 2 位　B. 4 位　C. 8 位　D. 16 位

275. 十进制计数器计数到第 9 个脉冲后，若再来一个脉冲，计数器的状态将由 1001 变为（　　）状态。

A. 1010　B. 0111　C. 0001　D. 0000

276. 密封阀控蓄电池内阻小，适合（　　）放电。

A. 小电流、短时间　B. 大电流、短时间

C. 大电流、长时间　D. 小电流、长时间

277. 密封阀控蓄电池充电末期，叙述正确的是（　　）。
A. 正极产生易复合的氧气　　B. 负极产生易复合的氢气
C. 负极产生易复合的氧气　　D. 正极产生难以复合的氢气
278. 密封阀控蓄电池在环境温度为 0～25℃内，每下降 1℃，其放电容量约下降 1%，所以密封阀控电池宜在（　　）环境中工作。
A. 5～15℃　　B. 15～25℃　　C. 25～30℃　　D. 30～35℃
279. 蓄电池板珊的作用是（　　）并传输电流。
A. 参加电化学反应　　B. 防爆　　C. 绝缘　　D. 支撑活性物质
280. 阀控式铅酸蓄电池的板栅主要采用（　　）。
A. 钙锡合金　　B. 锡铝合金　　C. 铅钙合金　　D. 锑锡合金
281. 密封阀控蓄电池电电解液密度一般为（　　）左右。
A. 1.20g/mL　　B. 1.30g/mL　　C. 1.40g/mL　　D. 1.50g/mL
282. 密封阀控蓄电池内部反复还原过程中（　　），所以制成全密封阀控式。
A. 水损耗小　　B. 没有氧气产生　　C. 没有氢气产生　　D. 没有压力
283. 密封阀控蓄电池若（　　），使充入电流陡升，气体再化合效率随充电电流增大而变小，这时聚集在负极的氧气和负极表面析出的氢气很多，导致电池的内压陡升，其排气阀将开启，造成蓄电池严重缺水。
A. 长期浮充　　B. 下调浮充电压　　C. 环境温度升高　　D. 环境温度下降
284. 密封阀控蓄电池在充电过程中和充电终止时会出现水被电解的现象，通常情况下，正极和负极分别出现（　　）。
A. 氧气和氢气　　B. 氢气和氧气　　C. 氧气和氮气　　D. 氮气和氢气
285. 密封阀控蓄电池的使用寿命与温度有很大关系，要求蓄电池的环境温度为 25℃，温度每升高（　　），浮充使用寿命缩短 50%。
A. 1℃　　B. 5℃　　C. 10℃　　D. 20℃
286. 充满电的 VRLA 蓄电池，在 25℃±5℃的环境温度中存放（　　），而后进行 10h 率容量测量，所测得的容量应不小于其 10h 率容量的 80%。
A. 90 天　　B. 60 天　　C. 45 天　　D. 30 天
287. 质子交换膜燃料电池（PEMFC）的工作温度为（　　）。
A. 常温　　B. 80℃左右　　C. 160～200℃　　D. 600～800℃
288. 密封阀控蓄电池运行期间，（　　）应检查一次连接导线，螺栓是否松动或腐蚀污染，松动的螺栓必须及时拧紧，腐蚀污染的接头应及时清洁处理。
A. 两年　　B. 每年　　C. 半年　　D. 每季
289. 密封阀控蓄电池在正常运行期间，应（　　）测量一次电池电压、环境温度。
A. 每天　　B. 每周　　C. 每月　　D. 每季
290. 若经过三次核对性充放电，密封阀控蓄电池组容量均达不到额定容量的（　　）以上，可认为此组密封阀控式蓄电池寿命终止，应予以更换。
A. 60%　　B. 70%　　C. 80%　　D. 90%
291. 密封阀控蓄电池组在充放电过程中，若连接条发热或压降大于（　　），应及时用砂纸等对连接条接触部位进行打磨处理。
A. 40mV　　B. 30mV　　C. 20mV　　D. 10mV
292. 密封阀控蓄电池在长期（　　）状态下，只充电而不放电，势必会造成蓄电池的阳极极板钝化，使蓄电池内阻增大，容量大幅下降，从而造成蓄电池使用寿命缩短。

A. 浮充电　B. 过充电　C. 充放电　D. 停用

293. 密封阀控蓄电池长期（　）状态下，使板栅变薄加速蓄电池的腐蚀，使蓄电池容量降低；同时因水损耗加剧，将使蓄电池有干涸的危险，从而影响蓄电池寿命。

A. 浮充电　B. 过充电　C. 过度放电　D. 停用

294. 密封阀控蓄电池在放电时，为了避免使其过放电，都需要在开关电源上设置最低电压，这个最低电压称为（　）。

A. 低压告警点　B. 电池限压点　C. 电池限流点　D. 低电压保护告警点

295. 在开关电源上设置的 VRLA 低电压保护告警点过低，会导致蓄电池组（　）。

A. 过放电　B. 充电不足　C. 自放电　D. 浮充电压低

296. 密封阀控蓄电池低电压保护告警点电压应（　）10h 率放电终止电压。

A. 高于　B. 低于　C. 等于　D. 低于或等于

297. 密封阀控式铅酸蓄电池的顶盖上还备有内装陶瓷过滤器的气塞，它可以防止（　）从蓄电池中逸出。

A. 酸雾　B. 硫酸　C. 氧气　D. 氢气

298. 密封阀控蓄电池的安全阀可以滤酸、防爆、防止（　）。

A. 空气进入电池内部　B. 抑制负极氢气的析出

C. 支撑活性物质　D. 控制化学反应

299. 为了延长密封阀控蓄电池的使用寿命，当均衡充电的电流减小至连续（　）不变时，必须立即转入浮充电状态，否则，将会严重过充电而影响电池的使用寿命。

A. 1h　B. 2h　C. 3h　D. 4h

300. 密封阀控蓄电池若（　），使充入电流陡升，气体再化合效率随充电电流增大而变小，这时聚集在正极的氧气和负极表面析出的氢气很多，电池内压陡升，排气阀开启，造成蓄电池严重缺水。

A. 下调浮充电压　B. 提升浮充电压　C. 环境温度下降　D. 长期浮充

301. 密封阀控蓄电池要避免（　），否则引起电池水损耗增大，板栅腐蚀加速，缩短电池寿命，甚至引起热失控，造成电池报废。

A. 过充　B. 过放　C. 浮充　D. 充电

302. 密封阀控蓄电池的使用寿命与环境温度有很大关系，其浮充电压要随着环境温度的变化进行校正，每只电池校正系数为（　）。

A. 1～3mV　B. 3～5mV　C. －3～－5mV　D. －1～－3mV

303. 正常运行的密封阀控式蓄电池组浮充电压设置过高会导致（　），缩短其使用寿命。

A. 充电不足　B. 电解液损失　C. 自放电　D. 浮充电压低

304. 密封阀控蓄电池要避免过放电，放电后应立即充电，否则易引起（　）现象，导致容量不能恢复。

A. 硫酸盐化　B. 板栅腐蚀　C. 热失控　D. 水损耗增大

305. 密封阀控式免维护铅酸蓄电池的正负极板均采用涂浆式极板，这种极板具有很强的（　）、很好的导电性和较长的寿命，自放电速率也较小。

A. 绝缘性　B. 稳定性　C. 耐酸性　D. 耐碱性

306. 自放电深度与电解液中的（　　）的性质和数量密切有关。

A. 密度　B. 杂质　C. 极板　D. 活性物质

307. 铅蓄电池每昼夜由于自放电损失的容量，与（　　）的比值，称为自放电率。

A. 实际容量　B. 放电容量　C. 理论容量　D. 额定容量

308. 在－48V 铅蓄电池系统中，若一只电池的极性发生逆转，则电池组总电压总共要降低电压（　　）左右。

A. 1V　B. 2V　C. 4V　D. 8V

309. 在断开负荷的情况下，对全组电池逐个电压测量，发现一个电池的极性与其他相反，说明这个电池发生了（　　）故障。

A. 短路　B. 硫化　C. 极板弯曲　D. 反极

310. 推挽式 DC/DC 功率变换电路中，开关管截止时承受的反向电压为工作电压的（　　）。

A. 额定值　B. 2 倍以上　C. 一半　D. $\sqrt{3}$ 倍

311. 推挽式功率变换电路存在的一个缺点是，由于高频变压器出现的磁饱和现象，使其绕组的电感量急剧下降，将导致（　　）过流损坏。

A. 栅极驱动电路　B. 二次整流管　C. 高频变压器　D. 功率开关管

312. 推挽式功率变换电路采用一只高频变压器和（　　）整流管。

A. 一只　B. 两只　C. 四只　D. 六只

313. 推挽式 DC/DC 功率变换器，为了防止两个功率开关管同时导通，在栅极驱动时设置了（　　）。

A. 死区时间　B. 反向电压　C. 互斥功能　D. 保护功能

314. 由于功率变换器采用桥式整流电路时存在整流效率低的原因，所以大多在（　　）输出的开关电源中被采用。

A. 低压、大电流　B. 高压、小电流　C. 低压　D. 大电流

315. DC/DC 功率变换器采用中心抽头全波整流电路时，由于比桥式电路少了两个二极管的压降，在（　　）开关电源中使用更显优势。

A. 低压、大电流　B. 高压、小电流

C. 高压　D. 小电流

316. 金属-氧化物半导体场效应管，简称（　　）。

A. CMOS　B. PMOS　C. NMOS　D. MOSFET

317. MOSFET 功率管属于栅极控制（　　）的电压型控制压降。

A. 电流很大　B. 电压很小　C. 电流很小　D. 电流为 0

318. MOSFET 功率管的三个极中不包括（　　）。

A. 漏极 D　B. 源极 S　C. 栅极 G　D. 基极 b

319. MOSFET 功率管导通状态时，其漏极与源极间的（　　）是发热、效率低、寿命短的主要原因。

A. 导通电阻　B. 节间电容　C. 截止电压　D. 截止电流

320. MOSFET 开关功率管的漏极、源极彻底导通的栅极电压约为（　　）。

A. 0.3V　B. 0.7V　C. 5V　D. 10V

321. MOSFET 开关功率管具有的特性是（　　）。

A. 多数载流子导电

B. 不可多管并联

C. 输入阻抗高，驱动功率大

D. 开关速度快，但饱和压降较高

322. 直流供电系统蓄电池组放电后交流输入恢复，此时整流设备对蓄电池组进行充电，下面关于整流设备描述正确的是（　　）。

A. 处于浮充运行状态

B. 输出电流比浮充运行时要大

C. 输出电压比浮充运行时要高

D. 比浮充运行时电流变大，电压变高

323. IGBT 型功率晶体管，可以等效为一只 MOSFET 管与（　　）的复合体。

A. 二极管　　B. 晶闸管

C. 双极 PNP 功率管　　D. 三极管

324. IGBT 型功率晶体管的三个极的是（　　）。

A. 集电极、发射极、基极　　B. 集电极、发射极、栅极

C. 源极、栅极、漏极　　D. 阳极、阴极、控制极

325. 大功率 IGBT 管的反向偏压，一般可加（　　）。

A. 9～12V　　B. 5～6V　　C. 0.7V　　D. 0.3V

326. IGBT 型功率晶体管的栅极输入为电容性，直流静态驱动时（　　）。

A. 电流较大　　B. 不需驱动电压

C. 电流比双极功率管大　　D. 几乎没有电流

327. IGBT 型功率晶体管的工作频率（　　）MOSFET 功率管的工作频率。一般在 20～40kHz 比较合适。

A. 大约等于　　B. 2 倍于　　C. 远高于　　D. 低于

328. 开关电源中所用高频功率变压器是用来进行（　　）、功率传递及原副边间的隔离。

A. 电压变换　　B. 稳定电压　　C. 升压　　D. 电流变换

329. 高频功率变压器是开关电源的关键部件，其质量问题将影响自身效率和（　　）技术指标。

A. 稳压精度　　B. 电源整机　　C. 输出电流　　D. 隔离

330. 高频功率变压器的工作波形为（　　）。

A. 正弦波　　B. 尖脉冲　　C. 方波　　D. 锯齿波

331. 零电压开关功率因数校正电路能有效地降低开关损耗并提高（　　）。

A. 开关频率　　B. 输出电流　　C. 电压质量　　D. 可靠性

332. 在高频开关电源中，功率因数校正电路的输出电压经低通滤波器后加入误差放大器与（　　）比较后送入乘法器。

A. 误差信号　　B. 基准电压　　C. 输出电压　　D. 谐波电流

333. 开关型整流模块直流过压跳机保护属于（　　）保护。

A. 输出　　B. 输入　　C. 电流　　D. 温度

334. −48/100A 型开关整流模块过压保护点应大约设置为（　　）。

A. 53.5V　　B. 54.5V　　C. 48V　　D. 58V

335. 开关型整流模块的软启动功能属于（　　）保护。

A. 电流型　　B. 输入型　　C. 输出型　　D. 中间型

336. 高频开关电源采取的一种输入保护电路是：送出低阻信号关闭 PWM 芯片电源，使（　　）停止工作来实现保护。

A. DC/DC 变换器　　B. 高频整流电路

C. 调整管　　D. 滤波电路

337. 高频开关电源采取的切断式输入保护电路是：由过压保护电路控制继电器的接点，控制（　　）以后的电路来实现。

A. DC/DC 变换器　　B. 工频整流　　C. 高频整流电路　　D. 滤波电路

338. 高频开关电源对输入的瞬态尖峰电压通常采取输入电路并联（　　）的保护方式。

A. 放电间隙　　B. 开关管

C. 金属氧化锌压敏电阻　　D. 稳压二极管

339. PWM 控制器主要由基准电压、电压误差放大器、锯齿波发生器和（　　）组成。

A. PWM 调制器　B. 差动放大器　　C. 调整管　　D. 整流电路

340. 基本的 PWM 控制原理还不能适应实际的需要，实用型的 PWM 控制器还需具有完备的（　　）和电路参数调设功能。

A. 比较器　　B. 保护功能　　C. 整流电路　　D. 滤波器

341. 开关电源的功率变换器是靠 PWM 控制器输出（　　）的驱动脉冲，控制功率开关最终实现对输出电压的调节。

A. 不同频率　　B. 正弦波　　C. 不同宽度　　D. 不同幅度

342. 开关型稳压电源比相控型稳压电源的（　　）高。

A. 工作频率　　B. 耗能　　C. 成本　　D. 输出电压

343. 开关型稳压电源比相控型稳压电源的（　　）高。

A. 制造成本　　B. 耗能　　C. 效率高　　D. 输出电压

344. 恒功率整流器可以较好地解决恒流型整流器存在的设备（　　）、容量闲置的问题。

A. 利用率低　　B. 体积大　　C. 成本高　　D. 稳定性差

345. 由于现代通信设备输入特性呈恒功率特性，当因某种原因使输入电压下降时，输入电流会按一定规律上升，以保证（　　）不变。

A. 输出功率　　B. 输入功率　　C. 输入电流　　D. 各种参数

346. 采用恒功率整流器组成供电系统时，一般采用实际整流模块台数加 1 的冗余量，当然还要考虑电池（　　）的充电因素。

A. 浮充时　　B. 均充时　　C. 放电后　　D. 故障时

347. 能够有效克服 PWM 功率变换器中开关管在一定电压下开通、关断产生的开通损耗和关断损耗的技术是（　　）变换技术。

A. 软开关　　B. 硬开关　　C. 机械开关　　D. 直流/直流

348. 高频开关电源整流模块出现保护跳机后，可通过监控模块查询（　　）来分析故障现象。

A. 告警信息　　B. 保护设置　　C. 参数设置　　D. 负载电流

349. 通过监控模块查询开关型整流模块输出过压保护跳机，其故障现象多为（　　）原因所致，重新开机后，故障现象就会消失。

A. 真正故障　　B. 瞬间不明　　C. 人为　　D. 其他模块

350. 开关型整流模块过压保护跳机后，如果重新开机不能消除故障现象时，故障就可能是（　　）电路元件损坏导致的真实故障。
A. 限流电路　B. 显示板　C. 硬件　D. 风扇电路
351. 当整流模块发现严重故障时，首先应从监控模块（　　），然后再卸下整流模块进一步检查。
A. 诊断故障　B. 切离　C. 开机试验　D. 修改参数
352. 对于高频开关电源系统监控模块，如果设置数据和储存数据以及通信正常情况下，出现交流、直流测量数据不正常故障，其原因可能出在（　　）。
A. 数据存储器　B. A/D 转换电路　C. CPU　D. RS485 通信接口
353. 当开关电源监控模块出现与整流模块通信故障时，应重点检查（　　）。
A. 485 通信接口　B. 模块保险　C. 输入按键　D. 取样侦测板
354. 当开关电源监控模块出现没有显示、没有任何反应的故障时，应重点检查（　　）。
A. 485 通信接口　B. 模块保险　C. 输入按键　D. 取样侦测板
355. 开关型直流电源系统整流模块个体出现无输出故障的最可能原因是（　　）。
A. 模块自身原因　B. 市电停电　C. 市电缺相　D. 监控模块通信故障
356. 某开关电源整流模块保护跳机造成无输出时，信息显示为 HVD，说明（　　）。
A. 过温停机　B. 过流保护　C. 过压保护　D. 市电停电
357. 某开关电源整流模块过流保护后，重新开机电压显示正常，但无电流输出，此时应考虑开机箱首先检查（　　）。
A. 输入熔断器　B. 交流开关　C. 显示屏排线　D. 输出熔断器
358. 市电恢复后，整流模块处在浮充限流状态时，输出电压一般都（　　）浮充值。
A. 大于　B. 等于　C. 小于　D. 慢慢远离
359. 对于高频开关电源系统，关闭两台以上整流模块交流电源时，监控模块将发出（　　）信息。
A. 主要告警　B. 次要告警　C. 灯光告警　D. 声音告警
360. 对于高频开关电源系统，关闭一台整流模块交流电源时，监控模块将发出（　　）信息。
A. 主要告警　B. 次要告警　C. 灯光告警　D. 声音告警
361. 对于高频开关电源系统，关闭整流模块直流输出或保护跳机，监控模块都将发出（　　）信息。
A. 声音告警　B. 灯光告警　C. 次要告警　D. 主要告警
362. 通信设备对电源系统的最主要要求是（　　）。
A. 供电可靠　B. 小型　C. 高效率　D. 美观
363. 通信电源系统的发展方向是采用（　　）供电方式。
A. 集中　B. 分散　C. 混合　D. 大电流
364. 电源系统发展方向是采用分散供电方式，但（　　）仍采用集中供电方式。
A. 交流供电系统　B. 空调设备　C. 接地系统　D. 直流系统
365. 开关电源的模块应满足通信设备负荷（　　）。
A. 的基础上还要进行额外的热备用
B. 的基础上还要满足蓄电池均充电流

C. 的基础上还要满足蓄电池浮充电流

D. 与蓄电池均充电流的基础上还要进行额外的热备用

366. 电池基本支持时间是市电停电和交流设备故障的应急处理时间，通常根据市电条件确定电池支持时间，一般选择（　　）支持时间。

A. 2～4h　　B. 4～6h　　C. 6～8h　　D. 8～10h

367. 直流供电系统电压参数的设置包括浮充电压、均充电压、高压告警点、低压告警点和（　　）。

A. 充电终止电压　B. 放电终止电压　C. 放电终止电流　D. 充电终止电流

368. 阀型避雷器内部的阀型电阻盘的电阻是（　　）。

A. 非线性的　　B. 线性的　　C. 高阻型　　D. 低阻型

369. 对于屋脊、屋角、屋檐等易受雷击的部位，宜采用（　　）避雷。

A. 避雷器　　B. 避雷网　　C. 避雷针　　D. 避雷线

370. 通信低压配电系统保护电源避雷器通常使用（　　）。

A. 避雷针　　B. 避雷网

C. 过压保护器 SPD　　D. 避雷线

371. 为了降低跨步电压，防护直击雷的接地装置距离建筑物出入口及人行道不应小于（　　）。

A. 1m　　B. 3m　　C. 5m　　D. 7m

372. 避雷器是一种新型的（　　）防雷设备，其工作机理是金属针状电极的尖端放电原理。

A. 阀式避雷器　B. 排气式避雷器　C. 主动抗雷　D. 被动抗雷

373. 避雷器应与被保护设备并联在被保护的电源侧，当线路上出现危及设备绝缘的过电压时，避雷器的火花间隙就被击穿，或（　　），使过电压对地放电，从而达到保护设备绝缘的目的。

A. 从低阻变为高阻　　B. 从高阻变为低阻

C. 降低电流　　D. 增加电压

374. 交流、直流配电设备的机壳应单独从汇集线上引入（　　），交流配电屏的中性线汇集排应与机架绝缘。

A. 工作接地　　B. 防雷接地　　C. 保护接地　　D. 直流接地

375. 防雷接地装置的避雷针接地电阻应不超过（　　）。

A. 3Ω　　B. 5Ω　　C. 10Ω　　D. 20Ω

376. 防雷接地装置安装中，埋在地下部分的接地体，其接头应采用（　　）。

A. 螺栓连接　　B. 焊接　　C. 铆接　　D. 帮扎

377. 自动断路器跳闸或熔断烧断时，应查明原因再恢复使用，必要时允许送电（　　）。

A. 一次　　B. 两次　　C. 三次　　D. 四次

378. 高压配电系统中有高压熔断器、电压互感器和（　　）。

A. 空气开关　　B. 避雷器　　C. 刀闸开关　　D. 接触器

379. 高压配电系统中，（　　）可以避免损坏变压器和其他电源设备。

A. 隔离开关　　B. 避雷器　　C. 高压互感器　D. 刀闸开关

380. 交流接触器当（　　）通电后，即接通主电路。

A. 主触头　　B. 线圈　　C. 辅助触点　　D. 铁芯

381. 交流接触器中短路环的作用是（　　）。

A. 灭弧　　B. 自保持　　C. 减小噪声　　D. 短路保护

382. 交流接触器中自保持的辅助触点是____触点，与合闸按钮____。（　　）

A. 常开；并联　　B. 常闭；并联　　C. 常开；串联　　D. 常闭；串联

383. 交流接触器中，当（　　），会使电磁铁噪声过大。

A. 磁面过平　　B. 负载小　　C. 电压过大　　D. 短路环断裂

384. 交流接触器中，当（　　）时，会使线圈过热或烧毁。

A. 铁芯不能完全吸合　　B. 负载小

C. 电压低　　D. 短路环断裂

385. 交流接触器中，当（　　）时会使铁芯吸力不足。

A. 电压高　　B. 负载小　　C. 电压低　　D. 短路环断裂

386. 变压器空载试验时测得的损耗可认为基本是（　　）。

A. 铁损耗　　B. 铜损耗　　C. 附加损耗　　D. 介质损耗

387. 变压器一次侧加额定电压二次测开路时，一次侧的电流称为空载电流，它一般为额定电流的（　　）。

A. 0.5%～1%　　B. 2%～10%　　C. 10%～15%　　D. 15%～20%

388. 变压器空载电流的大小取决于变压器的（　　）。

A. 导电材料　　B. 绝缘材料　　C. 电磁结构　　D. 紧固件材料

389. 变压器中的（　　）为装设气体继电器创造条件，同时能提高绝缘套管的绝缘水平，起到保证油箱充满油、延长变压器油使用寿命的作用。

A. 分接开关　　B. 储油罐　　C. 油标　　D. 吸湿器

390. 为了防止变压器内部短路或高压引线短路，在变压器的高压侧应装设（　　）。

A. 避雷器　　B. 隔离开关　　C. 熔断器　　D. 气体继电器

391. 变压器的保护装置包括油标、安全气道、吸湿器、测温元件、气体继电器和（　　）。

A. 绕组　　B. 铁芯　　C. 变压器油　　D. 储油罐

392. 油浸式电力变压器的安装应略有倾斜，从没有储油罐的一方向有储油罐的一方应有（　　）的上升坡度，以便油箱内意外产生的气体能比较顺利地进入气体继电器。

A. 15%～20%　　B. 10%～15%　　C. 5%～10%　　D. 1%～1.5%

393. 室外变压器的围栏上应有（　　）的明显标志。

A.“禁止攀登，高压危险”　　B.“止步，高压危险”

C.“禁止合闸，有人工作”　　D.“请勿合闸，有人在此工作”

394. 室外安装在柱上的变压器底部距地面高度不应小于（　　）。

A. 0.5m　　B. 1m　　C. 2m　　D. 2.5m

395. 影响变压器使用寿命的主要因素是（　　）。

A. 油箱　　B. 导线　　C. 绝缘　　D. 铁芯

396. 变压器油在变压器内的主要作用为（　　）。

A. 隔离空气　　B. 灭弧　　C. 绝缘和冷却　　D. 防潮

397. 变压器油的黏度指标说明油的（　　）。

A. 流动性好坏　B. 抗腐蚀能力强弱 C. 绝缘性能好坏 D. 密度大小

398. 变压器超负荷运行易发生变压器（　　）现象。

A. 温度过低　B. 温度过高　C. 电压过低　D. 电压过高

399. 对于运行中的变压器，如分接开关的导电部分接触不良，（　　）。

A. 导致开关误动作　B. 对变压器正常运行基本无影响

C. 导致变比出现错误　D. 会产生过热现象，甚至会烧坏开关

400. 若变压器油温比平时相同负载及相同散热条件下高（　　）以上时，应考虑变压器内部已发生了故障。

A. 20℃　B. 15℃　C. 10℃　D. 5℃

401. 变压器绕组绝缘损坏的主要原因是线路短路故障、长时间过负荷运行、绕组受潮、雷电过电压和（　　）。

A. 变压器渗油　B. 引线松动

C. 套管损坏　D. 绕组接头和分接开关接触不良

402. 变压器长时间的过负荷运行，绕组产生高温，绝缘可能烧焦，造成（　　）。

A. 相间短路　B. 绕组对地短路

C. 匝间或层间短路　D. 同一相而不同电压等级的绕组之间短路

403. 为了防止和减缓变压器绝缘老化，必须严格掌握变压器的（　　），严格控制上层油温和温升。

A. 运行时间　B. 负荷　C. 接地装置　D. 保护装置

404. 在变压器运行中，绝缘油有可能与空气接触，逐渐吸收空气中的水分，会（　　）。

A. 分接开关失灵　B. 套管损坏

C. 降低其绝缘水平　D. 使变压器温度降低

405. 当变压器绝缘油温度达到（　　）时，氧化激烈，变质加剧。

A. 80℃　B. 100℃　C. 120℃　D. 140℃

406. 变压器绝缘油受潮后容易造成变压器（　　），甚至造成事故。

A. 温度降低　B. 击穿和闪络　C. 分接开关失灵 D. 套管损坏

407. 内燃机“抱瓦”可能是因（　　）引起的。

A. 燃烧温度过高 B. 锈蚀　C. 润滑不良　D. 制造

408. 大型柴油机采用的润滑方式是（　　）润滑。

A. 黄油　B. 压力　C. 飞溅　D. 综合

409. 在柴油机中，关于润滑油说法不正确的是（　　）。

A. 可以减少机械磨损　B. 可以助燃

C. 可以防止零件生锈　D. 可以加强活塞对气缸的密封作用

410. 搬运吊装过程中，安放柴油机时应避免铁皮冲制的（　　）直接承受柴油机的重力。

A. 油底壳　B. 吊环　C. 链条　D. 垫铁

411. 关于柴油机安装，不正确的叙述是（　　）。

A. 柴油机齿轮室和飞轮壳两侧有数个安装支架

B. 每台柴油机上有数个吊环，能承受柴油机的全部重量

C. 陆用固定式柴油机的基础，一般采用钢筋混凝土做成

D. 吊装柴油机时要注意，起吊要迅速，使柴油机基本保持水平位置

412. 在非增压柴油机修正功率计算公式 $N_e = CN_{e0}$ 中，说法不正确的是（　　）。
A. N_e 为修正后的实际功率
B. C 为修正系数
C. N_e 为柴油机的实际马力
D. N_{e0} 为柴油机的标定功率

413. 往复式内燃机驱动的交流发电机组，基本功率的英文缩写是（　　）。
A. RIC　B. PRP　C. COP　D. RPP

414. 柴油机启动电机为了得到较大的转矩，通常有（　　）个磁极。
A. 2～4　B. 4～6　C. 6～8　D. 8～10

415. 市电停电后，柴油机自动启动时是由（　　）给它一个启动信号。
A. 低压配电屏　B. 市电　C. UPS　D. 自身控制系统

416. 当柴油机出水温度过高时，应及时（　　）。
A. 更换机油　B. 更换机油泵　C. 更换高压油泵　D. 调整三角皮带张紧力

417. 冷却水中有机油，应检修或更换（　　）。
A. 机油泵　B. 机油冷却器芯子　C. 水泵　D. 水箱

418. 机油温度过高，耗量太大，应检修和更换（　　）。
A. 机油泵　B. 机油滤清器
C. 机油冷却器或散热器　D. 机油管路

419. 柴油机突然发生故障，不能立即查明故障的原因，可以先将柴油机（　　），再观察分析找出原因，以免发生更大的故障。
A. 低速负载运转　B. 高速负载运转　C. 低速空载运转　D. 高速空载运转

420. 当柴油机运转中有不正常的现象时，需要综合判断哪一部位或哪一系统产生故障，判断方法不正确的是（　　）。
A. 看　B. 听　C. 摸　D. 敲

421. 柴油机被启动电机带动后不发火、回油管无回油，属于（　　）的故障。
A. 电启动系统　B. 润滑系统　C. 燃油系统　D. 进气、排气系统

422. 柴油机中机油滤清器的作用是（　　）。
A. 冷却　B. 润滑　C. 过滤　D. 输油

423. 柴油机润滑系统中的机油滤清器的作用是滤去机油中的杂质，以减轻机件磨损并延长（　　）的使用期限。
A. 发动机　B. 发电机　C. 机油　D. 滤清器

424. 不是造成柴油机拉缸原因的是（　　）。
A. 磨合期使用不当　B. 活塞环开口间隙过小
C. 长时间怠速运转　D. 出油阀偶件漏油

425. 柴油机磨合期满应更换（　　）。
A. 冷却水　B. 机油　C. 燃油　D. 机油滤清器

426. 柴油机在磨合期间，机油温度不应大于（　　）。
A. 60℃　B. 70℃　C. 80℃　D. 90℃

427. 柴油机在磨合期间，柴油中可以加少量的（　　）。
A. 黄油　B. 汽油　C. 机油　D. 煤油

428. 处理喷油泵不喷油故障，不正确的方法是（　　）。
A. 及时添加柴油
B. 清洗纸质滤芯对管路清洗
C. 调整供油时间
D. 松开喷油泵等放油螺钉，用手泵泵油，排除空气

429. 处理喷油泵供油不均匀故障，不正确的方法是（　　）。
A. 更换出油阀弹簧　　B. 更换柱塞弹簧
C. 清洗空气滤清器　　D. 清洗柱塞

430. 属于柴油机日常维护保养的项目是（　　）。
A. 检查蓄电池电压和电解液密度
B. 清洗空气滤清器
C. 清洗冷却水散热器
D. 清洁柴油机及附属设备外表

431. 检查柴油机三角皮带的张紧程度、清洗机油泵机油粗滤网和加注润滑油或润滑脂属于（　　）。
A. 日常维护保养　B. 一级技术保养　C. 二级技术保养　D. 三级技术保养

432. 清洗冷却系统管道时，可用 150g 苛性钠（NaOH）加 1L 水的溶液，灌满柴油机冷却系统，停留 8～12h 后开动柴油机，使出水温度到（　　）以上，放掉清洗液，再用干净水清洗冷却系统。
A. 45℃　B. 55℃　C. 65℃　D. 75℃

433. 在调整气门间隙时，必须在（　　）时进行比较准确。
A. 进气冲程终了、压缩冲程开始　　B. 压缩冲程终了、做功冲程开始
C. 做功冲程终了、排气冲程开始　　D. 排气冲程终了、进气冲程开始

434. 内燃机排气门的工作环境（　　）。
A. 处于低温状态　　B. 处于不受力状态
C. 与进气门条件一致　　D. 比进气门条件恶劣

435. 内燃机气门是靠（　　）密封气道。
A. 整个杆部　B. 整个头部　C. 头部水平面　D. 头部圆锥面

436. 内燃机气门式配气机构是由（　　）控制进、排气过程。
A. 活塞位移　　B. 气门导管
C. 凸轮轴驱动气门　　D. 曲轴驱动气门

437. 如果柴油机气缸盖材质是铸铁，气缸垫在安装时，应注意使光滑的一面朝向（　　）。
A. 气缸体　　B. 气缸盖
C. 气缸盖或气缸体均可　　D. 上方

438. 对柴油机铝合金气缸盖、气缸垫在安装时，应注意使光滑的一面朝向（　　）。
A. 气缸体　　B. 气缸盖
C. 气缸盖或气缸体均可　　D. 上方

439. 柴油机气缸垫是用耐高温的（　　）板制成。
A. 铁　B. 铜　C. 黄铜　D. 石棉

440. 柴油在燃烧室与空气混合的时间为（　　）。
A. 几秒　B. 几分钟　C. 千分之几秒　D. 十分之几秒

441. 统一式燃烧室有三种类型，不包括（　　）。

A. ω形燃烧室　B. 球形燃烧室　C. S形燃烧室　D. U形燃烧室

442. 分离式燃烧室有两种类型，其中一种是（　　）。

A. 反复式燃烧室　B. 预燃室式燃烧室　C. 复合式燃烧室　D. U形燃烧室

443. 柴油机在一般情况下，每工作（　　）左右，就应清洗散热器中的沉淀杂质。

A. 100～200h　B. 200～300h　C. 300～400h　D. 400～500h

444. 产生柴油机过热，循环水冷却不足的原因，不可能是（　　）。

A. 风扇皮带松弛，或风扇叶片装反

B. 风扇转动过速

C. 水泵叶轮断面磨损，泵水能力下降

D. 水套、散热器内水垢过多或水管堵塞

445. 柴油机温度过高，用（　　）的处理方法不可能缓解。

A. 调整供油时间　B. 添加机油

C. 调整气门间隙　D. 清除活塞、活塞环气缸盖上积炭

446. 同步电机旋转的速度与电网（　　）保持严格的恒定关系。

A. 频率　B. 电压　C. 电流　D. 相位

447. 有一台一对磁极的同步发电机，转速是3000r/min，其输出频率是（　　）。

A. 300Hz　B. 150Hz　C. 60Hz　D. 50Hz

448. 同步发电机的转速 n 和电网频率 f 及发电机本身的磁极对数 p 之间，保持着严格的恒定关系式是（　　）。

A. $f=\frac{pn}{60}$　B. $f=\frac{60}{pn}$　C. $f=\frac{p}{60n}$　D. $f=\frac{60n}{p}$

449. 涡轮增压器从压力机中引出少量空气通过（　　）上的一个气孔到涡轮端气封板，可进一步阻止燃气的泄漏。

A. 涡轮壳　B. 中间壳　C. 压气机壳　D. 叶轮壳

450. 平常所说的涡轮增压装置其实就是一种（　　），通过增加发动机的进气量来提高发动机功率。

A. 喷油嘴　B. 空气压缩机　C. 锁紧螺母　D. 扩压器

451. 柴油机转速过高可能引起（　　）。

A. 飞车　B. 游车

C. 最低怠速达不到　D. 标定转速达不到

452. 柴油机调速器突然失灵，使转速超过标定转速的（　　）以上，即称为柴油机“飞车”。

A. 105%　B. 110%　C. 115%　D. 120%

453. 柴油机喷油很少或不喷油，正确的原因是（　　）。

A. 燃油系统油路有空气　B. 针阀粘住

C. 喷孔堵塞　D. 紧帽变形

454. 柴油机输油泵进油口处滤网阻塞，会导致（　　）。

A. 顶杆漏油　B. 输油量不足　C. 活塞卡死漏油　D. 手泵部分漏油

455. 空调机中，（　　）最常见故障有触点过热、烧损、熔焊、磨损等。

A. 交流接触器　B. 热继电器　C. 中间继电器　D. 电磁阀

456. 风冷柜式空调机不能启动可能是电源有问题，若电压低于额定电压的（　　）时，可能与电压低有关。

A. 20%　　B. 15%　　C. 10%　　D. 5%

457. 风冷柜式空调机的____继电器触点处于____位置，空调机不能启动。（　　）

A. 过载保护；接通　　B. 过载保护；断开

C. 启动；接通　　D. 温控；接通

458. 风冷柜式空调机的____继电器触点处于____位置，空调机不能启动。（　　）

A. 过载保护；接通　　B. 启动；接通

C. 启动；断开　　D. 温控；接通

459. 温度控制器主要功能是通过控制（　　）使室内空气温度达到所需的值。

A. 压缩机　　B. 室外风机　　C. 冷凝器　　D. 蒸发器

460. 温度控制器感温管在室温条件下测量两个接线端子应为____，如果____则说明感温管内感温剂泄漏。（　　）

A. 断路；断路　　B. 通路；断路　　C. 通路；通路　　D. 断路；通路

461. 在空调机中，（　　）温控器通过发光管或液晶显示，可直接读出当时的室内温度及所要控制的温度值。

A. 波纹管式　　B. 机械压力　　C. 电子　　D. 膜盒式

462. 空调器用的风机，空气动力噪声大小与（　　）无关。

A. 叶轮直径　　B. 应用电压　　C. 叶片倾角　　D. 风机转速

463. 制冷系统内（　　）可使制冷压缩机产生振动。

A. 缺少制冷剂　　B. 有过量制冷剂　　C. 有大量空气　　D. 吸气压力过低

464. 室内机组（　　）会造成空调器运转时有噪声。

A. 出水堵　　B. 制冷温度低　　C. 送风量大　　D. 风扇松动或有损坏

465. 分体式空调器安装时（　　），会造成感应漏电。

A. 装有接地线　　B. 电路有断线　　C. 没有接地线　　D. 接地良好

466. 分体式空调器压缩机的引出线与机壳相碰短路，会造成（　　），危及人身安全。

A. 电压降低　　B. 电压升高　　C. 停机　　D. 漏电

467. 分体式空调器长时间使用，电气零部件的绝缘性能可能下降，用兆欧表测其电器部分与机壳的绝缘电阻，若低于（　　），其工作时就有可能漏电。

A. 1MΩ　　B. 2MΩ　　C. 3MΩ　　D. 4MΩ

468. 制冷系统焊接时选用（　　）焊料可以不用焊剂。

A. 铜磷　　B. 银铜　　C. 铜锌　　D. 钢丝

469. 在使用氧气-乙炔气焊设备中，应采用（　　）进行铜管间的焊接。

A. 氧化焰　　B. 碳化焰　　C. 中性焰　　D. 弱中性焰

470. 氧气瓶内的氧气（　　）。

A. 允许全部用完，但必须充入2.0～5.50MPa的氮气

B. 允许全部用完，但必须充入0.02～0.50MPa的氮气

C. 不允许全部用完，至少要留2.0～5.50MPa的剩余量

D. 不允许全部用完，至少要留0.02～0.50MPa的剩余量

471. 对于大负荷的空调系统，中央空调设备比房间空调（　　）。

A. 成本低廉　　B. 造价高

C. 运行费用高　　D. 维修时干扰空调区域内的人员正常活动

472. 中央空调系统利用部分（　　），节省了降温和供热费用。

A. 进风　　B. 出水　　C. 回风　　D. 进水

473. 中央空调系统通过改变各房间的（　　）来实现各个房间或区域所需要的温度。

A. 降温　　B. 风量　　C. 升温　　D. 风向

474. 新型UPS多采用DSP（Digital Signal Processor）数据信号处理器为主控单元，其优点是（　　）。

A. 有固化中文字库　　B. 运算速度快，指令周期小于50ns

C. 可间接产生高频PWM　　D. 运算速度快，指令周期小于500ms

475. 相比较而言，（　　）属于UPS新兴技术。

A. 传统双变换在线式　　B. 旋转式

C. 后备式　　D. Delta变换在线式

476. UPS并联冗余连接时，在实际应用中其可靠性是（　　）。

A. 并联数目越多越好　　B. 不并联最好

C. 并联一定数目最好　　D. 并联数目越少越好

477. UPS热同步并机技术执行并机时，（　　）即可完成并机。

A. 只需要获取对方实时输出的频率、相位

B. 不需要获取对方实时输出数据

C. 只需要获取对方实时输出的电压、相位

D. 只需要获取对方实时输出的电压、电流

478. UPS采用热同步并机时的均流不平衡度可以达到（　　）。

A. 1.5%　　B. 3%　　C. 5%　　D. 8%

479. UPS热同步并机的优点有很多，（　　）说法是错误的。

A. 两台机器没有信号线，可减少故障率

B. 两台机器独立工作，无主从关系

C. UPS单机时更容易扩展到冗余并机

D. 冗余并机时可以增加不限量的UPS

480. 大多数UPS的静态开关由两个（　　）的晶闸管组成。

A. 正向并联　　B. 反向并联　　C. 正向串联　　D. 反向串联

481. 在交流备用电源与UPS逆变器输出电压存在较大相位差切换时，在主用和备用电源之间产生较大的（　　）。

A. 容抗　　B. 感抗　　C. 环流　　D. 压降

482. 混合式的静态转换开关，在开通时是（　　）。

A. 只有电子式转换开关动作

B. 机械式转换开关先动作，然后电子式转换开关动作

C. 只有机械式转换开关动作

D. 电子式转换开关先动作，然后机械式转换开关动作

483. UPS通信接口最常用的是（　　）。

A. RS 232/485接口　　B. 继电器通信接口

C. USB通信接口　　D. 网络通信接口

484. UPS的负载多数是计算机负载，这时UPS的功率因数大约为（　　）。

A. 0.5　　B. 0.6　　C. 0.9　　D. 0.99

485. 为了方便所有用户操作，UPS 智能管理应该具有（　　）功能。
A. 系统操作权限　　B. 自动告警
C. 系统自动保护　　D. 数据采集

486. UPS 交流输入侧的 AC 滤波器用来滤除市电的高频纹波，可以保证 PFC 变换器补偿的输入为失真较小的（　　）。
A. 稳定电压　　B. 正弦波电压　　C. 矩形波电流　　D. 正弦波电流

487. UPS 的工作温度范围为 0～40℃，25℃时，不结露情况下允许最大湿度是（　　）。
A. 60%～70%　　B. 70%～80 %　　C. 80%～95%　　D. 90%～100%

488. 有市电时，UPS 工作正常，一停电就没有输出，不可能原因是（　　）。
A. 市电不正常
B. 没有开机，UPS 工作于旁路状态
C. 电池开关没有合
D. 电池的放电能力不行，需更换电池

489. UPS 输入交流告警，但是运行整流逆变正常，可能的原因是（　　）。
A. 交流缺相　　B. 输入保险损坏
C. 交流电源超标　　D. 交流相序有误

490. UPS 系统遭受感应雷击不可能的模式为（　　）。
A. 交流输入侧侵入　　B. 直流输入侧侵入
C. 地电压反击侵入　　D. 监控信号端口侵入

491. UPS 蓄电池开关损坏更换时，不需要符合的要求是（　　）。
A. 有低压自动脱扣功能
B. 在母线电压尚未建立时，电池开关不能闭合
C. 采用直流开关，分断电压高于母线电压最高值
D. 采用交流开关，分断电压高于母线电压最高值

492. 输出配有隔离变压器的 UPS 可将零地电压降低至（　　）。
A. 0V　　B. 1V　　C. 3V　　D. 5V

493. 提高 UPS 设备功率因数比较好的方法是（　　）。
A. 使用无源校正　　B. 使用有源校正
C. 减少感性负载　　D. 减少负载

494. 根据负载电路波形图分析，（　　）电路功率因数最小。
A. 三相半波整流滤波　　B. 三相桥式整流滤波
C. 三相六脉冲整流器　　D. 六相全波整流

495. 一台 80kV·A 的 UPS，其输出功率因数是 0.8，表明其可带负载（　　）。
A. 64kW　　B. 80kW　　C. 64kV·A　　D. 100kV·A

496. 当三端口式 UPS 交流市电输入正常时的工作方式是（　　）。
A. 备用电池充电，DC/AC 电路工作
B. 备用电池充电，DC/AC 逆变器冷备份
C. 备用电池充电，DC/AC 逆变器热备份运行
D. 备用电池停电后均充，平时不充电，DC/AC 逆变器热备份

497. 后备式UPS的容量一般限于5kV·A左右，多用于办公室PC机使用，停电时，其内部备用电池后备时间可能的是（　　）。

A. 1min　　B. 20min　　C. 1h　　D. 5h

498. 整个监控网络为三级结构，中心局为监控中心SC（Supervision Center），各监控站SS（Supervision Station）作为第二级结构，（　　）SU（Supervision Unit）作为第三级结构。

A. 现场　　B. 设备　　C. 监控单元　　D. 采集

499. 数据采集系统中数模转换器的作用是将（　　）信号转换成模拟信号。

A. 电压　　B. 电流　　C. 数字　　D. 音频

500. A/D转换器顾名思义是指数字信号和模拟信号之间的一种（　　）设备。

A. 转换　　B. 合成　　C. 调制　　D. 解调

501. 有一盒录音磁带要转成MP3，把磁带上的模拟信号变成数字信号（如wav文件等），完成这一任务的就是（　　）转换器或芯片。

A. 电压　　B. 电流　　C. 数模　　D. 音频

502. 传感器采集的蓄电池电流、电压是（　　）。

A. 模拟量　　B. 开关量　　C. 遥控量　　D. 数字量

503. 蓄电池组监控分别监控（　　）。

A. 湿度、单体电流、总电压

B. 温度、单体电压、放电电流、总电压

C. 温度、放电电流、湿度、电池个数

D. 湿度、单体电流、总电压、放电电流

504. A/D转换过程包含采样、保持、量化和（　　）四个步骤，常见的A/D转换器有逐次渐进器和双积分型。

A. 放大　　B. 运算　　C. 编码　　D. 转换

505. A/D转换器的（　　）是所能分辨模拟输入信号的最小变化量。

A. 量程　　B. 分辨率　　C. 精度　　D. 相对分辨率

506. A/D转换器的（　　）是对应于输出数码的实际模拟输入电压与理想模拟输入电压之差。

A. 相对精度　　B. 分辨率　　C. 绝对精度　　D. 相对分辨率

507. A/D转换器的主要技术指标（　　）是最低有效位成“1”状时，实际输入电压与理论输入电压之差。

A. 偏移误差　　B. 增益误差　　C. 线性误差　　D. 理想误差

508. 两地间可以在两个方向上进行传输的，但两者不能同时进行的称为（　　）。

A. 单工　　B. 半双工　　C. 双工　　D. 全双工

509. 基站监控系统负责监控的对象有发电机组、交流配电屏、直流配电屏、UPS、开关电源、蓄电池组、地线与（　　）设备等。

A. 控制　　B. 防雷　　C. 告警　　D. 照明

510. 基站监控系统环境量有门禁、（　　）、烟雾、红外、水浸等。

A. 地线　　B. 照明　　C. 温湿度　　D. 灰尘

511. RS 485接口是采用平衡驱动器和（　　）接收器的组合，抗噪声干扰性好。

A. 无线　　B. 有线　　C. 过载　　D. 差分

512. RS 485接口在总线上是允许连接多达（　　）个收发器，即具有多站能力，这样用户可以利用单一的RS 485接口方便地建立起设备网络。

A. 64　　B. 128　　C. 256　　D. 512

513. 系统监控单元（SU）的功能是（　　）采集各个监控对象和机房动力环境的运行状态和数据。

A. 随机　　B. 瞬时　　C. 告警时　　D. 周期性

514. 系统监控单元随时接收来自（　　）发来的参数设置、控制命令和时钟校准命令。

A. 上级　　B. 下级　　C. 计算机　　D. 监控设备

515. 系统监控单元提供一定的接口与上级以及（　　）进行连接。

A. 柴油机组　　B. 智能设备　　C. 蓄电池组　　D. 空调机

516. 开关电源通信中断，可能由（　　）的故障引起。

A. 电池电压传感器　　B. 市电交流传感器

C. 低压电流互感器　　D. 开关电源监控模块通信口

517. 如开关电源通信中断，市电停电可以参考（　　）来判断。

A. 传感器采集的室内温度　　B. 传感器采集的室内湿度

C. 传感器采集的电池电压　　D. 传感器采集的UPS输出电压

518. （　　）有可能是被监控站监控系统通信不正常的直接原因。

A. 传输中断　　B. 电流互感器器坏

C. 温湿度传感器坏　　D. 交流电压传感器坏

519. 数据库系统是指引进数据库技术以后的整个计算机系统，它不包括（　　）。

A. 计算机硬件软件系统　　B. 数据

C. 用户　　D. 信息

520. 常用数据库的数据模型中没有（　　）。

A. 层次模型　　B. 网络模型　　C. 集合模型　　D. 关系模型

521. 根据通信双方的分工和信号传输方向可将通信分为三种方式：（　　）。

A. 半工、单工和全工　　B. 半工、单工和双工

C. 单工、半双工和全双工　　D. 单工、双工和全工

522. 根据一次传输数位的多少可将基带传输分为并行（Parallel）方式和串行（Serial）方式，（　　）。

A. 串行传输方式要求的各条线路同步

B. 在远距离数字通信中一般不使用并行方式

C. 并行是通过一对传输线逐位传输数字代码

D. 串行是通过一组传输线多位同时传输数字数据

523. 在数据通信中，（　　）基本作用是把数据信号变换成模拟数据信号。

A. 复用器　　B. 调制解调器　　C. 集中器　　D. 中继器

524. 在调制方式中，（　　）信号抗干扰能力差。

A. 调频　　B. 绝对调相　　C. 调幅　　D. 相对调相

525. 模拟图像传输一般是通过一定的速率对图像进行周期性扫描，把图像上不同（　　）的点变成不同大小的电信号，然后传送出去。

A. 亮度　　B. 色彩　　C. 速率　　D. 大小

526. 数据终端发出的数据一般是（　　）。

A. 连续的模拟信号　　　B. 连续的数字信号
C. 离散的模拟信号　　　D. 离散的数字信号

527. 为了保持人机之间对话式思维的连续性，数据通信要求信息传输时延小于（　　）。
A. 1s　B. 2s　C. 3s　D. 4s

528. 数据通信对传输误码率的要求是小于（　　）。
A. 10^{-2}　B. 10^{-3}　C. 10^{-4}　D. 10^{-8}

529. 利用模拟信道来传输数据时，（　　）是不可缺少的设备。
A. 解码器　B. 集中器　C. 编码器　D. 调制解调器

530. 两地间传输数据信号必须有（　　）。
A. 交换机　B. 传输信道　C. 光端机　D. 调制解调器

4.2.2 不定项选择题（每题四个选项，至少有一个是正确的，将正确的选项填入括号内，多选少选均不得分）

1. 在制订通信电源系统割接方案前，制订单位必须充分了解割接设备（交直流配电系统、发电机组、UPS、整流设备、蓄电池组等）的（　　）并掌握设备的基本操作功能。
A. 接线方式　　　B. 内部排列结构
C. 电气原理图　　　D. 设备内部电路结构图

2. 通信电源集中监控系统工程验收包括（　　）。
A. 系统响应时间　　　B. 系统可靠性
C. 工程的开工时间　　　D. 系统完成的功能

3. 下列属于通信电源集中监控系统工程验收规范安装工艺验收要求的有（　　）。
A. 信号传输线、电源电缆应分离布放
B. 缆线的标签应正确、齐全，竣工后永久保存
C. 应听取使用者的建议
D. 各种缆线应采用整段材料，不得在中间接头

4. 变流设备维护一般要求有（　　）。
A. 维护发电机组后，再维护变流设备
B. 工作电流不应超过额定值，各种自动、告警和保护功能均应正常
C. 保持布线整齐，各种开关、熔断器、插接件等部位应接触良好、无电蚀
D. 机壳应有良好的接地

5. 当柴油发电机组出现（　　）或其他有发生人身事故或设备危险情况时，应立即紧急停机。
A. 机组内部异常敲击声　　　B. 电压过低
C. 水温超过 90℃　　　D. 转速过高

6. 空调的进、出水管路布放路由应尽量远离机房通信设备；检查管路接头处安装的水浸告警传感器是否完好有效；管路和制冷管道均应畅通，无（　　）现象。
A. 锈蚀　B. 渗漏　C. 堵塞　D. 缝补

7. 除半年维护项目外，每年低压配电设备应进行的维护项目有（　　）。
A. 检查避雷器是否良好
B. 检查信号指示、告警是否正常

C. 测量接地电阻（干季）
D. 检查接触器、开关接触是否良好

8. 维护部门在通信电源割接过程中应安排专人全程随工，协助割接工程的（　　）。
A. 施工　　B. 监督割接的实施
C. 设计勘察　　D. 割接方案和应急方案的技术支持

9. 在通信电源割接工程过程中，在机架上或走线架上方或附近作业时，施工人员必须清理随身携带的非绝缘物品，包括（　　）等，禁止携带该类物品上机架作业。
A. 电钻　　B. 小刀　　C. 项链　　D. 戒指

10. 通信电源割接中的交流供电系统主要包括（　　）。
A. 生产所需要的380V/220V交流供电/配电系统
B. 数据、网络、服务器用UPS系统和逆变器
C. 柴油发电机组及其自动/手动转换系统
D. 消防、电梯、照明交流供电/配电系统

11. RS232接口在实际应用中的物理接口有（　　）。
A. DB25针　　B. DB25孔　　C. DB16针　　D. DB16孔

12. UPS的控制电路应具有分别执行（　　）的能力，以保证UPS能在具有不同供电质量的交流旁路电源系统中正常运行。
A. 延时切换　　B. 断开切换　　C. 同步切换　　D. 非同步切换

13. UPS的保护功能有（　　）。
A. 输入欠压保护　　B. 输出短路保护　　C. 输出过载保护　D. 过温保护

14. UPS通常由下列部分组成：输入整流滤波电路、蓄电池组、充电电路和（　　）。
A. 逆变电路　　B. 调压变压器
C. 功率因数校正电路　　D. 静态开关

15. UPS在运行中频繁的转换到旁路供电，主要的原因有（　　）。
A. 蓄电池内阻增大　　B. UPS本身出现故障
C. UPS暂时过载　　D. 过热

16. 安装完电源避雷器SPD后，通电时应检查避雷模块（　　），并且确认运行是否正常。
A. 安装工艺　　B. 发热温度
C. 工作电压指示读数　　D. 雷击计数指示读数

17. 避雷器有（　　）形式。
A. 阀式　　B. 针式　　C. 排气式　　D. 带式

18. 蓄电池在充电、放电过程中温度过高的主要原因有（　　）。
A. 充电电流过小　B. 内部局部开路　C. 散热不良　　D. 过充

19. 柴油机配气机构中气门间隙大小会影响（　　）。
A. 输出功率　　B. 换气质量　　C. 燃油质量　　D. 经济效益

20. 柴油机的机体组件主要由（　　）等组成。
A. 滤清器　　B. 油底壳　　C. 气缸体　　D. 气缸盖

21. 柴油机由机体、曲轴连杆机构、配气机构、冷却系统、（　　）等组成。
A. 燃烧系统　　B. 启动系统　　C. 润滑系统　　D. 燃油系统

22. 地网中经常要用到各种类型的接地体，按摆放方向可以分为（　　）。

A. 平行接地体　B. 垂直接地体　C. 水平接地体　D. 交叉接地体

23. 电力电缆是由（　）和外层护套组成。
A. 金属　B. 导体　C. 非导体　D. 绝缘层

24. 电气设备的灭火可以使用（　）。
A. 1211灭火器　B. 泡沫灭火器　C. 干粉灭火器　D. 水枪

25. 电源线路的防雷作为通信局（站）避雷的一个重要环节，应实施（　）的原则。
A. 集中防护　B. 分级防护　C. 逐级协调　D. 集中统管

26. 电源专业日常使用的仪表有（　）。
A. 微波功率计　B. 接地电阻测试仪　C. 兆欧表　D. 功率因数表

27. 电子调速系统一般由（　）组成。
A. 速度控制器　B. 喷油控制器　C. 转速传感器　D. 电磁执行器

28. 动力及环境集中监控系统采用了（　）技术以有效提高通信电源系统、机房空调系统及环境维护质量的先进手段。
A. 计算机　B. 网络　C. 开关电术　D. 数字采集

29. 发电机励磁系统的作用有（　）。
A. 提供励磁电流　B. 提高启动速度
C. 提高运行稳定性　D. 限制发电机端电压失控

30. 发电机三相输出电压不平衡的原因主要是（　）。
A. 外电路三相负载不平衡
B. 定子的三相绕组某一相或两相接线头松动
C. 发电机组接地不良
D. 定子的三相绕组某一相或两相断路或短路

31. 阀控式密封铅酸蓄电池的隔板的主要作用是（　）。
A. 传导汇流作用　B. 吸附电解液
C. 防酸隔爆作用　D. 防止正负极板内部短路

32. 放电条件对蓄电池组容量影响有（　）。
A. 放电速率　B. 环境温度　C. 测量方法　D. 终止电压

33. 分散供电的特点有（　）。
A. 运行维护费用低　B. 功耗大
C. 占地面积小，节省材料　D. 供电可靠性低

34. 高频开关电源的监控模块应具有交流输入（　）等保护功能，故障恢复后，应能自动恢复正常工作状态。
A. 过流　B. 过压　C. 欠压　D. 缺相

35. 在高频开关电源系统中，常的电力电子器件有（　）。
A. GTR　B. MOSFET　C. IGBT　D. GTO

36. 高压供电系统的接线方式，有单母线和双母线两种。具体接线分为（　）等类型。
A. 星形　B. 环形　C. 树干式　D. 放射式

37. 根据电流通过人体的路径及触及带电体的方式，一般可将触电分为（　）等。
A. 单相触电　B. 两相触电　C. 三相触电　D. 跨步触电

38. 通信电源工程验收是对工程中（　）进行监督和检验。

A. 采用的设备　B. 工程财务　C. 保护接地　D. 工程质量

39. 工作接地按照电源性质分为（　）。

A. 交流接地　B. 保护接地　C. 防雷接地　D. 直流接地

40. 活塞环要承受高速往复运动的摩擦力，使用的材料必须具有良好的（　）。

A. 耐磨性　B. 导热性　C. 硬度　D. 弹性和韧性

41. 机房环境监控的遥信量有（　）。

A. 烟雾　B. 温湿度　C. 水浸　D. 门禁

42. 机房专用空调冷凝器安装原则（　）。

A. 风冷式冷凝器（包括乙二醇溶液冷凝冷却器）应远离热源

B. 风冷式冷凝器可放在室内

C. 风冷式冷凝器放在室外最安全且容易维修的地方（避免放在公共通道和积水积雪的地方）

D. 风冷式冷凝器应安装在清洁空气区，远离可能污染盘管的污染区，特别是油烟粉尘区，远离障碍物 1m 以上

43. 机组运转后发电机无输出电压或很低的故障原因包括（　）。

A. 励磁回路接线错误　B. 发电机铁芯剩磁消失或太弱

C. 机组所加负载过小　D. 交流励磁机故障无输出电压

44. 集中监控对柴油发电机组的遥控有（　）功能。

A. 开关机　B. 工作方式（自动/手动）

C. 紧急停机　D. 自动转换

45. 监控系统每次登录时，通过（　）区别不同级别的工作人员。

A. 姓名及工号　B. 登录名称　C. IP 地址　D. 口令

46. 检查电源避雷器时，应（　）。

A. 检查是否能耐受最大雷击电流　B. 检查避雷模块是否发热

C. 检查失效装置是否动作　D. 检查避雷器指示是否正常

47. 降阻剂应均匀包裹在（　）周围。

A. 避雷针　B. 避雷带　C. 水平接地体　D. 垂直接地体

48. 空调系统的主要部件中属于热交换设备的有（　）。

A. 压缩机　B. 冷凝器　C. 膨胀阀　D. 蒸发器

49. 对高压电器按照作用不同可分为（　）。

A. 开关电器　B. 测量电器　C. 限流电器　D. 保护电器

50. 利用监控系统进行蓄电池维护包括（　）。

A. 测试蓄电池内阻

B. 发现落后电池，及早更换，避免故障的发生

C. 调节蓄电池电解液平衡

D. 使用开关电源的测试功能，对蓄电池进行放电

51. 阀控式密封铅酸蓄电池充电时，达到（　）可视为充电中止。

A. 充电电流为 0

B. 充电量不小于放出电量的 1.2 倍

C. 充电后期充电电流小于 $0.005C_{10}$(A)

D. 充电后期，充电电流连续 3h 不变化

52. （ ）是串行通信的特点。

A. 成本低　　B. 传输数据速度快

C. 占用通信线少　　D. 适用于近距离的数据传送

53. 排气式避雷器由（ ）组成。

A. 火花间隙　B. 产气管　C. 内部间隙　D. 外部间隙

54. 闪电分为（ ）等几种。

A. 云闪　B. 地闪　C. 空闪　D. 球闪

55. 市电停电后，自动化机组不能启动的故障原因包括（ ）。

A. 油箱燃油未满　　B. ATS面板上控制开关不在AUTO位置

C. 机油油箱未满　　D. ATS到机组控制屏的控制线连接错误

56. 高频开关电源系统用蓄电池和UPS用蓄电池区别为（ ）。

A. 高频开关电源系统用蓄电池适合长时间小电流放电

B. 高频开关电源系统用蓄电池适合短时间大电流放电

C. 高频开关电源系统用蓄电池板栅比UPS用蓄电池薄

D. 高频开关电源系统用蓄电池板栅比UPS用蓄电池厚

57. 通信局（站）用低压阀控式铅酸蓄电池组进行容量测试的周期为（ ）。

A. 搁置存放超过3个月后

B. 新建蓄电池组在投入使用前

C. 投产后，每年应完成一次核对性放电试验

D. 投产后，每3年完成一次容量试验，使用满6年后，应每年完成一次容量试验

58. 为保证监控系统的正常运行，在监控中心和监控站分别对维护人员按照对监控系统有的权限分为（ ）。

A. 超级用户　B. 一般用户　C. 系统操作员　D. 系统管理员

59. 为了使柴油机能正常运行，燃油喷射系统必须能够达到（ ）。

A. 定时喷射　B. 定向喷射　C. 定量喷射　D. 定质喷射

60. 维护规程要求每月对监控系统做维护的项目有（ ）。

A. 对监控系统做好巡检记录　　B. 做阶段汇总月报报表

C. 备份上年的历史数据　　D. 抽查一次监控系统的功能、性能指标

61. 我国单体蓄电池的型号主要由（ ）组成。

A. 蓄电池用途　B. 正极板结构　C. 蓄电池特性　D. 蓄电池额定容量

62. （ ）可能是发电机输出电压低的原因。

A. 启动蓄电池组处于充电状态　　B. 负荷过重

C. 无刷励磁的整流器处在半击穿状态　D. 励磁电流不足

63. 下列（ ）项目属于蓄电池季度维护项目。

A. 核对性放电试验（2V电池）

B. 测量单体端电压

C. 检查是否达到均衡充电条件，如达到的话，应进行均充充电

D. 测量和记录电池系统的电压、浮充电流

64. 下列内容属于动力环境集中监控系统的监控范围的是（ ）。

A. 市电输入电压　　B. 机房空调故障告警

C. 机房烟雾告警　　D. 程控交换机故障告警

65.（　　）情况容易造成机房出现漏水报警。

A. 排水管堵塞　　B. 排水管破裂或泄漏

C. 上水电磁阀关闭不严　　D. 空调发生低压报警

66. 蓄电池出现外壳鼓胀变形的主要原因是（　　）。

A. 安全阀开阀压力过高或安全阀堵塞　B. 过充电

C. 浮充电压设置过高、充电电流过大　D. 放电电流过大

67. 蓄电池放电期间，应定时测量（　　）。

A. 单体端电压　　B. 温度　　C. 单组放电电流　　D. 总电压

68. 蓄电池内正负极板的板栅作用为（　　）。

A. 传导汇流作用　　B. 吸附电解液

C. 对活性物质起支撑作用　　D. 释放过压气体作用

69. 蓄电池组各单位之间的连接必须坚固，在日常维护工作中，可用（　　）方式检查其连接坚固效果。

A. 测量电流　　B. 在充放电过程中测量连接点温度

C. 用力矩工具检测　　D. 在充放电过程中测量连接点之间的压降

70. 要使负荷均分可采取的方法有（　　）。

A. 限流并联　　B. 限流串联　　C. 主从均流方式　　D. 自动平均均流方式

71. 一台 80kV·A 的 UPS，其输出功率因数是 0.8，可带的最大负荷为（　　）。

A. 80kV·A　　B. 64kV·A　　C. 80kW　　D. 64kW

72. 一套高频开关电源系统的容量由（　　）决定。

A. 冗余备份容量　　B. 近期负载容量

C. 远期负载最大容量　　D. 蓄电池组充电容量

73. 以下说法是正确的是（　　）。

A. 刀开关在合闸时，应保证三相同时合闸，并接触良好

B. 没有灭弧室的刀开关，不应用作负载开关来分断电流

C. 刀闸开关作隔离开关使用时，分闸顺序是：应先拉开隔离开关，后拉开负荷开关

D. 有分断能力的刀开关，可按产品使用说明书中规定的分断负载能力超载使用

74. 柴油机排气冒蓝烟的主要原因可能有（　　）。

A. 柴油中有水分

B. 油浴式空气滤清器阻塞，进气不畅

C. 各缸喷油泵供油不均匀

D. 活塞环磨损过多，弹性不足，使机油进入燃烧室

75. 用于金属之间的焊接方法有（　　）。

A. 锡焊　　B. 熔焊　　C. 压焊　　D. 钎焊

76. 发电机组启动电池液面检查时应注意（　　）。

A. 不准吸烟　　B. 不准用打火机　　C. 不准用手电　　D. 应戴防护眼镜

77. 在动力监控系统中，（　　）告警属于紧急告警。

A. 烟感告警　　B. 温度低告警

C. 监控主机通信中断　　D. 发电机组紧急停机

78. 在动力监控系统中，信号的配置可分为（　　）。

A. 模拟信号的配置　　B. 数字信号的配置

C. 视频信号的配置　　D. 控制信号的配置

79. 在动力监控系统中，（　　）属于开关量。

A. 门禁　　B. 水浸　　C. 湿度　　D. 红外

80. 目前，通信电源系统中采用的蓄电池测试方式有（　　）。

A. 浮充电压测量法　　B. 电流测量法　　C. 电导测量法　　D. 核对放电试验法

81. 在线式 UPS 出现（　　）情况时，UPS 会转到旁路供电。

A. 市电停电　　B. 超载　　C. 逆变器故障　　D. 市电电压过低

82. 在线式 UPS 运行时，其输出电压的（　　）在一定范围内与旁路市电保持一致。

A. 频率　　B. 幅值　　C. 相序　　D. 谐波

83. 高压配电电压常见的有（　　）。

A. 6kV　　B. 10kV　　C. 35kV　　D. 110kV

84. 直流供电系统的二次下电的容限电压设定值，应综合考虑（　　），合理设置，避免蓄电池组出现过放电现象发生。

A. 负载电流　　B. 浮充电压

C. 整流器的容量　　D. 蓄电池组的总容量

85. 直流供电系统工作接地的作用是（　　）。

A. 减少杂音电压　　B. 防雷防过压

C. 用大地做通信的回路　　D. 用大地做供电的回路

86. 直流配电屏按照配线方式不同，分为（　　）。

A. 高低压配电　　B. 低阻配电　　C. 中阻配电　　D. 高阻配电

87. 直流供电系统连接点必须坚固牢靠，连接点上压降不得高于（　　）。

A. 回路电流 1000A 以上，每百安培≤5mV

B. 回路电流 1000A 以上，每百安培≤3mV

C. 回路电流 1000A 以下，每百安培≤5mV

D. 回路电流 1000A 以下，每百安培≤3mV

88. 采用 TN-C 制式的通信局（站），重复接地的作用有（　　）。

A. 降低接地电阻值　　B. 增强防雷能力

C. 降低漏电设备外壳的对地电压　　D. 减轻零线断线时产触电危险

89. 为了减少（　　），电枢铁芯一般用薄硅钢片叠成。

A. 铜损　　B. 涡流损耗　　C. 杂散损耗　　D. 磁滞损耗

90. 在变电站中，变压器常采用哪些方式运行（　　）。

A. 组合运行　　B. 单台运行　　C. 分列运行　　D. 并列运行

91. 雷电危害的种类有（　　）。

A. 直击雷　　B. 感应雷　　C. 地阻增大　　D. 地电位提高

92. 准谐振变换器是一种新型的谐振变换器，它是在 PWM 型开关变换器基础上适当地加上谐振（　　）而形成的。

A. 晶体管　　B. 电感　　C. 电容　　D. 电阻

93. 铅酸蓄电池在（　　）时失去电子。

A. 正极充电　　B. 负极充电　　C. 正极放电　　D. 负极放电

94. 电池内阻包括（　　）。

A. 导线电阻　　B. 欧姆内阻　　C. 极化内阻　　D. 极板电阻

95. 采用台架安装的变压器，其（　　）。

A. 引上线采用绝缘导线

B. 引下线采用绝缘导线

C. 引下线采用绝缘导线而引上线不采用绝缘导线

D. 引上线采用绝缘导线而引下线不采用绝缘导线

96. 接触器噪声过大有哪些原因（　　）。

A. 电源电压低　　B. 短路环断裂　　C. 触头反作用力过小　　D. 极面间有异物

97. 变压器空载试验的目的是（　　）。

A. 检查绕组质量　　B. 检查绝缘好坏　　C. 检查铁芯质量　D. 计算励磁参数

98. 电压降低而负荷不变时，线路的（　　）会增大。

A. 介质损耗　　B. 电阻损耗　　C. 电晕损耗　　D. 电流

99. 操作票上应填写（　　）。

A. 设备型号　　B. 设备名称　　C. 设备编号　　D. 设备位置

100. 降低短路电流的方法有（　　）。

A. 降低系统电压　　B. 系统开环运行

C. 升高系统电压　　D. 使用限流电抗器

4.2.3　判断改错题（对的在括号内画“√”，错的在括号内画“×”，并将错误之处改正）

1. 根据焦耳定律，供电线路上的损耗是以电磁辐射的方式消耗的。（　　）

2. 叠加法可以将一个较复杂的电路分解成若干个简单的电路，然后求解某一支路的电流。（　　）

3. 所谓有源二端网络，就是具有两个出线端的部分电路，其中含有电源。（　　）

4. 自感电动势具有加速电流变化的性质。（　　）

5. 不平衡三相负载做星形接法时，无需接中性线来保障各相电压的平衡。（　　）

6. 交流电磁铁在吸合过程中气隙减小，则铁芯中磁通的最大值将减小。（　　）

7. 电动机的电磁转矩是驱动转矩。（　　）

8. 可以用一只电压转换开关和一块电压表来分别测量三相的电压。（　　）

9. 一只分流器的规格是600A/75mV，当其通过60A电流时，电流表两端电压为75mV。（　　）

10. 射极输出器的主要特点是：电压放大倍数接近1，输入电阻高，输出电阻低。（　　）

11. 运算放大器电路中，反馈电路直接从输出端引出的是电流反馈。（　　）

12. 电压比较器是集成运算放大器一种线性应用，运算放大器处于开环工作状态。（　　）

13. 在 LC 振荡电路中，当改变参数 L 或 C 时，输出信号的振荡频率不改变。（　　）

14. 在数字电路中，电信号是不连续变化的脉冲信号。（　　）

15. 串联调整稳压电路，当取样信号增大时，使调整管的阻抗减小，来达到稳定电压的目的。（　　）

16. 串联调整型稳压器输出电压升高时，其电压取样也将随之增大。（　　）

17. 晶闸管为半控型电力电子器件。（　　）

18. 当通过晶闸管的电流小于维持电流时，晶闸管将关断。（　　）

19. 当晶闸管用于调光电路时，改变其触发脉冲的到来时刻就能够达到调节灯光亮与暗的目的。（　　）

20. RC 微分电路，其尖脉冲由电容两端输出。（ ）

21. 时间常数大于或等于10倍输入波形宽度是构成积分电路的主要条件。（ ）

22. W7824型三端稳压器，其输出电压为正24V。（ ）

23. DC/AC变换电源，可实现直流输入，再变换为另一等级直流输出的功能。（ ）

24. 门电路加上 RC 元件就可构成简单的多谐振荡器。（ ）

25. 用反相器可以构成RS型触发器。（ ）

26. RS触发器属于边沿触发。（ ）

27. 异步计数器的速度比同步计数器的速度快。（ ）

28. $\overline{EN}$ 端是CD4017十进制计数/分频器的上升沿触发时钟端。（ ）

29. 单稳态触发器的暂稳态维持一段时间后，将自动返回到稳定状态。（ ）

30. 组合逻辑电路无反馈连接电路，没有记忆单元。（ ）

31. A/D转换器的分辨率是以数字量的位数来表示的，位数越多，对输入信号的分辨率越低。（ ）

32. 串行输出A/D转换器的引线简单，并有速度快的优点。（ ）

33. 数码管只有LED和LCD两种。（ ）

34. 十进制计数器计数到第9个脉冲后，若再来2个脉冲，计数器的输出将变为1010状态。（ ）

35. 密封阀控蓄电池的电解液密度比普通铅酸蓄电池的电解液密度高。（ ）

36. 密封阀控铅酸蓄电池由正负极板、隔板、电解液、安全阀、气塞、外壳等部分组成。（ ）

37. 密封阀控式铅酸蓄电池又称“富液电池”。（ ）

38. 密封阀控蓄电池的容量与温度有很大关系，当电池室温度为－10℃时，电池放电只能放出额定容量的80%。（ ）

39. 为了使密封阀控式蓄电池有较长的使用寿命，应使用性能良好的自动稳压限流充电设备，必须严格遵守蓄电池使用维护规定。放电后再充电时，按照恒流限压充电→恒压充电→浮充电的充电规律。（ ）

40. 密封阀控蓄电池的放电率与终止电压的关系是：放电电流越大，蓄电池的终止电压越低。（ ）

41. 密封阀控蓄电池安全阀有滤酸作用，可防止酸雾从安全阀排气口排出。（ ）

42. 密封阀控蓄电池充电电流最小不低于 $0.2C_{10}$。（ ）

43. 浮充电压低会导致蓄电池组运行时充电不足，造成长期亏电，容量下降。（ ）

44. 选用合格的浓硫酸和纯水可以减少自放电。（ ）

45. 铅蓄电池反极故障的主要原因多是由于过充电造成的。（ ）

46. 功率变换器采用桥式整流电路的缺点是整流效率低。（ ）

47. DC/DC变换器若采用单管单端正激电路，只需两只功率开关管。（ ）

48. N沟道MOSFET管在电路中的连接与NPN型三极管一致，但其构造和工作原理与NPN型三极管有较大区别。（ ）

49. 决定MOSFET管安全工作区的三项参数包括：P_{DM}、I_D 和 I_C。（ ）

50. IGBT除具有MOSFET的优点外，还具有高耐压的特点。（ ）

51. IGBT管与MOSFET管的输入特性基本相同，均属于电压驱动型。（ ）

52.高频功率变压器的工作频率一般在1000kHz以上，由于集肤效应的存在，变压器的原副边多采用单股线绕制。（　　）

53.功率因数校正电路可以降低供电系统的无功损耗。（　　）

54.整流模块软启动功能的主要技术手段是：限制输出电压的上升速度，防止输出端电容的充电电流过大而损坏整流管或高频变压器。（　　）

55.输入尖峰电压会对模块电源输入电路和功率开关管造成损坏。（　　）

56.电压型控制器优于电流型控制器。（　　）

57.开关型稳压电源可实现远程监控。（　　）

58.采用恒流型开关型整流器系统可以比恒功率开关整流器供电系统提高功率利用率25%。（　　）

59.应用软开关技术，可提高高频开关电源变换器的效率。（　　）

60.开关电源整流模块输入电路压敏电阻击穿短路时会造成输出过流保护。（　　）

61.多数开关型整流模块的限流过程是：当输出电流超过额定值时，限流保护电路将调节PWM控制器输出脉冲的宽度，以保证模块输出电流不超过设定值。（　　）

62.由于开关电源系统具有各种完善的告警和保护功能，在绝大多数情况下，设备出现异常都不会造成其实质性的损坏。（　　）

63.通信电源系统的发展方向是：可靠、稳定、小型、高效。（　　）

64.避雷线是一种高出被保护物的金属针，将雷电吸引到金属针上并安全地导入大地，从而保护附近的被保护物免遭雷击。（　　）

65.氧化锌避雷器按结构性能可分为：无间隙（W）、带串联间隙（C）、带并联间隙（B）三类。（　　）

66.避雷器按照工作状态可以分为：开路式避雷器、短路式避雷器。（　　）

67.当需要保护的范围较大时，用高避雷针保护往往不如用两根比较低的避雷针保护有效。（　　）

68.防雷模块接地线一般采用1.6mm^2的多股铜芯线。（　　）

69.高压电器开关设备都有灭弧装置。（　　）

70.交流接触器电磁线圈使用的电源，只有交流380V一种。（　　）

71.接触器线圈的接线端有电压规格的标志牌，避免因接错电压规格而导致接触器线圈烧毁。（　　）

72.变压器的空载运行无能量损耗。（　　）

73.变压器长期渗油或大量漏油，会使变压器油位降低，造成气体继电器动作。（　　）

74.电力变压器的工作零线要埋入地下。（　　）

75.变压器铁芯中散发出来的热量能被绝缘油在循环中充分带走，从而达到良好的冷却效果。（　　）

76.变压器绝缘油受潮后，会使变压器绕组绝缘老化，造成短路事故发生。（　　）

77.防止变压器油劣化的措施通常是采取油与空气隔离绝，在油中加抗氧化剂。（　　）

78.变压器油与空气中的氧接触，易生成各种氧化物。这些氧化物带有碱性，容易使铜、铁、铝和绝缘材料腐蚀。（　　）

79.润滑曲轴连杆瓦的机油不是经曲轴中心油道送达的。（　　）

80.内燃机（水）冷却系统中应设有供冷却循环水用的水箱、水池或散热水塔。（　　）

81.柴油机排气冒蓝烟，可能是负荷过大，应当降低负荷使用。（　　）

82. 柴油机喷油正常但不发火，排气管内有燃油，可能是因为气门漏气造成的。（ ）

83. 在维护保养时，小型发动机可以利用减压机构使曲轴转动比较轻快。（ ）

84. 在磨合期，柴油中可以加少量机油，大约为柴油总量的1/50～1/30，这样可使发动机各部件磨合得更好。（ ）

85. 柴油机喷油泵不喷油，应更换喷油嘴。（ ）

86. 喷油泵传动连接盘的连接螺钉松动，会影响柴油机的喷油提前角。（ ）

87. 调整气门间隙时，必须使被调整气门处于完全开启状态。（ ）

88. 气缸垫水孔周围应用铁片镶边。（ ）

89. 分离式燃烧室有三种类型：涡流室式、预燃室式、复合式。（ ）

90. 同步发电机的转速与电网频率及发电机的磁极对数保持着恒定关系。（ ）

91. 柴油机转速不稳定可能是因为调速器飞铁张开，或飞铁座张开不灵活。（ ）

92. 当柴油机各缸供油量不均匀时，可调整喷油泵各分泵的供油量使之均匀。（ ）

93. 空调器的室外冷凝器积灰，会造成其通风受阻，从而导致制冷系统压力过高而使压缩机停机。（ ）

94. 电源电压低会引起空调压缩机运转电流过大，致使热保护器动作而断电。（ ）

95. 空调压缩机的内部机件损坏可能会发出噪声。（ ）

96. 如果空调器接地线没有接好，可能会造成感应漏电。（ ）

97. 空调制冷管道的铜管焊接时最佳火焰是氧化焰。（ ）

98. 中央空调的水流量是由空调冷热负荷和空调水供回水温差确定的。（ ）

99. 一般的UPS都可以由逆变器供电直接改为检修旁路供电。（ ）

100. 一般情况下，UPS蓄电池的价格可达到UPS总价的1/3，其故障率也很高，其造成UPS不正常工作的比例在40%以上。（ ）

101. UPS软件提供的可管理性能够延伸系统管理员的功能，很多情况下可以完成人工无法完成的事情。（ ）

102. UPS中DC/DC变换器能保证设备在电池放电电压下限和整流器输出电压上限均能正常工作。（ ）

103. 三相UPS采用12脉冲整流器与无源滤波器，功率因数可达到0.90。（ ）

104. UPS的1+1并机系统，当其中一台停机后，另一台不会转旁路仍可逆变工作。（ ）

105. UPS采用三相五线制引入，零线不准安装熔断器，用电设备和机房近端可重复接地。（ ）

106. 输出配有隔离变压器的UPS过载能力和抗短路能力高于输出不配隔离变压器的UPS。（ ）

107. 大量的开关型电源负载会增加UPS的功率因数。（ ）

108. 三端口式UPS的三端口是指其中的稳压器具有市电输入端口，DC/AC逆变器输入端口和交流输出端口。（ ）

109. 整个监控网络为三级结构，中心局为监控中心，各监控站作为第二级结构，监控单元SU作为第三级结构。（ ）

110. 数据采集系统中，A/D转换器的作用是将数字信号转换成模拟信号。（ ）

111. A/D转换器的相对精度是对应于输出数码的实际模拟输入电压与理想模拟输入电压之差。（ ）

112. 按数据传输的流向和时间关系传输方式可分为单工和全双工数据传输。(　　)

113. 基站监控系统负责监控的对象有发电机组、开关电源、UPS、蓄电池组、交流配电屏、直流配电屏、地线与照明设备等。(　　)

114. 因为RS485接口组成的半双工网络，一般只需两根连线，所以RS485接口均采用屏蔽双绞线传输。(　　)

115. 监控单元（SU）的功能是瞬时采集各个监控对象和机房动力环境的运行状态和数据。(　　)

116. 开关电源通信中断有可能是由开关电源监控模块通信口坏故障引起的。(　　)

117. 电流传感器的输出信号是副边电流 I_S，它与输入信号成反比，I_S 一般很小，只有100～400mA。(　　)

118. 在模拟信道上传输数据，不需要进行信号变换。(　　)

119. 在数据通信中，调制解调器基本作用是把数据信号变换成模拟数据信号。(　　)

120. 图像信号的非线性失真与被传输的图像信号无关，它主要是由于放大器或调制器的非线性而引起的。(　　)

4.3 考试真题答案

4.3.1 单项选择题

1. D　2. C　3. B　4. B　5. B　6. C　7. B　8. A　9. D　10. C　11. D　12. C　13. D
14. B　15. B　16. D　17. C　18. B　19. C　20. C　21. B　22. B　23. D　24. C　25. D
26. C　27. D　28. D　29. B　30. D　31. A　32. B　33. B　34. C　35. B　36. A　37. C
38. B　39. D　40. C　41. B　42. A　43. A　44. D　45. C　46. D　47. C　48. D　49. C
50. D　51. C　52. D　53. D　54. C　55. D　56. D　57. B　58. B　59. B　60. C　61. D
62. D　63. C　64. B　65. A　66. C　67. B　68. D　69. D　70. B　71. D　72. C　73. B
74. D　75. C　76. B　77. D　78. B　79. D　80. B　81. B　82. D　83. D　84. A　85. B
86. D　87. D　88. C　89. A　90. C　91. C　92. C　93. C　94. D　95. D　96. D　97. C
98. D　99. C　100. D　101. B　102. B　103. B　104. C　105. C　106. D　107. B
108. C　109. C　110. B　111. B　112. D　113. B　114. B　115. A　116. C　117. B
118. B　119. D　120. D　121. C　122. C　123. C　124. C　125. C　126. B　127. B
128. A　129. D　130. C　131. B　132. C　133. D　134. B　135. C　136. D　137. B
138. D　139. B　140. B　141. C　142. C　143. B　144. D　145. B　146. D　147. C
148. B　149. B　150. B　151. B　152. A　153. C　154. D　155. D　156. B　157. C
158. B　159. C　160. D　161. C　162. C　163. B　164. D　165. D　166. B　167. D
168. D　169. C　170. B　171. D　172. C　173. D　174. D　175. C　176. B　177. B
178. C　179. C　180. B　181. A　182. A　183. D　184. C　185. B　186. A　187. C
188. D　189. A　190. B　191. B　192. C　193. C　194. D　195. D　196. C　197. D
198. A　199. A　200. C　201. B　202. A　203. B　204. C　205. A　206. A　207. B
208. C　209. C　210. A　211. B　212. D　213. A　214. A　215. B　216. C　217. B
218. C　219. C　220. D　221. D　222. A　223. C　224. D　225. A　226. C　227. A
228. C　229. B　230. C　231. A　232. B　233. C　234. A　235. C　236. A　237. B

238. C 239. B 240. C 241. C 242. B 243. A 244. B 245. C 246. A 247. D
248. C 249. A 250. B 251. C 252. A 253. B 254. A 255. C 256. B 257. B
258. C 259. D 260. A 261. B 262. A 263. B 264. C 265. A 266. B 267. C
268. A 269. B 270. C 271. A 272. B 273. B 274. B 275. D 276. B 277. A
278. B 279. D 280. C 281. B 282. A 283. C 284. A 285. C 286. A 287. B
288. C 289. B 290. C 291. D 292. A 293. B 294. D 295. A 296. A 297. A
298. A 299. C 300. B 301. A 302. D 303. B 304. A 305. C 306. B 307. D
308. C 309. D 310. B 311. D 312. D 313. A 314. B 315. A 316. D 317. C
318. D 319. A 320. D 321. D 322. B 323. C 324. B 325. A 326. D 327. D
328. A 329. B 330. C 331. A 332. B 333. A 334. D 335. C 336. A 337. B
338. C 339. A 340. B 341. C 342. A 343. C 344. A 345. B 346. C 347. A
348. A 349. B 350. C 351. B 352. B 353. A 354. B 355. A 356. C 357. D
358. C 359. A 360. B 361. D 362. A 363. B 364. A 365. D 366. D 367. B
368. A 369. B 370. C 371. B 372. D 373. B 374. C 375. C 376. B 377. A
378. B 379. B 380. B 381. C 382. A 383. D 384. A 385. C 386. A 387. B
388. C 389. B 390. C 391. D 392. D 393. B 394. D 395. C 396. C 397. A
398. B 399. D 400. C 401. D 402. C 403. B 404. C 405. C 406. B 407. C
408. D 409. B 410. A 411. D 412. C 413. B 414. B 415. D 416. D 417. B
418. C 419. C 420. D 421. C 422. C 423. C 424D. 425. B 426. D 427. C
428. C 429. C 430. D 431. B 432. D 433. B 434. D 435. D 436. C 437. A
438. B 439. D 440. C 441. C 442. B 443. A 444. B 445. B 446. A 447. D
448. A 449. B 450. B 451. A 452. B 453. A 454. B 455. A 456. C 457. B
458. C 459. A 460. B 461. C 462. B 463. C 464. D 465. C 466. D 467. B
468. A 469. C 470. D 471. A 472. C 473. B 474. B 475. D 476. C 477. B
478. A 479. D 480. B 481. C 482. D 483. A 484. B 485. C 486. D 487. C
488. A 489. B 490. B 491. D 492. C 493. B 494. A 495. A 496. C 497. B
498. C 499. C 500. A 501. C 502. A 503. B 504. C 505. B 506. C 507. B
508. B 509. B 510. C 511. D 512. B 513. D 514. A 515. B 516. D 517. C
518. A 519. D 520. D 521. C 522. C 523. B 524. C 525. A 526. D 527. A
528. D 529. D 530. B

4.3.2 不定项选择题

1. ABC 2. ABD 3. ABD 4. BCD 5. AD 6. BC 7. AC 8. BCD
9. BCD 10. ABC 11. AB 12. CD 13. BCD 14. ACD 15. BCD 16. BCD
17. AC 18. CD 19. ABD 20. BCD 21. BCD 22. BC 23. BD 24. AC
25. BC 26. BCD 27. ACD 28. ABD 29. ACD 30. ABD 31. BD 32. ABD
33. AC 34. BCD 35. BC 36. BCD 37. ABD 38. ACD 39. AD 40. ABD
41. ACD 42. ACD 43. ABD 44. ACD 45. BD 46. BCD 47. CD 48. BD
49. ACD 50. BD 51. BCD 52. AC 53. BCD 54. ABD 55. BD 56. AD
57. BCD 58. BCD 59. ACD 60. ABD 61. ACD 62. BCD 63. BC 64. ABC
65. ABC 66. ABC 67. AC 68. AC 69BCD. 70. ACD 71. AD 72. ACD

73. AB　74. BD　75. BCD　76. ABD　77. ACD　78. ABD　79. ABD　80. ACD
81. BC　82. AC　83. AB　84. AD　85. ACD　86. BD　87. BC　88. CD
89. BD　90. BCD　91. ABD　92. BC　93. AD　94. BC　95. AB　96. ABD
97. CD　98. BD　99. BC　100. BCD

4.3.3 判断改错题

1. 根据焦耳定律，供电线路上的损耗是以电磁辐射的方式消耗的。（ × ）

注： 根据焦耳定律，供电线路上的损耗主要是以热的方式消耗的。

2. 叠加法可以将一个较复杂的电路分解成若干个简单的电路，然后求解某一支路的电流。（ √ ）

3. 所谓有源二端网络，就是具有两个出线端的部分电路，其中含有电源。（ √ ）

注： 通过引出一对端钮与外电路连接的网络常称为二端网络，通常分为两类即无源二端网络和有源二端网络。二端网络中电流从一个端钮流入，从另一个端钮流出，这样一对端钮形成了网络的一个端口，故二端网络也称为“单口网络”或“一端口网络”。

二端网络内部不含有电源的叫做无源二端网络，可以等效为一个电阻。二端网络内部含有电源的叫做有源二端网络。

二端口网络有无源和有源、线性和非线性、时不变和时变之分，它既可能是一个异常复杂的网络，也可能是相当简单的网络。

4. 自感电动势具有加速电流变化的性质。（ × ）

注： 自感电动势具有阻碍电流变化的性质。

5. 不平衡三相负载做星形接法时，无需接中性线来保障各相电压的平衡。（ × ）

注： 不平衡三相负载做星形接法时，必须接中性线来保障各相电压的平衡。否则，将有环流产生，导致电网瘫痪。

6. 交流电磁铁在吸合过程中气隙减小，则铁芯中磁通的最大值将减小。（ × ）

注： 交流电磁铁在吸合过程中气隙减小，则铁芯中磁通的最大值将增大。

7. 电动机的电磁转矩是驱动转矩。（ √ ）

注： 电动机的电磁转矩是驱动性质的转矩，电磁转矩增大时，转速上升。

8. 可以用一只电压转换开关和一块电压表来分别测量三相的电压。（ √ ）

9. 一只分流器的规格是 600A/75mV，当其通过 60A 电流时，电流表两端电压为 75mV。（ × ）

注： 一只分流器的规格是 600A/75mV，当其通过 60 A 电流时，电流表两端电压为 7.5mV。分流器通过的电流与电流表两端的电压成正比。

10. 射极输出器的主要特点是：电压放大倍数接近 1，输入电阻高，输出电阻低。（ √ ）

11. 运算放大器电路中，反馈电路直接从输出端引出的是电流反馈。（ × ）

注： 运算放大器电路中，反馈电路直接从输出端引出的是电压反馈。

12. 电压比较器是集成运算放大器一种线性应用，运算放大器处于开环工作状态。（ × ）

注： 电压比较器是集成运算放大器一种非线性应用，运算放大器处于开环工作状态。

13. 在 LC 振荡电路中，当改变参数 L 或 C 时，输出信号的振荡频率不改变。（ × ）

注： 在 LC 振荡电路中，当改变参数 L 或 C 时，输出信号的振荡频率将会随之改变。

14. 在数字电路中，电信号是不连续变化的脉冲信号。（　√　）

15. 串联调整稳压电路，当取样信号增大时，使调整管的阻抗减小，来达到稳定电压的目的。（　×　）

注：串联调整稳压电路，当取样信号增大时，使调整管的阻抗增大，其导通程度降低，来达到稳定电压的目的。

16. 串联调整型稳压器输出电压升高时，其电压取样也将随之增大。（　√　）

17. 晶闸管为半控型电力电子器件。（　√　）

注：按照电力电子器件能够被控制电路信号所控制的程度不同，通常将电力电子器件分为以下三种类型：

（1）通过控制信号可控制其导通，而不能控制其关断的电力电子器件称为半控型器件，这类器件主要是指晶闸管（Thyristor）及其大部分派生器件，器件的关断完全是由其在主电路中承受的电压和电流决定的。

（2）通过控制信号既可以控制其导通，又可以控制其关断的电力电子器件被称为全控型器件，与半控型器件相比，由于可以由控制信号控制其关断，因此又称其为自关断器件。这类器件品种很多，目前较常用的全控型器件有电力晶体管（Giant Transistor，GTR）、电力场效应管（Power Mental Oxide Semiconductor Effect Transistor，Power MOSFET）和绝缘栅双极晶体管（Insulated-Gate Bipolar Transistor，IGBT）等。

（3）也有不能用控制信号来控制其通断的电力电子器件，这类器件也就不需要驱动电路，这就是电力二极管（Power Diode），电力二极管又被称为不可控功率器件。这种器件只有两个端子，其基本特性与信息电子电路中的普通二极管一样，器件的导通和关断完全是由其在主电路中承受的电压和电流决定的。

18. 当通过晶闸管的电流小于维持电流时，晶闸管将关断。（　√　）

注：晶闸管正常工作时的特性如下：

（1）当晶闸管承受反向电压时，不论门极是否有触发电流，晶闸管都不会导通。

（2）当晶闸管承受正向电压时，仅在门极有触发电流的情况下晶闸管才能导通。

（3）晶闸管一旦导通，门极就失去控制作用，不论其门极触发电流是否还存在，晶闸管都将保持导通状态。

（4）若要使已导通的晶闸管关断，只能利用外加电压和外电路的作用，使流过晶闸管的电流降到接近于零的某一数值（维持电流）以下。

19. 当晶闸管用于调光电路时，改变其触发脉冲的到来时刻就能够达到调节灯光亮与暗的目的。（　√　）

20. RC 微分电路，其尖脉冲由电容两端输出。（　×　）

注：RC 微分电路，其尖脉冲由电阻两端输出。

如图 4-10 所示，电阻 R 和电容 C 串联后接入输入信号 U_I，由电阻 R 输出信号 U_O，当 RC 数值与输入方波宽度 t_W 之间满足：$RC \ll t_W$，这种电路就称为微分电路。在 R 两端（输出端）得到正、负相间的尖脉冲，而且发生在方波的上升沿和下降沿，如图 4-11 所示。

在 $t=t_1$ 时，U_I 由 $0 \rightarrow U_m$，因电容两端电压不能突变（来不及充电，相当于短路，$U_C=0$），输入电压 U_I 全降在电阻 R 上，即 $U_O=U_R=U_I=U_m$。随后（$t>t_1$），电容 C 两端的电压按指数规律快速充电上升，输出电压随之按指数规律下降（因 $U_O=U_I-U_C=U_m-U_C$），经过大约 $3\tau(\tau=RC)$ 时，$U_C=U_m$，$U_O=0$，τ 的值愈小，此过程愈快，输出正脉冲愈窄。

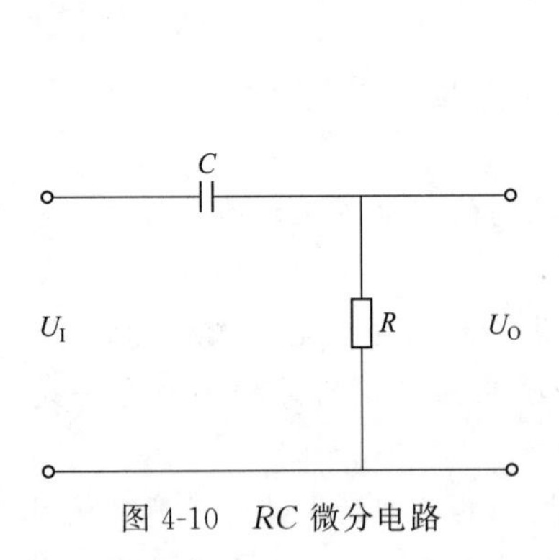

图 4-10 RC 微分电路

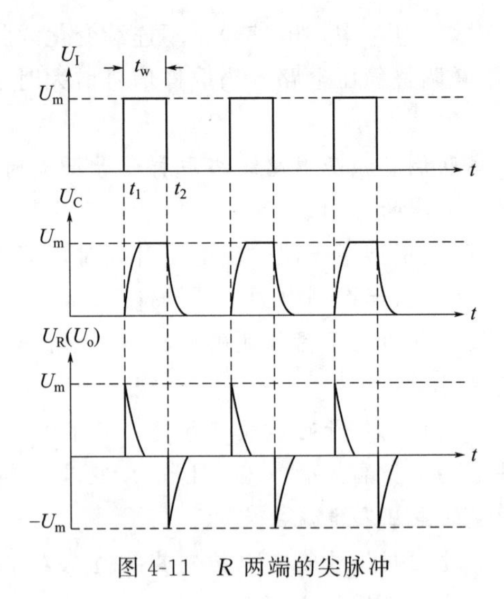

图 4-11 R 两端的尖脉冲

当 $t=t_2$ 时刻，U_I 由 $U_m \to 0$，相当于输入端被短路，电容原先充有左正右负的电压 U_m 开始按指数规律经电阻 R 放电，刚开始，电容 C 来不及放电，其左端（正电）接地，所以 $U_O=-U_m$，之后 U_O 随电容的放电也按指数规律减小，同样经过大约 3τ 后，放电完毕，输出一个负脉冲。

只要脉冲宽度 $t_W>(5\sim10)\tau$，在 t_W 时间内，电容 C 就能完成充电或放电（约需 3τ），输出端就能保证输出为正负尖脉冲，使此电路成为微分电路，因而电路的充放电时间常数 τ 必须满足：$\tau<(1/5\sim1/10)\ t_W$，这是微分电路的必要条件。

由于输出波形 U_O 与输入波形 U_I 之间恰好符合微分运算的结果 $[U_O=RC(\mathrm{d}U_I/\mathrm{d}t)]$，即输出波形是取输入波形的变化部分。如果将 U_I 按傅里叶级展开，进行微分运算的结果，也将是 U_O 的表达式。它主要用于对复杂波形的分离和分频，如从电视信号的复合同步脉冲分离出行同步脉冲和时钟的倍频应用。

21. 时间常数大于或等于 10 倍输入波形宽度是构成积分电路的主要条件。（ √ ）

22. W7824 型三端稳压器，其输出电压为正 24V。（ √ ）

23. DC/AC 变换电源，可实现直流输入，再变换为另一等级直流输出的功能。（ × ）

注：DC/AC 变换电源，可实现直流输入，交流输出的功能。

电力电子电能变换电路分为以下四种：

（1）AC/DC 变换——指把交流电压变换成固定或可调的直流电压的过程，称之为整流。这类变换装置通常称为整流器。

整流电路通常有以下几种分类方式：

① 按组成电路的电力电子器件可分为不可控、半控、全控三种。

② 按电路结构可分为桥式电路和零式电路。

③ 按交流输入相数可分为单相电路和多相（三相）电路。

④ 按变压器二次侧电流的方向是单向或双向，可将其分为单拍电路和双拍电路。

最常用的整流电路是：单相全波整流电路、单相和三相桥式整流电路。

（2）DC/AC 变换——指把直流电变换成频率固定或可调的交流电的过程，称之为逆变。这类变换装置通常称为逆变器。

逆变电路通常有以下几种分类方式：

① 按电源性质可分为电压型逆变和电流型逆变。

② 按控制方式可分为方波逆变、PWM型逆变和谐振型（软开关）逆变。

③ 按换相性质可分为靠电网换相的有源逆变和自关断的无源逆变。

④ 按照电压相数来分，有单相逆变和三相逆变，按照技术发展，在三相逆变技术中有二电平逆变电路和三电平逆变电路。

目前，应用比较广泛的是PWM型逆变、谐振型（软开关）逆变以及三电平电压型逆变技术。

(3) AC/AC变换——指把一种形式的交流电变换成频率、电压可调或固定的另一种形式的交流电的过程，只对电压、电流或对电路的通断进行控制而不改变频率的称为电力控制，改变频率的称为变频控制。变频控制要经过整流-直流稳压-逆变等过程。

交流电力控制电路通常有以下几种分类方式：

① 交流调压电路：在每半个周波内通过对晶闸管开通相位的控制，调节输出电压有效值的电路。

② 交流调功电路：以交流电的周期为单位控制晶闸管的通断，改变通态周期数和断态周期数的比，调节输出功率平均值的电路。

③ 交流电力电子开关：串入电路中根据需要接通或断开电路的晶闸管。

交流电力控制电路主要应用在以下几个方面：灯光控制（如调光台灯和舞台灯光控制）；异步电动机软启动；异步电动机调速；供用电系统对无功功率的连续调节。

(4) DC/DC变换——指把固定的直流电压（或电流）变换成可调或恒定的另一种直流电压（或电流）的过程，被称为斩波。谐振型软开关技术是DC/DC变换的发展方向，该技术可减小变换器体积、质量，提高可靠性，并有效解决开关损耗问题。

斩波电路通常也称其为直流变换器，有以下几种分类方式：按照输入与输出是否有隔离措施来看，可将其分为非隔离型与隔离型两种。其中隔离型变换电路是从非隔离型变换电路派生发展而来的。典型的非隔离型变换电路有降压式变换器（Buck）、升压式变换器（Boost）、反相（降-升压）式变换器（Buck-Boost）以及库克变换器（Cuk）等；隔离型变换电路为了实现输入和输出的电隔离，功率变换主电路往往包含高频变压器。根据隔离变压器的工作模式，可分为单端和双端两种，其中典型的单端变换器可分为单端正激（Foward）和单端反激（Flyback）变换器，典型的双端变换器可分为推挽、全桥和半桥变换器。

直流变换器现广泛应用于直流牵引变速拖动中，如由直流电网供电的地铁车辆、城市无轨电车和电动汽车等；与此同时还广泛应用于可调整直流开关电源和电池供电的设备中，如通信电源、电子笔记本、计算机、家用电器、远程控制器和手机等。

24. 门电路加上 RC 元件就可构成简单的多谐振荡器。（ √ ）

25. 用反相器可以构成RS型触发器。（ × ）

注：用反相器不能构成RS型触发器。

26. RS触发器属于边沿触发。（ × ）

注：RS触发器属于（高/低）电平触发。

27. 异步计数器的速度比同步计数器的速度快。（ × ）

注：异步计数器的速度比同步计数器的速度慢。

28. $\overline{EN}$ 端是CD4017十进制计数/分频器的上升沿触发时钟端。（ × ）

注：$\overline{EN}$ 端是CD4017十进制计数/分频器的下升沿触发时钟端。

29. 单稳态触发器的暂稳态维持一段时间后，将自动返回到稳定状态。（ √ ）

30. 组合逻辑电路无反馈连接电路，没有记忆单元。（ √ ）

31. A/D 转换器的分辨率是以数字量的位数来表示的，位数越多，对输入信号的分辨率越低。（ × ）

注： A/D 转换器的分辨率是以数字量的位数来表示的，位数越多，对输入信号的分辨率越高。

32. 串行输出 A/D 转换器的引线简单，并有速度快的优点。（ × ）

注： 串行输出 A/D 转换器的引线简单，但其传输速度慢。

33. 数码管只有 LED 和 LCD 两种。（ × ）

注： 数码管除了 LED 和 LCD 外，还有荧光数码管等。

34. 十进制计数器计数到第 9 个脉冲后，若再来 2 个脉冲，计数器的输出将变为 1010 状态。（ × ）

注： 十进制计数器计数到第 9 个脉冲后，若再来 2 个脉冲，计数器的输出将变为 0001 状态。

35. 密封阀控蓄电池的电解液密度比普通铅酸蓄电池的电解液密度高。（ √ ）

36. 密封阀控铅酸蓄电池由正负极板、隔板、电解液、安全阀、气塞、外壳等部分组成。（ √ ）

37. 密封阀控式铅酸蓄电池又称“富液电池”。（ × ）

注： 密封阀控式铅酸蓄电池又称“贫液电池”。普通开口式铅酸蓄电池又称“富液电池”。

38. 密封阀控蓄电池的容量与温度有很大关系，当电池室温度为－10℃时，电池放电只能放出额定容量的 80％。（ × ）

注： 密封阀控蓄电池的容量与温度有很大关系，当电池室温度为－10℃时，电池放电放出的容量低于其额定容量 80％。

39. 为了使密封阀控式蓄电池有较长的使用寿命，应使用性能良好的自动稳压限流充电设备，必须严格遵守蓄电池使用维护规定。放电后再充电时，按照恒流限压充电→恒压充电→浮充电的充电规律。（ √ ）

40. 密封阀控蓄电池的放电率与终止电压的关系是：放电电流越大，蓄电池的终止电压越低。（ × ）

注： 密封阀控蓄电池的放电率与终止电压的关系是：放电电流越大，蓄电池的终止电压越高；放电电流越小，蓄电池的终止电压越低。

41. 密封阀控蓄电池安全阀有滤酸作用，可防止酸雾从安全阀排气口排出。（ √ ）

42. 密封阀控蓄电池充电电流最小不低于 $0.2C_{10}$。（ × ）

注： 正常情况下，密封阀控蓄电池充电电流不得高于 $0.2C_{10}$。

43. 浮充电压低会导致蓄电池组运行时充电不足，造成长期亏电，容量下降。（ √ ）

44. 选用合格的浓硫酸和纯水可以减少自放电。（ √ ）

45. 铅蓄电池反极故障的主要原因多是由于过充电造成的。（ × ）

注： 铅蓄电池反极故障的主要原因多是由于过放电造成的。

46. 功率变换器采用桥式整流电路的缺点是整流效率低。（ √ ）

47. DC/DC 变换器若采用单管单端正激电路，只需两只功率开关管。（ × ）

注： DC/DC 变换器若采用单管单端正激电路，只需一只功率开关管。

48. N 沟道 MOSFET 管在电路中的连接与 NPN 型三极管一致，但其构造和工作原理与 NPN 型三极管有较大区别。（ √ ）

49. 决定 MOSFET 管安全工作区的三项参数包括：P_{DM}、I_D 和 I_C。（ × ）

注：决定 MOSFET 管安全工作区的三项参数包括：P_{DM}、I_D 和 BU_{DS}。

（1）P_{DM} 功率 MOSFET 最大功耗 P_{DM} 为

$$P_{DM}=(T_{jM}-T_C)/R_{TjC}$$

式中　T_{jM}——额定结温（$T_{jM}=150℃$）；

T_C——管壳温度；

R_{TjC}——结到壳间的稳态热阻。

由上式可见，器件的最大耗散功率与管壳温度有关。在 T_{jM} 和 R_{TjC} 为定值的条件下，P_{DM} 将随 T_C 的增高而下降，因此，器件在使用中散热条件是十分重要的。

（2）漏极连续电流 I_D 和漏极峰值电流 I_{DM} 表征功率 MOSFET 的电流容量，它们主要受结温的限制。功率 MOSFET 允许的漏极连续电流 I_D 是

$$I_D=\sqrt{P_{DM}/R_{on}}=\sqrt{(T_{jM}-T_C)/R_{on}R_{TjC}}$$

实际上功率 MOSFET 的漏极连续电流 I_D 通常没有直接的用处，仅是作为一个基准。这是因为许多实际应用的 MOSFET 是工作在开关状态中，因此在非直流或脉冲工作情况，其最大漏极电流由额定峰值电流 I_{DM} 定义。只要不超过额定结温，峰值电流 I_{DM} 可以超过连续电流。在 25℃时，大多数功率 MOSFET 的 I_{DM} 大约是连续电流额定值的 2～4 倍。

此外值得注意的是：随着结温 T_{jM} 升高，实际允许的 I_D 和 I_{DM} 均会下降。如型号为 IRF330 的功率 MOSFET，当 $T_C=25℃$时，I_D为 5.5A，当 $T_C=100℃$时，I_D为 3.3A。所以在选择器件时必须根据实际工作情况考虑裕量，防止器件在温度升高时，漏极电流降低而损坏。

（3）漏源击穿电压 BU_{DS} 决定了功率 MOSFET 的最高工作电压，它是为了避免器件进入雪崩区而设的极限参数。BU_{DS} 主要取决于漏区外延层的电阻率、厚度及其均匀性。由于电阻率随温度不同而变化，因此当结温升高，BU_{DS} 随之增大，耐压提高。这与双极型器件如 GTR 和晶闸管等随结温升高耐压降低的特性恰好相反。

50. IGBT 除具有 MOSFET 的优点外，还具有高耐压的特点。（ √ ）

51. IGBT 管与 MOSFET 管的输入特性基本相同，均属于电压驱动型。（ √ ）

52. 高频功率变压器的工作频率一般在 1000kHz 以上，由于集肤效应的存在，变压器的原副边多采用单股线绕制。（ × ）

注：高频功率变压器的工作频率一般在 100kHz 以上，由于集肤效应的存在，变压器的原副边多采用多股导线并绕。

53. 功率因数校正电路可以降低供电系统的无功损耗。（ √ ）

54. 整流模块软启动功能的主要技术手段是：限制输出电压的上升速度，防止输出端电容的充电电流过大而损坏整流管或高频变压器。（ × ）

注：整流模块软启动功能的主要技术手段是：限制输出电压的上升速度，防止输出端电容的充电电流过大而损坏整流管或功率开关管。

55. 输入尖峰电压会对模块电源输入电路和功率开关管造成损坏。（ √ ）

56. 电压型控制器优于电流型控制器。（ × ）

注：电流型控制器优于电压型控制器。

57. 开关型稳压电源可实现远程监控。（ √ ）

58. 采用恒流型开关型整流器系统可以比恒功率开关整流器供电系统提高功率利用率 25%。（ × ）

注：采用恒功率开关整流器供电系统可以比恒流型开关型整流器系统提高功率利用率25%左右。

59.应用软开关技术，可提高高频开关电源变换器的效率。（ √ ）

60.开关电源整流模块输入电路压敏电阻击穿短路时会造成输出过流保护。（ × ）

注：开关电源整流模块输入电路压敏电阻击穿短路时会造成输入熔丝熔断，可保护其免受过电流损坏。

61.多数开关型整流模块的限流过程是：当输出电流超过额定值时，限流保护电路将调节 PWM 控制器输出脉冲的宽度，以保证模块输出电流不超过设定值。（ √ ）

62. 由于开关电源系统具有各种完善的告警和保护功能，在绝大多数情况下，设备出现异常都不会造成其实质性的损坏。（ √ ）

63.通信电源系统的发展方向是：可靠、稳定、小型、高效。（ √ ）

64.避雷线是一种高出被保护物的金属针，将雷电吸引到金属针上并安全地导入大地，从而保护附近的被保护物免遭雷击。（ × ）

注：避雷针是一种高出被保护物的金属针，将雷电吸引到金属针上并安全地导入大地，从而保护附近的被保护物免遭雷击。

65.氧化锌避雷器按结构性能可分为：无间隙（W）、带串联间隙（C）、带并联间隙（B）三类。（ √ ）

66.避雷器按照工作状态可以分为：开路式避雷器、短路式避雷器。（ × ）

注：避雷器按照保护性质可以分为开路式避雷器、短路式避雷器。

67.当需要保护的范围较大时，用高避雷针保护往往不如用两根比较低的避雷针保护有效。（ √ ）

68.防雷模块接地线一般采用 1.6mm^2 的多股铜芯线。（ × ）

注：防雷模块接地线一般采用 16mm^2 的多股铜芯线。

69.高压电器开关设备都有灭弧装置。（ × ）

注：高压电器开关设备没有专门的灭弧装置。

70.交流接触器电磁线圈使用的电源，只有交流 380V 一种。（ × ）

注：交流接触器电磁线圈使用的电源，有交流 380V 和 220V 两种。

71.接触器线圈的接线端有电压规格的标志牌，避免因接错电压规格而导致接触器线圈烧毁。（ √ ）

72.变压器的空载运行无能量损耗。（ × ）

注：变压器的空载运行有能量损耗。

变压器空载运行时是存在损耗的，这个损耗叫变压器的空载损耗，简称铁损。变压器空载时二次侧虽然没有负荷，不存在负载损耗，但一次侧线圈接在线路上，在额定电压的作用下，它在铁芯中产生让变压器工作的主磁通，同时一次侧线圈流过励磁电流，铁芯是由高导磁材料（如硅钢片、非晶合金等）做的，它存在涡流损耗和磁滞损耗，这两部分损耗加起来就是变压器的空载损耗。当然，励磁电流在一次侧线圈中也会产生电阻损耗，只是这部分的损耗很小，一般忽略不计。所以变压器的空载损耗只计铁芯损耗，并称之为铁损。

73.变压器长期渗油或大量漏油，会使变压器油位降低，造成气体继电器动作。（ √ ）

74.电力变压器的工作零线要埋入地下。（ × ）

注：电力变压器的工作零线与中性点接地线应分别敷设，工作零线不能埋入地下。

变压器的零线虽然接地，因大地的电阻较大、阻值也随着条件不断地变化（干、湿、成分等），所以不能真正地把它当作零线使用，使用当中必须将零线和火线一样引入电器。我们平常所说的接地，指的是将用电器的外壳引入大地。严格来讲，这个接地线是不能随便将一根铁棍直接打入大地的，而是有严格的操作规范。这样做的目的是为了使接地电阻尽量得小。这样做的原理是：在家用电器的外壳因故障和火线相连时，电流经过这根接地线直接流入大地，使外壳和大地的电位相等而不会产生电压对人体产生伤害。

75.变压器铁芯中散发出来的热量能被绝缘油在循环中充分带走，从而达到良好的冷却效果。（ √ ）

76.变压器绝缘油受潮后，会使变压器绕组绝缘老化，造成短路事故发生。（ √ ）

77.防止变压器油劣化的措施通常是采取油与空气隔离绝，在油中加抗氧化剂。（ √ ）

78.变压器油与空气中的氧接触，易生成各种氧化物。这些氧化物带有碱性，容易使铜、铁、铝和绝缘材料腐蚀。（ × ）

注：变压器油与空气中的氧接触，易生成各种氧化物。这些氧化物带有酸性，容易使铜、铁、铝和绝缘材料腐蚀。

79.润滑曲轴连杆瓦的机油不是经曲轴中心油道送达的。（ × ）

注：润滑曲轴连杆瓦的机油是经曲轴中心油道送达的。

80.内燃机（水）冷却系统中应设有供冷却循环水用的水箱、水池或散热水塔。（ √ ）

81.柴油机排气冒蓝烟，可能是负荷过大，应当降低负荷使用。（ × ）

注：柴油机排气冒黑烟，可能是负荷过大，应当降低负荷使用。柴油机排气冒蓝烟，可能是机油加注过多，应检查机油油量。

82.柴油机喷油正常但不发火，排气管内有燃油，可能是因为气门漏气造成的。（ √ ）

83.在维护保养时，小型发动机可以利用减压机构使曲轴转动比较轻快。（ √ ）

84.在磨合期，柴油中可以加少量机油，大约为柴油总量的1/50～1/30，这样可使发动机各部件磨合得更好。（ √ ）

85.柴油机喷油泵不喷油，应更换喷油嘴。（ × ）

注：柴油机喷油泵不喷油，与喷油嘴无关。通常情况下，柴油机喷油泵不喷油与喷油泵柱塞偶件和出油阀偶件有关。

86.喷油泵传动连接盘的连接螺钉松动，会影响柴油机的喷油提前角。（ √ ）

87.调整气门间隙时，必须使被调整气门处于完全开启状态。（ × ）

注：调整气门间隙时，必须使被调整气门处于完全关闭状态。

88.气缸垫水孔周围应用铁片镶边。（ × ）

注：气缸垫水孔周围应用铜片镶边，以防生锈。

89.分离式燃烧室有三种类型：涡流室式、预燃室式、复合式。（ × ）

注：分离式燃烧室有两种类型：涡流室式和预燃室式。

90.同步发电机的转速与电网频率及发电机的磁极对数保持着恒定关系。（ √ ）

91.柴油机转速不稳定可能是因为调速器飞铁张开，或飞铁座张开不灵活。（ √ ）

92.当柴油机各缸供油量不均匀时，可调整喷油泵各分泵的供油量使之均匀。（ √ ）

93.空调器的室外冷凝器积灰，会造成其通风受阻，从而导致制冷系统压力过高而使压缩机停机。（ √ ）

94.电源电压低会引起空调压缩机运转电流过大，致使热保护器动作而断电。（ √ ）

95.空调压缩机的内部机件损坏可能会发出噪声。（ √ ）

96. 如果空调器接地线没有接好，可能会造成感应漏电。（ √ ）

97. 空调制冷管道的铜管焊接时最佳火焰是氧化焰。（ × ）

注：空调制冷管道的铜管焊接时最佳火焰是中性焰。

焊接操作对焊接不同的材料，不同的管径时所需的焊枪大小和火焰温度的高低有所不同，焊接时火焰的大小可通过两个针形阀进行控制调整，火焰的调整是根据氧、乙炔气体体积比例不同可分为炭化焰、中性焰和氧化焰三种。

铜管的焊接焊炬火焰要调成中性焰。因为铜管的熔点低，焊接铜管一般使用较小的焊炬和小号的焊嘴。焊炬嘴孔直径决定了火焰焰心的直径，而混合气的流速，则决定了焰芯的长度。中性焰的火焰分三层，焰芯呈尖锥形，色白而明亮，内焰为蓝白色，外焰由里向外逐渐由淡紫色变成为橙色和蓝色，焰心温度可达到3500℃左右。调低氧气的压力，可以降低火焰温度。焊接时焊接火焰集中在焊点的时间要短，当铜管受热至紫红色时，移开火焰后将粘有助剂的焊条靠在焊口处，使焊条熔化后熔合于焊接的铜件中，受热后的温度可通过颜色来反映温度的高低，暗红色：600℃左右；深红色：700℃左右；橘红色：1000℃左右。紫铜管的焊接采用钎焊，焊条可采用S201，助焊剂为硼砂，焊条规格根据焊接件的大小来决定。

98. 中央空调的水流量是由空调冷热负荷和空调水供回水温差确定的。（ √ ）

99. 一般的UPS都可以由逆变器供电直接改为检修旁路供电。（ × ）

注：一般的UPS都可以由逆变器供电改为自动旁路供电，再更改为检修旁路供电。

100. 一般情况下，UPS蓄电池的价格可达到UPS总价的1/3，其故障率也很高，其造成UPS不正常工作的比例在40%以上。（ √ ）

101. UPS软件提供的可管理性能够延伸系统管理员的功能，很多情况下可以完成人工无法完成的事情。（ √ ）

102. UPS中DC/DC变换器能保证设备在电池放电电压下限和整流器输出电压上限均能正常工作。（ √ ）

103. 三相UPS采用12脉冲整流器与无源滤波器，功率因数可达到0.90。（ × ）

注：三相UPS采用12脉冲整流器与无源滤波器，功率因数可达到0.99。

104. UPS的1+1并机系统，当其中一台停机后，另一台不会转旁路仍可逆变工作。（ √ ）

105. UPS采用三相五线制引入，零线不准安装熔断器，用电设备和机房近端可重复接地。（ × ）

注：UPS采用三相五线制引入，零线不准安装熔断器，用电设备和机房近端不可重复接地。零线（中性线）除电源端外不允许再接地，避免产生杂散电流，如果重复接地，电流就会通过非正规通道传到地里面去，这样会在接地点发热，引起火灾，还会导致保护电器不动作。或者导致RCD（Residual Current Device，剩余电流装置）误动作，合不上闸。

106. 输出配有隔离变压器的UPS过载能力和抗短路能力高于输出不配隔离变压器的UPS。（ √ ）

107. 大量的开关型电源负载会增加UPS的功率因数。（ × ）

注：大量的开关型电源负载会降低UPS的功率因数。

108. 三端口式UPS的三端口是指其中的稳压器具有市电输入端口，DC/AC逆变器输入端口和交流输出端口。（ √ ）

注：三端口式UPS的结构框图如图4-12所示。其基本工作原理是：市电供电正常时，市电经交流稳压器后送至三绕组变压器的绕组Ⅰ，经变压器次级绕组Ⅲ再经转换开关后送给

负载。与此同时，市电经稳压器后再经绕组Ⅱ送至双向变换器，双向变换器此时起整流器作用对蓄电池充电。当市电供电异常时，控制电路立即使双向变换器起逆变器作用，把蓄电池的直流电逆变成交流电继续向负载供电，以保证负载供电不间断。

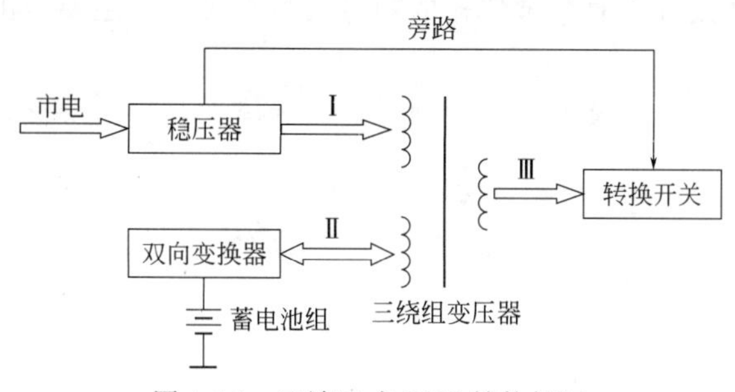

图 4-12　三端口式 UPS 结构框图

三端口式 UPS 与在线式 UPS 相比较，具有整机效率高、可靠性高、抗电磁干扰能力强等优点，但也存在体积大、重量重、有可闻噪声、小容量产品价格偏高等缺点。因此用户在设备选型时，必须充分注意产品的特点，要用其优而避其劣。

109. 整个监控网络为三级结构，中心局为监控中心，各监控站作为第二级结构，及监控单元 SU 作为第三级结构。（ √ ）

110. 数据采集系统中，A/D 转换器的作用是将数字信号转换成模拟信号。（ × ）

注： 数据采集系统中，A/D 转换器的作用是将模拟信号转换成数字信号。

111. A/D 转换器的相对精度是对应于输出数码的实际模拟输入电压与理想模拟输入电压之差。（ × ）

注： A/D 转换器的绝对精度是对应于输出数码的实际模拟输入电压与理想模拟输入电压之差。

112. 按数据传输的流向和时间关系传输方式可分为单工和全双工数据传输。（ × ）

注： 按数据传输的流向和时间关系传输方式可分为单工、半双工和全双工数据传输。

113. 基站监控系统负责监控的对象有发电机组、开关电源、UPS、蓄电池组、交流配电屏、直流配电屏、地线与照明设备等。（ × ）

注： 基站监控系统负责监控的对象有发电机组、开关电源、UPS、蓄电池组、交流配电屏、直流配电屏以及防雷接地设备等。没有照明设备。

114. 因为 RS485 接口组成的半双工网络，一般只需两根连线，所以 RS485 接口均采用屏蔽双绞线传输。（ √ ）

115. 监控单元（SU）的功能是瞬时采集各个监控对象和机房动力环境的运行状态和数据。（ × ）

注： 监控单元（SU）的功能是周期性采集各个监控对象和机房动力环境的运行状态和数据。

116. 开关电源通信中断有可能是由开关电源监控模块通信口坏故障引起的。（ √ ）

117. 电流传感器的输出信号是副边电流 I_S，它与输入信号成反比，I_S 一般很小，只有 100～400mA。（ × ）

注： 电流传感器的输出信号是副边电流 I_S，它与输入信号成正比，I_S 一般很小，只有 100～400mA。

118. 在模拟信道上传输数据，不需要进行信号变换。（ × ）

注：在模拟信道上传输数据，需要进行信号变换。

119.在数据通信中，调制解调器基本作用是把数据信号变换成模拟数据信号。（ √ ）

120.图像信号的非线性失真与被传输的图像信号无关，它主要是由于放大器或调制器的非线性而引起的。（ × ）

注：图像信号的非线性失真与被传输的图像信号有关，它主要是由于放大器或调制器的非线性而引起的。

第5章 高级技师（一级）

5.1 考试大纲要点

5.1.1 电工技术

5.1.1.1 基尔霍夫电流定律，基尔霍夫电压定律；

5.1.1.2 叠加定律，戴维南定律；

5.1.1.3 电容器性能；

5.1.1.4 全电路欧姆定律，复杂电路的计算；

5.1.1.5 电源的△-Y 连接，负载的△-Y 连接；

5.1.1.6 电阻、电感、电容串联电路；

5.1.1.7 功率因数；

5.1.1.8 中性点运行方式；

5.1.1.9 数字万用表特殊挡操作，示波器的使用方法及范围，频率计的工作原理；

5.1.1.10 单相电度表的使用原则，相序表的使用方法和适用范围；

5.1.1.11 兆欧表与接地电阻测试仪的使用方法和适用范围；

5.1.1.12 保证安全的管理措施和技术措施，人体与设备带电部位的安全距离，低压带电工作的安全规定，触电、安全用电，低压导线上的工作，触电急救方法，带电设备灭火，消防器材的使用。

5.1.2 电子技术

5.1.2.1 单相半波、全波整流电路；

5.1.2.2 晶闸管基本知识，单相晶闸管整流电路，三相晶闸管整流电路，单结晶体管触发电路形式，移相触发电路原理；

5.1.2.3 稳压管及稳压电路；

5.1.2.4 数字电路中的基本逻辑关系，二极管与门电路，或门电路，数字电路中的基本逻辑运算；

5.1.2.5 三极管射极输出器，三极管信号放大电路；

5.1.2.6 集成运算放大器及其应用。

5.1.3 配电设备

5.1.3.1 避雷器的结构及工作原理，避雷器及接地装置的安装要求，通信配电网防雷措施；

5.1.3.2　中间继电器的结构和原理，中间继电器的使用；

5.1.3.3　自动空气开关的结构组成、性能参数及其使用注意事项。

5.1.4　发电机组

5.1.4.1　四冲程柴油机工作原理；

5.1.4.2　柴油机燃油系统的作用，柴油的选用要求，柴油机燃油系统的维护；

5.1.4.3　柴油机润滑系统的作用，润滑油的选用要求，机油滤清器的作用及维护，柴油机润滑系统的维护保养；

5.1.4.4　冷却液使用及冷却系统的维护；

5.1.4.5　电启动系统的作用、组成及其维护；

5.1.4.6　柴油机操作与维护。

5.1.5　化学电源

5.1.5.1　蓄电池正常充电准备工作，蓄电池正常充电参数设定及测试；

5.1.5.2　蓄电池的性质；

5.1.5.3　蓄电池充放电内部反应；

5.1.5.4　蓄电池运行方式，蓄电池放电定律；

5.1.5.5　给落后电池补充充电方法，给落后电池补充充电参数；

5.1.5.6　充电时电池内反应，充电方式与电池寿命，过充电终止测量。

5.1.6　开关电源

5.1.6.1　线性稳压电源与开关电源的特性，通信设备对开关电源的要求；

5.1.6.2　MOSFET 功率管的性能；

5.1.6.3　开关电源功率变换电路；

5.1.6.4　PWM 脉宽调制技术；

5.1.6.5　开关电源的基本电路；

5.1.6.6　高频变压器的性能。

5.1.7　UPS 电源

5.1.7.1　UPS 工作原理；

5.1.7.2　UPS 的性能指标；

5.1.7.3　UPS 的选用；

5.1.7.4　UPS 的使用与维护；

5.1.7.5　UPS 常见故障处理。

5.1.8　空调设备

5.1.8.1　气体的基本状态参数；

5.1.8.2　温度与温标的关系；

5.1.8.3　饱和空气与非饱和空气的关系；

5.1.8.4　制冷循环与制冷系统的组成。

5.1.9 集中监控

5.1.9.1 计算机硬件与软件系统；
5.1.9.2 计算机运算不同数制间的转换；
5.1.9.3 微型计算机的组成；
5.1.9.4 计算机病毒及防止措施；
5.1.9.5 通信电源集中监控系统的组成；
5.1.9.6 通信电源集中监控系统的基本功能。

5.2 考试真题

5.2.1 单项选择题（每题四个选项，只有一个是正确的，将正确的选项填入括号内）

1.（　　）UPS 中有一个双向变换器，既可以当逆变器使用，又可作为充电器。
A. 动态式　B. 静态式　C. 在线互动式　D. 双变换在线式

2.（　　）变压器因受建筑消防规范的制约，不得与通信设备同建筑安装，一般与其他高、低压配电设备安装于独立的建筑内。
A. 三绕组　B. 双绕组　C. 干式　D. 油浸式

3.（　　）是目前相对成功有效并使用最为普遍的水处理技术。
A. 不投药运行　B. 采取软化处理
C. 静电水处理　D. 循环冷却水化学水处理技术

4.（　　）是指物质发生相变而温度不变时吸收或放出的热量。
A. 显热　B. 潜热　C. 蒸发热　D. 冷凝热

5. 1000A 以上直流供电回路接头压降（直流配电屏以外的接头）应符合（　　）要求。
A. ≤2mV/100A　B. ≤3mV/100A　C. ≤4mV/100A　D. ≤5mV/100A

6. 1954 年恰宾（Charbin）等人在美国贝尔实验室第一次做出了光电转换效率为 6%的实用（　　）太阳能电池，开创了光伏发电的新纪元。
A. 多晶硅　B. 三晶硅　C. 双晶硅　D. 单晶硅

7. 2V 单体的蓄电池组均充电压应根据厂家技术说明书进行设定，标准环境下设定 24h 充电时间的蓄电池组的均充电压在（　　）V/cell 之间为宜。
A. 2.23～2.27　B. 2.35～2.40　C. 2.30～2.35　D. 2.20～2.30

8. 空调定期清洗风冷冷凝器，目的是（　　）。
A. 升高蒸发压力，增加制冷量　B. 降低蒸发压力，增加制冷量
C. 升高冷凝压力，增加制冷量　D. 降低冷凝压力，增加制冷量

9. 动态库文件扩展名通常为（　　）。
A. drv　B. vxd　C. dll　D. exe

10. 对 UPS 系统而言，峰值因数指的是 UPS 逆变器电源的交流输出电流的峰值与输出电流的有效值（RMS）的比值。对于 UPS 电源来说，其典型的峰值比为（　　）。
A. 2.3∶1　B. 2.5∶1　C. 3∶1　D. 3.5∶1

11. 根据 YD/T 1235.1 中 SPD 分类方法，I_n 为 40kA 的 SPD，I_{max} 应为（　　）。
A. 100kA　B. 120kA　C. 140kA　D. 150kA

12. 快速格式化磁盘的 DOS 命令参数是（　　）。

A. /s　　B. /q　　C. /u　　D. /f

13. 离心式制冷机组运行时会出现一种称作“喘振”的故障，喘振现象当（　　）才会发生，故障发生后要及时分析处理。

A. 制冷剂过多　　B. 制冷剂过少

C. 高低压压差比过大　　D. 高低压压差比过小

14. 每月一次太阳能阵列投入、切除检查，检查太阳能电池阵列是否能正常投入和切除，每（　　）应测试一次太阳阵列的输出功率。

A. 半年　　B. 1 年　　C. 2 年　　D. 5 年

15. 某监控中心服务器的 IP 地址为 204.23.25.8，子网掩码为 255.255.255.128，则该监控中心最多可以容纳的计算机数量为（　　）。

A. 255　　B. 128　　C. 126　　D. 25

16. 人体向空气散发的热量是（　　）。

A. 潜热　　B. 显热　　C. 显热和潜热　　D. 汽化热

17. 输出波形为方波的 UPS 不适合带（　　）负载。

A. 阻性　　B. 容性　　C. 感性　　D. 非线性

18. 在双绞线局域网中，计算机与集线器、计算机之间的连接采用的网线分别是（　　）。

A. 标准网线/标准网线　　B. 标准网线/交叉网线

C. 交叉网线/交叉网线　　D. 交叉网线/标准网线

19. 高压少油断路器经掉闸严重喷油后，应（　　）。

A. 观察油标管　　B. 等待 3 分钟，然后试送

C. 不准强送，立即安排检修　　D. 只要断路器内有油，便可试送

20. 通信用燃气轮机发电机组一般采用轻型燃气轮机，推荐采用（　　）作为燃料。

A. 汽油　　B. 柴油　　C. 天然气　　D. 重油

21. 铜芯聚氯乙烯绝缘护套电力电缆型号为（　　）。

A. VV　　B. VLV　　C. XV　　D. BVV

22. 为了延长供电系统的后备时间，直流供电系统中通常使用多组蓄电池组并联的方式来实现同一供电系统中，允许并联的最大数量蓄电池组为（　　）。

A. 2 组　　B. 3 组　　C. 4 组　　D. 5 组

23. 测量 1Ω 以下小电阻，如果要求精度高，应选用（　　）。

A. 单臂电桥　　B. 双臂电桥

C. 毫伏表及电流表　　D. 可用表×1Ω 挡

24. 根据相关标准规定，高频开关电源的有效使用年限为（　　）年。

A. 5　　B. 8　　C. 10　　D. 12

25. 根据相关标准规定，柴油发电机组应至少____空载试机一次，至少____加载试机一次。（　　）

A. 每周/每月　　B. 每周/每季　　C. 每月/每季　　D. 每月/每半年

26. 位于强雷、多雷地区的大型综合通信枢纽局（站）第一级电源避雷器的标称通流容量应（　　）。

A. >25kA　　B. >40kA　　C. >60kA　　D. >80kA

27. 下列 SQL 语句用作查询某个表数据的命令是（　　）。

A. select　B. update　C. insert　D. delete

28. 在空调系统中，（　）在分体空调的室外机内。

A. 冷凝器、蒸发器　B. 压缩机、蒸发器

C. 蒸发器、雪种　D. 压缩机、冷凝器

29. 压缩机将空气压缩会出现（　）。

A. 汽化　B. 冷凝　C. 升温　D. 降温

30. 以下（　）属于微机型数据库管理系统。

A. SQL Server　B. Sybase　C. Oracle　D. Access

31. 监控系统中，对于设备的遥控权，（　）具有遥控的优先权。

A. 下级监控单位　B. 上级监控单位

C. 系统设置上级或下级　D. 所有监控单位遥控的优先权是一样的

32. （　）是组合逻辑电路的常用元件。

A. 与门电路　B. 反相器　C. 加法器　D. 触发器

33. 根据活塞环的切口形状不同，一船分为（　）3种。

A. 直切口、搭切口、扭曲　B. 直切口、斜切口、切角

C. 斜切口、搭切口、凹槽　D. 直切口、斜切口、搭切口

34. 离散杂音是指无线电干扰杂音或射频杂音，通常为（　）频段内的个别频率杂音。

A. 30～40MHz　B. 150～30MHz

C. 100～150kHz　D. 50～100kHz

35. 对于装有两个空气滤清器的柴油机，其两个空气滤清器所装进气管的（　）应一致。

A. 长短、外径　B. 长短、截面积

C. 截面积、壁厚　D. 截面积、壁厚

36. 应用基尔霍夫电压定律时，必须事先标出电路各元件两端电压或流过元件的电流方向以及确定（　）。

A. 电路数目　B. 支路方向　C. 回路绕行方向　D. 支路数目

37. 理想运算放大器的输入电流 I 为（　）。

A. $I=0$　B. $I=$ 任意值　C. $I=$ 无穷大　D. $I=$ 无穷小

38. 叠加定理不适用于（　）的计算。

A. 电压　B. 电流　C. 交流电路　D. 功率

39. 可以把复杂电路化为若干简单电路来计算的定理是（　）。

A. 基尔霍夫定理　B. 叠加定理　C. 欧姆定律　D. 戴维南定理

40. 叠加定理为：由多个电源组成的（　）电路中，任何一个支路的电流（或电压），等于各个电源单独作用在此支路中所产生的电流（或电压）的代数和。

A 交流　B. 直流　C. 线性　D. 非线性

41. 在分析计算复杂电路中某个支路的电流或功率时，常用（　）。

A. 基尔霍夫定律　B. 叠加定理　C. 戴维南定理　D. 欧姆定律

42. 任何一个（　）网络电路，可以用一个等效电压源来代替。

A. 有源　B. 线性　C. 有源二端线性　D. 无源二端线性

43. 将有源两端线性网络中所有电源除去后，两端间的等效电阻称等效电压源的（　）。

A. 电阻　　B. 内电阻　　C. 外电阻　　D. 阻抗

44. 电容器的结构繁多，按其结构分为：固定电容器、可变电容器和（　　）三种。

A. 电解电容器　　B. 陶瓷电容器　　C. 纸介质电容器　　D. 半可变电容器

45. 电容器在刚充电瞬间相当于（　　）。

A. 短路　　B. 环路　　C. 断路　　D. 通路

46. 电容器的充电和放电电流的大小在充放电的过程中每一瞬间都是（　　）的。

A. 相同　　B. 不同　　C. 按余弦规律变化　　D. 按正弦规律变化

47. 几个电容（C_1，C_2，C_3，…，C_n）并联相接，其等效总电容量 C=（　　）。

A. $C_1+C_2+C_3+\cdots+C_n$　　B. $1/C_1+1/C_2+1/C_3+\cdots+1/C_n$

C. $C_1\cdot C_2\cdot C_3\cdot\cdots\cdot C_n$　　D. $1/(C_1+C_2+C_3+\cdots+C_n)$

48. 如图 5-1 所示，$E=9\text{V}$，$r_0=2\Omega$，$R_1=4\Omega$，电源输出最大功率时，电阻 R_2 的值为（　　）。

A. 2　　B. 4　　C. 12　　D. 8

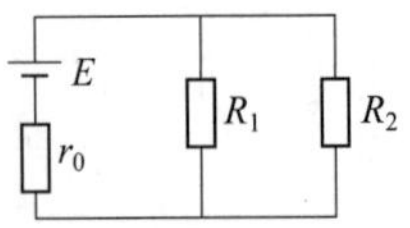

图 5-1　题 48 图

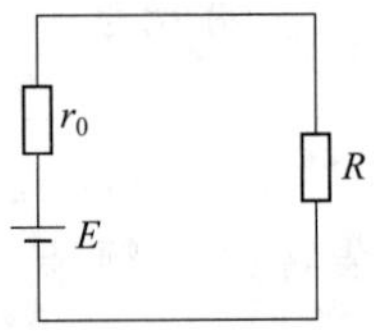

图 5-2　题 49 图

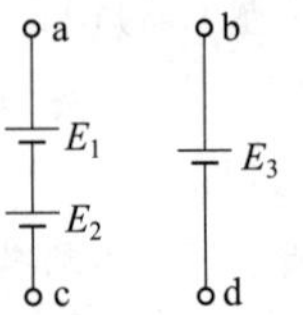

图 5-3　题 51 图

49. 如图 5-2 所示，已知 $E=110\text{V}$、$r_0=1\Omega$、$R=4\Omega$，则电路中的电流 I 为（　　）A。

A. 110　　B. 27.5　　C. 22　　D. 11

50. 在全电路中，负载电阻增大，端电压将（　　）。

A. 不确定　　B. 减少　　C. 不变　　D. 增高

51. 如图 5-3 所示，$E_1=8\text{V}$，$E_2=4\text{V}$，$E_3=12\text{V}$，比较 a、b 两点电位（　　）。

A. 不能比较　　B. a 比 b 高　　C. a、b 一样高　　D. a 比 b 低

52. 如图 5-4 所示，R_0 是电源 E 的内阻，则（　　）。

A. $R_2=R_0$ 时，R_2 获得最大功率　　B. $R_1=R_2$ 时，R_2 获得最大功率

C. $R_2=R_1+R_0$ 时，R_2 获得最大功率　　D. $R_2=\infty$时，R_2 获得最大功率

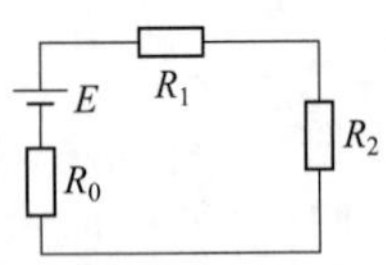

图 5-4　题 52 图

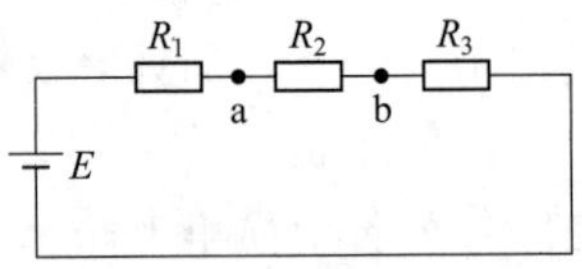

图 5-5　题 53 图

53. 如图 5-5 所示，R_1 增大而其他条件不变时，a、b 两点的电压（　　）。

A. 增大　　B. 减小　　C. 不变　　D. 无法确定

54. 一个含源二端线性网络，测得其开路电压为 100V，短路电流为 10A，当外接 10Ω 负载时，负载电流（　　）A。

A. 20　　B. 15　　C. 10　　D. 5

55. 如图 5-6 所示，当开关 S 闭合时，节点电压 U_{AB} 是（　　）V。

A. 50　　B. 0　　C. 100　　D. −50

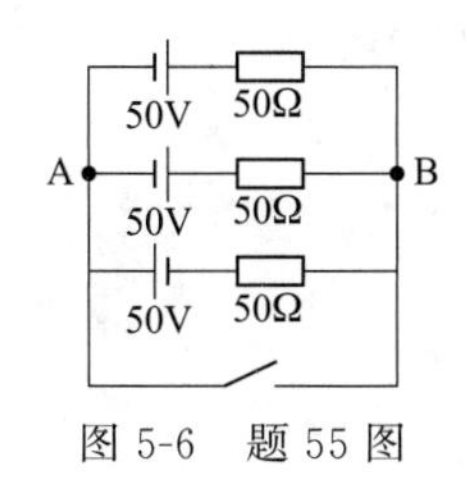

图 5-6 题 55 图

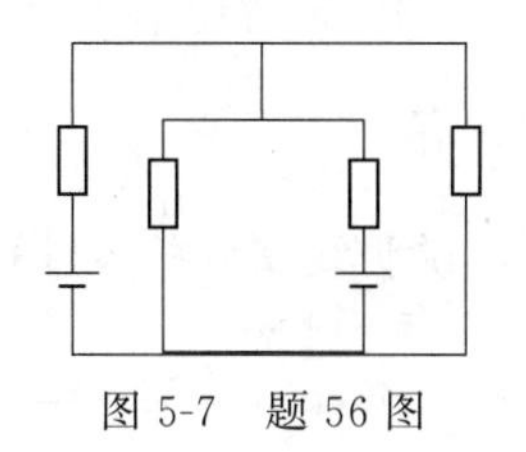

图 5-7 题 56 图

56. 如图 5-7 所示，从题图电路中可以看出电路的节点数为（ ）。
    A. 2　　B. 3　　C. 4　　D. 7
57. 在有中性点的电源供电系统中，相电压指的是（ ）的电压。
    A. 相线对地　　B. 相线对中性线　　C. 相线对相线　　D. 中性线对地
58. 三相电路中，每相头尾之间的电压叫（ ）。
    A. 相电压　　B. 线电压　　C. 端电压　　D. 电势
59. 三相电路中，相与相之间的电压叫（ ）。
    A. 相电压　　B. 线电压　　C. 端电压　　D. 电势
60. 三相四线制中性点接地供电系统，线电压指（ ）电压。
    A. 相线之间　　B. 零对地间　　C. 相线对零线间　　D. 相线对地间
61. 三相电源绕组末端短接在一起的接法称为（ ）接法。
    A. 三角形　　B. 星形　　C. 末端短接形　　D. 对称形
62. 关于相电流概念的叙述，正确的是（ ）的电流。
    A. 流过头尾之间　　B. 相与相之间
    C. 流过各相端线　　D. 流过每相电源或负载
63. 三相电路中，流过每相电源的电流称为（ ）电流。
    A. 线　　B. 相　　C. $\sqrt{3}$ 倍相　　D. $\sqrt{3}$ 倍线
64. 将三相负载分别接于三相电源的相线之间的连接方法称为（ ）连接。
    A. 星形　　B. 并联　　C. 三角形　　D. 串联
65. 将发电机三相绕组的末端连在一起，从始端分别引出导线，这就是（ ）连接。
    A. 星形　　B. 三角形　　C. 星-三角形　　D. 开口三角形
66. 在 RLC 串联的正弦电路中，端电压和电流同相时，参数 L、C 与角频率 ω 关系为（ ）。
    A. $\omega L^2C^2=1$　　B. $\omega^2LC=1$　　C. $\omega LC=1$　　D. $\omega^2L^2C^2=1$
67. RLC 串联的正弦交流电路的谐振频率 f 为（ ）。
    A. $2\pi LC$　　B. $2\pi\sqrt{LC}$　　C. $1/(2\pi\sqrt{LC})$　　D. $1/(2\pi LC)$
68. 在并联谐振电路中，电路总电流（ ）时，电路总阻抗（ ）。
    A. 最大、最大　　B. 最小、最大　　C. 最小、等于零　　D. 最大、等于零
69. 阻抗的单位是（ ）。
    A. H　　B. F　　C. W　　D. Ω
70. 电力系统中无功功率是指（ ）。
    A. 无用功率　　B. 做功的功率
    C. 电源向感性负载提供的磁场能量　　D. 导线发热消耗的能量
71. 变压器的额定容量是指变压器的（ ）。

A. 有功功率　B. 无功功率　C. 视在功率　D. 有用功率

72. 无功功率的单位是（　　）。

A. W　B. var　C. kW・h　D. kvar・h

73. 功率因数越大，说明线路中的容性负载（　　）。

A. 越小　B. 越大　C. 为零　D. 无影响

74. 变压器和互感器的中性点接地属于（　　）。

A. 接零　B. 保护接地　C. 重复接地　D. 工作接地

75. 电动机、变压器、发电机组、机房机柜的外壳接地属于（　　）。

A. 接零　B. 工作接地　C. 保护接地　D. 重复接地

76. 保护接地用于中性点（　　）供电运行方式。

A. 直接接地　B. 不接地　C. 经电阻接地　D. 电感线圈接地

77. 电气设备外壳保护接零适用于（　　）运行方式。

A. 中性点不接地　B. 无中性线　C. 中性点直接接地　D. 小电流接地

78. 我国规定的电力系统中性点运行方式有（　　）种。

A. 6　B. 5　C. 3　D. 2

79. 单相半波整流输出的电压平均值为整流变压器二次电压有效值的（　　）倍。

A. 0.45　B. 0.707　C. 0.9　D. 1

80. 若单相桥式整流电路中有一只二极管已经短路，则该电路（　　）。

A. 不能工作　B. 仍能正常工作　C. 输出电压下降　D. 输出电压上升

81. 在有电容滤波的单相桥式整流电路中，若要保证输出电压为45 V，则变压器二次电压有效值应为（　　）V。

A. 37.5　B. 45　C. 50　D. 100

82. 单相全波整流二极管承受反向电压最大值为变压器二次电压有效值的（　　）倍。

A. 0.45　B. 0.9　C. 1.414　D. 2.828

83. 单相桥式整流二极管承受反向电压最大值为变压器二极电压有效值的（　　）倍。

A. 0.45　B. 0.9　C. 1.414　D. 2.828

84. 稳压管与一般二极管相同的是（　　）。

A. 伏安特性　B. 外形　C. 符号　D. 反向特性

85. 稳压管的反向电压超过击穿点进入击穿区后，电流虽然在很大范围内变化，其端电压变化（　　）。

A. 也很大　B. 很小　C. 不变　D. 变为0

86. 由稳压管和串联电阻组成的稳压电路中，稳压管和电阻分别起（　　）作用。

A. 电流调节　B. 电压调节

C. 电流调节和电压调节　D. 电压调节和电流调节

87. 在下列直流稳压电路中，效率最高的是（　　）稳压电路。

A. 硅稳压管型　B. 串联型　C. 并联型　D. 开关型

88. 晶体管串联反馈式稳压电源中的调整管起（　　）作用。

A. 放大信号　B. 降压

C. 提供较大输出电流　D. 调整管压降，以保证输出电压稳定

89. 数字电路中的最基本逻辑关系有（　　）种。

A. 2　B. 3　C. 4　D. 5

90. 数字电路中的最基本的逻辑门有（ ）种。

A. 5 B. 3 C. 2 D. 1

91. 数字电路中的与逻辑关系可记作（ ）。

A. $Z=A\cdot B$ B. $Z=A+B$ C. $Z=A/B$ D. $Z=A-B$

92. 数字电路中的或逻辑关系可记作（ ）。

A. $Z=A\cdot B$ B. $Z=A/B$ C. $Z=A-B$ D. $Z=A+B$

93. 数字电路中的非逻辑关系可记作（ ）。

A. $Z=\bar{A}$ B. $Z=A\cdot A$ C. $Z=A+A$ D. $Z=A+B$

94. 如图 5-8 所示，若 $U_A=U_B=3\text{V}$，则 $U_Z=$（ ）。

A. 12.7V B. 12V C. 0V D. 3.7V

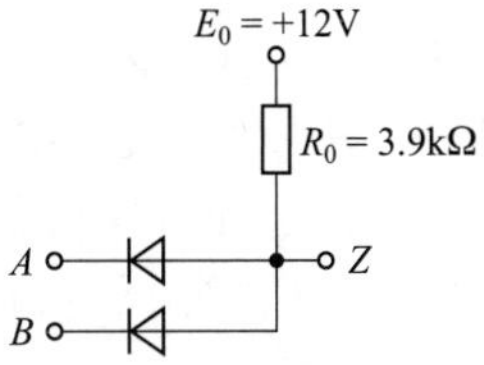

图 5-8 题 94、题 95 和题 96 图

95. 如图 5-8 所示，若 $U_A=3\text{V}$，$U_B=0\text{V}$，则 $U_Z=$（ ）V。

A. 3 B. 12 C. 0.7 D. 3.7

96. 如图 5-8 所示，若 $U_A=0\text{V}$，$U_B=3\text{V}$，则二极管（ ）。

A. A、B 均导通 B. A 导通 C. B 导通 D. A、B 不导通

97. 如图 5-9 所示，表示二极管与门电路的是（ ）。

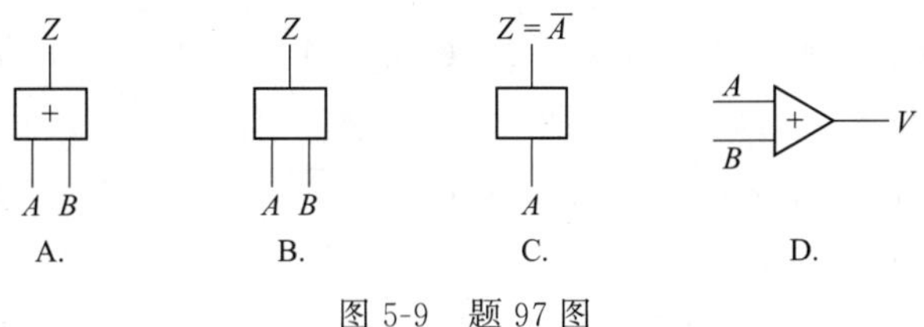

图 5-9 题 97 图

98. 关于高电平描述正确的是（ ）。

A. 电压为 1V B. 一定的电压范围

C. 固定的电压数值 D. 电压为 3V

99. 与逻辑关系也叫（ ）。

A. 逻辑加法 B. 逻辑乘法 C. 逻辑减法 D. 逻辑除法

100. 如图 5-10 所示，$U_A=U_B=0\text{V}$ 时，$U_Z=$（ ）V。

A. 12 B. 1.2 C. −0.7 D. 0.7

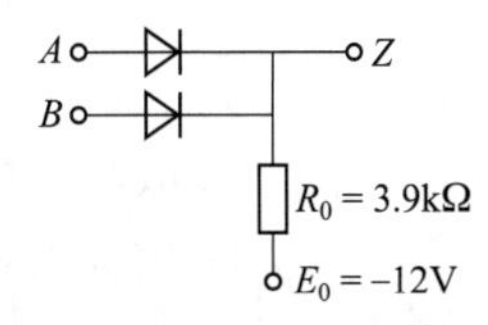

图 5-10 题 100、题 101 和题 102 图

101. 如图 5-10 所示，$U_A=U_B=3V$ 时，$U_Z=$（　　）V。

A. 3　　B. −3　　C. 0.7　　D. 2.3

102. 如图 5-10 所示，$U_A=3V$，$U_B=0V$ 时，$U_Z=$（　　）V。

A. 2.3　　B. −0.7　　C. 3　　D. −12

103. 电平就是（　　）。

A. 电位　　B. 电压　　C. 电势差　　D. 蓄电池

104. 逻辑电路中，输入电压（　　），则会破坏电路的逻辑功能，以及造成器件性能下降甚至破坏。

A. 低于上限值而高于下限值　　B. 高于下限值

C. 低于上限值　　D. 高于上限值或低于下限值

105. 或逻辑关系也叫（　　）。

A. 逻辑加法　　B. 逻辑乘法　　C. 逻辑反相　　D. 正逻辑

106. 关于数字电路中的“1”和“0”，下列叙述不对的是（　　）。

A. 两个不同状态　　B. 高、低电平的符号

C. 没有数量的意思　　D. 1V 和 0V

107. 逻辑表达式 $AB+B$ 等于（　　）。

A. A　　B. B　　C. $A+1$　　D. AB

108. 逻辑表达式 $ABC+\bar{A}B+AB\bar{C}$ 等于（　　）。

A. A　　B. $A+B$　　C. $A+\bar{B}$　　D. B

109. 逻辑代数中与门表示为（　　）。

A. $Z=A\cdot B$　　B. $Z=A+B$　　C. $Z=\overline{A\cdot B}$　　D. $Z=\overline{A+B}$

110. 逻辑代数中，或门用（　　）表示。

A. $Z=A\cdot B$　　B. $Z=A+B$　　C. $Z=\overline{A\cdot B}$　　D. $Z=\overline{A+B}$

111. 或非门表示为（　　）。

A. $Z=\overline{A+B}$　　B. $Z=\bar{A}+\bar{B}$　　C. $Z=\overline{A\cdot B}$　　D. $Z=\bar{A}\cdot\bar{B}$

112. 逻辑代数中不正确的是（　　）。

A. $0\cdot 0=0$　　B. $\bar{0}=1$　　C. $\bar{1}=0$　　D. $1+1=0$

113. 逻辑代数中，不正确的是（　　）。

A. $A\cdot 1=A$　　B. $A+0=A$　　C. $A\cdot 0=A$　　D. $\bar{A}A=0$

114. 将输出信号从晶体三极管（　　）引出的放大电路称为射极输出器。

A. 基极　　B. 发射极　　C. 集电极　　D. 栅极

115. 射极输出器交流电压放大倍数近似为（　　）。

A. 1　　B. 0　　C. 须通过计算才知　　D. 不确定

116. 射极输出器的输出电阻（　　）。

A. 很大　　B. 很小　　C. 不能不确定　　D. 几千欧姆

117. 解决放大器截止失真的办法是（　　）。

A. 增大上偏电阻　　B. 减小集电极电阻

C. 减小上偏电阻　　D. 增大集电极电阻

118. 由晶体三极管组成的共发射极、共集电极、共基极三种放大电路中，电压放大倍数最小的是（　　）。

A. 共发射极电路　　B. 共集电极电路
C. 共基极电路　　D. 三者差不多

119. 若加在差动放大器两输入端的信号 U_{i1} 与 U_{i2}（　　），则称为共模输入信号。
A. 幅值相同且极性相同　　B. 幅值相同而极性相反
C. 幅值不同且极性相反　　D. 幅值不同且极性相同

120. 集成运算放大器的放大倍数一般为（　　）。
A. 1～10　　B. 10～1000　　C. 1000～100000　　D. 100000 以上

121. 集成运算放大器内部电路一般由（　　）组成。
A. 输入级、输出级　　B. 输入级、中间级和输出级
C. 输入级、放大级、输出级　　D. 基极、集电极、发射极

122. 集成运放由双端输入、双端输出组成差动放大电路的输入极的主要作用是（　　）。
A. 有效抑制零点漂移　　B. 放大功能
C. 输入电阻大　　D. 输出功率大、输出电阻小

123. 在自动控制系统中有广泛应用的是（　　）。
A. 反相器　　B. 电压跟随器　　C. PI 调节器　　D. PID 调节器

124. 为了较好地消除自激振荡，一般在集成运放的（　　）接一小电容。
A. 输入级　　B. 中间级　　C. 输出级　　D. 接地端

125. 在集成运算放大器输出端采用（　　），可以扩展输出电流和功率，以增强带负载能力。
A. 差动放大电路　　B. 射极输出器
C. 互补推挽放大电路　　D. 差动式射极输出器

126. 雷击常常会侵袭电力网和通信电源系统，而造成通信网的设备损坏或（　　）。
A. 有杂音　　B. 有串音　　C. 通话质量下降　　D. 通信中断

127. 电力线引入机房前的交流变压器的（　　）应采取相应的防雷措施，再接入开关电源。
A. 高压侧　　B. 低压侧
C. 高低压侧　　D. 低压侧和重力电缆

128. 通信设备对通信电源的要求是可靠性高、稳定性好和（　　）。
A. 功率因数高　　B. 电源容量大
C. 杂音电压高　　D. 频率高

129. 通信台站通信设备的直流供电电压一般为（　　）V。
A. －48　　B. 48　　C. 24　　D. －24

130. 通信设备监控终端使用的交流供电电压一般为（　　）V。
A. 380　　B. 220　　C. 48　　D. 24

131. 现代通信要求高频开关电源采用（　　）的模块结构。
A. 集中式　　B. 分立式　　C. 1＋1　　D. 多台设备

132. 现代通信电源要求蓄电池能自动管理故障诊断，自备发电机组能（　　）。
A. 自动开机　　B. 自动关机
C. 自动开、关机　　D. 自动开、关机和自动维护

133. 开关电源整流模块的寿命是主要由模块（　　）所决定的。
A. 负载大小　　B. 输入电压高低　　C. 内部工作温升　　D. 外部环境

134. PWM 控制开关电源在（　　）情况下，开关损耗增大。

A. 较高频率　　B. 较低频率　　C. 较大负载　　D. 较小负载

135. 谐振型开关电源采用的是（　　）技术。

A. 硬开关　　B. 软开关　　C. 集成电路　　D. 自适应

136. （　　）功率变换器是用来传送直流功率的变换器。

A. DC/DC　　B. DC/AC　　C. AC/AC　　D. AC/DC

137. 高频变压器的工作频率一般在（　　）以上。

A. 10kHz　　B. 100kHz　　C. 10MHz　　D. 100MHz

138. 整流模块监控单元接收（　　）对整流模块的各种控制命令。

A. 交流监控单元　　B. 直流监控单元　　C. 监控模块　　D. 值班员

139. 开关电源配置监控模块，有利于实现通信电源系统的（　　）。

A. 分散管理　　B. 稳压

C. 均流　　D. 动力环境集中管理

140. 下面的叙述中，（　　）不是开关整流器的特点。

A. 重量轻、体积小　　B. 功率因数低

C. 可闻噪声低　　D. 效率高

141. 开关整流器的基本电路中，（　　）的作用是将交流输入电压整流滤波变为平滑的高压直流电压。

A. 输入电路　　B. 开关控制器

C. 高频变压器　　D. 功率变换器

142. 开关电源的基本电路，（　　）的作用是将高压直流电压转换为高频脉冲电压。

A. 输入电路　　B. 开关控制器

C. 高频变压器　　D. 功率变换器

143. 采用硬开关技术设计的开关电源一般称为（　　）。

A. MOSFET　　B. IGBT　　C. ZCS　　D. SMR

144. 通信用高频开关电源系统通常具备低差自主均流技术，因此各模块开机输出时的电流不平衡度小于（　　）。

A. ±20%　　B. ±15%　　C. ±10%　　D. ±5%

145. 开关电源的功率转换效率为（　　）。

A. 25%～40%　　B. 40%～50%　　C. 50%～65%　　D. 65%～95%

146. MOSFET 功率管的三个极分别为漏极、栅极和（　　）。

A. 基极　　B. 源极　　C. 发射极　　D. 集电极

147. 一般开关电源 MOSFET 管的漏、源极完全导通时的栅极电压为（　　）V。

A. 0　　B. 3　　C. 5　　D. 10

148. 开关电源按其所用开关器可分为 IGBT 开关电源、双极型晶体管开关电源和（　　）开关电源。

A. MOSFET 管　　B. 二极管　　C. 三极管　　D. 单结晶体管

149. MOSFET 管用于开关频率在（　　）kHz 以上的开关电源中。

A. 10　　B. 50　　C. 100　　D. 150

150. 开关电源中（　　）是功率开关管的直接负载。

A. 驱动电路　　B. 控制电路　　C. 整流滤波电路　　D. 高频变压器

151. 高频变压器的频率损耗主要是由于（　　）中的漏电流引起的。
A. 副边线圈　　B. 一次线圈　　C. 磁芯　　D. 散热装置

152. 在进行高频变压器绕制时，解决（　　）最有效的办法是采用小直径的多股导线并绕。
A. 集肤效应　　B. 散热问题　　C. 工作效率　　D. 频率损耗

153. 双端变换电路的高频变压器的工作频率是每只开关管工作频率的（　　）倍。
A. 1　　B. 2　　C. 3　　D. 10

154. 二进制数10001与十进制数（　　）数值相等。
A. 17　　B. 16　　C. 15　　D. 14

155. 二进制数10111与十进制数（　　）数值相等。
A. 22　　B. 24　　C. 23　　D. 25

156. 十进制数19与二进制数（　　）数值相等。
A. 11011　　B. 10101　　C. 10000　　D. 10011

157. 普通铅酸蓄电池第一次放电试验结束后，进行正常充电前应检查每节电池（　　）。
A. 电解液液面　　B. 箱体完好　　C. 极板变色　　D. 紧固接线

158. 普通铅酸蓄电池充电前应测单节电池的（　　）。
A. 温度　　B. 电解液密度、电压
C. 现场湿度　　D. 电池组电压

159. 普通铅酸蓄电池充电前不属于准备工具及仪表的是（　　）。
A. 密度计　　B. 记录表　　C. 温度计　　D. 搅拌棒

160. 普通铅酸蓄电池充电电流按容量的（　　）h率进行。
A. 10　　B. 8　　C. 6　　D. 4

161. 普通铅酸蓄电池充电电压应（　　）测一次。
A. 30min　　B. 1h　　C. 2h　　D. 3h

162. 普通铅酸蓄电池充电应（　　）min测一次电解液密度。
A30　　B. 40　　C. 50　　D. 60

163. 蓄电池是将电能转为（　　）储存起来。
A. 化学能　　B. 电压　　C. 热能　　D. 液体

164. 蓄电池是一种供电方便、安全可靠的（　　）电源。
A. 交流　　B. 脉冲　　C. 纹波　　D. 直流

165. 蓄电池在放电过程中，将化学能转为（　　）。
A. 机械能　　B. 电能　　C. 热能　　D. 液体

166. 蓄电池充电还原，最后形成的物质是（　　）。
A. $PbSO_4$　　B. PbO　　C. Pb　　D. H_2O

167. 蓄电池充电过程中化学作用先从极板（　　）进行的。
A. 内部　　B. 表面　　C. 内部表面同时　　D. 先内部后表面

168. 蓄电池放电时，电池电压和电解液密度下降快，甚至出现（　　）现象。
A. 发热　　B. 开路　　C. 短路　　D. 反极

169. 蓄电池采用充放电制方式适用于（　　）。
A. 市电可靠　　B. 市电中断　　C. 市电不可靠　　D. 市电定时停

170. 蓄电池在放电过程中，电池内阻增大，电池（　　）。

A. 温度逐渐下降　　B. 端电压逐渐下降
C. 电流逐渐下降　　D. 电解液密度逐渐上升

171. 蓄电池在放电过程中，电池（　　）逐渐增加。
A. 内阻　　B. 端电压　　C. 温度　　D. 电解液密度

172. 给单节落后电池补充电时，测电压、电解液密度连续三次不变化，应停充（　　）h。
A. 1　　B. 2　　C. 3　　D. 4

173. 给单节落后电池补充电采用与电池组并联，稳流方式电流采用（　　）h 率。
A. 20　　B. 15　　C. 10　　D. 5

174. 给单节落后电池初充电应（　　）min 测一次电解液密度。
A. 60　　B. 45　　C. 30　　D. 15

175. 给单节落后电池补充电应（　　）min 测一次电压。
A. 15　　B. 30　　C. 45　　D. 60

176. 给单节落后电池补充电应（　　）min 测一次温度。
A. 15　　B. 30　　C. 45　　D. 60

177. 电池在放电过程中，电解液中的水在逐渐（　　）。
A. 减少　　B. 增多　　C. 不变　　D. 酸增多

178. 电池在充电过程中，电解液中的水逐渐（　　）。
A. 不变　　B. 增多　　C. 减少　　D. 酸减少

179. 随着放电时间增加，电池内阻在逐渐（　　）。
A. 减小　　B. 增大　　C. 不变　　D. 非线性变化

180. 随着充电时间增长，电池内阻逐渐（　　）。
A. 增大　　B. 不变　　C. 不确定　　D. 减小

181. 蓄电池在（　　）运行方式下寿命最长。
A. 全浮充　　B. 半浮充　　C. 过充　　D. 定时充放

182. 蓄电池在（　　）过程中都将影响寿命。
A. 全浮充　　B. 过充过放　　C. 定期均充　　D. 欠流充

183. 减小对电池寿命影响的，又有能保持电池容量的方法是（　　）。
A. 全浮充　　B. 充放制
C. 欠压充　　D. 长期浮充、短期均充

184. 在稳流下进行蓄电池过充电应 30min 测一次（　　）。
A. 电流　　B. 电压
C. 温度、电解液密度　　D. 电压、电解液密度

185. 在稳流下蓄电池过充电应（　　）min 测一次电解液密度。
A. 30　　B. 40　　C. 50　　D. 60

186. 蓄电池在过充电中，连续三次测量（　　）无变化，过充结束。
A. 电压　　B. 电流　　C. 电压、电解液密度　　D. 电流、温度

187. 单向晶闸管导通后，要使其可靠关断，可采取（　　）措施。
A. A-K 之间加正向电压　　B. A-K 之间加反向电压
C. G-K 之间加反向电压　　D. 减小控制极电流

188. 在晶闸管整流电路中，若 U_M 表示实际工作电压峰值，则晶闸管额定电压应选（　　）。
A. $U_e = U_M$　　B. $U_e =$ （2～3）U_M

C. $U_e=(5\sim10)U_M$　　D. $U_e>10U_M$

189. 通态平均电压是衡量晶闸管质量好坏的指标之一，其值（　　）。

A. 越大越好　　B. 越小越好　　C. 适中为好　　D. 可大可小

190. 要想使正向导通的普通晶闸管关断，只要（　　）即可。

A. 断开控制极　　B. 给控制加反向电压

C. 使流过晶闸管的电流小于维持电流　　D. 降低阳极电压

191. 晶闸管导通以后，流过晶闸管的电流决定于（　　）。

A. 外电路的负载　　B. 晶闸管的通态平均电流

C. 晶闸管 A-K 之间的电压　　D. 触发电压

192. 用晶体管触发的晶闸管整流电路，常用的同步波形是（　　）。

A. 正弦波　　B. 尖脉冲　　C. 宽形脉冲　　D. 负脉冲

193. 在晶闸管整流电路中，输出电压随晶闸管控制角变大而（　　）。

A. 不变　　B. 无规变化　　C. 变大　　D. 变小

194. 单相半波可控整流电路中，晶闸管所承受的最大反向电压为（　　）倍整流变压器副边电压。

A. 1　　B. 1.414　　C. 2　　D. 1.732

195. 单相半波可控整流电路，当控制角为 0 时，其直流输出电压平均值 U_{d0} 为（　　）倍整流变压器副边电压。

A. 0.45　　B. 1.0　　C. 1.414　　D. 0.9

196. 单相桥式可控整流电路，在电阻性负载或电感性负载有续流二极管的情况下，触发电路的移相范围是（　　）。

A. 0～90°　　B. 0～180°　　C. 0～120°　　D. 0～150°

197. 三相半波整流电路中，晶闸管的最大导通角为（　　）。

A. 90°　　B. 180°　　C. 120°　　D. 150°

198. 三相全控桥式整流电路中，晶闸管承受的最大正反向电压值为整流变压器副边相电压值 U_2 的（　　）倍。

A. 1　　B. 1.414　　C. 1.732　　D. 2.45

199. 三相半波可控整流电路，当控制角为 0 时，直流输出电压平均值为整流变压器副边相电压值 U_2 的（　　）倍。

A. 1　　B. 1.414　　C. 1.17　　D. 2.34

200. 单结晶体管触发电路的最大移相范围一般在（　　）。

A. 0～90°　　B. 0～180°　　C. 0～150°　　D. 0～120°

201. 由单结晶体管组成的自激振荡电路，主要利用了单结管的（　　）特性。

A. 整流　　B. 放大　　C. 负阻　　D. 两基极间的欧姆

202. 改变单结晶体管触发电路的振荡频率，一般采用改变（　　）的方法。

A. 基极电阻　　B. 两基极之间的电压

C. 发射极上 *RC* 电路的时间常数　　D. 流过单结晶体管的电流

203. 当同步电压为正弦波的晶体管触发电路的控制电压 U_k 由正变负时，整流电路的输出电压 U_d（　　）。

A. 升高　　B. 降低　　C. 不变　　D. 为零

204. 为了使整流电路可控，要求阻容移相触发电路输出信号 U_{sc} 与主电路电压 U_{ab} 的相位关系为（　　）。

A. U_{sc} 超前 U_{ab}　B. U_{sc} 滞后 U_{ab}　C. U_{sc} 与 U_{ab} 同相位　D. U_{sc} 与 U_{ab} 同相序

205. 阻容移相触发电路的触发电压为（　　）。

A. 尖脉冲　B. 方波　C. 锯齿波　D. 正弦波

206. KC_{05} 移相集成触发器在移相控制端加入 2～8V 可变电压，就可保证移相范围为（　　）。

A. 0～180°　B. 0～150°　C. 0～120°　D. 0～90°

207. 避雷针和（　　）是防止直击雷的保护装置。

A. 避雷线　B. 阀型避雷器

C. 管型避雷器　D. 金属气化物避雷器

208. 防雷接地的基本原理是（　　）。

A. 过电压保护　B. 保护电气设备

C. 消除感应电压　D. 为雷电流泄入大地形成通道

209. 直击雷防雷装置由接闪器，引下线和（　　）三部分组成。

A. 避雷针　B. 避雷器　C. 接地装置　D. 避雷线

210. 阀型避雷器安装所用引线截面不应小于（　　）mm^2。

A. 铝线 16　B. 铝线 10　C. 铜线 16　D. 铜线 10

211. 防雷接地装置的制作一般不选用（　　）。

A. 角钢　B. 圆钢　C. 扁钢　D. 铝管

212. 防雷接地装置应有不少于两根的接地极，其极间距离应小于（　　）m。

A. 1　B. 1.5　C. 2　D. 2.5

213. 防雷接地装置的安装应保证其接地电阻不超过（　　）Ω。

A. 4　B. 8　C. 10　D. 20

214. 防雷接地装置施工中，接地极埋入地下的深度距地面不应少于（　　）m。

A. 1　B. 1.5　C. 0.6　D. 2.5

215. 接地装置安装中，埋在地下部分的接地体，其接头应采用（　　）。

A. 螺栓连接　B. 铆接　C. 焊接　D. 绑扎

216. 中间继电器触点额定电流是（　　）A。

A. 1　B. 2　C. 4　D. 5

217. 中间继电器有（　　）副动静合触点。

A. 2　B. 3　C. 4　D. 5

218. 中间继电器在复杂控制电路中，把一个信号变成（　　）个信号输出。

A. 4　B. 3　C. 2　D. 1

219. 中间继电器无灭弧装置，只适应（　　）环境。

A. 潮湿　B. 无易燃气体　C. 尘室　D. 易爆

220. 中间继电器可作（　　）A 负荷开关用。

A. 20　B. 10　C. 5　D. 3

221. 选择中间继电器可以不考虑（　　）的因素。

A 电流种类　B. 电路参数　C. 工作方式　D. 导线材料

222. 中间继电器由（　　）构成。

A. 线圈、电磁铁和触点　B. 触点和线圈

C. 支架和触点　D. 电磁铁和支架

223. 中间继电器吸动部分由（　　）构成。

A. 电磁铁和触点　B. 触点和线圈　C. 支架和触点　D. 电磁铁和线圈

224. 自动空气开关采用了机械和电磁原理，内部三相分别与负载串联有（　　）线圈。

A. 过压　B. 过流　C. 欠压　D. 断相

225. 自动空气开关操作部分基本结构由（　　）组成。

A. 手柄和销杆　B. 触点和电磁铁

C. 弹簧和触点　D. 线圈和脱扣器

226. 自动空气开关自动保护部分基本结构由（　　）组成。

A. 触点和熔断器　B. 电流、电压脱扣器

C. 手柄和销杆　D. 弹簧和线圈

227. 属于空气式继电开关的是（　　）系列。

A. JST-XA　B. DJ　C. JS-20　D. JSS-10

228. 选择自动空气开关，可以不考虑（　　）的因素。

A. 0 额定电流　B. 额定电压　C. 导线材料　D. 触点负荷

229. 自动空气开关动作电压低于额定电压（　　）以下可确保释放。

A. 70%　B. 65%　C. 50%　D. 40%

230. 自动空气开关动作电压在额定电压（　　）时能可靠闭合。

A. 75%　B. 70%　C. 65%　D. 60%

231. 当负载短路时自动空气开关瞬时脱扣时间是（　　）s。

A. 0.9～1.0　B. 1.2～1.4　C. 1.5～1.6　D. 1.7～2.0

232. 通信局站引入市电后采用了（　　）防雷措施。

A. 三级　B. 二级　C. 一级　D. 四级

233. 通信防雷系统要求（　　）测一次接地电阻。

A. 1 年　B. 6 个月　C. 3 个月　D. 1 个月

234. 万门以下交换机接地电阻值应小于（　　）Ω。

A. 1　B. 2　C. 3　D. 5

235. 万门以上交换机接地电阻值应小于（　　）Ω。

A. 5　B. 3　C. 2　D. 1

236. 四冲程柴油机中柴油机完成一个工作循环曲轴旋转（　　）。

A. 90°　B. 180°　C. 360°　D. 720°

237. 随着活塞的运动气缸内容积逐渐缩小，温度和压力不断升高这一过程称为（　　）。

A. 进气冲程　B. 压缩冲程　C. 做功冲程　D. 排气冲程

238. 当活塞从上止点向下止点移动，进气门开启，排气门关闭，气缸内充满新鲜空气这一过程称为（　　）。

A. 进气冲程　B. 压缩冲程　C. 做功冲程　D. 排气冲程

239. 当内燃机压缩冲程结束后，高压燃料燃烧后气体膨胀推动活塞下行而产生动力的过程称为（　　）。

A. 进气冲程　B. 压缩冲程　C. 做功冲程　D. 排气冲程

240. 高速柴油机一般采用轻柴油为燃料，其自燃温度为（　　）。

A. 200～300℃　B. 300～400℃　C. 400～500℃　D. 450℃以上

241. 轻柴油的牌号是根据（　　）高低编制的。

A. 辛烷值　　B. 凝固点　　C. 挥发性　　D. 自燃性

242. 柴油机夏季一般采用（　　）号的柴油。

A. 0　　B. −10　　C. −25　　D. −35

243. 柴油牌号的选择应根据柴油机使用的（　　）决定。

A. 转速　　B. 性能　　C. 功率　　D. 环境温度

244. 高速柴油机要求柴油的十六烷值约为（　　）左右。

A. 80　　B. 70　　C. 60　　D. 50

245. 目前国产柴油机润滑油是根据温度在（　　）℃情况下润滑油的黏度进行分类编号的。

A. 300　　B. 200　　C. 100　　D. 50

246. 在柴油机正常运行过程中，润滑油的温度一般在（　　）范围内。

A. 20～40℃　　B. 60～90℃　　C. 90～100℃　　D. 100℃以上

247. 保证喷油泵能快速供油，又能立即停止，以避免因迟缓造成滴漏油是（　　）起的作用。

A. 柱塞偶件　　B. 喷油器　　C. 出油阀　　D. 柱塞弹簧

248. 喷油器的作用是将来自（　　）的柴油均匀地雾化，并喷入气缸。

A. 输油泵　　B. 喷油泵　　C. 输油管　　D. 低压油管

249. 柴油机（　　）的作用是提高柴油压力，并根据柴油机工作过程的要求，定时、定量、定压地向燃烧室输送燃油。

A. 喷油器　　B. 调速器　　C. 输油泵　　D. 喷油泵

250. 柴油机（　　）喷油泵是利用柱塞在套筒内上下移动来泵油的。

A. 离心式　　B. 拨叉式　　C. 柱塞式　　D. 齿轮式

251. 柴油机调速器的作用是根据（　　）情况自动调节油量，保证柴油机在规定的转速范围内工作。

A. 转速变化　　B. 负荷变化　　C. 温度变化　　D. 环境变化

252. 喷油器的任务就是使柴油在一定压力下，以（　　）状态喷入气缸。

A. 雾化　　B. 汽化　　C. 液化　　D. 液滴

253. 柴油机每经（　　）h 工作后，燃油滤清器应进行保养。

A. 100　　B. 150　　C. 250　　D. 500

254. 燃油滤清器宜采用（　　）清洗。

A. 汽油　　B. 柴油　　C. 煤油　　D. 机油

255. 柴油在注入燃油箱前应在容器中，静止沉淀（　　）h，然后再注入油箱。

A. 24　　B. 48　　C. 72　　D. 100

256. 润滑、冷却、净化、密封、防锈是柴油机的（　　）系统的主要作用。

A. 冷却　　B. 增压　　C. 燃油　　D. 润滑

257. 润滑油的（　　）作用是利用润滑油黏性附着于运动零件表面，提高零件的密封效果。

A. 润滑　　B. 冷却　　C. 密封　　D. 净化

258. 润滑油的（　　）作用是利用循环润滑油清洗零件表面带走磨损挤落下来的金属细屑。

A. 净化　　B. 润滑　　C. 冷却　　D. 防锈

259. 机油滤清器按作用分为粗滤器和（　　）。

A. 干滤清器　B. 湿滤器　C. 细滤器　D. 油滤器

260.（　　）是用以滤去机油中的脏物以减少机件的磨损和延长机油的使用期限。

A. 柴油滤清器　B. 机油滤清器　C. 柴油粗滤器　D. 空气滤清器

261. 在正常情况下，离心滤清器转子的转速可达（　　）r/s。

A. 1000～2000　B. 3000～4000　C. 5000～6000　D. 6000～10000

262. 离心式滤清器滤清能力强，通过能力好，不需要更换滤芯，一般（　　）在主油道中。

A. 串联　B. 混联　C. 串并联　D. 并联

263. 柴油机正常工作时机油压力应为（　　）。

A. 0.5～1.5kg/cm^2　B. 1.5～4kg/cm^2

C. 4～6kg/cm^2　D. 6kg/cm^2 以上

264. 柴油机在运转过程中温度太高会使润滑油加快（　　），黏度下降。

A. 消耗　B. 氧化变质　C. 残炭增加　D. 闪点下降

265. 柴油机工作时（　　），则润滑油黏度增大使摩擦阻力和润滑油流通阻力增大。

A. 温度太低　B. 温度太高　C. 转速太低　D. 转速太高

266. 清洗冷却系统水垢时，注入清洗液后，启动柴油机以中速空载运转（　　）min 停车。

A. 2　B. 5～10　C. 20　D. 30

267. 清洗冷却系统水垢时，注入清洗液后，启动柴油机以中速空载运转 5～10min 停机，停留（　　）h。

A. 3～5　B. 6～8　C. 10～12　D. 18～24

268. 柴油机在运转过程中，应严格控制进、出水温度，一般要求进水温度不低于（　　）。

A. 20℃　B. 40℃　C. 60℃　D. 80℃

269. 柴油机用冷却水应略呈碱性，冷却水的 pH 值要求在（　　）之间为宜。

A. 5～6　B. 7～8.5　C. 9～10　D. 11～13

270. 下列属于电启动方法的是（　　）启动。

A. 手动　B. 压缩空气　C. 小汽油机　D. 电动机

271. 柴油机启动系统采用的电源为通常为（　　）电源。

A. 交流　B. 正弦交流　C. 脉动直流　D. 直流

272. 主要由启动按钮、启动机、调节器、启动电池等部分组成的是（　　）系统。

A. 燃油　B. 启动　C. 润滑　D. 冷却

273. 把启动机所发出的动力经过适当减速带动柴油机曲轴转动的机构是（　　）。

A. 传动机构　B. 离合器　C. 飞轮输出端　D. 传动轴

274. 柴油机组启动前控制屏上的空气开关应位于（　　）位置。

A. 工作　B. 完全断开　C. 合闸　D. 闭合

275. 柴油发电机组在（　　）情况下不允许启动。

A. 启动电池正常　B. 螺栓接触良好

C. 润滑油符合要求　D. 无冷却水

276. 柴油发电机组启动前应向发电机（　　）加注适量润滑脂。

A. 连接盘　B. 换向器　C. 支撑轴承　D. 整流滑环

277. 柴油机启动时（　　）不宜低于20℃。

A. 进气温度和燃油温度　B. 进气温度和润滑油温度
C. 润滑油温度和冷却水温度　D. 燃油温度和冷却液温度

278. 柴油机启动前应检查燃料油、冷却水、（　　）必须符合规定指标。

A. 润滑油　B. 电压表　C. 电流表　D. 油箱

279. 柴油机启动前主要检查电池的（　　）符合规定要求。

A. 电解液液面　B. 电解液密度　C. 电压　D. 电解液温度

280. 启动柴油机如果连续（　　）次启动不成功，应停止启动，进行检查找出原因。

A. 1　B. 2　C. 3　D. 4

281. 柴油机每次启动间隔不得低于（　　）s。

A. 10　B. 20　C. 30　D. 60

282. 数字万用表测量三极管的β极应拨（　　）挡位。

A. DHm　B. hFE　C. kHz　D. ACA

283. 数字万用表测量二极管时拨（　　）挡位。

A. ACV　B. hFE　C. DHm　D. ACA

284. 数字万用表测量电容时拨（　　）挡位。

A. hFE　B. DHm　C. DGA　D. CAP

285. 数字万用表测量频率时拨（　　）挡位。

A. kHz　B. hFE　C. DHm　D. DCV

286. 用15A单相电度表计量（　　）以下负载的用电量是不准确的。

A. 25W　B. 60W　C. 100W　D. 125W

287. 用3A单相电度表计量（　　）以下负载的用电量是安全的。

A. 500W　B. 600W　C. 700W　D. 800W

288. 用3A单相电度表计量（　　）负载的用电量是不安全的。

A. 400W　B. 500W　C. 600 W　D. 2kW

289. 3A单相电度表允许最大电流是（　　）A。

A. 3　B. 4　C. 5　D. 6

290. 相序表是检测电源的（　　）电工仪表。

A. 相位　B. 频率　C. 周波　D. 正反相序

291. 核对6kV线路三相电源的相序，应用（　　）。

A. 相位表　B. 低压相序表　C. 中压相序表　D. 高压相序表

292. 一般来说，额定电压为380V的设备，宜选用（　　）V的兆欧表测量其绝缘电阻。

A. 2500　B. 1500　C. 1000　D. 500

293. 使用兆欧表测量绝缘电阻时，被测设备应接在（　　）端。

A. L、E　B. L、G　C. G、E　D. E和接地

294. 用兆欧表测量设备绝缘电阻时，为了安全，可在（　　），立即测量。

A. 设备停电后　B. 设备使用后　C. 电容器放电后　D. 低压设备上直接

295. 用兆欧表测量设备绝缘时，手柄的转速应接近（　　）r/min。

A. 80　B. 120　C. 150　D. 180

296. 接地电阻测试仪主要用于（　　）的测量。

A. 线圈绝缘电阻　　B. 电气设备绝缘
C. 电气接地装置的接地电阻　　D. 瓷瓶、母线

297. 测量接地电阻的大小，也可以采用（　　）法。
A. 数字式万用表　　B. 指针式万用表
C. 兆欧表　　D. 电压表、电流表

298. 测接地电阻时被测点与探针是一条（　　）。
A. 直线　　B. 平行线　　C. 曲线　　D. 射线

299. 示波器接通电源，开启后，使机器预热（　　）min 以上方使用为宜。
A. 2　　B. 3　　C. 4　　D. 5

300. 数字频率计中的整形触发器是以被测信号的（　　）参量作触发信号源的。
A. 频率　　B. 电压　　C. 电流　　D. 电阻

301. 便携式频率表采用（　　）比率表的测量机构。
A. 电磁系　　B. 磁电系　　C. 感应系　　D. 电动系

302. 电动系频率表接入电路时，应与被测电路（　　）。
A. 串联　　B. 并联
C. 串联或并联　　D. 先接一定阻值的电阻，然后再串联

303. 由存储器、运算器、控制器、输入输出设备组成（　　）系统。
A. 硬件　　B. 软件　　C. 外部设备　　D. 编程语言

304. 能够完成各种算术和逻辑运算的装置称为（　　）。
A. 存储器　　B. 运算器　　C. 控制器　　D. 输入输出设备

305. （　　）是计算机的整个指挥系统，它发出各种控制信号来指挥整台机器自动协调地进行工作。
A. 存储器　　B. 运算器　　C. 控制器　　D. 输入输出设备

306. 下列（　　）属于计算机的输入设备。
A. 键盘　　B. 打印机　　C. 显示器　　D. 声卡

307. 计算机内的运算器和（　　）合称为中央处理器。
A. 存储器　　B. 软驱　　C. 键盘　　D. 控制器

308. 计算机的软件系统可分为（　　）。
A. 程序和数据　　B. 操作系统与语言处理程序
C. 系统软件和应用软件　　D. 程序数据与文档

309. 管理、监督和维护计算机资源的是（　　）。
A. 系统软件　　B. 应用软件　　C. 操作系统　　D. 高级软件

310. （　　）是控制、管理计算机自身的基本软件，是系统软件的核心部分。
A. 数据处理　　B. 辅助设计　　C. 工程计算　　D. 操作系统

311. 有一个数值 152，它与十六进制数 6A 相等，那么该数值是（　　）进制数。
A. 二　　B. 四　　C. 八　　D. 十

312. 已知英文字母 a 的 ASCII 代码值是十六进制数 61H，则字母 d 的 ASCII 代码值是（　　）。
A. 61E　　B. 58H　　C. 31H　　D. 64H

313. 十进制数 269 转换成十六进制数是（　　）。
A. 10E　　B. 10D　　C. 10C　　D. 10B

314. 二进制数 01100100 转换成十六进制数是（　　）。
A. 63　B. 64　C. 100　D. 144
315. 若无特别说明，电子计算机都是指微机即微型计算机，对微机的不正确称谓是（　　）。
A. PC 机　B. 微电机　C. 微电脑　D. 个人电脑
316. 微型计算机从外观上看通常是由（　　）组成。
A. 主机、显示器、键盘、磁盘驱动器　B. 运算器、控制器、存储器
C. 电源、运算器、存储器　D. 运算器、放大器、控制器
317. 通常所说的主机主要包括（　　）。
A. CPU　B. CPU 和内存
C. CPU、内存和外存　D. CPU、内存和硬盘
318. PC 机内存分为（　　）、随机存储器以及扩展和扩充内存。
A. 只读内存 ROM　B. PAM 内存
C. 寄存器　D. BIOS
319. 微型计算机中 CPU 是由（　　）组成。
A. 内存储器和外存储器　B. 微处理器和外存储器
C. 运算器和控制器　D. 运算器和寄存器
320. 微型计算机中的外存储器可以与（　　）直接进行数据传送。
A. 运算器　B. 控制器　C. 微处理器　D. 内存储器
321. 下列不属于计算机病毒的是（　　）。
A. 操作系统病毒　B. 入侵病毒
C. 软盘划破　D. 外壳病毒
322. 计算机病毒是一种（　　）。
A. 程序　B. 电子元件
C. 机器部件　D. 微生物“病毒体”
323. 防止计算机软盘感染病毒的有效方法是（　　）。
A. 定期药物消毒　B. 加上写保护
C. 定期对软盘格式化　D. 把有病毒的软盘销毁
324. 下列语句不恰当的是（　　）。
A. 磁盘应远离高温及磁性物体　B. 避免接触盘片上暴露的部分
C. 不要弯曲磁盘　D. 避免与染上病毒的磁盘放在一起
325. 为了防止计算机病毒的感染，应当做到（　　）。
A. 保持软盘清洁
B. 不要把无病毒的软盘和有病毒的软盘放在一起
C. 软盘经常格式化
D. 不要拷贝来历不明的软盘上的文件
326. 气体的基本状态参数是温度、压力和（　　）。
A. 热量　B. 比体积　C. 潜热　D. 显热
327. 温度、（　　）和比体积是气体基本状态参数。
A. 显热　B. 潜热　C. 压力　D. 热量
328.（　　）、压力、比体积是气体的基本状态参数。

A. 温度 B. 热量 C. 潜热 D. 露点

329. 温度是表明物体冷热程度的( )。

A. 化学量 B. 物理量 C. 基本量 D. 参数

330. 摄氏温标与华氏温标的换算关系是( )。

A. $T_c=(5/9)(T_f-32)$ B. $T_c=T_f-32$

C. $T_c=(5/9)(T_f+32)$ D. $T_c=T_f+32$

331. 当华氏温度为69℉时,换算成摄氏度为( )℃。

A. 32 B. 40 C. 15 D. 20

332. 当摄氏温度为25℃时,换算成华氏温度为( )℉。

A. 77 B. 40 C. 20 D. 32

333. 饱和空气时,干球温度( )湿球温度。

A. 等于 B. 大于 C. 小于 D. 不小于

334. 非饱和空气时,干球温度( )露点温度。

A. 等于 B. 大于 C. 小于 D. 不大于

335. 饱和空气时,干球温度( )露点温度。

A. 大于 B. 等于 C. 小于 D. 不大于

336. 非饱和空气时,湿球温度( )干球温度。

A. 大于 B. 小于 C. 等于 D. 不小于

337. 热量从低温热源排向( )热源的循环称为制冷循环。

A. 低温 B. 高温 C. 恒温 D. 室内

338. 将热量从( )热源排向高温热源的循环称为制冷循环。

A. 低温 B. 高温 C. 室外 D. 恒温

339. 发电机组机房的噪声,应符合国家标准GB 12348《工业企业厂界噪声排放标准》中规定的III类昼间标准,即小于( )dB。

A. 55 B. 65 C. 75 D. 85

340. 制冷量与制热量的换算关系为1W等于( )kcal/h。

A. 1 B. 0.5 C. 0.86 D. 1.2

341. 制热量与制冷量的换算关系为0.86kcal/h等于( )。

A. 1W B. 2W C. 3W D. 4W

342. 制冷系数用( )表示。

A. COQ B. EER C. EOP D. COM

343. 制冷系统主要由制冷压缩机、冷凝器、节流阀和( )组成。

A. 蒸发器 B. 电动机 C. 风扇 D. 氟里昂

344. 制冷系统由四个主要部件组成:制冷压缩机、( )、节流阀、蒸发器。

A. 过滤网 B. 电动机 C. 冷凝器 D. 氟里昂

345. ( )、冷凝器、节流阀和蒸发器是制冷系统的四个主要组成部件。

A. 制冷压缩机 B. 风扇 C. 制冷剂 D. 温控器

346. 集中监控系统的硬件由( )组成。

A. 微机、打印机、现场采样 B. 微机接口、显示器

C. 微机、显示仪表、软盘 D. 微机、现场采样、过程通道

347. 集中监控系统软件不包括( )。

A. 正常运行时数据采集处理程序　　B. 操作系统
C. 编译和解释程序　　D. 机器本身故障诊断程序

348. 集中监控系统对模拟量取自变换器，将各电量变成（　　）V 的电压。
A. 0～5　　B. 5～15　　C. 15～25　　D. 25～35

349. 集中监控系统正常运行时，其主程序采用（　　）方式进行，直到有中断申请为止。
A. 定时运行　　B. 人工设定　　C. 无限循环　　D. 运行一次

350. 集中监控系统通常采用的通信方式，不包括（　　）。
A. RS 232　　B. RS 485　　C. MODEM　　D. HaBer

351. 集中监控系统可实现（　　）功能。
A. 遥控、遥测、遥信　　B. 遥控、数据采集
C. 保存故障记录　　D. 容错能力

352. 集中监控系统不能实现的功能是（　　）。
A. 波形显示功能　　B. 巡检功能
C. 故障诊断功能　　D. 自动排除故障

353.（　　）不属于集中监控系统的功能。
A. 遥测　　B. 遥信　　C. 遥控　　D. 遥感

354. 制冷系数除了可用 EER 表示外，在有的场合也采用（　　）表示。
A. COP　　B. EOR　　C. EOP　　D. COM

355. 在做高低压交流配电设备清洁和维护工作时，必须切断电源并悬挂（　　）警示牌。
A. 止步，高压危险　　B. 设备正在运行，止步
C. 禁止合闸、线路有人工作　　D. 有人在此工作，禁止入内

356. 检修设备前，在完成停电验电后，确认不再带电时，（　　）。
A. 可以立即工作　　B. 不能工作，必须悬挂接地线
C. 不能工作，必须悬挂警示牌　　D. 可以工作，但必须有监护人监护

357. 在一经合闸即可送电的工作地点的断路器和隔离开关的操作把手上应悬挂（　　）警示牌。
A. 止步，高压危险　　B. 禁止合闸，有人工作
C. 设备正在运行，止步　　D. 有人在此工作，禁止入内

358. 保证电业安全的技术措施是（　　）。
A. 工作监护制度　　B. 停电、验电、接地、挂牌
C. 填写操作票　　D. 停电、验电、放电、接地、挂牌

359. 10kV 及以下设备不停电时的安全距离最低为（　　）m。
A. 0.5　　B. 0.7　　C. 1　　D. 1.2

360. 工作人员工作范围与 10kV 及以下的带电设备的安全距离最低为（　　）m。
A. 0.35　　B. 0.5　　C. 0.60　　D. 0.9

361. 低压带电操作时，操作者与监护人的位置关系是（　　）。
A. 操作者高于监护人　　B. 高低相等
C. 操作者低于监护人　　D. 监护人低于操作者

362. 在低压带电导线未采取（　　）时，工作人员不得穿越。
A. 安全措施　　B. 绝缘措施　　C. 专人监护　　D. 负责人许可

363. 低压配电线路一般应装设（　　）保护装置。

A. 过载　B. 短路　C. 失压　D. 断路

364. 进行各种低压带电作业时，首先采取（　　）措施。

A. 防火　B. 安全　C. 接地保护　D. 防水

365. 操作（　　）不得戴线手套。

A. 钻床　B. 攻螺纹　C. 锯割　D. 锉削

366. 下列常见触电方式中，哪种触电最危险（　　）?

A. 直接触电　B. 接触电压，跨步电压触电

C. 剩余电荷触电　D. 感应电压触电

367. 工厂的电气事故是指（　　）。

A. 人身事故　B. 设备事故

C. 人身事故和设备事故　D. 财产事故

368. 统计资料表明，造成触电事故原因最多的是（　　）。

A. 缺乏电器安全常识　B. 经常与电接触

C. 设备不合格　D. 设备保护措施不当

369. 对人体危害最大的交流电频率是（　　）Hz。

A. 2　B. 20　C. 30～100　D. 220

370. 一般情况下，人体所能忍受而无致命危险的最大电流是（　　）mA。

A. 100　B. 60　C. 30　D. 10

371. 人体触电时，（　　）部位触及带电体使通过心脏的电流最大。

A. 右手到双脚　B. 左手到双脚　C. 右手到左手　D. 左脚到右脚

372. 相比较而言，电流流经人体（　　）部位，危险性最大。

A. 左手到前胸　B. 右手到脚　C. 右手到左手　D. 左脚到右脚

373. 低压回路停电时，将检修设备的各种电源拋下熔断器，闸刀把手上悬挂（　　）警示牌。

A. 止步，高压危险　B. 设备正在运行，止步

C. 禁止合闸、有人工作　D. 有人在此工作，禁止入内

374. 低压回路工作前必须（　　）。

A. 填用工作票　B. 悬挂警示牌　C. 接地　D. 验电

375. 对人体危害最大的电流是（　　）电流。

A. 直流　B. 工频　C. 高频　D. 低频

376. 不论触电者有无摔伤，最容易掌握，效果最好的人工呼吸法是（　　）。

A. 仰卧压胸法　B. 俯卧压背法　C. 口对口呼吸法　D. 胸外按压法

377. 施行胸外心脏按压法时，每分钟的动作次数应为（　　）次左右。

A. 60　B. 80　C. 100　D. 120

378. 心脏复苏应在现场就地坚持进行，如确需移动时，抢救中断时间不超过（　　）s。

A. 10　B. 20　C. 30　D. 60

379. 个人和（　　）都应当支持配合事故抢救，并提供一切便利条件。

A. 医院　B. 学校　C. 公司　D. 任何单位

380. 在通信电源系统开通以后，做继电器测试时不能做（　　）。

A. 电池欠压告警　B. 市电告警

C. 整流模块告警　　D. 电池切断告警

381. 当机房发生火灾时，要及时关闭空调，切断机架上的（　　）。

A. 线路　　B. 电源　　C. 熔断器　　D. 地线

382. 机房发生火灾时，在消防器材准备好之前，不要过早打开（　　），防止火势迅速蔓延。

A. 电灯　　B. 门窗　　C. 冰箱　　D. 洗衣机

383. 适应 CO_2 灭火器扑救的是（　　）火灾。

A. 钠　　B. 钾　　C. 仪器仪表　　D. 油类

384. （　　）是1211灭火器适用扑救范围。

A. 煤气　　B. 天然气　　C. 钾　　D. 电器

385. CO_2 不能扑救（　　）引起的火灾。

A. 钠等轻金属　　B. 珍贵设备　　C. 电器　　D. 档案资料

386. 泡沫灭火器不适应扑救（　　）火灾。

A. 油类　　B. 电器　　C. 钾　　D. 钠

387. 在线式双变换UPS是指其正常工作时，将电能经过（　　）两次变换供给负载。

A. DC/DC，DC/AC　　B. DC/AC，AC/DC

C. AC/AC，AC/DC　　D. AC/DC，DC/AC

388. UPS将（　　）电经整流器变换后，再经直流母线送到逆变器变换成所需要的稳定的交流电送至负载。

A. 电网高压　　B. 电网低压　　C. 直流高压　　D. 直流低压

389. 由蓄电池组的直流电压经（　　）可变换成所需的交流电压供给负载。

A. 整流充电器　　B. 旁路电源　　C. 逆变器　　D. 逻辑电源

390. 逆变器是（　　）的变换。

A. 直流/直流　　B. 直流/交流　　C. 交流/交流　　D. 交流/直流

391. 不间断电源的输入电压允许变化范围为输入电压的（　　）。

A. ±5%　　B. ±10%　　C. ±15%　　D. ±20%

392. UPS不间断电源的输入频率允许变化范围为输入频率的（　　）。

A. ±1%　　B. ±2%　　C. ±5%　　D. ±10%

393. 直流供电系统的启用、停用、大修、故障及重要测试数据应记录在（　　）中。

A. 值班日志　　B. 日常维护作业计划书

C. 机历簿　　D. 季度、年度维护作业计划书

394. 用于连接多个局域网组成广域网的设备是（　　）。

A. Modem　　B. RAS　　C. Server　　D. Router

395. 直流供电系统的直流负载为800A时，供电回路接头压降应≤（　　）mV。

A. 3　　B. 5　　C. 20　　D. 40

396. UPS不宜长期处于满载或轻载状态下运行，一般选取额定容量的（　　）。

A. 20%　　B. 40%　　C. 60%～80%　　D. 90%

397. 状态告警指的是UPS工作在非正常状态，（　　）告警属于状态告警。

A. 输入掉电　　B. 主输入超压　　C. 蓄电池组放电　　D. 无输出

398. 当UPS液晶显示“整流器故障”时，可能的原因是（　　）。

A. 负载超出正常范围　　B. 电池欠压

C. 市电超出范围　　D. 旁路故障

399. 当 UPS 液晶显示“逆变器故障”时，可能原因是（　　）。

A. 直流供电熔断丝熔断　　B. 市电故障

C. 整流故障　　D. 旁路故障

400. 发电机组机房的噪声，应符合国家标准 GB 12348《工业企业厂界噪声排放标准》中规定的 III 类夜间标准，即小于（　　）dB（A）。

A. 45　　B. 55　　C. 65　　D. 75

5.2.2 不定项选择题（每题四个选项，至少有一个是正确的，将正确的选项填入括号内，多选少选均不得分）

1. 少油断路器中的油主要作为（　　）用。

A. 带负荷操作　　B. 低压熔断　　C. 灭弧介质　　D. 绝缘介质

2. （　　）是决定燃气轮机寿命的两大关键部件。

A. 燃烧室　　B. 压气机（空气压缩机）

C. 活塞　　D. 透平（动力涡轮）

3. （　　）是影响燃气轮机效率的两个主要因素。

A. 转速　　B. 燃气初温

C. 曲柄连杆装置的机械效率　　D. 压气机压缩比

4. 对空调设备充注制冷剂、焊接制冷管路时应至少做好（　　）等两项防护措施。

A. 穿好绝缘鞋　　B. 戴好防护手套

C. 戴好防护眼镜　　D. 戴好面罩

5. 空调室外机电源线室外部分穿放的保护套管以及（　　）等防水防晒措施应完好。

A. 室外电源端子板　　B. 压力开关　　C. 温湿度传感器　　D. 保护地线

6. 专用空调压缩机部分应定期检查压缩机（　　）。

A. 排气压力　　B. 吸气压力　　C. 吸气湿度　　D. 吸气温度

7. 以下属于蓄电池遥测项目的是（　　）。

A. 蓄电池单体电导值　　B. 标示电池温度

C. 蓄电池组充放电电流　　D. 蓄电池单体电压

8. 半导体防雷器件根据其工作原理可以分为（　　）两大类。

A. 稳压（钳位）型　　B. 瞬态型　　C. 导通（击穿）型　　D. 固态型

9. 采用三相全控桥 6 脉整流器的 UPS，其产生的谐波电流主要以（　　）为主。

A. 3 次　　B. 5 次　　C. 7 次　　D. 9 次

10. 常见的燃料电池电解质载体有（　　）等。

A. 石棉　　B. 碳化硅　　C. 铝酸锂　　D. 氧化硅

11. 常用的网络协议有（　　）。

A. APC/PC　　B. IPX/SPX　　C. TCP/IP　　D. UDP/IP

12. 当空调系统制冷剂不足时，空调可能会出现（　　）现象。

A. 漏水报警　　B. 制冷效果降低

C. 蒸发器表面结冰　　D. 空调发生低压报警

13. 地球表面接收的太阳辐射能会因为受到大气的（　　）影响而衰减。

A. 反射　　B. 散射　　C. 折射　　D. 吸收

14. 动力及环境监控系统数据库服务器经常采用的数据库系统有（　　）。

A. Access B. Microsoft SQL server

C. Sybase D. Foxbase

15. 对空气滤清器粗滤芯进行保养应（　　）。

A. 两年更换一次 B. 清洗 2 次以后更换

C. 每年更换一次 D. 清洗 6 次以后更换

16. 对谐波电流来说，（　　）谐波电流分量会在中性线上叠加。

A. 3 次 B. 5 次 C. 7 次 D. 9 次

17. 对蓄电池热失控主要的外部因素有（　　）。

A. 日常维护 B. 环境温度 C. 浮充电压 D. 通风条件

18. 对于燃料电池来说，其中（　　）工作温度高，可应用内重整技术将天然气中的主要成分 CH_4 在电池内部改质，直接生成 H_2，将煤所中的 CO 和 H_2O 反应生成 H_2。

A. 质子交换膜燃料电池 B. 磷酸燃料电池

C. 熔融碳酸盐燃料电池 D. 固态氧化物燃料电池

19. 氟里昂制冷剂大致分为（　　）类。

A. 碳氢化合物类产品 B. 氢氟烃类产品，简称 HFC

C. 氯氟烃类产品，简称 CFC D. 氢氯氟烃类产品，简称 HCFC

20. 高频开关电源系统的整流模块地址设定，通常有（　　）方式。

A. 机架地址 B. 硬地址 C. 软地址 D. 系统地址

21. 高压配电设备安装继电保护装置的目的是保证供电线路及设备的安全可靠运行，这是保证供电质量的必要措施。对于继电保护装置的选择，需根据电网的（　　）等选择。

A. 结构 B. 电压

C. 频率 D. 中性点的运行和接线方式

22. 隔离变压器的隔离主要是针对干扰信号而言，干扰信号一般可分为（　　）。

A. 双模干扰 B. 单模干扰 C. 共模干扰 D. 差模干扰

23. 光伏发电系统中所采用的逆变器的输出波形主要包括（　　）。

A. 三角波 B. 方波

C. 阶梯波或准正弦波 D. 正弦波

24. 机房空调平时维护需清洗过滤网、（　　）。

A. 冷凝器 B. 蒸发器 C. 加湿罐 D. 储液罐

25. 机房空调室内机结冰的原因有（　　）。

A. 滤网脏 B. 室内风机不转 C. 制冷剂多 D. 制冷剂少

26. 机房专用空调机送风形式有（　　）。

A. 直吹风 B. 斜吹风 C. 上送风 D. 下送风

27. 计算机常用的通信方式有（　　）。

A. 同步通信 B. 异步通信 C. 并行通信 D. 串行通信

28. 计算机中的中央处理器包括（　　）。

A. 存储器 B. 计数器 C. 运算器 D. 控制器

29. 监控模块显示“防雷器故障”可能的原因有（　　）。

A. 防雷空开跳闸 B. 监控模块故障

C. C 级防雷器损坏 D. 防雷检测线接插不良

30. 监控设备所接受的标准的模拟量信号有（　　）。
A. 0～5V　B. 0～100mA　C. 0～20mA　D. 4～20mA
31. 监控系统中，（　　）信号属于控制信号。
A. 遥信　B. 遥控　C. 遥调　D. 遥测
32. 检查数据接口避雷器时，应检查其自身标识的（　　）和工作频率参数是否满足设计文件要求。
A. 制造日期　B. 耐流能力　C. 保护电压水平　D. 插入损耗
33. 空调产生高压报警的原因可能是（　　）。
A. 制冷剂偏多　B. 冷凝器散热不良
C. 制冷剂偏少　D. 管路堵塞
34. 空调机常用的水冷式冷凝器有（　　）。
A. 套管式冷凝器　B. 贮液式冷凝器
C. 立式壳管式冷凝器　D. 卧式壳管式冷凝器
35. 目前，空调制冷剂通常以（　　）形态存在。
A. 气态　B. 液态　C. 固态　D. 气液混合物
36. 空气洁净度是考察空气机组净化室内空气的重要指标，对新风混风式机组要求具有过滤网，并根据使用情况及时进行维护更换，下列描述正确的是（　　）。
A. 冬季过滤器更换周期长　B. 冬季过滤器更换周期短
C. 春秋季过滤器更换周期长　D. 春秋季过滤器更换周期短
37. 有指示器的空气滤清器从指示器的颜色和标记观察，（　　）应清洁。
A. 在颜色变绿时　B. 在颜色变红时
C. 标记在 10～20 状态下　D. 标记在 20～30 状态下
38. 框架型断路器通过摇动手柄可实现断路器的（　　）不同位置的定位。
A. 连接　B. 试验　C. 分离　D. 接地
39. 冷凝器按冷却介质和冷却方式，可以分为（　　）。
A. 直冷式　B. 水冷式　C. 空气冷却式　D. 蒸发式
40. 每个季度对监控系统做维护的项目有（　　）。
A. 做阶段汇总季报表
B. 备份一次系统操作记录数据，以作备查
C. 做阶段汇总月报报表
D. 对统计的数据进行分析、整理出分析报告，妥善保管
41. 目前燃料电池的双极板材料主要为（　　）等。
A. PVC 板　B. 无孔石墨板
C. 复合炭板　D. 表面改性的金属板
42. 燃料电池单体的基本结构包括（　　）。
A. 电解质及隔膜　B. 电极　C. 双极板　D. 活性物
43. 燃气轮机的压气机的常见形式有（　　）。
A. 螺杆式　B. 活塞式　C. 轴流式　D. 离心式
44. 燃气轮机的主要缺点是（　　）。
A. 价格比较高　B. 功率密度低
C. 加速性不好　D. 低负荷下燃油消耗率高

45. 燃气轮机是一种将气体或液体燃料（如天然气、燃油）燃烧产生的热能转化为机械的旋转式叶轮动力装置，其主要结构有（　　）等部分。

A. 活塞　　B. 燃烧室

C. 压气机（空气压缩机）　　D. 透平（动力涡轮）

46. 如果数据库服务器死机，以下（　　）情况会发生。

A. 不能查询报表　　B. 不能进行系统配置

C. 监控主机不能采集数据　　D. 实时监控台不能正常工作

47. 数据设备系统的防雷：应在数据设备的输入端安装与（　　）等相匹配的电涌保护器，并应将避雷器的地线就近接入楼层的总汇流排上。

A. 耐雷能力　　B. 传输线路速率　　C. 物理接口　　D. 产品成本

48. 双绞线的外面只包裹塑料护套和一层薄薄的铝箔防潮层，这种电缆的（　　）比较差，适合用在线路长度比较短的地方。

A. 屏蔽性能　　B. 防腐蚀性能　　C. 防雷能力　　D. 防潮性能

49. 太阳能电池的（　　）是制约太阳能光伏发电技术应用的主要因素。

A. 并网技术　　B. 效率　　C. 价格　　D. 使用寿命

50. 下列关于设备更新周期的说明正确的是（　　）。

A. 机房专用空调：8 年　　B. UPS 主机：12 年

C. 高频开关整流变换设备：10 年　　D. 交直流配电设备：15 年

51. 下列（　　）描述属于在线式 UPS 的特点。

A. 具有较高的效率　　B. 具有优良的输出电压瞬变特性

C. 真正实现了对负载的无干扰稳压供电　　D. 波形失真系数最小，一般小于 3%

52. （　　）项目属于 UPS 的年度维护项目。

A. 蓄电池容量试验

B. 观察 UPS 内部可目测的元器件的物理外观

C. 保持机器清洁，清洁散热风口、风扇及滤网

D. 负荷均分系统单机运行测试，热备份系统负荷切换测试

53. 下列（　　）燃料电池必须严格限制 CO 的含量。

A. 磷酸　　B. 熔融碳酸盐　　C. 固体氧化物　　D. 质子交换膜

54. 压敏电阻的通流容量分为（　　）。

A. 最低通流容量　　B. 额定通流容量　　C. 最大通流容量　　D. 平均通流容量

55. 以下几个命令中（　　）不能检测网络的连接情况。

A. Ping　　B. format　　C. list　　D. dir

56. 引起空调低压警报的原因有（　　）。

A. 低压设定值不正确　　B. 氟里昂制冷剂过多

C. 氟里昂制冷剂过少　　D. 蒸发器冷量不能充分蒸发

57. 规划设计一个离网型光伏系统时，影响系统输出功率的因素较多，主要有（　　）。

A. 蓄电池组的品牌　　B. 负载平均功率

C. 安装地的太阳辐射资源　　D. 太阳电池组件的连接方式

58. 在实际应用中，燃气轮机发电机组较之柴油发电机组具有的优点是（　　）。

A. 设备投资费用低　　B. 单机功率高

C. 土地基建费用低　　D. 环保治理改造费用低

59. 中央空调设备长时间停用时，要（　　）。

A. 切断主配电盘电源

B. 排净供冷及冷却系统用水，防止冬天冻坏管路

C. 将制冷剂压入冷凝器或储罐内，系统要保持负压

D. 将制冷剂压入冷凝器或储罐内，系统要保持正压

60. 变压器并列运行需满足（　　）等条件。

A. 用电负荷一样　　B. 短路电压相等

C. 电压大小相等　　D. 连接组别相同

61. 中央空调设备空调主机运行检查制度有（　　）。

A. 水泵压力表读数是否正常

B. 每周清洁机房及机组表面灰尘

C. 水泵电机轴承温度是否正常运转，是否有异常声响或振动

D. 每两小时按操作规程规定的运行检查所列项目对空调主机进行一次检查，并记录有关数据、状态

62. 电枢反应对主磁场的影响是（　　）。

A. 使主磁场削弱　　B. 使主磁场增强

C. 使主磁场畸变　　D. 对主磁场没有影响

63. 并励发电机端电压下降的原因有（　　）。

A. 负载电流减小　　B. 负载电流增大

C. 电枢电流减小　　D. 电枢电流增大

64. 并励式发电机电势的建立必须具备（　　）。

A. 励磁电路的电阻，必须不超过临界电阻

B. 必须有剩磁以产生电势而产生励磁电流

C. 必须消除剩磁产生电动势而产生励磁电流

D. 励磁电流所产生的磁通方向必须和剩磁的方向一致

65. 直流发电机的电压不能建立的原因有（　　）。

A. 无剩磁　　B. 电机转速小于额定值

C. 励磁绕组反接　　D. 发电机反转

66. 柴油机供油时间过早对柴油机工作的影响是（　　）。

A. 不易启动或功率下降　　B. 排气管放炮

C. 敲缸　　D. 机器温度高

67. 功率放大器的特点有（　　）。

A. 应具有较高的效率　　B. 要考虑线性失真问题

C. 功率放大器是大信号运用　　D. 要考虑功率管的安全问题

68. 降压启动方法有（　　）。

A. 串联电抗器启动　　B. 自耦变压器启动

C. 冷启动　　D. Y-△变换启动

69. 电流动作型漏电保护主要由（　　）及主开关所组成。

A. 脱扣器　　B. 接触器　　C. 零序电流互感器　　D. 辅助开关

70. 变压器储油柜的作用是（　　）。

A. 散热

B. 给变压器油热胀冷缩留有余地
C. 抽取油样
D. 减小变压器油与外界空气的接触面积，减缓变压器油的变质

71. 熔断器熔体的额定电流取决于熔体的（　　）。
A. 额定电压　B. 最小熔断电流　C. 熔化系数　D. 熔断时间

72. 带电检查电能表接线的方式有（　　）。
A. 瓦秒法　B. 观察法　C. 力矩法　D. 六角图法

73. 变压器铁芯松动时，会发生（　　）。
A. 空载电流增加　B. 空载损耗增加
C. 铁芯饱和度增加　D. 变压器油温升高

74. 电动机运行中速度忽快忽慢，可能的原因有（　　）。
A. 电压波动　B. 过载　C. 三相电压不平衡　D. 笼条开焊

75. 镉镍蓄电池的电解液常用的是（　　）。
A. 氢氧化钠溶液　B. 硫酸溶液　C. 氢氧化钾溶液　D. 氢氧化铝溶液

76. 镉镍蓄电池的隔膜要求其具有良好的（　　）。
A. 离子导电性　B. 耐酸性　C. 耐碱性　D. 热稳定性

77. 变压器换油后，应静止（　　）后再投入运行。
A. 35kV 及以下，3～5h　B. 35kV 及以下，5～10h
C. 110kV 变压器，24h　D. 110kV 变压器，12h

78. 6135 型直列式内燃机的曲轴为非全支撑式，其主轴颈数可能为（　　）。
A. 1　B. 5　C. 6　D. 7

79. 由甲地向乙地输电，输送的电功率一定，输电线的材料一定，输电电压为 U，导线横截面积为 S，输电线上损失的热功率为 P，那么（　　）。
A. 若 U 一定，则 P 与 S 成反比　B. 若 S 一定，则 P 与 U 平方成反比
C. 若 S 一定，则 P 与 U 成反比　D. 若 U 一定，则 P 与 S 的平方成反比

80. 直流电机电枢绕组的结构形式有（　　）。
A. 同心式绕组　B. 单迭绕组　C. 单波绕组　D. 链式绕组

81. 软开关技术一般应用的电路有（　　）。
A. 移相全桥零电压零电流变换器
B. 对称移相全桥零电压零电流变换器
C. 非相移全桥零电压零电流变换器
D. 不对称移相全桥零电压零电流变换器

82. 空调系统中冷水机组设备其常见的形式有活塞式、（　　）。
A. 向心式　B. 螺杆式　C. 离心式　D. 吸收式

83. 兆欧表的接线柱有（　　）。
A. 接地柱（E）　B. 线路柱（L）
C. 火线柱（O）　D. 保护环（屏蔽线）柱（G）

84. 电容器是各种电子设备中不可缺少的重要元器件，它广泛用于（　　）等多种场合。
A. 抑制电源噪声　B. 提高输出能力　C. 尖峰的吸收　D. 滤波

85. 设计开关电源，选择最合适的拓扑形式主要考虑的因数是（　　）。

A. 通过开关管的峰值电流

B. 加在开关管上的最高峰值电压

C. 输入输出是否需要变压器隔离

D. 加在变压器一次侧或电感上的电压值是多大

86. 气体放电管避雷器突出的特点是：（ ）。

A. 耐电流的能力强，可达 20kA

B. 适用于第二级防雷

C. 冲击击穿电压常在 1kV 左右（1kV/μs）

D. 级间电容较小且稳定

87. 电源系统的二级防雷接地保护中，在（ ）应加装避雷器。

A. 整流器输入端　　B. 整流器输出端

C. UPS 输入端　　D. 通信用空调输入端

88. 当变换器处于谐振状态时，谐振角频率与（ ）参数有关。

A. 电阻　　B. 电容　　C. 电感　　D. 开关频率

89. 电力变压器的电能节约应主要从（ ）方面考虑。

A. 选择电力变压器合理的组网方式

B. 电力变压器实行合理的接地方式

C. 选用节能型变压器和合理选择电力变压器的容量

D. 实行电力变压器的经济运行和避免变压器的轻负荷运行

90. 普通电力用户最关注的电能质量问题是：（ ）。

A. 电压暂降　　B. 电压闪变　　C. 暂时断电　　D. 长期停电

91. 空调系统干燥过滤器的主要作用是除去系统中的（ ）。

A. 氟里昂　　B. 水分　　C. 污物　　D. 润滑油

92. 空调中常用的节流设备有（ ）。

A. 毛细管　　B. 压缩机　　C. 蒸发器　　D. 膨胀阀

93. 通过专用空调制冷管路上的液窗可以观察到系统中的（ ）。

A 压力　　B. 温度　　C. 氟里昂的数量　　D. 是否有水分

94. 直流供电系统目前广泛应用（ ）供电方式。

A. 串联浮充　　B. 并联浮充　　C. 低阻供电　　D. 高阻供电

95. 杂音电压表现的主要形式有（ ）。

A. 电话衡重杂音　　B. 峰-峰值杂音

C. 瞬态杂音　　D. 宽频杂音、离散频率杂音

96. 飞轮的尺寸、重量关系叙述正确的有（ ）。

A. 缸数多，其尺寸小而重量轻

B. 飞轮的尺寸、重量与缸数无关

C. 飞轮的重量与发动机的冲程无关

D. 二冲程发动机的飞轮比四冲程发动机的飞轮尺寸要小些，重量也较轻

97. 直流发电机并励发电的自励条件（ ）。

A. 电机应有剩磁

B. 具有足够高的转速

C. 励磁回路的总电阻必须小于临界电阻

D. 励磁绕组与电枢绕组连接必须正确，以保证励磁电流产生的磁通与剩磁方向相同

98. 电压互感器的额定电压比和匝数比叙述正确的是（　　）

A. 额定电压比大于匝数比　　B. 额定电压比小于匝数比

C. 额定电压比与匝数比相等　　D. 额定电压比与匝数比不相等

99. 变压器并列运行应满足（　　）条件。

A. 联结组标号相同　　B. 负载电压值相差不得超过±10%

C. 电压比差值不得超过±0.5%　　D. 两台变压器的容量比不宜超过 3∶1

100. 自动控制系统对测速发电机的要求是（　　）

A. 转动惯量小，以保证反应迅速

B. 功率小，输出力矩大

C. 输出电压对转速变化反应灵敏

D. 输出电压与转速保持稳定的正比关系

5.2.3 判断改错题（对的在括号内画“√”，错的在括号内画“×”，并将错误之处改正）

1. 基尔霍夫电流定律是确定节点上各支路电流间关系的定律。（　　）

2. 应用基尔霍夫电流定律列电流定律方程，无需事先标出各支路中电流的参考方向。（　　）

3. 电路中某一节点的电流的代数和恒等于零。（　　）

4. 列基尔霍夫电压方程时，规定电位升为正，电压降为负。（　　）

5. 基尔霍夫电压定律不适用回路的部分电路。（　　）

6. 叠加定律只适用于线性电路，而不适用于非线性电路。（　　）

7. 叠加定律不仅适用于电流和电压的计算，也适用于功率的计算。（　　）

8. 戴维南定律是分析复杂电路的基本定理，对分析复杂电路中某个支路的电流或功率时，更为简便。（　　）

9. 在多电源作用的线性电路中，可以用叠加原理计算电路中的功率。（　　）

10. 原来不带电荷的电容器 C 与电阻 R 串联后，与直流电压 U 接通瞬间，电容器两端电压 $U_C=U$，充电电流 $i_C=0$。（　　）

11. 多个电容（C_1、C_2、C_3、…、C_n）串联相接时，其串联后的等效电容 $C=C_1+C_2+\cdots+C_n$。（　　）

12. 某一点电位的高低与参考点的选择密切相关，若选择不同，同一点的电位的高低可能会不同。（　　）

13. 任意两点的电压即为两点之间的电位差，所以电压大小与参考点直接有关。（　　）

14. 电路中电源内部的电流不一定是由负极流向正极。（　　）

15. 如果电源被短路，输出的电流最大，此时，电源输出的功率也最大。（　　）

16. 运用支路电流法解复杂直流电路时，不一定以支路电流为未知量。（　　）

17. 节点电压法运用于求解支路较多而节点较少的电路。（　　）

18. 在电路中，如果两电阻相等，这两电阻不一定是串联。（　　）

19. 根据基尔霍夫第二定律列出的独立回路方程数等于电路的网孔数。（　　）

20. 电路中任一回路都可以称为网孔。（　　）

21. 三角形连接中，线电压等于 $\sqrt{3}$ 倍相电压。（　　）

22. 星形连接中，线电压等于相电压。（　　）

23. 只有电感和电容的阻抗相等时，*RLC* 串联电路的电流、电压才能同相位。（　　）
24. 功率因数表在停电时，其指针没有一定的位置。（　　）
25. 中性点直接接地系统的主要优点是单相接地时中性点的电位接近于零。（　　）
26. 单相桥式整流电路属于单相半波整流。（　　）
27. 电容滤波电路带负载的能力比电感滤波电路强。（　　）
28. 单相桥式整流二极管承受的反向电压与半波整流二极管承受的反向电压相同。（　　）
29. 正逻辑和负逻辑的真值表相同。（　　）
30. 射极输出器具有输入电阻大、输出电阻小的特点。（　　）
31. 共发射极电路也叫射极输出器。（　　）
32. 要想降低放大电路的输入和输出电阻，电路应引入电流并联负反馈。（　　）
33. 三极管的基极开路，集电极和发射极之间加有一定电压时的集电极电流，叫做三极管的穿透电流。（　　）
34. 集成运算放大器的输入失调电压值大比较好。（　　）
35. 集成运算放大器输入级采用的是差动放大器。（　　）
36. 在压敏电阻和气体放电管前串联空气开关或熔断丝，能有效防止火灾发生。（　　）
37. 直流配电后的大容量直流电流由电力室传输到各机房，传输线路的微小电阻不会造成很大的压降和功率损耗。（　　）
38. 在推挽式开关电源中，功率开关器件耐压为输入直流电压的 2 倍。（　　）
39. 在桥式开关电源中，功率开关器件的电压值为输入电压值的 2 倍。（　　）
40. 串联型半桥式开关电源中，主开关的耐压值较低。（　　）
41. 开关电源的寿命是由整流模块的负载大小所决定的。（　　）
42. 整流模块的各种数据，可以直接上报监控模块。（　　）
43. 开关电源的功率因数基本不受负载变化的影响。（　　）
44. 开关电源与线性电源相比，开关电源的动态响应比较快。（　　）
45. 开关电源与线性电源相比，开关电源的设计复杂，电磁干扰和射频干扰大。（　　）
46. 线性电源一般应用在大功率、对稳压精度要求很高的线路中。（　　）
47. MOSFET 功率管的热稳定性好，但是抗干扰能力差。（　　）
48. 开关电源中 MOSFET 管稳态工作时，栅板控制电流很小。（　　）
49. 高频变压器的工作频率，一般都在 100kHz 以上。（　　）
50. 二进制的数“11111”与十进制的数“31”数值相等。（　　）
51. 二进制的数“11011”与十进制的数“37”数值相等。（　　）
52. 铅酸蓄电池充电电流一般按 5h 率进行。（　　）
53. 蓄电池的充电（逆变）是将电能转为化学能储存起来。（　　）
54. 蓄电池的放电（顺变）是将化学能转为电能释放出来。（　　）
55. 要把正向导通着的普通晶闸管关断，只要负载电流小于维持电流即可。（　　）
56. 晶闸管导通以后，流过晶闸管的电流决定于外电路负载。（　　）
57. 采用晶体管触发的晶闸管整流电路常用的同步波形是负脉冲。（　　）
58. 为了保证晶闸管正常工作，控制极上应加以所需的最小直流电压和电流以使其导通。（　　）
59. 在单相半波可控整流电路中，晶闸管所承受的最大反向电压为 $\sqrt{3}$ 倍的整流变压器副边相电压 U_2。（　　）

60.在单相半波可控整流电路中，当控制角为零时，其输出直流电压平均值为 $0.45U_2$。(　　)

61.单相桥式整流电路晶闸管最大导通角为120°。(　　)

62. 晶闸管除用于整流电路外，还用于调压、变频、逆变等方面。(　　)

63.单结晶体管触发电路的最大移相范围为0～90°。(　　)

64.用单结晶体管组成的自激振荡电路，主要利用了单结管的负阻特性。(　　)

65.晶闸管阻容移相触发电路的触发电压为方波。(　　)

66.晶闸管阻容移相电路是利用电容上的电压在相位上相差90°的原理。(　　)

67.为雷电流泄入大地形成通道的设备叫避雷器。(　　)

68.防雷接地装置的制作，一般选用扁钢制作。(　　)

69.中间继电器触点额定电流是2A以下。(　　)

70.选择中间继电器主要考虑的是线圈吸合电压和负载电流。(　　)

71.中间继电器额定负载电流为5A，必要时可作控制开关。(　　)

72.中间继电器线圈额定电压只有220V一种。(　　)

73.中间继电器能够为控制回路提供多个触点。(　　)

74.自动空气开关内部线圈与外部负载是并联的。(　　)

75.自动空气开关额定电压低于80%就可释放。(　　)

76.自动空气开关可靠闭合电压是额定电压的45%。(　　)

77.通信局站引入市电后采用了二级防雷电措施。(　　)

78.通信防雷接地电阻系统应在冬秋季加强测试。(　　)

79.四冲程柴油机完成一个工作循环曲轴旋转360°。(　　)

80.柴油牌号是根据其自燃性的高低编制的。(　　)

81.柴油的牌号选择应根据柴油机使用的转速决定。(　　)

82.输油泵的止回阀用合金制成，如发现密封不好可与阀进行研磨修复或更换。(　　)

83.内燃机的燃油箱要定期清洗，油箱上部通气孔要堵好，以防止异物落入。(　　)

84.多缸四冲程内燃机普遍采用压力润滑方式。(　　)

85.机油粗滤器为刮片式滤清器，可刮去留在滤片外表面的污垢，使滤芯可在较长时间内不必拆洗仍能工作。(　　)

86.在冬季水冷柴油机启动前，可以用温度很高的沸水灌入柴油机。(　　)

87.水冷柴油机的冷却液采用普通自来水即可。(　　)

88.电动机启动系统是以电能作为能源，把电能转变为机械能的动力机，一般采用高压直流电动机为柴油机启动电源。(　　)

89.内燃机的启动电动机连续运行时间一般不得超过10s，一次不能启动，需间隔10s后再启动。(　　)

90.冬季柴油机启动时润滑油温度和冷却水温度应在0℃以上。(　　)

91.感应系仪表精度较高，抗干扰能力强，结构简单，工作可靠。(　　)

92.用兆欧表测量绝缘电阻时，被测设备应接在LG接线柱上。(　　)

93.应用软件是所有微机上都应使用的基本软件。(　　)

94.操作系统是应用软件的核心，系统软件是为用户服务的桥梁。(　　)

95.将十进制数12转换成二进制数是1101。(　　)

96.将二进制数10000转换成十进制数是15。(　　)

97. 十六进制数 100 转换成十进制数是 256。(　　)

98. 气体的基本状态参数是温度、压力和热量。(　　)

99. 饱和空气的干球温度最大，湿球温度次之，露点温度最小。(　　)

100. 非饱和空气的干球温度最大，湿球温度次之，露点温度最小。(　　)

101. 制冷剂在蒸发器的蒸发温度是由蒸发压力决定的，与被冷却物的温度和质量大小无关。(　　)

102. 制冷剂应具备易凝结、冷凝压力不要太高、蒸发压力不要太低、单位容积制冷量大、蒸发潜热大、比容大等条件。(　　)

103. 制冷系统主要由制冷压缩机、冷凝器、节流阀和氟里昂组成。(　　)

104. 制冷系统可以充入高压氮气对系统进行高压检漏，系统充入高压氮气后严禁启动压缩机，否则会有爆炸危险。(　　)

105. 集中监控系统对模拟量取自变换器，将各电量变成 0～1.5V 的电压。(　　)

106. 10kV 及以下设备不停电时人与带电体的安全距离最低为 0.7m。(　　)

107. 触电的危险程度完全取决于通过人体的电流大小。(　　)

108. 当工作线路上有感应电压时，应在工作点两端加挂辅助保安线。(　　)

109. 断开导线时，应先断开火线，后断开地线，搭接导线时，顺序相同。(　　)

110. 触电急救第一步是使触电者迅速脱离电源，第二步是把触电者送往医院。(　　)

111. 不允许将电感性负载连接到 UPS 上。(　　)

112. 检修 UPS 内部时，所有开关必须完全断开，因机内部可能有危险电压存在。(　　)

113. 计算机中文件传输协议的英文缩写是 FPP。(　　)

114. ISP 的中文意思是软件产品供应商。(　　)

115. 数据传输只能在数字信道上进行传输，而不能在模拟信道上进行传输。(　　)

116. 一个演示文稿中，所有的幻灯片只能使用一种切换效果。(　　)

117. 烟雾是人们肉眼能见到的微小悬浮颗粒，其粒子直径大于 5nm。(　　)

118. PSTN 意为公共交换电话网。(　　)

119. 监控系统所用的 TCP 称为传输控制协议。(　　)

120. SQL Server 是基于服务器端的中型数据库，可以适合小容量数据的应用。(　　)

5.3 考试真题答案

5.3.1 单项选择题

1. C　2. D　3. D　4. B　5. B　6. D　7. C　8. D　9. C　10. C　11. A　12. B　13. C
14. C　15. C　16. C　17. C　18. B　19. C　20. B　21. D　22. C　23. B　24. C　25. D
26. C　27. A　28. D　29. C　30. D　31. A　32. C　33. D　34. B　35. B　36. C　37. A
38. D　39. B　40. C　41. C　42. C　43. B　44. D　45. C　46. B　47. A　48. B　49. C
50. B　51. A　52. C　53. B　54. D　55. B　56. A　57. B　58. A　59. B　60. A　61. B
62. D　63. B　64. B　65. A　66. B　67. C　68. C　69. D　70. C　71. C　72. B　73. B
74. D　75. C　76. B　77. C　78. C　79. A　80. A　81. A　82. D　83. C　84. A　85. B
86. D　87. D　88. D　89. B　90. B　91. A　92. D　93. A　94. D　95. C　96. B　97. B
98. B　99. B　100. C　101. D　102. A　103. A　104. D　105. A　106. D　107. B

108. D 109. A 110. B 111. A 112. D 113. C 114. B 115. A 116. B 117. C
118. B 119. A 120. C 121. B 122. A 123. D 124. B 125. C 126. D 127. C
128. D 129. A 130. B 131. B 132. C 133. C 134. A 135. B 136. A 137. B
138. C 139. D 140. B 141. A 142. D 143. D 144. D 145. D 146. B 147. D
148. A 149. C 150. D 151. C 152. A 153. B 154. A 155. C 156. D 157. A
158. B 159. D 160. A 161. B 162. D 163. A 164. D 165. B 166. C 167. B
168. D 169. C 170. B 171. A 172. A 173. A 174. C 175. B 176. B 177. B
178. C 179. B 180. D 181. A 182. B 183. D 184. D 185. A 186. C 187. B
188. B 189. B 190. C 191. A 192. A 193. D 194. B 195. A 196. B 197. C
198. D 199. C 200. C 201. C 202. C 203. B 204. B 205. D 206. A 207. A
208. D 209. C 210. C 211. D 212. D 213. A 214. C 215. C 216. D 217. C
218. A 219. B 220. C 221. D 222. A 223. D 224. B 225. A 226. B 227. A
228. C 229. C 230. A 231. A 232. A 233. B 234. C 235. D 236. D 237. B
238. A 239. C 240. A 241. B 242. A 243. D 244. C 245. C 246. B 247. C
248. B 249. D 250. C 251. B 252. A 253. D 254. C 255. C 256. D 257. C
258. A 259. C 260. B 261. C 262. D 263. B 264. B 265. A 266. B 267. C
268. C 269. B 270. D 271. D 272. B 273. A 274. B 275. D 276. C 277. C
278. A 279. C 280. C 281. D 282. B 283. C 284. D 285. A 286. A 287. C
288. D 289. C 290. D 291. D 292. D 293. A 294. C 295. B 296. C 297. D
298. A 299. D 300. B 301. D 302. B 303. A 304. B 305. C 306. A 307. D
308. C 309. A 310. D 311. C 312. D 313. B 314. B 315. B 316. A 317. B
318. A 319. C 320. D 321. C 322. A 323. B 324. D 325. D 326. B 327. C
328. A 329. B 330. A 331. D 332. A 333. A 334. B 335. B 336. B 337. B
338. A 339. B 340. C 341. A 342. B 343. A 344. C 345. A 346. D 347. A
348. A 349. C 350. D 351. A 352. D 353. D 354. A 355. C 356. B 357. B
358. D 359. B 360. A 361. C 362. B 363. B 364. B 365. A 366. A 367. C
368. A 369. C 370. C 371. B 372. A 373. C 374. D 375. B 376. C 377. B
378. C 379. D 380. D 381. B 382. B 383. D 384. D 385. A 386. B 387. D
388. B 389. C 390. B 391. D 392. A 393. C 394. D 395. D 396. C 397. C
398. C 399. A 400. B

5.3.2 不定项选择题

1. CD 2. AD 3. BD 4. BC 5. ABC 6. AB 7. BCD 8. AC 9. BC
10. ABC 11. BCD 12. BCD 13. ABD 14. BC 15. CD 16. AD 17. BCD
18. CD 19. ABD 20. ABC 21. ABD 22. CD 23. BCD 24. AC 25. ABD
26. CD 27. CD 28. CD 29. ACD 30. ACD 31. BC 32. BCD 33. ABD
34. ACD 35. ABD 36. AD 37. BD 38. ABC 39. BCD 40. AB 41. BCD
42. ABC 43. CD 44. AD 45. BCD 46. ABD 47. BC 48. AC 49. BC
50. AC 51. BCD 52. AD 53. AD 54. BC 55. BCD 56. ACD 57. BC
58. BCD 59. ABD 60. BCD 61. BD 62. AC 63. BD 64. BD 65. ACD
66. AC 67. ACD 68. ABD 69. AC 70. BD 71. BC 72. ACD 73. ABD

74. ACD　75. AC　76. ACD　77. AC　78. BC　79. AB　80. BC　81. AD
82. BCD　83. ABD　84. ACD　85. ABC　86. AC　87. ACD　88. BC　89. CD
90. ACD　91. BC　92. AD　93. CD　94. BC　95. ABD　96. AD　97. ACD
98. BD　99. ABC　100. ACD

5.3.3　判断改错题

1. 基尔霍夫电流定律是确定节点上各支路电流间关系的定律。（　√　）

2. 应用基尔霍夫电流定律列电流定律方程，无需事先标出各支路中电流的参考方向。（　×　）

注：应用基尔霍夫电流定律列电流定律方程，需事先标出各支路中电流的参考方向。

3. 电路中某一节点的电流的代数和恒等于零。（　√　）

4. 列基尔霍夫电压方程时，规定电位升为正，电压降为负。（　√　）

5. 基尔霍夫电压定律不适用回路的部分电路。（　×　）

注：基尔霍夫电压定律适用回路的部分电路。

6. 叠加定律只适用于线性电路，而不适用于非线性电路。（　√　）

7. 叠加定律不仅适用于电流和电压的计算，也适用于功率的计算。（　×　）

注：叠加定律仅适用于电流和电压的计算，不适用于功率的计算。

8. 戴维南定律是分析复杂电路的基本定理，对分析复杂电路中某个支路的电流或功率时，更为简便。（　√　）

9. 在多电源作用的线性电路中，可以用叠加原理计算电路中的功率。（　×　）

注：在多电源作用的线性电路中，可以用叠加原理计算电路中的电压和电流。

10. 原来不带电荷的电容器 C 与电阻 R 串联后，与直流电压 U 接通瞬间，电容器两端电压 $U_C=U$，充电电流 $i_C=0$。（　×　）

注：原来不带电荷的电容器 C 与电阻 R 串联后，与直流电压 U 接通瞬间，电容器两端电压 $U_C=0$（电容两端的电压不能突变），充电电流 i_C 最大。

11. 多个电容（C_1、C_2、C_3、…、C_n）串联相接时，其串联后的等效电容 $C=C_1+C_2+\cdots+C_n$。（　×　）

注：多个电容（C_1、C_2、C_3、…、C_n）串联相接时，其串联后的等效电容 $1/C=1/C_1+1/C_2+\cdots+1/C_n$。

12. 某一点电位的高低与参考点的选择密切相关，若选择不同，同一点的电位的高低可能会不同。（　√　）

13. 任意两点的电压即为两点之间的电位差，所以电压大小与参考点直接有关。（　×　）

注：任意两点的电压即为两点之间的电位差，所以电压大小与参考点无关。

14. 电路中电源内部的电流不一定是由负极流向正极。（　×　）

注：电路中电源内部的电流一定是由负极流向正极。

15. 如果电源被短路，输出的电流最大，此时，电源输出的功率也最大。（　×　）

注：如果电源被短路，输出的电流最大，但此时电源无功率输出。

16. 运用支路电流法解复杂直流电路时，不一定以支路电流为未知量。（　×　）

注：运用支路电流法解复杂直流电路时，一定是以支路电流为未知量。

17. 节点电压法运用于求解支路较多而节点较少的电路。（　×　）

注：点电压法运用于求解支路较多而节点只有两个的电路。

18. 在电路中，如果两电阻相等，这两电阻不一定是串联。（ √ ）

19. 根据基尔霍夫第二定律列出的独立回路方程数等于电路的网孔数。（ √ ）

20. 电路中任一回路都可以称为网孔。（ × ）

注：电路中，任一网孔必然是回路。

21. 三角形连接中，线电压等于 $\sqrt{3}$ 倍相电压。（ × ）

注：三角形连接中，线电压等于相电压。

22. 星形连接中，线电压等于相电压。（ × ）

注：星形连接中，线电压等于 $\sqrt{3}$ 倍相电压。

23. 只有电感和电容的阻抗相等时，*RLC* 串联电路的电流、电压才能同相位。（ √ ）

24. 功率因数表在停电时，其指针没有一定的位置。（ √ ）

注：功率因数表是靠一个电流线圈和两个电压线圈的相互作用，才得到一定指示的；因为它没有零位及游丝，所以停电后，指针就没有一定位置。

25. 中性点直接接地系统的主要优点是单相接地时中性点的电位接近于零。（ √ ）

26. 单相桥式整流电路属于单相半波整流。（ × ）

注：单相桥式整流电路属于单相全波整流。

27. 电容滤波电路带负载的能力比电感滤波电路强。（ × ）

注：电容滤波电路带负载的能力比电感滤波电路差。

所谓带负载能力就是电路对强负载的承受能力。对于滤波电路来说，就是指在强负载作用下的滤波能力。如果负载过强，会与电容争夺电流而使滤波能力下降，故称之为带负载能力差。对于工频电路而言，电容滤波是比电感滤波效果差一些。但如果考虑做出的产品整体体积、重量、成本、故障率等因素，那么电容滤波无疑远远好于电感滤波。技术的发展使大容量电解电容成本越来越低、体积越来越小，但能够在大电流下不产生磁饱和的电感器件在这些年没有实质性进展。所以实际电路中电容滤波普及率远强过电感滤波。当然，对于纹波要求较高且对产品体积、重量、成本不敏感的场合（如给直流供电动力设备供电），电感滤波还是有其用武之地的。

28. 单相桥式整流二极管承受的反向电压与半波整流二极管承受的反向电压相同。（ √ ）

29. 正逻辑和负逻辑的真值表相同。（ × ）

注：正逻辑和负逻辑的真值表不相同。

正逻辑：用高电平表示逻辑 1，用低电平表示逻辑 0；负逻辑：用低电平表示逻辑 1，用高电平表示逻辑 0。正、负逻辑之间存在着简单的对偶关系，例如正逻辑与门等同于负逻辑或门等。在数字系统的逻辑设计中，若采用 NPN 晶体管和 NMOS 管，电源电压是正值，一般采用正逻辑。若采用的是 PNP 管和 PMOS 管，电源电压为负值，则采用负逻辑比较方便。在没有特别说明的情况下，通常指的是正逻辑。

30. 射极输出器具有输入电阻大、输出电阻小的特点。（ √ ）

31. 共发射极电路也叫射极输出器。（ × ）

注：共集电极电路也叫射极输出器。

32. 要想降低放大电路的输入和输出电阻，电路应引入电流并联负反馈。（ × ）

注：要想降低放大电路的输入和输出电阻，电路应引入电压并联负反馈。

33. 三极管的基极开路，集电极和发射极之间加有一定电压时的集电极电流，叫做三极管的穿透电流。（ √ ）

34. 集成运算放大器的输入失调电压值大比较好。（ × ）

注：集成运算放大器的输入失调电压值小比较好。

35. 集成运算放大器输入级采用的是差动放大器。（ √ ）

36. 在压敏电阻和气体放电管前串联空气开关或熔断丝，能有效防止火灾发生。（ √ ）

37. 直流配电后的大容量直流电流由电力室传输到各机房，传输线路的微小电阻不会造成很大的压降和功率损耗。（ × ）

注：直流配电后的大容量直流电流由电力室传输到各机房，传输线路的微小电阻就会造成很大的压降和功率损耗。

38. 在推挽式开关电源中，功率开关器件耐压为输入直流电压的2倍。（ √ ）

39. 在桥式开关电源中，功率开关器件的电压值为输入电压值的2倍。（ × ）

注：在桥式开关电源中，功率开关器件的电压值等于输入电压值。

40. 串联型半桥式开关电源中，主开关的耐压值较低。（ √ ）

41. 开关电源的寿命是由整流模块的负载大小所决定的。（ × ）

注：开关电源的寿命是由组成整流模块元器件的性能所决定的。

42. 整流模块的各种数据，可以直接上报监控模块。（ × ）

注：整流模块的部分数据，可以直接上报监控模块。

43. 开关电源的功率因数基本不受负载变化的影响。（ √ ）

44. 开关电源与线性电源相比，开关电源的动态响应比较快。（ × ）

注：开关电源与线性电源相比，开关电源的动态响应比较慢。

45. 开关电源与线性电源相比，开关电源的设计复杂，电磁干扰和射频干扰大。（ √ ）

46. 线性电源一般应用在大功率、对稳压精度要求很高的线路中。（ × ）

注：线性电源一般应用在小功率、对稳压精度要求很高的线路中。

47. MOSFET 功率管的热稳定性好，但是抗干扰能力差。（ × ）

注：MOSFET 功率管的热稳定性好，抗干扰能力强。

48. 开关电源中 MOSFET 管稳态工作时，栅板控制电流很小。（ √ ）

49. 高频变压器的工作频率，一般都在 100kHz 以上。（ √ ）

50. 二进制的数“11111”与十进制的数“31”数值相等。（ √ ）

51. 二进制的数“11011”与十进制的数“37”数值相等。（ × ）

注：二进制的数“11011”与十进制的数“27”数值相等。

52. 铅酸蓄电池充电电流一般按 5h 率进行。（ × ）

注：铅酸蓄电池充电电流一般按 10h 率进行。

53. 蓄电池的充电（逆变）是将电能转为化学能储存起来。（ √ ）

54. 蓄电池的放电（顺变）是将化学能转为电能释放出来。（ √ ）

55. 要把正向导通着的普通晶闸管关断，只要负载电流小于维持电流即可。（ √ ）

56. 晶闸管导通以后，流过晶闸管的电流决定于外电路负载。（ √ ）

57. 采用晶体管触发的晶闸管整流电路常用的同步波形是负脉冲。（ × ）

注：采用晶体管触发的晶闸管整流电路常用的同步波形是正弦波。

58. 为了保证晶闸管正常工作，控制极上应加以所需的最小直流电压和电流以使其导通。（ √ ）

59. 在单相半波可控整流电路中，晶闸管所承受的最大反向电压为 $\sqrt{3}$ 倍的整流变压器副边相电压 U_2。（ × ）

注：在单相半波可控整流电路中，晶闸管所承受的最大反向电压为 $\sqrt{2}$ 倍的整流变压器

副边相电压U_2。

60.在单相半波可控整流电路中，当控制角为零时，其输出直流电压平均值为$0.45U_2$。（ √ ）

61.单相桥式整流电路晶闸管最大导通角为120°。（ × ）

注：单相桥式整流电路晶闸管最大导通角为180°。

62. 晶闸管除用于整流电路外，还用于调压、变频、逆变等方面。（ √ ）

63.单结晶体管触发电路的最大移相范围为0～90°（ × ）

注：单结晶体管触发电路的最大移相范围为0～50°。

64.用单结晶体管组成的自激振荡电路，主要利用了单结管的负阻特性。（ √ ）

65.晶闸管阻容移相触发电路的触发电压为方波。（ × ）

注：晶闸管阻容移相触发电路的触发电压为正弦波。

66. 晶闸管阻容移相电路是利用电容上的电压在相位上相差90°的原理。（ √ ）

67.为雷电流泄入大地形成通道的设备叫避雷器。（ √ ）

68.防雷接地装置的制作，一般选用扁钢制作。（ √ ）

69.中间继电器触点额定电流是2A以下。（ × ）

注：中间继电器触头额定电流是5A。

70.选择中间继电器主要考虑的是线圈吸合电压和负载电流。（ √ ）

71.中间继电器额定负载电流为5A，必要时可作控制开关。（ √ ）

72.中间继电器线圈额定电压只有220V一种。（ × ）

注：中间继电器线圈额定电压只36V、220V和380V等多种。

73.中间继电器能够为控制回路提供多个触点。（ √ ）

74.自动空气开关内部线圈与外部负载是并联的。（ × ）

注：自动空气开关内部线圈与外部负载是串联的。

75.自动空气开关额定电压低于80％就可释放。（ × ）

注：一般情况下，自动空气开关额定电压低于50％就可释放。

76.自动空气开关可靠闭合电压是额定电压的45％ 。（ × ）

注：一般情况下，自动空气开关可靠闭合电压是额定电压的75％ 。

77.通信局站引入市电后采用了二级防雷电措施。（ × ）

注：通信局站引入市电后采用了三级防雷电措施。

78.通信防雷接地电阻系统应在冬秋季加强测试。（ × ）

注：通信防雷接地电阻系统应在春夏季（雷雨季节前）加强测试。

79.四冲程柴油机完成一个工作循环曲轴旋转360°。（ × ）

注：四冲程柴油机完成一个工作循环曲轴旋转720°

80.柴油牌号是根据其自燃性的高低编制的。（ × ）

注：柴油牌号是根据其凝固点的高低编制的。

81.柴油的牌号选择应根据柴油机使用的转速决定。（ × ）

注：柴油的牌号选择应根据柴油机使用的环境温度决定。

82.输油泵的止回阀用合金制成，如发现密封不好可与阀进行研磨修复或更换。（ × ）

注：输油泵的止回阀用塑料制成，如发现密封不好可与阀进行研磨修复或更换。

83.内燃机的燃油箱要定期清洗，油箱上部通气孔要堵好，以防止异物落入。（ × ）

注：内燃机的燃油箱要定期清洗，油箱上部通气孔要通畅，以保证供油通畅，但也要防

止异物落入。

84. 多缸四冲程内燃机普遍采用压力润滑方式。（ × ）

注：多缸四冲程内燃机普遍采用压力润滑和飞溅润滑的复合润滑方式。

85. 机油粗滤器为刮片式滤清器，可刮去留在滤片外表面的污垢，使滤芯可在较长时间内不必拆洗仍能工作。（ √ ）

86. 在冬季水冷柴油机启动前，可以用温度很高的沸水灌入柴油机。（ × ）

注：在冬季水冷柴油机启动前，可以用温水灌入柴油机，达到暖机的目的，但不能用温度很高的沸水灌入柴油机，以免柴油机温度过高而损坏零部件。

87. 水冷柴油机的冷却液采用普通自来水即可。（ × ）

注：水冷柴油机的冷却液不能采用普通自来水，而要采用洁净的软水（蒸馏水），以防冷却水箱和水道生锈，影响制冷效果。

88. 电动机启动系统是以电能作为能源，把电能转变为机械能的动力机，一般采用高压直流电动机为柴油机启动电源。（ × ）

注：电动机启动系统是以电能作为能源，把电能转变为机械能的动力机，一般采用低压直流电动机（12V、24V）为柴油机启动电源。

89. 内燃机的启动电动机连续运行时间一般不得超过10s，一次不能启动，需间隔10s后再启动。（ × ）

注：内燃机的启动电动机连续运行时间一般不得超过10s，一次不能启动，需至少间隔60s后再启动，如果连续三次均不能启动，应停机查明原因后再启动。

90. 冬季柴油机启动时润滑油温度和冷却水温度应在0℃以上。（ × ）

注：冬季柴油机启动时润滑油温度和冷却水温度宜在20℃以上。

91. 感应系仪表精度较高，抗干扰能力强，结构简单，工作可靠。（ × ）

注：感应系仪表精度较低，但其抗干扰能力强，结构简单，工作可靠。

92. 用兆欧表测量绝缘电阻时，被测设备应接在LG接线柱上。（ × ）

注：用兆欧表测量绝缘电阻时，被测设备应接在LE接线柱上。

93. 应用软件是所有微机上都应使用的基本软件。（ × ）

注：应用软件是为用户解决实际问题而设计的软件，而系统软件则是所有微机上都应使用的基本软件。

94. 操作系统是应用软件的核心，系统软件是为用户服务的桥梁。（ × ）

注：操作系统是系统软件的核心，而应用软件是为用户服务的桥梁。

95. 将十进制数12转换成二进制数是1101。（ × ）

注：将十进制数12转换成二进制数是1100。

96. 将二进制数10000转换成十进制数是15。（ × ）

注：将二进制数10000转换成十进制数是16。

97. 十六进制数100转换成十进制数是256。（ √ ）

98. 气体的基本状态参数是温度、压力和热量。（ × ）

注：气体的基本状态参数是温度、压力和比体积。

99. 饱和空气的干球温度最大，湿球温度次之，露点温度最小。（ × ）

注：饱和空气的干球温度、湿球温度与露点温度三者均相等。

100. 非饱和空气的干球温度最大，湿球温度次之，露点温度最小。（ √ ）

101. 制冷剂在蒸发器的蒸发温度是由蒸发压力决定的，与被冷却物的温度和质量大小无

关。（ √ ）

102. 制冷剂应具备易凝结、冷凝压力不要太高、蒸发压力不要太低、单位容积制冷量大、蒸发潜热大、比体积大等条件。（ √ ）

103. 制冷系统主要由制冷压缩机、冷凝器、节流阀和氟里昂组成。（ × ）

注：制冷系统主要由制冷压缩机、冷凝器、节流阀和蒸发器组成。

104. 制冷系统可以充入高压氮气对系统进行高压检漏，系统充入高压氮气后严禁启动压缩机，否则会有爆炸危险。（ √ ）

105. 集中监控系统对模拟量取自变换器，将各电量变成0～1.5V的电压。（ × ）

注：集中监控系统对模拟量取自变换器，将各电量变成0～5V的电压。

106. 10kV及以下设备不停电时人与带电体的安全距离最低为0.7m。（ √ ）

注：不停电时人与带电体（不同电压等级的高压线/设备）的安全距离分别是 10kV及以下：0.70m；20kV/35kV ：1.0m；66kV、110kV：1.5m；220kV：3.0m；330kV：4.0m；500kV：5.0m。如果不能目测，尽量越远越好。

220kV架空送电线路导线与建筑物之间的最小垂直距离为6m，边导线与建筑物之间的最小距离为5m（导线与城市多层建筑物或规划建筑物之间的距离指水平距离）。

107. 触电的危险程度完全取决于通过人体的电流大小。（ × ）

注：触电的危险程度主要取决于通过人体的电流大小和部位。

108. 当工作线路上有感应电压时，应在工作点两端加挂辅助保安线。（ √ ）

109. 断开导线时，应先断开火线，后断开地线，搭接导线时，顺序相同。（ × ）

注：断开导线时，应先断开火线，后断开地线，搭接导线时，顺序相反。

110. 触电急救第一步是使触电者迅速脱离电源，第二步是把触电者送往医院。（ × ）

注：触电急救第一步是使触电者迅速脱离电源，第二步是现场急救。

111. 不允许将电感性负载连接到UPS上。（ √ ）

112. 检修UPS内部时，所有开关必须完全断开，因机内部可能有危险电压存在。（ √ ）

113. 计算机中文件传输协议的英文缩写是FPP。（ × ）

注：计算机中文件传输协议的英文缩写是FTP。

114. ISP的中文意思是软件产品供应商。（ × ）

注：ISP的中文意思是网络服务供应商。

115. 数据传输只能在数字信道上进行传输，而不能在模拟信道上进行传输。（ × ）

注：数据传输既能在数字信道上进行传输，又能在模拟信道上进行传输。

116. 一个演示文稿中，所有的幻灯片只能使用一种切换效果。（ × ）

注：一个演示文稿中，每张幻灯片可以使用不同的切换效果。

117. 烟雾是人们肉眼能见到的微小悬浮颗粒，其粒子直径大于5nm。（ × ）

注：烟雾是人们肉眼能见到的微小悬浮颗粒，其粒子直径大于10nm。

烟雾（smog）是煤烟（smoke）和雾（fog）两字的合成词，由英国人沃伊克思（H. A. Voeux）于1905年所创用。原意是空气中的烟煤与自然雾相结合的混合体。目前此词含义已超出原意范围，用来泛指由于工业排放的固体粉尘为凝结核所生成的雾状物，或由碳氢化合物和氮氧化物经光化学反应生成的二次污染物，是多种污染物的混合体形成的烟雾。

118. PSTN意为公共交换电话网。（ √ ）

注：PSTN（Public Switched Telephone Network），中文名称公共交换电话网络，即指我们日常生活中常用的电话网。公共交换电话网络是一种全球语音通信电路交换网络，它

是自 Alexander Graham Bell 发明电话以来所有的电路交换式电话网络的集合。

119. 监控系统所用的 TCP 称为传输控制协议。（ √ ）

注：TCP（Transmission Control Protocol）传输控制协议是一种网络通信协议，旨在通过 Internet 发送数据包。TCP 是 OSI 层中的传输层协议，用于通过传输和确保通过支持网络和 Internet 传递消息来在远程计算机之间创建连接。

120. SQL Server 是基于服务器端的中型数据库，可以适合小容量数据的应用。（ × ）

注：SQL Server 是基于服务器端的中型数据库，可以适合大容量数据的应用。SQL Server 是 Microsoft 的关系数据库管理系统（RDBMS）。它是一个功能齐全的数据库，主要用于与竞争对手 Oracle 数据库（DB）和 MySQL 竞争。SQL Server 是基于服务器端的中型数据库，可以适合大容量数据的应用，在功能上管理上也要比 Access 要强得多。在处理海量数据的效率，后台开发的灵活性，可扩展性等方面强大。

第6章　通信电源工程师

通信电源的稳定性是通信系统可靠性的保证。通信电源工程师是从事通信电源系统（包括：交流供电系统、直流供电系统、防雷接地系统 、机房空调系统和集中监控系统）科研开发、生产销售、技术支持、规划设计、工程建设、运行维护等工作的工程技术人员。涉及的通信电源设备包括：变配电设备、发电设备（自备发电机组）、电能变换设备（交流不间断电源 UPS、逆变器、高频开关电源和线性稳压电源等）、储能设备（铅酸蓄电池组、锂离子电池和燃料电池等）、空调设备以及电能控制设备等。在全国通信工程师统一考试（全国通信专业技术人员职业水平考试）中，把应考人员分为六类：传输与接入（无线）、传输与接入（有线）、动力与环境、终端与业务、交换技术与网络管控、互联网技术。其中的动力与环境方向实际上就是通信电源工程师，只是换了一个名称与说法而已，但在业内仍然称其为通信电源工程师的居多。全国通信专业技术人员职业水平考试每年举行一次，考试时间通常在每年的十月份，通信电源工程师的考试包括两个科目：通信专业综合能力（中级）和通信专业实务——动力与环境。本章主要针对通信专业实务——动力与环境历年来的考试真题加以分析与总结，以满足通信电源工程师们学习专业知识的急切需求。

6.1　考试大纲要点

6.1.1　动力与环境概述

6.1.1.1　通信机房的动力与环境

（1）掌握通信局站动力与环境的组成与特点。

（2）掌握动力与环境在整个通信网络中的地位与作用。

（3）了解动力与环境面临的困境、挑战、发展方向及其前景。

6.1.1.2　动力与环境的基本要求

（1）了解通信局站的类型与特点。

（2）掌握通信设备对动力与环境的要求。

（3）掌握动力与环境的可靠性指标与保障等级。

6.1.1.3　通信电源系统的结构组成

（1）掌握通信电源系统的组成和各部分主要功能，主要设备的类型、分级和特点。

（2）了解通信电源供电系统的供电方式。

（3）掌握通信电源系统的质量要求。

6.1.1.4　机房空调系统的结构组成

（1）掌握机房空调系统的组成及功能。

(2) 掌握机房空调系统的主要设备分类及特点。
(3) 了解集中式系统和分散式系统的概念。

6.1.1.5 辅助系统与设施

了解动力与环境的主要辅助系统及设施。

6.1.2 交流供电系统

6.1.2.1 交流供电系统概述

(1) 了解交流供电系统的种类及其组成。
(2) 了解市电的分类及市电供电方式。
(3) 掌握交流供电的质量指标。

6.1.2.2 高压交流供电系统

(1) 了解高压供电系统的分类。
(2) 掌握常用高压电器的特点及作用。
(3) 了解高压交流供电系统的一次接线。
(4) 了解常见高压配电设备及高压供电系统的配置参考。
(5) 掌握高压供电系统的维护。

6.1.2.3 电力变压器

(1) 了解变压器的分类及结构。
(2) 掌握电力变压器的连接方式和运行。
(3) 了解变压器的调压方式。
(4) 了解变压器的技术性能指标。
(5) 掌握变压器的配置和使用。
(6) 掌握变压器的维护和巡检。

6.1.2.4 低压交流供电系统

(1) 了解低压交流供电系统的分类。
(2) 掌握常用低压电器和低压设备的作用及特点。
(3) 了解低压电器的选择原则。
(4) 了解低压配电设备的主要技术指标。
(5) 掌握低压交流供电系统的维护。

6.1.2.5 备用发电机组

(1) 了解备用发电机组的组成及特点。
(2) 掌握柴油机的结构及其工作原理。
(3) 了解发电机的结构及其工作原理。
(4) 掌握柴油发电机组的使用和维护。
(5) 了解自动化发电机组的组成、性能要求和基本要求。
(6) 了解新型的发电设备。

6.1.2.6 供电系统电力线的选配

(1) 了解电力电缆的结构和命名规则。

（2）掌握电力线的选择。

（3）掌握电力线的敷设。

6.1.3 不间断电源系统

6.1.3.1 不间断电源系统概述

了解不间断电源系统的组成。

6.1.3.2 直流供电系统

（1）掌握直流供电系统的组成及运行方式。

（2）掌握直流供电系统的工作电压、主要技术指标。

（3）掌握直流供电系统的主要设备。

（4）了解高频开关整流器的分类及特点。

（5）掌握高频开关整流器的工作过程及主要电路。

（6）了解高频开关整流器的技术指标。

（7）掌握高频开关整流器的使用和维护。

6.1.3.3 蓄电池组

（1）掌握蓄电池的应用。

（2）了解蓄电池的运行方式。

（3）了解蓄电池的工作原理及型号。

（4）掌握阀控式铅酸蓄电池的结构。

（5）了解阀控式铅酸蓄电池的密封原理。

（6）掌握阀控式铅酸蓄电池的常见失效形式。

（7）了解阀控式铅酸蓄电池的电特性。

（8）掌握阀控式铅酸蓄电池的使用和维护。

（9）了解磷酸铁锂电池的工作原理及特性。

6.1.3.4 交流不间断电源（UPS）

（1）了解 UPS 的功能及分类。

（2）掌握 UPS 的工作原理及组成电路。

（3）掌握 UPS 的串并联使用。

（4）了解 UPS 的性能指标。

（5）掌握 UPS 的使用与维护。

6.1.3.5 高压直流供电系统

（1）了解 UPS 供电的缺点。

（2）了解高压直流供电系统的电路组成及其工作原理。

（3）了解高压直流供电系统的优缺点。

6.1.4 机房空调系统

6.1.4.1 空调系统的基础知识

（1）了解机房环境的需求。

（2）了解机房热负荷的计算。

（3）了解温度、湿度、热量、焓、压力的概念。

（4）了解机房空调的分类。

6.1.4.2　机房专用空调通用要求

（1）掌握机房专用空调的特点。

（2）了解机房空调参数。

（3）掌握机房空调的技术要求。

6.1.4.3　风冷式机房专用空调系统

（1）了解压缩式空调制冷系统的工作原理。

（2）掌握空调系统的主要组成部件。

（3）了解空调系统的辅助设备。

（4）了解空调系统的制冷剂。

6.1.4.4　水冷式机房专用空调系统

（1）了解水冷式机房专用空调系统的组成。

（2）掌握水冷式机房专用空调系统的各大部件的结构及作用。

（3）了解水冷式空调系统的水处理。

6.1.4.5　机房气流组织

（1）了解机房气流组织的种类。

（2）掌握典型的机房气流组织形式。

（3）了解机房气流组织的规则。

（4）掌握机柜内部和机柜间的气流组织形式。

6.1.4.6　工程安装注意事项

（1）了解机房专用空调安装注意事项。

（2）了解空调主机的操作。

（3）了解水冷式专用空调的操作与运行。

6.1.4.7　维护注意事项

（1）掌握空调维护的基本要求。

（2）了解机房专用空调的维护。

6.1.5　集中监控管理系统

6.1.5.1　集中监控管理系统的结构与组网

（1）了解集中监控管理系统的作用。

（2）掌握集中监控管理系统的组网模式。

（3）掌握集中监控管理系统的接口。

（4）了解集中监控管理系统的组网原则。

6.1.5.2　集中监控对象及内容

（1）掌握集中监控管理系统的监控对象。

（2）了解集中监控管理系统的监控内容。

6.1.5.3　集中监控管理系统的数据采集

（1）了解传感器的概念及组成。

（2）了解传感器的分类。

（3）了解常用传感器。

（4）掌握集中监控管理系统的数据采集。

（5）掌握集中监控管理系统的数据传输方式。

6.1.5.4 集中监控管理系统的结构与功能

（1）掌握集中监控管理系统的功能结构。

（2）掌握集中监控管理系统的管理功能。

6.1.5.5 集中监控管理系统的使用和维护

（1）掌握集中监控管理系统的一般要求。

（2）了解监控设备的安装及布线。

（3）掌握集中监控系统的使用和安装。

6.1.6 环境与安全

6.1.6.1 通信电源接地系统

（1）了解接地系统的概念。

（2）掌握接地系统的组成。

（3）掌握接地系统的作用及分类。

（4）掌握供电系统的接地。

（5）掌握等电位的连接方式。

（6）了解通信局站接地系统的连接和工程设计。

（7）掌握接地电阻的组成及影响因素。

（8）掌握接地电阻的测量。

（9）了解降低接地电阻的方法。

6.1.6.2 通信电源系统防雷保护

（1）了解雷电的分类及危害。

（2）掌握防雷的基本原则。

（3）掌握防雷保护的基本措施。

（4）了解防雷接地系统的维护。

6.1.6.3 用电安全

（1）了解电气灾害的主要类型。

（2）掌握触电方式及触电防护。

（3）掌握现场急救的方法。

（4）了解电气装置的防火、灭火与防爆。

6.1.7 节能减排与新技术

6.1.7.1 节能减排概述

（1）了解我国节能减排的形势和政策。

（2）了解通信行业节能减排的现状。

6.1.7.2　能耗评价指标与节能潜力分析

（1）了解能源的种类和能耗的计算。
（2）掌握能耗的评价指标。
（3）了解通信行业能耗结构及节能分析。
（4）掌握节能减排的思路和方法。

6.1.7.3　通信电源节能技术

（1）了解非晶合金变压器。
（2）掌握谐波治理技术。
（3）掌握削峰填谷技术的基本原理。
（4）了解削峰填谷技术的实现。
（5）了解风光互补供电系统的工作原理。
（6）掌握风光互补供电系统的种类。
（7）了解风光互补供电系统的应用及节能效果。

6.1.7.4　机房空调节能技术

（1）掌握机房新风系统的基本原理和组成。
（2）了解机房新风系统的应用。
（3）了解热管的原理。
（4）掌握热管空调系统的结构特点。
（5）掌握分布式热管空调系统。
（6）了解风冷式机房空调面临的困难。
（7）掌握室外给水预冷方案的设计。
（8）了解辅助水冷方案的节能分析和效果评估。
（9）了解机房群控系统的定义。
（10）掌握中央空调群控系统的控制范围、控制内容及节能控制原理。
（11）掌握机房空调群控系统的技术特点及基本功能。

6.1.7.5　合同能源管理

（1）了解合同能源管理的概念。
（2）了解合同能源管理在我国的发展。
（3）了解合同能源管理的运作模式。
（4）了解合同能源管理的业务特点。
（5）掌握合同能源管理项目的操作流程。
（6）掌握通信行业合同能源管理项目要点。

6.2　考试真题

6.2.1　填空题

［将应填入 <u>(*n*)</u> 处的字句写在答题纸的对应栏内］

试题一：

1. 热量有两种形式，即显热和潜热，通信机房内热量以显热为主，因此机房专用空调所应用的设计思想：“(1)、(2)”正好适合该种特殊要求。

2.单极压缩式制冷空调系统主要由四大部件组成：(3)、压缩机、冷凝器及(4)。制冷剂在以上四大部件中循环，通过状态改变，实现对热量的传送。其中进入压缩机的制冷剂状态为(5)温(6)压气体。

3.通信机房中除了要控制温度，还对湿度有较高的要求。在一类环境的机房内，要求湿度范围为(7)。因此机房专用空调还必须增加加湿器，加湿器按照加湿方式可以分为(8)加湿器和(9)加湿器。

4.常用的集中式（中央）空调冷水机组的形式主要有(10)、(11)、(12)和(13)冷水机组。在日常维护中维护人员要做到以下工作：“听”，即(14)；“嗅”，即(15)；“摸”，(16)；“看”，即(17)，从而能够迅速发现设备运行存在的隐患。

5.机房专业空调中视液镜的作用主要是观察(18)和观察制冷剂含水率。

试题二：

1.常用的高压电器有五种，分别是(1)、(2)、(3)、高压负荷开关和互感器；低压电器中熔断器在配电系统中主要起到(4)保护作用。直流熔断器的额定电流值应该不大于最大负载电流的(5)各专业机房（设备）熔断器的额定电流值应不大于最大负载电流的(6)倍。在单相三线或三相四线回路中，熔断器严禁安装在(7)线上。

2.直流配电常用的形式有两种，其中(8)的安全性较高，而(9)的供电回路压降较小。直流杂音的电压过大会影响通信质量以及通信设备运行的稳定可靠，直流杂音可以分为(10)、(11)、(12)峰-峰值杂音电压和瞬态杂音。

3.高压停电检修有六个步骤，按照顺序分别为：停电、放电、(13)、(14)、挂牌、检修。

4.我国规定的安全电压额定值为42V、36V、24V、12V和6V。其中一般采用的安全电压为(15)V和(16)V，在发现有人触电导致呼吸和心脏均停止时，应立刻采用心肺复苏办法来采取就地抢救，主要的心肺复苏措施有通畅气道、(17)和(18)。

试题三：

高频开关电源结构框图如图6-1所示，请补充其中空白处。

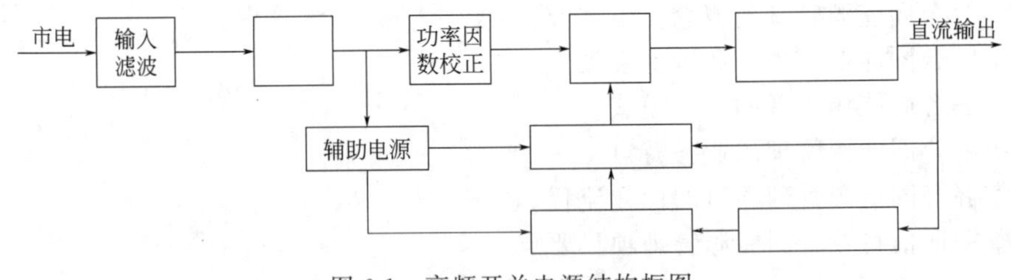

图6-1　高频开关电源结构框图

试题四：

1.开关电源在功率变换电路上利用谐振技术广泛采用了软开关技术，软开关技术主要包括(1)和(2)；功率因数校正电路主要用来提升开关电源的功率因数，常用的功率因数校正电路有(3)和(4)。检测电路中常用的分流器实质上是一个电阻器件，其原理是通过检测(5)来检测(6)。通信中常用的开关电源电压类型为－48V和24V，其允许的回路全程压降分别为(7)V和(8)V。由于通信电源系统容量的增加，需采用均流技术以满足多个模块共同工作的要求。常用的开关电源均流技术有 (9)、(10) 和 (11)。

2. UPS电源的主要电路包括输入整流电路、逆变电路、静态开关和锁相电路，其中锁相电路主要由 (12)、(13) 和 (14) 构成。锁相电路的主要作用是通过控制逆变器的输出电压的 (15) 和 (16) 以保证逆变器与交流电源的同步运行。当UPS从逆变回路向旁路切换时必须保证 (17)、(18)、(19) 均相同，才能保证输出不中断。

3. 在日常维护工作中需根据设备的不同环节有针对性地进行维护测量。UPS系统中直流电容的老化会对设备运行带来较大的隐患，当其老化时，变化最显著的参数量是 (20)，应重点检测。

试题五：

1. 动力环境监控系统中提到的“三遥”功能分别指的是遥控、遥测和 (1)。动力环境监控系统典型的三级网络结构为 (2) 、(3) 和 (4) 。

2. 动力环境监控系统中常用的硬件包括 (5) 和 (6) 和协议转换器。动力环境监控系统目前常用串口作为数据传送的途径，常用的串行接口有 (7)、RS422和RS485，其中RS422接口采用的是 (8) 通信方式，而RS485接口采用的是 (9) 通信方式。

3. 某开关电源要求传输数据格式为（9600，n，8，1），其中9600代表 (10)，n 代表 (11)，8代表 (12)，1代表结束位。

试题六：

1. 柴油机和汽油机的区别在于进气过程中汽油机吸收的是 (1)，而柴油机吸收的是 (2)。汽油机的点火需要借助火花塞点燃，而柴油机是依靠气缸内 (3) 自行燃烧。

2. 同步发电机的输入转速、发电频率及发电机本身的磁极对数之间保持着严格的恒定关系，当输入转速为1500r/min，发电频率为50Hz时，则磁极对数为 (4)。励磁系统是同步发电机必不可少的一个组成部分，目前常用的励磁方式分为 (5) 和 (6)。励磁系统的一个主要作用就是根据发电机负载的变化调节励磁电流从而保证发电机 (7) 基本不变。

3. 柴油发电机组维护的基本要求中要做到无四漏现象，即要求无漏油、无漏水、(8)、(9)。

4. 发电机组的绝缘电阻要求达到一定数值以上才能保证机组的安全正常运行，通常要求其绝缘电阻大于等于 (10)。

试题七：

1. 阀控式铅酸蓄电池的正极活性物质为 (1)，负极活性物质为 (2)。

2. 蓄电池的实际容量与放电电流有直接的关系，放电电流越大，则放出的蓄电池容量越 (3)，在3h率放电电流下，蓄电池能放出的容量为 (4) 倍的额定容量。

3. 通信用的阀控式铅酸蓄电池充电方式主要是浮充充电和均衡充电，请列举出三种需要对蓄电池组进行均衡充电的情况。a：(5)；b：(6)；c：(7)。

4. 在通信电源日常维护工作中，阀控铅酸蓄电池充电终止以如下三个条件为依据，即满足三个条件之一，则可认为充电终止。a：(8)；b：(9)；c：(10)。

试题八：

1. 重要通信设备用交流电供电时，在设备的电源输入端子处测量的电压允许变动范围为额定电压值的 (1) 。

2. 通信设备或系统对电源系统的基本要求有：供电可靠性、(2) 、供电经济性和供电灵活性。

3. 高压配电系统一般包括：发电、输电、变电、(3) 和用电五个环节。

4.对交流变配电室进行停电检修时，应先停 (4) 电、后停 (5) 电；先断 (6) 开关，后断 (7) 开关。送电顺序则 (8) 。切断电源后，三相线上均应接 (9) 。

5.直流供电设备中的换流设备，是整流设备（AC/DC）、逆变设备（或 DC/AV）和 (10) 的总称。

试题九：

1.开关电源的基本电路包括两部分：一是 (1)，指从交流电源输入到直流电源输出的全过程，主要完成功率转换任务；二是 (2)。其作用是：一方面从输出端取样，改变其频率或脉宽，达到输出稳定；另一方面，提供控制电路对整机进行各种保护。

2.在通信系统的供电系统中，对于感性负载电路，可以采用并联 (3) 来补偿无功功率，以提高功率因数（$\cos\varphi$）。在高频整流模块中，其功率因数应大于等于 (4)。

3.高频整流中，如果对开关电源系统的模块进行扩容或替换，应该严格按照“先安装后通电，(5)”的顺序进行。如果对开关电源系统增加负载：电缆连接操作先从 (6) 端开始，连接次序为先接 (7)，后接负 48V 输出熔丝或空气开关。

4.阀控式密封铅酸蓄电池在实际使用中，阀控式电池会出现提前失效的现象，可以从三方面来判断蓄电池的寿命：内阻、工作温度和 (8) 。其中内阻是衡量电池性能的一个重要技术指标，蓄电池的内阻随放电量的增多而 (9) 。

5.铅酸蓄电池的充电方式有浮充充电、(10) 和快速充电等多种方式。对于防酸隔爆式电池，其液面过低时，应及时补加 (11)，并进行充电。

6.柴油机发生故障时，通常会遇到下列几种现象：运转时 (12) 、运转异常、外观异常、温度异常和气味异常。柴油机在严冬季节如无保温措施，停机半小时后，应该 (13)，以防止设备冻坏。

7.UPS 的主要功能包括：双路电源之间的无间断切换、隔离干扰、交流电压变换、交流频率变换、(14) 。从工作方式上看，UPS 可以分为在线式（On Line）、(15) 和在线互动式（Line Interactive）三类。

试题十：

1.空调设备是使室内空气 (1)、(2)、(3) 和 (4)（简称为“四度”）达到规定设定要求的设备。

2.所有空调机均采用 (5) 相交流电源，空调机组的供电应与国家和当地的电力供应标准相一致。而且按照规范应在机组 (6) m 范围内安装一个手动电气断路开关。

3.中央空调设备运行时，维护人员应做到：“听”：设备有无异常 (7)。“嗅”：有无异常 (8)。“摸”：电机、高低压制冷管路、油路、电动控制元器件等 (9) 是否正常，有无振荡现象。“看”：设备有无 (10) 等现象发生；查看冷却水池的水位是否合理。

4.空调系统安装系统的集成程度可分为：(11)、(12) 和 (13)。

试题十一：

1.防雷的基本方法可以归纳为“抗”和“泄”。“抗”是指各种电气设备应具有一定的 (1)（填“导电”或“绝缘”）水平，以提高其抵抗雷电破坏的能力；“泄”指使用足够的 (2) 元器件，将雷电引向自身从而泄入大地，以削弱雷电的破坏力。

2.按照性质和用途的不同，直流接地系统可分为 (3) 接地和 (4) 接地两种。其中 (5) 用于保护通信设备和直流通信电源设备能够正常工作，而(6) 接地则用于保护人身和设备的安全。

试题十二：

1.(1) 原则是电源系统设计首要原则，也是电源设计的根本出发点。另外，电源系统设计还需要考虑到 (2) 性和 (3) 性。

2.从电源设计内容上看，设计内容包括 (4) 系统、(5) 系统、(6) 系统和 (7) 系统四个主要组成部分。

3.按照满足电压要求选取直流放电回路的导线时，要求全程压降不应大于下列值：48V电源系统为 (8) V；24V电源系统为 (9) V（原有窄范围供电系统）或 (10) V（新建宽范围供电系统）。

4.对于小容量的局站，一般供电局不要求 (11) 补偿，如需补偿时，变压器的视在功率应计算补偿后的功率。

5.电磁场伤害事故是指人在强电磁场的长期作用下，(12) 而受到的不同程度的伤害。

试题十三：

1.通信电源系统的基本要求是：供电的可靠性、供电的稳定性、供电的经济性和 (1)。

2.交流高压配电方式有：放射性配电方式、(2) 和环状式配电方式等。

3.直流供电与交流供电相比，具有可靠性高、电压平稳和 (3) 等优点。

4.高频开关型整流电路通常由 (4)、(5)、功率因数校正电路、DC/DC变换器、输出滤波器等部分组成。

5.在使用铅酸蓄电池的过程中，影响蓄电池容量的主要因素包括：(6)、电解液的温度和浓度。

6.空调机房所需要的制冷量主要根据空调机房的建筑围护 (7) 和机房内所产生的热量总和来确定。

7.机房专用空调的特点包括：满足机房调节热量大的需求、满足机房送风次数高的需求、(8)、(9) 以及满足机房高洁净度调节的要求。

8.变压器的初级电流是由变压器的 (10) 决定。

试题十四：

1.通信电源的接地应包括：(1)、(2)、(3) 以及机架保护接地和屏蔽接地等。

2.低压电网系统接地保护方式可分为：(4)、(5) 和 (6)。

3.常见的防雷元器件有：接闪器、(7) 和 (8) 三类。

4.根据干扰的耦合通道性质，可以把屏蔽分为：电场屏蔽、(9) 与 (10)。

5.通信电源接地系统通常采用联合接地的方式，联合接地系统由 (11)、(12)、接地汇集线和 (13) 组成。

试题十五：

1.集中监控系统的目标是对监控范围内的电源系统、空调系统和系统内的其他设备以及机房环境进行 (1)、(2) 和遥控，实时监控系统和设备的运行状态。

2.智能监控系统的主要功能包括：(3)、(4)、(5)、(6) 和帮助功能。

3.集中监控系统的监控对象有：高压配电设备、(7)、(8)、(9)、(10)、逆变器、整流设备（高频开关电源）、蓄电池（组）、分散空调设备、集中空调设备和环境变化参数等。

试题十六：

1.通信电源系统包括：交流供电系统、直流供电系统、(1)、防雷系统和监控系统等。

2. 高压熔断器主要用于保护配电线路和配电设备，防止网络发生过载或 (2) 引起的故障。

3. 在非线性负载电路中，功率因数校正电路可以提高设备的 (3)。

4. 在基础电压范围内，数字通信设备供电系统（蓄电池）的工作电压包括：(4) 、均衡电压和终止电压。

5. 直流供电系统包括整流设备、蓄电池组、DC/DC 变换器、逆变设备以及 (5) 等。

试题十七：

1. 通信局（站）用直流基础电源电压一般为 (1) V，也有部分使用 24V 电源。

2. 高压交流供电系统中，变压器的保护方式有：熔断器保护、(2)、(3)。

3. 交流供配电系统由高压配电设备、(4)、(5)、电容补偿器和自备交流电源（如柴油发电机组）组成。

试题十八：

1. 电源系统的可靠性一般用 (1) 指标来衡量。它是指因电源系统故障引起的通信系统阻断的时间与阻断时间和正常供电时间之和的比。

2. 目前，通信电源系统比较典型的供电方式有集中供电、(2) 和混合供电。

3. 直流供电系统的主要设备有整流设备、(3) 和直流配电屏。

4. 由于通信电源系统容量的增加，需采用均流技术以满足多个模块共同工作的要求。常用的高频开关整流器的负载均分电路有简单负载均分电路、(4) 电路和自动平均均流电路等方式。

5. 目前通信用高频开关型整流器一般做成模块的形式，其中整流模块单元部分的功能是将由交流配电单元提供的交流变成 (5) V 直流电经直流配电单元输出。

试题十九：

1. 阀控式密封铅酸蓄电池的极板通常是封闭式，分为板栅和 (1) 两部分。

2. 铅蓄电池以一定的放电率在 25℃ 环境下放电至能再反复充电使用的最低电压称为 (2)。

3. 柴油机输油泵的作用是供给高压油泵（喷油泵）足够的 (3) 并保持一定的压力。

4. 对三相交流同步发电机来说，如果转子磁极为一对时，转子旋转一周，绕组中的 (4) 正好变化一次。

5. 柴油发电机有许多技术指标，其中 (5) 指从负载突变引起输出电压变化算起，到开始稳定所需的时间。

试题二十：

1. UPS 按工作方式来分，分为后备式、(1)、在线互动式。

2. UPS 的交流输入整流电路一般为 (2) 电路。

3. 柴油发电机组在使用过程中，卸载后，一般让机组空载运行 (3) 分钟再停机。

4. 压缩机在制冷系统中占有重要的地位，结构比较复杂。因此通常把压缩机称为制冷系统的 (4) 。

5. 空调的 (5) 指名义制冷量（制热量）与运行功率之比。

试题二十一：

1. 从功能上看，通信局站的动力与环境主要是由负责电力能源转换、输送和分配的 (1)

和负责为网络通信设备运行提供适合的温度、湿度和洁净度的机房空调系统组成。

2.网络通信设备对动力与环境的基本要求，也是最根本要求，是能够提供充足的、适合类型的 (2) 和适宜的环境空间。

3.通信电源系统主要功能可以归纳为“供”“配”“储”“发”“变”5方面。其中 (3) 是指将电能按需分配和输送到各个机房乃至各台主设备，并实现一定的调度功能。

4.通信电源系统的质量要求包括以下3方面，即定额要求、杂损要求和附加要求（衍生要求）。其中 (4) 包括对供电中各种干扰、损耗等有害因素的忍受限度。

5.空调系统主要功能是解决“热”“湿”“尘”“风”4方面问题，(5) 是空调系统与通信设备之间的“桥梁”。

试题二十二：

1.当主用电源停电后，备用电源采用自动或手动合闸方式投入运行；当备用电源停电后，主用电源自动或手动投入运行。这种供电方式是 (1)。

2.常用高压电器中，在规定的使用条件下，(2) 可以接通或断开各种负载电路，但不能切断短路电流。

3.四冲程柴油机通过四个冲程来完成能量的转换，其工作过程中气缸内温度最高的是 (3) 冲程。

4.在柴油机运行的过程中，当油机出现 (4)、(5)、转速高、电压异常等故障时，应能立即停机。

5.按满足电压要求选择直流放电回路的导线时，48V电源直流放电回路的全程压降不应大于 (6)；240V电源直流放电回路的全程压降不应大于 (7)；24V电源直流放电回路的全程压降不应大于 (8)。

试题二十三：

1.在规定的实验条件下，空调机从所处理的空气中移除的显热和潜热之和称为空调机的 (1)。

2.当设定温度在18～28℃范围时，机房专用空调的温度控制精度为 (2)。

3.组成压缩式制冷系统的“四大件”用管道连接，形成一个封闭的循环系统，在系统中加入一定量的 (3) 来实现制冷降温的目的，其量通过“四大件”中的 (4) 来控制。

4.数据中心和网络机房的设计应避免设备吸收热空气，可以通过在机柜前端加装 (5)，实现良好的气流组织。

5.在空调系统的日常维护过程中，应定期检查空调的进、出水管路及制冷管道，确保管路和制冷管道均畅通，无 (6) 和 (7) 现象。

试题二十四：

1.通信电源系统的集中监控就是把同一通信枢纽内的各种 (1)、空调系统和外围系统的运行情况集中到一个监测中心，实行统一管理。

2.在动力与环境集中监控管理系统的网络结构中，面向具体的监控对象，完成数据采集和必要的控制功能的是 (2)，为适应本地区集中监控、集中维护和集中管理的要求而设置的监控中心称为 (3)。

3.集中监控管理系统中，前端测量中的重要器件是 (4)。它负责将被测信号检出、测量并转换成前端计算机能够处理的数据信息。

4.集中监控管理系统中采集的监控量包括数字量、模拟量和 (5)。

5. 动力与环境的集中监控管理系统的管理功能包括配置管理、(6)、性能管理和 (7)。

6.2.2 单项选择题(每题只有一个正确答案，请将正确的答案的英文字母代码写在答题纸的对应栏内)

试题一：

1. 高压熔断器用于对输电线路和变压器进行（　　）。
   A. 过压保护　　B. 过流保护　　C. 欠压保护　　D. 过流/过压保护
2. 柴油发电机组空载试机时间为（　　）。
   A. 3～5min　　B. 5～30min　　C. 30～60min　　D. 60min 以上
3. 内燃机冷却系统中，节温器的作用是（　　）。
   A. 调节水温　　B. 控制水量　　C. 防止水溢出　　D. 调节水温和水循环
4. 电流通过人体的途径中，以（　　）通路为最危险的电流途径。
   A. 胸到左手　　B. 脚到脚　　C. 左手到右手　　D. 右手到左手
5. 具有强的抗不平衡能力的功率变换电路为（　　）电路。
   A. 推挽式　　B. 半桥式　　C. 单端反激　　D. 全桥式
6. 阀控铅酸蓄电池组放出电量超过（　　）以上额定容量应进行均衡充电。
   A. 80%　　B. 60%　　C. 40%　　D. 20%
7. 柴油机标定功率是柴油机在额定工况下，连续运转（　　）h 的最大有效功率。
   A. 2　　B. 36　　C. 12　　D. 48
8. 当负载发生短路时，UPS 应能立即自动关闭（　　），同时发出声光报警。
   A. 电压　　B. 电流　　C. 输入　　D. 输出
9. 制冷系统中相应的制冷能力单位一般为（　　）。
   A. kW/h　　B. kW　　C. kcal　　D. kcal/h
10. 在正常情况下，电气设备的接地部分对地电压是（　　）V。
    A. 0　　B. 48　　C. 220　　D. 380
11. 电源设备监控单元的（　　）是一种将电压或者电流转换为可以传送的标准输出信号的器件。
    A. 传感器　　B. 变送器　　C. 逆变器　　D. 控制器
12. 低压进线柜的主要遥测内容为：三相输入电压、三相输入电流和（　　）。
    A. 输入电压波形　B. 输入电流波形　C. 功率因数　　D. 开关状态
13. 自备发电机组周围维护工作走道净宽不应小于（　　）。
    A. 2m　　B. 1.5m　　C. 1m　　D. 0.5m
14. 直流系统的蓄电池一般设置两组并联。为了总容量满足使用需求，蓄电池最多的并联组数不要超过（　　）组。
    A. 6　　B. 4　　C. 3　　D. 2

试题二：

1. 下列设备不属于通信系统供电设备的是（　　）。
   A. 高频开关整流器　　B. 蓄电池　　C. 不间断电源　　D. 空调设备
2. 高频开关整流模块的稳压精度要求≤（　　）。
   A. ±0.1%　　B. ±0.3%　　C. ±0.6%　　D. ±0.8%
3. 有源功率因数校正电路的主要优点包括（　　）。

A. 开关电源体积大 B. 功率因数较高 C. 低频电感大 D. 滤波电容大

4. 蒸发器是制冷剂从系统外吸收热量的换热器。在机组正常工作时，（ ）进入蒸发器。

A. 高温高压气态 B. 低温低压液态 C. 高温高压液态 D. 低温低压气态

5. 通常空调风量的调整可以通过（ ）的变化来实现。

A. 压缩机 B. 制冷剂用量 C. 节流器截面大小 D. 电动机转速

试题三：

1. 低压系统带电作业时，头部与带电线路要保持（ ）以上距离。

A. 5cm B. 10cm C. 20cm D. 70cm

2. 电源设备的电压值通过（ ）转换为监控设备可以识别的标准输出信号。

A. 控制器 B. 传感器 C. 变送器 D. 逆变器

3. 在通信电源系统交流部分的三级防雷中，通常在（ ）处作为第一级防雷，交流配电屏内作第二级防雷，整流器等交流负载输入端口作为第三级防雷。

A. 变压器 B. 补偿屏 C. 低压进线柜 D. 发电机组

4. 开关电源系统扩容时，需要增加（ ）。

A. 直流输出空开 B. 整流模块 C. 监控模块 D. 整流模块和监控模块

5. 在后备式 UPS 中，市电正常时逆变器（ ）。

A. 工作 B. 不工作

C. 根据电池放电情况决定是否工作 D. 根据通信设备工作情况决定是否工作

试题四：

1. 常用的交流电压表和万用表测量出的数值是（ ）。

A. 平均值 B. 有效值 C. 峰-峰值 D. 最大值

2. 引出通信局（站）的交流高压电力线应采取高、低（ ）装置。

A. 混合避雷 B. 一级避雷 C. 多级避雷 D. 单级避雷

3. 下列方法中，不能用于直流电力线截面的选择方法是（ ）。

A. 电流矩法 B. 固定压降分配法 C. 最小二乘法 D. 最小金属用量法

4. 监控网络中的常见硬件，具有隔离作用的是（ ）。

A. 温度传感器 B. 入侵传感器 C. 协议转换器 D. 变送器

5. 在制冷系统中，为了确保系统正常工作，需要用到控制器件。下述器件中不属于控制器件的是（ ）。

A. 油分离器 B. 截止阀 C. 电磁阀 D. 压力继电器

试题五：

1. （ ）是衡量交流系统电能质量的两个基本参数。

A. 电压和电流 B. 电压和功率 C. 电流和功率 D. 电压和频率

2. 通信设备用交流市电供电时，交流市电的频率允许变动范围为额定值的（ ）。

A. ±3% B. ±4% C. ±5% D. ±10%

3. 直流供电的基础电压范围内的工作电压有浮充电压、均衡电压和（ ）。

A. 终止电压 B. 起始电压 C. 对地电压 D. 跨步电压

4. 在蓄电池的充电过程中，随着铅酸蓄电池不断充电，电解液中的硫酸成分（ ）。

A. 不变 B. 减少 C. 增加 D. 随机变化

5. 全桥式功率变换电路中，当一组高压开关管导通时，截止晶体管上施加的电压为（　　）。
A. 输入电压 E　　B. 2 倍的输入电压 E
C. 1/2 倍的输入电压 E　　D. $\sqrt{3}$ 倍的输入电压 E

试题六：

1. 当市电出现故障（中断、电压过高或过低）时，UPS 工作在后备状态逆变器将蓄电池的电压转换成交流电压，并通过（　　）输出到负载。
A. 动态开关　　B. 静态开关　　C. 高频开关　　D. 低频开关
2. 大多数情况下，UPS 的逆变电路为（　　）逆变电路。
A. 三角波　　B. 方波　　C. 正弦波　　D. 余弦波
3. UPS 电源热备份方式分为（　　）两种方式。
A. 串联和反馈　　B. 并联和反馈　　C. 反馈和复合　　D. 串联和并联
4. 按系统的集成程度分类，空调系统可以分为（　　）。
A. 集中式、局部式、混合式　　B. 直流式、逆流式、混合式
C. 活塞式、离心式、螺杆式　　D. 独立式、模块式、集成式
5. 当前空调用离心式冷水机组一般以（　　）为下限。
A. 1000kW　　B. 3000kW　　C. 100kW　　D. 300kW

试题七：

1. 实验资料表明，距离接地体 20m 处，对地电压（该处与无穷或处大地的电位差）仅为最大对地电压的（　　）。
A. 2%　　B. 3%　　C. 4%　　D. 5%
2. 电力变压器高低压侧都应装防雷器，两者均做（　　）接续，它们的汇集点与变压器外壳接地点一起组合，就近接地。
A. △形　　B. Y 形　　C. X 形　　D. 树形
3. 理想的联合接地系统是在外界干扰影响时仍然处于（　　）的状态，因此要求地网任意两点之间电位差小到近似为零。
A. 零电位　　B. 无电位　　C. 等电位　　D. 负电位
4. 通信局站的接地应采用（　　）。
A. 独立接地　　B. 混合接地　　C. 直接接地　　D. 联合接地
5. 下属选项中，（　　）功能不属于通信电源集中监控系统的智能分析功能。
A. 告警分析　　B. 故障预测　　C. 数据显示　　D. 运行优化

试题八：

1.（　　）从两个稳定可靠的独立电源引入两路供电线，不能同时检修停电的供电情况。
A. 一类市电供电方式　　B. 二类市电供电方式
C. 三类市电供电方式　　D. 四类市电供电方式
2. 常用高压电器中，（　　）是一种兼有控制和保护双重作用的电器。它具有灭弧装置，但没有明显的断开点。
A. 高压熔断器　　B. 高压负荷开关　　C. 高压隔离开关　　D. 高压断路器
3. 油浸式变压器的油起（　　）作用。
A. 绝缘和灭弧　　B. 绝缘和防锈　　C. 绝缘和散热　　D. 润滑和散热
4. 低压系统中的低压电器，能远距离频繁的自动控制电机的启停、运转和反向的是

（　　）。

A. 刀开关　　B. 熔断器　　C. 接触器　　D. 继电器

5. 低压电器中，实现两路低压交流电自动转换的设备是（　　）。

A. 联络柜　　B. ATS 柜　　C. 补偿柜　　D. 馈电柜

试题九：

1. 通信局站直流供电系统，当市电正常时，整流器一方面向负荷供电，另一方面给蓄电池充电以补充其自然放电的损失，此时整流器给蓄电池充电的电压称为（　　）。

A. 均衡电压　　B. 浮充电压　　C. 放电电压　　D. 终止电压

2. 高频开关整流器的主电路中，（　　）是核心电路，决定着整流器的体积、重量。

A. 滤波电路　　B. 检测电路　　C. 逆变电路　　D. 控制电路

3. 现在通信局站中常用的阀控式铅酸蓄电池的负极板的活性物质为（　　）。

A. 海绵状铅　　B. PbO_2　　C. $PbSO_4$　　D. H_2SO_4

4. 交流不间断电源 UPS 在市电中断时，蓄电池通过（　　）给通信设备供电。

A. 逆变器　　B. 整流器　　C. 静态开关　　D. 变送器

5. 当 UPS 的主备用电源产生切换时，两电源应保持同步，两电源的同步可通过（　　）来实现。

A. 滤波电路　　B. 逆变电路　　C. 静态开关　　D. 锁相电路

试题十：

1. 空调机房所需的制冷量主要根据（　　）来确定。

A. 机房内所产生热量的总和

B. 空调机房的建筑围护冷损耗

C. 空调机房的建筑围护冷损耗和机房内所产生热量的总和

D. 机房内所产生热量的总和以及维护人员所产生热量的总和

2. 机房专用空调的主要特点是（　　）。

A. 送风焓差大，风量大　　B. 送风焓差小，风量小

C. 送风焓差小，风量大　　D. 送风焓差大，风量小

3. 风冷式空调制冷系统的主机是（　　），空调系统靠它实现制冷剂的压缩和输送。

A. 膨胀阀　　B. 冷凝器　　C. 蒸发器　　D. 压缩机

4. 水冷式机房专用空调系统的组成部件中，（　　）是用于促进水循环的部件。

A. 冷水机组　　B. 水泵　　C. 蓄冷罐　　D. 冷却塔

5. 水冷式机房专用空调通常利用冷却塔对冷却水降温，冷却塔主要由配水系统、淋水装置、通风设备以及塔体等部件组成，其中把水溅散成细小的水滴或形成水膜，以加快水温降低的是（　　）。

A. 配水系统　　B. 淋水装置　　C. 通风设备　　D. 挡水帘

试题十一：

1. 在通信电压集中监控管理系统中，远距离对设备的开关操作，如开启发电机组、开关空调等属于（　　）。

A. 遥测　　B. 遥信　　C. 遥调　　D. 遥控

2. 动力环境集中监控管理系统网络结构中的 SS 是指（　　）。

A. 省监控中心　　B. 地区监控中心　　C. 区域监控中心　　D. 监控模块

3. 下列内容不属于动力环境集中监控管理系统监控范围的是（　　）。

A. 市电输入电压　　B. 机房烟雾告警

C. 程控交换机故障告警　　D. 机房空调故障告警

4. 集中监控管理系统的管理功能中，通过对监控系统各方面参数的设置来保证系统正常、稳定运行和实现系统优化的重要功能是指（　　）。

A. 配置管理　　B. 故障管理　　C. 性能管理　　D. 安全管理

5. 在监控系统的告警级分类中，电源或空调系统中发生的设备部件故障但不影响设备整体运行性能的告警是（　　）告警。

A. 一级　　B. 二级　　C. 三级　　D. 四级

试题十二：

1. 在接地系统中，接地引入线是指（　　）。

A. 埋在地下的导体　　B. 接地体到接地排的连接线

C. 设备连接到接地排的连接线　　D. 设备连接到接地体的连接线

2. 接地装置的接地电阻，一般是由接地引入电阻、接地体本身电阻、接地体与土壤的接触电阻以及接地体周围呈现电流区域内的（　　）四部分组成。

A. 环流电阻　　B. 散流电阻　　C. 旋流电阻　　D. 回路电阻

3. 当发生触电事故时，如人体触电伤害严重，有呼吸，无心跳，应采用（　　）抢救。

A. 就地躺平，严密观察　　B. 人工呼吸

C. 胸外心脏按压法　　D. 胸外心脏按压法和人工呼吸交替进行

4. 维护 10～35kV 高压供电设备时，在距导电部位小于（　　）时，在没有断电和放电的情况下，禁止操作。

A. 0.7m　　B. 1m　　C. 1.5m　　D. 3.0m

试题十三：

1. 通信局站的动力与环境中，（　　）的功能是统计能源消耗情况，分析能源利用效率，提升能源效益。

A. 通信电源系统　　B. 机房空调系统　　C. 集中监控管理系统　　D. 能耗检测系统

2. 在通信局站（机房、负荷）的分类中，（　　）通信局站（机房、负荷）的故障将可能造成全网性通信业务中断及用户感知度显著下降，或造成全省性通信业务中断，产生很大的经济损失和社会影响。

A. 一类（或 A 级）　　B. 二类（或 B 级）

C. 三类（或 C 级）　　D. 四类（或 D 级）

3. 以下通信电源系统的设备中，（　　）属于交流供电子系统。

A. 开关电源　　B. 电力变压器　　C. PDU　　D. 蓄电池组

4. 节能减排思路的关键点是开源和节流，下列措施中，（　　）是节流。

A. 机房废热回收技术　　B. 空调系统引入室外冷源

C. 提高开关电源的效率　　D. 利用风能

5. 在通信局站谐波治理的基本方法中，（　　）是最根本的方法。

A. 改善谐波源　　B. 抑制谐波量　　C. 无源滤波　　D. 有源滤波

试题十四：

1. 在市电交流供电系统中，当电网容量较小（一般在 300 万千瓦以下）时，频率允许

偏差为（　）。

A. ±0.1Hz　B. ±0.2Hz　C. ±0.4Hz　D. ±0.5Hz

2. 在负荷较大（容量在 8000hV·A 以上）的重要的国际电信局，省会及以上长途通信，须引（　）。

A. 一路高压市电，分散安装　B. 一路高压市电，室内安装

C. 两路高压市电　D. 两路高压市电，加一路低压市电

3. 某通信局站的电力变压器采用的是 Y/Y-12 的连接组别，则原绕组和副绕组的线电压矢量之间的相位差为（　）。

A. 0°　B. 30°　C. 60°　D. 120°

4. 柴油机供油系统中，（　）的作用是提高柴油的压力，并根据柴油机工作过程定时、定量、定向地向燃烧室内输送柴油。

A. 输油泵　B. 喷油泵　C. 喷油器　D. 调速器

5. 在选择交流电力线时，需要考虑电流流过该线路时的电压损失。按规定，高压配电线路的电压损失一般不超过线路额定电压的（　）。

A. 2%　B. 3%　C. 5%　D. 10%

试题十五：

1. 某通信局站总的最大负载电流为 1500A，若采用额定电流为 100A 的整流模块并供电，根据整流设备的配置原则，应用（　）台整流模块并联。

A. 15　B. 16　C. 17　D. 18

2. 铅酸蓄电池放电的过程中，正负极上的活性物质变成了（　）。

A. $PbSO_4$　B. PbO_2　C. Pb　D. H_2

3. 对阀控式密封铅酸蓄电池应每年至少做一次核对性放电试验，试验时放出电量为蓄电池额定容量的（　）。

A. 50%以上　B. 40%～50%　C. 30%～40%　D. 低于 30%

4. 只有当市电故障时，逆变器才工作的 UPS 是（　）。

A. 在线式 UPS　B. 互动式 UPS　C. 双变换 UPS　D. 后备式 UPS

5. 两台 80kV·A 容量 UPS 供电系统以冗余并联方式运行，负载为 65kV·A。当 UPS1 出现故障后，UPS 供电系统将发生下列哪种动作？（　）

A. UPS1 转旁路带全部负载　B. 由两台 UPS 共同带载，并由电池供电

C. USP1 退出，UPS2 带全部负载　D. UPS1 退出，UPS2 转由电池继续供电

试题十六：

1. 接地系统中，（　）的作用是将三相交流负荷不平衡引起的中性线上的不平衡电流灌放于地，保证各相设备正常运行。

A. 交流工作接地　B. 交流保护接地　C. 直流工作接地　D. 直流保护接地

2. 在低压供电系统的接地方式中，（　）中的中性线和保护线是完全分开的，将整个系统的中性线与保护线完全隔离。

A. TN-C 系统　B. TN-S 系统　C. TN-C-S 系统　D. TT 系统

3. 通信局站内部接地系统的等电位联结方式应采用（　）接地结构。

A. 星形　B. 网状　C. 星形-网状混合型　D. Y 形

4. 对通信电源系统进行多级防雷保护时，应把（　）的防雷器安装在靠近交流供电

线路的进线处。

A. 限幅电压较低、耐流能力较大　　B. 限幅电压较低、耐流能力较弱

C. 限幅电压较高、耐流能力较弱　　D. 限幅电压较高、耐流能力较大

5. 在电气灾害的类型中，（　　）是指在强电磁场的作用下，吸收辐射能量而受到的不同程度的伤害。

A. 电流伤害事故　B. 电磁场伤害事故　C. 雷电事故　D. 静电事故

6.2.3 不定项选择题（每题有一个或者一个以上正确答案，多选少选均不得分，请将选择的答案英文字母代码写在答题纸的对应栏内）

试题一：

1. 通信局（站）所用高频开关电源系统均分负荷的方法有（　　）。

A. 限流并联　B. 限流串联　C. 主从均流　D. 自动平均均流

2. 常用的高压电器包括（　　）。

A. 高压熔断器　B. 高压断路器　C. 高压隔离开关　D. 高压负荷开关

3. 当蓄电池的放电率（　　）10 小时放电率时，电池容量减小。

A. 低于　B. 高于　C. 不高于　D. 等于

4. 通常可以依据（　　）来判断阀控式电池的低压恒压是否正常充电。

A. 充电终期电流　B. 充电时间　C. 极板颜色　D. 充入量

5. 柴油发电机组工作时，润滑系统工作状况分别用（　　）等进行监视。

A. 油温表　B. 压力表　C. 机油标尺　D. 水温表

试题二：

1. 接地系统通常由（　　）组成的。

A. 接地体　B. 接地引入线　C. 接地汇接线　D. 接地线

2. 接地系统应具备的功能（　　）。

A. 降低雷击的影响

B. 提高电子设备的屏蔽效果

C. 提供以大地作回路的所有信号系统一个低的接地电阻

D. 防止电气设备事故时故障电路发生危险的接触电位和使故障电路开路

3. 接地引入线与地网的连接点最好选择在垂直接地体处，铜与钢的连接处应用（　　）焊焊接牢固并用沥青浇注以防接头部位被腐蚀。

A. 锡　B. 电　C. 石膏　D. 乙炔氧

4. （　　）指的是直击雷区。本区内各导电物体一旦遭到雷击，雷浪涌电流经过此物体流向大地，在环境中形成很强的电磁场。

A. 第一级防雷区　B. 第二级防雷区　C. 第三级防雷区　D. 第四级防雷区

5. 地处中雷区以上的通信局站，内部信号线长度超过 50m 的，应在其一侧终端设备入口处安装（　　）。

A. UPS　B. SPD　C. 避雷针　D. 接地体

试题三：

1. 从监控系统中发现一台经智能协议处理机接入系统的设备通信中断，最不可能造成该故障的情况是（　　）。

A. 设备地址配置错　　B. 通信接口物理损坏

C. 智能协议处理机掉电　　D. 前置机通信中断

2. 动力监控系统中传感器的作用是（　　）。

A. 将电量的物理量变换成开关量　　B. 将电量的物理量变换成非电量

C. 将非电量的物理量变换成电量　　D. 将非电量的物理量变换成模拟量

3. 动力环境集中监控系统中 SC 是指（　　）。

A. 监控中心　　B. 监控站　　C. 监控单元　　D. 监控模块

4. 在集中监控系统的数据采集中，采集到的数据可能包含（　　）。

A. 数字量　　B. 模拟量　　C. 开关量　　D. 功率因数

5.《通信电源集中监控系统工程验收规范》规定：系统应进行同时多点告警信号测试，选取告警信号数量应不少于总告警信号数量的（　　）。

A. 40%　　B. 30%　　C. 20%　　D. 10%

6.2.4 判断题（请对下列说法进行判断，将“√”（判为正确）或“×”（判为错误）写在答题纸对应栏内。）

试题一：

1. 在一定大气压下，保持空气的含湿量不变，温度升高，会使空气的相对湿度减小。（　　）

2. 油分离器通常安装在蒸发器与压缩机之间。（　　）

3. 当空气在露点温度下，相对湿度达100%，此时干球温度、湿球温度、饱和温度和露点温度为同一温度。（　　）

4. 目前常用的制冷剂有水、氨、氟里昂以及部分碳氢化物。（　　）

5. 油污及水垢将造成冷凝器冷凝压力的升高。（　　）

6. 冷凝器中冷却水温度降低时，其制冷剂的冷凝压力增大。（　　）

试题二：

1. 通信电源系统的交流部分常用的接地形式为 TN-C。（　　）

2. 在高压检修时，信号元件和指示表计不能代替验电操作。（　　）

3. 接地装置的接地电阻，一般是由接地引线电阻、接地体本身电阻、接地体与土壤的接触电阻以及接地体周围呈现电流区域内的散流电阻四部分组成，其中影响最大的是散流电阻和接触电阻。（　　）

4. 一般情况下，当电缆根数较少，且敷设距离较长时，宜采用电缆隧道敷设。（　　）

5. 当电气设备发生对大地漏电时，人距离电气设备越近，接触电压越高，跨步电压越低。（　　）

试题三：

1. 动力监控系统中应具备的安全管理功能既包括监控系统的安全，又包括设备和人身的安全。（　　）

2. 热电偶相对热敏电阻而言，测量范围较窄。（　　）

3. 动力环境监控系统智能通信口与数据采集器间的防雷措施应每季度检查一次。（　　）

4. 目前安全防范领域普遍采用被动式红外入侵探测器。（　　）

5. 实时数据库现场分布，一般设置在 SC 上。（　　）

试题四：

1. 柴油发电机组不能长期运行在低速状态。（　　）

2.电站用的柴油机功率标定为24小时功率，即柴油机在标准工况下，连续运行24小时的最大有效功率。（　　）

3.输油泵的作用是供给高压泵足够的机油并保持一定的压力。（　　）

4.当发电机所带负载比其输出功率小时，发电机可以带载启动。（　　）

5.单相异步电动机的体积虽然较同容量的三相异步电动机大，但功率因数、效率和带载能力都比同容量的三相异步电动机低。（　　）

试题五：

1.通信电源系统可采用集中供电方式、分散供电方式，其中集中供电方式通常设备集中，便于维护，且供电容量大。（　　）

2.高压配电网的基本接线方式中的放射式配电方式，是指由总降压变电所引出的各路高压干线沿市区街道敷设，各中小型企业变电所都从干线上直接引入分支线供电。（　　）

3.高阻配电方式的配电汇流排或馈线的电阻，相对于低阻配电方式较高，阻值可在45MΩ以上。（　　）

4.在直流供电设备中，直流配电屏是直流供电系统的枢纽，它负责汇接直流电源与对应的直流负载，通过简单操作完成直流电能的分配，输出电压的调整及工作方式的转换等。（　　）

5.直流供电系统的配电方式有低阻配电和高阻配电两种配电方式，其中直流高阻配电方式的优点是：直流供电回路压降很小，供电经济性高；缺点是：直流供电安全性较差。（　　）

试题六：

1.在通信系统中，当出现个别整流模块损坏时，通常采用整流模块整机更换方式排除故障，在更换时，需要先切断对通信系统的供电再进行更换。（　　）

2.安装阀控式铅酸蓄电池，机房应配有通风装置，温度不宜超过28℃；安装的阀控式铅酸蓄电池组要远离热源和易产生火花的地方，应避免阳光对电池直射。（　　）

3.高频开关型整流器中，衡量功率变换电路的性能主要考虑有：功率转换过程中效率是否高；功率变换电路的体积是否小。（　　）

4.柴油机不宜在低速情况下长期运转，因此柴油发电机组启动成功后，应迅速调整到额定转速。（　　）

5.蓄电池在使用过程中，有时会产生密度、端电压等不均衡情况，为防止这种不均衡扩展成为故障电池，所以要定期履行浮充充电。（　　）

试题七：

1.通信机房空调设备是保证通信畅通的必要设备，空调设备和系统安全可靠地工作，对保证通信设备正常运行具有重要作用。（　　）

2.空调的进、出水管路布放路由应尽量靠近机房通信设备。（　　）

3.机房内的灰尘会影响设备的正常工作，因此要求空调机空气过滤器的除尘效率必须达到100%。（　　）

4.中央空调机组维修保养要求中规定：润滑油过滤网每年最少清洗一次，润滑油应每年全部换新，冷凝器和蒸发器每年都要进行清洗和水质处理。（　　）

5.压缩式制冷工作过程可归纳为：压缩过程、冷凝过程、节流过程以及蒸发过程。（　　）

试题八：

1.通信电源的接地包括交流电路工作接地和直流电路工作接地两部分。（　　）

2. 联合接地系统由接地体、接地引入、接地汇集线和接地线组成。(　　)

3. 人离接地体越近，接触电压越大；离接地体越远，则接触电压越小；在距离接地体处须 20m 以外时，接触电压几乎为 0。(　　)

4. 直流接地须连接的有：蓄电池组的一极；通信设备的机架或总配线的铁架；通信电缆金属隔离层或通信线路保安器；通信机房防静电地面等。(　　)

5. 根据国家标准《低压电网系统接地形式分类、基本技术要求和选用导则》的规定，低压电网系统接地的保护方式可分为：接零系统（TN 系统）、接地系统（TT 系统）和不接地系统（IT 系统）。(　　)

试题九：

1. 不同厂家、不同型号、不同容量蓄电池可以并联使用。(　　)

2. 对于大型数据中心机房，提倡采用几个中等容量 UPS 系统分散供电代替单一大容量 UPS 系统集中供电。(　　)

3. 采用高频开关型整流器的局（站），应按 $n+1$ 冗余方式确定整流器配置，其中 n 只主用，$n \leqslant 10$ 时，1 只备用；$n>10$ 时，每 10 只备用 1 只。(　　)

4. 电源馈线的规格应符合下列要求：通信用交流中性线可采用与相线截面面积稍小的导线；直流电源馈线按近期负荷确定；接地导线采用铝芯导线。(　　)

5. 交流配电屏的主要作用在于：给开关电源系统的整流器提高交流电源，所以开关电源系统的交流屏往往使用厂家配套的产品。(　　)

试题十：

1. 直流熔断器的额定电流值应不大于最大负载电流的 1.5 倍，各专业机房熔断器的额定电流值应不大于最大负载电流的两倍。(　　)

2. 双机并联热备份工作的 UPS 电源系统，由于其输出容量只是额定容量的 50%，所以两台 UPS 电源始终在低效率下运行。(　　)

3. 基站增设接地体施工如挖出房屋原有接地网，无需将接地体与房屋地网焊接。(　　)

4. 相控电源工作在 50Hz 工频下，由相位控制调整输出电压，一般需要 1+1 备份；开关电源的功率调整管工作在高频开关状态，通常按 $n+1$ 备份，组成系统的可靠性高。(　　)

5. 触电伤员神志不清时，施救者应将其就地仰面平躺，并摇动伤员头部呼叫伤员，让其尽快清醒。(　　)

试题十一：

1. 安全距离是指带电体与地面之间、带电体与带电体之间、带电体与其他物体之间、工作人员与带电体之间应保持一定的间隔和距离。(　　)

2. 铅酸蓄电池维护规程中规定，如果电池容量小于额定容量的 80%时，该电池可以申请报废。(　　)

3. 制冷系统充入高压氮气后严禁启动压缩机，否则会发生爆炸危险。(　　)

4. 柴油机不宜在低速情况下长期运转，因此柴油发电机组启动成功后，应迅速调整到额定转速。(　　)

5. UPS 的过载能力主要取决于其逆变器的功率设计余量。(　　)

试题十二：

1. 空调冷水机组在向系统中补充制冷剂工作时，需要在机组运转情况下完成。(　　)

2. 空调机制冷效果很差的原因仅与制冷系统的制冷剂有关。(　　)

3. 空调冷水机组启动时应先启动冷水泵，然后再启动空气处理系统风机。(　　)

4. 空调设备在使用过程中，应定期清洁各种设备的表面，保持空调设备表面无积尘、无油污。(　　)

试题十三：

1. 在实际工作中，可以在土壤中掺入食盐以降低土壤电阻率。(　　)

2. 接地装置和避雷针维护的主要要求是避雷针和接地装置不要与其他杂物相接触。(　　)

3. 雷击分为感应雷与直击雷。感应雷的峰值电流可达 75kA，直击雷其峰值较小，所以感应雷的破坏性更大。(　　)

4. 抑制或衰减雷电浪涌的耦合途径主要措施是加粗避雷针的直径。(　　)

试题十四：

1. 通信电源系统采用分散供电方式时，原则上无需考虑电磁兼容性。(　　)

2. 高压配电网采用放射式配电方式时，供电可靠性较差。(　　)

3. 直流高阻配电方式供电安全性高，回路压降低。(　　)

4. 电源系统中的分流器可以用来测量交流电流。(　　)

5. 交流供电应采用三相五线制，零线可以安装熔断器。(　　)

试题十五：

1. 机房空调低压指的是蒸发器到压缩机进气口这一段。(　　)

2. 空调制冷工程中可以通过水和制冷剂吸收制冷系统冷凝器排出的热量。(　　)

3. 在市电中断时，为了保证交流电源的不间断电源供给，逆变器将蓄电池的直流储能转换为交流电输出。(　　)

4. 在无源功率因数校正电路中，当交流输入电压高于滤波电容两端电压时，滤波电容才开始充电。(　　)

5. 在制冷系统中，油分离器的作用主要是改善冷凝器和蒸发器中的传热效果。(　　)

试题十六：

1. 通信系统通常不需采取防雷措施。(　　)

2. 工作接地的主要作用：利用大地作为良好的参考零电位，保证在各通信设备间甚至各局间的参考电位没有差异，从而保证通信设备的正常工作。(　　)

3. 对地电压的定义：在电场作用范围内，人体如双脚分开站立，施加于两脚的电位不同导致两脚间存在的电位差。(　　)

4. 联合接地方式优点是地电位均衡，保证同层各地线系统电位大体相等，消除危及设备的电位差。(　　)

试题十七：

1. 直流供电系统应采用在线充电方式，以全浮充制运行。(　　)

2. 不同类别的机房对于 UPS 蓄电池后备时间的要求没有差别。(　　)

3. 高压配电线路的电压损失，一般不超过线路额定电压的 15%。(　　)

4. 接地导线应采用铜芯导线，机房内的交流导线应采用阻燃性电缆。(　　)

5. 通信电源系统设计在保证供电质量的前提下，需要考虑的要素主要包括：安全性、可靠性、经济性和可扩展性。(　　)

试题十八：

1. 在通信监控系统中采用的是并行异步通信方式，速率设定为 2400～9600 bit/s。(　　)

2. 动力环境集中监控系统的3级结构中SC和SU级属于管理层。（ ）

3. 集中监控系统要求蓄电池单体电压测量误差应不大于±5mV。（ ）

4. 为了在通信设备环境中对通信电源实现集中监控，监控系统网络采用了分布式计算机控制系统结构。（ ）

5. 蒸发器中制冷剂的蒸发取决于温度，与被冷却物的压力大小无关。（ ）

试题十九：

1. 采用分散供电方式时，交流供电系统仍采用集中供电方式。（ ）

2. 接地汇集线是指通信局站建筑物内分布设备可与各通信机房接地线相连的一组接地干线的总称。（ ）

3. 接地线可以使用裸导线布放。（ ）

4. 接地引入线应涂沥青，一般用镀锌扁钢作引入线。（ ）

5. 土壤的湿度越高，接触越紧，接触面积越大，则接触电阻就越大。反之，接触电阻就越小。（ ）

试题二十：

1. 蓄电池由正极、负极、电解质、隔离物和容器组成，其中正负极的活性物质是电解质起物理反应，对电池产生电路起着主要作用。（ ）

2. 隔板腐蚀是阀控式电池失效的重要原因。（ ）

3. 内燃机连杆的作用是将活塞承受的气体压力传给曲轴，使活塞的往复直线运动变为曲轴的旋转运动。（ ）

4. 旋转磁极式同步发电机在工作过程中，电枢是旋转的，磁极是固定的。（ ）

5. 柴油发电机组启动成功后，应先将其低速运转一段时间，然后再逐步调整到额定转速空载运转一段时间，最后按要求加负载。（ ）

试题二十一：

1. 通信局站中接地装置或接地系统中所指的“地”即一般的土壤，它有导电的特性，并具有无限大的电容量，可以作为良好的参考零电位。（ ）

2. 通信局（站）防雷保护的第一级保护装置，通常设置在电力电缆馈电至交流配电屏之前约10m处。（ ）

3. 集中监控的工作过程是单向的。（ ）

4. 通信电源监控系统网络采用集中式计算机控制系统结构。（ ）

5. SC属于区域管理维护单位，监控站是为满足县、区级的管理要求而设置的，负责辖区内各监控单元的管理。（ ）

试题二十二：

1. 对于大型数据中心机房，提倡采用几个中等容量的UPS系统分散供电代替单一大容量UPS系统集中供电。（ ）

2. 环形接地体应与各种入户金属管道、电缆金属外皮等焊接相连，作为通信建筑的联合体接地，并采用不小于40mm×40mm镀锌扁钢与其他地网多点焊接相连。（ ）

3. 电力竖井的位置应在考虑楼层平面位置时确定，竖井位置应有利于进出线方便，使馈线距离短，尽量减少交叉，电力竖井必须与通信线分开。（ ）

4. 当电气设备采用超过24V的安全电压等级时，一定要采取防止直接接触带电体的防护措施。（ ）

5. 信号元件和指示表计可以代替验电操作。(　　)

试题二十三:

1. 电流互感线圈是根据升压变压器的原理制成的，它通过线圈的匝数比来进行交流小电流到大电流的转换。(　　)

2. 高压操作时，应两人操作制度，一人操作、一人监护，不准单人进行高压操作。(　　)

3. 电力变压器在实际运行过程中，任何情况都严禁过载运行。(　　)

4. 低压交流供电系统的自动断路器跳闸或断路器烧断时，应查明原因，必要时允许试送电一次。(　　)

5. 备用发电机组工作时，其中的柴油机将燃料的热能转化为机械能，该能量转化是通过柴油机的曲轴连杆机构实现的。(　　)

试题二十四:

1. 直流电源屏位于整流器与通信负载之间，主要用于电源的接入与负荷的分配，即整流器、蓄电池组的接入和直流负荷分路的分配。(　　)

2. 在通信电源系统中，蓄电池仅起防止瞬间断电的作用。(　　)

3. 阀控式铅酸蓄电池的电解液是活性物质之一，必须有一定的密度（比重）才能保证电化学反应的需要，因此电解液的密度（比重）越高越好。(　　)

4. 无论市电正常与否，在线式 UPS 的逆变器始终处于工作状态，因此能实现对负载真正的不间断供电。(　　)

试题二十五:

1. 通信机房空调系统应能提供 Internet 接口，通过网络实现设备远程监控。(　　)

2. 在空调系统使用过程中，压缩机与冷凝器之间的管路上应安装油分离器，以便将润滑油从制冷剂蒸汽中分离出来，提高制冷效果。(　　)

3. 冷水机组是把制冷压缩机、冷凝器、蒸发器、膨胀阀、控制系统及开关箱等组装在一个公共基座或框架上的制冷装置，是制冷系统的核心。(　　)

4. 通信机房的气流组织的优化应遵循“先冷环境、后冷设备”的原则。(　　)

5. 在空调系统运行过程中，应定期对空调系统进行工况检查，及时掌握系统各主要设备的性能指标，并对空调系统设备进行有针对性的整修和调测，保证系统运行稳定可靠。(　　)

试题二十六:

1. 动力环境集中监控管理系统的网络结构不同级别之间的接口定义不同，其中监控模块与监控单元之间的接口定义为 A 接口。(　　)

2. 从集中监控管理系统的监控内容来看，集中监控管理系统以监控电源设备的状态为主，环境参数的监控是可选项。(　　)

3. 各级监控系统的配置数据要保持一致，当下级被监控对象及其监控内容或操作人员发生改变时，上级系统要随之改变对应的数据。(　　)

4. 监控设备安装不影响被监控设备正常运行。(　　)

5. 实现集中监控管理后，对通信电源设备的维护，不需要技术精湛、经验丰富的电源专家，节约运维成本。(　　)

试题二十七:

1. 通信动力与环境的人身安全是指各类电源、空调设备自身必须具有良好的安全保护设

计，不因输入、负载及其他外界的异常影响而导致设备本身的损坏。(　　)

2. 机房空调系统中的智能新风系统是为了节约空调制冷消耗，在气温较低的情况下直接引入室外“冷量”对机房进行制冷而设的。(　　)

3. 通信局站的电能利用有效度（PUE）为大于1的数，反映了通信局站基础设施节能的程度。PUE数值越大，该局站越节能。(　　)

4. 能耗评价指标包括总量指标和单位指标，不论是总量指标下降还是单位指标下降，都是节能效果的一种体现。(　　)

5. 通信电源节能技术中，蓄电池削峰填谷技术是从平衡电网负荷角度降低了全网的能量损失。(　　)

试题二十八：

1. 变压器的过温告警是集中监控管理系统的遥测的内容。(　　)

2. 集中监控管理系统的监控模块和监控单元之间的数据传输一般采用专用数据总线传输，其中RS422为半双工工作方式，RS485为全双工工作方式。(　　)

3. 集中监控管理系统应具有对试图登录系统的用户进行鉴权的功能，只有名称和密码都正确的用户才允许登录到系统中，否则拒绝登录。(　　)

4. 动力与环境集中监控管理系统的平均故障修复时间应小于0.5小时。(　　)

5. 集中监控管理系统的监控中心应实行24小时值班，日常值班人员应对系统终端发出的所有声光告警做出反应，通知维修人员去处理。(　　)

试题二十九：

1. 当专用变压器离通信大楼较远时，交流中性线应按规定在变压器与户外引入最近处做重复接地，尤其采用三相四线制时必须做重复接地。此时，应离开联合接地网边缘5m以外单独设置接地线。(　　)

2. 在埋设接地体处的土壤内加入食盐可以降低接地电阻的值。(　　)

3. 直击雷一般能力巨大，破坏性很大，在对通信局站的雷击破坏中是主要危险。(　　)

4. 因为电流作用的时间越长，伤害越严重，因此当人触电时，应迅速脱离电源，越快越好。(　　)

5. 当触电者脱离电源后，若触电伤员神志不清，应就地仰面平躺，确保其气道通畅，并用5s时间呼叫伤员，必要时可摇动头部呼叫伤员。(　　)

6.2.5 简答题

1. 在空调系统中膨胀阀出口经常会发生冰堵现象，请简要分析其形成原因并提出相应的解决措施。

2. 通信用电力系统中由于存在开关电源、UPS等较多的电力电子设备，容易产生较多的谐波，请简要分析谐波会对电网系统造成的影响以及消除方法。

3. 简述在线式UPS三种常见的供电模式。

4. 柴油发电机组的停机操作主要包括正常停机、故障停机和紧急停机。请列出需柴油发电机组紧急停机的情况。

5. 某交换局使用的直流耗电量为500A/48V，要求配置的蓄电池组后备时间为3h，请核算出所需的100A整流模块及电池组配置（K：安全系数取1.25，η：放电容量系数取0.75，α：电池温度系数取0.008，t：使用温度按20℃计算，电池组有100A·h、200A·h、500A·h、

1000A·h容量可选，充电限流值取0.125，必须写出主要计算过程)。

6.引发蓄电池失效的原因有板栅腐蚀及增长、电解液干涸、负极硫酸化、早期容量损失、热失控等，其中负极板硫酸化是较为普遍的一种失效模式，请简要描述什么是蓄电池的负极板硫酸化及其主要形成原因。

7.在集中监控系统中，需要对各类高压配电设备进行哪些内容的遥测或遥信？请列举至少四种监控内容，并指明是针对何种配电设备（如：进线柜、出线柜、母联柜和直流操作电源柜等)。

8.集中监控系统本身也需要进行安全管理和人员权限管理。(1) 请列举三种以上安全机制。(2) 请列举集中监控系统的维护人员主要可分为哪些角色，简要说明其职责。

9.(1) 常见的监控系统硬件包含哪些模块？简要说明其作用。(2) 请列举两种以上监控系统中常见的传感器。

10.通信电源接地系统通常采用联合地线接地方式，请简述联合接地的优点。

11.简述选择电缆敷设路径时应遵循的原则。

12.在交流供电系统中，常用的高压电器有高压熔断器、高压断路器、高压隔离开关、高压负荷开关和互感器等。请简述上述电器在高压电路中的作用。

13.采用直流系统为通信设备供电，其直流设备基础电压通常是多少？对供电质量有什么要求？

14.简述UPS电源设备的基本维护要求。

15.简述电源设计的基本内容和设计的主要步骤与内容。

16.铅酸蓄电池电极以铅及其氧化物为材料，在通信系统中应用广泛。试简述铅酸蓄电池电动势产生的机理。

17.简述离心式冷水机组的主要组成部件及工作原理。

18.集中监控系统不仅能提高系统维护的实时性，也减少了维护人员的数量。试简述集中监控系统应具有的功能。

19.变电站高压供电系统的设计要考虑以下因素，即市电引入方式、变压器保护形式和变压器操作方式等。试简述市电引入方式的分类及适用场景。

20.简述通信电源设计的原则。

21.简述集中监控系统的三级结构。

22.简述影响铅蓄电池容量的因素。

23.简述四冲程汽油机和四冲程柴油机工作过程的异同点。

24.简单说明监控系统的组网原则。

25.非晶合金变压器、谐波治理技术、蓄电池削峰填谷技术和风光互补技术等节能减排技术，从中选择一项介绍其节能原理。

26.柴油发电机组运行时需要注意哪些问题？（至少写出5条注意事项，可从机组的启动、加载、运行中等方面来介绍)

27.简述影响铅蓄电池寿命的主要因素。

28.什么是联合接地系统？联合接地系统由哪几部分组成？

29.从通信局站的能耗结构中可以看出，其能源主要消耗在通信设备和空调设备上，而通信设备能耗是真正“有价值”的消耗。从通信主设备的角度来说，空调设备是不产生任何“直接效益”的，其能耗是“无价值”的。因此通信局站的节能减排技术中，针对机房空调系统的节能技术尤为重要，其中机房空调的群控技术可以提高空调系统的运行效率，达到节能减排的目的。请简述机房专用空调群控系统节能原理及优点。

30.高频开关整流器是直流供电系统的主要设备之一，因其体积小、重量轻、功率因数和可靠性高等特点在通信局站中得到普遍应用。请简述高频开关整流器的工作过程。

31.通信机房中通信设备往往布置密集，且全年不停地运行，设备排热量大，而设备的正常运行要求机房的温度、湿度、洁净度等都要维持在规定的范围内。要保障机房通信设备的正常运行，通信机房中通常要求安装机房专用空调，一般的舒适性空调不能满足需要。请简述与一般的舒适性空调相比，机房专用空调有哪些特点？

32. 简述通信电源系统防雷保护基本原则。

6.3 考试真题详解

6.3.1 填空题

试题一：

1.(1)(2) 大风量；小焓差。

2.(3)(4) 蒸发器；节流装置（或称膨胀阀）；(5) 低；(6) 低。

3.(7) 40%～70%；(8)(9) 红外线；电极锅炉（或电极式）。

4.(10)(11)(12)(13) 活塞式；螺杆式；离心式；吸收式；(14) 设备有无异常振动与噪声；(15) 有无异常气味；(16) 电机、高低压管路、油路、电动控制元器件等温度是否正常，有无振荡现象；(17) 有无打火、冒烟、破漏等现象发生，冷却水池水位是否合理。

5.(18) 制冷剂是否足够。

试题分析：本试题主要考查对空调系统相关知识的识记。

1.本小题考查机房专用空调的相关知识。程控机房及电子计算机房均属高发热机房，在这类机房中几乎无潜热源，所以产湿量很小，而热湿比相当高。这就需要及时、大量的排出显热，机房专用空调大风量、小焓差的设计思想正好适合这种特殊要求。由于风量大、焓差小，所以机房专用空调的主要能量被用来制冷，排除显热，而不是去湿。

2.本小题考查单极压缩式制冷空调系统的组成和工作过程。单级压缩制冷系统由蒸发器、压缩机、冷凝器和节流装置（或称膨胀阀）等主要部件组成，它们之间用管道连成一个封闭系统。单级压缩制冷系统的工作过程是：低温低压制冷凝液体（如氨或氟里昂），在蒸发器内蒸发为气体，吸收周围介质（如水或空气）的热量被压缩机吸入气缸内，气体在气缸中经压缩，其温度和压力都要升高，然后被排入冷凝器中。在冷凝器内高温、高压的制冷剂气体与冷却水或空气进行热交换，放出冷凝热，将热量传给冷却水或空气带走，而本身由气体凝结为液体。此高压液体经节流装置（或称膨胀阀）节流降压至蒸发压力，在节流过程中制冷剂温度将下降到蒸发温度，节流后的气液混合物进入蒸发器。在蒸发器内的低压制冷剂液体很不稳定，立即进行汽化再吸收汽化潜热，使蒸发器周围被冷介质温度降低，而蒸发器内的制冷剂气体又被压缩机吸走，完成一个制冷循环。这样周而复始继续下去，不断地将蒸发器周围介质的热量带走，从而获得低温，达到制冷的目的。

3.本小题考查通信机房空调系统的加湿处理。在通信部门所有的交换机房、计算机机房、各模块局，对温度和湿度都有一定的要求范围。在一类环境的机房内，要求湿度范围为40%～70%。为了达到这一指标，在机房专用空调中安装了加湿装置，它受机房空调的电脑板控制，当机房湿度低于设定湿度下限时，自动启动加湿循环；当机房湿度高于设定湿度上限时，自动停止加湿，使机房温、湿度在正常范围内。加湿器按照加湿方式可分成两类：红外线加湿器和电极锅炉式（或电极式）加湿器。

4.本小题考查常见形式的空调用冷水机组和集中式空调设备的维护。冷水机组是把制冷机、冷凝器、蒸发器、膨胀阀、控制系统及开关箱等组装在一个公共机座或框架上的制冷装置，其常见形式有活塞式、螺杆式、离心式和吸收式冷水机组。设备运行时，维护人员应做如下工作。“听”：设备有无异常振动与噪声。“嗅”：有无异常气味。“摸”：电机、高低压制冷管路、油路、电动控制元器件等温度是否正常，有无振荡现象。“看”：设备有无打火、冒烟、破漏等现象发生，查看冷却水池水位是否合理。

5.本小题考查机房专业空调中视液镜的作用。视液镜的作用是用来观察制冷剂是否足够，此外还可判断制冷剂的干燥程度（制冷剂含水率）。

试题二：

1.(1)(2)(3) 高压熔断器；高压断路器；高压隔离开关；(4) 短路；(5) 2；(6) 1.5；(7) 中性（或零）。

2.(8) 高阻配电；(9) 低阻配电；(10)(11)(12) 电话衡重杂音；离散杂音；宽频杂音。

3.(13) 验电；(14) 接地。

4.(15)(16) 36；12；(17)(18) 人工呼吸；胸外按压。

试题分析：本试题考查对交直流供电系统和安全用电方面相关知识的识记。

1.本小题考查常用的高压电器，低压熔断器的作用与基本维护要求。常用的高压电器包括高压熔断器、高压断路器、高压隔离开关、高压负荷开关和互感器等。熔断器是低压配电和电控设备中的重要保护元件，起短路保护作用。熔断器串联在电路中，在电路发生短路或严重过载时，熔体自行熔断，从而切断故障电路，起到保护电路作用。熔断器的上下级配合或与其他电器配合使用，可在一定的短路电流范围内满足选择性保护要求。熔断器应有备用，不应使用额定电流不明或不合规定的熔断器。直流熔断器的额定电流值应不大于最大负载电流的2倍。各专业机房熔断器的额定电流值应不大于最大负载电流的1.5倍。交流熔断器的额定电流值：照明回路按实际负荷配置，其他回路不大于最大负荷电流的2倍。交流供电应采用三相五线制，零线禁止安装熔断器，在零线上除电力变压器近端接地外，用电设备和机房近端不许重复接地；若变压器在主楼外，则进局地线可以在楼内重复接地一次。交流用电设备采用三相四线制引入时，零线禁止安装熔断器，在零线上除电力变压器近端接地外，在大楼内部也可以与大楼总地排进行一次复接。对柴油发电机组和三进（三相三线制）四出（三相四线制）的交流不间断电源系统，其零线也必须进行一次工作接地。

2.本小题考查两种直流供电系统的配电方式及其优缺点以及直流供电系统的各种杂音指标。根据直流配电屏与负载之间的配电线路阻值大小，直流供电系统的配电方式有低阻配电和高阻配电两种直流配电方式。低阻配电方式的优点是直流供电回路压降很少，供电经济性高；缺点是安全性较差。高阻配电方式具有较高的供电安全性和可靠性，缺点则是回路存在压降和电能消耗。直流供电系统的各种杂音指标可以分为电话衡重杂音、离散杂音、宽频杂音、峰-峰值杂音和瞬态杂音。

3.本小题考查安全用电中停电作业中的安全技术措施。在全部停电或部分停电的电气设备上工作，必须完成下列工作：停电、放电、验电、装设接地线、（装设遮栏）和悬挂标示牌。上述措施由值班员执行。对于无经常值班人员的电气设备，由断开电源人执行，操作时应有监护人在场。

4.本小题考查安全用电中安全电压的等级和选用以及现场触电急救常识。安全电压的等级：我国规定安全电压额定值的等级分别为42V、36V、24V、12V和6V。当电气设备采用了超过24V的安全电压等级时，必须有防止直接接触带电体的保护措施。通常采用的安全电压为36V和12V。触电伤员呼吸和心跳均停止时，应立即采取心肺复苏法正确进行就地抢救。心肺复苏措施主要有以下三种：通畅气道、人工呼吸和胸外按压。

试题三：

高频开关电源结构框图如图6-2所示。

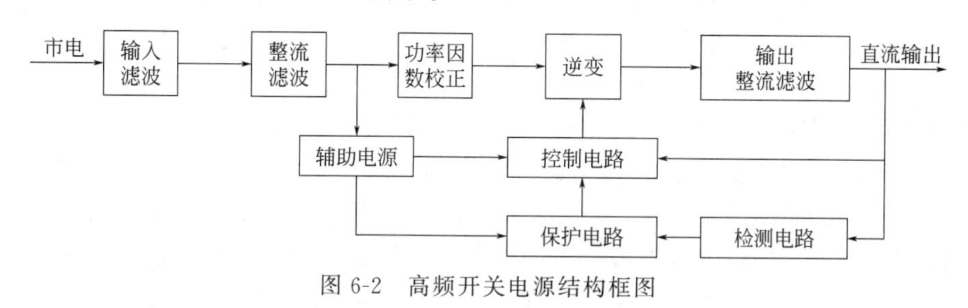

图6-2 高频开关电源结构框图

试题分析：本问题考查高频开关电源的结构组成。

开关电源的基本电路包括两部分：一是主电路，指从交流电源输入到直流电源输出的全过程，主要完成功率转换任务；主电路主要包括：输入滤波电路、工频整流滤波电路、功率因数校正电路、逆变电路（DC/DC变换器）以及输出滤波器等。二是检测控制电路（辅助电路），为主电路变换器提供激励信号，以控制主电路的工作，实现输出稳定或调整的目的。检测控制电路主要包括检测电路、保护电路、控制电路以及辅助电源等。

试题四：

1.(1)(2)零电流关断；零电压开通；(3)(4)有源功率因数校正；无源功率因数校正；(5)电压；(6)电流；(7)3.2；(8)2.6；(9)(10)(11)负载均分；主从负载均分；自动平均均流。

2.(12)(13)(14)鉴相器；低通滤波器；压控振荡器；(15)(16)相位；频率；(17)(18)(19)幅值；相位；频率。

3.(20)直流纹波电压

试题分析：本试题考查对高频开关整流器和不间断电源（UPS）方面知识的识记。

1.本小题考查开关整流器主要电路方面的知识。开关电源在功率变换电路上利用谐振技术广泛采用了软开关技术，软开关技术主要包括零电流关断（Zero Current Switch，ZCS）和零电压开通（Zero Voltage Switch，ZVS）。功率因数校正电路主要用来提升开关电源的功率因数，常用的功率因数校正电路有：有源功率因数校正和无源功率因数校正。检测电路中常用的分流器实质上是一个电阻器件，其原理是通过检测电压来检测电流。通信中常用的开关电源电压类型为−48V和24V，其允许的回路全程压降3.2V和2.6V。由于通信电源系统容量的增加，需采用均流技术以满足多个模块共同工作的要求。常用的开关电源均流技术有负载均分、主从负载均分和自动平均均流。

2.本小题考查UPS电源的主要电路的相关知识。UPS通常由以下几部分电路组成：输入整流滤波电路、功率因数校正电路、充电电路、逆变电路、静态开关与锁相电路、控制监测显示及保护电路等。其中锁相电路由三个基本部件组成，即鉴相器、低通滤波器和压控振荡器。锁相电路用于检测两个交流电源的相位差并将其变成一个电压信号去控制逆变的输出电压相位与频率，从而保持逆变器与交流电源的同步运行。当 UPS 从逆变回路向旁路切换时必须保证幅值、相位和频率均相同，才能保证输出不中断。

3. 本小题考查 UPS 电源设备的维护方面的知识。UPS 系统中直流电容的老化会对设备运行带来较大的隐患，当其老化时，变化最显著的参数量是直流纹波电压，应重点检测。

试题五：

1.（1）遥信；（2）（3）（4）端局站设置监控单元（SU）；县（区）或若干个端局站设置监控站（SS）；地市以上城市设置监控中心（SC）。

2.（5）（6）变送器；传感器；（7）RS232；（8）全双工；（9）半双工。

3.（10）通信速率（或波特率）；（11）无奇偶校验；（12）数据位。

试题分析：本问题主要考查对集中监控系统方面知识的识记。

1. 本小题考查动力环境系统的“三遥”功能和三级网络结构。“三遥”功能是指遥测、遥信、遥控。遥测：应用通信技术，传输被测变量的测量值。遥信：应用通信技术，完成对设备状态信息的监视，如告警状态或开关位置等。遥控：应用通信技术，完成改变运行设备状态的命令。现在，也有“四遥”之说，即除了遥测、遥信、遥控外，还包括遥调。遥调：应用通信技术，完成对具有两个以上状态的运行设备的控制。监控系统网络采用分布式计算机控制系统结构。管理结构、网络结构、数据采集结构和数据存储结构都应该符合通信电源设备维护管理的需要。我国典型的三级网络结构为：端局（站）设置监控单元（SU）、县（区）或若干个端局（站）设置监控站（SS）、地（市）级及以上城市设置监控中心（SC）。也有所谓的典型的四级网络结构之说，包括监控中心（Supervision Center，SC）、监控站（Supervision Station，SS）、监控单元（Supervision Unit，SU）和监控模块（Supervision Module，SM）。

2. 本小题主要考查动力环境监控系统的硬件和接口。动力环境监控系统常用的硬件包含传感器、变送器和协议变换器，其中传感器将非电量信号变换为电量输出；变送器将不同传感器输出的电量变换为标准的直流信号；而协议变换器将智能设备的通信协议转换成标准协议。动力环境监控系统采用串行异步通信方式，常用的串行接口有 RS232、RS422、RS485 接口。其中，RS422 为全双工结构，RS485 为半双工结构。

3. 本小题考查对串口通信数据格式基本参数的理解。根据串口通信的基本定义（通信速率，校验位，数据位，停止位），其中，校验位：n 代表无奇偶校验；e 代表偶校验；o 代表奇校验，某开关电源要求传输数据格式为（9600，n，8，1），则表示其数据速率或波特率为 9600b/s，无奇偶校验，数据位 8 位，停止位或结束位 1 位。

试题六：

1.（1）汽油与空气的混合气；（2）纯净的空气；（3）高温高压气体。

2.（4）2；（5）（6）自励；他励；（7）输出端电压。

3.（8）（9）无漏电；无漏气。

4.（10）2MΩ。

试题分析：本试题主要考查对内燃发电机组相关知识的识记。

1. 本小题考查柴油机和汽油机工作过程的区别。四冲程汽油机的工作循环与四冲程柴油机一样，也是通过四个冲程完成进气、压缩、做功和排气四个过程的，只是由于所用燃油性质的不同，其工作方式与柴油机有所不同。①汽油机进气过程中，被吸进的是汽油和空气的混合气；在柴油机中，进入气缸的是新鲜空气，接近压缩终了时，柴油才由高压油泵经喷油嘴喷入气缸。②汽油机的压缩比低，压缩终了时可燃混合气的压力和温度都比较低；柴油机的压缩比比汽油机高得多。③汽油机气缸内的可燃混合气，是由火花塞发出的电火花点燃的；而柴油机的混合气体是靠气缸内的高温高压自行着火燃烧，因而不需要点火系统。

2.本小题一方面考查同步发电机的输入转速、发电频率及发电机本身磁极对数之间的关系，另一方面考查对同步发电机的励磁系统的主要作用和励磁方式。

同步发电机的输入转速（n）、发电频率（f）及发电机本身的磁极对数（p）之间保持严格的恒定关系，即：$f=pn/60$，同步发电机由此得名。根据题意可知，输入转速 $n=1500$r/min，发电频率 $f=50$Hz，则磁极对数 $p=60f/n=2$。

励磁系统是同步发电机必不可少的重要组成部分，其主要作用包括：①在正常运行条件下为同步发电机提供励磁电流，并能根据发电机负载的变化做相应调整，以维持发电机输出端电压基本不变。②当外部线路发生短路故障、发电机端电压严重下降时，对发电机进行强制励磁，以提高运行的稳定性。③当发电机突然甩负荷时，实现强行减磁以限制发电机端电压过度增高。获得直流励磁电流的方法称为同步发电机的励磁方式。励磁方式可分为自励方式和他励方式两大类。

3.本小题考查柴油发电机组的基本维护要求。

① 柴油机组应保持清洁，无“四漏”（无漏油、无漏水、无漏气、无漏电）现象。机组上的部件应完好无损，操作部件动作灵活，接线牢靠、无明显氧化现象，仪表齐全、指示准确，无螺栓松动。

② 根据各地区气候及季节情况的变化，选用适当牌号的燃油和润滑油，其润滑油质量应符合要求。

③ 保持润滑油、燃油、冷却液及其容器的清洁，按期清洗或更换润滑油、燃油和空气滤清器，定期清洁油箱和水箱的沉底杂质，按期更换润滑油和冷却液，经常检查并保持电气系统的清洁。

④ 启动电池应长期处于并联浮充状态，每月至少检查一次充电电压及电解液液位。有条件的情况下，结合例行维护空载试机的同时，检查启动电池启动瞬间电压是否应符合产品技术说明书所提供的性能指标。

⑤ 有人值守或配备自动化机组的局站在市电停电后应能规定时间（通常为15min）内正常启动并供电。

⑥ 定期检查市电/机组自动转换设备（ATS），并结合例行带载试机的同时检查其性能与功能是否符合要求。

4.本小题考查发电机组的绝缘电阻要求。为了保证发电机组的安全正常运行，通常要求绝缘电阻大于等于2MΩ。要切记：一般电气设备的绝缘电阻均为大于等于2MΩ。

试题七：

1.（1）PbO_2（二氧化铅）；（2）Pb（铅）。

2.（3）小；（4）0.75。

3.（5）（6）（7）蓄电池单独向负载供电15min以上；蓄电池组中有2只以上单体浮充电压低于2.18V；蓄电池深放电后容量不足，或放电深度超过20%；蓄电池组搁置不用时间超过3个月或全浮充运行达6个月（注：上述四个答案有其中三个即可）。

4.（8）（9）（10）充电量不小于放出电量的1.2倍；充电后期，充电电流小于 $0.005C_{10}$（A）；充电后期，充电电流连续3h不变化。

试题分析：本问题考查对蓄电池基本知识的识记。

1.本小题考查阀控式铅酸蓄电池的正负极板的活性物质。正极为 PbO_2（二氧化铅），负极为 Pb（铅）。

2.本小题考查铅酸蓄电池实际容量与放电电流的关系，放电电流越大，则放出的蓄电池容量越小，反之亦然。正常情况下（10h 率放电），当电压降到 1.80V（2V 电池）时就不可以再放电了，否则就过放电而损坏蓄电池。10h 率容量是指在 10h 内将电正常放（用）完，则放出的电量大约等于蓄电池的额定容量；3h 率容量是指在 3h 内将电正常放（用）完，则放出的电量大约等于蓄电池额定容量的 75%；1h 率容量是指在 1h 内将电正常放（用）完，则放出的电量大约等于蓄电池额定容量的 55%。例如额定容量为 60A・h 的蓄电池组用 10h 率放电，则其放电电流为 60A・h/10h=6A，其放出的电量为 60A・h；3h 率放电，放电电流为 60A・h/3h=20A，则放出的电量就大约等于 60A・h 的 75%，即只有 45A・h；用 1h 率放电，放电电流为 60A・h/1h=60A，则放出的电量大约等于 60A・h 的 55%，即只有 33A・h。

3.本小题考查阀控式铅酸蓄电池的充电方式。通信用的阀控式铅酸蓄电池充电方式主要是浮充充电和均衡充电。蓄电池在使用过程中，有时会产生密度、端电压等不均衡情况，为防止这种不均衡扩展成为故障电池，所以要定期履行均衡充电。合适的均充电压和均充频率是保证电池长寿命的基础，平时不建议均充，因为均充可能造成电池失水而早期失效。

在通信电源维护实践中，密封蓄电池应在以下情况时，进行均衡充电：①阀控式铅酸蓄电池组单独向通信负荷供电 15mim 以上。②阀控式铅酸蓄电池组中有两只以上单体电池的浮充电压低于 2.18V。③阀控式铅酸蓄电池组深放电后容量不足，或放电深度超过 20%。④阀控式铅酸蓄电池搁置不用时间超过 3 个月或全浮充运行达 6 个月。

4.本小题考查阀控式铅酸蓄电池充电终止的判定。在通信电源系统维护实践中，密封蓄电池充电终止的判断依据如下。①充电量不小于放出电量的 1.2 倍。②充电后期，充电电流小于 $0.005C_{10}$(A)。③充电后期，充电电流连续 3h 不变化。如果达到上述三个条件之一，即可视为充电终止。

试题八：

1.(1) −10%～5%或+5%～−10%。

2.(2) 供电稳定性。

3.(3) 配电。

4.(4) 低压；(5) 高压；(6) 负载（负荷）；(7) 隔离；(8) 相反；(9) 地线。

5.(10) 直流/直流变换设备（DC/DC）。

试题分析：本问题考查对通信电源系统、交直流供电系统相关知识的识记。

1.本小题考查交流电源质量。通信设备直接由交流基础电源供电时，输入电压允许变动范围为额定电压的+5%～−10%；通信整流设备由交流基础电源供电时，输入交流电压允许变化范围为额定电压的+10%～−15%；发电机组供电时，受电端子上电压允许变化范围为额定电压的+5%～−5%。

2.本小题考查通信设备或系统对电源系统的基本要求。通信设备或通信系统对电源系统的基本要求包括供电可靠性、供电稳定性、供电经济性和供电灵活性等。其中电源系统的可靠性包括不允许电源系统故障停电和瞬间断电这两方面要求。

3.本小题考查高压配电系统的组成。一个高压配电系统一般由发电、输电、变电、配电和用电五个环节组成。

4.本小题考查交流配电设备的基本维护要求。根据基本维护要求，变配电室停电检修时，应报主管部门同意并通知用户后再进行。高压验电器、高压拉杆应符合规定要求，并定期检测。停电检修时，应先停低压、后停高压；先断负荷开关，后断隔离开关，送电顺序则相反。切断电源后，三相线上均应接地线。

5. 本小题考查换流设备的概念。换流设备是整流设备（AC/DC）、逆变设备（DC/AC）和直流/直流变换设备（DC/DC）的总称。其中整流设备可将交流电变为直流电，逆变设备则是将直流电变为交流电，DC/DC变换设备可将一种电压的直流电变换成另一种或几种电压的直流电。

试题九：

1.（1）主电路；（2）控制与辅助电路（或检测控制电路）。

2.（3）电容器；（4）0.90（填写0.90～0.99均可）。

3.（5）先断电后拆卸；（6）负载端；（7）地线。

4.（8）工作电压；（9）变大（或增大）。

5.（10）均衡充电；（11）蒸馏水。

6.（12）声音异常；（13）将水放掉。

7.（14）交流电源后备；（15）后备式（Off Line，或离线式）。

试题分析：本题考查高频开关整流器、蓄电池、柴油发电机组和不间断电源系统相关知识的识记。

1. 本小题考查开关电源的结构组成及其基本工作原理。开关电源的基本电路包括两部分：一是主电路，指从交流电源输入到直流电源输出的全过程，主要完成功率转换任务；二是控制与辅助电路（检测控制电路），为主电路变换器提供激励信号，以控制主电路的工作，实现输出稳定或调整的目的，包括控制电路、检测电路、保护电路以及辅助电源等。

2. 本小题考查功率因数补偿和功率因数指标。对于感性负载电路，采用并联电容器来补偿无功功率，便可提高功率因数（$\cos\varphi$）；对于非线性负载电路，如整流设备等，则可通过功率因数校正电路来提高设备的总功率因数。整流模块的功率因数应 $\geqslant 0.90$（采用先进的功率因数校正技术可以达到0.99以上）。

3. 本小题考查开关电源系统的扩容与增载。

（1）开关电源系统的模块扩容。当开关电源系统模块配置小于额定容量时，模块机架或机柜上的模块安装槽位是空闲的，为了不影响整机的美观，出厂时生产商会将模块空闲槽位用假面板装饰。当用户对系统进行扩容时，就需要拆除相应的假面板，以便插装新的整流模块。加装新模块时，将整流模块插入空槽位并固定。型号比较旧的机型拆装过程中要严格按照“先安装后通电，先断电后拆卸”顺序进行。安装好新模块后，通常需要在监控模块中设置相应的模块参数。随着技术的发展，目前开关电源模块可在线更换（即具有热插拔功能），但在可能的情况下，最好还是按上述步骤“先安装后通电，先断电后拆卸”进行。

（2）开关电源系统的负载增加。电源设备在安装运行初期，往往负载没有全部投入运行，而通信负载运行后一般不允许断电，因此新增负载设备接入时必须带电操作。增加直流负载首先应做好施工设计，选定将使用的负载熔丝（熔断器）或空气开关。电缆连接操作先从负载端开始，连接次序为先接地线，后接－48V输出熔丝或空气开关。连接前，需用熔丝手柄拔下直流输出支路的熔丝，或将空气开关置于断开位置，使用的操作工具需经过绝缘处理，并且要制定可能发生事故的处理对策。应根据具体的走线路径和负载容量，选择电缆的长度和线径。负载电缆正、负极应有明显的颜色区分，一般正极为黑色，负极为蓝色。若电缆只有一种颜色，应有线号标记或在电缆线两端用不同颜色的绝缘胶布进行标记。电源线缆应该整段裁剪，不得在中间接头，负载电缆、信号电缆及用户电缆尽可能分开，以免相互影响。一定容量的负载线应接相应容量的熔丝或空开上，以防止熔丝或空气开关保险过大，负载短路时保险不起作用。一般熔丝容量或空气开关容量选择为负载峰值的两倍左右。

4. 本小题考查影响蓄电池的寿命的因素。阀控式电池的循环寿命常依赖于电池每次循环过程中的放电深度。根据影响阀控式电池寿命的因素，我们可以从三方面来判断蓄电池的寿命：内阻、工作温度和工作电压。在电池寿命终了时内阻增加，内阻增加是由于活性材料损耗，导致容量减少。

5. 本小题考核蓄电池的充电方式。铅酸蓄电池的充电方式有浮充充电、均衡充电和快速充电等多种方式。通信用铅酸蓄电池的充电方式主要是浮充充电和均衡充电两种方式。防酸隔爆式电池的液面应高出极板上缘1～20mm，有液面上、下限刻度的应保持在上、下限之间，当低于上述要求时应及时补加蒸馏水（不是电解液，更不是浓硫酸），并进行充电。

6. 本小题考查柴油机运转的异常现象和柴油发电机组的停电操作。柴油机经长期运转后，发生了故障，通常会遇到下列几种现象：①声音异常。运转时发出不正常的敲击声、放炮声、吹嘘声、排气声、周期性的摩擦声等。②运转异常。柴油机不易启动、工作时出现剧烈振动、拖不动负载、转速不稳定等。③外观异常。排气管冒白烟、黑烟、蓝烟，出现漏油、漏水和漏气等。④温度异常。机油温度或冷却水温度过高、轴承过热等。⑤气味异常。运行时，发出臭味、焦味、烟味等气味。应注意：严冬季节发动机的冷却水箱应加注与环境温度相适应的防冻液。如果条件所限，无保温措施，停机半小时左右（不能立即放掉冷却水，以免缸体温度过高，翘曲变形。轻则产生漏气漏水，重则导致发动机损坏），待发动机冷却一会儿后应将水全部放掉，以免冻裂冷却水箱和气缸体，造成不必要的损失。

7. 本小题考查UPS的主要功能和分类。

（1）UPS的主要功能：①双路电源之间的无间断切换。两路电源可通过UPS实现无间断切换。②隔离干扰功能。在UPS中，交流输入电压经整流滤波后，加入逆变器，逆变器对负载供电。这样可将电网瞬时间断、谐波、电压波动、频率波动及噪声等电网干扰与负载隔离，既可以使负载不干扰电网，又使电网中的干扰不影响负载。③交流电压变换功能。UPS可以将（可能不稳定的）输入电压变换成需要的（稳定）电压。④交流频率变换功能。UPS可将（可能不稳定的）输入电压频率变换成需要的（稳定）频率。⑤交流电源后备功能。UPS中的蓄电池，储存一定的能量，市电间断时蓄电池通过逆变器可继续供电。其后备时间可以为5min、10min、15min、30min、90min，甚至更长。

（2）UPS分类：根据UPS的工作方式不同，UPS可分为后备式（Off Line，亦称其为离线式）、在线式（On Line）和在线互动式（Line Interactive）等形式。另外还有三端口式和Delta变换式等。

试题十：

1.（1）（2）（3）（4）温度；湿度；清洁度；气流速度。

2.（5）三；（6）2.5。

3.（7）振动与噪声；（8）气味；（9）温度；（10）打火、冒烟、破漏。

4.（11）（12）（13）集中式空调系统；局部式空调系统；混合式空调系统。

试题分析：本问题考查对空调设备相关知识的识记。

1. 本小题考查空调设备的作用、“四度”的概念。空调设备是使室内空气温度、湿度、清洁度和气流速度（简称为“四度”）达到规定要求的设备。

2. 本小题考查空调系统的安装要求。所有的空调机均采用三相电源（在此专指通信机房专用空调，而不包含普通家用空调。普通家用空调功率等级在大3P及以下时，通常采用单相电220V，功率等级在大5P及以上时，通常采用三相电380V)。空调机组的供电应与国家和当地的电力供应标准相一致。按照最小的允许压降选购合适的导线尺寸，以保证在有可能发生低压或用电高峰期间空调系统的可靠运转。按照相关规范要求，应在机组2.5m范围内安装一个手动电气断路开关。

3.本小题考查中央空调设备的维护运行要求。中央空调设备运行时，维护人员应做如下工作。"听"：设备有无异常振动与噪声。"嗅"：有无异常气味。"摸"：电机、高低压制冷管路、油路、电动控制元器件等温度是否正常，有无振荡现象。"看"：设备有无打火、冒烟、破漏等现象发生；查看冷却水池水位是否合理。

4.本小题考查空调系统的分类。按系统集成程度，空调系统分为以下几类。①集中式空调系统。将空气集中处理，由风机把处理后的空气，输送到需要空调的房间。这种空调系统处理空气量大，并集中冷源和热源，同时需要专人操作，机房占地面积较大，但运行可靠，室内参数稳定。②局部式空调系统。将空调设备直接或就近安装在需要空调的房间。局部空调设备安装简单，使用广泛。尤其对于房间小，各房间相隔距离较远的场合更为合适。③混合式空调系统。既有局部处理，又有集中处理的空调系统称为混合式空调系统，或称为半集中式空调系统。

试题十一：

1.(1) 绝缘；(2) 避雷。

2.(3) (4) 工作；保护；(5) 工作；(6) 保护。

试题分析：本题考查与通信接地以及防雷相关知识的识记。

1.本小题考查防雷的基本方法。防雷的基本方法可归纳为"抗"和"泄"。"抗"指各种电气设备应具有一定的绝缘水平，以提高其抵抗雷电破坏的能力；"泄"指使用足够的避雷元器件，将雷电引向自身从而泄入大地，以削弱雷电的破坏力。实际的防雷往往是上述两者有机结合，有效地减小雷电造成的危害。

2.本小题考查直流接地系统的分类和作用。按照性质和用途的不同，直流接地系统可分为工作接地和保护接地两种。工作接地用于保护通信设备和直流通信电源设备能够正常的工作，而保护接地则用于保护人身和设备的安全。

试题十二：

1.(1) 安全可靠性；(2) (3) 可扩展；经济合理。

2.(4) (5) (6) (7) 交流供电；直流供电；防雷接地；(动力与环境) 集中监控。

3.(8) 3.2；(9) 1.8；(10) 2.6。

4.(11) 功率因数。

5.(12) 吸收辐射能量。

试题分析：本问题考查对通信电源系统设计原则和内容、电力线选择原则、功率因数补偿以及电磁场伤害事故的识记。

1.本小题考查通信电源系统设计原则。安全可靠性原则是电源系统设计首要原则，也是电源设计根本出发点。另外，还需考虑到可扩展性原则和经济合理性原则。

2.本小题考查通信电源系统设计内容。从电源设计的内容上看，设计内容涉及交流供电系统、直流供电系统、防雷接地系统和(动力环境)集中监控系统四个主要组成部分。具体包括高低压配电设备、发电机组、UPS、变换器、整流器、蓄电池组、直流配电设备、防雷接地、(动力与环境)集中监控等设备组成的系统。

3.本小题考查电力线选择的一般原则。①高压柜出线、低压配电设备的交流进线宜按远期负荷计算，并据此选择导线型号与规格；低压配电屏的出线应按被供负荷的容量计算，并据此选择导线型号与规格。②自备发电机组的输出导线，应按其输出功率(容量)选择导线型号与规格。③按满足电压要求选取直流放电回路的导线时，直流放电回路的全程压降不应大于下列值：48V电源为3.2V；24V电源为1.8V(原有窄范围供电系统)或2.6V(新建宽范围供电系统)。④采用电源馈线的规格，应符合要求。

4.对于小容量的局站，一般供电局不要求功率因数补偿，如需补偿时，变压器的视在功率应计算补偿后的功率。

5.电磁场伤害事故是指人在强电磁场的长期作用下，吸收辐射能量而受到的不同程度的伤害。

试题十三：

1.(1) 供电的灵活性。

2.(2) 树干式配电方式。

3.(3) 容易实现不间断供电。

4.(4) (5) 输入滤波电路；工频整流电路。

5.(6) 放电电流。

6.(7) 冷损耗。

7.(8) (9) 满足空调设备连续运行的要求；满足机房对湿度调节的需求。

8.(10) 次级电流。

试题分析：本试题考查通信电源系统基础知识的识记。

1.本小题考查通信电源系统的基本要求。通信设备或通信系统对电源系统的基本要求包括：供电可靠性、供电稳定性、供电经济性和供电灵活性等。其中电源系统的可靠性包括不允许电源系统故障停电和瞬间断电这两方面要求。

2.本小题考查交流高压配电方式。交流高压配电方式有放射性配电方式、树干式配电方式和环状式配电方式等。

3.本小题考查直流供电的优点。目前，国内外绝大部分通信设备需要直流供电。直流供电与交流供电相比，具有可靠性高、电压平稳和实现不间断供电容易等优点。因此，直流供电是通信电源的重要组成部分和主要研究对象之一。

4.本小题考查高频开关型整流电路的组成。高频开关型整流器通常由输入滤波电路、工频整流电路、功率因数校正电路、DC/DC变换器、输出滤波器等部分组成。开关电源的基本电路包括两部分：一是主电路，指从交流电源输入到直流电源输出的全过程，主要完成功率转换任务；二是控制与辅助电路。为主电路变换器提供激励信号，以控制主电路的工作，实现输出稳定或调整的目的，包括控制电路、检测电路、保护电路以及辅助电源等。

5.本小题考查影响蓄电池容量的主要因素。铅蓄电池容量主要由极板上能够参加化学反应的活性物质的数量决定。但对使用者而言，影响蓄电池容量的主要因素是放电电流、电解液的温度和浓度。

6.本小题考查空调机房所需要的制冷量的确定。空调机房所需的制冷量主要根据空调机房的建筑围护冷损耗和机房内所产生热量的总和来确定。

7.本小题考查机房专用空调的特点。机房专用空调的特点包括：满足机房调节热量大的需求、满足机房送风次数高的需求、满足空调设备连续运行的要求、满足机房对湿度调节的需求、满足机房高洁净度调节的要求。

8.本小题考查变压器初级电流与次级电流之间的关系。变压器空载，次级电流为零，但是初级电流不为零，此时称为空载电流。变压器正常工作时，初级电流和次级电流基本上成比例，初级电流跟随次级负载电流变化。变压器次级电流增大到一定程度，变压器铁芯会进入饱和状态，此时初级电流会不成比例的异常增大。

试题十四：

1.（1）（2）（3）交流工作接地；直流工作接地；防雷接地。

2.（4）（5）（6）TN系统（接零系统）；TT系统（接地系统）；IT系统（不接地系统）。

3.（7）（8）消雷器；避雷器。

4.（9）（10）磁场屏蔽；电磁场屏蔽。

5.（11）（12）（13）接地体；接地引入；接地线。

试题分析：本问题考查对通信接地与防雷方面知识的识记。

1.本小题考查通信电源系统的接地。通信电源系统的接地包括：交流工作接地、直流工作接地、防雷接地以及机架保护接地和屏蔽接地等。

2.本小题考查低压电网系统接地保护方式。根据相关规定，低压电网系统接地保护方式分为：TN系统（接零系统）、TT系统（接地系统）、IT系统（不接地系统）三类。

3.本小题考查常见防雷元器件。通信电源系统常见防雷元器件有接闪器、消雷器和避雷器三类。接闪器是专门用来接收直击雷的金属物体。消雷器是一种新型的主动抗雷设备。避雷器用来防护由于雷电过电压沿线路入侵损害被保护设备。

4.本小题考查屏蔽的分类。根据干扰的耦合通道性质，可以把屏蔽分为电场屏蔽、磁场屏蔽和电磁场屏蔽三大类。

5.本小题考查通信电源常用的联合接地系统的相关概念。YD/T 1051—2018《通信局（站）电源系统总技术要求》中明确规定了采用联合接地的技术要求。联合接地系统由接地体、接地引入、接地汇集线和接地线所组成。

试题十五：

1.（1）（2）遥信；遥测。

2.（3）（4）（5）（6）监控功能；交互功能；管理功能；智能分析。

3.（7）（8）（9）（10）变压器；低压配电设备；柴油发电机组；不间断电源（UPS）。

试题分析：本试题考查集中监控系统的目标、功能和对象。

1.本小题考查集中监控系统的目标。通信电源集中监控系统是一个分布式计算机控制系统（即所谓的集中管理和分散控制），它通过对监控范围内的电源系统和系统内的各个设备（包括机房空调在内）及机房环境进行遥测、遥信和遥控，实时监视系统和设备的运行状态，记录和处理监控数据，及时监测故障并通知维护人员处理，从而达到少人或无人值守，实现系统的集中监控维护和管理，从而提高供电系统的可靠性和通信设备的安全性。

2.本小题考查智能监控系统的主要功能。通信电源集中监控管理系统的功能分为：监控功能、交互功能、管理功能、智能分析功能以及帮助功能五个方面。

3.本小题考查集中监控系统的监控对象。集中监控系统的监控对象主要包括：高压配电设备、变压器、低压配电设备、柴油发电机组、不间断电源（UPS）、逆变器、整流设备（高频开关电源）、蓄电池（组）、分散空调设备、集中空调设备和环境变化参数等。

试题十六：

1.（1）接地系统。

2.(2) 短路。

3.(3) 功率因数（总功率因数）。

4.(4) 浮充电压。

5.(5) 直流配电屏。

试题分析：本试题考查对交直流供电系统相关知识的识记。

1.本小题考查通信电源系统的组成。通信电源系统由交流供电系统、直流供电系统、接地系统、防雷系统（在有的通信电源专业书籍里，将防雷系统和接地系统合写为防雷接地系统，在各种考试时视情回答问题）和监控系统等组成。

2.本小题考查常用高压熔断器的作用。高压熔断器在高压电路中是一种最简单的保护电器。在配电网络中常用来保护配电线路和配电设备。即当网络中发生过载或短路故障时，可以用熔断器自动地切断电路，从而达到保护电气设备的目的。

3.本小题考查功率因数补偿的措施。为了降低无功功率消耗，提高自然功率因数，通常采用下列措施：①正确选择变压器容量，提高变压器的负荷率，一般变压器的负荷率在75%～80%比较合适。变压器负荷率越低，功率因数越差；②合理选择电动机等设备，使其接近满载运行；③对于线性负载，采用并联电容器来补偿无功功率，便可提高功率因数；对于非线性负载（如整流设备），则可通过功率因数校正电路来提高设备的（总）功率因数。

4.本小题考查基础电压内，数字通信设备供电系统（蓄电池）工作电压的分类。基础电压范围内的工作电压有三种：浮充电压、均衡电压和终止电压。

5.本小题考查直流供电系统的主要设备。直流供电系统主要由整流器、蓄电池组、DC/DC直流变换器、逆变器以及直流配电屏等组成。

试题十七：

1.(1) −48。

2.(2)(3) 负荷开关带熔断器保护；油断路器保护。

3.(4)(5) 变压器；低压配电设备。

试题分析：本试题考查对通信电源系统设计及配电工程相关知识的识记。

1.本小题考查电源设计的需求分析。一般而言，通信局（站）用直流基础电源电压为−48V，现网中也有部分使用24V电源的情况。随着技术的发展，所谓的“高压”直流240V和336V系统在部分通信局（站）试点运行，这是今后的发展方向。

2.本小题考查高压交流供电系统设计考虑因素之一，变压器保护方式的选择。①变压器采用熔断器保护。结构简单，维护方便，并节省投资，但熔断器作短路保护用，适合于320kV·A以下变压器，此时操作变压器需规定操作顺序。②采用负荷开关带熔断器保护，在高压侧能切断带负荷变压器，无需规定先低压后高压的操作顺序。③变压器采用油断路器保护，具有比较完整的保护性能。变压器可装过流及短路保护，630kV·A以上变压器可装气体保护。当变压器内部出现故障或低压侧短路时，变压器侧油断路器跳闸，故障变压器跳闸后，另一台变压器仍能正常工作。断路器的断流容量大，如SN-10型少油断路器，其断流容量在10kV·A下为300～500MV·A，在系统短路容量较大和选用变压器容量较大的情况下，采用少油断路器保护。在通信企业中，一般变压器初装容量在320kV·A以上的均采用此方案。

3.本小题考查交流供配电系统设备配置方面的知识。高低压交流供配电系统由高压配电设备、变压器、低压配电设备、电容补偿器和自备交流电源（如柴油发电机组）组成。

试题十八：

1.（1）不可用度。

2.（2）分散供电。

3.（3）蓄电池（组）。

4.（4）主从负载均分。

5.（5）－48（－48或24）。

试题分析：本试题考查对通信电源系统基础知识和高频开关电源相关知识的识记。

1.通信设备或系统对电源系统的基本要求包括：供电可靠性、稳定性、经济性和灵活性，可靠性是指一般通信设备发生故障影响面较小时，是局部性的。如果电源系统发生直流供电中断故障，则影响几乎是灾难性的，往往会造成整个电信局、通信枢纽的通信中断。

电源系统的可靠性一般用不可用度指标来衡量。不可用度指标是指：因电源系统故障而引起的通信系统阻断的时间和正常供电时间之和的比。即：为了确保可靠供电，由交流电源供电的通信设备都应当采用不间断电源（UPS），在直流供电系统中，应当采用整流器与电池并联浮充供电方式。现在较先进的开关整流器都采用多个整流模块并联工作的方法，这样当某一个模块发生故障时不会影响供电。

2.根据通信行业标准YD/T 1051《通信局（站）电源系统总技术要求》，通信局（站）根据其重要性、规模大小分为以下几类。

一类局站：国家级枢纽、容灾备份中心、省会级枢纽通信楼、核心网局、互联网安全中心、省级的IDC（Internet Data Center）数据机房、网管计费中心、国际关口局。

二类局站：地市级枢纽、国家级传输干线站、地市级的IDC数据机房、卫星地球站、客服大楼。

三类局站：县级综合楼、省级传输干线站。

四类局站：末端接入网站、移动通信基站、室内分布站等。

针对不同的局（站）类型，通信电源系统通常采用集中供电、分散供电和混合供电三种不同的供电方式。一般而言，系统供电方式应尽可能实行各机房分散供电，设备特别集中时才考虑采用专设电力室集中供电，对高层通信大楼可采用分层供电方式。

（1）集中供电方式电源系统。集中供电方式是指将电源设备集中安装在电力室和电池室，通信用电能经统一变换分配后集中向各通信设备供电的方式。如图6-3所示。

集中供电方式电源系统中电源设备布放的最大特点是集中，电力室配置的设备主要包括交流配电设备、整流器（高频开关电源系统）、直流配电设备、蓄电池组等，各专业机房从电力室直接获得所需工作电压等级的直流电能，其他设备、仪表所需使用的交流电能通常也从电力室直接获取。

但在集中供电方式中，由于电源设备远离通信负荷中心，直流输电线路长、损耗大，系统安装和运行费用较高，供电可靠性较差，系统扩容不便。随着通信技术的发展，通信设备对电源系统提出了更高的质量要求，集中供电方式存在的一些问题也愈发明显。

（2）分散供电方式电源系统。高频开关电源系统和阀控式密封铅酸蓄电池的出现使得通信电源系统采用分散式供电方式成为可能。分散供电方式电源系统组成框图如图6-4所示。采用分散供电方式时，交流部分仍采用集中供电方式，其组成与集中供电方式相同。但将直流供电系统的电源设备（整流器、蓄电池组、交直流配电屏）移至通信机房内，依据通信系统的具体情况有多种分设方法，可以分楼层设置，也可分机房设置，甚至可以根据通信设备分组设置。阀控式密封铅酸蓄电池组可设置单独的电池室，也可与通信设备放在同一机房内。显然，对于分散供电方式电源系统而言，电力室成为单纯交流配电的部分，直流部分的电源设备化整为零，在各个分设的直流供电系统中，每个系统配置的蓄电池组容量都较小。

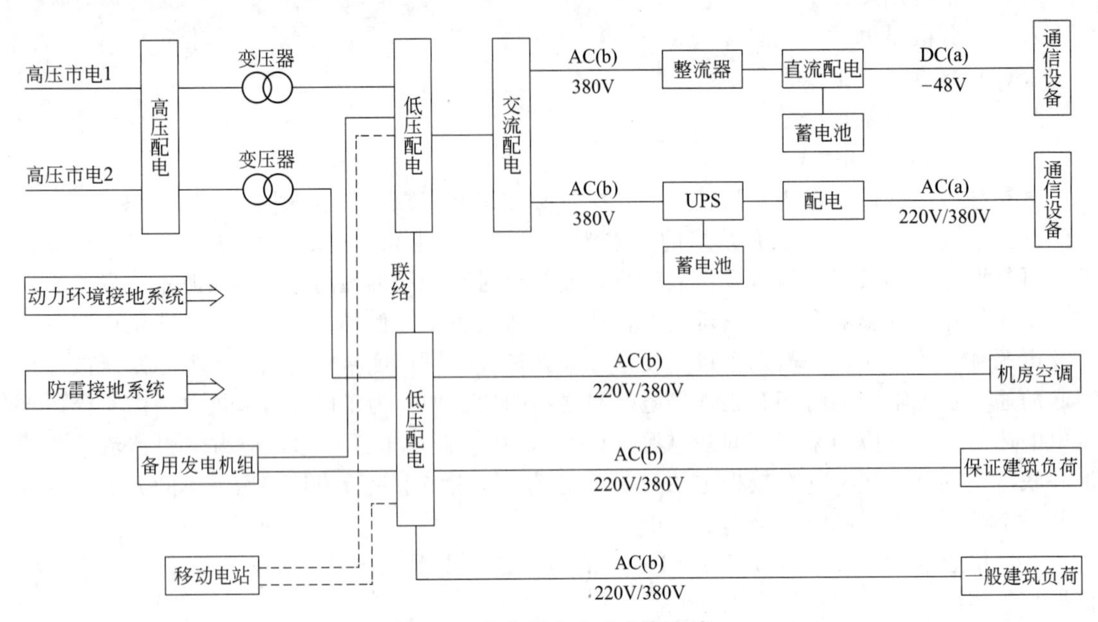

图 6-3　集中供电方式电源系统

图中（a）表示不间断；（b）表示可短时间中断

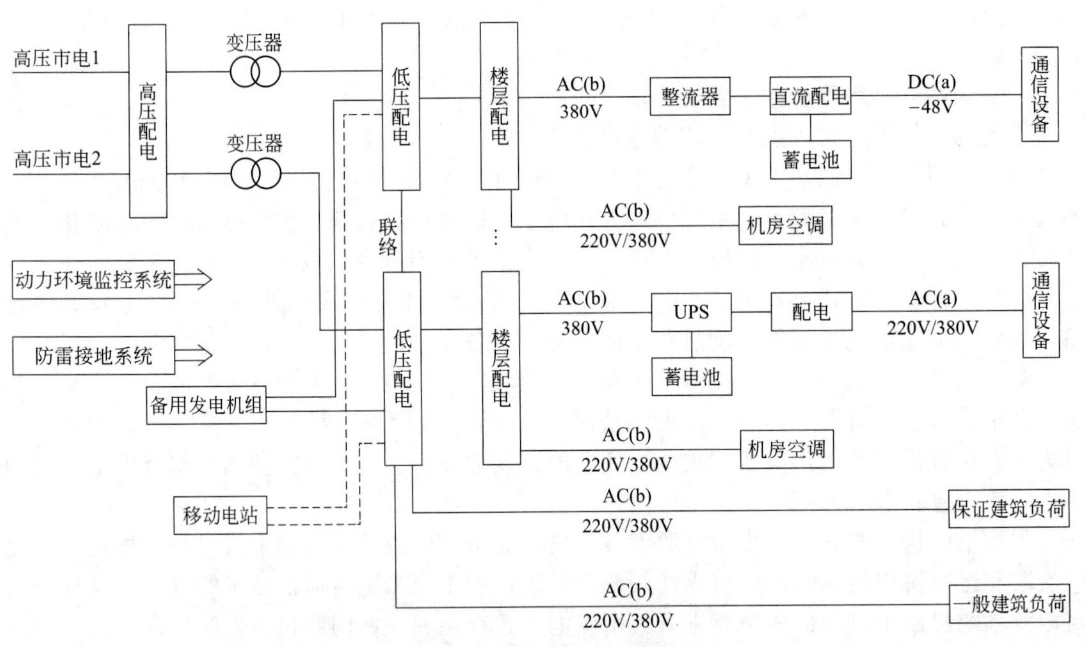

图 6-4　分散供电方式电源系统

图中（a）表示不间断；（b）表示可短时间中断

分散供电方式将所保障通信系统中的设备分为几部分，每部分都由容量合适的电源设备供电，不仅能充分发挥电源设备的性能，而且还能大大减小因电源设备故障造成的不利影响。可靠性高，经济效益好，能合理配置电源设备。因此，在条件许可的情况下，新建或改造通信局（站）电源系统时应优先考虑采用分散供电方式的可行性。

（3）混合供电方式电源系统。对于地处偏远地区市电供电质量不高的通信局（站），如果有可资利用的自然能，通常可采用交流市电电源与太阳能光伏发电（或风力发电）组成的混合供电系统。采用混合供电方式的电源系统主要由太阳能光伏发电系统、风力发电系统、低压市电、蓄电池组、交流配电设备、整流器及移动电站等组成，如图6-5所示。

为了降低系统造价，对微波无人值守中继站、光缆无人值守中继站、通信基站等通信系统普遍采用市电与自动化柴油发电机组相结合的交流供电系统形式，市电供电中断后，柴油发电机组在规定的时间内自行启动，保证交流电源不中断或只有短时间中断。在交流电源中断期间，通信设备的供电由蓄电池组保证。

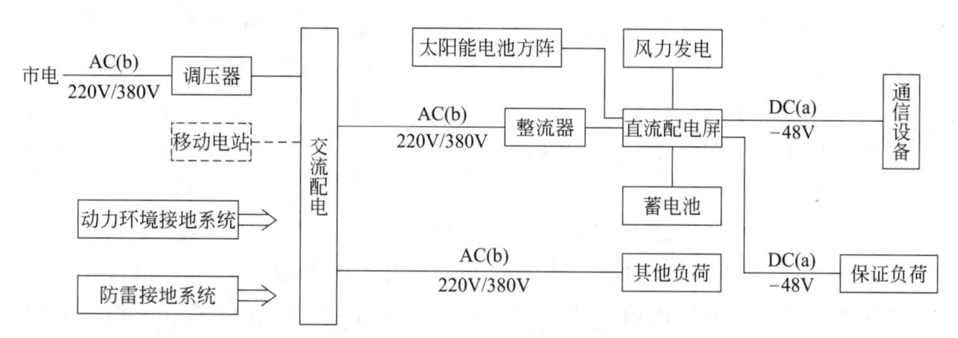

图6-5 混合供电方式的电源系统

图中（a）表示不间断；（b）表示可短时间中断

3. 通信局（站）的直流供电系统主要由整流设备、蓄电池组以及直流配电屏等组成。直流供电系统向各种通信设备、直流变换（DC/DC）器和逆变器（DC/AC）等提供直流不间断电源。整流设备与蓄电池组通过与直流配电屏并联向负载供电，以实现不间断供电和稳定供电的目的。

整流设备：将低压交流电变成所需直流电。

蓄电池组：在通信电源中蓄电池作为备用能源使用。蓄电池正常工作情况下是与整流器并联工作的。在交流电停电时，自动向直流负载供电，保证供电连续不间断；当交流电正常供电时，它可以等效为一个充分大的电容器，滤掉整流器的输出的各种杂音，保证直流电的纯度，蓄电池的容量越大，直流电的纯度越高。

直流配电屏：将整流器的输出端、蓄电池组和负载连接起来，构成全浮充工作方式的直流不间断电源供电系统。直流配电是直流供电系统的枢纽，它负责汇接直流电源与对应的直流负载，通过简单的操作完成直流电能的分配、输出电压的调整以及工作方式的转换等。

直流/直流变换器：是一种将直流基础电源转变为其他电压等级的直流变换装置。目前通信设备的直流基础电源电压规定为－48V，由于在通信系统中仍存在24V通信设备及±12V和±5V集成电路的工作电源，因此有必要将－48V基础电源通过直流/直流变换器变换到相应电压种类的直流电源，以供各种设备使用。

4. 常用的高频开关整流器的负载均分电路有简单负载均分电路、主从负载均分电路和自动平均均流电路等均流方式。

（1）简单负载均分电路方式。当负载所需的电流不大，且并联的整流器数量较少时，可采取简单的限流并联方式来达到一定的均流效果。这种并联均流方式首先要把并联的各台整流器在同样的输出电流下，将输出电压尽可能调节到相互接近的电压值上，而且各台整流器输出端与负载之间的连线电阻应尽可能对称。因为这种简单的并联均流的效果主要决定上述条件。当电源合闸开机时，先启动和输出电压稍高一些的整流器会出现短暂的限流现象，当第一台整流器进入限流时，其输出电压稍有下降，下降到和第二台整流器输出电压相同时，第二台整流器便开始向负载供电，当负载电流大于两台整流器输出电流之和时，第二台整流器也进入限流，输出电压再下降到和第三台整流器输出电压相等，第三台整流器开始向负载供电，这样依此类推。当电源系统输出电流达到负载要求时，启动过程便结束，并联的各台整流器将按照初始时调节的状态均流工作。由此可以看出，参与并联供电的整流器必须具有限流保护功能。这种均流方法简单易行，但并联的整流器数量不宜过多，否则调节输出电压时较麻烦，而且要求并联均流器为相同型号，各台整流器的电压-电流外特性基本一致。同时对各台整流器的动态特性也要求基本一致，避免负载电流突然增加时，造成瞬时均流失调，使电源系统的输出电压大幅度下降。而且当电源系统的输出电流有较大变化时，原先所调节好的均流度可能会变差，而且在初始调节后经过一段时间的运行，由于各台整流器的参数略有变化，或由于温度的变化等，都会引起均流度的变化。所以还需要对各整流器的均流在原有的基础上再进行一次细调。用于这种并联均流方式工作的整流器单机输出电流不宜过大，否则由于某种原因引起系统均流失调时，单个整流器的输出负载将过大。

（2）主从负载均分电路方式。主从负载均分电路方式的工作原理如图 6-6 所示，整流器 P1 为主电源，P2、P3 等整流器的输出电流都以主电源 P1 的输出电流在取样电阻 R_M 上的压降为电流基准，对各自的输出电流跟踪主电源 P1 的输出电流进行调节，当负载电流增大时，主电源 P1 的电流取样电阻 R_M 上的压降也随之增大，使从电源 P2 和 P3 等的电流误差放大器的输出去改变 PWM 控制器的驱动脉冲宽度，以达到输出电压的微小调节，直到其输出电流在取样电阻 R_S 上的压降与主电源 P1 的取样电阻 R_M 上的压降相同，此时各台整流器的输出电流与主电源 P1 相同。这种均流方式只要各台电源的电流取样电阻的阻值相同，并且每台电源输出端接到汇流排上的导线长度相等，汇流排的直流电阻足够小时，无论电源系统的输出电压或负载电流怎样的变化，各台并联的整流器电源输出的电流都基本相同。这种主从负载均流方式的缺点是：当主电源 P1 发生故障时，电源系统也同样会出现故障。

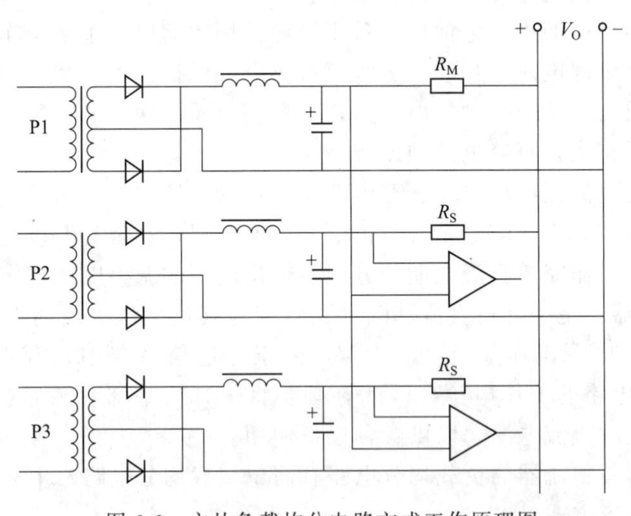

图 6-6 主从负载均分电路方式工作原理图

（3）自动平均均流电路方式。自动平均均流电路方式应用较为普遍，其工作原理是把参与并联工作的整流器内部的电流取样电压 R_S 通过各自的均流电阻 R_a 全部连到电源系统的均流总线上，由于各台整流器内部的电流取样电阻 R_S 和均流电阻 R_a 的阻值都相等，所以在均流总线上得到的电压值是各台整流器电流取样电压的平均值，如图6-7所示，P1、P2、P3为参与并联的各台整流器，电源系统输出电压为各台整流模块输出电压的并联值，V_a为均流总线上的平均电流取样电压，此电压与各台整流模块内电流取样电阻R_S的比值，即为每台整流模块应输出的电流值。

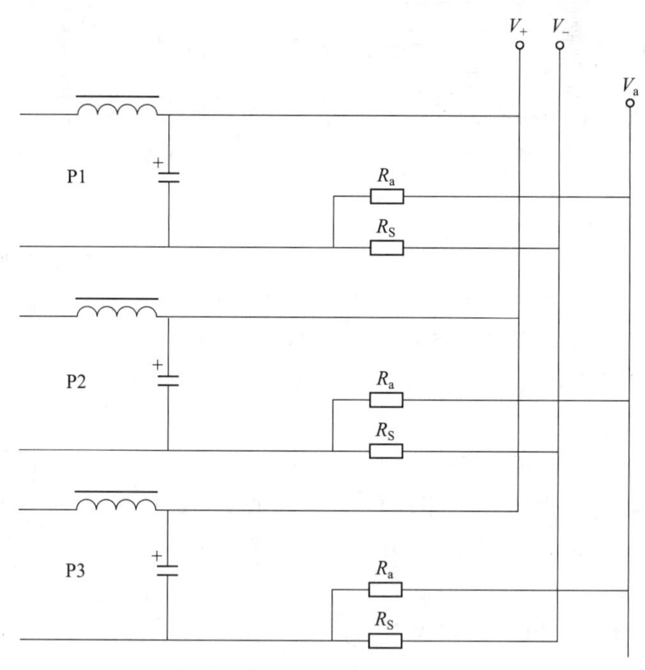

图6-7 自动平均均流系统连接图

5. 一般而言，通信局（站）用直流基础电源电压为－48V，现网中也有部分使用24V电源的情况。此题空题直接填－48V即可，当然填－48V或24V也不错。

试题十九：

1.（1）活性物质。 2.（2）放电终了电压。

3.（3）柴油。 4.（4）感应电势。 5.（5）电压稳定时间。

试题分析：本试题考查对蓄电池和发电机组相关知识的识记。

1. 极板又称电极，有正、负极板之分，它们是由活性物质和板栅两部分构成。正、负极的活性物质分别是棕褐色的二氧化铅（PbO_2）和灰色的海绵状铅（Pb）。极板依其结构可分为涂膏式、管式和化成式。

极板在蓄电池中的作用有两个：一是发生电化学反应，实现化学能与电能间的转换；二是传导电流。

板栅在极板中的作用也有两个：一是作活性物质的载体，因为活性物质呈粉末状，必须有板栅作载体才能成形；二是实现极板传导电流的作用，即依靠其栅格将电极上产生的电流传送到外电路，或将外加电源传入的电流传递给极板上的活性物质。为了有效保持住活性物质，常将板栅制成具有截面大小不同的横、竖筋条的栅栏状，使活性物质固定在栅栏中，并具有较大的接触面积，如图6-8所示。

铅酸蓄电池的板栅分为铅锑合金、低锑合金和无锑合金三类。普通铅酸蓄电池采用铅锑系列合金（如铅锑合金、铅锑砷合金、铅锑砷锡合金等）作板栅，电池的自放电较严重；VRLA蓄电池采用低锑或无锑合金［如铅钙合金、铅钙锡合金、铅锶合金、铅锑砷铜锡硫

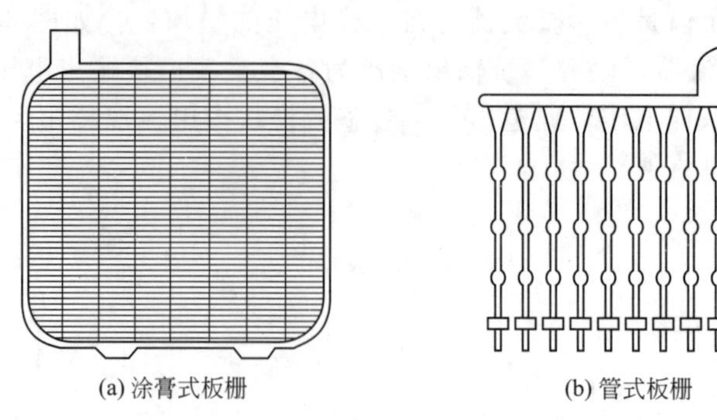

图 6-8　涂膏式与管式板栅

（硒）合金和镀铅铜等］作板栅，其目的是减少电池的自放电，以减少电池内水分的损失。

可将若干片正极板或负极板在极耳部焊接成正极板组或负极板组，以增大电池容量，极板的片数越多，蓄电池的容量就越大。通常负极板组的极板片数比正极板组的要多一片。组装时，正、负极板交错排列，使每片正极板都夹在两片负极板之间，目的是使正极板两面都能均匀地起电化学反应，使其产生相同的膨胀和收缩，减少极板弯曲的机会，以延长电池的使用寿命。如图 6-9 所示。

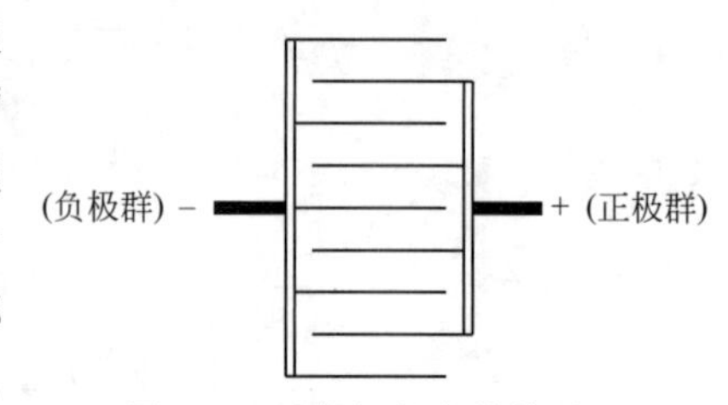

图 6-9　正负极板交错排列

2. 铅蓄电池以一定的放电率在 25℃环境下放电至能再反复充电使用的最低电压称为放电终了电压。

3. 柴油机燃油供给系统的功用是根据柴油机的工作要求，在一定的转速范围内，将一定数量的柴油，在一定的时间内，以一定的压力将雾化质量良好的柴油按一定的喷油规律喷入气缸，并使其与压缩空气迅速而良好地混合和燃烧。它的工作情况对柴油机的功率和经济性有重要影响。

应用最为广泛的直列柱塞式喷油泵柴油机燃油供给系统组成如图 6-10 所示。直列柱塞式喷油泵 3 一般由柴油机曲轴的正时齿轮驱动。固定在喷油泵体上的活塞式输油泵 5 由喷油泵的凸轮轴驱动。当柴油机工作时，输油泵 5 从柴油箱 8 吸出柴油，将具有一定的压力的柴油经油水分离器 7 除去柴油中的水分，再经柴油滤清器 2 滤除柴油中的杂质，然后送入喷油泵 3，在喷油泵内柴油经过增压和计量之后，经高压油管 9 输往喷油器 1，最后通过喷油器将柴油喷入燃烧室。喷油泵前端装有喷油提前器 4，后端与调速器 6 组成一体。输油泵供给的多余柴油及喷油器顶部的回油均经回油管 11 返回柴油箱。在有些小型柴油机上，往往不装输油泵，而依靠重力供油（柴油箱的位置比喷油泵的位置高）。

4. 本题是对三相交流同步发电机工作原理的考查，当原动机拖动电机转子和励磁机旋转时，励磁机输出的直流电流流入转子绕组，产生旋转磁场，磁场切割三相绕组，产生三个频率相同、幅值相等、相位差为 120°的电动势。对三相交流同步发电机来说，如果转子磁极为一对时，转子旋转一周，绕组中的感应电动势正好变化一次。电机具有两对磁极时，转子旋转一周，感应电动势变化两次。

5. 内燃发电机组作为供电设备，应该向用电设备提供符合要求的电能。其电气性能指标不仅是衡量机组供电质量的标准，也是正确使用和维修机组的主要依据。因此，对于使用和维修人员来说，必须熟悉机组的主要电气性能指标。内燃发电机组的主要电气性能指标包

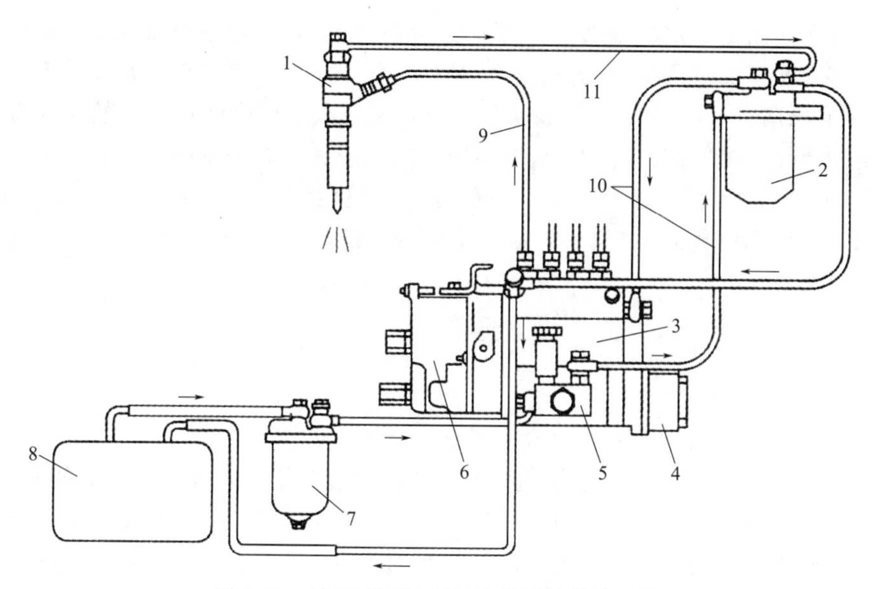

图 6-10 柱塞式喷油泵柴油机燃油供给系统

1—喷油器；2—柴油滤清器；3—柱塞式喷油泵；4—喷油提前器；5—输油泵；6—调速器；7—油水分离器；8—柴油箱；9—高压油管；10—低压油管；11—回油管

括稳态指标和动态指标两类。

（1）稳态指标。发电机组在一定负载下稳定运行时的电气性能指标称作稳态指标。

① 额定值。对发电机组而言，额定值就是指机组铭牌上所标示的数据。

• 相数（Phase）：发电机组的输出电压有单相和三相两种。

• 额定频率（Rated Frequency）：内燃发电机组以额定转速运行时的电压频率，叫额定频率。在我国，一般用电设备要求的额定频率为 50Hz，特殊用电设备要求的额定频率为 400Hz 或 800Hz（中频），普通发电机组只能发出一种频率的交流电；特殊发电机组可同时产生两种不同频率的交流电。

• 额定转速（Rated Speed）：目前，中小型内燃发电机组的额定转速一般为 1500r/min 或 3000r/min。随着内燃机结构的改进和制造工艺水平的不断提高，机组的额定转速会逐步提高。但值得注意的是，在其他条件相同的情况下，发动机的转速越高，其工作时产生的噪声也越大，因此不能盲目地提高发动机的转速。

• 额定电压（Rated Voltage）：内燃发电机组以额定转速运行时的空载电压称为其额定电压。通常，单相内燃发电机组的额定电压为空载 230V（加载 220V），三相内燃发电机组的额定电压为空载 400V（加载 380V）。

• 额定电流（Rated Current）：发电机组输出额定电压和额定功率（或额定容量）时的输出电流称为额定电流。单位为安培（A）。

• 额定容量/额定功率（Rated Capacity/ Rated Output）：内燃发电机组的额定电压和额定电流之积称为机组的额定容量。单位为伏安（V·A）或千伏安（kV·A）。发电机组铭牌上通常标出的是额定功率，额定功率等于额定容量与额定功率因数之积，或者等于额定电压、额定电流和额定功率因数三者之积，单位是瓦（W）或千瓦（kW）。

• 最大输出容量/最大输出功率（Max Capacity/Max Output）：允许发电机组短时间超载运行时的输出容量（输出功率），一般为额定输出容量（输出功率）的 110%。

• 额定功率因数（Rated Factor）：机组的额定输出功率（有功功率）与额定容量（视在

功率）之比称为机组的额定功率因数。当机组容量一定时，其功率因数越高，则其输出的有功功率就越多，机组的利用率也越高。一般情况下，机组的功率因数不允许低于0.8。

② 空载电压调整范围u_z。机组稳定运行时，其空载电压应能在一定范围内调整，这是由于机组与用电设备之间有一定的电缆电压降，机组应保证在一定的负载下，输出电缆末端仍具有正常的工作电压。一般情况下，空载电压调整范围为额定电压的95%～105%。例如：一台机组的额定电压为400V时，其空载电压调整范围为380～420V。空载电压调整范围的计算公式为：

$$u_z=\frac{u_{max}(u_{min})}{u}\times 100\%$$

式中　u——额定电压，V；

$u_{max}(u_{min})$——电压整定装置确定的最高（最低）电压，V。

③ 电压热偏移。当环境温度和发电机组本身的温度升高时，发电机铁芯的磁导率下降，绕组的直流电阻增加，电路元件参数会发生变化，从而引起发电机组输出电压的变化，这种现象叫做电压热偏移。通常，用温度升高所引起的机组电压变化量占额定电压的百分数来表示机组的电压热偏移，一般不允许超过2%。

④ 电压波形畸变率。发电机组输出电压的理想波形应为正弦波，但其实际波形不是真正的正弦波，它既含有基波，又含有三次及三次以上的高次谐波，三次谐波励磁的发电机组尤为严重。各次谐波有效值的均方根值与基波有效值的百分比叫做电压波形畸变率。一般情况下，发电机组空载额定电压波形畸变率应小于10%。电压波形畸变率过大，会使发电机发热严重，温度升高而损坏发电机的绝缘，影响发电机组的正常工作性能。

⑤ 稳态电压调整率δ_u。稳态电压调整率是指机组在负载变化后的稳定电压相对机组在空载时额定电压的偏差程度，用百分比来表示。即：机组输出电压与额定电压之差与额定电压之比的百分数。其数学表达式如下：

$$\delta_u=\frac{u_1-u}{u}\times 100\%$$

式中　u_1——发电机组在负载渐变后，稳定电压的最大值（最小值），V；

u——发电机组的（空载）额定电压V。

稳态电压调整率是衡量发电机组端电压稳定性的重要指标，稳态电压调整率越小，说明负载的变化对机组端电压的影响越小，机组端电压的稳定性越高。

稳态电压调整率在不同负载情况下各不相同。在感性负载时，负载变化后的稳定电压低于空载额定电压；在容性负载时，负载变化后的稳定电压高于空载额定电压。而这种相对于空载额定电压的偏差大小取决于励磁调节器的调节能力，调节能力愈强则其偏差值愈小，稳态电压调整率也越小，机组的端电压越稳定。

⑥ 稳态频率调整率δ_f。稳态频率调整率是指负载变化前后，机组稳定频率的差值与额定频率之比的百分数，其数学表达式如下：

$$\delta_f=\frac{f_1-f_2}{f}\times 100\%$$

式中　f_1——负载渐变后稳定频率的最大值（最小值），Hz；

f_2——负载为额定值时的稳态频率，Hz；

f——额定频率，Hz。

稳态频率调整率越小，说明负载变化时频率越稳定。稳态频率调整率与发动机的调速性能有关，调速器的调节能力越强，则负载变化时频率越稳定。

⑦ 电压波动率 δ_{uB}。在负载不变时，由于发电机励磁系统不稳定和发动机转速的波动，使机组的输出电压也要产生波动。因此，相应地提高发电机励磁调节器和发动机调速器的调节性能，可以减小机组电压的波动。电压波动率计算公式：

$$\delta_{uB}=\frac{u_{Bmax}-u_{Bmin}}{u_{Bmax}+u_{Bmin}}\times 100\%$$

式中，u_{Bmax} 和 u_{Bmin} 为同一次观测时间内，电压的最大值和最小值，V。

⑧ 频率波动率 δ_{fB}。在负载不变时，由于机组内部原因，机组的频率也要产生波动。机组频率的波动主要是由发动机调速器的不稳定和发动机曲轴的不均匀旋转造成。因此，相应提高发动机的性能及其调速器的调节性能，可以减小机组频率的波动。频率波动率计算公式：

$$\delta_{fB}=\frac{f_{Bmax}-f_{Bmin}}{f_{Bmax}+f_{Bmin}}\times 100\%$$

式中，f_{Bmax} 和 f_{Bmin} 为同一次观测时间内，频率的最大值和最小值，Hz。

⑨ 三相负载不平衡度 δ_{uL}。三相不对称负载在机组运行中有可能会出现，特别是负载中有较多的单相负载时，由于接线不合理，也会造成三相负载不对称。不对称负载将导致发电机三相绕组所供给的电流不平衡，使发电机线电压间产生偏差，同时使发电机发热和振动，对用电设备也是不利的，例如对三相异步电动机，将产生对转子起制动作用的反向旋转磁场。因此规定机组在一定的三相对称负载下，在其中任一相上再加 25%标定相功率的电阻性负载，但该相的总负载电流不超过额定值时，应能正常工作；线电压的最大（或最小）值与三相线电压平均值之差应不超过三相线电压平均值的 5%。线电压不平衡度计算公式：

$$\delta_{uL}=\frac{u_{L}-u_{Lave}}{u_{Lave}}\times 100\%$$

$$u_{Lave}=\frac{u_{AB}+u_{BC}+u_{CA}}{3}$$

式中　u_{L}——在不对称负载下，线电压中的最大值或最小值，V；

u_{Lave}——在不对称负载下，三个线电压的平均值，V。

（2）动态指标

① 电压和频率稳定时间。机组负载突变时，其电压和频率会产生突然下降或升高的现象，从负载突变时起至电压或频率开始稳定所需要的时间为电压或频率稳定时间，以秒（s）为单位计算。电压和频率稳定时间通常用示波器测量。

电压的稳定时间与自动调压系统的性能有关。频率的稳定时间与发动机的调速器的调速性能有关，一般情况下，电压稳定时间应小于 3s。频率稳定时间应小于 7s。

② 瞬态电压调整率 δ_{us} 和瞬态频率调整率 δ_{fs}。机组在负载突变时，发动机端电压和频率都会出现瞬间变化。当突加或突减负载时，由于受内燃机输入功率的突增（减）及发电机电枢反应等因素的影响，发动机端电压和频率会产生突然下降或升高的现象。电压（频率）的瞬态变化值与负载突变前的数值之差与额定值的百分比，称为机组的瞬态电压（频率）调整率。瞬态电压调整率计算公式：

$$\delta_{us}=\frac{u_{s}-u_{3}}{u}\times 100\%$$

式中　u_{s}——负载突变时瞬时电压的最大值或最小值，V；

u_{3}——负载突变前的稳定电压，V；

u ——额定电压，V。

瞬态频率调整率计算公式：

$$\delta_{fs}=\frac{f_s-f_3}{f}\times 100\%$$

式中　f_s ——负载突变时的瞬时频率的最大值或最小值，Hz；

f_3 ——负载突变前的稳定频率，Hz；

f ——额定频率，Hz。

③ 直接启动空载异步电动机的能力。机组直接启动异步电动机时，由于启动电流很大以及异步电动机低功率因数的影响，使机组输出电压显著下降，这时发电机的励磁系统必须进行强励磁，才能补偿机组输出电压的下降。异步电动机容量愈大，强励程度就愈高。同时，因为启动电流很大，有可能损伤绕组的绝缘。内燃发电机组因其特性上的差别，启动空载异步电动机的容量不得超过其额定容量的 70%；而启动有载异步电动机时，异步电动机的容量不得超过其额定容量的 35%，当异步电动机启动后，由机组输出的剩余功率还可供其他电气设备使用。

④ 机组的并车性能。具有并机功能的机组，型号规格相同和容量比不大于 3∶1 的机组在 20%～100%额定功率范围内应能稳定地并联运行，且可平稳转移负载的有功功率和无功功率，其有功功率和无功功率的分配差度应不大于表 6-1 的规定；容量比大于 3∶1 的机组并联，各机组承担的有功功率和无功功率分配差度按产品技术条件的规定。

表 6-1　有功功率和无功功率的分配差度

<table>
<tr><th colspan="2" rowspan="2">参　数</th><th rowspan="2">单位</th><th colspan="4">性能等级</th></tr>
<tr><th>G1</th><th>G2</th><th>G3</th><th>G4</th></tr>
<tr><td rowspan="2">有功功率分配 ΔP</td><td>80%～100%标定定额之间</td><td rowspan="3">%</td><td rowspan="3">—</td><td colspan="2">≤±5</td><td rowspan="3">按制造厂和用户之间的协议</td></tr>
<tr><td>20%～80%标定定额之间</td><td colspan="2" rowspan="2">≤±10</td></tr>
<tr><td>无功功率分配 ΔQ</td><td>20%～100%标定定额之间</td></tr>
</table>

说明：当使用该容差时，并联运行发电机组的有功标定负载或无功标定负载的总额按容差值减小。

⑤ 无线电干扰允许值。根据 YD/T 502—2007《通信用柴油发电机组》，用于通信电源的柴油发电机组对无线电干扰有要求时，机组应具有抑制无线电干扰的措施，其干扰允许值应不大于表 6-2 和表 6-3 中规定的限值。按照 GB 4824—2019《工业、科学和医疗设备 射频骚扰特性 限值和测量方法》进行测量考核，特殊情况可提出更严格的要求。

表 6-2　传导干扰限值

频率/MHz		0.15	0.25	0.35	0.6	0.8	1.0	1.5	2.5	3.5	5～30
端子电平允许值	μV	3000	1800	1400	920	830	770	680	550	420	400
	dB	69.5	65.1	62.9	59	58	58	56.7	54.8	54	52

表 6-3　辐射干扰限值

频段 f_d/MHz		$0.15\leqslant f_d<0.50$	$0.50\leqslant f_d<2.50$	$2.50\leqslant f_d<20.00$	$20.00\leqslant f_d\leqslant 300.00$
干扰场强	μV/m	100	50	20	50
	dB	40	34	26	34

试题二十：

1.（1）在线式。 2.（2）桥式（全波不可控）整流电路。

3.（3）3～5min。 4.（4）心脏。 5.（5）能耗比（能效比）。

试题分析：本试题考查对UPS、发电机组和空调相关知识的识记。

1. UPS的分类方法很多，按输出容量大小可分为：小容量（10kV·A以下）、中容量（10～100 kV·A）和大容量（100 kV·A以上）UPS；按输入、输出电压的相数可分为单进单出、三进三出和三进单出型UPS；但人们习惯上按UPS的电路结构形式（工作方式）进行分类，可分为后备式、（双变换）在线式、在线互动式和Delta变换式UPS。

双变换在线式（On Line）UPS又称为串联调整式UPS。目前大容量UPS大多采用这种结构形式。该UPS一般来说由整流器、充电器、蓄电池、逆变器等几个部分组成，它是一种以逆变器供电为主的电源形式。当市电正常供电时，市电一方面经充电器给蓄电池充电，另一方面经整流器变成直流后送至逆变器，经逆变器变成交流后再送给负载。仅仅在逆变器出现故障时，才通过转换开关切换为市电旁路供电。其工作原理如图6-11所示。

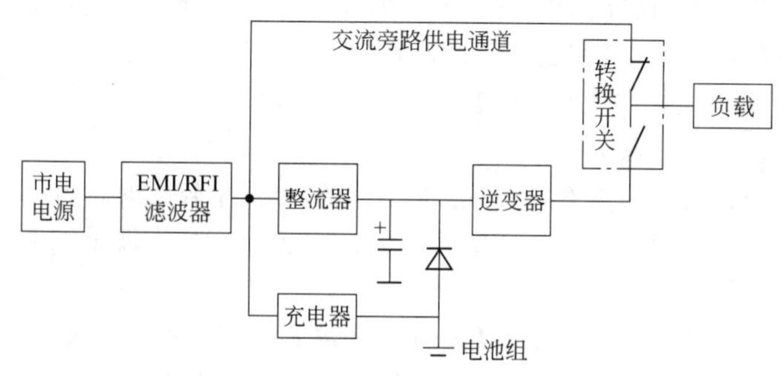

图6-11 双变换在线式UPS原理框图

（1）当市电供电正常时，首先经由EMI/RFI滤波器对来自电网的传导型电磁干扰和射频干扰进行适当的衰减抑制后分三路去控制后级电路的正常运行：

① 直接连接交流旁路供电通道，作为逆变器通道故障时的备用电源。

② 经充电器对位于UPS内的蓄电池组进行浮充电，以便市电中断时，蓄电池有足够的能量来维持UPS的正常运行。

③ 经过整流器和大电容滤波变为较为稳定的直流电，再由逆变器将直流电变换为稳压稳频的交流电，通过转换开关输送给负载。

（2）当市电出现故障（供电中断、电压过高或过低），在逻辑控制电路的作用下，UPS将按下述方式运行：

① 关充电器，停止对蓄电池充电。

② 逆变器改为由蓄电池供电，将蓄电池中存储的直流电转化为负载所需的交流电，用来维持负载电能供应的连续性。

（3）市电供电正常情况下，如果系统出现下列情况之一：①在UPS输出端出现输出过载或短路故障；②由于环境温度过高和冷却风扇故障造成位于逆变器或整流器中的功率开关管温度超过安全界限；③UPS中的逆变器本身故障。那么，UPS将在逻辑控制电路调控下转为市电旁路直接给负载供电。

根据双变换在线式UPS的工作原理，可知其性能特点是：

① 不论市电正常与否，负载的全部功率均由逆变器给出。所以，在市电产生故障的瞬

间，UPS的输出不会产生任何间断。

② 输出电能质量高。UPS逆变器采用高频正弦脉宽调制和输出波形反馈控制，可向负载提供电压稳定度高、波形畸变率小、频率稳定以及动态响应速度快的高质量电能。

③ 全部负载功率都由逆变器提供，UPS的容量裕量有限，输出能力不够理想。所以对负载的输出电流峰值系数（一般为3∶1）、过载能力、输出功率因数（一般为0.7）等提出限制条件，输出有功功率小于标定的千伏安数，应付冲击负载的能力较差。

④ 整流器和逆变器都承担全部负载功率，整机效率低。10kV·A以下的UPS为80%左右，50kV·A的可达85%～90%，100kV·A以上可达90%～92%。

2.整流电路是一种将交流电能变换为直流电能的变换电路。其应用非常广泛，如通信系统的基础电源、同步发动机的励磁、电池充电机、电镀和电解电源等。整流电路的形式有很多种类。按组成整流的器件分，可分为不可控、半控和全控整流三种。不可控整流电路的整流器件全部由整流二极管组成，全控整流电路的整流器件全部由晶闸管或是其他可控器件组成，半控整流电路的整流器件则由二极管和晶闸管混合组成。按输入电源的相数分，可分为单相和多相电路。按整流输出波形和输入波形的关系分，可分为半波和全波整流。

单相不可控整流电路是指输入为单相交流电，而输出直流电压大小不能控制的整流电路。单相不可控整流电路主要有单相半波、单相全波和单相（全波）桥式等几种形式，其中以单相半波不可控整流电路最为基本。

单相桥式不可控整流电路具有很多优点，但是输出功率较大时，就会造成三相电网不平衡。因此大功率整流设备通常采用三相整流电路。它包含三相半波整流电路、三相桥式（全波）整流电路和并联复式整流电路等。

目前，无论是高频开关电源还是UPS的交流输入整流电路，均采用单相（三相）桥式（全波不控）整流电路，开关电源输出整流电路通常采用单相全波不可控整流电路。

3.机组的停机分为两种：正常停机和紧急停机。

① 正常停机　停机前，先卸去负荷，然后调节调速器操纵手柄，逐步降低转速至中等转速，运转3～5min后再拨动停机手柄停机；尽可能不要在全负荷状态下很快将机组停下，以防出现发动机过热等事故。在寒冷地区运行后需停机时，应在停机后待发动机机温冷却至常温（25℃）左右时，打开机体侧面、淡水泵、机油冷却器（或冷却水管）及散热器等处的放水阀，放尽冷却水以防止冻裂。若用防冻冷却液时则不需打开放水阀。

② 紧急停机　在紧急或特殊情况下，为避免机组发生严重事故可采取紧急停机。一般机组均设有紧急停机手柄，此时应按要求拨动紧急停车手柄，即可达到目的。在上述操作无效的情况下，应立即用手或其他器具完全堵住空气滤清器进口，达到立即停机的目的。

4.压缩机在制冷系统中主要是用来压缩和输送制冷剂蒸气。由于它在制冷系统中占有重要地位，且结构比较复杂，因此通常称为制冷系统的主机，其他部分称为制冷辅助装置。压缩机的能力和特征决定了制冷系统的能力和特征，通常将其比喻为制冷系统的心脏。

5.空调的能耗比（制冷能效比能效比，EER；制热能效比，COP）指名义制冷量（制热量）与运行功率（额定功耗）之比。但是，就我国绝大多数地域的空调使用习惯而言，空调制热只是冬季取暖的一种辅助手段，其主要功能仍然是夏季制冷，所以，我们一般所称的空调能效通常指的是制冷能效比EER，国家的相关标准也以此为划定能效等级的依据。

通俗地说，空调能效就是消耗同样多的电所产生的冷气/暖气有多少，能效越高的空调越省电。所以，空调能效是衡量空调性能优劣的重要参数。

按照国家标准相关规定，将空调的能效比分为1、2、3、4、5五个级别。2.6～2.8五级能耗；2.8～3.0 四级能耗；3.0～3.2 三级能耗；3.2～3.4 二级能耗；3.4 及以上一级能耗。1 级最节能，5 级能效最低，低于 5 级的产品不允许上市销售。空调企业需要在产品上加贴能效标识标志，告知消费者其能效水平等级。消费者可以直接通过能效等级标贴清楚地知道哪种空调是省电节能的。

试题二十一：

1.（1）通信电源系统。2.（2）电力。

3.（3）配。4.（4）杂损要求。5.（5）风。

试题分析：本试题考查对动力与环境、通信电源系统和空调基础知识的识记。

1.本小题是对动力与环境的主要组成部分及其各部分功能进行考查。从功能上看，通信局站的动力与环境主要是由通信电源系统和机房空调系统组成；另外，为了能提供安全、稳定、优质、高效的动力与环境保障，动力环境集中监控管理系统与能耗管理系统、接地与防雷系统也是不可或缺的部分。

通信电源系统：负责电力能源转换、输送和分配的设备和设施。机房空调系统：负责为网络通信设备运行提供合适的温度、湿度和洁净度的设备和设施。动力与环境集中监控管理系统对各种电源设备、空调设备以及温湿度等机房环境参数进行实时监控和记录，分析设备运行状况，及时侦测故障并通知处理，以实现通信局站的少人或无人值守，提高动力与环境运行质量和管理效率。

2.本小题是考查网络通信设备对动力与环境的要求。网络通信设备对动力与环境的基本要求，也是最根本的要求，是能够提供充足的、适合类型的电力和适宜的环境空间，也可称其为“能力要求”；质量要求是网络通信设备对动力与环境的高级要求，可以将其归纳为：持续、稳定、安全和高效。

3.本小题是考查通信电源系统的组成及其各部分的主要功能。通信电源系统的主要功能可以归纳为“供”“配”“储”“发”“变”五个方面。“供”是指从市电电网配接引入，作为通信局站的主要电力供应来源；“配”是指将电能按需分配和输送到各个机房乃至各台主设备，并实现一定的调度功能；“储”是指通过蓄电池等设备的储能来保证主设备的不间断供电；“发”是指通过备用发电机组等发电设备来保证市电故障中断时的电力供应；“变”是指通过对电压等级、电流形式的变换，为主设备提供相应规格和质量要求的电力。

4.本小题是考查通信电源的质量要求。通信电源系统的质量要求包括：定额要求、杂损要求和附加要求（衍生要求）。定额要求：对供电的电压、电流、频率等指标的要求；杂损要求：对供电中各种干扰、损耗等有害因素的忍受限度；附加要求：除上述两方面外，还包括为保证电源设备安全、高效运行以及环境友好的其他相关指标。如设备的散热（效率）、电气接头温升、运行振动与噪声等。

5.本小题是考查空调系统的主要设备及功能。机房空调系统的主要功能是解决“热”“湿”“尘”“风”四个方面的问题。风是空调系统与通信设备之间的桥梁。

试题二十二：

1.（1）两路电源互为主备用。 2.（2）高压负荷开关。

3.（3）做功。4.（4）（5）机油压力低；水温高。

5.（6）3.2V；（7）12V；（8）原有窄范围供电系统≤1.8V；新建宽范围供电系统≤2.6V。

试题分析：本试题考查对市电供电方式、常用的高压电器、柴油机工作过程、电力线选择的一般原则基础知识的识记。

1. 本小题是对市电供电方式的选择进行考查。市电供电方式的选择主要是为通信局站提供可靠、稳定的市电。市电供电方式主要有主备用供电方式、（两路市电）同时供电的运行方式和三路市电供电。而主备用供电方式又分为以下三种切换方式：备用电源自投、主用电源自复方式，两路电源互为主备用方式，备用电源自投、主用电源手动恢复方式。题干中所描述的为两路电源互为主备用。

2. 本小题考查是常用高压电器的主要作用。常用的高压电器有：断路器、隔离开关、熔断器、负荷开关、互感器和避雷器等。常用高压电器的作用见表 6-4。

表 6-4　常用高压电器的作用

电器名称	主要作用
断路器	在规定的使用条件下，可以自动接通或断开各种负荷电流；在继电器保护装置的作用下，可以自动切断短路电流；在自动装置的控制下，可以实现自动重合闸
隔离开关	具有明显的分断间隔，因此主要用来隔离高压电源，保证安全检修，并能接通一定的小电流。它没有专门的灭弧装置，因此不允许接通或切断正常负荷电路，更不能切断短路电流，禁止带负荷断开、闭合隔离开关。通常与断路器配合使用，并要求严格遵守操作顺序：切断电源时，先断开断路器，再拉断隔离开关；送电时，先闭合隔离开关，再闭合断路器
熔断器	当配电网络中发生过载或短路故障时，可以用熔断器自动切断电路
负荷开关	能通断正常的负荷电流和过负荷电流，隔离高压电源。它只有简单的灭弧装置，因此不能接通或切断短路电流。高压负荷开关通常与高压熔断器配合使用，利用熔断器来切断短路电流
互感器	互感器是一种特种变压器，用以分别向测量仪表、继电器的电压和电流线圈供电，正确反映电气设备的正常运行和故障情况
避雷器	防止雷电过电压侵入危害用电设备，在有雷电危害的地区，要按供电线圈的额定电压来配置避雷器

3. 本小题是对柴油机工作过程的考查。柴油机是以柴油为燃料的内燃机。要持续的输出动力，将热能转化为机械能，柴油机必须完成进气、压缩、做功、排气四个过程。其中气缸内温度最高的是做功过程。

4. 本小题是对柴油发电机组停机操作的考查。当出现机油压力低、水温高、转速高、电压异常等故障时，应自动或手动停机。

5. 本小题是对电力线选择的一般原则进行考查。电力线选择的一般原则见表 6-5。

表 6-5　电力线选择的一般原则

<table>
<tr><th>电力线种类</th><th colspan="3">选配原则</th></tr>
<tr><td>高压柜出线</td><td colspan="3">按远期负荷计算</td></tr>
<tr><td>低压配电设备的交流进线</td><td colspan="3">按远期负荷计算</td></tr>
<tr><td>低压配电屏的出线</td><td colspan="3">按被供负荷的容量计算</td></tr>
<tr><td>自备发电机组的输出导线</td><td colspan="3">按其输出功率选择导线</td></tr>
<tr><td rowspan="3">直流放电回路的导线</td><td rowspan="3">全程压降</td><td>48V 电源</td><td>≤3.2V</td></tr>
<tr><td>24V 电源</td><td>原有窄范围供电系统≤1.8V；新建宽范围供电系统≤2.6V</td></tr>
<tr><td>240V 电源</td><td>12V</td></tr>
</table>

续表

电力线种类	选配原则
电源馈线规格的要求	通信用交流中性线应采用与相线相等截面的导线
	直流电源馈线应按远期负荷确定
	接地导线应采用铜芯导线
	机房内的交流导线应采用阻燃型电缆

试题二十三：

1.(1) 制冷量。2.(2) ±1℃。

3.(3) 制冷剂；(4) 膨胀阀。4.(5) 盲板。5.(6) (7) 渗漏；堵塞。

试题分析：本试题考查对机房空调系统基础知识的识记。

1.本小题是对空调参数及技术要求进行考查。在规定的制冷量试验条件下，空调机从所处理的空气中移除的显热和潜热之和称为制冷量。

2.本小题是对机房空调使用的技术要求进行考查。在设定温度在18～28℃范围时，温度控制精度±1℃。

3.本小题是对压缩式制冷系统的组成和原理进行考查。压缩式制冷系统是一个完整的密封循环系统，系统的四大件有：压缩机、冷凝器、膨胀阀和蒸发器，它们之间用管道连接起来，形成一个封闭的循环系统，在系统中加入一定量的制冷剂来实现制冷降温的目的。

4.本小题是对机房气流组织方案进行考查。数据中心和网络机房的设计应避免设备吸收热空气，可以通过在机柜前端加装盲板，实现良好的气流组织。

5.本小题是对机房维护进行考查。空调的进、出水管路布放路由应尽量远离机房通信设备；检查管路接头处安装的水浸告警传感器是否完好有效；管路和制冷管道均应畅通、无渗漏和堵塞现象。

试题二十四：

1.(1) 电源设备。2.(2) 监控模块；(3) 地区监控中心。

3.(4) 传感器。4.(5) 开关量。5.(6) (7) 故障管理；安全管理。

试题分析：本试题考查对通信电源集中监控系统基础知识的识记。

1.本小题是对通信电源集中监控系统概念的考查。通信电源集中监控系统的作用是，对监控范围内的电源系统、空调设备和系统内的各个设备及机房环境等进行“三遥”——遥测、遥信、遥控，实时监控系统和设备运行状态，记录和处理监控数据，及时侦测故障并通知维护人员处理，从而实现通信局站的无人或无人值守，以及电源、空调的集中维护和优化管理，提高供电系统的可靠性和通信设备的安全性。

2.本小题是考查集中监控系统各监控中心的定义。为了实现通信机房动力与环境的集中监控，监控网络采用分布式计算机控制系统。按照规定，通信电源集中监控系统采用逐级汇接的结构，一般由地区监控中心（Supervision Center，SC）、区域监控中心（Supervision Station，SS）、监控单元（Supervision Unit，SU）和监控模块（Supervision Module，SM）组成。在此基础上根据实际情况和维护管理要求，可灵活组织成各种类型的运行系统。比如，根据维护需要，还可建设更高级别监控中心，省监控中心（Province Supervision Center，PSC）。

根据行业标准YD/T 1363.1—2014《通信局（站）电源、空调及环境集中监控管理系统 第1部分：系统技术要求》，集中监控管理系统的组网模式根据区域监控中心汇接模式的不同可以分为以下三种：

（1）区域监控中心逐级汇接模式。当采用具有区域监控中心逐级汇接的组网模式时，系统结构如图 6-12 所示，呈现典型的四级网络结构。

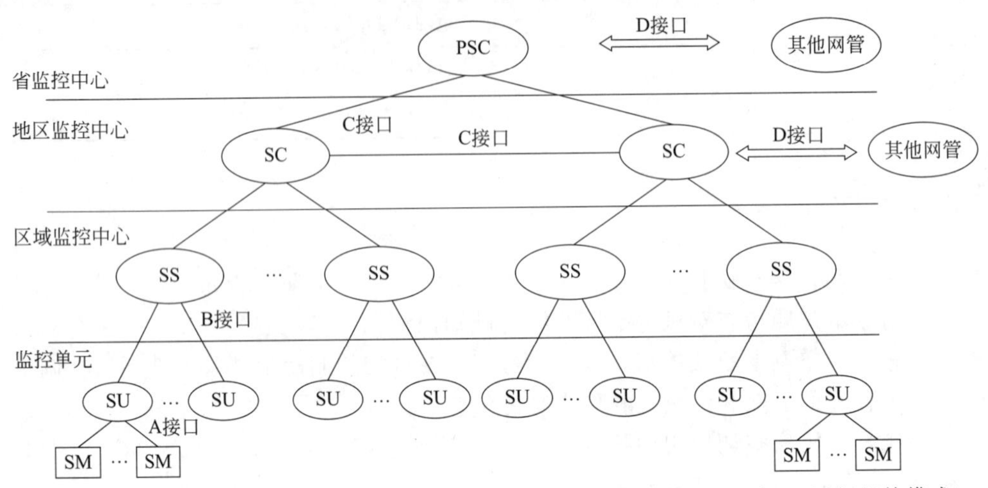

图 6-12　通信局（站）电源、空调及环境集中监控管理系统结构图 1（有 SS 逐级汇接模式）

（2）区域监控中心反牵汇接模式。当集中监控管理系统采用区域监控中心反牵的建设模式时，系统结构如图 6-13 所示。在这种结构中，区域监控中心功能不断地弱化。

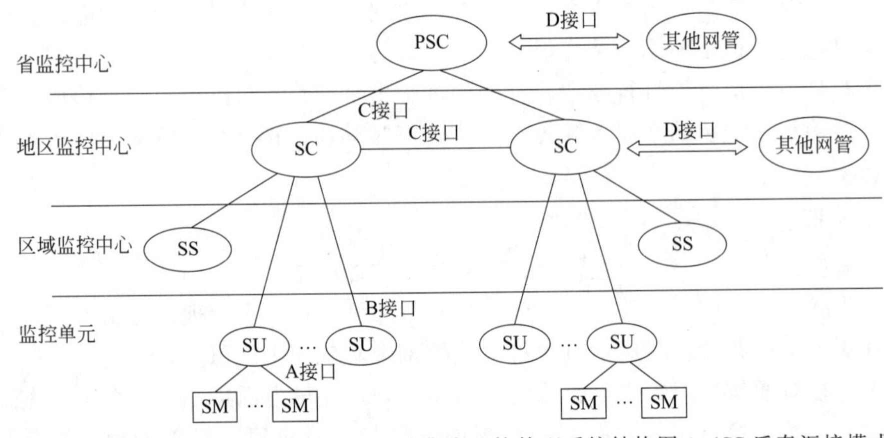

图 6-13　通信局（站）电源、空调及环境集中监控管理系统结构图 2（SS 反牵汇接模式）

（3）取消区域监控中心的模式。当集中监控管理系统采用取消区域监控中心的建设模式时，系统结构如图 6-14 所示。监控中心采用的是三级网络结构模式。

在集中监控管理系统结构图中，各监控级别的定义如下。

（1）省监控中心 PSC：为满足省级管理而设立，通过开放的互联协议接入全省的地区监控中心。可以对全省的地区监控，实时监视各通信局站、空调与环境的工作状态和运行参数，接收故障告警信息。

（2）（地区）监控中心（SC）：为适应本地区集中监控、集中维护和集中管理的要求而设置。通信局（站）集中监控管理系统的建设应相对独立，归属本地网管的一个组成部分。

（3）区域监控中心（监控站）（SS）：为满足本地县、区级的管理要求而设置，负责辖区内各监控单元的管理。对于固定电话网，监控站的管辖范围为一个县/区；移动通信网由

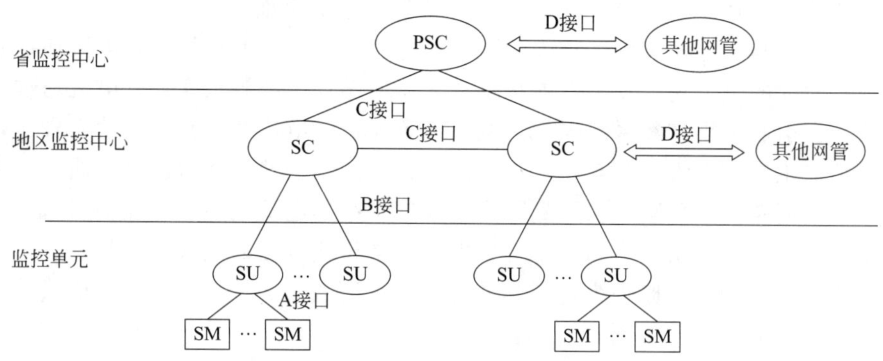

图 6-14 通信局（站）电源、空调及环境集中监控管理系统结构图 3（无 SS 逐级汇接模式）

于其组网方式不同于固定电话网，则相对弱化了这一级。

（4）监控单元（SU）：一般完成一个物理位置相对独立的通信局（站）内所有的监控模块的管理工作，个别情况可兼管其他小局（站）的设备。监控单元为监控系统的最小子系统，一般是一台计算机。

（5）监控模块（SM）：面向具体的监控对象，完成数据采集和必要的控制功能。一般按照监控对象的类型划分有不同的监控模块，在一个监控系统中一般有多个监控模块。

3. 本小题是对传感器的概念进行考查。传感器负责检测被测信号，并将被测信号转换为前端计算机的处理数据。传感器的组成按其定义一般由敏感元件、转换元件、转换电路三部分组成。

4. 本小题是对数据采集的考查。数据采集包括对各种监控数据的收集、分析、处理、上报、存储和监控命令的下达等。对被监控的设备数据的采集，通常采用串行通信数据采集方式。一般情况下，在端局设置的前置机（监控主机）通过串口连接各监控模块，采用总线方式采集。对动力设备而言，监控量有数字量、模拟量和开关量。

5. 本小题是对集中监控系统的功能结构的考查。集中监控管理系统的功能结构分为数据采集和设备控制、运行和维护、管理功能三大模块。集中监控管理系统应实现配置管理、故障管理、性能管理和安全管理四组管理功能。

6.3.2 单项选择题

试题一：

1. D 2. B 3. D 4. A 5. B 6. D 7. C 8. D 9. D 10. A 11. B 12. C 13. C 14. B

试题分析：本试题考查对通信电源系统的基础知识的辨识和理解。

1. 本小题考查对高压熔断器作用的理解。高压熔断器在高压电路中是一种最简单的保护电器。在配电网络中常用来保护配电线路和配电设备。当网络中发生过载或短路故障时，其可以用熔断器自动地切断电路，从而达到保护电气设备的目的。选项 A、B 和 D 都正确，但选项 D 更全面。

2. 本小题考查对柴油发电机组空载试机时间的识记。机组空载试机时间持续时间不宜太长，应以产品技术说明书为准。以 5～30min 为宜。选项 B 正确。注意：此处的试机是指柴油发电机组在维护过程中，每月必须试机一次时的试机，而不是发电机组正常使用前的空载运转时间，柴油发电机组加载前的空载运转时间以 3～5min 为宜。

3. 本小题考查冷却系统中节温器的作用。在冷却系统中，节温器有两个作用，一是调节水温，二是调节水循环。选项 A、D 都正确，但选项 D 更全面。

4. 本小题考查与触电伤害程度有关的因素。电流通过人体的途径中，电流通过心脏会引起心室颤动，较大的电流还会使心脏停止跳动，血液循环中断导致死亡；电流通过中枢神经或有关部位，会引起中枢神经系统强烈失调而导致死亡；电流通过头部会使人昏迷，若电流较大，会对脑产生严重损害，甚至死亡；电流通过脊髓，会使人截瘫。电流通过人体的途径中以胸到左手的通路为最危险，从脚到脚是危险性较小的电流途径。选项 A 正确。

5. 本小题考查抗不平衡能力的功率变换电路。半桥式电路的最大特点是具有抗不平衡能力。由于半桥式电路的工作原理决定了其具有抗不平衡能力的特点，所以半桥式功率变换电路得到了较为广泛的应用。选项 B 正确。

6. 本小题考查均衡充电。根据应进行均衡充电的情形之一，阀控式铅酸蓄电池组深放电后容量不足，或放电深度超过 20%。选项 D 正确。

7. 本小题考查柴油机的标定功率。柴油机标定功率是柴油机在额定工况下，连续运转 12h 的最大有效功率。选项 C 正确。

8. 本小题考查 UPS 的功能。根据 UPS 的输出短路保护功能，输出负载短路时，UPS 应立即自动关闭输出，同时发出声光告警。选项 D 正确。

9. 本小题考查制冷能力单位。制冷系统中相应的制冷能力单位一般为千卡/小时（kcal/h)。选项 D 正确。

10. 本小题考查接地的对地电压。电气设备的接地部分，如接地外壳、接地线或接地体等与大地之间的电位差，称为接地部分的对地电压，这里的大地指零电位点。正常情况下，电气设备的接地部分是不带电的，所以其对地电压是 0V。选项 A 正确。

11. 本小题考查变送器的作用。在电源设备的监控单元中，变送器是能够将输入的被测电量（电压、电流等）按照一定的规律进行调制、变换，使之成为可以传送的标准输出信号（一般为电信号）的器件。选项 B 正确。

12. 本小题考查低压进线柜的主要遥测内容。低压进线柜遥测：三相输入电压、三相输入电流、功率因数、频率；遥信：开关状态、缺相、过压、欠压告警；遥控：开关分合闸（可选)。选项 C 正确。

13. 本小题考查对发电机组室内设备布置的要求。自备发电机组周围的维护工作走道净宽不应小于 1m，操作面与墙之间的净宽不应小于 1.5m。选项 C 正确。

14. 本小题考查蓄电池配置。蓄电池主要根据市电状况、负荷大小配置。如果维护或其他方面原因对蓄电池组的放电时间有特殊要求，在配置过程中也应作为其配置的依据。直流系统的蓄电池一般设置两组并联，总容量满足使用的需要，蓄电池最多的并联组数不要超过 4 组，不同厂家、不同容量、不同型号的蓄电池组严禁并联使用。选项 B 正确。

试题二：

1. D　2. C　3. B　4. B　5. D

试题分析：本试题考查对高频开关整流器和空调设备相关知识的理解。

1. 本小题考查对通信系统供电设备的理解。通信电源（供电）设备主要包括：高压配电设备、变压器、低压配电设备、（柴油）发电机组、不间断电源（UPS)、逆变器、整流设备（高频开关电源)、蓄电池（组）等，通常将整流设备（AC/DC)、逆变设备（DC/AC）和直流/直流变换设备（DC/DC）统称为换流设备。其中整流设备可将交流电变换为直流电；逆变设备则是将直流电变换为交流电；DC/DC 变换设备可将一种电压等级的直流电变换成另一种或几种电压等级的直流电。空调设备（分散空调设备、集中空调设备）是为了保证通信系统正常工作的用电设备，而不是供电设备。选项D正确。

2.本小题考查高频开关整流器的稳压精度要求。根据YD/T 731—2018《通信用48V整流器》的相关要求，开关整流模块的稳压精度≤±0.6%。高频开关型整流器的稳压精度要求也是针对电池的要求来确定的，因为稳压精度低，无异于浮充电压设置值得不准确。浮充电压的设置不当或温度补偿作用的削弱，都会对阀控式电池的漏电流有影响，甚至在极端情况下也可能造成电池的热失控，故稳压精度宜优于1%。选项C正确。

3.本小题考查对功率因数校正方法的理解和辨识。在高频开关电源中，功率因数校正的基本方法有两种：无源功率因数校正和有源功率因数校正。采用无源功率因数校正法时，应在开关电源输入端加入电感量很大的低频电感，以便减小滤波电容充电电流的尖峰。这种校正方法比较简单，但是校正效果不是很理想。采用无源功率因数校正法时，功率因数校正电感的体积很大，增加了开关电源的体积。有源功率因数校正电路的主要优点是可得到较高的功率因数。选项B正确。

4.本小题考查对压缩式制冷系统的工作原理的理解。单级压缩制冷系统的工作过程：低温低压制冷凝液体（如氨或氟里昂），在蒸发器内蒸发为气体，吸收周围介质（如水或空气）的热量被压缩机吸入气缸内，气体在气缸中经压缩，其温度和压力都要升高，然后被排入冷凝器中。在冷凝器内高温、高压的制冷剂气体与冷却水或空气进行热交换，放出冷凝热，将热量传给冷却水或空气带走，而本身由气体凝结为液体。此高压液体经节流装置节流降压至蒸发压力，在节流过程中制冷剂温度将下降到蒸发温度，节流后的气液混合物进入蒸发器中。在蒸发器内的低压制冷剂液体很不稳定，立即进行汽化再吸收汽化潜热，使蒸发器周围被冷介质温度降低，而蒸发器内的制冷剂气体又被压缩机吸走，完成一个制冷循环，这样周而复始继续下去，不断地将蒸发器周围介质的热量带走，从而获得低温，达到制冷的目的。选项B正确。

5.本小题考查对空调器工作原理的理解。大多数空调风量的调整是通过电动机转速的变化来达到的。选项D正确。

试题三：

1.B　2.C　3.C　4.B　5.B

试题分析：本试题考查对低压系统带电作业安全措施、防雷、开关电源、UPS和集中监控相关知识的理解。

1.本小题考查低压系统带电作业安全措施。根据低压系统带电作业安全要求，低压系统带电作业时，头部与带电线路要保持10cm以上距离。选项B正确。

2.变送器是能将输入的被测的电量（电流、电压等）按照一定的规律进行调制、变换，使之成为可以传送的标准输出信号的器件。监控系统通过变送器转换为监控设备可以识别的标准输出信号。选项C正确。

3.在通信电源系统交流部分的三级防雷中，通常在低压进线柜处作为第一级防雷，交流配电屏内作第二级防雷，整流器等交流负载输入端口作为第三级防雷。选项C正确。

4.开关电源系统的核心组件是高频开关整流器，扩容开关电源系统主要是扩整流器，即增大输出电流，提高其带载能力。选项B正确。

5.后备式（Off Line）UPS是静态UPS的最初形式，它是一种以市电供电为主的电源形式，主要由充电器、蓄电池、逆变器以及变压器抽头调压式稳压电源四部分组成。当电网电压正常时，UPS把市电经简单稳压处理后直接供给负载；当电网故障或供电中断时，系统才通过转换开关切换为逆变器供电。其工作原理如图6-15所示。

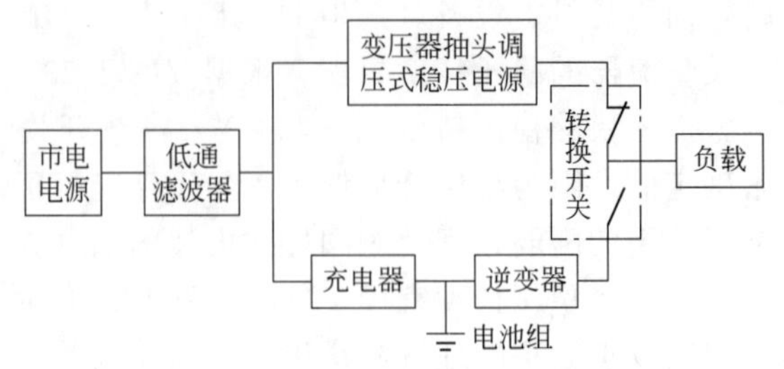

图 6-15 后备式 UPS 原理框图

(1) 当市电供电正常（市电电压处于 175～264V 之间）时，首先经由低通滤波器对来自电网的高频干扰进行适当的衰减抑制后分两路去控制后级电路的正常运行：

① 经充电器对位于 UPS 内部的蓄电池组进行充电，以备市电中断时有能量继续支持 UPS 的正常运行。

② 经位于交流旁路通道上的“变压器抽头调压式稳压电源”对起伏变动较大的市电电压进行稳压处理，使电压稳定度达到 220[1±(4%～10%)]V。然后，在 UPS 逻辑控制电路的作用下，经稳压处理的市电电源经转换开关向负载供电（转换开关一般由小型快速继电器或接触器构成，转换时间为 2～4ms）。

③ 逆变器处于启动空载运行状态，不向外输出能量（不工作）。

(2) 当市电供电不正常（市电电压低于 175V 或高于 264V）时，在 UPS 逻辑控制电路的作用下，UPS 将按下述方式运行：

① 充电器停止工作。

② 转换开关在切断交流旁路供电通道的同时，将负载与逆变器输出端连接起来，从而实现由市电供电向逆变器供电的转换。

③ 逆变器吸收蓄电池中存储的备用直流电，变换为 50Hz/220V 电压维持对负载的电能供应。根据负载的不同，逆变器输出电压可以是正弦波，也可以是方波。

根据后备式 UPS 的工作原理，可知其性能特点是：

• 电路简单，成本低，可靠性高。

• 当市电正常时，逆变器仅处于空载运行状态，整机效率可达 98%。

• 因大多数时间为市电供电，UPS 输出能力强，对负载电流的波峰系数、浪涌系数、输出功率因数、过载等没有严格要求。

• 输出电压稳定精度较差，但能满足负载要求。

• 输出有转换开关，市电供电中断时输出电能有短时间的间断，并且受切换电流能力和动作时间的限制，增大输出容量有一定的困难。因此，后备式正弦波输出 UPS 容量通常在 2kV · A 以下，而后备式方波输出 UPS 容量通常在 1kV · A 以下。

综上所述，选项 B 正确。

试题四：

1. B　2. C　3. C　4. D　5. A

试题分析：本试题考查对常用仪表、导线截面的计算、防雷系统、集中监控系统常用硬件和空调设备相关知识的理解。

1. 常用交流电压表测量正弦信号，测得值是有效值，万用表测交流信号，实际测得的是信号的整流平均值，然后根据正弦波有效值与整流平均值的系数关系，算出有效值，显示出来。由此可知，常用的交流电压表和万用表测量出的数值是有效值。选项 B 正确。

2. 为了更加有效防雷，引出通信局（站）的交流高压电力线应采取高、低压多级防雷装置。选项C正确。

3. 直流供电回路电力线的截面计算，根据允许电压降计算选择直流供电回路电力线的截面，一般有三种方法，即电流矩法、固定分配压降法和最小金属用量法。选项C正确。

4. 由于传感器转换以后输出的电量各式各样，有交流也有直流，有电压也有电流，而且大小不一，而一般D/A转换器件的量程都在5V直流电压以下，所以有必要将不同传感器输出的电量变换成标准的直流信号，具有这样的功能的器件就是变送器。换句话说，变送器是能够将输入的被测的电量（电压、电流等）按照一定的规律进行调制、变换，使之成为可以传送的标准输出信号（一般是电信号）的器件。

变送器除了可以变送信号外，还具有隔离作用，能够将被测参数上的干扰信号排除在数据采集端之外，同时也可以避免监控系统对被测系统的反向干扰。

此外还有一种传感变送器，实际上是传感器和变送器的结合，即先通过传感部分将非电量转换为电量，再通过变送部分将这个电量变换为标准电信号进行输出。

综上所述，选项D正确。

5. 制冷系统的控制部件包括膨胀阀、截止阀和电磁阀，不包括油分离器。从压缩机排出的高温高压制冷剂蒸气，总会夹带部分雾状润滑油，经排气管进入冷凝器和蒸发器中。如果在系统中不安装油分离器，就会在热交换器的传热表面形成油垢，增加其热阻，降低冷凝和蒸发的效果，导致产冷量下降。因此，在压缩机与冷凝器之间的管路上应装油分离器，以便将油从制冷剂蒸气中分离出来。选项A正确。

试题五：

1. D　2. B　3. A　4. C　5. A

试题分析：本试题考查对交流电、蓄电池和功率变换电路相关知识的理解。

1. 各种通信设备都要求电源电压稳定，不能超过允许变化范围。电源电压高，会损坏通信设备中的电子元件；电源电压过低，通信设备不能正常工作。电源系统的供电稳定性主要体现在交流电源质量和直流电源质量上。电压和频率是衡量交流系统电能质量的两个基本参数；直流电源质量核心指标是电压和杂音。选项D正确。

2. 本题是对于交流电源质量的考查。通信设备用交流市电供电时，交流市电的频率允许变动范围为额定值的±4%。选项B正确。

3. 直流供电的基础电压范围内的工作电压有三：浮充电压、均衡电压和终止电压。选项A正确。

浮充电压是指在通信电源系统中，将整流器（高频开关电源）和蓄电池组并接于馈电线上，当市电正常时，由整流器供电，同时也给蓄电池组微小的补充电流过程中整流器输出的电压，同时称这种供电方式称为浮充。换句话来说，浮充电压就是正常供电时整流器给蓄电池充电的电压。

均衡电压：是指为了蓄电池充够足够的电量，而提升浮充电压后的电压，同时称这种供电方式为均衡充电。

蓄电池在使用过程中，有时会产生密度（比重）、端电压等不均衡情况，为了防止这种不均衡继续扩大成为故障电池，所以要定期均衡充电。合适的均充电压和均充频率是保证电池长寿命的基础，对阀控铅酸蓄电池平时不建议均充，因为均充可能造成电池失水而导致其早期失效。在通信电源维护实践中，密封蓄电池组遇有下列情况之一时，应进行均衡充电（有特殊技术要求的，以其产品技术说明书为准）。

①阀控式铅蓄电池组单独向通信负荷供电15min以上；②阀控式铅蓄电池组中有两只以上单体电池的浮充电压低于2.18V；③阀控式铅蓄电池组深放电后容量不足，或放电深度超过20%；④阀控式铅蓄电池搁置不用时间超过3个月或全浮充运行达6个月。

4.铅蓄电池在放电过程中，正负极板上的活性物质都变成了硫酸铅。电解液中的硫酸不断消耗，水分子不断生成，因此，电解液的密度逐渐降低。电解液密度可作为其放电终了的标志之一。端电压降到1.8V（常温条件下），应立即停止放电，否则会导致极板硫化，缩短蓄电池的使用寿命。

铅蓄电池在充电过程中，正负极板上的硫酸铅分别变成二氧化铅和海绵状的铅，电解液中的水分子不断消耗，硫酸分子不断生成，电解液密度不断升高。因此，电解液密度可以作为其充电终了的标志之一。

综上所述，选项C正确。

5.在推挽式功率变换电路中，当一只功率开关管导通，另一只功率开关管截止时，加在处于截止状态的功率开关管上的电压为2倍的电源电压即$2E$；当两只功率开关管均截止，各自承受的电压均为电源电压E，即在推挽式功率变换电路中，功率开关管承受的最大电压为两倍电源电压（$2E$）。

在全桥式功率变换电路中，当一组高压开关导通时，截止晶体管上施加的电压为输入电压；当四个开关管都截止关断时，每个管子只承受输入电源电压的一半即$E/2$。

在半桥式功率变换电路中，当一只功率开关管导通，另一只被截止时，加在处于截止状态的功率开关管上的电压为电源电压E；当两只功率开关管均截止时，它们的端电压均等于电源电压的一半（$E/2$）；半桥式电路的最大特点是抗不平衡能力强；同全桥式电路比，少用两只功率开关管，相应的驱动电路也较为简单。同全桥式及推挽式电路相比，获得相同的输出功率，流过功率开关管的电流要大一倍；反之，如果流过功率开关管的电流相同，则其输出功率比全桥式及推挽式电路少一半。

综上所述，选项A正确。

试题六：

1.B　2.C　3.D　4.A　5.D

试题分析：本试题考查对UPS和空调相关知识的理解。

1.当市电出现故障（中断、电压过高或过低）时，UPS工作在后备状态逆变器将蓄电池的电压转换成交流电压，并通过静态开关输出到负载。市电正常但逆变器出现故障或输出过载时，UPS工作在旁路状态。静态开关切换到市电端，市电直接给负载供电。如果静态开关的转换因逆变器故障引起，UPS将发出报警信号；如果因过载引起静态开关转换，过载消失后，静态开关将重新切换到逆变器端。选项B正确。

2.逆变电路输出波形有两种类型：方波和正弦波。小型后备式UPS逆变器输出方波的居多；在线式UPS逆变电路大多为正弦波逆变电路，因为用户都希望UPS输出50Hz的正弦交流电，与平时用市电的效果完全一样甚至更好。选项C正确。

3. UPS热备份方式分为串联和并联两种方式。串联方式将处于热备份的UPS输出电压连接到主机UPS的旁路输入端。UPS主机正常工作时负担全部负载功率，当UPS主机发生故障时便自动切换到旁路状态，由UPS备机的输出电压通过UPS主机旁路输出继续为负载供电。当市电中断时，备机与主机都处于电池工作状态，由于UPS主机承担全部负载，所以其备用电池先放电到终止电压，而后自动切换到旁路工作状态，由备用的UPS的电池为负载供电。双机并联中的UPS必须具有并机功能，两台UPS中的并机控制电路通过并机信号线来调整输出电压的频率、相位及幅值，使其满足并联输出的要求。这种并联方式主要是为了提高供电系统的可靠性，而不是用于供电系统的扩容。所以这种并联使用方式必须保证供电系统具有50%的冗余度，也就是负载的总容量不要超多其中一台UPS的额定输出容量，当其中一台UPS发生故障时，可由另一台UPS电源来承担所有负载的供电。选项D正确。

4.空调系统按空气处理设备的集中程度可分为集中式空调系统、局部式空调系统及混合式空调系统。

（1）集中式空调系统。将空气集中处理，由风机把处理后的空气，输送到需要空调的房间。这种空调系统处理空气量大，并集中冷源和热源，同时需要专人操作，机房占地面积较大，但运行可靠，室内参数稳定。

（2）局部式空调系统。将空调设备直接或就近安装在需要空调的房间。局部空调设备安装简单，使用广泛。尤其对于空调房间小，各房间相隔距离较远的场合更为合适。

（3）混合式空调系统。既有局部处理，又有集中处理的空调系统称为混合式空调系统，或称半集中式空调系统

综上所述，选项A正确。

5.离心式冷水机组常用于大型空调系统，其单机容量可达30000kW，但小型的单机容量也可做到30kW。用于特殊场合，从机组的经济性考虑，当前空调用离心式冷水机组一般以300kW为下限。选项D正确。

试题七：

1.A　2.B　3.C　4.D　5.C

试题分析：本试题考查对防雷接地系统和集中监控系统相关知识的理解。

1.对地电压是指电气设备的接地部分，如接地外壳、接地线或接地体等与大地之间的电位差。通常电气设备接地部分不带电，其对地电压为0V。较强电流通过接地体注入大地时，电流通过接地体向周围土壤作半球形扩散，并在接地体点周围产生一个相当大电场，其电场强度随着距离的增加而迅速下降。实验资料表明，距离接地体20m处，对地电压（该处与无穷或处大地的电位差）仅为最大对地电压的2%。选项A正确。

2.电力变压器的防雷措施必须采用“三位一体”的接地形式，即避雷器引下线、变压器次级中性点以及变压器外壳在安装时要求将其用导线连接在一起，用接地引下线接地。电力变压器高、低压侧都应装设防雷器件。在高压侧一般采用阀式避雷器，而在低压侧通常采用压敏电阻避雷器，两者均作Y形连接，并要求避雷器应尽量靠近变压器安装，其汇集点与变压器外壳接地点一起就近接地，如图6-16所示。选项B正确。

3.理想的联合接地系统是在外界干扰影响时仍然处于等电位的状态，因此要求地网任意两点之间电位差小到近似为零。选项C正确。

4.通信系统和设备受到雷击的机会较多，根据防雷保护的要求，需要在受到雷击时使各种设备的外壳和管路形成一个等电位体，而且在设备结构上都把直流工作接地和天线防雷接地相连，进而把局（站）机房的工作接地、保护接地和防雷接地合并设置在一个系统上，形成一个合设的接地系统，即联合接地系统，如图6-17所示。

在联合接地系统中，为了防止交流三相四线制供电网路中不平衡电流的干扰，通常在通信机房及有关布线系统中采用三相五线制布线，即将电源设备的中性线与保护接零互相分开，自地线盘或接地汇流排上分别引线直接到中性点端子和接零保护瑞子。

同时为了在同层机房内形成一个等电位面，一般要求从每层楼的钢筋上引出一根接地扁钢作为预留的接地极，必要时供有关设备外壳相连接。

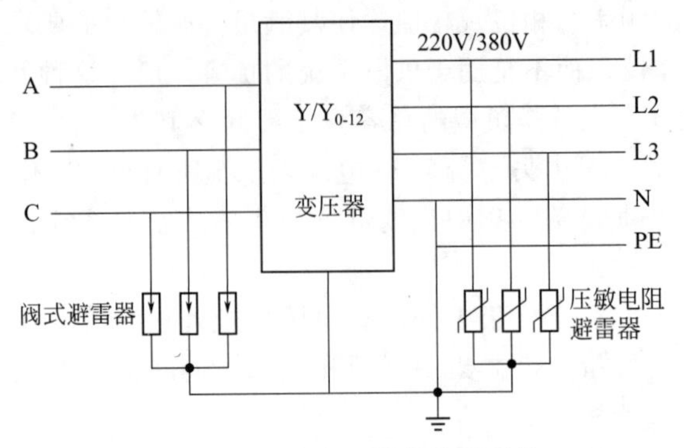

图 6-16 电力变压器的防雷保护

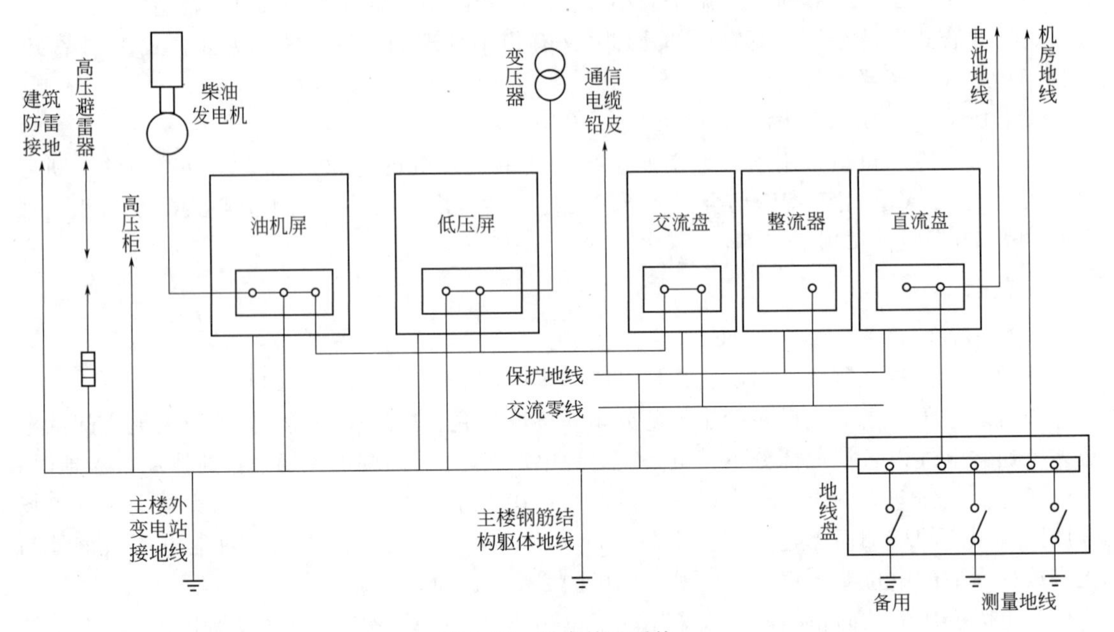

图 6-17 联合接地系统

通过对大量通信局（站）的实测数据的分析表明：

（1）所有设备的电源装置使用共用的接地装置，对电话电路中的干扰并无影响。

（2）当一个网路的中线接到共用的接地装置时，干扰并不增加；相反在有些情况下由于接地电阻的改善，干扰反而还减小了。

（3）由于联合接地系统，公共接地系统的电阻值可以达到较低的水平，由于直流通信接地和交流保护接地相连，导致地线电位升高而增加的通信杂音影响是可以减小的。

综上所述，选项 D 正确。

5. 通信电源集中监控系统的功能可以分为监控功能、交互功能、管理功能、智能分析功能以及一些其他的辅助功能。常见的智能分析功能包括以下三个方面：①告警分析功能；②故障预测功能 ；③运行优化功能 。所以，选项 C 正确。

试题八：

1. A 2. D 3. C 4. C 5. B

试题分析：本试题考查对供电安全、高低压电器相关知识的理解。

1. 本小题是对市电的分类进行的考查。根据通信局（站）所在地区的市电供电条件、线路引入方式及运行状态，将市电分为四类。一类市电供电方式：从两个可靠的独立电源各自引入一路供电线。该两路电源不应同时出现检修停电。二类市电供电方式：由两个以上独立电源构成稳定可靠的环形网上引入一路供电线；由一个稳定可靠的独立电源或从稳定可靠的输电线上引入一路供电线。二类市电供电允许有检修停电。三类市电供电为从一个电源引入一路供电线。四类市电供电应符合下列条件之一：由一个电源引入一路供电线，经常昼夜停电，供电无保证；有季节性长时间停电或无市电可用。本小题选 A。

2. 本小题是对常用的高压电器的作用进行的考查。常用高压电器的作用如表 6-4 所示。本小题选 D。

3. 本小题是对油浸式变压器的结构及作用进行的考查。变压器是用来隔离、变换交流电压并传输交流电能的一种静止电气设备。它是根据电磁感应的原理实现电能传递的。变压器油有两个作用：一是绝缘作用；二是散热作用。油枕有两个作用：一方面可以减小油面与空气的接触面积，以防止变压器油受潮和变质；另一方面，当油箱中油面下降时，油枕中的油可以补充到油箱里，不使绕组露出油面以外，而且油枕还能调节因变压器油温度升高而引起的油面上升。本小题选 C。

4. 本小题是对常用的低压电器的作用进行的考查。低压电器：用于交流 50Hz（或 60Hz）、额定电压为 1000V 及以下，直流额定电压为 1500V 及以下的电路中起通断、保护、控制或调节作用的电器。自动空气断路器：在电路发生短路、过载等故障时能自动分断故障电路，是一种控制兼保护电器。接触器：是一种接通或切断电动机或其他负载主电路的自动切换电器。适用于频繁操作、远距离控制强电电路，并具有低压释放的保护性能。继电器：继电器的触头只能通过小电流，只能用于控制电路。刀开关：用来接通和分断容量不太大的低压供电线路以及作为低压电源隔离开关。熔断器：实现短路保护及过载保护。本小题选 C。

5. 本小题是对常用的低压电器的作用进行的考查。自动转换开关（ATS）：主要用在紧急供电系统，将负载电路从一个电源自动转接至另一个（备用）电源的开关电器，以确保重要负载连续、可靠运行。本小题选 B。

试题九：

1. B　2. C　3. A　4. A　5. D

试题分析：本试题考查对高频开关电源、UPS 和蓄电池相关知识的理解。

1. 本小题是对基础电压范围内的工作电压的考查。通信局站的直流供电系统运行方式采用－48V 全浮充供电方式，整流器与蓄电池并联对通信设备供电，以实现不间断供电。基础电压范围内的工作电压有 3 种：浮充电压、均衡电压和终止电压。浮充电压是指在通信电源供电系统中，将整流器和蓄电池并接于馈线上，当市电正常时，由整流器供电，同时也给蓄电池微小的补充电流过程中整流器输出的电压，同时称这种供电方式为浮充。换句话说，浮充电压就是正常供电时整流器给蓄电池充电的电压。均衡电压：是指为了蓄电池充够足够的电量，而提升浮充电压后的电压。终止电压是指电池放电时，电压下降到电池不宜再继续放电的最低工作电压值，根据不同的电池类型及不同的放电条件，对电池的容量和寿命的要求也不同，因此规定的电池放电的终止电压也不相同。本小题选 B。

2. 本小题是对高频开关整流器的组成和作用进行的考查。高频开关整流器的电路包括两部分：主电路、控制与辅助电路。主电路包括：输入滤波电路、整流滤波电路、功率因数校正电路、逆变电路、输出整流滤波电路；控制与辅助电路包括：辅助电源、控制电路、保护动作电路、监测电路。主电路：从交流电输入到直流电输出的全过程，主要完成功率转换；

控制与辅助电路，为主电路变换器提供激励信号，以控制主电路的工作，实现输出稳定或调整的目的。逆变电路是核心电路，开关管工作在高频状态，其工作频率越高，变压器的体积和重量就越小，在很大程度上决定着整流器的体积、重量。本小题选 C。

3. 本小题是对铅酸蓄电池的构造进行的考查，铅酸蓄电池正极板上的活性物质是二氧化铅（PbO_2），负极板上的活性物质是海绵状铅。海绵状金属铅是由二阶铅正离子和电子组成的，稀硫酸在水中被电离为氢离子和硫酸根离子。负极板上浸入稀硫酸溶液后，二阶铅正离子浸入溶液，在极板上留下能够自由移动的电子，因而负极板带负电，即产生电极电位。同样，正极板上的二氧化铅也与稀硫酸作用，产生的四阶铅正离子留在极板上，使正极板带正电，也产生了电极电位。这样，在电池的正负极板上便产生了电动势。本小题选 A。

4. 本小题是对 UPS 的工作原理进行的考查。在线式 UPS 三种常见的供电模式：①市电正常：UPS 由市电输入给整流器，然后给逆变器供电；逆变器经过输出电路后供给负载稳定可靠的交流电，同时整流器经过充电电路给蓄电池充电；②市电故障：蓄电池放电给逆变器经过输出电路供给负载供电；③市电正常但逆变器故障：静态开关切换到旁路，由旁路市电直接给负载供电。本小题选 A。

5. 本小题是对 UPS 组成电路的基本功能进行的考查。UPS 主要由输入整流滤波电路、功率因数校正电路、充电电路、逆变电路、静态开关、保护电路和锁相电路等组成；UPS 的交流输入整流电路一般为桥式全波整流电路；双变换 UPS 当逆变器过载或发生故障时，在市电质量较好的情况下，应能平滑的切换为由市电旁路供电，并应避免切换时在静态开关中产生较大的环流。为此在市电频率比较稳定时，逆变器输出的正弦波电压应与输入市电同频率并且基本同相位，即逆变器应与市电锁相同步。锁相电路的主要作用是用于检测两个交流电源的相位差并将其变换为一个电压信号去控制逆变的输出电压相位与频率，从而保持逆变器与交流电源的同步运行。锁相电路主要由三个基本部件组成，即鉴相器、低通滤波器和压控振荡器。本小题选 D。

试题十：

1. C　2. C　3. D　4. B　5. B

试题分析：本试题考查对空调相关知识的理解。

1. 本小题是对机房环境的需求的考查。热量根据性质不同，分为显热和潜热。机房显热量主要来源有设备散热量、照明散热量和通过围护结构传入室内的热量。数据中心的空调设计主要考虑夏季冷负荷，以设备实际用电量为依据。本小题选 C。

2. 本小题是对机房专用空调的特点进行考查。机房专用空调大风量、小焓差的设计思想主要为了满足机房环境以下特殊要求：机房调节热量大的需求；机房送风次数高的需求；空调设备连续运行的要求；机房对湿度调节的需求。为了满足机房高洁净度调节的要求，空调系统进入机房内的空气必须全部过滤。对于灰尘粒径在 5μm 的粒子，空气过滤效率应达 95%以上；而对于粒径 1μm 的粒子，至少要去除 90%才算合格。在机房专用空调中装置有符合以上标准的空气过滤网，这种过滤装置完全能满足机房对于洁净度的要求。本小题选 C。

3. 本小题是对风冷式空调制冷系统的组成进行考查。压缩式制冷系统是一个完整的密封循环系统，组成这个系统的四大件有：压缩机、冷凝器、膨胀阀和蒸发器，它们之间用管道连接起来，形成一个封闭的循环系统。在系统中加入一定量的制冷剂来实现制冷和降温的目的。制冷压缩机是制冷系统的核心和心脏，压缩机的能力和特征决定了制冷系统的能力和特征，在制冷系统中主要是用来压缩和输送制冷剂蒸气。压缩机的吸气系数对制冷量的影响很大，吸气系数越高，产冷量就越大。本小题选 D。

4. 本小题是对水冷式机房专用空调的组成进行考查。冷水机组是一种制造低温水的制冷装置，其任务是为空调设备提供冷源。冷水机组是中央空调的“制冷源”；冷水机组是把制冷压缩机、冷凝器、蒸发器、膨胀阀、控制系统及开关箱等组装在一个公共机座或框架上的制冷装置，是制冷系统的核心。水泵适用于促进水循环的部件。本小题选 B。

5. 本小题是对水冷机房空调的主要组成部分进行考查。冷却塔主要由淋水装置、配水系统、通风设备及塔体等部件组成。淋水装置：进入冷却塔的水流进填料后，溅散成细小的水滴或形成水膜，以增加水和空气的接触面积或延长接触时间，使水与空气更充分地进行热湿交换，降低水温。配水系统：把水均匀地分配到淋水装置的整个淋水面积上的设备。使用它的目的是为了提高冷却塔的冷却效果。通风设备：主要用来加强水和空气的热湿交换。空气分配装置：是冷却塔从进风口到喷水装置的部分。收水器的作用是将空气或水分离，减少由冷却塔排出的湿空气带出的水滴，降低水的飘风损耗量。集水池的作用是收集从淋水装置落下来的水。本小题选 B。

试题十一：

1. D　2. C　3. C　4. A　5. C

试题分析：本试题考查对集中监控相关知识的理解。

1. 本小题是对“三遥”基本概念的考查。所谓的“三遥”是指遥信、遥测和遥控。遥信是指对离散状态的开关信号（如开关的接通/断开、设备的运行/停机、正常/故障等）进行数据采集，并将其反映到监控中心。遥测是指对连续变化的模拟信号（如电压、电流等）进行数据采集，并根据所获得的资料，判断所发生的情况，或者不定期测试必要的技术数据，以便分析设备运行的状态。遥控是指由集中监控管理系统发出的控制命令（如控制整流器均充/浮充、控制设备的开/关机等）对设备进行远距离操作。本小题选 D。

2. 本小题是对集中监控系统的组网模式的考查。为了实现通信机房动力与环境的集中监控，监控网络采用分布式计算机控制系统。集中监控管理系统从功能上可划分为各级别监控中心、监控单元（SU）和监控模块（SM）。控制中心包括区域监控中心（SS）、地区监控中心（SC）、省监控中心（PSC）。省监控中心（PSC）：为满足省级管理而设立，通过开放的互联协议接入全省的地区监控中心。地区监控中心（SC）：为适应本地区集中监控、集中维护和集中管理的要求而设置。区域监控中心（SS）：为满足本地县、区级的管理要求而设置，负责辖区内各监控单元的管理。监控单元（SU）：一般完成一个物理位置相对独立的通信局站内所有的监控模块的管理工作，个别情况可兼管其他小局站的设备。监控模块（SM）：面向具体的监控对象，完成数据采集和必要的控制功能。本小题选 C。

3. 本小题是对动力与环境集中监控的监控范围的考查。通信电源集中监控系统又称为动力与环境集中监控系统，是一个以通信电源监控为主，并集机房空调、机房环境、安全防范、消防等辅助监控功能为一体的通信局站综合基础监控系统。监控对象为：高压配电设备、变压器、低压配电设备、备用发电机组、不间断电源、逆变器、整流设备、蓄电池组、直流/直流变换器、太阳能供电设备、风力发电设备、空调设备、防雷器件以及通信机房和电源机房的防火、防盗、温湿度等环境参数。本小题选 C。

4. 本小题是对集中监控系统的管理功能进行考查。配置管理通过对监控系统各个方面参数的设置来保证系统正常、稳定运行和实现系统优化的重要功能。本小题选 A。

5. 本小题是对告警级别的分类进行的考查。一级告警：已经或即将危及电源、空调系统及通信安全，应立即处理的告警。二级告警：可能对电源或空调系统造成退役或运行性能下降，影响设备及通信安全，需要安排时间处理的告警。三级告警：电源或空调系统中发生的设备部件故障但不影响设备整体运行性能的告警。四级告警：电源或空调系统中设备发送的维护提示性告警信息。本小题选 C。

试题十二：

1. B　2. B　3. C　4. B

试题分析：本试题考查对环境与安全相关知识的理解。

1. 本小题是对接地系统的组成进行考查。接地中所指的“地”，与一般所指的大地的“地”是同一概念，即一般的土壤，它有导电的特性，并具有无限大的电容量，无论输入多少电荷量，都难以改变其电位，可作为良好的参考零电位；通信电源的接地系统一般由接地线、接地排、接地引入线和接地体等组成（如图 6-18 所示）。

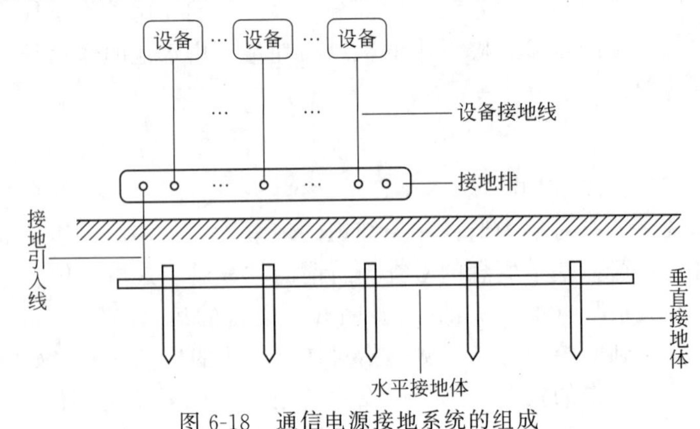

图 6-18　通信电源接地系统的组成

通信电源设备的接地线是等电位连接中使用的线缆，指通信电源系统及其电源设备就近可靠连接到接地排上之间的线缆；接地排是汇集各类接地线的导体；接地引入线是接地体与接地排之间相连的导体；接地体是为达到与地连接的目的，一根或一组与土壤（大地）密切接触并提供与土壤（大地）之间的电气连接的导体。本小题选 B。

2. 本小题是对接地电阻的组成及影响因素进行考查。接地电阻是指接地体对地电阻和接地引线电阻的总和。接地电阻越小越好。接地电阻一般由四部分组成，分别是接地体引线电阻、接地体本身电阻、接触电阻和散流电阻组成。接地电阻影响因素应主要考虑接触电阻和散流电阻的因素。接地体与土壤的接触电阻决定于土壤的湿度、松紧程度及接触面积的大小，土壤的湿度越高，接触越紧，接触面积越大，则接触电阻越小，反之，接触电阻就越大。散流电阻的大小受土壤性质、温度、湿度和密度的影响。本小题选 B。

3. 本小题是对现场急救方法的考查。脱离低电压的方法可以用拉、切、挑、拽、垫来概括。脱离高压电源应立即电话通知有关部分拉闸停电。触电伤员呼吸和心跳均停止时，应立即采取心肺复苏方法正确进行就地抢救。心肺复苏措施主要有以下三种：通畅气道、人工呼吸和胸外按压。触电伤员神志不清者，应就地仰面躺下，确保其气道通畅，并用 5s 时间呼叫伤员或轻拍其肩部，以判定伤员是否意识丧失，禁止摇动伤员头部呼叫伤员。触电者呼吸停止，但心跳尚存，应实施人工呼吸；如心跳停止，呼吸尚存，应采取胸外心脏按压法；如呼吸、心跳均停止，则须同时采用人工呼吸和胸外心脏按压法进行抢救。本小题选 C。

4. 本小题考查高压系统作业安全注意事项。不停电时人与带电体（不同电压等级的高压线/设备）的安全距离分别是：10kV 及以下，0.70m；20kV/35kV，1.0m；66kV、110kV，1.5m；220kV，3.0m；330kV，4.0m；500kV，5.0m。如确实要进行相关工作时，应切断电源，并将变压器高低压两侧断开，凡是有电容性的器件（如电缆、电容器、变压器等）应先放电，然后再进行相关操作。选项B正确。

试题十三：

1. D 2. A 3. B 4. C 5. A

试题分析：本试题考查对通信电源系统、节能减排与新技术相关知识的理解。

1. 本小题是对通信机房动力与环境系统组成及功能的考查。通信系统的动力与环境主要由通信电源系统、机房空调系统、接地与防雷系统、能耗监测管理系统以及动力与环境集中监控系统等组成。各系统的功能如表6-6所示。选项D正确。

表6-6 动力与环境各系统的功能与作用

动力与环境系统各要素	功能及作用
通信电源系统	负责电力能源转换、输送和分配的设备和设施
机房空调系统	负责为网络通信设备运行提供适合的温度、湿度和洁净度的设备和设施
接地与防雷系统	为了工作和安全的需要，通过接地体、接地线等将通信电源系统内各设备、设施，以及各类用电设备的部分外壳、导体、导线、部件等与大地做良好的电气连接，形成的电气互联系统
能耗监测管理系统	通过对各类机房、设备运行能耗进行监测和记录，统计能量消耗情况，分析能源利用效率
动力与环境集中监控系统	负责对各种电源设备、空调设备以及温湿度等机房环境参数进行实时监控和记录，分析设备运行状况，及时侦测故障并通知处理，以实现通信局站的少人或无人值守，提高动力与环境运行质量和管理效率

2. 本小题是对动力与环境可靠性保证等级的考查。自用类通信局站（机房、负荷），通常按网元重要等级、故障风险及影响后果大小进行划分，具体如表6-7所示。选项A正确。

表6-7 动力与环境可靠性保证等级及其划分原则

可靠性保障等级	划分原则
一类（或A类）	指故障将可能造成全网性通信业务中断及用户感知度显著下降，或造成全省性通信业务中断，产生很大的经济损失和社会影响
二类（或B类）	故障将可能造成全省性客户感知度显著下降，或造成区域性通信业务中断，产生较大的经济损失和社会影响
三类（或C类）	故障将可能造成区域性客户感知度显著下降，或造成小范围通信业务中断，产生一定的经济损失和社会影响
四类（或D类）	不属于上述三类通信局站（机房、负荷）

3. 本小题是对通信电源系统的组成和结构进行考查。根据功能特点、保障级别及安装地点等不同，将通信电源系统分为3级：交流供电子系统、不间断电源子系统以及终端配电子系统（如表6-8所示）。选项B正确。

表6-8 通信电源各子系统的功能及作用

通信电源各子系统	包含的模块	功能及作用
交流供电子系统	市电引入、高压配电设备、变压器、低压配电设备、后备发电机组以及根据需要设置的楼层（二级）配电设备等	为通信局站提供最基础的动力来源、能源配送和能力保障，但不能保证不间断
不间断电源子系统	开关电源设备（整流设备）、交流UPS设备、蓄电池组等	为通信设备提供符合规定的－48V直流、240V/336V直流、220V/380V交流等不同制式的电源供应，并通过蓄电池组储能来保障不间断可靠供电

续表

通信电源各子系统	包含的模块	功能及作用
终端配电子系统	电源总柜、电源列柜、机柜配电单元(PDU, Power Distribution Unit)等直接服务于通信设备的末级配电设施	负责通信电源系统"最后一步"的输送和配给,负责与通信设备的"无缝衔接"

4. 本小题是对节能减排思路和方法的考查。要实现节能，通常在“节流”和“开源”两方面下功夫。“节流”是指通过一定的节能措施来降低能源消耗或提高能源利用率；而“开源”是通过廉价或免费的能源，甚至是另一生产过程产生的废物（如废热），来减少高价能源的消耗。选项A、B、D属于“开源”措施。选项C正确。

5. 本小题是对谐波治理原理的考查。谐波对电网的影响主要有：谐波对旋转设备和变压器的主要危害是引起附加损耗和发热的增加，此外谐波还会引起旋转设备和变压器振动并发出噪声，长时间的振动会造成金属疲劳和机械损坏。谐波对线路的主要危害是引起附加损耗。谐波可引起系统的电感、电容发生谐振，使谐波放大。当谐波引起系统谐振时，谐波电压升高，谐波电流增大，引起继电保护及安全自动装置误动，损坏系统设备（如电力电容器、电缆、电动机等），引发系统事故，威胁电力系统的安全运行。谐波可干扰通信设备，增加电力系统的功率损耗（如线损），使无功补偿设备不能正常运行等，给系统和用户带来危害。限制电网谐波的主要措施有：改善谐波源（如：增加换流装置的脉动数）、抑制谐波量（如：加装交流滤波器）以及滤除谐波法（如：无源滤波的*LC*滤波器，有源滤波的有源电力滤波器）等。其中，改善谐波源是治理谐波最根本的方法。选项A正确。

试题十四：

1. D　2. C　3. A　4. B　5. C

试题分析：本试题考查对市电供电质量、变压器和柴油机供油系相关知识的理解。

1. 本小题是对市电交流供电质量指标的考查。交流电源的电压和频率是标志交流电能质量的两个重要指标，涉及四个国家标准：GB/T 156—2017《标准电压》、GB/T 1980—2005《标准频率》、GB/T 12325—2008《电能质量 供电电压偏差》、GB/T 15945—2008《电能质量 电力系统频率偏差》具体指标如表6-9所示。在供电过程中，若电网电压或发电机的电压变化范围超出通信设备或整流设备的允许变化范围时，应当采用交流调压器或交流稳压器，以便保证输入交流电压在允许变化范围以内。选项D正确。

表6-9　市电交流供电的质量指标

质量指标	具体指标
供电电压及频率	低压供电:220V/380V;380V/660V等
	高压供电:10kV、20kV、35kV、110kV、220kV、500kV、1000kV等
	供电频率:50Hz/100Hz/150Hz/200Hz/250Hz/300Hz/400Hz等
供电电压及频率允许偏差	35kV及以上供电电压正、负偏差绝对值之和不超过标称电压的10%,如供电电压上、下偏差值同号(均为正或负)时,按较大偏差的绝对值作为衡量依据
	20kV及以下三相供电电压偏差为标称电压的±7%
	220V单相供电电压为标称电压的+7%,-10%
	电力系统正常运行条件下频率偏差限值为±0.2Hz。当系统容量较小时,偏差限值可以放宽到±0.5Hz

2. 本小题是对交流高压供电系统一次接线要求的考查。在负荷较大（容量在 800kV・A 以上）的重要国际电信局、省会及以上长途通信枢纽，通常要求引用两路 10kV 高压市电。选项 C 正确。

3. 本小题是对电力变压器连接方式的考查。电力变压器绕组接成星形、三角形，在高压侧分别用 Y、D 表示，在低压侧分别用 y、d 表示；有中性点引出时高压侧用 YN 表示，低压侧用 yn 表示。变压器原（一次）、副（二次）绕组采用不同的连接方式，形成了原、副绕组对应的线电压之间的不同的相位关系，其相位差总是 30 的倍数。国际是规定用时钟法表示：原绕组线电压相量用分针表示，方向恒指 12；副绕组线电压相量用时针表示，时针指向哪个数字，这个数字就是三相变压器的接线组标号，例如时针指向 11 点，则变压器的接线组标号为 11，表示副绕组的线电压超前原绕组对应线电压 30°。同理，Y/Y-12 的连接组别，表示副绕组的线电压与原绕组对应的线电压同相位。选项 A 正确。

4. 本小题是对柴油机供油系统的功能和作用进行考查。燃油供给系统的作用是将清洁的柴油以高压雾状方式，适时的喷入气缸，与气缸中的高温空气混合后，着火点燃，同时根据负载的轻重自动调节供油量和喷油时间。柴油机工作时，输油泵从油箱内吸取柴油，经燃油滤清器滤清后进入喷油泵，喷油泵将燃油加压送入喷油器，喷油器将高压柴油呈雾状喷入燃烧室，多余的柴油经回油管返回到油箱中。喷油泵的作用是提高柴油的压力，并根据柴油机工作过程定时、定量、定压地向燃烧室内输送柴油。选项 B 正确。

5. 本小题是对交流电力线截面的选择与计算的考查。在选择交流电力线时，需要考虑电流流过该线路时的电压损失。按规定，高压配电线路的电压损失，一般不超过线路额定电压的 5%。选项 C 正确。

试题十五：

1. C　2. A　3. C　4. D　5. C

试题分析：本试题考查对开关电源、蓄电池和 UPS 相关知识的理解。

1. 本小题是对高频开关型整流器数量配置的考查。高频开关型整流器数量的配置，按 $n+1$ 冗余方式确定整流器配置，其中 n 只主用，$n \leqslant 10$ 时 1 只备用；$n>10$ 时，每 10 只备用 1 只。主用整流器的总容量按负荷电流和电池的均充电流（10 小时率充电电流）之和确定，题干中最大负载电流为 1500A，采用 100A 的整流模块，则需要 1500/100＝15，$n>10$ 时，每 10 只备用 1 只，则需要配置 17 只。选项 C 正确。

2. 本小题是对蓄电池充放电原理进行考查。铅酸蓄电池的电化学反应原理是，充电时将电能转换为化学能，在电池内储存起来；放电时将化学能转化为电能供给负载。放电：是蓄电池将储存的化学能转变为电能向外电路输出的过程。此时正极板上的活性物质 PbO_2 和负极板上的活性物质 Pb 分别与电解质稀 H_2SO_4 发生还原反应和氧化反应，生成 $PbSO_4$ 和 H_2O。充电：利用外来直流电源（整流器，其输出的正、负端应分别与蓄电池的正、负极相连）向蓄电池输送电能，它是放电的逆过程，此时蓄电池将电能转化为化学能储存起来。在此过程中正、负极板上的 $PbSO_4$ 在电流作用下，在正极发生氧化反应，在负极发生还原反应，还原出极板上的活性物质 PbO_2 和 Pb。选项 A 正确。

3. 本小题是对蓄电池充放电测试的考查。对于核对性放电试验，放出其额定容量的 30%～40%。选项 C 正确。

4. 本小题是对后备式 UPS 工作原理的考查。输入交流市电正常时，转换开关自动接通"旁路"，市电经旁路通道向用电设备供电；充电器对蓄电池充电，此时逆变器停机。当市电异常时，蓄电池对逆变器供电，逆变器迅速开机，转换开关自动接通逆变器，由逆变器输出交流电压向用电设备供电。选项D正确。

5. 本小题是对UPS并联冗余工作原理的考查。UPS热备份方式分为串联和并联两种方式，其工作原理如表6-10所示。选项C正确。

表6-10 UPS并联冗余工作原理

热备份方式	工作原理	说明
双机并联冗余供电	两台UPS中的并机控制电路通过并机信号线来调整输出电压的频率、相位及幅度，使其满足并联输出的要求	主要是为了提高供电系统的可靠性，而不是用于供电系统的扩容。所以这种并联使用方式必须保证供电系统具有50%的冗余度，也就是负载的总容量不要超过其中一台UPS电源的额定输出容量，当其中一台UPS电源发生故障时，可由另一台UPS电源来承担所有负载的供电
双机串联热备份	将处于热备份的UPS输出电压连接到主机UPS电源的旁路输入端	UPS主机正常工作时负担全部负载功率，当UPS主机发生故障时便自动切换到旁路状态。由UPS备机的输出电压通过UPS主机旁路输出继续为负载供电

试题十六：

1. A　2. B　3. C　4. D　5. B

试题分析：本试题考查对防雷接地系统、环境与安全相关知识的理解。

1. 本小题是对接地系统的作用进行考查。接地系统有交流工作接地、直流工作接地、保护接地和防雷接地等，通信局站现一般采用将这四者联合接地的方式。其中，交流工作接地、交流保护接地、直流工作接地、直流保护接地的定义与作用如表6-11所示。

表6-11 工作接地与保护接地的定义与作用

接地分类	定　义	作　用
交流工作接地	在低压交流电网中就是将三相电源中的中性点直接接地	将三相交流负荷不平衡引起的在中性线上的不平衡电流泄放于地，以及减小中性点电位的偏移，保证各相设备的正常运行
交流保护接地	就是将受电设备在正常情况下与带电部分绝缘的金属外壳部分与接地装置做良好的电气连接	防止设备因绝缘坏而遭受触电危险的目的(人身伤亡、设备击穿损坏)
直流工作接地	在通信电源的直流供电系统中，为了保护通信设备的正常运行、保障通信质量而设置的电池一极接地	保护通信设备和直流通信电源设备的正常运行，减少用户线路对地绝缘不良时引起的通信回路上的串音
直流保护接地	在通信系统中，将直流设备的金属外壳和电缆金属护套等部分接地	保护人身和设备的安全，减小设备和线路中的电磁感应，保持一个稳定的电位，达到屏蔽的目的，减小杂音的干扰，以及防止静电的产生

2. 本小题是对低压供电系统的接地方式进行考查。低压供电系统接地制式分为：接地系统（TT系统）、接零系统（TN系统）和不接地系统（IT系统），其中TN系统中又有TN-C系统、TN-S系统和TN-C-S系统。在TN-S系统中中性线和保护线是完全分开的，采用了与电源接地点直接相连的专用交流保护线，设备的外漏导电部分均与PE线并接。

3. 本小题是对等电位的连接方式的考查。按照GB 50689—2011《通信局（站）防雷与接地工程设计规范》中规定，等电位连接一般可采用网状（M形结构）、星形（S形结构）或网状-星形混合型接地结构。通信系统网状（M，Mesh）、星形（S，Star）和星-网状混合型等电位连接可按图6-19设计。通信系统应根据通信设备的分布和机房面积、通信设备的抗扰度及设备内部的接地方式选择等电位连接方式。

（1）网状接地结构（M 形结构）应符合下列要求：①当采用 M 形网状结构的等电位连接网时，该通信系统的所有金属组件包括可能连通的建筑物混凝土的钢筋、电缆支架、槽架等，不应与共用接地系统的各组件之间绝缘，M 形网状结构应通过接地线多点连到共用接地系统中，并应形成 M 形等电位连接网络。②通信系统的各子系统及通信设备之间敷设的多条线路和电缆可在 M 形结构中由不同点进入该通信系统内。当采用网状结构时，系统的各金属组件应通过多点就近与公共接地网相连形成 Mm 形。③网状结构可以用于延伸较大的开环系统或设备间以及设备与外界的连接线较多的复杂系统中。

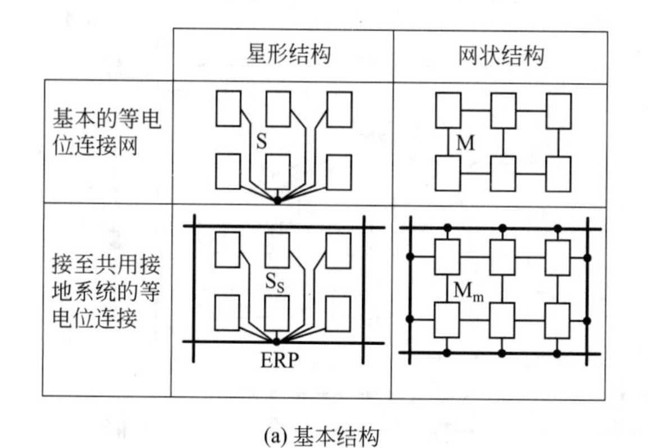

(a) 基本结构

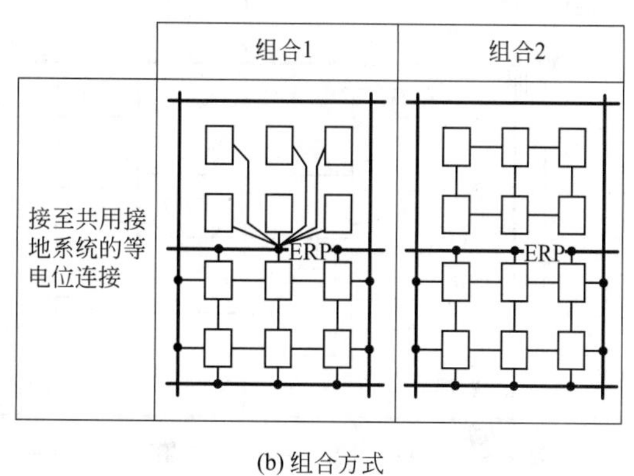

(b) 组合方式

图 6-19　通信系统等电位连接结构

━：建筑物的共用接地系统；—：等电位连接网；□：设备；

ERP：接地参考点；● 等电位连接网与共用接地系统的连接

（2）星形接地结构（S 形结构）应符合下列要求：①典型的星形接地的衍生物树枝形分配接地结构，应从公共接地汇流排只引出一根垂直的主干地线到各机房的分接地汇流排，再由分接地汇流排分若干路引至各列设备和机架。②当采用星形结构时，系统的所有金属组件除连接点外，应与公共连接网保持绝缘，并应与公共连接网仅通过唯一的点连接。机房内所有线缆应按星形结构与等电位连接线平行敷设。③星形结构应用于易受干扰的通信系统中。

（3）星形-网状混合型接地结构应符合下列要求：①通信局（站）机房的通信设备一部分应采用网状布置，网状分配接地在设备和所有金属组件相互之间可没有严格绝缘要求，通信系统可从不同的方位就近接地。②另一部分对交流和杂音较为敏感的设备的接地应采用星形布置。

（4）内部等电位接地连接方式：①通信局（站）内应采用星形-网状混合型接地结构。②环形接地汇集线方式的混合型接地连接可按图 6-20 设计。③建筑物采取等电位连接措施后，各等电位连接网络均应与共用接地系统有直通大地的可靠连接，每个通信子系统的等电位连接系统，不宜再设单独的引下线接至总接地排，而宜将各个等电位连接系统用接地线引至本楼层接地排。

4. 对通信电源系统进行多级防雷保护时，应把限幅电压较高、耐流能力较大的防雷器安装在靠近交流供电线路的进线处。而把限幅电压较低、耐流能力较弱的保护元件，放在内部电路的保护上。选项 D 正确。

5. 本小题是对电气伤害的类型的考查。从劳动保护的角度出发，电气事故可分为电流伤害事故、电磁场伤害事故、雷电事故、静电事故和电气设备事故（详见表 6-12）。

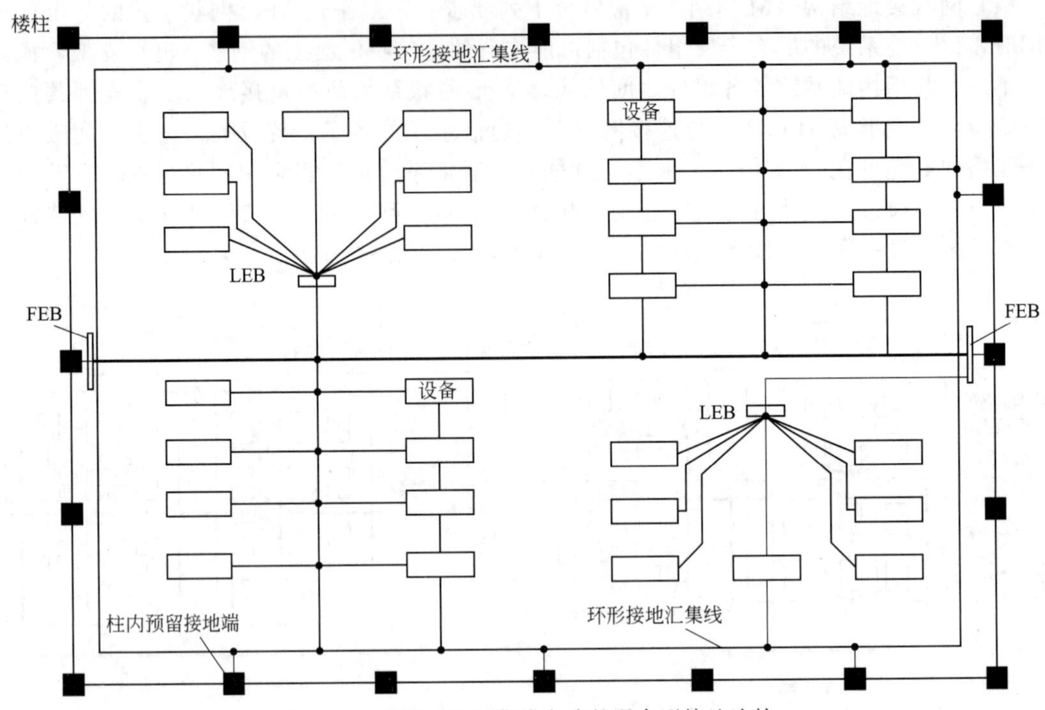

图 6-20　环形接地汇集线方式的混合型接地连接

（LEB：local equipotential bonding 局部等电位连接；FEB：floor equipotential earthing terminal board 楼层接地排）

表 6-12　电气灾害的类型及其定义

电气灾害的类型	基本含义与举例
电流伤害事故	人体触及带电导体，电流通过人体而导致的触电伤亡事故。在高压触电事故中，当人体与带电体接近到一定距离时，就开始击穿放电，造成触电伤亡事故
电磁场伤害事故	人在强电磁场的长期作用下，吸收辐射能量而受到的不同程度的伤害。高频电磁场对人体的主要伤害是引起中枢神经系统功能失调，表现为神经衰弱症候群的出现，如头痛、头晕、乏力、记忆力减退等；高频电磁场还对心血管系统的正常机能有一定影响。电磁场对人体的伤害主要是功能性改变，一般具有可变性特征
雷电事故	发生雷击时造成的建筑设施损坏、人畜伤亡，并可造成的火灾和爆炸事故
静电事故	在生产过程中产生的有害静电酿成的事故。在有爆炸性混合物的场所，由于静电放电会引起爆炸，静电还可给人造成一定程度的电击及妨碍生产等危害
电气设备事故	在电力系统中发电机组、变压器、高低压配电设备等电气设备发生故障而引起的设备损坏和人身伤亡事故。例如，电线短路可能引起火灾，断路器爆炸可能伴随有重大人身伤亡事故发生等

6.3.3　不定项选择题

试题一：

1. ACD　2. ABCD　3. B　4. ABD　5. ABC

试题分析：本试题考查对高频开关电源、高压电器、蓄电池和柴油发电机组相关知识的辨识和理解。

1. 目前单个开关整流模块的额定输出电流可以达到 100～200A，而很多大型通信局（站）的最大负载电流可达 1000～2000A 以上，如果要满足这样的负载要求，就需要多台开关整流模块并联工作，才能实现大功率电流系统供电。另外，通过多台整流模块的并联冗余，还可提高通信电源系统的可靠性。因此，通信局（站）所用的高频开关电源系统都是由若干个高频开关整流器模块安装在一个或几个整流机架上，以并联方式向负载供电。同时，要求每台整流器模块能够平均分担电源系统输出的总功率。由于所有整流器的输出端都是相互并联的，输出电压相同，要达到功率均分实际上就是要求每个整流器输出的电流相同或按比例均分电流。在高频开关电源系统，常用的负载均分电路有：简单负载均分电路（并联均流）、主从负载均分电路和自动平均均流电路等均流方式。选项 ACD 正确。

2. 在高压交流供电系统中，常用的高压电器：高压熔断器、高压断路器、高压隔离开关、高压负荷开关和互感器等。选项 ABCD 正确。

3. 通常把 10h 率作为蓄电池的正常放电率。蓄电池的额定容量就是指蓄电池在 10h 率放电时所能放出的容量。放电率越高，即放电电流越大，蓄电池端电压下降的速度越快。但端电压迅速下降并不表示蓄电池的容量已经放完，因为此时只有极板表面的活性物质发生了化学反应，极板深处大量的活性物质还没有发生反应，还有容量可放出，所以大电流放电时，放电终了电压要低一些。否则，放出的电量就少一些。选项 B 正确。

4. 通常可以依据充电时间、充电终期电流、充入量来判断阀控式电池的低压恒压是否正常充电。极板颜色是使用维护人员无法看到的，所以不能作为阀控式电池的低压恒压是否正常充电的判别依据。选项 ABD 正确。

5. 在柴油机润滑系统中，通常用油温表测量机油温度，用压力表测量机油压力，用机油标尺测量机油量的多少，以此为判据来判断润滑系统是否正常工作。水温表属于柴油机冷却系统，用来检测冷却系统是否正常，不属于润滑系统。选项 ABC 正确。

试题二：

1. ABCD　2. ABCD　3. D　4. A　5. B

试题分析：本试题考查对防雷接地系统相关知识的辨识和理解。

1. 通信电源接地系统通常采用联合接地的方式，理想的联合接地系统是在外界干扰影响时仍然处于等电位的状态，因此要求地网任意两点之间电位差小到近似为零。联合接地系统由接地体、接地引入线、接地汇接线和接地线组成。选项 ABCD 正确。

2. 所有接地体与接地引线组成的装置，称为接地装置，把接地装置通过接地线与设备的接地端子连接起来就构成了接地系统。通过接地装置与大地进行良好的电气连接，并将该部位的电荷注入大地，达到降低危险电压和防止电磁干扰的目的。选项 ABCD 正确。

3. 接地引入线与地网的连接点最好选择在垂直接地体处，铜与钢的连接处应用乙炔氧焊焊接牢固并用沥青浇注以防接头部位被腐蚀。选项 D 正确。

4. 由于防护环境遭受直击雷或间接雷破坏的严重程度不同，因此应分别采取相应措施进行防护，防雷区是依据电磁场环境有明显改变的交界处而划分的。通常分为四级坊雷区：第一级防雷区、第二级防雷区、第三级防雷区和第四级防雷区。

第一级防雷区：指直击雷区，本区内各导电物体一旦遭到雷击，雷浪涌电流将经过此物体流向大地，在环境中形成很强的电磁场。第二级防雷区：指间接感应雷区，此区的物体可以流经感应雷浪涌电流。这个电流小于直击雷浪涌电流，但在环境中仍然存在强电磁场。第三级防雷区：本区导电物体可能流经的雷感应电流比第二级防雷区小，环境中磁场已很弱。第四级防雷区：当需进一步减小雷电流和电磁场时，应引入后续防雷区。选项 A 正确。

5. 浪涌保护器（SPD），也叫防雷器，是一种为各种电子设备、仪器仪表、通信线路提供安全防护的电子装置。当电气回路或者通信线路中因为外界的干扰突然产生尖峰电流或者电压时，浪涌保护器能在极短的时间内导通分流，从而避免浪涌对回路中其他设备的损害。

浪涌保护器，适用于交流50Hz/60Hz，额定电压220V至380V的供电系统中，对间接雷电和直接雷电影响或其他瞬时过压的电涌进行保护，适用于家庭住宅、第三产业以及工业领域电涌保护的要求。地处中雷区以上的通信局站，内部信号线长度超过50m的，应在其一侧终端设备入口处安装SPD。选项B正确。

试题三：

1.D 2.C 3.A 4.ABC 5.D

试题分析：本试题考查对监控系统系统相关知识的辨识和理解。

1.前置机一般指供监控人员使用操作的计算机，处于监控系统的末端，所以前置机的中断不会导致一台经智能协议处理机接入系统的设备通信中断。选项D正确。

2.传感器负责将被测出的信号检出、测量并转换成前端计算机能处理的数据信息。由于电信号易于被放大、反馈、滤波、微分、存储以及远距离传输等，另外目前电子计算机只能处理电信号，所以通常使用的传感器大多是将被测的非电量（物理的、化学的和生物的信息）转化为一定大小的电量输出。选项C正确。

3.动力与环境集中监控系统典型的三级网络结构为：端局（站）设置监控单元（Supervision Unit，SU）、县（区）或若干个端局（站）设置监控站（Supervision Station，SS）、地（市）级及以上城市设置监控中心（Supervision Center，SC）。选项A正确。

4.对动力设备而言，其监控量有数字量、模拟量和开关量。数字量（如频率、周期、相位和计数）的采集，其输入较简单，数字脉冲可直接作为计数输入、测试输入、I/O口输入或作中断源输入进行事件计数、定时计数，实现脉冲的频率、周期、相位及计数测量。对于模拟量的采集，则应通过A/D变换后送入总线，I/O或扩展I/O。对于开关量的采集则一般通过I/O或扩展I/O。对于模拟量的控制，必须通过D/A变换后送入相应控制设备。功率因数根本就不是集中监控数据采集的内容。选项ABC正确。

5.《通信电源集中监控系统工程验收规范》规定：系统应进行同时多点遥测内容进行抽测，选取遥测数量应不少于总遥测数量的10%，系统应工作正常。系统应进行同时多点告警信号测试，选取告警信号数量应不少于总告警信号数量的10%，系统应工作正常。当采用专线通信时，从故障点到维护中心的相应时间应小于或等于10s，键盘对三遥指令操作的系统响应时间应小于或等于30s。选项D正确。

6.3.4 判断题

试题一：

1.√ 2.× 3.√ 4.√ 5.√ 6.×

试分解析：本试题考查对空调系统相关知识的辨识和理解。

1.本小题考查温度和相对湿度之间的关系。在一定大气压下，保持空气的含湿量不变，温度升高，会使空气的相对湿度诚小。

2.本小题考查油分离器的安装位置。从压缩机排出的高温高压制冷剂蒸气，总会夹带部分雾状润滑油，经排气管进入冷凝器和蒸发器中。在制冷系统中，冷凝器和蒸发器是两个主要交换器。如果在系统中不安装油分离器，就会在热交换器的传热表面形成油垢，增加其热阻，降低冷凝和蒸发的效果，导致产冷量下降。因此，在压缩机与冷凝器之间的管路上应装油分离器，以便将油从制冷剂蒸气中分离出来。

3.本小题考查干球温度、湿球温度、饱和温度及露点温度的含义。露点温度，指空气中饱和水汽凝结结露的温度，在100%的相对温度时，此时干球温度、湿球温度、饱和温度及露点温度为同一温度值，周围环境的温度就是露点温度。

4. 本小题考查常用的制冷剂。当前能用作制冷剂的物质有80多种，最常用的是氨、氟里昂类、水和少数碳氢化合物等。

5. 本小题考查油污及水垢对冷凝器冷凝压力的影响。冷凝器表面油污及水垢将造成冷凝器冷凝压力的升高、制冷量下降。

6. 本小题考查冷凝器中冷却水温度与冷凝压力之间的关系。冷凝器中冷却水温度降低时，冷凝压力将下降。

试题二：

1. × 2. √ 3. √ 4. × 5. ×

试题解析：本试题考查内容涉及交直流供电系统、安全用电、通信接地与防雷、通信电源系统设计及配电工程以及高频开关整流器方面的相关知识。

1. 本小题考查通信电源系统中交流接地系统保护方式的知识。

三相交流低压配电系统基本供电方式已由国际电工委员会（International Electrotechnical Commission，IEC）作了统一规定，按照保护接地的形式不同将其分为三类：IT系统、TT系统和TN系统，其中TN系统又分为TN-C、TN-S和TN-C-S系统。

国际电工委员会对系统接地的文字符号的定义规定为：第一个字母表示电力系统的对地关系：T表示系统中性点直接接地，I表示所有带电部分与地绝缘，或一点经高阻抗接地。第二个字母表示装置的外露可导电部分的对地关系：N表示外露可导电部分与电力系统的接地点直接电气连接，T表示外露可导电部分对地直接连接，与电力系统如何接地无关。后面还有字母时，这些字母表示中性线与保护线的组合方式：C表示中性线与保护线是合一的，S表示中性线与保护线是分开的。

(1) IT系统。在中性点不接地系统（对地绝缘的或经过高阻抗接地）中，将电气设备正常情况下不带电的金属部分与接地体之间作良好的金属连接构成IT系统，即传统上所称的三相三线制供电系统的保护接地，如图6-21所示。

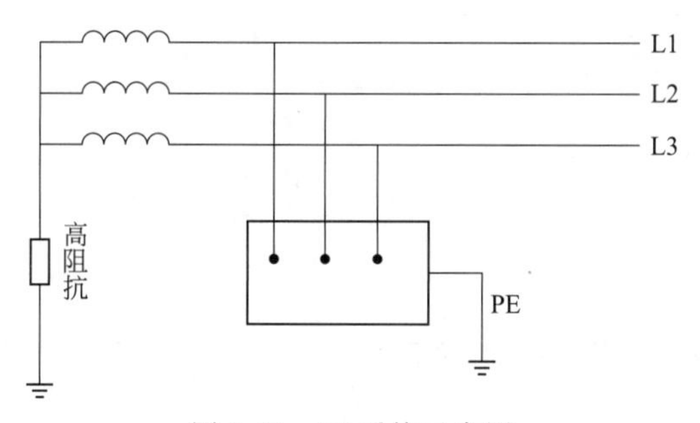

图6-21 IT系统示意图

(2) TT系统。在中性点接地系统中，将电气设备外壳，通过与系统接地无关的接地体直接接地，构成TT系统，如图6-22所示。

设备外露可导电部分直接接地后，当设备发生一相接地故障时，就可通过自身的保护接地装置形成单相接地短路电流，这一电流通常足以使故障设备电路中的过电流保护装置动作，迅速切除故障设备，从而大大减少了人体触电的危险。即使在故障未切除时人体触及故障设备的外露可导电部分，也由于人体电阻远大于保护接地电阻，因此通过人体的电流也是比较小的，对人体的危害也比较小。

但是，如果 TT 系统中的设备只是绝缘不良引起漏电时，则由于漏电电流较小而可能使电路中的过电流保护装置不动作，从而使漏电设备外露可导电部分长期带电，这就增加了人体触电的危险。因此，为保障人身安全，TT 系统应考虑装设灵敏度高的触电保护装置。

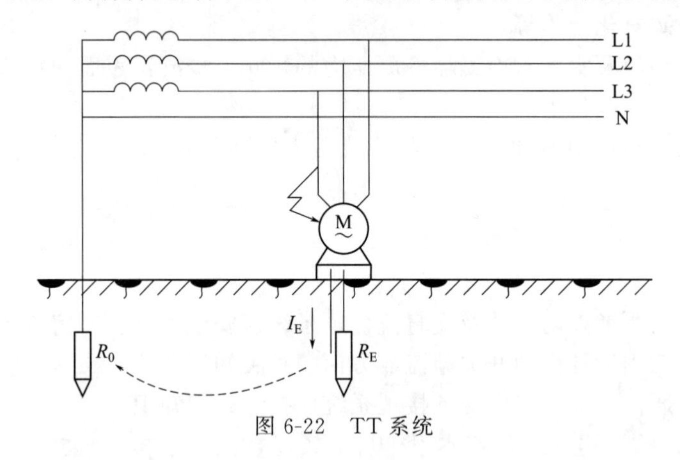

图 6-22　TT 系统

（3）TN 系统。在中性点直接接地系统中，电气设备在正常情况下不带电的金属外壳用保护线通过中性线与系统中性点相连接构成 TN 系统。按照中性线与保护线的组合情况，TN 系统分为以下三种形式：

① TN-C 系统 。整个系统中的中性线 N 与保护线 PE 是合二为一的（过去称这种保护接地方式为保护接零），如图 6-23 所示的 PEN 线。在 TN-C 系统中，由于电气设备的外壳接到 PEN 线上，当一相绝缘损坏与外壳相连，则由该相线、设备外壳、PEN 线形成闭合回路，回路电流一般来说是比较大的，从而引起保护电器动作，使故障设备脱离电源。TN-C 系统由于是将保护线与中性线合二为一，通常适用于三相负荷比较平衡且单相负荷容量较小的供电系统。

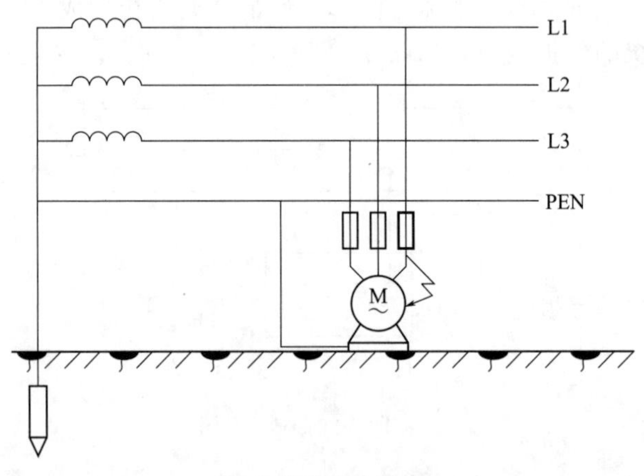

图 6-23 TN-C 系统

② TN-S 系统。整个系统中，中性线 N 与保护线 PE 是分开的，如图 6-24 所示，所有设备的外壳或其他外露可导电部分均与公共 PE 线相连。这种系统的优点在于公共 PE 线在正常情况下没有电流通过，因此不会对接在 PE 线上的其他设备产生电磁干扰，所以这种系统特别适合于为数据通信系统供电。此外，由于 N 线与 PE 线分开，因此即使 N 线断开也不会影响接在 PE 线上设备防间接触电的功能。这种系统多用于环境条件较差、对安全可靠

性要求较高及设备对电磁干扰要求较严的场所。通信局（站）的低压配电多采用 TN-S 系统配线形式。

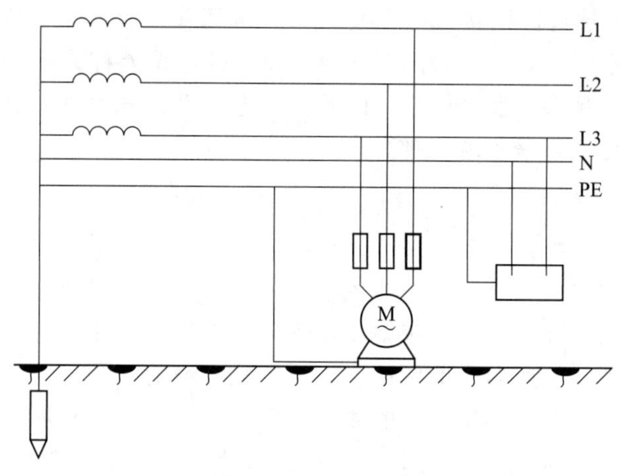

图 6-24 TN-S 系统

③ TN-C-S 系统。这种系统前边为 TN-C 系统，后边为 TN-S 系统（或部分为 TN-S 系统），因此兼有 TN-C 系统和 TN-S 系统的特点，如图 6-25 所示。

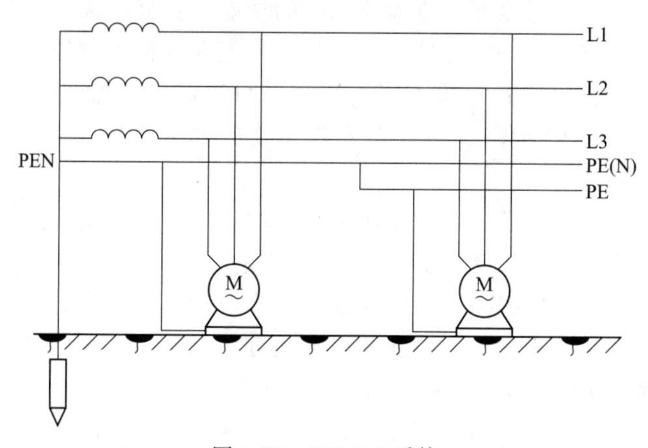

图 6-25 TN-C-S 系统

2. 本小题考查停电作业的安全技术措施中验电应注意的事项。通过验电可以明显地验证停电设备是否确实无电压，以防发生带电装设接地线或带电接地刀闸等恶性事故。因为信号和表计等通常可能因失灵而错误指示，因此表示设备断开和允许进入间隔的信号和经常接入的电压表等，不得作为设备无电压的依据。信号元件和指示表计不能代替验电操作。

3. 本小题考查接地电阻的概念和构成。接地体对地电阻和接地引线电阻的总和，称为接地装置的接地电阻。接地装置的接地电阻。一般是由接地引线电阻、接地体本身电阻、接地体与土壤的接触电阻以及接地体周围呈现电流区域内的散流电阻四部分组成。接地电阻主要由接触电阻和散流电阻构成。

4. 本小题考查电力电缆的敷设方式。电源站常采用的电缆敷设方式有直接埋地、利用电缆沟和电缆隧道敷设等几种。电缆直埋地敷设一般用于电缆根数不多、地面与地下情况不甚复杂的高、低压配电线路；电缆沿沟道敷设适用于电缆较多的地段；电缆隧道敷设适用于地下水位低，配电电缆较集中的电力主干线。

5.本小题考查对接地系统中接触电压和跨步电压的辨识和理解。在接地电阻回路上，一个人同时触及的两点间所呈现的电位差，称为接触电压。人所在的位置离接地体处越近，接触电压越小；离接地体越远，则接触电压越大。在电场作用范围内，人体如双脚分开站立，则施加于两脚的电位不同而导致两脚间存在电位差，此电位差称为跨步电压，距离接地体或碰地处接近，跨步电压越大，反之则小。因此，当电气设备发生对大地漏电时，人距离电气设备越近，接触电压越低，跨步电压越高。

试题三：

1.√　2.×　3.×　4.√　5.×

试题分析：本试题主要考查对集中监控系统方面知识的辨识和理解。

1.本小题考查对动力环境监控系统中安全管理功能的辨识和理解。要正确地理解动力环境监控系统中安全管理功能所包含的两层含义：监控系统的安全，设备和人员的安全。

2.本小题考查对热电偶和热敏电阻的测温原理和应用的辨识和理解。热敏电阻是利用物体在温度变化时本身电阻也随之发生变化的特性来测量温度的，其主要材料有铂、铜和镍等。一般热敏电阻的测量精度高，但其测量范围比较小。热电偶基本工作原理来自物体的热点效应。热电偶测量范围较宽，一般可达－100～＋2000℃。

3.本小题考查动力环境监控系统的维护方面的知识。动力环境监控系统年维护项目包括：①做阶段汇总年报表；②全面抽查监控系统的功能、性能指标；③整理过期数据便于以后分析；④检查并确保监控中心服务器、监控主机和配套设备、监控模块及前端采集设备有良好的接地和必要的防雷设施；⑤检查智能通信口与数据采集器之间的电气隔离及防雷措施。根据年维护项目，智能通信口与数据采集器之间的电气隔离及防雷措施应每年检查一次。

4.本小题考查目前红外传感器在安全防范领域的应用。目前安全防范领域普遍采用热释电传感器制造的被动式红外入侵探测器。

5.本小题考查动力环境监控系统中实时数据库的设置方式。实时数据库和历史数据库设置方式：实时数据库现场分布，一般设置在有人值守的最低一级管理节点（如SS或有人值守的SU)。这种方案的好处是，现场设备传来的数据，在这一节点得到一定过滤，只把一些重要的或上级管理节点需要的数据传送上去，避免大量不重要的数据在网上传送，增加网络负荷。另外，这种配置充分体现了分散控制、分散采集和集中管理的特点，符合现代计算机控制系统的分布式控制的特点。

试题四：

1.√　2.×　3.×　4.×　5.√

试题分析：本试题考查柴油发电机组相关知识的辨识和理解。

1.本小题考查柴油发电机组的运行要求。

① 柴油发电机组启动成功后，应先低速运转一段时间（2～3min)，然后再逐步调整到额定转速。决不允许刚启动后就猛加油门，使转速突然升高。

② 柴油机不宜在低速情况下长期运转。

③ 柴油机在运行中，用户应密切注意各仪表指示数值。

④ 注意观察发动机各缸是否正常工作：正常情况下，柴油机的排气颜色为浅灰色；烧机油时，排气颜色为蓝色；超负载时，排气颜色为黑色。

⑤ 注意倾听机器在运行时内部有无不正常敲击声，以及机组或相关部件有无剧烈的振

动。注意油箱内的油量不要用尽，以免空气进入燃油系统，造成运转中断；禁止在机组运行过程中手工补充燃油。

2. 本小题考查柴油机的功率标定。根据规定，电站用柴油机的功率标定为12h功率，即柴油机在标准工况下，连续运行12h的最大有效功率。

3. 要求本小题考查输油泵的作用。柴油机工作时，输油泵从油箱内吸取柴油，经燃油滤清器滤清后进入喷油泵，喷油泵将燃油以高压从高压油管送入喷油嘴，最后经喷油孔形成雾状喷入燃烧室内，多余的燃油经回油管返回到油箱中。因此，输油泵的作用是供给高压泵足够的柴油并保持一定的压力。

4. 本小题考查发电机组运行的启动要求。一般要求柴油机水温在50℃以上，机油温度在45℃以上，机油压力在1.5～4.0kgf/cm^2（1kgf/cm^2＝98.07kPa），待一切正常后，才接上负载。在带负载时，也要逐步、均匀地增加，除特殊情况外，应尽量避免突然增加负载或突然卸去负载。因此，发电机要空载启动。

5. 本小题考查单相和三相异步电动机的区别。单相异步电动机的体积虽然较同容量的三相异步电动机大，但功率因数、效率和过载能力都比同容量的三相异步电动机低。

试题五：

1. √　2. ×　3. √　4. √　5. ×

试题分析：本试题考查对通信电源系统、交直流供电系统相关知识的辨识和理解。

1. 本小题考查通信电源系统的供电方式。根据相关行业标准，通信电源系统的供电方式包括三种：集中供电、分散供电和混合供电。不同的局（站）采用不同的供电方式。其中集中供电的优点主要包括：①供电设备与通信设备分开，相互干扰小；②供电容量大，设备集中，便于专人维护。

2. 本小题考查交流高压配电方式。高压配电网的基本接线方式有三种：放射式、树干式及环状式。放射式配电系统从一个中心点放射式地向各负载供电，各负载与中心点之间用固定安装的电缆连接，沿线不接其他负荷，各配电变电所无联系。树干式配电方式是指由总降压变电所引出的各路高压干线沿市区街道敷设，各中小型企业变电所都从干线上直接引入分支线供电。环状式配电方式，总降压变电所分别引出两路高压干线，从左右两侧沿各中小企业变电所敷设，并构成环状供电方式。

3. 本小题考查直流供电系统的供电方式。根据直流配电屏与负载之间的配电线路阻值大小，直流供电系统的配电方式有低阻配电和高阻配电两种直流配电方式。传统的直流供电系统中，利用汇流排把基础电源直接馈送到通信机房的直流电源架或通信设备机架，因汇流排电阻很小，故称这种配电方式为低阻配电方式。直流高阻配电方式，即是配电汇流排或馈线的电阻，相对于低阻配电方式较高，阻值可在45MΩ以上。

4. 本小题考查直流配电屏的功能。直流配电屏是直流供电系统的枢纽，它负责汇接直流电源与对应的直流负载，通过简单的操作完成直流电能的分配，输出电压的调整以及工作方式的转换等。直流配电屏将整流器输出的直流和蓄电池组输出的直流汇接成不间断的直流输出母线，再分接至各种容量的负载供电支路。

5. 本小题考查直流供电系统配电方式的优缺点。根据直流配电屏与负载之间的配电线路阻值大小，直流供电系统的配电方式有低阻配电和高阻配电两种配电方式。直流低阻配电方式的优点：直流供电回路压降很小，供电经济性高；缺点：直流供电安全性差。直流高阻配电方式的优点：具有较高的供电安全性和可靠性；缺点：回路存在压降和电能消耗。

试题六：

1.× 2.√ 3.√ 4.× 5.×

试题分析：本试题考查高频开关电源整流器、蓄电池、柴油发电机组和不间断电源系统相关知识的辨识和理解。

1.本小题考查整流器的应急处理。一般到现场排除紧急故障时，对于由个别整流模块引起的故障，通常采用更换整流模块的方式来排除直流供电系统的故障。在更换整流器时，直流供电系统不得停止对通信设备的供电。

2.本小题考查蓄电池的安装注意事项。安装阀控式铅酸蓄电池可不设专业电池室，但运行环境需要满足一定条件。安装阀控式铅酸蓄电池的机房应配有通风装置，温度不宜超过28℃，建议蓄电池的工作环境温度应保持在10～25℃之间；安装的阀控式铅酸蓄电池组要远离热源和易产生火花的地方，应避免阳光对电池直射，朝阳的窗户应做遮阳处理。

3.本小题考查如何衡量功率变换电路性能。功率变换电路是整个高频开关电源的核心部分。功率变换电路将大功率的高压直流转换成低压直流，这个过程显而易见是整流器最根本的任务。衡量功率变换电路的好坏，主要有两点：一是功率转换过程中效率是否高；二是功率变换电路的体积是否小，特别是大功率电路。

4.本小题考查柴油发电机组的运行。机组启动成功后，应先低速运转一段时间（通常2～3min)，然后再逐步调整到额定转速。绝不允许刚启动就猛加油门，使转速突然升高。柴油机不宜在低速情况下长期运转。其原因是：柴油雾化质量的好坏，决定于喷油压力和凸轮轴转速。喷油压力越高及凸轮轴转速越快，柴油雾化质量越好，而凸轮轴的转速是随着曲轴的转速而变化的。当柴油机曲轴转速低于额定转速时，柴油的雾化质量不好，时间一久就会导致柴油机运转不正常。

5.本小题是考查对蓄电池充电方式的辨识和理解。蓄电池在使用过程中，有时会产生密度（比重）、端电压等不均衡情况，为了防止这种不均衡扩展成为故障电池，所以要定期履行均衡充电，而不是浮充充电。浮充充电是蓄电池正常运行方式。

试题七：

1.√ 2.× 3.× 4.√ 5.√

试题分析：本试题考查对空调设备相关知识的辨识和理解。

1.本小题考查空调设备的重要性。通信机房的空调设备是保证通信畅通的必要设备，空调设备和系统安全可靠地工作，对保证通信设备正常运行具有重要作用。

2.本小题考查空调设备维护的基本要求。空调的进、出水管路布放路由应尽量远离机房通信设备；检查管路接头处安装的水浸告警传感器是否完好有效；管路和制冷管道均应畅通、无渗漏、堵塞现象。

3.本小题考查机房专用空调的特点。满足机房高洁净度调节的要求：为保证空气的洁净度，空调系统进入机房内的空气必须过滤。对于灰尘粒径5μm以及上的粒子，空气过滤效率应达95%；而对于粒径1μm以及上的粒子，至少要除去90%。在机房专用空调中装置有符合以上标准的空气过滤网，这种过滤装置即能满足机房对于洁净度的要求。

4.本小题考查中央空调机组维修保养要求。要注意润滑油过滤网每年最少清洗一次，润滑油应每年全部换新。冷凝器和蒸发器每年都要进行清洗和水质处理。中央空调水系统在运行过程中会有大量水垢、淤泥、铁锈等腐蚀产物和藻类生物黏泥产生，这些污垢沉积在换热器铜管表面，严重影响中央空调的制冷效果和使用寿命。因此，我们需要在中央空调冷却水系统和冷媒水系统定期投加各种水处理药剂，如缓蚀阻垢剂、分散剂、杀菌剂等，使水中的结垢性离子稳定在水中，防止结垢、微生物、藻类生成，并起到控制腐蚀、保护中央空调机组能够正常运行。

5. 本小题考查压缩式制冷工作过程。压缩式制冷工作过程可以归纳为：压缩过程、冷凝过程、节流过程以及蒸发过程。

试题八：

1. × 2. √ 3. × 4. √ 5. √

试题分析：本问题考查对通信接地与防雷知识的辨识和理解。

1. 本小题考查通信电源接地系统的内容。通信电源系统的接地包括：交流工作接地、直流工作接地、机架保护接地和屏蔽接地、防雷接地等。通信电源的接地系统通常采用联合地线的接地方式。

2. 本小题考查联合接地系统的组成。通信电源的接地系统通常采用联合地线的接地方式。联合接地系统由接地体、接地引入、接地汇集线和接地线所组成。

3. 本小题考查接地系统中接触电压的概念。在接地电阻的回路上，一个人同时触及的两点间所呈现的电位差，称为接触电压。人所在的位置离接地体处越近，接触电压越小；离接地体越远，则接触电压越大，在距离接地体处 20m 以外的地方，接触电压最大。这也是为什么一般情况要求设备就近接地的原因。

4. 本小题考查直流接地系统中直流接地的连接对象。直流接地需连接的有：蓄电池组的一极；通信设备的机架或总配线的铁架；通信电缆金属隔离层或通信线路保安器；通信机房防静电地面等。

5. 本小题考查低压电网系统接地的保护方式。根据国家标准《低压电网系统接地形式分类、基本技术要求和选用导则》的规定，低压电网系统接地的保护方式可分为：接零系统（TN 系统）、接地系统（TT 系统）和不接地系统（IT 系统）。

试题九：

1. × 2. √ 3. √ 4. × 5. √

试题分析：本问题考查通信电源系统设计及配电工程中的设备配置。

1. 本小题考查蓄电池组的配置。蓄电池组主要根据市电状况、负荷大小配置。如果由于维护或其他方面的原因对蓄电池组的放电时间有特殊的要求，在配置过程中也应作为配置的依据。直流系统的蓄电池一般设置两组并联，总容量满足使用的需要，蓄电池最多的并联组数不宜超过四组，不同厂家、不同容量、不同型号的蓄电池组严禁并联使用。

2. 本小题考查 UPS 设备的配置。UPS 设备配置遵循的原则之一就是：对于大型数据中心机房，提倡采用几个中等容量 UPS 系统分散供电代替单一大容量 UPS 系统集中供电。

3. 本小题考查整流器设备的配置。整流器容量及数量，应按以下要求配置：①采用高频开关型整流器的局（站），应按 $n+1$ 冗余方式确定整流器配置，其中 n 只主用，$n \leqslant 10$ 时，1 只备用；$n > 10$ 时，每 10 只备用 1 只。主用整流器的总容量应按负荷电流和蓄电池的均充电流（10h 率的充电电流）之和确定；②对于采用太阳能电池等新能源混合供电系统供电的局（站），当蓄电池 10h 率的充电电流远大于通信负荷电流时，主用整流器的容量应按负荷电流和 20h 率的充电电流之和确定。

4. 本小题考查电力线选择的一般原则。采用电源馈线的规格，应符合下列要求：通信用交流中性线应采用与相线相等截面的导线。直流电源馈线应按远期负荷确定。当近期负荷与远期负荷相差悬殊时，可按分期敷设的方式确定，设计时应考虑将来扩装的条件。接地导线应采用铜芯导线；机房内的交流导线应采用阻燃型电缆。

5.本小题考查交流配电屏的配置。交流配电屏的主要作用在于：给开关电源系统的整流器提高交流电源，所以开关电源系统的交流屏往往使用厂家配套的产品。

试题十：

1. × 2. √ 3. × 4. √ 5. ×

试题分析：本问题考查对通信电源系统的基础知识的辨识和理解。

1.本小题考查直流熔断器的额定电流值。直流熔断器的额定电流值应不大于最大负载电流的2倍。各专业机房熔断器的额定电流值应不大于最大负载电流的1.5倍。交流熔断器的额定电流值：照明回路按实际负荷配置，其他回路不大于最大负荷电流的2倍。

2.本小题是对UPS的并机工作方式进行考查。双机并联热备份工作的UPS，由于其输出容量是额定容量的50%，所以两台UPS始终在低效率下运行。

3.本小题考查接地网安装。基站增设接地体施工如挖出房屋原有接地网，应将接地体与房屋地网焊接连通。

4.本小题考查相控电源的备份方式。相控电源工作在50Hz工频下，由相位控制调整输出电压，一般需要1+1冗余备份；开关电源的功率调整管工作在高频开关状态，通常按$n+1$备份，组成系统的可靠性高。随着电力电子器件的不断发展，在通信电源系统中，相控电源已很难觅其踪迹，已被高频开关电源所代替。

5.本小题考查触电急救时伤员脱离电源后的急救处理。触电伤员如神志清醒，应就地平躺，施救者严密观察，暂时不要让其站立或走动。当触电伤员神志不清时，施救者应使其就地仰面平躺，确保其气道通畅，并用5s时间呼叫伤员或轻拍其肩部，以判定伤员是否意识丧失。禁止采用摇动伤员头部的方式呼叫伤员。施救者需要抢救的伤员，应立即就地坚持正确抢救，并设法联系医疗部门及时接替救治。

试题十一：

1. √ 2. √ 3. √ 4. × 5. ×

试题分析：本题考查安全用电、蓄电池、空调设备和发电机组相关的知识。

1.本小题考查安全用电知识。安全距离是指为了防止发生触电事故或短路故障而规定的带电体之间、带电体与地面及其他设施之间、工作人员与带电体之间所必须保持的最小距离或最小空气间隙。

2.本小题考查电池维护规程。电池维护规程中规定，如果电池容量小于额定容量的80%时，该电池可以申请报废。

3.本小题考查制冷系统操作规程。制冷系统充入高压氮气后严禁启动压缩机，否则会发生爆炸危险。

4.本小题考查柴油发电机组的运行要求。柴油机不宜在低速情况下长期运转。柴油发电机组启动成功后，应先低速运转一段时间，然后再逐步调整到额定转速。绝不允许刚启动后就猛加油门，使转速突然升高。

5.本小题考查UPS的基本性能指标。衡量UPS的过载能力是由逆变器在一定的过载容量下连续运行且不转旁路的最长时间来确定。

试题十二：

1. √ 2. × 3. × 4. √

试题分析：本问题考查对空调相关知识的理解和辨识。

1.本小题考查空调冷水机组的年度开机前的检查与准备工作。开机运行前的准备工作一般可与年度维修保养的工作合并进行。维修保养人员除对检查中发现的问题予以重点排除外，可参照首次开机运行前的检查和准备步骤进行操作。应该指出的是，向机组和系统补充制冷剂的工作，是在机组运转的情况下完成的。制冷剂的补给量，以规定工况下制冷压缩机吸入压力表所指示的压力和电流（电功率）达到机组规定的数值为适合。

2.本小题考查空调机制冷效果的影响因素。空调机制冷效果很差的原因很多，除了与制冷系统中制冷剂有关，还与很多其他因素有关，包括制冷液不足或太多、系统轻微堵塞、内风机网堵塞、外机散热效果差、温控电路有故障、内风机转速太慢、空调功率不够或房间太大或保温性能差、空调安装时排气不够、四通阀串气、电源电压不稳定等。

3.本小题考查空调冷水机组的操作规范。空调用冷水机组，不论是活塞式还是离心式冷水机组，运行操作总的原则是确保启动和安全运行。一般按如下程序操作：首先接通机组总电源，使各控制部分及保护线路处于待工作状态，然后启动冷水系统，其顺序为先启动空气处理系统的风机，后启动冷水泵；其次启动冷却水系统，顺序为冷却水泵、冷却塔风机；最后进入主机启动阶段，程序为先启动油泵，几分钟后才可启动压缩机。

4.本小题考查空调设备维护的基本要求。根据要求，空调设备使用过程中，应定期清洁各种设备的表面，保持空调设备表面无积尘、无油污。

试题十三：

1.√　2.×　3.×　4.×

试题分析：本试题考查对通信接地与防雷方面知识的辨识和理解。

1.本小题考查接地电阻的影响因素，土壤中含有酸、碱、盐等化学成分时，其电阻率就会明显减小。在实际工作中，可以用在土壤中掺入食盐的方法降低土壤电阻率，也可以用其他的化学降阻剂来达到降低土壤电阻率的目的。

2.本小题考查接地装置和避雷针维护的要求。接地装置和避雷针的维护主要要求是维持焊接质量稳定可靠、连接牢固有效、能承受大电流冲击。

3.本小题考查雷击分类及其危害。雷击分为两种形式：感应雷与直击雷。感应雷是指附近发生雷击时设备或线路产生静电感应或电磁感应所产生的雷击；直击雷是雷电直接击中电气设备或线路，造成强大的雷电流通过击中的物体泄放入地。直击雷峰值电流可达75kA以上，所以破坏性很大。大部分雷击为感应雷，其峰值电流较小，一般在15kA以内。

4.本小题考查抑制或者衰减雷电浪涌的耦合途径。抑制或衰减雷电浪涌的耦合途径的主要措施包括屏蔽、合理布线、等电位连接和接地等。

试题十四：

1.×　2.×　3.×　4.×　5.×

试题分析：本试题考查对通信电源系统基础知识、交流供电系统以及直流供电系统相关知识的辨识和理解。

1.本小题考查对通信电源系统分散供电方式的理解。分散供电需要考虑通信电源设备是否会对通信设备或系统造成影响，特别是在电磁兼容性方面的考虑。

2.本小题考查对三种基本交流高压配电方式的理解和辨识。高压配电网的基本接线方式有三种：放射式、树干式及环状式。放射式配电方式的特点：线路敷设简单，维护方便，供电可靠，不受其他用户干扰。树干式配电方式的特点：高压配电装置数量少，投资相对较低，但供电可靠性差。环状式配电方式的特点：运行灵活，供电可靠性较高。

3. 本小题考查对直流供电系统配电方式的理解和辨识。根据直流配电屏与负载之间的配电线路阻值大小，直流供电系统的配电方式有低阻配电和高阻配电两种直流配电方式。低阻配电方式的优点是：供电回路压降很小，供电经济性高；缺点是：直流供电安全性较差。高阻配电方式具有较高的供电安全性和可靠性，但回路存在压降和电能消耗。

4. 本小题考查对电源系统中分流器作用的理解。直流配电屏的主回路、电池回路和200A 以上的负载分路应分别安装分流器，可分别测量总电流、蓄电池的充放电电流和负载分路电流。采用 A/D 系统，可将上述模拟量变换成数字量供系统监控模块采集。

5. 本小题考查对交流变配电设备的基本维护要求的理解。根据交流变配电设备的基本维护要求，交流供电应采用三相五线制，零线禁止安装熔断器，在零线上除电力变压器近端接地外，用电设备和机房近端不许重复接地；若变压器在主楼外，则进局地线可以在楼内重复接地一次。交流用电设备采用三相四线制引入时，零线禁止安装熔断器，在零线上除电力变压器近端接地外，在大楼内部也可以与大楼总地排进行一次复接。对柴油发电机组和三进（三相三线制）四出（三相四线制）的 UPS，其零线也必须进行一次工作接地。

试题十五：

1. × 2. × 3. √ 4. √ 5. √

试题分析：本问题考查对蓄电池、空调设备和高频开关整流器相关知识的理解。

1. 本小题考查对机房空调高压和低压的理解。机房空调的高压是压缩机的排气压力，是压缩机排气口到膨胀阀（毛细管）之间的压力，低压是压缩机的吸气压力，是膨胀阀（毛细管）到压缩机进气口的压力。

2. 本小题考查对水冷却设备的理解。在空调制冷工程中，通常用水来吸收制冷系统冷凝器排出的热量，而不是用制冷剂。

3. 本小题考查蓄电池在通信电源系统中的应用。蓄电池应用在不间断电源系统中，具有市电中断后的后备供电作用。在市电中断时，逆变器将蓄电池的直流储能通过逆变电路转变为交流电输出，以保证交流电源的不间断供给。另外，在“在线式”不间断电源系统中，当市电正常时，由整流器与蓄电池并联后作为不间断电源逆变器的输入电源，这样极大地提高了不间断电源系统交流输出的稳定性和供电质量。

4. 本小题考查具有无源功率因数校正电路的开关电源工作原理。在具有无源功率因数校正的开关电源中，交流输入电压经整流后，直接加到滤波电容器两端。只有交流输入电压高于滤波电容两端电压时，滤波电容才开始充电。

5. 本小题考查制冷系统辅助设备油分离器的作用。从压缩机排出的高温高压制冷剂蒸气，总会夹带部分雾状润滑油，经排气管进入冷凝器和蒸发器中。在制冷系统中，冷凝器和蒸发器是两个主要交换器。如果在系统中不安装油分离器，就会在热交换器的传热表面形成油垢，增加其热阻，降低冷凝和蒸发的效果，导致产冷量下降。因此，在压缩机与冷凝器之间的管路上应装油分离器，以便将油从制冷剂蒸气中分离出来。

试题十六：

1. × 2. √ 3. × 4. √

试题分析：本试题考查对通信接地与防雷相关知识的辨识和理解。

1. 本小题考查通信系统的防雷保护知识。根据雷电对通信环境和设施的危害，通信系统必须采用有效地防雷保护措施。

2.本小题考查对工作接地主要作用的理解。工作接地的主要作用：一方面利用大地作为良好的参考电零电位，保证在各通信设备间甚至各局（站）间的参考电位没有差异，从而保证通信设备正常工作；另一方面减少用户线路对地绝缘不良时引起的通信回路上的串音。

3.本小题考查对接地系统中的几个电压概念的辨识和理解。电气设备的接地部分，如接地外壳、接地线或接地体等与大地之间的电位差，称为接地的对地电压。在接地电阻的回路上，一个人同时触及的两点间所呈现的电位差，称为接触电压。在电场作用范围内（以接地点为圆心，20m为半径的圆周），人体如双脚分开站立，则施加于两脚的电位不同而导致两脚间存在电位差，此电位差称为跨步电压。

4.本小题考查对联合接地方式优点的理解。采用联合接地方式，在技术上使整个大楼内的所有接地系统联合组成低接地电阻值的均压网，具有下列优点。①电位均衡。同层各地线系统电位大体相等，消除危及设备的电位差。②公共接地母线为全局建立了基准的零电位点。全局按一点接地原理而用一个接地系统，当发生地电位上升时，各处的地电位同时上升，在任何时候，基本上不存在电位差。③消除了地线系统的干扰。通常依据各种不同电特性设计出多种地线系统，彼此间存在相互影响，而采用一个接地系统之后，使地线系统做到了无干扰。④电磁兼容性能变好。由于强、弱电，高频及低频电都等电位，又采用分屏蔽设备及分支地线等方法，所以提高了电磁兼容性。

试题十七：

1.√　2.×　3.×　4.√　5.√

试题分析：本试题考查对通信电源系统设计及配电工程相关知识的辨识和理解。

1.本小题考查直流供电系统设备的配置方面的知识。直流供电系统应采用在线充电方式，以全浮充制运行，即电池在不脱离负载的情况下运行充电的供电系统。

2.本小题考查UPS交流供电系统设备的配置方面的知识。根据UPS系统容量对蓄电池后备时间的要求，对特别重要和负荷集中的机房，UPS单机后备时间应满足系统设计规定负荷工作45min以上；对采用一类市电供电的一般机房，UPS单机后备时间应满足系统设计规定负荷工作30min以上；二类市电供电的一般机房，UPS单机后备时间应满足系统设计规定负荷工作60min以上。

3.本小题考查电力线的选择中交流电力线截面的选择与计算方面的知识。根据规定，高压配电线路的电压损失，一般不超过线路额定电压的5%；从变压器低压侧母线到用电设备端的低压线路电压损失，一般不超过用电设备额定电压的5%；对视觉要求较高的照明线路为2%～3%。在选择导线截面时，必须使其上的电压损失不要超过规定的要求值。

4.本小题考查电力线选择的一般原则。根据电力线选择原则，采用电源馈线的规格，应符合下列要求：通信用交流中性线应采用与相线相等截面的导线。直流电源馈线应按远期负荷确定。当近期负荷与远期负荷相差悬殊时，可按分期敷设的方式确定，设计时应考虑将来扩装的条件。接地导线应采用铜芯导线；机房内的交流导线应采用阻燃性电缆。

5.本小题考查通信电源系统的设计需要考虑的要素。安全可靠性原则是通信电源系统设计的首要原则，也是电源设计的根本出发点。安全性包括电源系统安全、机房物理和电磁环境安全。系统安全主要包括市电供电安全、交直流电源设备配置安全、布线系统的安全以及荷载安全等。另外，电源系统设计还需要考虑到可扩展性原则和经济合理性原则。设计的电源系统能适应设备技术、使用、维护发展的方向，能适应通信设备扩容而在线平滑扩容，在设备具备可扩展性和投资合理的前提下，选择高效节能的产品。

试题十八：

1.×　2.×　3.×　4.√　5.√

试题分析：本试题考查对通信电源集中监控系统与空调相关知识的辨识和理解。

1.在监控系统中采用的是串行异步通信方式，速率一般设定为 2400～9600bit/s。串行通信是 CPU 与外部通信的基本方式之一，监控系统中常用的串行接口有 RS232、RS422 和 RS485 接口。

2.动力环境集中监控系统典型的三级网络结构为：端局（站）设置监控单元（SU），县（区）或若干个端局（站）设置监控站（SS），地（市）级及以上城市设置监控中心（SC）。在上述三级结构中，SC 和 SS 级属于管理层。

3.集中监控系统要求蓄电池单体电压测量误差应不大于 5mV。

4.为了提高通信电源的工作效率，防止发生电力故障等情况，就必须加强对电源设备的监控。由于通信电源设备在应用中存在分散性，所以应当采用分布式的计算机控制系统。

5.在空调系统中，制冷剂在蒸发器的蒸发温度是由蒸发压力决定的，与被冷却物的温度和质量大小无关。

试题十九：

1.√　2.√　3.×　4.√　5.×

试题分析：本试题考查对通信电源系统供电方式以及接地相关知识的辨识和理解。

1.采用分散供电时，同一通信局（站）原则上设置一个总的交流供电系统，并由此分别向各直流供电系统提供低压交流电。各直流供电系统可分楼层设置，也可按各通信设备系统设置。设置地点可为单独的电池室，也可与通信设备同一机房。集中供电是将整流设备、蓄电池组和交直流配电屏均集中放置在电力室，然后将低压直流电送入到各通信机房。而分散供电的思想是：电力室只要保证交流供电，即将交流电源直接送入各通信楼层或通信机房；而直流电源则由分散设置在通信楼层或通信机房的整流设备、蓄电池组、直流配电屏组成的供电系统就近供电于各通信设备，大大缩短了低压直流传输的距离，减少了能耗。

2.通信电源接地系统通常采用联合接地，联合接地系统由接地体、接地引入线、接地汇接线和接地线组成。接地汇集线又分垂直接地总汇集线和水平接地分汇集线，前者是垂直贯穿与建筑体各层楼的接地用主干线，后者是各层通信设备的接地先与就近水平接地进行分汇集的互连线。

3.设备的工作地线和保护接地钱，必须采用绝缘铜导线，严禁使用裸导线布放，其截面积应符合工程设计要求。

4.接地体和各部件连接应采用焊接。接地体连接线与接地体焊接牢固，焊缝处必须做防腐处理。接地体连接线如用镀锌扁钢，在接头处的搭焊长度应大于其宽度的 2 倍，如用圆钢，应为其直径的 10 倍以上。

5.接地电阻主要由接触电阻和散流电阻构成，所以分析影响接地电阻的因素应主要考虑影响接触电阻和散流电阻的因素。接触电阻指接地体与土壤接触时所呈现的电阻。散流电阻是指电流由接地体向土壤四周扩散时，所遇到的阻力。土壤的湿度越高，接触越紧，接触面积越小，则接触电阻就越小。

试题二十：

1.×　2.×　3.√　4.×　5.√

试题分析：本试题考查对蓄电池和发电机组相关知识的辨识和理解。

1. 从原理上讲所有的蓄电池都是由正极、负极、电解质、隔离物和容器组成的，其中正负两极的活性物质和电解质起电化反应，对电池产生电流起着主要作用。

2. 阀控式铅酸蓄电池负极汇流排的腐蚀及脱落是造成电池早期失效的一个重要原因，而隔板腐蚀不是阀控式电池失效的重要原因。

3. 连杆组的功用是连接活塞与曲轴，将活塞承受的燃气压力传给曲轴，并和连杆配合，把活塞的直线往复运动变为曲轴的旋转运动。

连杆在工作时，承受有三种作用力：活塞传来的气体压力；活塞组零件及连杆本身（小头）的惯性力；连杆本身绕活塞销作变速摆动时的惯性力。这些力的大小和方向都是周期性的变化，因此连杆承受着压缩、拉伸和横向弯曲等交变应力。连杆或连杆螺栓一旦断裂，就可能造成整机破坏的重大事故。如果刚度不足，使大头孔变形失圆，大头轴承的润滑条件受到破坏，则轴承会发热而烧损。连杆杆身变形弯曲，则会造成气缸与活塞的偏磨，引起漏气和窜机油。所以要求连杆在尽可能轻的情况下，保证有足够的强度和刚度。

为保证连杆结构轻巧，且有足够的刚度和强度，一般常用优质中碳钢（如 45 钢）模锻或滚压成形，并经调质处理。中小功率内燃机连杆有采用球墨铸铁制造的，其效果良好，且成本较低。强化程度高的内燃机采用高级合金钢（如 40Cr、40MnB、42CrMo 等）滚压制造而成。合金钢的特点是抗疲劳强度高，但对应力集中比较敏感，因此采用合金钢制造连杆的时候，对其外部形状、过度圆角和表面粗糙度等都有严格要求。近年来，硼钢、可锻铸铁及稀镁土球墨铸铁已广泛用于制造内燃机连杆，其抗疲劳强度接近于中碳钢，并且其切削性能很好，对应力集中不敏感，制造成本低。

4. 按发电机的结构特点进行区分，同步发电机可分为旋转电枢式（简称转枢式）和旋转磁极式（简称转磁式）两种形式。

① 旋转电枢式同步发电机。旋转电枢式同步发电机的模型如图 6-26 所示。其电枢是转动的，磁极是固定的，电枢电势通过集电环和电刷引出与外电路连接。旋转电枢式只适用于小容量的同步发电机，因为采用电刷和集电环引出大电流比较困难，容易产生火花和磨损；电机定子内腔的空间限制了电机的容量；发电机的结构复杂，成本较高；电机运行速度受到离心力及机械振动的限制。所以目前只有交流同步无刷发电机的励磁机使用旋转电枢结构的同步发电机。

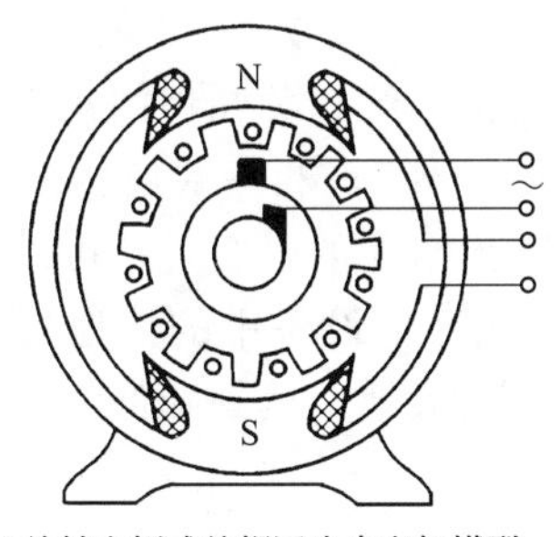

(a) 旋转电枢式单相同步发电机模型

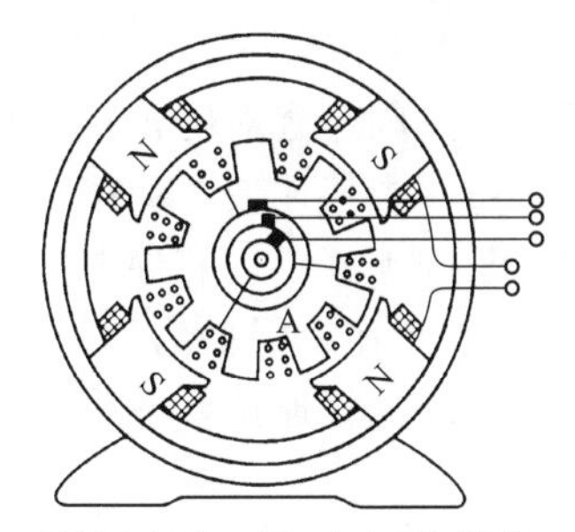

(b) 旋转电枢式三相同步发电机模型

图 6-26　旋转电枢式同步发电机模型

② 旋转磁极式同步发电机。旋转磁极式同步发电机的模型如图 6-27 所示。其磁极是旋转的，电枢是固定的，电枢绕组的感应电势不通过集电环和电刷而直接送往外电路，所以其绝缘能力和机械强度好，且安全可靠。由于励磁电压和容量比电枢电压和容量小得多，所以电刷和集电环的负荷及工作条件就大为减轻和改善。这种结构形式广泛用于同步发电机，并

成为同步发电机的基本结构形式。现代交流发电机常采用无刷结构的同步发电机，发电机省略了集电环和电刷，无滑动接触部分，维护简单，工作可靠性高。

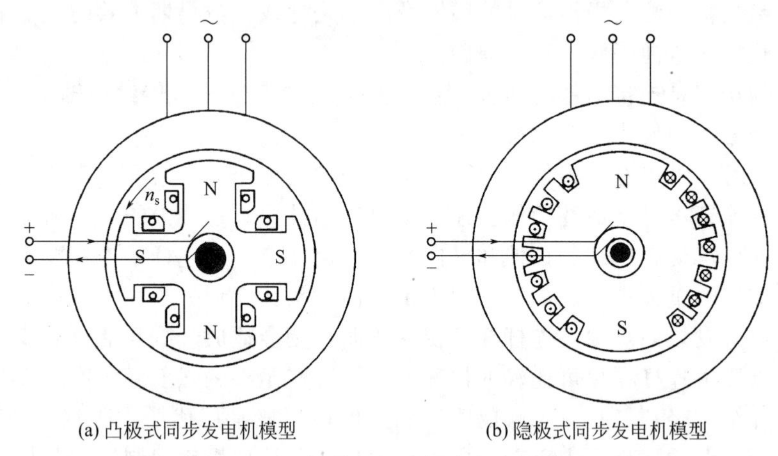

(a) 凸极式同步发电机模型　　(b) 隐极式同步发电机模型

图 6-27　旋转磁极式同步发电机模型

在旋转磁极式同步发电机中，按磁极的形状又可分为凸极式同步发电机［如图 6-27（a）所示］和隐极式同步发电机［如图 6-27（b）所示］两种形式。由图 6-27 可以看出，凸极式转子的磁极是突出的，气隙不均匀，极弧顶部气隙较小，两极尖部分气隙较大。励磁绕组采用集中绕组套在磁极上。这种转子构造简单、制造方便，故内燃发电机组和水轮发电机组一般都采用凸极式。隐极式转子的气隙是均匀的，转子成圆柱形。励磁绕组分布在转子表面的铁芯槽中，现代汽轮发电机组大多采用这种形式。

5. 柴油发电机组启动成功后，应先将其低速运转一段时间，然后再逐步调整到额定转速空载运转一段时间，此过程称之为暖机。此过程通常需要 3～5min。在暖机过程中，要观察机组运转是否正常，有无异响，机油压力是否在规定的范围内，机油压力无论是过高还是过低，都应立即停机查明原因才能再行开机。最后按要求加负载：要分次添加加载，不要一次加至满载；对于三相机组，还要注意三相平衡问题。

试题二十一：

1. √　2. √　3. ×　4. ×　5. ×

试题分析：本试题考查对防雷接地系统和集中监控系统相关知识的辨识和理解。

1. 通信局（站）中接地装置或接地系统中所指的“地”，和一般所指的大地的“地”是同一概念，即一般的土壤，它有导电的特性，并具有无限大的电容量，可以作为良好的参考零电位。“接地”以工作或保护为目的，将电气设备或通信设备中的接地端子，通过接地装置与大地进行良好的电气连接，并将该部位的电荷注入大地，达到降低危险电压和防止电磁干扰的目的。

2. 此小题是考查交流配电系统防雷系统方面的知识。

为了消除直接雷浪涌电流与电网电压大波动对交流配电系统的影响，应依据负荷的性质采用分级衰减雷击残压或能量的方法来抑制雷害。

进出通信局（站）的交流低压电力线路应采用地埋电力电缆，其金属护套应采用就近两端接地。低压电力电缆长度宜不小于 50m，两端芯线应加装避雷器。因此可将通信交流电源系统低压电缆进线作为第一级防雷、交流配电屏（柜）作为第二级防雷、整流器（高频开关电源）输入端口作为第三级防雷，相应防雷器件的安装位置如图 6-28 所示。

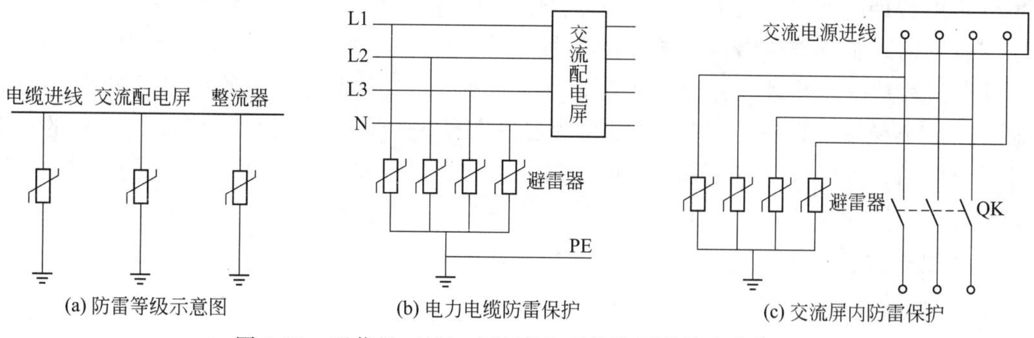

图 6-28　通信局（站）交流配电系统防雷器件安装位置

(1) 电力电缆。在电力电缆馈电至交流屏（柜）大约 10m 处，应设置避雷装置作为第一级保护，如图 6-28 (b) 所示。每相与地之间分别装设一个避雷器，N 线至地之间也应装设一个防雷器，避雷器公共点与 PE 线相连。在避雷器汇集点之前不能有电气接地点。该级防雷器应具备每极 80kA 的通流量，以达到防直接雷击的电气要求。

(2) 交流屏。由于前面已装设有一级防雷装置，故交流屏只考虑承受感应雷击 15kA 以下每相通流量，以及 1300～1500V 残压的侵入，这一级为第二级保护，如图 6-28 (c) 所示。防雷器件接在低压断路器 QK 之前，是为了防止低压断路器遭受雷击的侵害。具体做法是在相线与地之间安装压敏电阻，同时在中性线与地之间也安装压敏电阻，以防雷击可能从中性线侵入。

(3) 整流器（高频开关电源）。在整流器的电源输入口设置的避雷器是交流配电系统的第三级防雷保护，避雷器装设在交流输入断路器之前，每级通流量小于 5kA，相线间只需能承受 500～600V 残压侵入即可。有些整流器在输出滤波电路前还接有压敏电阻，或在直流输出端接有电压抑制二极管。它们除了作为第四级防雷保护外，还用于抑制直流输出端可能会出现的过压。

3. 如图 6-29 所示为监控系统工作过程示意图。由图中可知，集中监控的工作过程是双向的，一方面，被监控的动力（电源设备）与环境量需经过采集和转换成便于传输和计算机识别的数据形式，再经过网络传输到远端的监控计算机进行处理和维护，最后可通过人机交互界面与维护人员交流；另一方面，维护人员可通过交互界面发出控制命令，经过计算机处理后，传输至现场经控制命令执行机构使动力（电源设备）与环境完成相应动作。

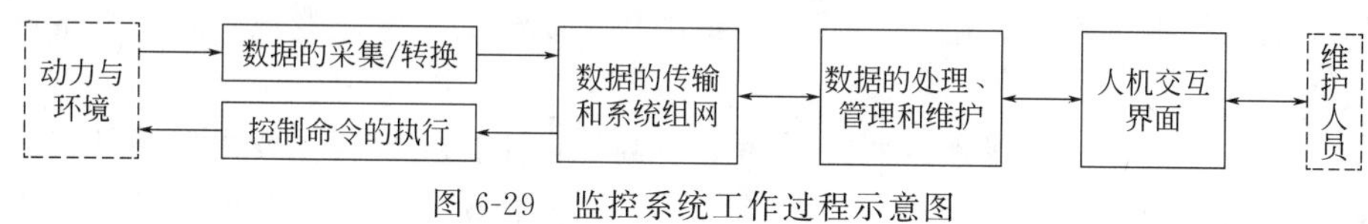

图 6-29　监控系统工作过程示意图

4. 通信电源集中监控系统是一个分布式计算机控制系统（即所谓的集中管理与分散控制），它是一个集中并融合了传感器技术、现代计算机技术、通信技术、网络技术和人机系统技术的最新成果而构成的计算机集成系统。它通过对监控范围内的通信电源系统和系统内的各个设备（包括机房空调在内）及机房环境进行遥恻、遥信和遥控，实时监视系统和设备的运行状态，记录和处理监控数据，及对监测故障并通知维护人员处理，从而达到少人或无人值守。实现通信电源系统的集中监控维护和管理，提高供电系统的可靠性与安全性。

5. SC——本地网或者同等管理级别的网络管理中心。监控中心为适应集中监控、集中维护和集中管理的要求而设置。SS——区域管理维护单位。监控站为满足县、区级的管理要求而设置的，负责辖区内各监控单元的管理。SU——监控系统中最基本的通信局站。监控单元一般完成一个物理位置相对独立的通信局站内所有的监控模块的管理工作，个别情况可兼管其他小局站的设备。SM——完成特定设备管理功能，并提供相应监控信息的设备。监控模块面向具体的被监控对象，完成数据采集和必要的控制功能。一般按照被监控系统的类型有不同的监控模块，在一个监控系统中往往有多个监控模块。

试题二十二：

1.√　2.×　3.√　4.√　5.×

试题分析：本试题考查对UPS、防雷接地系统和电气安全相关知识的辨识和理解。

1.对于大型数据中心机房，提倡采用几个中等容量的UPS系统分散供电代替单一大容量UPS系统集中供电。

2.环形接地体应与各种入户金属管道、电缆金属外皮等焊接相连，作为通信建筑的联合体接地，并采用不小于40mm×4mm镀锌扁钢与其他地网多点焊接相连。

3.电力竖井的位置应在考虑楼层平面位置时确定，竖井位置应有利于进出线方便，使馈线距离短，尽量减少交叉，电力竖井必须与通信线分开。

4.安全电压指不戴任何防护设备，接触时对人体部位不造成任何损害的电压。我国国家标准GB 3805《安全电压》中规定，安全电压值的等级有42V、36V、24V、12V、6V五种。同时还规定当电气设备采用了超过24V时，必须采取防止直接接触带电体的防护措施。

5.验电时应注意：①必须使用电压等级合适而且合格的验电器，验电前，应先在有电设备上进行试验，确定验电器良好。验电时，应在检修设备进出线两侧各相分别验电。如果在木杆、木梯或木架上验电时，不接地线验电器不能指示时，可在验电器上加接接地线，但必须经值班负责人许可。②高压验电器必须戴绝缘手套，35kV及以上的电气设备在没有专用验电器的特殊情况下，可以用绝缘棒代替验电器，根据绝缘棒端有无火花和放电噼啪声来判断有无电压。③信号元件和指示表不能代替验电操作。

试题二十三：

1.×　2.√　3.×　4.√　5.√

试题分析：本试题考查对UPS、防雷接地系统和电气安全相关知识的辨识和理解。

1.本小题是对互感器的基本概念进行考查。电压互感器是将电力系统的高电压变换成一定标准的低电压的电气设备。电流互感器是将高压系统中的大电流变成一定量标准的小电流的电气设备。

2.本小题是对高压电工操作规程进行考查。高压电工操作规程主要由以下几点。(1)工作时按规定穿戴好防护用品，检查工具的绝缘性。(2)值班人员必须持国家统一颁发的有效电工操作证。严守岗位，不得擅自离开，非值班人员不得进入高压电房。(3)值班人员要严格执行巡视、交换班制度，做好每天运行记录，严禁越时停、送电。(4)高压断电时应按如下步骤进行：断开低压分路开关→断开低压总开关→断开高压油开关（多油断路器和少油断路器）或高压分荷开关→断开高压隔离开关。高压送电与高压断电操作顺序相反。(5)操作断开或闭合高压开关及进行检修工作时，先填写操作票，必须两人同行：一人操作，一人监护；严禁两人同时操作。操作时应使用绝缘棒，戴绝缘手套，穿绝缘靴，站在绝缘台上。(6)合闸操作时，首先确认用电楼层无人操作或检修电箱。(7)分闸操作时需先确认已通知用电单位做好停电前的准备后再操作，避免造成损失。(8)任何高压开关跳闸后，只准（跳闸1min后）试送一次，若试送不成，不许再送，不论试送是否成功，都要查明跳闸原因，并做好记录。(9) 值班人员在发生事故时不应惊慌失措，手忙脚乱，应镇定分析，迅速查明事故原因，采取必要措施，并向上级报告，单人值班时，发生事故不许单独处理。(10) 检修电气设备时，必须在电源开关上挂“有人检修，禁止合闸”警示牌，严格履行“谁挂谁取”制度。(11) 合隔离开关（刀闸）后，不论是否造成短路事故，不准再拉开，只有把油开关（或空气开关）断开后，方可再断开隔离开关。(12) 配电室不准存放易燃物品，如遇火灾，不能用泡沫和水灭火，可使用二氧化碳、四氯化碳、1211灭火器或干粉灭火器等扑救。(13) 严禁本单位发电机与电网并车运行，禁止自发电返送变压器、高压柜及高压电网。(14) 高压油开关的油位，应保持在中线以上。(15) 避雷器和接地网的接地电阻，每年至少进行两次测量，电阻值应为10Ω以下。(16) 配电室全体人员都应熟悉所管设备的位置，及时掌握设备及网路运行参数和运行情况，遇有异常现象，及时处理报告。

3.本小题是对变压器运行方式进行考查。变压器的运行方式有：正常周期性负载情况下的运行方式；事故过负载情况下的运行方式；主变并列运行及中性点接地运行方式；变压器冷却器运行方式；变压器保护的运行方式。

4.本小题是对低压电工操作规程进行考查。低压配电设备的维护应包括基本要求、日常巡视及故障处理。

(1) 基本要求。配电设备停电检修时，应报主管部门同意并通知用户后方可进行；熔断器应有备用，不应使用额定电流不明或不合规定的熔断器；每年检测一次接地引线及接地电阻，接地电阻不应大于规定值。

(2) 日常巡视。各种电气开关的动作是否正常，接线端接触是否良好；熔断器的温升应低于80℃。母线排温度是否正常，接触是否良好；绝缘子是否有裂痕；无功补偿控制器工作是否正常，电容器瓷瓶是否出现裂痕；设备运行声音是否正常。

(3) 故障处理。自动断路器跳闸或熔断器烧断时，应查明原因再恢复使用，必要时允许试送电一次；对固定安装的电气开关、器件一旦出现故障或损坏，为保证设备和人身的安全，应停电进行检修或更换；若必须在带电情况下维护，维护人员应佩戴安全工具及手套，避免相间及相对地短路，并在有人监护下进行；抽屉式配电屏内的电气开关、器件一旦出现故障或损坏，应利用同容量的备用设备更换。

5.本小题是对发电机组基本构造及各部分的主要作用进行考查。内燃发电机组是以内燃机（内燃机包括柴油机、汽油机和气体燃料发动机，但在没有特殊说明的情况下，内燃机通常指柴油机或汽油机）作动力，驱动交流同步发电机而发电的电源设备。曲柄（曲轴）连杆机构是内燃机实现热能与机械能相互转换的主要机构，它承受燃料燃烧时产生的气体力，并将此力传给曲轴对外输出做功，同时将活塞的往复运动转变为曲轴的旋转运动。其组成部件主要包括：机体组件、活塞连杆组和曲轴飞轮组。

试题二十四：

1.√ 2.× 3.× 4.√

试题分析：本试题考查对直流供电系统、蓄电池和UPS相关知识的辨识和理解。

1.本小题是对直流电源屏的作用进行考查。直流配电是直流供电系统的枢纽，它负责汇接直流电源与对应的直流负载，通过简单的操作完成直流电能的分配，输出电压的调整以及工作方式的转换等。直流配电屏将整流器输出的直流和蓄电池组输出的直流汇接成不间断的直流输出母线，再分接至各种容量的负载供电支路。直流正馈线应接地，即形成0V（正极、高电位）；直流负馈线则为负极、低电位（−48V），同时负极汇流排一般都应串入相应容量的熔断器或负荷开关后再馈送至负载。如图 6-30 所示为直流配电一次电路示意图。

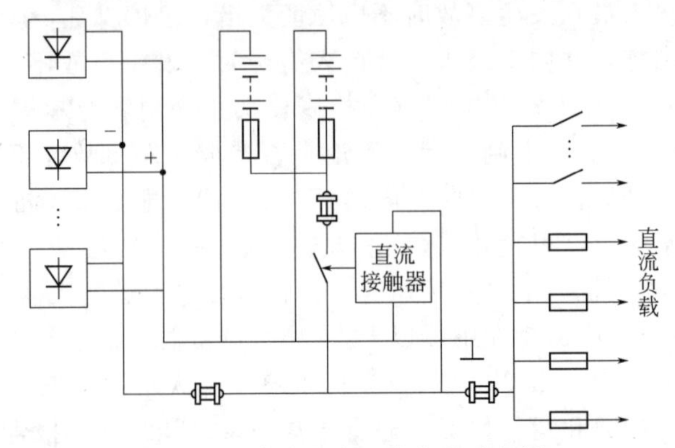

图 6-30　直流配电一次电路示意图

直流配电的作用和功能的实现一般需要专用的直流配电屏（或配电单元）完成。对应小容量的供电系统，比如分散供电系统，通常由交流配电、整流、直流配电与监控等组成一个完整、独立的供电系统，集成安装在一个机柜内。大容量的直流供电系统，一般都有单独设置的直流配电屏，以满足各种负载供电的需要。

直流配电屏是连接和转换直流供电系统中整流器和蓄电池向负载供电的配电设备，屏内装有闸刀开关、自动空气断路器、接触器、低压熔断器及电工仪表、告警保护等元器件。直流配电屏按照配电方式不同，分为低阻和高阻两种。直流配电屏除了完成一次电路的直流汇接和分配的作用以外，通常还具有以下一些功能。

（1）测量。测量系统输出的总电压、总电流；各蓄电池组充（放）电电压、电流；各负载回路的用电电流。在现代成套直流供电系统中，由于设备智能化程度提高，往往通过直流配电屏可以了解整个直流系统的测量数据，如系统中整流器的输出电压、电流等。

（2）告警。提供系统输出电压过高、过低告警；蓄电池组充（放）电电压过高、过低告警；负载回路熔断器熔断告警等。

（3）保护。在蓄电池组的输出线路上，以及各负载输出回路上都接有相应的熔断器短路或过载保护装置。此外，在各蓄电池组线路上，还可以接有低压脱离保护装置等。

对于单独列架的直流配电屏，主要电流系列有：50A、100A、200A、400A、800A、1600A、2000A、2500A 等。其主要的技术要求如下：①同一种电压同型号的直流配电屏应能并联使用；②可接入二组蓄电池；③负荷分路及容量根据系统要求确定；④在低阻配电系统中，直流屏带额定负荷时，屏内放电回路电压降≤500mV；⑤应有过压、过流保护，低压、欠压告警和输出端浪涌吸收装置；⑥400A 以下直流配电屏应具有低电压电池切断保护功能（干线及重要局站不应采用该功能）。

2. 本小题是对通信系统中蓄电池的作用进行的考查。在通信电源系统中，蓄电池与整流器并联浮充工作，作为交流（市电/发电机组）中断后提供直流电的备用电源。在此之中，蓄电池还起到平滑滤波，抑制噪声的作用；在 UPS 系统中作为备用电源，市电中断后，其提供的直流电需逆变成与市电同频/同相的交流电。作为便携式通信设备（如手机）的电源。作为柴油（汽油）发电机组的启动电源。

3. 本小题是对蓄电池的工作原理进行考查。阀控式铅酸蓄电池的电解液是活性物质之一，必须有一定的密度（比重）才能保证电化学反应的需要，但电解液的密度（比重）既不能过高，也不能过低，要按相关要求配制。

4. 本小题是对UPS的工作原理进行考查。无论市电正常与否，（双变换）在线式UPS的逆变器始终处于工作状态，因此能实现对负载真正的不间断供电。

试题二十五：

1. √　2. √　3. √　4. ×　5. √

试题分析：本试题考查对机房空调相关知识的辨识和理解。

1. 本小题是对机房空调远程监控功能进行考查。系统应能提供Internet接口，通过网络实现设备远程监控。应具备RS232/485通信接口，最有良好的电气隔离。具有设备运行参数的设置及智能判断功能，对于超常规的参数设置（比如，错误命令）能自动拒绝。系统具有三遥（遥测、遥信、遥控）功能。

2. 本小题是对机房空调中油分离器的作用进行考查。从压缩机排出的高温高压的制冷剂蒸气，总会夹杂着部分雾状润滑油。经排气管进入冷凝器和蒸发器中。在制冷系统中，冷凝器和蒸发器是两个主要交换器。如果在系统中不安装油分离器，就会在热交换器的传热表面形成油垢，增加其热阻，降低冷凝和蒸发的效果，导致制冷量下降。因此在压缩机与冷凝器之间的管路上应安装油分离器，以便将油从制冷剂蒸气中分离出来。

3. 本小题是对机房空调中冷水机组的作用进行考查。

冷水机组是一种制造低水温（又称冷水、冷冻水或冷媒水）的制冷装置，其任务是为空调设备提供冷源。冷水机组是中央空调的“制冷源”，通往各个房间的循环水由冷水机组进行“内部热交换”降温为冷冻水。冷冻水可以通过冷水泵、管道及阀门送至中央空调系统的喷水室、表面式空调冷凝器或风机盘管道系统中，冷冻水吸收空气中的热量后，使空气得到降温、降湿处理。冷水机组制冷量大，随着数据中心的业务发展，被大量采用。

冷水机组是把制冷压缩机、冷凝器、蒸发器、膨胀阀、控制系统及开关箱等组装在一个公共底座或框架上的制冷装置。是制冷系统的核心。冷水机组的制冷原理与压缩式制冷系统的工作原理相同，也是通过制冷剂在冷水机组各个部件间循环来达到制冷降温的目的。

根据冷水机组的制冷压缩机种类的不同，冷水机组常见的形式有：活塞式、离心式、螺杆式。活塞式冷水机组是问世最早的一种机组，在冷水机组中占有主导地位，它以小型、轻量和适应性强而应用于空调系统中；离心式冷水机组的特点是单机制冷量大；螺杆式冷水机组的压缩机零部件少，没有易损件，因此其运转可靠、寿命长、操作维护简便，但其造价比较高。所以，应根据具体情况选择冷水机组制冷压缩机的种类。

4. 本小题是对典型的机房气流组织形式进行考查。机房专用空调采用“先冷设备、后冷环境”的原则。机房采用冷、热通道设计，机柜按“面对面、背对背”排列，送、回风严格分离，并做好地板、冷池（热池）、机柜盲板等密封设计，避免冷热混风。从节能的角度出发，机柜间采用冷通道封闭的气流组织方式，可以提高空调利用率。

5. 本小题是对空调设备维护基本要求进行考查。在通信电源系统维护过程中，对空调设备维护的基本要求如下：(1) 定期对空调系统进行工况检查，及时掌握系统各主要设备的性能指标，并对空调系统设备进行有针对性的整修和调测，保证系统运行稳定可靠；(2) 定期清洁空调设备表面，保持空调设备表面无积尘、无油污，及时清洁、更换过滤网；(3) 空调设备应有良好的保护接地；(4) 确保空调室外（内）机周围的预留空间不被挤占，保证进（送）、排（回）风畅通，以提高空调制冷（暖）效果和设备的正常运行；(5) 保温层无破损，导线无老化现象；(6) 保持室内密封良好，气流组织合理和正压；(7) 空调系统应能按要求调节室内温度，并能长期稳定工作，有可靠的报警和自动保护功能、来电自动启动功能；(8) 定期检查和拧紧所有接点的螺栓，尤其是空调室外机架的加固点。

试题二十六：

1.√　2.√　3.√　4.√　5.×

试题分析：本试题考查对集中监控相关知识的辨识和理解。

1.本小题是对集中监控管理系统的接口相关知识进行考查。动力与环境集中监控管理系统可以灵活地组织成各种类型的网络结构，为便于系统各组成部分间的互连互通，使系统的建设更加规范化、标准化，目前对于网络结构不同级别之间进行了接口的定义。共定义了四个接口：A接口、B接口、C接口和D接口。

监控模块与监控单元之间的接口定义为“前端智能设备协议”——A接口，处于整个集中监控系统的底层。该接口对系统数据采集层的协议进行详细定义。前端智能设备协议不仅包含了通信局站为实现集中监控而使用的电源设备在设计、制造中应遵循的通信协议，同时规定了通信电源、空调及环境集中监控管理系统中监控模块与监控单元间的通信协议。

监控单元与监控模块的通信为主从方式，监控单元为上位机，监控模块为下位机。监控单元呼叫接口模块并下发命令。监控模块收到命令后返回响应信息。500ms内监控单元接收不到监控模块响应信息或响应信息错误，则认为本次通信过程失败。

监控模块通过Modem。拨号方式与监控中心相连，监控中心通过Modem依次拨号轮询各监控模块，发生紧急告警时，监控模块应有主动拨号上报功能。

2.本小题是对集中监控管理系统的内容进行考查。从集中监控管理系统的监控内容来看，集中监控管理系统以监控电源设备的状态为主，环境参数的监控为辅，是可选项。

3.本小题是对集中监控管理系统的配置数据进行考查。各级集中监控管理系统的配置数据要保持一致。当下级被监控对象及其监控内容或操作人员发生改变时，上级系统要随之改变对应的数据，通过事件通知功能向上级系统报告配置改变的情况。

4.本小题是对集中监控管理系统的安装注意事项进行考查。监控设备在安装过程中，应不影响被监控设备的正常运行。

5.本小题是对集中监控维护的考查。集中监控的应用只是减少了人员投入，利用数据采集技术、计算机技术和网络技术来有效提高通信电源维护质量的先进手段。通信电源设备的维护，仍需要技术精湛、经验丰富的电源专家。

试题二十七：

1.×　2.√　3.×　4.√　5.√

试题分析：本试题考查对环境与安全、节能减排与新技术相关知识的辨识和理解。

1.本小题是对动力与环境安全的种类及其基本概念的考查。动力与环境作为通信网络的基础保障，安全性主要体现在系统安全、设备安全和人身安全三个层面（见表6-13）。

表6-13　动力与环境安全的种类及其基本概念

安全的种类	基本概念
系统安全	整个电源系统或空调系统要具有一定的抗故障、抗风险能力，不能因个别设备或部件的故障而导致其他设备或部件发生故障；不能因局部故障而影响到全局的供电或制冷；不能因持续的故障而导致持续的供电或制冷障碍
设备安全	各类电源、空调设备自身须具有良好的安全保护设计，不因输入、负载或其他外界的异常影响而导致设备本身的损坏
人身安全	各类电源和空调设备及系统应具有良好的人身防护设计，不应对接近或正常接触设备的人员造成机械、电击等损伤

2.本小题是对空调智能新风系统的作用进行考查。智能新风节能系统的主体部分是由主控制箱、新风执行系统和网管中心三部分构成。此系统是根据通信基站、机房室内外的环境条件温差引入室外清洁的冷空气对通信基站、机房内进行自然降温，同时排出基站、机房内的热空气，从而达到在常年大多数条件下替代空调制冷的效果，避免了空调长时间运行所造成的电能浪费，有效降低通信机房空调的运行时间，达到降低通信机房电能消耗的目的。

3.本小题是对通信局站的电能利用有效度进行考查。通信局站的电能利用有效度（Power Usage Effectiveness，PUE）定义为：通信局站的总能耗与通信设备能耗（主设备能耗）的比值。通常PUE为大于1的数，反映了通信局站基础设施节能的程度。该数字越小，则表明该通信局站越节能。

4.本小题是考查能耗评价指标。能耗评价指标包括总量指标和单位指标两大类。总量指标是指某企业或局站机房在一定时期内的总的能源消耗量或某类能源消耗量，以及其推导指标。总量指标反映了一定范围一定时期内的总能耗大小及其变化情况，但不能反映能耗的利用率、效益等价值信息。单位指标包括单位产值指标、单位产量指标、单位规模指标、单位能力指标等，是指能耗总量指标与其他非能耗类的相关指标（产值、产量、规模、能力等）进行对比运算所推导出的分析指标。单位指标在一定程度上反映了能耗的消费水平、利润率及其生产效益等。笼统地讲，不论是总量指标的下降还是单位指标的下降，对一个企业来讲都是有利的，都是节能效果的一种具体体现。

5.本小题是对通信电源节能技术进行考查。电源设备是为网络通信设备提供能源，并进行输送和转换的。在输送和转换的过程中，总有部分能量损失。如何减少这种能量损失、提高效率，是通信电源节能减排的核心问题。在通信电源常用的几种节能技术中，非晶合金变压器是通过改进材料工艺来降低电磁损耗；谐波治理技术通过抑制谐波电流来减小不必要的能量损失；蓄电池削峰填谷技术则从平衡电网负荷角度，降低了全网的能量损失；风光互补技术则是利用可再生能源，减少对公用电源的需求。

试题二十八：

1.×　2.×　3.√　4.√　5.×

试题分析：本试题考查集中监控管理系统相关知识的辨识和理解。

1.本小题是对集中监控对象及内容的考查。变压器的监控内容包括：遥测——三相输入电流、三相输入电压、三相输出电流、三相输出电压和变压器温度；遥信——过温告警。由此可知，变压器中的过温告警是属于遥信的内容。

2.本小题是对集中监控管理系统的数据采集进行考查。监控模块与监控单元都位于监控现场，距离较近，一般采用专用数据总线的方式。在监控系统中采用的是串行异步通信方式，速率一般设定为2400～9600bit/s。监控系统中常用的串行接口有RS232、RS422和RS485接口。RS485接口是RS422的子集，RS422为全双工结构，RS485为半双工结构。用于组网时，能够实现点到多点及多点到多点的通信，通信距离和传输速率与RS422基本相同。

3.监控系统应该具有系统登录和操作控制功能。（1）监控系统登录控制功能的要求如下：系统应具有对试图登录系统的用户进行鉴权的功能，只有名称和密码都正确的用户才允许登录到系统中，否则拒绝登录。若一用户连续多次被拒绝登录，则系统应能锁定该用户。（2）监控系统操作控制功能的要求如下：系统应具有对用户实施的操作进行鉴权的功能，保证具有权限的用户才能实施相应的操作。

4.动力与环境监控系统的硬件设备应具有很高的可靠性，监控模块（SM）和监控单元

（SU）的平均故障间隔时间（Mean Time Between Failures，MTBF）应不低于100000h；整个系统的平均故障间隔时间应不低于20000h。平均故障修复时间（Mean Time To Repair，MTTR）应小于0.5h。

5.本小题是对集中监控系统的日常使用与维护进行考查。监控中心应实行24h值班，日常值班人员应对系统终端发出的各种声光告警，立即做出反应，并应视情况做出处理。一级告警：已经或即将危及电源、空调系统及通信安全，应立即处理的告警。二级告警：可能对电源或空调系统造成退服或运行性能下降，影响设备及通信安全，需要安排时间作出处理的告警。三级告警：电源或空调系统中发生的设备部件故障，但不影响设备整体运行性能的告警。四级告警：电源系统或空调系统中设备发送的维护提示性告警信息。

试题二十九：

1.√　2.√　3.×　4.√　5.×

试题分析：本试题考查防雷接地系统、电气安全相关知识的辨识和理解。

1.本小题是对通信电源的接地进行考查。（1）集中供电的综合通信大楼电力室的直流电源接地线应从接地汇集线上引入；分散供电的高层综合通信大楼直流电源接地线应从分接地汇集线上引入。（2）机房的直流电源接地垂直引入线长度超过30m时，从30m处开始，每向上隔一层与接地端连接一次。（3）在电力变压器高、低侧，除应设保安防雷装置外，宜采用三相五线制引入电力室。该变压器机壳与低压侧中性点汇集后，就近接地，中性线不准安装熔断器。（4）当专用变压器离通信大楼较远时，交流中性线应按规定在变压器与户外引入最近处做重复接地，尤其采用三相四线制时必须做重复接地。此时，应离开联合接地网边缘5m以外单独设置接地线。当专用变压器安装在通信大楼附近（即在同一院内），应将变压器接地体与通信大楼的接地网用两根接地导线连通，而交流供电线中的保护地线应与大楼内的接地总汇集线连通。交流配电屏上的中性线（零线）汇集排与机架的正常不带电金属部分绝缘，严禁采用中性线（零线）作为交流保护地线。（5）引入大楼的交流电力线宜采用地下电力电缆，其金属护套的两端均应做良好接地。（6）大楼内所有交直流用电设备均应采取接地保护。交流保护地线应从接地汇流线上引，严禁采用中性线作为交流保护地线。

2.本小题是对降低接地电阻措施的考查。当土壤电阻率偏高，例如土壤电阻率$\rho \geqslant 300\Omega \cdot m$时，为降低接地装置的接地电阻，可采取以下措施：①采用多支线外引接地装置，其外引线长度不应大于$2\sqrt{\rho}$，这里的ρ为埋设引线处的土壤电阻率，单位为$\Omega \cdot m$；②如地下较深处土壤ρ较低时，可采用深埋式接地体；③局部地进行土壤置换处理，换以ρ较低的黏土或黑土，或者进行土壤化学处理，填充炉渣、木炭、石灰、食盐及废电池等降阻剂。

3.本小题是对雷电的分类及危害的考查。当不同电荷的积云靠近时，或带电积云对大地的静电感应而产生异性电荷时，宇宙间将发生巨大的电脉冲放电，这种现象称为雷电。雷击分为两种形式，感应雷与直击雷。①感应雷是指附近发生雷击时设备或线路产生静电感应或电磁感应所产生的雷击。②直击雷是雷电直接击中电气设备或线路，造成强大的雷电流通过击中的物体泄放入地。通信局站大部分的雷击为感应雷击。在导线中产生的感应雷击电流比直击雷电流小很多，一般小于15kA，破坏性小，但发生范围广。

4.本小题是对电流对人体的作用进行考查。触电电流通过人体的持续时间越长，对人体的伤害越严重。电流持续的时间越长，人体电阻因出汗等原因将会变得越小，导致通过人体的电流增加，触电的危险亦随之增加。此外，心脏每收缩、扩张一次，中间约有0.1s的间歇，这0.1s称之为心室肌易损期，对电流最敏感，如果电流在此时流过心脏，即使电流很小也会引起心室颤动。如图6-31所示为室颤电流-时间曲线。由图可知，室颤电流-时间曲线与心脏搏动周期密切相关，当电流持续时间小于一个心脏搏动周期时，电流超过500mA才能够引发室颤；当电流持续时间大于一个心脏搏动周期时，很小的电流，如50mA就很可能引发室颤。电流持续时间对人体作用的影响如表6-14所示。

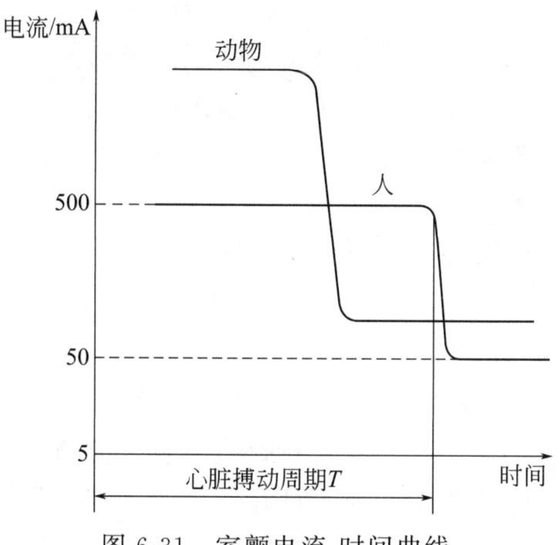

图6-31 室颤电流-时间曲线

表6-14 电流持续时间对人体作用的影响

电流/mA	电流持续时间	生理效应
0～0.5	连续通电	没有感觉
0.5～5	连续通电	开始有感觉，手指手腕等处有麻感，没有痉挛，可以摆脱带电体
5～30	数分钟以内	痉挛，不能摆脱带电体，呼吸困难，血压升高，是可以忍受的极限
30～50	数秒至数分钟	心脏跳动不规则，昏迷，血压升高，强烈痉挛，时间过长即引起心室颤动
50至数百	低于脉搏周期	受强烈刺激，但未发生心室颤动
	超过脉搏周期	昏迷，心室颤动，接触部位留有电流通过的痕迹
超过数百	低于脉搏周期	在心脏搏动周期特定相位电击时，发生心室颤动，昏迷，接触部位留有电流通过的痕迹
	超过脉搏周期	心脏停止跳动，昏迷，可能有致命的电灼伤

5.本小题是对现场触电急救措施的考查。触电伤员神志不清者，应就地仰面平躺，确保其气道通畅，并用5s时间呼叫伤员或轻拍其肩部，以判定伤员是否意识丧失。但禁止摇动伤员头部呼叫伤员。

6.3.5 简答题

1.在空调系统中膨胀阀出口经常会发生冰堵现象，请简要分析其形成原因并提出相应的解决措施。

答案：在空调系统中膨胀阀出口经常会发生冰堵现象的原因是：管路中含有水分，水分不能溶解于其他制冷剂，它随制冷剂流动，经膨胀阀节流后，蒸发温度降至0℃以下被析出的水分因温度降低，在阀孔处结成冰层。当冰层越积越厚时，阀孔则会被阻塞。

解决措施：在已设置的干燥过滤器内更换干燥剂，直到把全部水分吸出、热力膨胀阀不出现冰堵为止。

试题分析：本问题考查在空调系统中发生冰堵现象的原因及其解决措施。

（1）空调系统冰堵的原因：系统中含有过多的水分（湿气）。产生湿气的途径有：①在安装时系统抽真空时间不够，没能把管路内的湿气抽尽；②管路连接处焊接工艺不好，有漏气点；③在向系统充注制冷剂时，没有把连接软管内的空气吹出软管；④为系统补充润滑油时，进入空气。

（2）冰堵发生的位置：冰堵塞一般发生在膨胀阀的节流孔处，因为这里是整个系统中温度最低，孔径最小的地方。由于系统不再制冷，系统整体温度回升，随着温度的提高，冰堵处会逐渐融化，而后系统又恢复制冷能力；随着系统整体温度的再次降低又会出现冰堵现象。故冰堵塞是一个反复的过程。

（3）冰堵的排除方法：对于轻微冰堵，可用热毛巾敷在冰堵处，如果冰堵程度比较严重，已影响了系统的正常运行，则要换掉过滤干燥器，重新除去系统管路中的水分，抽真空，重新充注制冷剂。

2.通信用电力系统中由于存在开关电源、UPS 等较多的电力电子设备，容易产生较多的谐波，请简要分析谐波会对电网系统造成的影响以及消除方法。

答案：谐波对电网的影响主要有：谐波对旋转设备和变压器的主要危害是引起附加损耗和发热增加，此外谐波还会引起旋转设备和变压器振动并发出噪声，长时间的振动会造成金属疲劳和机械损坏。谐波对线路的主要危害是引起附加损耗。谐波可引起系统的电感、电容发生谐振，使谐波放大。当谐波引起系统谐振时，谐波电压升高，谐波电流增大，引起继电保护及安全自动装置误动，损坏系统设备（如电力电容器、电缆、电动机等）引发系统事故，威胁电力系统的安全运行。谐波可干扰通信设备，增加电力系统的功率损耗（如线损），使无功补偿设备不能正常运行等，给系统和用户带来危害。限制电网谐波的主要措施有：增加换流装置的脉动数；加装交流滤波器、有源电力滤波器。

试题分析：本问题考查高频开关整流器、UPS 的相关内容：谐波对电网的影响及其消除方法。对于谐波对电网系统的影响，既可从对发电、变电、输电、配电和用电环节的影响分析，亦可从对发电、变电、输电、配电和用电设备的影响分析。

谐波对电网的影响包括：①使公用电网中的元件产生附加的谐波损耗，降低发电、输电及用电设备的效率，大量的 3 次谐波电流流过中线会使中线线路过热，甚至会引发火灾；②影响各种电气设备的正常工作，谐波对电机的影响除引起附加损耗外，还会使电机产生机械振动、噪声和过电压，使变压器局部过热；③谐波使电容、电缆等设备过热、绝缘老化、寿命缩短，以致损坏；④引起公用电网中局部的并联谐振和串联谐振，从而使谐波放大，增加谐波的危害，甚至引发严重事故；⑤谐波会导致仪器设备和电脑系统故障、变压器烧毁、断路器误动作、继电保护和自动装置的误动作，并使电气测量仪表计量不准确；⑥谐波会对邻近的通信系统产生干扰，轻者发生噪声，降低通信质量；严重导致信息丢失，使通信系统无法正常工作。

消除谐波的方法主要包括：①在补偿电容器回路中串联一组电抗器；②装设由电容、电感及电阻组成的单调谐滤波器和高通滤波器；③增加整流相数。

3.简述在线式 UPS 三种常见的供电模式。

答案：在线式 UPS 三种常见的供电模式：①在市电正常时，输入交流电先经输入滤波器滤掉电网中的污染，再经整流滤波后，给电池组充电，与此同时给逆变器供电。逆变器输出稳压稳频的交流电给负载。②市电不正常或中断时，逆变器将蓄电池提供的直流电压变换为交流电压供给负载，实现不间断供电。③在市电正常时，当逆变器输出过压、过流或 UPS 出现故障时，能够自动关闭，并通过静态开关不间断转换至市电供电。

4.柴油发电机组的停机操作主要包括正常停机、故障停机和紧急停机。请列出需柴油发电机组紧急停机的情况。

答案：柴油发电机组紧急停机的情况：①机油压力表指针突然下降或无压力；②冷却水中断或出水温度超过100℃；③当机组内部出现异常敲击声、飞轮松动或传动机构出现异常等；④有零件损坏或活塞、调速器等运动部件卡住；⑤有“飞车”现象或有其他人身事故或设备危险情况发生时。

5.某交换局使用的直流耗电量为500A/48V，要求配置的蓄电池组后备时间为3h，请核算出所需的电池组及100A整流模块配置。(K：安全系数取1.25，η：放电容量系数取0.75，α：电池温度系数取0.008，t：使用温度按20℃计算，电池组有100A·h、200A·h、500A·h、1000A·h容量可选，充电限流值取0.125，必须写出主要计算过程)。

答案：蓄电池容量 $Q=KIT/\{\eta[1+\alpha(t-25)]\}$

$$=1.25\times500\times3/\{0.75\times[1+0.008\times(20-25)]\}$$

$$=1875/0.72$$

$$=2604(\text{A}\cdot\text{h})$$

根据上述计算结果，选取3组1000A·h蓄电池组，电池充电电流 $I=1000\times3\times0.125=375$（A），系统总电流 $I=500+375=875$（A），所以至少要使用9个100A整流模块才够负载和电池充电使用。另外，根据开关电源模块 $n+1$ 并联冗余原则，该系统应选取10个100A整流模块进行使用。

试题分析：本试题考查通信电源系统设计中蓄电池组和整流模块的配置。

(1) 蓄电池组的配置

首先根据以下公式计算所需蓄电池组的总容量，然后计算所需蓄电池组的数量。

$$Q\geqslant KIT/\{\eta[1+\alpha(t-25)]\}$$

式中，Q 为蓄电池容量，A·h；K 为安全系数，取1.25；I 为负荷电流，A；T 为放电小时数，h；η 为放电容量系数；α 为电池温度系数，1/℃，当放电小时率≥10时，取 $\alpha=0.006$；当10>放电小时率≥1时，取 $\alpha=0.008$；当放电小时率<1时，取 $\alpha=0.01$；t 为实际电流所在地最低环境数值。

根据所给题意可知：$K=1.25$，$I=500\text{A}$，$T=3\text{h}$，$\eta=0.75$，$\alpha=0.008$，$t=20$，代入公式可得：

$$Q\geqslant KIT/\{\eta[1+\alpha(t-25)]\}$$

$$=1.25\times500\times3/\{0.75\times[1+0.008\times(20-25)]\}$$

$$=1875/0.72$$

$$=2604(\text{A}\cdot\text{h})$$

因为电池组有100A·h、200A·h、500A·h、1000A·h容量可选，所以选取1000A·h蓄电池3组。当然，理论上讲也可以选取500A·h蓄电池6组；200A·h蓄电池15组等方案。但是，在实际工程设计中，尽量选取电池容量大、电池组数少的方案。

另外，3组蓄电池组的3小时率放电电流 $I_3=1000\times3/3=1000$（A）>500A负载电流，满足蓄电池组后备时间为3h的要求。

(2) 整流模块的配置

根据相关标准规定，采用高频开关型整流器的局（站），应按 $n+1$ 并联冗余方式确定整流器个数的配置，其中 n 只主用，“1”只并联冗余。此处的“1”是相对的。当 $n\leqslant10$ 时，“1”是真正的1，即1只整流模块备用；$n>10$ 时，每10只整流模块备用1只。但目前模块化高频开关电源系统整流模块通常在 20 个以下，即当 $10<n\leqslant 20$ 时，2 个整流模块备用。另外，当负载电流和电池均充电流比较小时，需要的整流模块数可能较少，但系统中至少要有三个整流模块，以保证系统的可靠性。主用整流器的总容量应按负荷电流和电池的均充电流（10h 率充电电流）之和确定。

根据题意，充电限流值取 0.125，故电池充电电流 $I_{充}=1000\times 3\times 0.125=375$（A）

系统总电流 $I_{总}=I+I_{充}=500+375=875$（A）

负载电流和电池均充电流需要的 100A 整流模块个数：875/100＝8.75≈9（个）

根据 $n+1$ 冗余原则，系统需配置 10 个 100A 整流模块。

6.引发蓄电池失效的原因有板栅腐蚀及增长、电解液干涸、负极硫酸化、早期容量损失、热失控等，其中负极板硫酸化是较为普遍的一种失效模式，请简要描述什么是蓄电池的负极板硫酸化及其主要形成原因。

答案：正常工作的 VRLA 蓄电池，负极极板放电产物硫酸铅呈较小颗粒，充电时很容易恢复为绒状的铅。但是某些电池放电产物为难溶性大颗粒硫酸铅，并且在充电时不能还原为绒状铅，这种现象称为负极板硫酸盐化。其主要原因有：长期深度放电或搁置、长期充电不足、高温下储存、电解液浓度分层等。

试题分析：本问题考查蓄电池的负极板硫酸化的概念及其形成的主要原因。

造成阀控式密封铅酸蓄电池失效的主要因素有板栅的腐蚀与变形、电解液干涸、负极硫酸化、早期容量损失（Premature Capacity Loss，PCL）和热失控等。

负极的硫酸化也是阀控式密封铅酸蓄电池失效的主要原因之一，负极的硫酸化同时也导致了容量的损失。铅蓄电池在正常工作中，负极板上 $PbSO_4$ 颗粒小，充电时很容易恢复为绒状的铅，但有的电池生成了难以还原的大颗粒硫酸铅，称为硫酸盐化。

负极板硫酸盐化原因很多，主要原因包括：①铅蓄电池长期处于放电状态或放电后不及时充电而长期搁置。在此情况下，活性物质中没有受到电化学还原的硫酸铅晶体的量就会很多，这些硫酸铅晶体在重结晶时使颗粒变大，生成不可逆的硫酸铅。②铅蓄电池长期充电不足。表现为整组电池中的浮充电压长期偏低产生落后电池。③铅蓄电池经常被深度放电，电池电压放电至 1.75V 或更低。由于经常进行深度放电，使以后充电时没有还原的硫酸铅在活性物质中积累到相当的数量。④在较高的温度下储存铅蓄电池，加速了硫酸铅重结晶及自放电过程，促进了极板硫酸盐化。⑤电解液出现层化，导致负极板下部容易产生硫酸盐化。铅酸蓄电池在充放电过程中电解液的密度在不断变化，充电时密度增大，放电时密度降低。对固定式铅酸蓄电池来说，充电时密度较大的电解液向底部沉降，放电时密度较小的电解液浮向顶部。蓄电池在充放电过程中，电解液按密度分层的现象称之为层化。

7.在集中监控系统中，需要对各类高压配电设备进行哪些内容的遥测或遥信？请列举至少四种监控内容，并指明是针对何种配电设备（如：进线柜、出线柜、母联柜和直流操作电源柜等）。

答案：(1) 进线柜。遥测：三相电压、三相电流；遥信：开关状态、过流跳闸告警、速断跳闸告警、接地跳闸告警、失压跳闸告警、接地跳闸告警（可选）。

(2) 出线柜。遥信：开关状态、过流跳闸告警、速断跳闸告警、接地跳闸告警（可选）、失压跳闸告警（可选）、变压器过温告警、瓦斯告警（可选）。

(3) 母线柜。遥信：开关状态、过流跳闸告警、速断跳闸告警。

(4) 直流操作电源柜。遥测：储能电压、控制电压；遥信：开关状态、储能电压高/低、控制电压高/低、操作柜充电机故障告警。

试题分析：本试题主要考查集中监控系统的相关知识。

集中监控的对象有很多，内容包括遥测、遥信和遥控。根据题目要求，可以从以下典型的集中监控对象及内容中任选四个以上的监控对象及其内容来作答。

（1）高压配电设备

①进线柜。遥测：三相电压、三相电流；遥信：开关状态、过流跳闸告警、速断跳闸告警、接地跳闸告警、失压跳闸告警、接地跳闸告警（可选）。②出线柜。遥信：开关状态、过流跳闸告警、速断跳闸告警、接地跳闸告警（可选）、失压跳闸告警（可选）、变压器过温告警、瓦斯告警（可选）。③母联柜。遥信：开关状态、过流跳闸告警、速断跳闸告警。④直流操作电源柜。遥测：储能电压、控制电压；遥信：开关状态、储能电压高/低、控制电压高/低、操作柜充电机故障告警。

（2）变压器

遥信：过温告警。

（3）低压配电设备

①进线柜。遥测：三相输入电压、三相输入电流、功率因数 $\cos\varphi$、频率；遥信：开关状态、缺相、过压、欠压告警；遥控：开关分合闸（可选）。②配电柜。遥测：开关状态；遥信：开关分合闸（可选）。③稳压器。遥测：三相输入电压、三相输入电流、三相输出电压、三相输出电流；遥信：稳压器工作状态（正常/故障、工作/旁路）、输入电压、输入欠压、输入缺相、输入过流。④电容器柜。遥信：补偿电容器工作状态。

（4）柴油发电机组

遥测：三相输出电压、三相输出电流、输出频率/转速、水温（水冷）/缸温（风冷）、润滑油油压、启动电池电压、输出功率；遥信：工作状态（运行/停止）、工作方式（自动/手动）、主备用机组、自动转换开关（ATS）状态、过压、欠压、过流、频率/转速高、水温高（水冷）/缸温高（风冷）、皮带断裂（风冷）、润滑油油温高、润滑油油压低，启动失败、过载、启动电池电压高/低、燃油油位低、市电故障、充电机故障；遥控：开/关机、紧急停机、自动转换开关（ATS）转换、选择主备用机组信号。

（5）不间断电源（UPS）

遥测：三相输入电压、直流输入电压、三相输出电压、三相输出电流、输出频率、标示电池温度（可选）、标示蓄电池电压（可选）；遥信：同步/不同步状态、UPS/旁路供电、蓄电池放电电压低、市电故障、整流器故障、逆变器故障、旁路故障。

（6）逆变器

遥测：交流输出电压、交流输出电流、输出频率、输入电压（可选）；遥信：输出电压过压/欠压、输出过流、输出频率过高/过低。

（7）整流配电设备

①交流屏（或高频开关电源系统的交流配电单元）。遥测：三相输入电压、三相输出电流、输入频率（可选）；遥信：三相输入过压/欠压、缺相、三相输出过流、频率过高/过低、熔丝故障、开关状态。②整流器。遥测：整流器输出电压、每个模块输出电流；遥信：每个整流模块的工作状态（开机/关机、均/浮充/测试、限流/不限流）、故障/正常；遥控：开/关机、均充/浮充、测试。③直流屏。遥测：直流输出电压、总负载电流、主要分路电流、蓄电池充放电电流；遥信：直流输出电压过压/欠压、蓄电池熔丝状态、主要分路熔丝/开关状态。

（8）蓄电池监测装置

遥测：蓄电池组总电压、每只蓄电池电压、标示电池温度、每组充放电电流、每组电池安时量（可选）；遥信：蓄电池组总电压高/低、每只蓄电池电压高/低、标示电池温度高、充电电流高。

（9）分散空调设备

遥测：空调主机工作电压、工作电流、送风温度、回风温度、送风湿度、回风湿度、压缩机吸气压力、压缩机排气压力；遥信：开/关机状态、电压电流过高/过低、回风温度过高/过低、回风湿度过高/过低、过滤器正常/堵塞、风机正常/故障、压缩机正常/故障；遥控：空调开/关机。

（10）集中空调设备

①冷冻系统。遥测：冷冻水进、出水温度，冷却水进、出水温度，冷冻机工作电流，冷冻水泵工作电流，冷却水泵工作电流；遥信：冷冻机、冷冻水泵、冷却水泵、冷却塔风机工作状态和故障告警、冷却水塔（水池）液位低告警。②空调系统。遥测：回风温度、回风湿度、送风温度、送风湿度；遥信：风机工作状态、故障告警、过滤器堵塞告警；遥控：开/关风机。③配电柜。遥测：电源电压、电流；遥信：电源电压高/低告警、工作电流过高。

（11）环境

遥测：温度、湿度；遥信：烟感、温度、湿度、水浸、红外（可选）、玻璃破碎（可选）、门窗告警；遥控：门开/关。

8.集中监控系统本身也需要进行安全管理和人员权限管理。（1）请列举三种以上安全机制。（2）请列举集中监控系统的维护人员主要可分为哪些角色？简要说明其职责。

答案：（1）可以采用的安全机制：双机热备、系统自我诊断功能、专网专用、使用网络防侵入软件。

（2）一般需要采取权限管理，并划分如下角色。一般人员：登录后能够完成集中监控系统正常的例行业务，实现一般的查询和检索功能，定时打印报表，响应和处理一般告警；系统操作员：系统操作员除了具有一般用户可以使用的功能外，还可以实现对具体设备的遥控功能；管理员：管理员拥有网络和系统的一切操作权限，能够对系统参数、网络状态等进行更改和配置的能力，拥有对一般用户和操作员的权限进行分配和管理取消等权利。

试题分析：本问题考查集中监控系统的安全机制和权限管理。

（1）安全机制　集中监控系统的安全机制包括以下四种。根据题目要求，可以任意列举其中三种或所有四种安全机制作答。①系统应从主机配置或网络配置上得到双机热备份或各主机之间互为备份的功能，使监控中心系统运行安全。②监控系统应有自诊断功能，随时了解系统内部各部分的运行情况，做到对故障的及时反应。非专线方式，通过拨号进入监控主机用的号码资源不对外公开。③集中监控系统应做到专网专用，严禁上网下载其他程序和游戏程序。④监控系统主机应安装防病毒软件，防病毒软件应随时更新，并定期查杀计算机病毒。

（2）权限管理　可以针对一般用户、系统操作员和系统管理员三种权限分别简要作答。①为保证监控系统的正常运行，在监控中心和监控站分别对维护人员按照对监控系统拥有的权限分为一般用户、系统操作员和系统管理员。②一般用户指完成正常例行业务的用户，能够登录系统，实现一般的查询和检索功能，定时打印所需报表，响应和处理一般告警；系统操作员除具有一般用户权限外，还能够通过自己的账号与口令登录系统，实现对具体设备的遥控功能；系统管理员除具有系统操作员的权限外，还具有配置系统参数、用户管理的职能。系统参数是保障系统正常运行的关键数据，必须由专人设置和管理。用户管理实现对一般用户和系统操作员的账号、口令和权限的分配与管理。③所有登录口令均作机密处理，维护人员之间不许相互打听；系统管理员必要时可更改某账号的口令。不同的操作人员应有不同的口令，所有系统登录和遥控操作数据必须保存在不可修改的数据库内定期打印，作为安全记录。④对于设备的遥控权，下级监控单位具有获得遥控的优先权。对关键设备进行遥控时，应该确认现场无人维修或调试设备；有人员在现场操作设备时，应该通知上级监控单位在监控主机上设置禁止远端遥控的功能，在人员撤离时，通知恢复。⑤系统所有技术手册、安装手册、应用软件等资料作为机密保管。⑥人员需按接班内容逐项核实，利用动力环境集中监控系统进行检查，查看当前告警、操作维护报表、交接班报表以及巡检设备运行的实时数据。严格执行操作规程，遵守人机命令管理规定，未经批准不做超越职责范围的操作。

9.(1) 常见的监控系统硬件包含哪些模块？简要说明其作用。(2) 请列举两种以上监控系统中常见的传感器。

答案：(1) 监控系统硬件主要包括传感器、变送器和协议转换器。传感器是监控系统前端测量中的重要器件，它负责将被测信号检出、测量并转换成前端计算机能够处理的数据信息，即传感器将非电量信号变换为电量输出。变送器是能够将输入的被测电量（电压、电流等）按照一定的规律进行调制、变换，使之成为可以传送的标准直流输出信号（一般是电信号）的器件。协议转换器将智能设备的通信协议转换成标准协议。

(2) 监控系统中常见的传感器包括温度传感器、湿度传感器、火灾探测器、红外传感器、液位传感器等（根据题意能够正确列举两种传感设备即可）。

10.通信电源接地系统通常采用联合地线接地方式，请简述联合接地的优点。

答案：采用联合接地在技术上使整个大楼内的所有接地系统联合组成低接地电阻值的均压网，具有以下优点：地电位均衡。同层各地线系统电位大体相等，消除危及设备的电位差。公共接地母线为全局建立了基准零电位点。全局按一点接地原理而用一个接地系统，当发生地电位上升时，各处的地电位同时上升，在任何时候，基本上都不存在电位差。消除了地线系统的干扰。通常依据各种不同电特性设计出多种地线系统，彼此间存在相互影响，而采用一个接地系统之后，使地线系统做到了无干扰。电磁兼容性能变好。由于强、弱电，高频及低频电都等电位，又采用分屏蔽设备及分支地线等方法，所以提高了电磁兼容性。

11.简述选择电缆敷设路径时应遵循的原则。

答案：选择电缆敷设路径时，应考虑以下原则：①电缆路径最短，尽量少拐弯；②使电缆尽量少受外部因素（如机械、化学或地中电流等作用）的损坏；③散热条件好；④尽量避免与其他管道交叉；⑤应避开规划中要开挖土的地方。

12.在交流供电系统中，常用的高压电器有：高压熔断器、高压断路器、高压隔离开关、高压负荷开关和互感器等。请简述上述电器在高压电路中的作用。

答案：高压熔断器在高压电路中是一种最简单的保护电器，在配电网络中常用来保护配电线路和配电设备。即当网络中发生过载或短路故障时，熔断器可以自动地切断电路，从而达到保护电气设备的目的。

高压断路器在高压电路中是一种很重要的开关设备，在规定的条件下，它可以分合正常的负载电流；在继电保护装置的作用下，可以切断故障电流；在自动装置的控制下，还可以实现自动重合闸。高压断路器是具有控制与保护双重作用的高压电器，具有可靠完善的灭弧装置，满足安全可靠、断流容量高和动作迅速等基本要求。

高压隔离开关，在高压电路中常和高压断路器串联使用，是一种应用极为广泛的高压电器，其主要用途有：隔离电源，将被检修的设备或线路与带电的设备或线路隔离开，形成明显的断点，以保证工作人员的安全；倒换母线，可以利用隔离开关分合负载电路，进行工作母线与备用母线的切换操作，分合一定长度的空载线路和一定容量的空载变压器。

高压负荷开关能在额定电压和额定电流下分合电路，但它不能切断短路电流。

互感器包括电流互感器和电压互感器。利用电流互感器的二次线圈可以测量高压电网中电流、功率或安装过电流继电保护装置。另外，利用电流互感器二次侧不同的接线方式取得保护装置所必需的相电流和各种电流的组合。利用电压互感器一次线圈与高压线路并联，二次线圈与测量仪表电压线圈或继电器电压线圈相连，可以测量高压线路电压或安装过压继电保护装置。电压互感器的作用与电流互感器的作用相似，可以把系统的一次电压按比例地变换为数值较低的二次电压，以供给仪表、保护等二次回路，同时，也将系统的一次高压与二次设备隔离开来，保证人员和设备的安全。

13.采用直流系统为通信设备供电，其直流设备基础电压通常是多少？对供电质量有什么要求？

答案：目前，通信台局站直流供电系统的基础电压广泛采用的是－48V，也有少数采用－24V/＋24V 的。由于现代数字通信设备主要是利用计算机控制的设备，数字电路的工作速度高，对瞬变和杂音电压十分敏感，因此对供电质量要求很高，主要包括：①电压波动、杂音电压及瞬变电压等指标应符合有关规定；②电源供给不允许中断，符合可靠性指标要求；③维护管理性能好，要具有智能监控与管理功能。

14.简述 UPS 电源设备的基本维护要求。

答案：UPS 基本维护要求：①UPS 主机现场应放置操作指南，指导现场操作。②检查各种自动、告警和保护功能均应正常。③定期查看 UPS 内部元件及外观，发现异常及时处理。④对于并联冗余系统宜在负荷均分并机的方式下运行。⑤应根据当地市电频率变化情况，选择合适的跟踪速率。⑥UPS 宜使用开放式电池架，以利于蓄电池的运行维护。

试题分析：本问题考查不间断供电系统（UPS）电源设备的维护要求。在通信电源系统的维护实践中，对 UPS 的维护要求主要包括以下几个方面：

① UPS 主机现场应放置操作指南，指导现场操作。UPS 的各项参数设置信息应全面记录、妥善归档保存并及时更新。定期检查并记录 UPS 控制面板中的各项运行参数，便于及时发现 UPS 异常状态。其中电池自检参数宜每季记录一遍，如设备可提供详尽数据的，可作为核对性容量实验的参数，以此作为电池状态的定性参考依据。

② 检查各种自动、告警和保护功能均应正常。定期进行 UPS 各项功能测试，检查逆变器、整流器的启停、UPS 与市电的切换等是否正常。定期检查主机、电池及配电部分引线及端子的接触情况，检查馈电母线、电缆及软连接头等各连接部位的连接是否可靠，并测量压降和温升。经常检查设备的工作和故障指示是否正常，查看告警和历史信息，发现告警要分析原因并及时处理。

③ 定期查看 UPS 内部元器件的外观，发现异常及时处理。定期检查 UPS 各主要模块和风扇电机的运行温度有无异常。保持机器清洁，定期清洁散热风口、风扇和滤网。

④ 对于并联冗余系统宜在负荷均分并机的方式下运行。为了测试并机系统的运行稳定性和可靠性，对负荷均分系统，应定期进行部分机器满载运行测试，即停止部分 UPS 将其负载转移到其他 UPS 上；如工作在热备份方式的系统，应在做好各项应急措施的前提下进行备机带载试验。

⑤ 应根据当地市电频率的变化情况，选择合适的跟踪速率。当输入频率波动频繁且速率较高，超出 UPS 跟踪范围时，严禁进行逆变/旁路切换的操作。在发电机组供电时，尤其

应注意避免这种情况的发生。

⑥ UPS宜使用开放式电池架，以利于蓄电池的运行及维护。对于UPS使用的蓄电池，应按照产品技术说明书以及蓄电池维护的要求，定期维护。

15.简述电源设计的基本内容和设计的主要步骤与内容。

答案：①电源设计的基本内容包括：交流供电系统、直流供电系统、防雷接地系统以及动力与环境集中监控系统等。具体包括：高低压配电、发电机组、UPS、逆变器、整流器（高频开关电源）、蓄电池组、直流配电、防雷接地、动力与环境集中监控等设备。

② 电源设计的全过程一般应包括前期工作、设计工作和设计回访三个过程。前期工作主要完成方案报告以及围绕方案而进行的相关查勘、方案论证、工程实施可行性等工作，也即项目建议书、可行性研究报告阶段。设计工作一般分为初步设计和施工图设计两个阶段。设计回访的主要工作就是完成设计回访报告，总结设计中的经验教训，为后续改进和扩建提供依据，努力改进设计质量。

16.铅酸蓄电池电极以铅及其氧化物为材料，在通信系统中应用广泛。试简述铅酸蓄电池电动势产生的机理。

答案：铅酸蓄电池电动势产生的机理：铅蓄电池正极板上的活性物质是二氧化铅，负极板上的活性物质是海绵状的铅。在稀硫酸溶液中，由于电化学作用，正负极板与电解液之间分别产生了电极电位，正负两极间电位差就是蓄电池的电动势。

负极板上海绵状金属铅是由二价铅离子（Pb_2^+）和电子组成。稀硫酸在水中被电离为氢离子（H^+）和硫酸根离子（SO_4^{2-}）。负极板浸入稀硫酸溶液后，二价铅离子进入溶液，在极板上留下能够自由移动的电子，因而负极板带负电，即产生了电极电位。与此同时，正极板上二氧化铅也与稀硫酸作用，产生正四价铅离子（Pb_4^+）留在极板上，使正极板带正电，也产生了电极电位。这样，在电池的正负两极上便产生了电动势。

17.简述离心式冷水机组的主要组成部件及工作原理。

答案：离心式冷水机组常用于大型空调系统，现代空调使用的离心式冷水机组，其组成部件主要有离心式制冷压缩机、蒸发器、冷凝器、节流机构、主电动机、抽气回收装置、润滑油系统、电气控制柜等。离心式冷水机组是利用电作为动力源，氟里昂制冷剂在蒸发器内蒸发吸收载冷剂水的热量进行制冷，蒸发吸热后的氟利昂湿蒸气被压缩成高温高压气体，经水冷冷凝器冷凝后变成液体，经膨胀阀节流后进入蒸发器再循环，从而制取7～12℃冷冻水供空调末端空气调节设备使用。

18.集中监控系统不仅能提高系统维护的实时性，也减少了维护人员的数量。试简述集中监控系统应具有的功能。

答案：集中监控系统的主要功能包括：监控功能、交互功能、管理功能、智能分析功能和帮助功能。监控功能是监控系统最基本的功能，可分为监视功能和控制功能；交互功能是指监控系统与人之间相互对话的功能；管理功能包括数据管理、告警、配置、安全及档案资料的一系列维护与管理；智能分析功能包括告警分析、故障预测及运行优化等功能；帮助功能主要是指提供帮助信息。

试题分析：本问题考查集中监控系统的功能。

实施通信电源系统集中监控的目的，就是要将电源维护人员从繁琐的维护工作中解放出来，提高劳动生产率，降低设备运行和维护成本，提高设备运行的可靠性和经济性。通信电源集中监控系统的主要功能分为：监控功能、交互功能、管理功能、智能分析功能以及帮助功能五个方面。

（1）监控功能　可以分为监视功能和遥控功能。

① 监视功能　监控系统能够对设备的实时运行状况和影响设备运行的环境条件实行不间断的监测，获取设备运行的原始数据和各种状态，以供系统分析处理。这个过程就是遥测和遥信。同时，监控系统还能够通过安装在机房里的摄像机，以图像的方式对设备、环境进行直接监视，并能通过现场的扩音器将声音传到监控中心，以帮助维护人员更加直观、准确地掌握设备的运行状况，查找告警原因，及时处理故障。这个过程也常被称为“遥像”。监视功能要求系统具有较好的实时性、准确性和精确性。

② 遥控功能　监控系统能够把维护人员在业务台上发出的控制命令转换成设备能够识别的指令，使设备执行预期的动作，或进行参数调整。这个过程也就是遥控和遥调。监控系统遥控的对象包括各种被监控设备，也包括监控系统本身的设备，例如对云台和镜头进行遥控，使之能够获取满意的图像。控制功能也同样要求系统具有较好的实时性和准确性。

（2）交互功能　是指监控系统与人之间相互对话的功能，也就是人机交互界面所实现的功能，主要包括以下几个方面。

① 图形界面　监控系统运用计算机图形学技术和图形化操作系统，为我们提供了友好的图形操作界面，其内容包括：地图、空间布局图、系统网络图、设备状态示意图和设备树等。采用图形界面，使得维护人员的操作变得简单、直观而有效，并且不易出错。

② 多样化的数据显示方式　监控系统给人们提供的数据显示方式不再是简单的文字和报表，而是文字与图形相结合，视觉与听觉相结合的多样化显示。

③ 声像监控界面　声像监控无疑让监控系统与人之间的相互对话变得更加形象直观，使得维护人员能够较为准确地了解现场一些实时数据监测所不能反映的情况，增强了维护和故障处理的针对性。

（3）管理功能　是监控系统最重要和最核心的功能，它包括对实时数据、历史数据、告警、配置、人员以及档案资料的一系列管理和维护。

① 数据管理功能　监控系统中所谓的数据，包括了反映设备运行状况和环境状况的所有监测到的数值、状态和告警。

大量的数据在显示之后就被丢弃，但也有许多数据（可能是未经显示的）对反映设备性能和长期运行状况、指导以后的维护工作具有相当重要的意义，因此需要对其进行归档，保存到数据库中。为了节省磁盘空间，提高处理速度，这些数据可能被压缩或转换成计算机所能识别的格式进行储存。

当数据被简单处理后，就以历史数据的形式被保存在磁盘中。系统为用户提供了高效的搜索引擎和逻辑运算服务，以帮助用户迅速查找到所需要的数据。

当某些数据存在了一段时间后，对维护工作已经显得不是那么重要，却又有一定的留档价值的时候，就需要将它们导出到备份存储设备中，如光盘、磁盘等。而当需要这些数据的时候，再将它们导入系统。这就是数据的备份和恢复。这项工作对系统的安全性也非常重要。经常将系统内的数据进行备份，在系统一旦因不可预见的原因而崩溃时，其能够使损失减少到最低程度。

数据处理和统计，即运用数学原理，通过计算机强大的处理能力，对大量杂乱无章的原始数据进行归档、转换和统计，得出具有一定指导意义的统计数据，并从中找出一定的规律的过程。常见的统计运算有平均值、最大值、最小值和均方差等。同时，系统还能够根据用户的需要，生成各种各样的报表和曲线，为维护工作提供科学的依据。

② 告警管理功能　告警也是一种数据，但它与其他数据不同，有着其内容和意义上的

特殊性。对告警的管理，除了数据管理功能所提到的内容外，还包括以下内容。

• 告警显示功能：告警显示具有多种不同的显示方式，告警必须能够根据其重要性和紧急性分等级显示。通常不同的告警等级以不同颜色的字体、指示灯或图标等在显示器或大屏幕上显示，同时还配以不同的语音信息或警报声。此外，有些系统还运用行式打印机对告警信息进行实时打印。在具有图像监视的系统中，当被监视对象发生告警时，系统能够自动控制相应的矩阵切换、云台转动和镜头调整，使监视画面调整到发生告警的场地或设备，以便进行远程监视，并控制录像机自动进行录像。这就是告警时的图像联动功能。

• 告警屏蔽功能：系统所监视到的有些告警信息，可能对使用维护人员来说不具有实际意义，或是因某种特殊原因而不需要让其告警，这时便需要由监控系统对这些告警信息进行屏蔽，使它们不再作为告警反映给使用维护人员。

• 告警过滤功能：监控系统告警功能为及时发现并排除设备故障提供了良好的帮助。但有时过多的相关告警信息又反而会使维护人员难以判断直接的故障原因，给维护工作带来麻烦。例如，停电时，交流配电、直流配电和整流器等都会发出相应告警，可能一下子会在监控界面上产生几十条告警信息。这就需要系统能够根据预先设定的逻辑关系，判断出最关键、最根本的告警，而将其余关联告警过滤掉。这也是监控系统智能化的一个最基本要求。

• 告警确认功能：在很多情况下，告警即意味着“不正常”，意味着故障或是警告，及时处理各种故障和突发事件是每一个维护人员的职责。告警确认功能使得这项职责更加有据可依。当维护人员对一条告警进行确认时，系统会自动记录确认人、确认时间等信息，并根据需要打印维修派工单。

• 告警呼叫功能：当维护人员离开机房时，系统能够在产生告警时发出呼叫，并能够将告警名称、发生地点、发生时间和告警等级等信息显示在维护人员的手机上，为及时处理故障争取宝贵的时间。

③ 配置管理功能　是指通过对监控系统的设置以及参数、界面等特性进行编辑修改，保证系统正常运行，优化系统性能，增强系统的实用性。它主要包括参数配置功能、组态功能和校时功能三个方面。

• 系统参数主要包括数据处理参数、告警设置参数、通信与端口参数以及采集器补偿参数等。数据处理参数主要包括数据采样周期、数据存储周期和数据存储阈值等。告警设置参数主要包括告警上、下限，告警屏蔽时间段，是否启动声音告警等；通信与端口参数主要包括通信速率、串行数据位数、端口与模块数量和地址等；采集器补偿参数主要包括采集点斜率补偿、相位补偿和函数补偿等。

• 组态功能主要包括界面组态、报表组态和监控点组态等，是监控系统个性化的一个标志，体现了系统操作以人为中心的特点，提高了系统的适应性。

• 校时功能包括自动校时和手动校时两种。监控系统是一个实时系统，对时间的要求很高。如果系统各部分的时钟不统一，将会给系统的记录和操作带来混乱。系统的校时功能能够有效地防止这种混乱的发生。

④ 安全管理功能　“安全”包含两层含义，一是监控系统的安全，二是设备和人员的安全。监控系统采取了一些必要的措施来保证它们的安全，这项功能称为安全管理功能。

为了保证监控系统的安全性，系统需要为每个登录系统的用户设置不同的用户账号、权限和口令。用户权限通常分为三种：一般用户、系统操作员和系统管理员，其中一般用户只能进行一些简单的浏览、查看和检索操作；系统操作员则能够在一般用户的基础上，进行告警确认、设备遥控以及一些参数配置等维护操作；系统管理员具有最高权限，除具有系统操作员的权限外，还能够进行全面的参数配置、用户管理和系统维护等操作。每个用户以不同的账号来区分，并以口令进行保护。

系统的操作记录常常是查找故障、明确责任的重要依据。监控系统对维护人员所进行的所有的重要操作都进行了详细的记录，如登录、遥控、修改参数和增删监控点等。记录的内容包括操作的时间、对象、内容、结果和操作人等。

遥控操作是通过业务台直接向设备发出指令，要求其执行相应动作的过程，不适当的遥控操作可能对设备造成损害，甚至造成人员伤亡。使用单位应针对监控系统制定详细的操作细则，以保证遥控操作的安全性。同时，在监控系统中也对遥控操作采取了一些相应的安全措施，如要求在对设备发出遥控命令时验证口令，再如在监控中心对设备进行遥控时，能够以声、光等信号提醒可能存在的现场人员警觉等。

⑤ 自我管理功能　自我管理功能是监控系统对自身进行维护和管理的功能。按照要求，监控系统的可靠性必须高于被监控设备，自我管理功能是提高系统运行稳定性和可靠性的重要措施。监控系统自身必须保持“健康”，一个带病运行的系统是不能进行良好的监控管理的。系统的自诊断功能从系统自身的特点出发，对每个功能模块进行自我检查和测试，及时发现可能存在的病症，找出病因，提醒维护人员予以及时解决。系统日志是系统记录自身运行过程中各种事件的记录表，是系统进行自我维护的重要工具。建立完善的系统日志可以帮助维护人员发现监控系统中存在的异常，排出系统故障。

⑥ 档案管理功能　档案管理功能是监控系统的一项辅助管理功能，它将与监控系统相关的设备、人员和技术资料等内容作归纳整理，进行统一管理。

设备管理功能将下属局（站）的所有重要电源设备以及监控系统的重要硬件设备进行统一管理，记录其名称、型号、规格、生产厂家、购买日期、启用日期、故障和维修情况等信息，以备查询。设备管理功能对设备维护以及监控系统本身的维护都具有重要作用。

人员管理是指将监控中心及下属局（站）的相关电源维护管理人员登记造册，记录其姓名、职务和联系电话等与维护有关的内容，以方便管理维护工作的开展。

监控系统在其建设的过程中，会形成大量的技术文档和资料，包括系统结构图、布局图、布线图、测点列表和器材特性等。这些资料对设备维护以及系统的维护、扩容和升级都具有相当重要的意义。利用计算机对这些资料进行集中管理，可以提高检索效率。

（4）智能分析功能　智能分析功能是采用专家系统、模糊控制和神经网络等人工智能技术模拟人的思维，在系统运行过程中对设备相关的知识和以往的处理方法进行学习，对设备的实时运行数据和历史数据进行分析、归纳，不断地积累经验，以优化系统性能，提高维护质量，帮助维护人员提高决策水平的各项功能的总称。常见的智能分析功能包括以下几个方面。

① 告警分析功能　是指系统运用自身的专家知识库，对所产生的告警进行过滤、关联，分析告警原因，揭示导致问题出现的原因所在，并提出解决问题的方法和建议。

② 故障预测功能　即根据系统检测的数据，分析设备的运行情况，提前预测可能发生的故障，这项功能也被称为预告警功能。

③ 运行优化功能　是指系统根据所监测的数据，自动进行设备性能分析、节能效果分析等，给维护人员提供节能建议和依据，或者直接对设备某些参数进行调整。

智能分析功能的运用，使传统的监控理论向真正的智能化方向发展，拓宽了监控技术领域，具有划时代的意义。

（5）帮助功能　在监控系统中，帮助信息的方式是多种多样的。最常见的是系统帮助，它是一个集系统组成、结构、功能描述、操作方法、维护要点及疑难解答于一体的超文本，通常在系统菜单的“帮助”项中调用。系统帮助给用户提供了目录和索引等多种查询方式。

此外，有的系统还为初级用户提供演示和学习程序，有的系统将一些复杂的操作设计成“向导”模式，指导用户进行正确的操作。随着多媒体技术在监控系统中的运用，还会出现语音、图像等方式的帮助信息，使维护人员能够更快、更好地使用监控系统。

19. 变电站高压供电系统的设计要考虑以下因素，即市电引入方式、变压器保护形式和变压器操作方式等。试简述市电引入方式的分类及适用场景。

答案：市电引入方式是变电站高压供电系统设计要考虑的因素之一，其他因素包括变压器保护形式和变压器的操作方式等。

市电引入方式主要有两种：架空引入和电缆引入。

一般微波站、干线郊外站和增音站等局站和部分县中心以下的综合楼、市话局的市电引入采用架空引入，这样变压器的高压侧就需装设避雷器。

因为城市建设的需要和特殊情况（如防地震）等，城市配电网采用电缆，或其主要街道采用电缆引入，此时变压器高压侧就不装设避雷器。

20. 简述通信电源设计的原则。

答案：电源设计的原则如下。

（1）通信电源系统设计必须严格遵守国家相关技术政策与法规，切实执行国家防空、防震、消防等有关标准规定。对通信局（站）的各种通信设备，必须满足交流、直流电源的相关规范要求。

（2）通信电源系统设计必须在保证供电质量的前提下，必须严格考虑设计的四个基本要素：安全性、可靠性、经济性和可扩展性。

（3）通信电源系统设计的总体方案、设备选型等近期建设规模应与远期发展规划有机结合，切实考虑经济效益、设备寿命、扩建和改建的可能性等因素，进行多方案的技术经济性比较，提高可靠性。

21. 简述集中监控系统的三级结构。

答案：动力与环境集中监控系统典型的三级网络结构为：端局（站）设置监控单元（Supervision Unit，SU）、县（区）或若干个端局（站）设置监控站（Supervision Station，SS）、地（市）级及以上城市设置监控中心（Supervision Center，SC）。如图6-32所示。

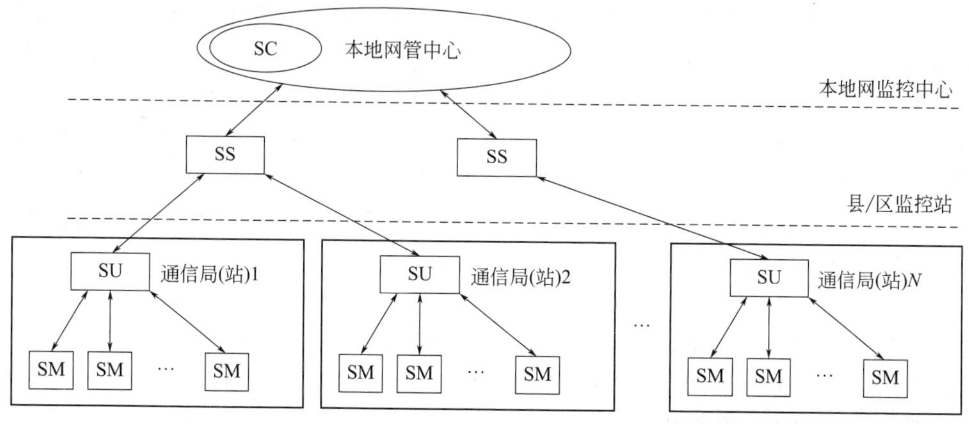

图6-32　通信局（站）动力与环境集中监控系统三级网络结构

整个监控系统的网络结构是按广域网进行连接的，即各级监控级自上而下逐级汇接，每个监控中心均按辐射方式与若干下级监控节点连接，形成一点对多点的监控系统，最低的监控级与其所监控的设备相连接。

监控系统数据采集结构是根据不同的电源设备设置若干设备监控单元（监控模块），构成若干相对独立的数据采集系统。这些数据采集子系统包括：高压室、低压室、发电机组机房（油机室）、电力室和电池室等全部电源设备，以及空调设备和环境条件。

智能设备的监控模块本身自行构成数据采集子系统。监控系统数据存储结构也应符合管理结构的需要，三级都应保存一定量的实时数据和历史数据，各级监控还应有对实时数据进行处理的能力，将实时数据进行处理后再向上级传送，可以减少传送的数据量，提高对有用信息的响应速度。实时数据库和历史数据库设置方式：实时数据库现场分布，一般设置在有人值守的最低一级管理节点（如SS或有人值守的SU)。这种方案的好处是，现场设备传来的数据，在这一节点得到一定过滤只把一些重要的或上级管理节点需要的数据传送上去，避免大量不重要的数据在网上传送，增加网络负荷。另外，这种配置充分体现了分散控制、分散采集和集中管理的特点，符合现代计算机控制系统的分布式控制的特点。这种符合工业标准的实时数据库，可通过开放的数据链路接口与关联数据库进行通信。历史数据库多级备份，在现场计算机节点上，保存历史文件。在二级管理中心、一级管理中心也可保存历史文件。实现历史数据的多级备份。

22.简述影响铅蓄电池容量的因素。

答案：影响蓄电池容量的因素很多，主要取决于活性物质的量和活性物质的利用率。活性物质的利用率又与极板的结构形式（如涂膏式、管式、形成式等）、原材料及制造工艺、电解液的浓度以及放电制度（放电率、温度、终止电压）等因素有关。但对使用者而言，影响蓄电池容量的主要因素是电解液浓度（即电解液的密度，使用者在使用普通开口式铅蓄电池时要注意这一点，如果是阀控式铅蓄电池，电解液的浓度已经由制造厂商出厂时确定，使用者在使用过程中已经无法更改）和放电制度（放电率、温度、终止电压）。

试题分析：本试题考查影响铅蓄电池容量的因素。

（1）电解液浓度对容量的影响　电解液必须有一定的浓度，才能保证电化学反应的需要。电解液还必须具有最小的电阻和最快的扩散速度，才能使蓄电池有足够大的容量。电解液浓度适当时，15℃时电解液密度应在1.20～1.30g/cm^{3}范围内，若高于1.30 g/cm^3，电解液对极板和隔板的腐蚀作用增大，会使蓄电池的容量下降，寿命缩短。

（2）放电率对容量的影响　放电率快，即放电电流大时，电池的放电容量小。这是因为大电流放电时，极板上活性物质发生电化学反应的速度快，使微孔中H_2SO_4的密度下降速度也快，而本体溶液中的H_2SO_4向微孔中扩散的速度缓慢，即浓差极化增大。因此，电极反应优先在离本体溶液最近的表面上进行，即在电极的表层优先生成$PbSO_4$。然而$PbSO_4$的体积比PbO_2和Pb的体积大，于是放电产物$PbSO_4$会堵塞电极外部的微孔，电解液不能充分扩散到电极的深处，使电极内部的活性物质不能进行电化学反应，这种影响在放电后期更为严重。所以，大电流放电时，极化现象严重，使活性物质的利用率低，放电容量也随之降低。

放电率慢，即放电电流小时，电池的放电容量大。这是因为小电流放电时，本体溶液的硫酸能及时扩散到极板微孔深处，极化作用较小，使活性物质的利用率提高。所以，小电流放电时，蓄电池的放电容量增大。值得注意的是，小电流放电可能使电池过量放电，引起电池损坏，必须严格控制放电终止电压。

另外，间隙式放电也容易引起电池过量放电。所谓间隙式放电，就是放电过程不是连续进行，中间有多次停止放电的时间间隔。停止放电可以起到去极化的作用，因为电池停止放电后，电解液的扩散作用可使微孔中重新被硫酸充满，消除浓差极化。这样，在下一次放电时，有利于极板深处的活性物质发生化学反应，提高活性物质的利用率，使电池的放电容量高于连续放电时的容量。

图 6-33 表示固定用铅酸蓄电池的放电率与容量百分数的关系。由图可知，用 1h 率放电时，蓄电池只能放出额定容量的 50%左右；5h 率放电时，能放出额定容量的 80%左右；而用 10h 率放电时，蓄电池能放出的电能接近其额定容量。

放电率对蓄电池容量的影响可用容量增大系数 K 来表示，其值与放电率有关，如表 6-15 所示。容量增大系数的含义是，大电流放电使电池放电容量小于额定容量，为了满足负载要求，必须选用额定容量等于 K 倍于实际容量（负载所需容量）的电池。同样，根据 K 值可以计算出蓄电池在不同放电率下的实际放电容量。容量增大系数 K 等于额定容量与指定放电率下的实际容量之比，即：

$$K=C_{额}/C_{实}$$

当放电率大于 10h 率（请注意：其数值小于 10，如 5h 率）时，实际容量小于额定容量，$K>1$；当放电率小于或等于 10h 率（请注意：其数值大于 10，如 20h 率）时，实际容量等于额定容量（大于 10h 率时，控制终止电压使 $C_{额}=C_{实}$），$K=1$。

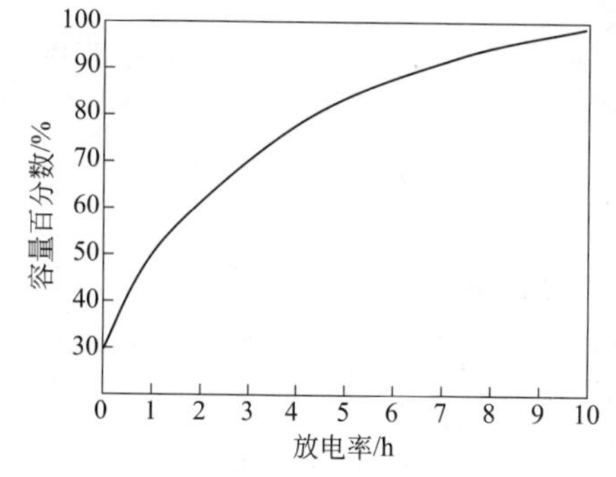

图 6-33　放电率与容量百分数的关系

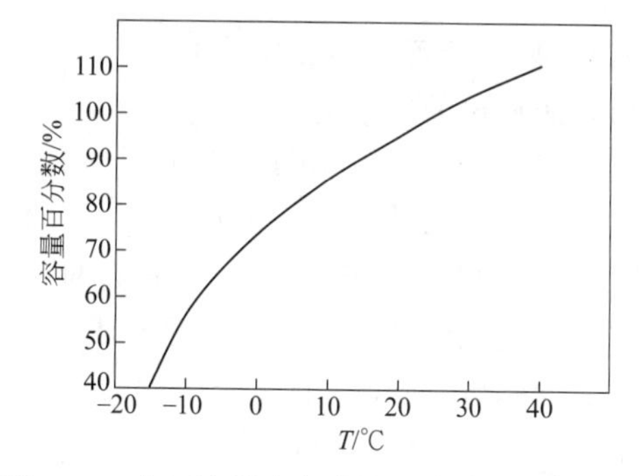

图 6-34　电解液温度与容量百分数的关系曲线

表 6-15　放电率与容量增大系数 K

放电率/h	16	10	9	8	7.5	7	6	5	4	3	2	1.5	1.25	1
K	1	1	1.03	1.07	1.09	1.11	1.14	1.20	1.28	1.34	1.58	1.72	1.85	1.96

（3）温度对容量的影响　温度对铅酸蓄电池的容量影响较大，主要是由于温度变化引起电解液性质（主要是黏度和电阻）发生变化，进而影响蓄电池的容量。当电解液的温度较高时，离子的扩散速度增加，有利于极板活性物质发生反应，使活性物质的利用率增加，因而容量较大。当电解液的温度较低时，则上述各方面变化刚好相反，使放电容量减小，尤其在0℃温度条件下，电解液黏度增大的幅度随温度的降低而增大。电解液的黏度越大，离子扩散所受到的阻力越大，使电化学反应的阻力增加，结果导致电池的容量下降。

温度对铅酸蓄电池的影响可用温度系数来表示。蓄电池容量的温度系数是指温度每变化1℃时，蓄电池容量发生变化的量。

容量温度系数不是一个常数，它在不同的温度范围有不同的值，而且与电池的种类（见表 6-16）和新旧程度有关。如图 6-34 所示为固定型铅酸蓄电池容量百分数与温度的关系曲线。由图可见，温度与容量并非线性关系，在较低温度范围内，容量随温度上升而增加的幅度大，因而容量的温度系数较大，但在较高温度时，温度系数较小。

表 6-16 不同用途铅酸蓄电池额定容量的指定条件和容量的温度系数

用途	放电率/h	温度/℃	终止电压/V	容量温度系数/(1/℃)
固定用	10	25	1.8	0.008
启动用	20	25	1.75	0.01
摩托车用	10	25	1.8	0.01
蓄电池车用	5	30	1.7	0.006
内燃机车用	5	30	1.7	0.01

由表 6-16 可见，对于固定型蓄电池来说，额定容量的规定温度为 25℃，温度系数为 0.008/℃。所以每升高或降低 1℃，固定型蓄电池的容量相应地增加或减小 25℃时容量的 0.008 倍。设温度为 T 时的容量为 C_T，25℃时的容量为 C_{25}，则它们之间的关系可表示为：

$$C_{25}=\frac{C_T}{1+0.008(T-25)}$$

式中，C_T 和 C_{25} 是指相同放电率时的放电容量，当以 10h 率放电时，C_{25} 就是铅酸蓄电池的额定容量。

例如，某铅酸蓄电池额定容量为 1200A·h，当电解液平均温度为 15℃，放电电流为 120A 时，能放出的容量为：

$C_{15}=C_{25}\ [1+0.008\ (T-25)\ ]=1200\times[1+0.008\times(15-25)]=1104$ (A·h)

能放电的时间为： $t=C_{15}/I=1104/120=9.2$ (h)

值得注意的是，当电解液温度升高时，蓄电池的容量相应增大，但当温度过高（超过 40℃），会加速蓄电池的自放电，并造成极板弯曲而导致其容量下降。所以，蓄电池的环境温度不能太高，即使在充电过程中，电解液温度也不得超过 40℃。对于阀控式密封铅酸蓄电池来说，环境温度宜保持在 20℃左右，最高不宜超过 30℃。

(4) 终止电压对容量的影响　由蓄电池放电曲线可知，当蓄电池放电至某电压值时，电压急剧下降，若在此时继续放电，已不能获得多少容量，反而会对电池的使用寿命造成不良影响，所以必须在某一适当的电压值（放电终止电压）停止放电。

在一定的放电率条件下，放电终止电压规定得高，电池放出的容量就低；反之，放电终止电压规定得低，电池的放电容量就高。如果放电终止电压规定得过低，就会造成电池的过量放电，使电池过早损坏。

在不同的放电率条件下，必须规定不同的放电终止电压。在大电流放电时，活性物质的利用率低，电池的放电容量小，可以适当降低终止电压；在小电流放电时，活性物质的利用率高，电池的放电容量大，应适当提高终止电压，否则会引起电池的过量放电，对电池造成危害。不同放电率下的放电终止电压参考值如表 6-17 所示。

表 6-17 不同放电率下的放电终止电压参考值

放电率/h	10	5	3	1	0.5	0.25
普兰特式极板	1.83	1.80	1.78	1.75	1.70	1.65
涂膏式极板	1.79	1.76	1.74	1.68	1.59	1.47
管式	1.80	1.75	1.70	1.60	—	—

23. 简述四冲程汽油机和四冲程柴油机工作过程的异同点。

答案：四冲程汽油机的工作循环与四冲程柴油机一样，也是通过四个冲程完成进气、压缩、工作和排气四个过程，只是由于所使用燃油的性质不同，其工作方式与柴油机也有所不同。主要体现在以下几个方面：

① 汽油机在进气过程中，被吸进气缸的是汽油和空气的混合气；而在柴油机中，进入气缸的是新鲜空气，接近压缩终了时，柴油才由喷油泵经喷油器喷入气缸。

② 汽油机的压缩比低，压缩终了时可燃混合气的压力和温度都比较低；柴油机的压缩比比汽油机高得多。

③ 汽油机气缸内的可燃混合气，是由火花塞产生的电火花点燃的；而柴油机的混合气体是靠气缸内的高温高压自行着火燃烧，因而不需要点火系统。

24.简单说明监控系统的组网原则。

答案：对于一套通信机房集中监控管理系统，在不同的监控管理级别上应设立一个监控中心，即区域监控中心、地区监控中心以及其他更高级监控中心（如省监控中心）等。

省监控中心一般可以下设一个或数个地区监控中心。

地区监控中心一般可以下设一个或数个区域监控中心。根据各运营商的维护体制和减少管理层次的要求，也可以不再设置区域监控中心，而直接下设数个监控单元。若设立区域监控中心，则其下可以设数个监控单元。

各通信端局（站）根据规模设置一个或多个监控单元，也可以根据需要多个局（站）合设一个监控单元。

监控模板原则上接入本局（站）监控单元，也可根据需求接入其他局（站）监控单元或更高级别的监控中心。监控模块分为自备式智能监控模块和附加监控模块两种形式，其中附加监控模块可通过数字输入、数字输出或模拟输入、计数输入的接口分别与非智能设备的相应接口连接。

25.非晶合金变压器、谐波治理技术、蓄电池削峰填谷技术和风光互补发电系统等节能减排技术，从中选择一项介绍其节能原理。

答案：非晶合金变压器：通过改进材料工艺来降低电磁损耗。谐波治理技术：要限制谐波源向公用电网注入谐波电流，将谐波电压限制在允许范围内。蓄电池削峰填谷技术：就是利用峰谷电价差，在峰时利用蓄电池放电提供负载能量，减少电网电能消耗；在谷时则采用电网供电，并对蓄电池进行充电。通过反复循环充放电，既保证了负载持续供电的需要，又大大降低了平均电价，对企业带来了显著的效益。风光互补发电系统：利用可再生能源减少对共用电网的需求。在考试过程中，若遇到此类题型，应选其中之一，详细作答。

试题分析：本试题考查通信电源节能技术。

（1）非晶合金变压器　非晶合金变压器（amorphous alloy transformer）是一种低损耗、高能效电力变压器。此类变压器以铁基非晶态金属作为铁芯，由于该材料不具长程有序结构，其磁化及消磁均较一般磁性材料容易。因此，非晶合金变压器的铁损（即空载损耗）要比一般采用硅钢作为铁芯的传统变压器低70%～80%。由于损耗降低，发电需求亦随之下降，二氧化碳等温室气体排放亦相应减少。

非晶合金铁芯配电变压器的最大优点是空载损耗值低，最终能否确保空载损耗值是整个设计过程中所要考虑的核心问题。在产品结构布置时，除要考虑非晶合金铁芯本身不受外力作用外，同时在计算时还需精确合理选取非晶合金的特性参数。除此设计思路外，还需遵循以下三点要求：①由于非晶合金材料的饱和磁密较低，在产品设计时，额定磁通密度不宜选得太高，通常选取（1.3～1.35）T磁通密度便可获得较好的空载损耗值；②非晶合金材料的单片厚仅为0.03mm，所以其叠片系数也只能达到82%～86%；③为了使用户能获得免维护或少维护的好处，现把非晶合金配电变压器的产品，都设计成全密封式结构。

（2）谐波治理技术　电网谐波来自三个方面：

① 发电机质量不高产生谐波　发电机由于三相绕组在制作上很难做到绝对对称，铁芯也很难做到绝对均匀，所以发电机多少会产生一些谐波。

② 输配电系统产生谐波　输配电系统中主要是电力变压器产生谐波，由于变压器铁芯的饱和，磁化曲线的非线性，加上设计变压器时考虑经济性，其工作磁密选择在磁化曲线的近饱和段上，这样就使得磁化电流呈尖顶波形，因而含有奇次谐波。其大小与磁路的结构形式、铁芯的饱和程度有关。铁芯的饱和程度越高，变压器工作点偏离线性越远，谐波电流也就越大，其中三次谐波电流可达额定电流 0.5%。

③ 用电设备产生谐波　晶闸管整流设备。由于晶闸管整流在电力机车、铝电解槽、充电装置等许多方面得到了越来越广泛的应用，给电网造成了大量的谐波。我们知道，晶闸管整流装置采用移相控制，从电网吸收的是缺角的正弦波，从而给电网留下的也是另一部分缺角的正弦波，显然在留下部分中含有大量的谐波。如果整流装置为单相整流电路，在接感性负载时则含有奇次谐波电流，其中三次谐波的含量可达基波的 30%；接容性负载时则含有奇次谐波电压，其谐波含量随电容值的增大而增大。如果整流装置为三相全控桥 6 脉冲整流器，变压器原边及供电线路含有 5 次及以上奇次谐波电流；如果是 12 脉冲整流器，也还有 11 次及以上奇次谐波电流。经统计表明：由整流装置产生的谐波占所有谐波的近 40%，这是最大的谐波源。

为保证供电质量，防止谐波对电网及各种电力设备的危害，除对发、供、用电系统加强管理外，还需采取必要措施抑制谐波。这应该从两方面来考虑，一是产生谐波的非线性负荷，二是受危害的电力设备和装置。这些应该相互配合，统一协调，作为一个整体来研究，减小谐波的主要措施如表 6-18 所列。实际措施的选择要根据谐波达标的水平、效果、经济性和技术成熟度等综合比较后确定。

表 6-18　减小谐波的主要措施

序号	名称	内容	评价
1	增加换流装置的脉动数	改造换流装置或利用相互间有一定移相角的换流变压器	(1)可有效地减少谐波含量 (2)换流装置容量应相等 (3)使装置复杂化
2	加装交流滤波装置	在谐波源附近安装若干单调谐或高通滤波支路，以吸收谐波电流	(1)可有效地减少谐波含量 (2)应同时考虑无功补偿和电压调整效应 (3)运行维护简单，但需专门设计
3	改变谐波源的配置或工作方式	具有谐波互补性的设备应集中布置，否则应分散或交错使用，适当限制谐波量大的工作方式	(1)可以减小谐波的影响 (2)对装置的配置或工作方式有一定要求
4	加装串联电抗器	在用户进线处加装串联电抗器，以增大与系统的电气距离，减小谐波对地区电网的影响	(1)可减小与系统的谐波相互影响 (2)同时考虑功率因数补偿和电压调整效应 (3)装置运行维护简单，但需专门设计
5	改善三相不平衡度	从电源电压、线路阻抗、负荷特性等找出三相不平衡的原因，加以消除	(1)可有效地减少 3 次谐波的产生 (2)有利于设备的正常用电，减小损耗 (3)有时需要用平衡装置
6	加装静止无功补偿装置（或称动态无功补偿装置）	采用 TCR（晶闸管控制电抗器）、TCT（晶闸管控制高漏抗变压器）或 SR（自饱和电抗器）型静补装置时，其容性部分设计成滤波器	(1)可有效地减少波动谐波源的谐波含量 (2)有抑制电压波动、闪变、三相不对称，具有无功补偿的功能 (3)一次性投资较大，需专门设计

续表

序号	名称	内容	评价
7	增加系统承受谐波能力	将谐波源改由较大容量的供电点或由高一级电压的电网供电	(1)可以减小谐波源的影响 (2)在规划和设计阶段考虑
8	避免电力电容器组对谐波的放大	改变电容器组串联电抗器的参数,或将电容器组的某些支路改为滤波器,或限制电容器组的投入容量	(1)可有效地减小电容器组对谐波的放大并保证电容器组安全运行 (2)需专门设计
9	提高设备或装置抗谐波干扰能力,改善抗谐波保护的性能	改进设备或装置性能,对谐波敏感设备或装置采用灵敏的保护装置	(1)适用于对谐波(特别是暂态过程中的谐波)较敏感的设备或装置 (2)需专门研究
10	采用有源滤波器、无源滤波器等新型抑制谐波的措施	逐步推广应用	目前主要用于较小容量谐波源的补偿,造价较高

(3) 蓄电池削峰填谷的技术　对通信局站电源系统来说，实现削峰填谷运行的关键设备，是蓄电池组和开关电源系统。此外，合理的充放电控制策略是系统稳定、高效运行的另一关键要素。

① 蓄电池组　储能蓄电池组是削峰填谷技术的核心，其储能和充放电特性为削峰填谷的实现提供了可能。相对于常规的浮充制后备蓄电池组来说，储能蓄电池要求具有充电快放电能力强、充放电循环寿命长等特性。为了适应无线基站等环境条件较差的场合，还要求储能蓄电池具有耐高低温的性能，工作环境温度范围不超出−10～45℃。在电力系统，大规模的电池储能系统通常采用锂离子电池、全钒氧化还原液流电池、钠硫电池等产品。在通信局站则通常采用磷酸铁锂电池、铅碳电池等产品，其深度循环放电次数应在4000次以上，按每天一个充放电循环计，其设计寿命应达10年以上。

② 开关电源　开关电源系统在整个削峰填谷系统中起到开关控制的作用。当处在低谷时段时，市电通过开关电源直接给负载供电，同时给蓄电池组充电；当处在高峰时段时，市电仅通过开关电源给负载供电，蓄电池组处于备电状态，不充电也不放电；当处在尖峰时段时，开关电源停止供电，由蓄电池组向负载提供全部电能。要实现这样的功能，需要通过专门的能效管理控制系统对开关电源和蓄电池组进行监控。也可采用定制化的削峰填谷专用电源，集成上述功能。

③ 充放电控制策略　为充分发挥储能蓄电池特性，利用峰谷电价差，最大程度提升用电经济性，需要制定合理的充放电控制策略。例如某中型通信局站10kV一般工商业用电分时电价下的削峰填谷供电策略如下：在尖峰时段19:00～21:00关闭开关电源输出，由储能蓄电池组向负载供电，在夜间低谷时段22:00～次日8:00由开关电源向负载供电，并对蓄电池充电，其余时段由开关电源向负载供电，但不对蓄电池充电。

(4) 风光（风-光-柴）互补发电系统　风光（风-光-柴）互补发电系统主要由风力发电机组、太阳能光伏电池阵列（+柴油发电机组）、电力转换装置（控制器、整流器、蓄电池、逆变器）以及交直流负载等组成，其系统结构分别如图6-35和图6-36所示。风光（风-光-柴）互补发电系统是集太阳能、风能、柴油发电机组发电等多能源发电技术及系统智能控制技术为一体的混合发电系统。

风光互补发电系统根据当地太阳辐射变化和风力情况，可以在以下四种模式下运行：太阳能光伏发电系统单独向负载供电；风力发电机组单独向负载供电；太阳能光伏发电系统和风力发电机组联合向负载供电以及蓄电池组向负载供电。风-光-柴互补发电系统比风光互补发电系统多一种供电模式：柴油发电机组单独向负载供电，提高了供电系统的可靠性。

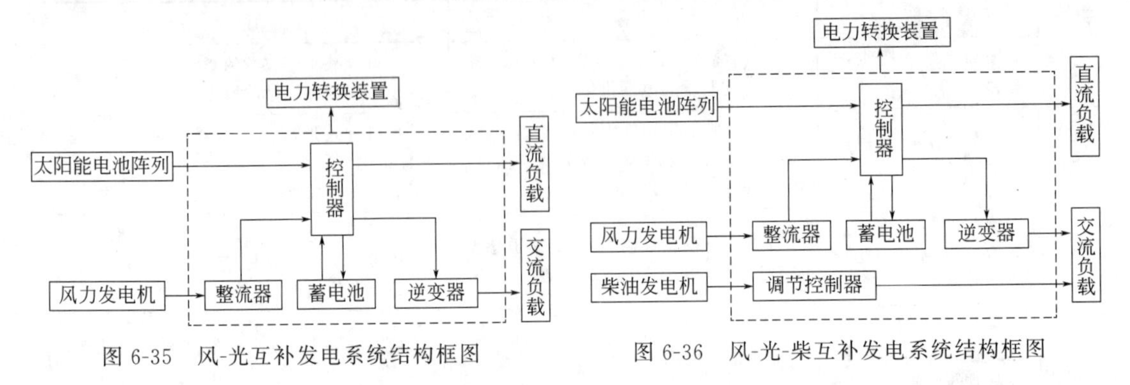

图 6-35　风-光互补发电系统结构框图

图 6-36　风-光-柴互补发电系统结构框图

① 太阳能电池阵列　太阳能电池阵列是将太阳能转化为电能的发电装置。当太阳照射到太阳能电池上时，电池吸收光能，产生光生电子-空穴对。在电池的内建电场作用下，光生电子和空穴被分离，光电池的两端出现异号电荷的积累，即产生“光生电压”，这就是“光生伏打效应”。若在内建电场的两侧引出电极并接上负载，则负载中就有“光生电流”流过，从而获得功率输出。这样，太阳光能就直接变成了可付诸实用的电能。

太阳能电池方阵将太阳辐射能直接转化为电能，按要求它应有足够的输出功率和输出电压。单体太阳能电池是将太阳辐射能直接转换成电能的最小单元，一般不能单独作为电源使用。作电源用时应按用户使用要求和单体电池的电性能将几片或几十片单体电池串、并联连接，经封装，组成一个可以单独作为电源使用的最小单元，即太阳能电池组件。太阳能电池方阵产生的电能一方面经控制器可直接向直流负载供电，另一方面经控制器向蓄电池组充电。从蓄电池组输出的直流电，一方面通过DC/DC变换供给直流负载，另一方面通过逆变器后变成了220V（380V）的交流电，供给交流负载。

太阳能电池方阵的功率，需根据使用现场的太阳总辐射量、太阳能电池组件的光电转换效率以及所使用电器装置的耗电情况来确定。

② 风力发电机　风力发电机是将风能转化为电能的机械。从能量转换角度看，风力发电机由两大部分组成：一是风力机，它将风能转化为机械能；二是发电机，它将机械能转化为电能。小型风力发电机组一般由风轮、发电机、尾舵和电气控制部分等构成。常规的小型风力发电机组多由感应发电机或永磁发电机加AC/DC变换器、蓄电池组、逆变器等组成。在风的吹动下，风轮转动起来，使空气动力能转变成机械能。风轮的转动带动了发电机轴的旋转，从而使永磁三相发电机发出三相交流电。风速不断变化、忽大忽小，导致发电机发出的电流和电压也随着变化。发出的电经过控制器整流，由交流电变成具有一定电压的直流电，并向蓄电池进行充电。从蓄电池组输出的直流电，一方面通过DC/DC变换供给直流负载，另一方面通过逆变器后变成220V（380V）的交流电供给交流负载。

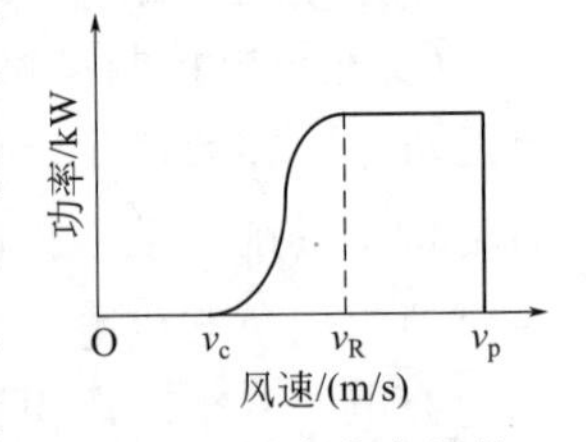

图 6-37　风力发电机的输出功率曲线

如图6-37所示为风力发电机输出功率曲线，其中v_c为启动风速，v_R为额定风速，此时风机输出额定功率，v_P为截止风速。

当风速小于启动风速时，风机不能转动。当风速达到启动风速后，风机开始转动，带动发电机发电。发电机输出电能供给负载以及给蓄电池充电。当蓄电池组端电压达到设定的最高值时，由电压检测信号电压通过控制电路进行开关切换，使系统进入稳压闭环控制，既保持对蓄电池充电，又不致使蓄电池过充。当风速超过截止风速 v_P 时，风机通过机械限速机构使风力机在一定转速下限速运行或停止运行，以保证风力机不致损坏。

③ 电力转换装置　由于风能的不稳定性，风力发电机所发出电能的电压和频率是不断变化的；同时太阳能也是不稳定的，所发出的电压也随时变化，而且蓄电池只能存储直流电能，无法为交流负载直接供电。所以，为了给负载提供稳定、可靠的电能，需要在负载和发电机之间加入电力转换装置，这种电力转换装置主要由整流器、蓄电池组、逆变器和控制器等组成。

a.整流器　整流器的主要功能是对风力发电机组和柴油发电机组输出的三相交流电进行整流，整流后的直流电经控制器再对蓄电池组进行充电，整流器一般采用三相桥式整流电路。在风电支路中的整流器的另外一个重要作用是，在外界风速过小或者基本没风的情况下，风力发电机的输出功率较小，由于三相整流桥中电力二极管的导通方向只能是由风力发电机的输出端到蓄电池组端，所以可有效防止蓄电池对风力发电机的反向供电。

b.逆变器　逆变器是在电力变换过程中经常使用到的一种电力电子装置，其主要作用是将蓄电池存储的或由整流桥输出的直流电转变为负载所能使用的交流电。风-光互补型发电系统中所使用的逆变器要求具有较高的效率，特别是轻载时的效率要高，这是因为这类系统经常工作在轻载状态。另外，由于输入的蓄电池电压随充、放电状态改变而变动较大，这就要求逆变器能在较大的直流电压变化范围内正常工作，而且能保证输出电压稳定。

c.蓄电池组　小型风光互补型发电系统的储能装置大多使用阀控式铅酸蓄电池组，蓄电池通常在浮充状态下长期工作，其电能量比用电负载所需的电能量大得多，多数时间处于浅放电状态。蓄电池组的主要作用是能量调节和平衡负载：当太阳能充足、风力较强时，可以将一部太阳能或风能储存于蓄电池中，此时蓄电池处于充电状态；当太阳能不足、风力较弱时，储存于蓄电池中的电能向负载供电，以弥补太阳能电池阵列、风力发电机组所发电能的不足，达到向负载持续稳定供电的目的。

d.控制器　控制器根据日照强度、风力大小及负载变化情况，不断对蓄电池组的工作状态进行切换和调节：一方面把调整后的电能直接送往直流或交流负载；另一方面把多余的电能送往蓄电池组存储。当太阳能和风力发电量不能满足负载需要时，控制器把蓄电池组存储的电能送往负载，以保证整个系统工作的连续性和稳定性。

④ 备用柴油发电机组　当连续多天没有太阳、无风时，可启动柴油发电机组对负载供电并对蓄电池补充电，以防止蓄电池长时间处于缺电状态。一般柴油发电机组只提供保护性的充电电流，其直流充电电流值不宜过高。对于小型的风光互补发电系统，有时可不配置柴油发电机组。

风光（风-光-柴）互补发电系统比单独光伏发电或风力发电具有以下优点：

① 利用太阳能、风能的互补性，可以获得比较稳定的输出，发电系统具有更高的稳定性和可靠性；

② 在保证同样供电的情况下，可大大减少储能蓄电池的容量；

③ 通过合理的设计和匹配，可以基本上由风光互补发电系统供电，很少或基本不用启动备用电源如柴油发电机组等，可获得较好的社会效益和经济效益。

26.柴油发电机组运行时需要注意哪些问题？（至少写出5条注意事项：可从机组的启动、加载、运行中等方面来介绍）

答案：机组启动成功后，应先低速运转一段时间，然后再逐步调整到额定转速；决不允许刚启动后就猛加油门，使转速突然升高；柴油机不宜在低速情况下长期运转；柴油机在运行中，应密切注意各仪表指示数值；正常情况下柴油机的排气颜色是浅灰色，超负载时排气颜色为黑色，烧机油时排气颜色为蓝色；注意倾听机器在运行时内部有无不正常敲击声，以及机组或相关部件有无剧烈的振动；禁止在机组运行中手工补充燃油。

试题分析：本小题是对柴油发电机组操作使用基本知识的考查。柴油发电机组的操作使用主要有以下五个步骤。

第一步：使用前检查。

机组使用前的检查可以用一句话概括：两油（柴油和机油）、一水（冷却水）、一电（启动用蓄电池组）和零部件。

（1）柴油的性能与选用　柴油发电机组的主要燃料是柴油，使用前应加满规定牌号的柴油。柴油是石油经过提炼加工而成，其主要特点是自燃点低、密度大、稳定性强、使用安全、成本较低，但其挥发性差，在环境温度较低时，柴油机启动困难。柴油的性质对柴油机的功率、经济性和可靠性都有很大影响。

① 柴油的主要性能　柴油不经外界引火而自燃的最低温度称为柴油的自燃温度。柴油的自燃性能是以十六烷值来表示的。十六烷值越高，表示自燃温度越低，着火越容易。但十六烷值过高或过低都不好。十六烷值过高，虽然着火容易，工作柔和，但其稳定性能差，燃油消耗率大；十六烷值过低，柴油机工作粗暴。一般柴油机使用的柴油十六烷值为40～60。

柴油黏度是影响其雾化性的主要指标。它表示柴油的稀稠程度和流动难易程度。黏度大，喷射时喷成的油滴大，喷射的距离长，但分散性差，与空气混合不均匀，柴油机工作时容易冒黑烟，耗油量增加。温度越低，黏度越大。反之则相反。

柴油的流动性能主要用凝点（凝固点）来表示。所谓凝点，是指柴油失去流动性时的温度。若柴油温度低于凝点，柴油就不能流动，供油会中断，柴油机就不能工作。因此，凝点的高低是选用柴油的主要依据之一。

② 柴油的规格与选用　GB 19147—2016/XG1—2018《车用柴油》将车用柴油按凝点分为六个牌号：

5 号车用柴油，适用于风险率为 10％的最低气温在 8℃以上的地区使用；

0 号车用柴油，适用于风险率为 10％的最低气温在 4℃以上的地区使用；

－10 号车用柴油，适用于风险率为 10％的最低气温在－5℃以上的地区使用；

－20 号车用柴油，适用于风险率为 10％的最低气温在－14℃以上的地区使用；

－35 号车用柴油，适用于风险率为 10％的最低气温在－29℃以上的地区使用；

－50 号车用柴油，适用于风险率为 10％的最低气温在－44℃以上的地区使用。

车用柴油（VI）技术要求和试验方法见表 6-19。

表 6-19　车用柴油（VI）技术要求和试验方法（摘自 GB 19147—2016/XG1—2018）

项　目		5 号	0 号	－10 号	－20 号	－35 号	－50 号	试验方法
氧化安定性(以总不溶物计)/(mg/100mL)	不大于	2.5						SH/T 0175
碘含量[①](mg/kg)	不大于	10						SH/T 0689
酸度(以 KOH 计)/(mg/100mL)	不大于	7						GB/T 258
10％蒸余物残炭[②](质量分数)/％	不大于	0.3						GB/T 17144
灰分(质量分数)/％	不大于	0.01						GB/T 508
铜片腐蚀(50℃、3h)/级	不大于	1						GB/T 5096

续表

项 目	5号	0号	-10号	-20号	-35号	-50号	试验方法
水分[③](体积分数) 不大于	痕迹						GB/T 260
润滑性 校正磨痕直径(60℃)/μm 不大于	460						SH/ T 0765
多环芳烃含量[④](质量分数)/% 不大于	7						SH/T 0806
总污染物含量(mg/kg) 不大于	24						GB/T 33400
运动黏度[⑤](20℃)/(mm^2/s)	3.0～8.0		2.5～8.0		1.8～7.0		GB/T 265
凝点/℃ 不高于	5	0	-10	-20	-35	-50	GB/T 510
冷滤点[⑥]/℃ 不高于	8	4	-5	-14	-29	-44	SH/T 0248
闪点(闭口)/℃ 不低于	60			50	45		GB/T 261
十六烷值 不小于	51			49	47		GB/T 386
十六烷值指数[⑦] 不小于	46			46	43		SH/T 0694
馏程 50%回收温度/℃ 不高于 90%回收温度/℃ 不高于 95%回收温度/℃ 不高于	 300 355 365						GB/T 6536
密度(20℃)[⑧]/(kg/m^3)	810～845			790～840			GB/T 1884 GB/T 1885
脂肪酸甲酯含量[⑨](体积分数)/% 不大于	1.0						NB/SH/T 0916

注：铁路内燃机车用柴油要求十六烷值不小于45，十六烷指数不小于43，密度和多环芳烃含量项目指标为“报告”。

① 也可采用GB/T 11140和ASTM D 7039方法测定，结果有争议时，以SH/T 0689的方法为准。

② 也可采用GB/T 268，结果有争议时，以GB/T 17144的方法为准。若车用柴油中含有硝酸酯型十六烷值改进剂，10%蒸余物残炭的测定应用不加硝酸酯的基础燃料进行（10%蒸余物残炭简称残炭。残炭是在规定的条件下，燃料在球形物中蒸发和热裂解后生成炭沉积倾向的量度。它可在一定程度上大致反映柴油在喷油嘴和气缸零件上形成积炭的倾向）。

③ 可用目测法，即将试样注入100 mL玻璃量筒中，在室温（20℃±5℃）下观察，应当透明，没有悬浮和沉降的水分。也可采用GB 11133和SH/T 0246测定，结果有争议时，以GB/T 260方法为准。

④ 也可采用SH/T 0606进行测定，结果有争议时，以SH/T 0806方法为准。

⑤ 也可采用GB/T 30515进行测定，结果有争议时，以GB/T 265方法为准。

⑥ 冷滤点是指在规定条件下，当试油通过过滤器每分钟不足20mL时的最高温度。

⑦ 十六烷指数的计算也可采用GB/T 11139。结果有争议时，以GB/T 386方法为准。

⑧ 也可采用SH/T 0604进行测定，结果有争议时，以GB/T 1884和GB/T 1885的方法为准。

⑨ 脂肪酸甲酯应满足GB/T 20828要求。也可采用GB/T 23801进行测定，结果有争议时，以NB/SH/T 0916方法为准。

（2）机油的性能与选用 内燃机上所用的机油（亦称润滑油）按用途可分为柴油机油、汽油机油等。机组在启动前应检查机油的质量，若量太少（如图6-38所示，应在max～min之间，中偏上的位置）或质量太差应添加或更换规定牌号的机油。

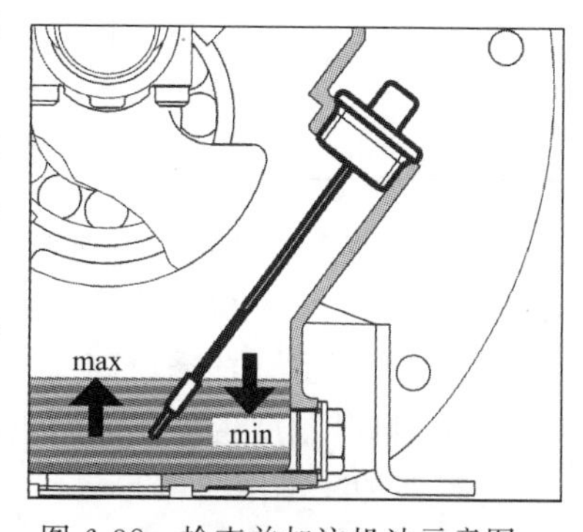

图6-38 检查并加注机油示意图

目前，柴油机油根据API质量分类法（American Petroleum Institute，API——美国石油学会）包括CC、CD、CF、CF-2、CF-4、CG-4、CH-4、CI-4、CJ-4（其中，C指柴油机油，第一个字母与第二个字母相结合代表质量等级，其后的数字2或4分别代表二冲程或四冲程柴油发动机）和农用柴油机油等十个品种。各品种柴油机油的主要性能和使用场合见表6-20。

表6-20 柴油机油的分类（摘自GB/T 28772—2012《内燃机油分类》）

品种代号	特性和使用场合
CC	用于中负荷及重负荷下运行的自然吸气、涡轮增压和机械增压式柴油机以及一些重负荷汽油机。对于柴油机具有控制高温沉积物和轴瓦腐蚀的性能，对于汽油机具有控制锈蚀、腐蚀和高温沉积物的性能
CD	用于需要高效控制磨损及沉积物或使用包括高燃料自然吸气，涡轮增压和机械增压式柴油机以及要求使用API CD级油的柴油机。具有控制轴瓦腐蚀和高温沉积物的性能，并可代替CC
CF	用于非道路间接喷射式柴油发动机和其他柴油发动机，也可用于需要有效控制活塞沉积物、磨损和含铜轴瓦腐蚀的自然吸气、涡轮增压和机械增压式柴油机。能够使用硫的质量分数大于0.5%的高硫柴油燃料，并可代替CD
CF-2	用于需高效控制气缸、环表面胶合和沉积物的二冲程柴油发动机
CF-4	用于高速、四冲程柴油发动机以及要求使用API CF-4级油的柴油机，特别适用于高速公路行驶的重负荷卡车，并可代替CD和CC
CG-4	用于可在高速公路和非道路使用的高速、四冲程柴油发动机。能够使用硫的质量分数小于0.05%～0.5%的柴油燃料。此种油品可有效控制高温活塞沉积物、磨损、腐蚀、泡沫、氧化和烟炱的累积，并可代替CF-4、CD和CC
CH-4	用于高速、四冲程柴油发动机。能够使用硫的质量分数不大于0.5%的柴油燃料。即使在不利的应用场合，此种油品可凭借其在磨损控制、高温稳定性和烟炱控制方面的特性有效地保持发动机的耐久性；对于非铁金属的腐蚀、氧化和不溶物的增稠、泡沫性以及由于剪切所造成的黏度损失可提供最佳的保护。其性能优于CG4，并可代替CG4、CF-4、CD和CC
CI-4	用于高速、四冲程柴油发动机。能够使用硫的质量分数不大于0.5%的柴油燃料。此种油品在装有废气再循环装置的系统里使用可保持发动机的耐久性。对于腐蚀性和与烟炱有关的磨损倾向、活塞沉积物以及由于烟炱累积所引起的黏温性变差、氧化增稠、机油消耗、泡沫性、密封材料的适应性降低和由于剪切所造成的黏度损失可提供最佳的保护。其性能优于CH-4，并可代替CH-4、CG4、CF-4、CD和CC
CJ-4	用于高速、四冲程柴油发动机。能够使用硫的质量分数不大于0.05%的柴油燃料。对于使用废气后处理系统的发动机，如使用硫的质量分数大于0.0015%的燃料，可能会影响废气后处理系统的耐久性和/或机油的换油期。此种油品在装有微粒过滤器和其他后处理系统里使用可特别有效地保持排放控制系统的耐久性。对于催化剂中毒的控制、微粒过滤器的堵塞、发动机磨损、活塞沉积物、高低温稳定性、烟炱处理特性、氧化增稠、泡沫性和由于剪切所造成的黏度损失可提供最佳的保护。其性能优于CI-4，并可代替CI-4、CH-4、CG4、CF-4、CD和CC
农用柴油机油	用于以单缸柴油机为动力的三轮汽车（原三轮农用运输车）、手扶变型运输机、小型拖拉机，还可用于其他以单缸柴油机为动力的小型农机具，如抽水机、发电机（组）等。具有一定的抗氧、抗磨性能和清净分散性能

根据SAE黏度分类法（Society of Automotive Engineers，SAE——美国汽车工程师学会），GB 11122—2006《柴油机油》将柴油机油分为：

① 5种低温（冬季，W-winter）黏度级号：0W、5W、10W、15W和20W。W前的数字越小，则其黏度越小，低温流动性越好，适用的最低温度越低。

② 四种夏季用油：30、40、50和60，数字越大，黏度越大，适用的气温越高。

③ 16种冬夏通用油：0W/20、0W/30和0W/40；5W/20、5W/30、5W/40和5W/50；10W/30、10W/40和10W/50；15W/30、15W/40和15W/50；20W/40、20W/50和20W/60。

代表冬用部分的数字越小、夏用的数字越大，则黏度特性越好，适用的气温范围越大。

柴（汽）油机油产品标记为：质量等级＋黏度等级＋柴（汽）油机油。如 CD 10W-30 柴油机油、CC 30 柴油机油以及 CF15W-40 柴油机油等。

通用内燃机油产品标记为：柴油机油质量等级/汽油机油质量等级＋黏度等级＋通用内燃机油 或汽油机油质量等级/柴油机油质量等级＋黏度等级＋通用内燃机油。例如，CF-4/SJ 5W-30 通用内燃机油或 SJ/CF-4 5W-30 通用内燃机油，前者表示其配方首先满足 CF-4 柴油机油要求，后者表示其配方首先满足 SJ 汽油机油要求，两者均同时符合 GB 11122—2006《柴油机油》中 CF-4 柴油机油和 GB 11121—2006《汽油机油》中 SJ 汽油机油的全部质量指标。

（3）冷却液　柴油机冷却水箱应加入专用的冷却液（在环境温度为 0℃以上时，可直接用蒸馏水）。条件受限时可用清洁的淡水，如雨水、自来水或经澄清的河水为宜；如果直接采用井水或其他地下水（硬水），因它们含有较多的矿物质，容易在柴油机冷却水腔内形成水垢，影响冷却效果而造成故障。如果条件所限只有硬水，则必须经软化处理后方可使用。软化的简便方法有：①煮沸法——将水煮沸沉淀；②在每升水中加入 0.67g 苛性钠（烧碱），搅拌沉淀后用上层的清水。

注意：绝对不允许采用海水直接冷却柴油机；柴油机在低于 0℃环境条件使用时，应严防冷却液冻结，致使有关零件冻裂。因此，当环境温度为 0℃以下使用普通蒸馏水作冷却液时，柴油机结束运行待其冷却至 40℃左右时，应将各部分的冷却液放尽。对采用闭式循环冷却系统的柴油机，可根据当地的最低环境温度选用合适的防冻冷却液；在条件许可时，也可自己配制防冻冷却液，常用防冻冷却液的配方见表 6-21（供大家需要使用时参考）。

表 6-21　防冻冷却液的配方

名称	成分%					凝点/℃ ≤
	乙二醇	酒精	甘油	水	成分比的单位	
乙二醇防冻液	60 55 50 40			40 45 50 60	体积之比	−55 −40 −32 −22
酒精甘油防冻液		30 40 42	10 15 15	60 45 43	质量之比	−18 −26 −32

在配用易燃的防冻冷却液时，因乙二醇、酒精（乙醇）和甘油等都是易燃品，应注意防火安全。柴油机在使用防冻冷却液以前，应对其冷却系统内的污物进行清洗，防止产生新的化学沉淀物，以免影响冷却效果。凡使用防冻冷却液的柴油机，就不必每次停车后放出冷却液，但须定期补充和更换。注意：千万不能使用 100%的防冻液作为冷却液。

若柴油机冷却系统内的水垢和污物过多，可以用清洗液进行清洗。清洗液可由水、苏打（Na_2CO_3）和水玻璃（Na_2SiO_3）配制而成，即在每升水中加入 40g 的苏打和 10g 的水玻璃。清洗时，把清洗液灌入柴油机冷却水腔，开机运转到出水温度大于 60℃，继续运转两小时左右停机，然后放出清洗液。待柴油机冷却后，用清洁的淡水冲洗两次，排尽后再灌入冷却水开机运转，使出水温度达到 75℃以上，停机放掉污水，最后灌入新的冷却液。

原则上是不建议不同品牌的冷却液产品相互勾兑使用，因为不同的厂家会使用不同的冷却液配方，添加剂的添加比例也会不同，如果把这些不同的冷却液相互混用，则有可能出现一些不可预知的化学反应，进而腐蚀管路接口处的密封橡胶圈造成密封不严，导致漏水现象的发生。

（4）启动用蓄电池组　机组使用电启动时，先用电缆线将蓄电池组的正极与机组电启动接线柱正极连接起来，负极与机组电启动接线柱的负极连接起来。注意：蓄电池组与机组启动电机的接线顺序是：先接正极、再接负极；先拆负极、再拆正极。连接电缆线应用专用电缆线，并且电缆线应符合要求，做到粗而短。蓄电池组的电压等级和容量应符合机组说明书规定要求。

（5）检查机组各零部件　是否齐全，连接是否可靠。

第二步：机组的启动。

在做好机组启动前的各项准备工作后，还必须注意以下事项：不要在密封或通风条件不好的环境内启动机组，有中毒危险！在启动之前，要确认所有的保护装置完好无损；启动前因加油和检查所拆卸下的所有零件必须恢复原位。在确保以上工作做好后，便可以采用适当的方式启动机组。

（1）电启动　首先将油箱开关手柄置于“开”的位置，打开油箱开关；插入启动钥匙，将启动钥匙转至“电启动”位置，启动电机通电工作并拖动机组转动，当机组具有足够的初始转速后，雾化良好的柴油便在高温与高压下的气缸内着火燃烧，机组将顺利启动。当启动成功后，立即松手，启动钥匙自动停留在“运转”位置。

（2）预热启动　当环境温度低于－5℃或机组启动困难时，可采用预热启动：先将启动钥匙开关转到预热位置，此时预热指示灯亮，预热进气约10s，然后进行电启动，使机组顺利启动。

注意：①当供油管中有空气时，不利于启动，此时应“放气”，清除油路中的空气；②电启动每次连续启动时间不得超过15s，并且两次启动时间间隔至少2min，当连续3次启动不成功时，应查明原因后再启动机组；③每次连续预热时间不得超过15s；④注意观察机油压力表（如果有的话）的读数，机组启动后15s内显示读数，其读数应大于0.05MPa（0.5kgf/cm^2），然后让柴油机空载运转3～5min，并检查柴油机各部分运转是否正常。例如可用手指感触配气机构运动件的工作情况，或掀开柴油机气缸盖罩壳，观察摇臂等润滑情况，以上均正常才允许加速及带负荷运转；⑤低温启动成功后，柴油机转速的增加应尽可能缓慢，以确保各轴承得到足够的润滑，并使油压稳定，以延长发动机的使用寿命。

第三步：机组的加载。

通常情况下，机组在启动前，应将负载通过电缆线连接到机组输出的空气开关上或接在机组输出接线柱上。当机组加载后，应注意观察机组的排气颜色、响声，并观察电压、电流、频率的显示值，若出现异常应立即卸载并停机检查。

注意：①机组运行中要经常观察排气颜色，出现冒黑烟、蓝烟或白烟时应停机检查；②机组运行中要经常倾听机组有无异常声音，观察振动是否正常，有无漏油、漏气等不正常现象，出现问题应立即检查；③机组在运行中负载最好缓慢加减，要经常注意观察配电箱仪表显示是否正常；④三相输出机组，要保证三相负荷基本均衡；⑤避免长期空载和小负载（<20%额定负载）或怠速运转机组。

第四步：机组的卸载。

当市电恢复，或用户不需发电机组供电时，应将负载从发电机组上卸掉，即机组的卸载。卸载时，小型机组只需将输出开关断开便将负载卸下，然后将负载线从输出接线柱或输出插座上取下即可。对于中大型三相机组而言，除总空开外，可能还有多个分空开，此时应逐步断开每个空开，以免造成突减负荷对机组的振荡与冲击。

第五步：机组的停机。

停机前，应使机组空载运行3～5min，然后再停机。

（1）正常停机　将启动钥匙置于“停机”位置即可正常停机。

（2）手动停机（紧急停机，一般机组均有此装置）　在紧急情况下或不能正常停机时，将紧急停机手柄旋转至“停机”位置，并按住直到机组停止运行。

注意：①正常情况下不要带载停机；②机组在停机状态时，钥匙开关一定要置于“停机”位置；③机组在停机状态时，输出开关应置于“关”的位置。

27.简述影响铅蓄电池寿命的主要因素。

答案：阀控式密封铅酸蓄电池使用寿命，可用浮充寿命或充放电循环寿命表示。影响阀控式电池的使用寿命原因主要有：板栅的腐蚀、失水、使用温度和浮充电压等。蓄电池经历一次充电和放电，称为一次循环（一个周期）。在一定放电条件下。电池工作至某一容量规定值之前，电池所能持续的循环次数称为循环寿命。固定型铅酸电池使用寿命，还可以用浮充寿命来衡量。在环境温度不超过30℃的情况下。其浮充运行寿命大于10年。

根据影响阀控式电池寿命的因素，可从三个方面来判断蓄电池的寿命：内阻、工作温度和工作电压。

在电池寿命终了时内阻增加。内阻增加是由于活性材料损耗，导致容量减少。因此，可通过测量内阻或电导来确定蓄电池的寿命。实践证明。在实际的通信电源维护过程中，当检测到阀控式电池的内阻有明显变化时，其寿命往往只剩下1/3左右。

当工作环境温度增加时，正极板栅腐蚀加速，可能会导致阀控式电池在短期内达到其寿命终点。根据阀控式电池在高的环境温度下浮充期间所获得的经验数据曲线，当阀控式电池工作在25℃，其寿命12年左右。随着环境温度的提高，其寿命会急剧下降。在20～50℃范围内，环境温度每上升10℃，其寿命接近以1/2递减。

通过测量浮充期间的电池电压是最通常的诊断蓄电池的方法之一，可以检测出电池的异常状态，包括内部短路和密封破坏等。

28.什么是联合接地系统？联合接地系统由哪部分组成？

答案：联合接地系统：使局站内各建筑物的基础接地体和其他专设接地体相互连通形成一个共用地网，并将电子设备的工作接地、保护接地、测量接地以及防雷接地等共用一组接地系统的接地方式。主要是由接地线、接地汇集线、接地引入线、接地体和大地组成。

试题分析：本小题是对通信局站联合接地系统基本知识的考查。通信局（站）各类通信设备的工作接地、保护接地以及建筑物防雷接地合用一组接地体的接地方式称为联合接地方式，构成联合接地系统，如图6-39所示。现代通信局（站）的接地系统必须采用联合接地的方式，大（中）型通信局（站）必须采用TN-S或TN-C-S供电方式。小型通信局（站）、移动通信基站及小型站点可采用TT供电方式。

接地汇集线、接地线应以逐层辐射方式进行连接，宜以逐层树枝形方式或者网状连接方式相连，并应符合下列要求：①垂直接地汇集线应贯穿于通信（站）建筑体的各层，其一端应与接地引入线连通，另一端应与建筑体各层钢筋和各层水平分接地汇集线相连，并应形成辐射状结构。垂直接地汇集线宜连接在建（构）筑底层的环形接地汇集线上，并应垂直引到各机房的水平分接地汇集线上。②水平接地汇集线应分层设置，各通信设备的接地线应就近从本层水平接地汇集线上引入。

通信局（站）的联合地网应利用建筑物基础混凝土内的钢筋和围绕建筑物四周敷设的环形接地体，以及与之相连的电缆屏蔽层和各类管线相互保持电气连接。

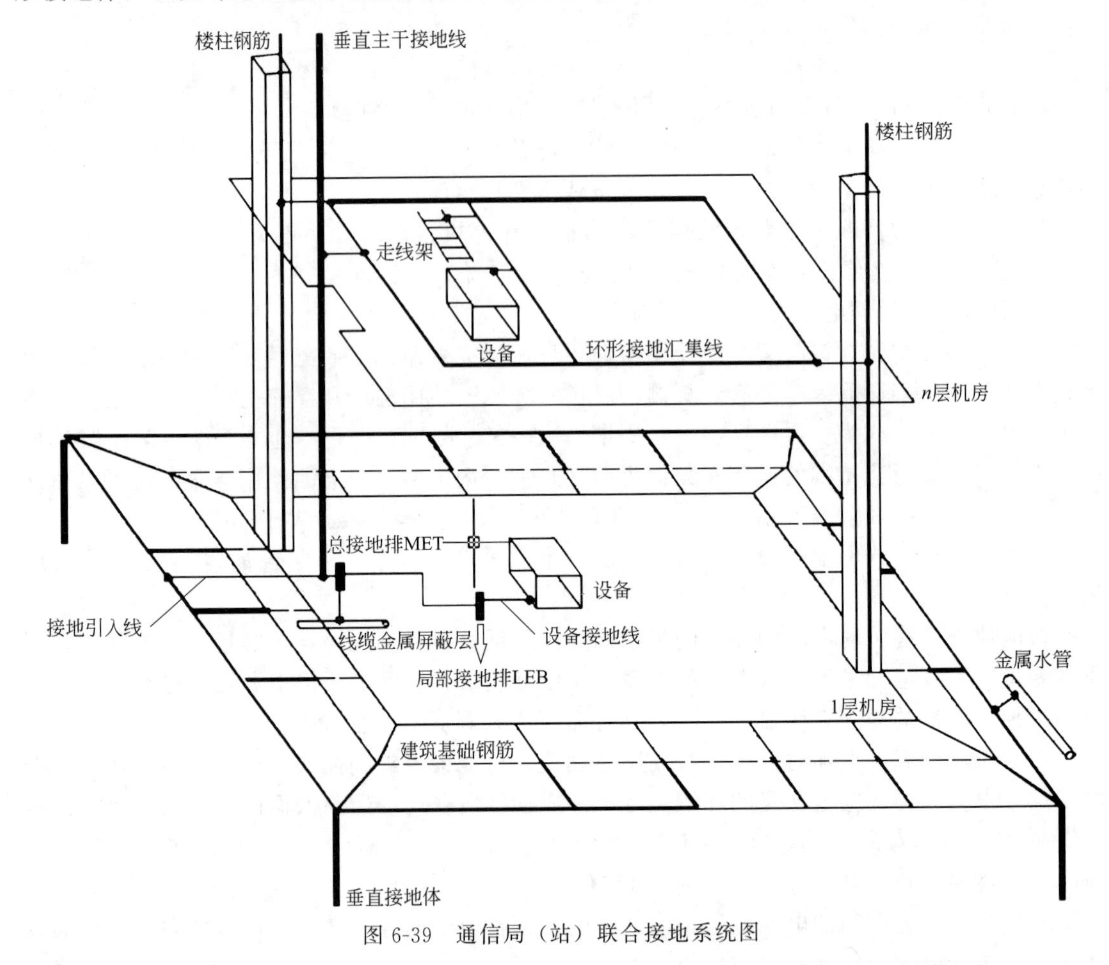

图 6-39　通信局（站）联合接地系统图

（1）大地　接地系统所指的地，是指真正意义上的大地，不过它有导电的特性，并具有无限大的电容量，可以用来作为良好的参考电位。

大地的导电特性可用电阻或电阻率来表征，其大小主要取决于土壤的类型，但土壤的类型不容易明确规定。而且对同一种类型的土壤而言，当其存在于各种不同的场所时，其电阻率也往往有所不同。

土壤的电阻率还取决于其颗粒大小、可溶物质组成的程度以及含水量的多少。大地的两个主要成分是氧化硅和氧化铝，它们都是良好的绝缘体，将盐类嵌入这两种成分之间就有降低电阻率的作用。

土壤的电阻率还与电解过程及大量的小粒子之间的接触电阻有关。若其含水量和含盐量二者都高，电解过程的作用将可能占优势，电阻率就小；反之，当土壤比较干燥，则其颗粒较大，颗粒之间的空气多，电阻率就大。

岩石的地质年龄越大，其电阻率越高。白云石、花岗石和石英岩沙石的电阻率一般大于1000Ω·m，沙石和页岩的电阻率通常在10～1000Ω·m之间，黏土除其固有的电阻率较低以外，与沙土相比它们含有更多的水分。

各种土壤电阻率的平均值见表 6-22 所示。

表6-22　各种土壤的电阻率平均值

序号	土壤名称	电阻率/10Ω·m	序号	土壤名称	电阻率/10Ω·m
1	泥浆	0.2	16	砂矿	10
2	黑土	0.1～0.53	17	石板	30
3	黏土	0.08～0.7	18	石英	150
4	黏土(7～10m以下为石层)	0.7	19	泥炭土	6
5	黏土(1～3m以下为石层)	5.3	20	粗粒的花岗石	11
6	砂质黏土	0.4～1.5	21	整体的蔷薇辉石	325
7	石炭	1.3	22	有夹层的蔷薇辉石	23
8	焦炭粉	0.03	23	深密细粒的石灰石	30
9	黄土	2.5	24	多孔的石灰石	1.8
10	河流沙土	2.36～3.7	25	闪长岩	220
11	沙质河床	1.8	26	蛇纹石	14.5
12	流沙冲击河床	2	27	叶纹石	550
13	砂土	1.5～4	28	河水	10
14	砂	4～7	29	海水	0.002～0.01
15	赤铁矿	8	30	捣碎的木炭	0.4

(2) 接地体（或接地电极）　接地体是通信局（站）为各地线电流汇入大地扩散和均衡电位而设置的、能与土地物理结合形成良好电气接触的金属部件。

① 接地体上端距地面宜不小于0.7m。在寒冷地区接地体应埋设在冻土层以下。在土壤较薄的石山或碎石多岩地区应根据具体情况确定接地体埋深。

② 垂直接地体宜采用长度不小于2.5m的热镀锌钢材、铜材、铜包钢等接地体，也可根据埋设地网的土质及地理情况确定。垂直接地体间距不宜小于5m，具体数量可根据地网大小、地理环境情况确定。地网四角的连接处应埋设垂直接地体。

③ 在大地土壤电阻率较高的地区，当地网接地电阻值难以满足要求时，可向外延伸辐射形接地体，也可采用液状长效降阻剂、接地棒以及外引接地等方式。

④ 当城市环境不允许采用常规接地方式时，可采用接地棒接地的方式。

⑤ 水平接地体应采用热镀锌扁钢或铜材。水平接地体应与垂直接地体焊接连通。

⑥ 接地体采用热镀锌钢材时，其规格应符合下列要求：钢管的壁厚不应小于3.5mm；角钢不应小于50mm×50mm×5mm；扁钢不应小于40mm×4mm；圆钢直径不应小于10mm。

⑦ 接地体采用铜包钢、镀铜钢棒和镀铜圆钢时，其直径不应小于10mm。镀铜钢棒和镀铜圆钢的镀层厚度不应小于0.25mm。

⑧ 除在混凝土中的接地体之间所有焊接点外，其他接地体之间所有焊接点均应进行防腐处理。

⑨ 接地装置的焊接长度，采用扁钢时不应小于其宽度的2倍；采用圆钢时不应小于其直径的10倍。

(3) 接地引入线　把接地电极连接到地线盘（或地线汇流排）上去的导线称为接地引入线。

① 接地引入线应作防腐蚀处理。

② 接地引入线宜采用40mm×4mm或50mm×5mm热镀锌扁钢或截面积不小于

95mm^2 的多股铜线，且长度不宜超过 30m。

③ 接地引入线不宜与暖气管同沟布放，埋设时应避开污水管道和水沟，且其出土部位应有防机械损伤的保护措施和绝缘防腐处理。

④ 与接地汇集线连接的接地引入线应从地网两侧就近引入。

⑤ 高层通信楼地网与垂直接地汇集线连接的接地引入线，应采用截面积不小于 240mm^2 的多股铜线，并应从地网的两个不同方向引接。

⑥ 接地引入线应避免从作为雷电引下线的柱子附近引入。

⑦ 作为接地引入点的楼柱钢筋应选取全程焊接连通的钢筋。

(4) 接地汇集线　把必须接地的各部分连接到地线排或地线汇流排上去的导线称之为接地汇集线。

① 接地汇集线宜采用环形接地汇集线或接地排方式。环形接地汇集线宜安装在大楼地下室、底层或相应机房内，移动通信或者其他小型机房，可设置在走线架上，其距离墙面（柱面）宜为 50mm，接地排可安装在不同楼层的机房内。接地汇集线与接地线采用不同金属材料互连时，应防止电化腐蚀。

② 接地汇集线可采用截面积不小于 90mm^2 的铜排，高层建筑物的垂直接地汇集线应采用截面积不小于 300mm^2 的铜排。

③ 接地汇集线可根据通信机房布置和大楼建筑情况在相应楼层设置。

(5) 接地线

① 通信局（站）内各类接地线应根据最大故障电流值和材料机械强度确定，宜选用截面积为 16～95mm^2 的多股铜线。

② 配电室、电力室、发电机室内部主设备的接地线，应采用截面积不小于 16mm^2 的多股铜线。

③ 跨楼层或同层布设距离较远的接地线，应采用截面积不小于 70mm^2 的多股铜线。

④ 各层接地汇集线与楼层接地排或设备之间相连接的接地线，距离较短时，宜采用截面积不小于 16mm^2 的多股铜线；距离较长时，宜采用不小于 35mm^2 的多股铜线或增加一个楼层接地排，应先将其与设备间用不小于 16mm^2 的多股铜线连接，再用不小于 35mm^2 的多股铜线与各层楼层接地排进行连接。

⑤ 数据服务器、环境集中监控系统、数据采集器、小型光传输设备等小型设备的接地线，可采用截面积不小于 4mm^2 多股铜线；接地线较长时应加大其截面积，也可增加一个局部接地排，并应用截面积不小于 16mm^2 的多股铜线连接到接地排上。当安装在开放式机架内时，应采用截面积不小于 2.5mm^2 的多股铜线接到机架的接地排上，机架接地排应通过 16mm^2 的多股铜线连接到接地汇集线上。

⑥ 光传输系统的接地线应符合下列要求：在接入网、移动通信基站等小型局（站）内，光缆金属加强芯和金属护层应在分线盒内可靠接地，并应用截面积不小于 16mm^2 的多股铜线引到局（站）内总接地排上。通信大楼、交换局和数据局内的光缆金属加强芯和金属护层应在分线盒内或 ODF（光纤配线架，Optical Distribution Frame）的接地排连接，并应采用截面积不小于 16mm^2 的多股铜线就近引到该楼层接地排上；当离接地排较远时，可就近从传输机房楼柱主钢筋引出接地端子作为光缆的接地点。光传输机架设备或子架的接地线，应采用截面积不小于 10mm^2 的多股铜线。

⑦ 接地线两端的连接点应确保电气接触良好。

⑧ 接地线中严禁加装开关或熔断器。

⑨ 由接地汇集线引出的接地线应设明显标志。

29.从通信局站的能耗结构中可以看出，其能源主要消耗在通信设备和空调设备上，而通信设备能耗是真正“有价值”的消耗。从通信主设备的角度来说，空调设备是不产生任何“直接效益”的，其能耗是“无价值”的。因此通信局站的节能减排技术中，针对机房空调系统的节能技术尤为重要，其中机房空调的群控技术可以提高空调系统的运行效率，达到节能减排的目的。请简述机房专用空调群控系统节能原理及优点。

答案：所谓空调群控，就是根据负荷需求及其变化，对通信局站（建筑物）内以及机房内多台空调设备进行集中监测和联合控制，自动调节优化各设备的运行工况，使之达到安全、节能、高效的目的。中央空调群控系统对冷机的加减机及相关参数的调节设定，使其协同运行工况达到最优，群控系统对水泵、冷却塔等设备进行相应调控。优点：空调运行效率大大提升；空调运行可靠性、控制精度提高；空调运行和维护实现集中化。

30.高频开关整流器是直流供电系统的主要设备之一，因其体积小、重量轻、功率因数和可靠性高等特点在通信局站中得到普遍应用。请简述高频开关整流器的工作过程。

答案：高频开关整流器的电路包含两部分：主电路和控制与辅助电路。主电路，从交流电源输入到直流电源输出的全过程，主要完成功率变换。控制与辅助电路，为主电路变换器提供激励信号，以控制主电路的工作，实现输出稳定或调整的目的，包括控制电路、检测电路、保护动作电路以及辅助电源等。

31.通信机房中通信设备往往布置密集，且全年不停地运行，设备排热量大，而设备的正常运行要求机房的温度、湿度、洁净度等都要维持在规定的范围内。要保障机房通信设备的正常运行，通信机房中通常要求安装机房专用空调，一般的舒适性空调不能满足需要。请简述与一般的舒适性空调相比，机房专用空调有哪些特点？

答案：机房专用空调的特点包括：满足机房调节热量大的需求，满足机房送风次数高的需求，满足空调设备连续运行的要求，满足机房对湿度调节的需求，满足机房高纯净度调节的要求。也就意味着机房的制冷要求恒温恒湿，大风量小晗差，具备空气除尘功能，在性能方面要求 7×24h×365d 连续运行。

32. 简述通信电源系统防雷保护基本原则。

答案：为了防止通信电源系统遭受雷害的作用，应采取合理的保护措施。通信局（站）供电系统整体防雷保护的基本原则是：

（1）重视接地系统的建设和维护　做好通信局（站）的防雷保护，首先要做好局（站）的接地系统。防雷接地是供电系统的重要组成部分，做好接地系统，才能让雷电流尽快泄入大地，确保人身和设备安全。

通信局（站）建筑物的屋顶，要设置避雷针和避雷带等接闪器，这些接闪器的接地引下线应与建筑物外墙上下的钢筋和柱子钢筋等结构相连，再接到建筑物的地下钢筋混凝土基础上组成一个接地网。这个接地网与建筑物外的接地装置，如变压器、发电机组、微波铁塔等接地装置相连，组成通信设备的工作接地、保护接地、防雷接地合用的联合接地系统。

对已建成的通信局（站）应加强对联合接地系统的维护工作，定期检查焊接和螺栓紧固处是否完好，建筑物和铁塔的引下线是否受到锈蚀，以免影响防雷动作时的泄流作用。同时还应根据 YD/T 1051—2018《通信局（站）电源系统总技术要求》的有关规定，定期对台站避雷线和接地电阻进行检查和测量。

（2）充分运用系统等电位原理　等电位原理是防止遭受雷击时系统不同部分产生高电位差，从而使人身和设备免遭损害的理论根据。

通信局（站）通常采用联合接地，把建筑物钢框架与钢筋互连，并与联合地线焊接成法拉第“鼠笼罩”状的封闭体，使封闭导体表面电位的变化形成等位面（内部场强为零）。这样各层接地点电位同时升高或降低，不会产生层间电位差，避免内部电磁场强度的变化，工作人员和设备安全将得到较好的保障。法拉第“鼠笼罩”如图 6-40 所示。

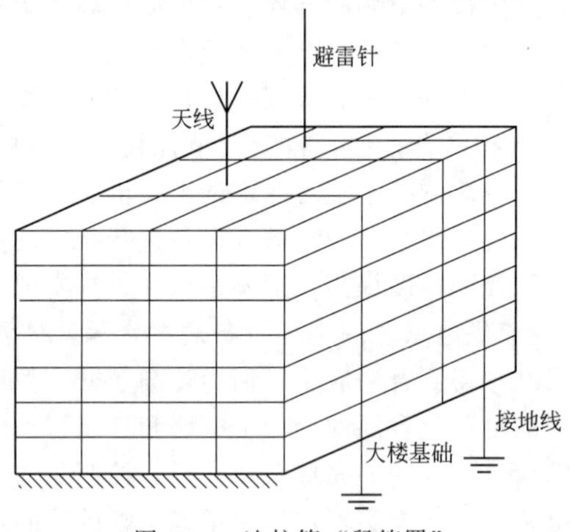

图 6-40　法拉第“鼠笼罩”

（3）采用分区保护和多级保护　应将需要保护的空间划分为不同的防雷区（Lightning Protection Zone，LPZ），以确定各部分空间不同的雷电电磁脉冲（Lightning Electromagnetic Pulse，LEMP）的严重程度和相应的防护对策。防雷区划分一般原则如图 6-41 所示。

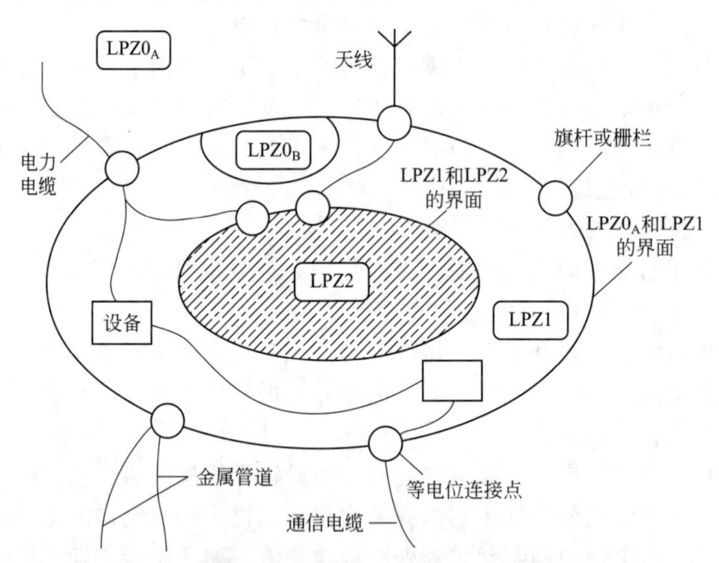

图 6-41　将一个需要保护的空间划分为不同防雷区（LPZ）

各区以其交界处的电磁环境有明显改变作为划分不同防雷区的特征。

防直击雷区 $LPZ0_A$：本区内的各物体都可能遭到直接雷击，因此各物体都可能导走大部分雷电流，本区内的电磁场没有衰减。

防间接雷区 $LPZ0_B$：本区内的各物体不可能遭到直接雷击，流经各导体的雷电流，比 $LPZ0_A$ 区减少，但本区内电磁场没有衰减。

防 LEMP 冲击区 LPZ1：本区内的各物体不可能遭到直接雷击，流经各导体的电流，比

$LPZ0_B$ 区进一步减小，本区内的电磁场已经衰减，衰减程度取决于屏蔽措施。

如果需要进一步减小所导引的电流或电磁场，就应再分出后续防雷区（如防雷区LPZ2）等，应按照保护对象的重要性及其承受浪涌的能力作为选择后续防雷区的条件。通常，防雷区划分级数越多，电磁环境的参数就越低。

将一建筑物划分为几个防雷区和符合要求的等电位连接的示例如图6-42所示。

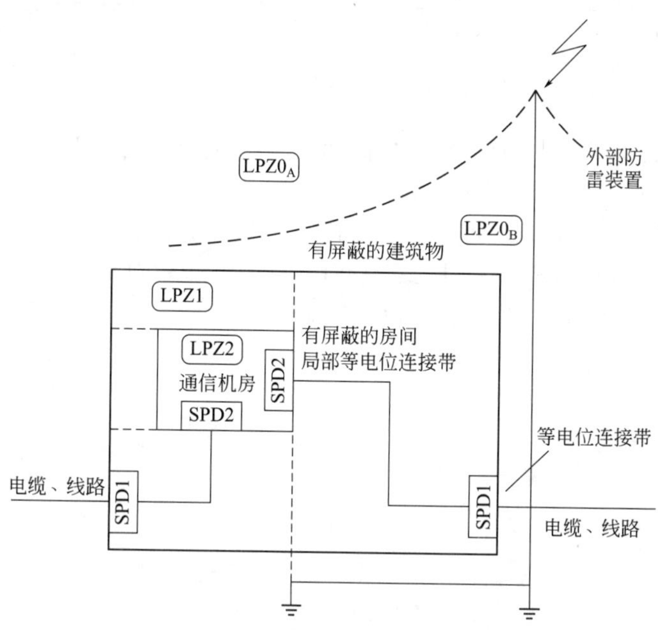

图6-42 建筑物划分防雷区和等电位连接

我国通信行业标准YD/T 944—2007《通信电源设备的防雷技术要求和测试方法》中明确规定，与户外低压电力线相连接的电源设备入口处应符合冲击电流波（模拟冲击电流波形为8/20μs）幅值≥20kA的防雷要求，这实际上是给出了在防直击雷区 $LPZ0_A$ 进入防间接雷区 $LPZ0_B$ 时的要求。

除分区原则外，防雷保护也要考虑多级保护的措施。因为在雷击设备时，设备第一级保护元件动作之后，进入设备内部的过电压幅值仍相当高，只有采用多级保护，把外来的过电压抑制到电压很低的水平，才能确保设备内部集成电路等元器件的安全。如果设备的耐压水平较高，可使用二级保护；但当设备的可靠性要求很高、电路元器件又极为脆弱时，则应采用三级或四级保护。

一般把限幅电压高、耐流能力大的保护元件，如放电管等避雷器件放在靠近外线电路处；而把限幅电压低、耐流能力弱的保护元件，如半导体避雷器放在内部电路的保护上。

（4）加装电涌保护器　按照GB/T 16935.1—2008（IEC 60664.1—2007）《低压系统内设备的绝缘配合第1部分：原理、要求和试验》标准，将建筑物内低压电气设备按其在装置内的安装位置，划分为如图6-43所示的四类耐受冲击过电压水平。图中6kV、4kV、2.5kV和1.5kV分别为220V/380V三相设备和220V单相设备的耐受冲击过电压水平。

如果电气装置由架空线供电，或经长度小于150m埋地电缆引入的架空线供电，地区雷电过电压大于6kV，且每年的雷电日超过25天时就应在电源进线处安装SPD（Surge Protection Device）；如地区雷电过电压水平在4～6kV之间，则建议在进线处装设SPD。当进线处受雷电过电压击穿对地泄放雷电流，SPD端子上的残压通常不大于2.5kV，一般电

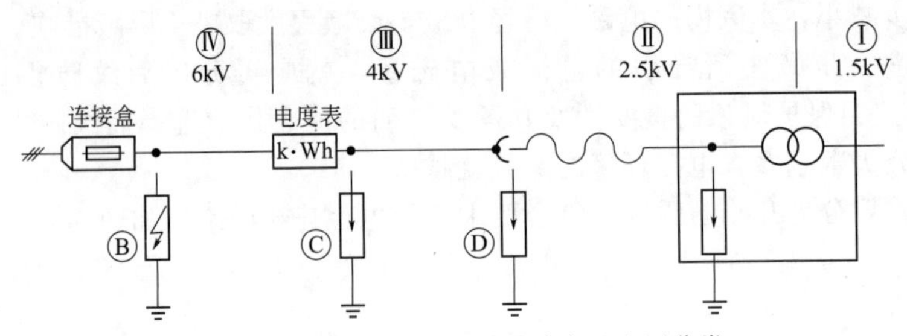

图 6-43 低压电气设备耐受冲击过电压分类

气装置将不存在被过电压击坏的危险。但对过电压敏感的电子信息设备，由于其电路的耐压水平低，还需要装设一级甚至二级 SPD，将雷电过电压降至设备能承受的水平。

当采用多级 SPD 时，上下级间应能协调配合，以避免发生前级 SPD 不动作，后级 SPD 泄放过量雷电流而损坏的事故。而且为避免 SPD 因自然失效对地短路引起建筑物总电源开关跳闸断电事故，一般应为 SPD 设置过流保护器。

参 考 文 献

[1] 杨贵恒，秦陆洋，常思浩. 电子工程师手册（基础卷）. 北京：化学工业出版社，2020.
[2] 杨贵恒，强生泽，张颖超. 电子工程师手册（提高卷）. 北京：化学工业出版社，2020.
[3] 杨贵恒，甘剑锋，文武松. 电子工程师手册（设计卷）. 北京：化学工业出版社，2020.
[4] 张颖超，杨贵恒，李龙. 高频开关电源技术及应用. 北京：化学工业出版社，2020.
[5] 杨贵恒. 电气工程师手册（专业基础篇）. 北京：化学工业出版社，2019.
[6] 强生泽，阮喻，杨贵恒. 电工技术基础与技能. 北京：化学工业出版社，2019.
[7] 严健，杨贵恒，邓志明. 内燃机构造与维修. 北京：化学工业出版社，2019.
[8] 杨贵恒，龙江涛，王裕文. 发电机组维修技术（第 2 版）. 北京：化学工业出版社，2018.
[9] 杨贵恒，杨雪，何俊强. 噪声与振动控制技术及其应用. 北京：化学工业出版社，2018.
[10] 强生泽，杨贵恒，常思浩. 通信电源系统与勤务. 北京：中国电力出版社，2018.
[11] 杨贵恒，张颖超，曹均灿. 电力电子电源技术及应用. 北京：机械工业出版社，2017.
[12] 杨贵恒，杨玉祥，王秋虹. 化学电源技术及其应用. 北京：化学工业出版社，2017.
[13] 聂金铜，杨贵恒，叶奇睿. 开关电源设计入门与实例剖析. 北京：化学工业出版社，2016.
[14] 杨贵恒，卢明伦，李龙. 通信电源设备使用与维护. 北京：中国电力出版社，2016.
[15] 杨贵恒，向成宣，龙江涛. 内燃发电机组技术手册. 北京：化学工业出版社，2015.
[16] 杨贵恒，张海呈，张颖超. 太阳能光伏发电系统及其应用（第 2 版）. 北京：化学工业出版社，2015.
[17] 文武松，王璐，杨贵恒. 单片机原理及应用. 北京：机械工业出版社，2015.
[18] 杨贵恒，常思浩，贺明智. 电气工程师手册（供配电）. 北京：化学工业出版社，2014.
[19] 文武松，杨贵恒，王璐. 单片机实战宝典. 北京：机械工业出版社，2014.
[20] 杨贵恒，张海呈，张寿珍. 柴油发电机组实用技术技能. 北京：化学工业出版社，2013.
[21] 董刚松，曾京文. 电力通信电源系统. 北京：科学出版社，2019.
[22] 郭小婧，朱锦. 通信电源系统. 成都：西南交通大学出版社，2019.
[23] 曾翎，马康波. 通信局（站）电源系统. 成都：电子科技大学出版社，2018.
[24] 漆逢吉. 通信电源（第 4 版）. 北京：北京邮电大学出版社，2015.
[25] 许乃强，蔡行荣，庄衍平. 柴油发电机组新技术及应用. 北京：机械工业出版社，2018.
[26] 黄翔. 空调工程（第 3 版）. 北京：机械工业出版社，2017.
[27] 赵志强，崔昊，许杰. 数据中心配套建设监理实务. 徐州：中国矿业大学出版社，2016.
[28] 中国建筑标准设计研究院. 防空地下室固定柴油电站（08FJ04）. 北京：中国计划出版社，2007.
[29] 中国建筑标准设计研究院. 防空地下室移动柴油电站（07FJ05）. 北京：中国计划出版社，2007.
[30] 中国建筑标准设计研究院. 蓄电池选用与安装（14D202-1）. 北京：中国计划出版社，2015.
[31] 中国建筑标准设计研究院. 柴油发电机组设计与安装（15D202-2）. 北京：中国计划出版社，2015.
[32] 中国建筑标准设计研究院. UPS 与 EPS 电源装置的设计与安装（15D202-3）. 北京：中国计划出版社，2015.
[33] 中国石油天然气集团公司职业技能鉴定指导中心编. 电力机务员. 北京：石油工业出版社，2010.
[34] 刘宝贵，董红，慕家骁. 通信电源设备使用维护手册习题集（修订版）. 北京：人民邮电出版社，2012.
[35] 全国通信专业技术人员职业水平考试办公室. 通信专业实务——设备环境. 北京：人民邮电出版社，2008.
[36] 工业和信息化部教育与考试中心. 通信专业综合能力与实务——设备环境. 北京：人民邮电出版社，2014.
[37] 工业和信息化部教育与考试中心. 通信专业实务——动力与环境. 北京：人民邮电出版社，2018.
[38] 工业和信息化部教育与考试中心. 全国通信专业技术人员职业水平考试试题分析与解答. 北京：人民邮电出版社，2016.